mathe 2000

# Das Zahlenbuch 1

## Begleitband

von Erich Ch. Wittmann und Gerhard N. Müller

Ernst Klett Verlag
Stuttgart · Leipzig

# Inhalt

*Kein wirklicher Fortschritt ist ohne gewissenhafte Prüfung der Hinterlassenschaft unserer Vorfahren denkbar.*
Rudolf Eucken

Wer die Veränderungen des Mathematikunterrichts in den letzten Jahrzehnten verfolgt hat, weiß, dass das ZAHLENBUCH die Entwicklung maßgeblich beeinflusst hat und seiner Zeit immer voraus war. Mehr als zehn Jahre vor den Bildungsstandards wurden in diesem Werk die allgemeinen mathematischen Kompetenzen (oder Lernziele, wie sie damals hießen) mustergültig umgesetzt. Auch der neue Bereich Daten, Häufigkeit, Wahrscheinlichkeit und die Kombinatorik wurden im ZAHLENBUCH vorweg genommen. Zu dem direkten Einfluss, den das ZAHLENBUCH auf den Unterricht ausgeübt hat, kommt der indirekte Einfluss seiner Innovationen auf die Lehrerbildung sowohl in der ersten als auch und vor allem in der zweiten Phase sowie auf andere Unterrichtswerke. Es dürfte kein anderes Schulbuch geben, von dem so viel übernommen wurde.

Bei der Neubearbeitung kam es daher nur darauf an, das Konzept konsequent auszuarbeiten und an den Details zu feilen. Ein besonderes Anliegen war es uns dabei, auf den Seiten/Doppelseiten des Schülerbuches so weit wie möglich ein einziges Thema zu entfalten und durch ein aufgelockertes Layout für eine gute Übersicht zu sorgen.

Bei der inhaltlichen Bearbeitung haben wir uns vorrangig von ***fachlichen*** Überlegungen leiten lassen. Der bewusste Bezug zum Fach, der seit Adam Ries eine ausgesprochene Stärke der deutschen Rechendidaktik ist, entspringt der Einsicht, dass ein *fachlich schlüssiges Konzept* für die Lernerfolge der Kinder den größten Ausschlag gibt: **Mathematik lernt man nur durch Mathematik.** Dies gilt besonders auch für schwächere Kinder, wie die Erfahrungen mit dem ZAHLENBUCH gerade unter ungünstigen Bedingungen eindrucksvoll beweisen. Hinzu kommt, dass sich die allgemeinen mathematischen Kompetenzen, die mathematische Prozesse beschreiben, nur vom Fach aus mit Substanz füllen lassen. Die mathematisch fundierten Aktivitäten, die das ZAHLENBUCH anregt, implizieren sozusagen „automatisch" das Modellieren, Problemlösen, Argumentieren, Kommunizieren und Darstellen. Das ist eine Besonderheit dieses Unterrichtswerks.

Der Begleitband zum ZAHLENBUCH hat sich seit der ersten Generation des Werkes 1994–97 durch eine besondere Qualität ausgezeichnet. Besonders auch für „fachfremd" unterrichtende Kolleginnen und Kollegen hat er sich als sichere Grundlage für einen fachlich fundierten Mathematikunterricht erwiesen. Darüber hinaus hat der Begleitband zusammen mit dem Schülerbuch dazu beigetragen, das in der Grundschullehrerschaft aus guten Gründen vielfach negative Bild von Mathematik positiv zu beeinflussen.
Um theoretische Überlegungen noch stärker mit der Praxis zu verzahnen und um die Benutzerfreundlichkeit zu erhöhen, haben wir uns entschlossen, den Band neu zu formatieren und kompakter zu gestalten:

- Erstens haben wir die didaktischen Hintergrundinformationen in prägnanter Form in die praktischen Hinweise zu den einzelnen Seiten integriert: Im neuen Begleitband wird jede Doppelseite des Schülerbuchs eingerahmt von präzisen Antworten auf die bekannten Fragen „Was wird benötigt?", „Worum geht es?", „Wie kann man vorgehen?". Damit hat man die für den Unterricht benötigten Informationen auf einen Blick vor sich und braucht nicht mehr zu blättern. Vor jedem Themenblock wurde jeweils eine Doppelseite eingeschoben, auf der die mathematischen und didaktischen Grundlagen des Blocks ausführlich erklärt werden.
- Zweitens haben wir die Zusatzmaterialien (Kopiervorlagen, Eingangstests, Kompetenztests, Denkschule) ausgelagert, sowohl auf die beiliegende CD als auch auf den beiliegenden Materialband. Die CD enthält auch ergänzende Texte, in denen wichtige Fragen des Unterrichts behandelt werden. Für alle Kolleginnen und Kollegen, die sich noch ausführlicher mit der Konzeption befassen möchten, verweisen wir auf die Neubearbeitung des „Handbuchs produktiver Rechenübungen", die unter einem anderen Namen in naher Zukunft erscheinen wird.

Der Begleitband ist folgendermaßen aufgebaut:
Den Hauptteil bilden praktische Hinweise zu den einzelnen Seiten bzw. Doppelseiten.
Der Vorspann dazu besteht aus drei kurzen Abschnitten: Den Anfang macht eine grobe Orientierung über das Werk. Dabei werden auch die Materialien eingeordnet, die ergänzend eingesetzt werden können bzw. die praktische Arbeit mit dem Werk erleichtern.
Es folgen ein ebenfalls kurzer Abschnitt mit allgemeinen Hinweisen zur Unterrichtsorganisation und eine Übersicht über die benötigten Arbeits- und Demonstrationsmittel.
Den Abschluss bildet eine ausführliche Beschreibung der Grundkonzeption, die nur aus praktischen Gründen nach hinten gerückt wurde, nicht weil sie weniger wichtig ist.

Da nicht alle Seiten des Schülerbuches umfangreiche Erklärungen erfordern, blieb noch Platz für lehrreiche Zitate, auf die viele Nutzerinnen und Nutzer mit Recht nicht verzichten möchten.

Mit dem ZAHLENBUCH verfolgen wir das Ziel, dem um sich greifenden Aktionismus in Schulpolitik und Didaktik ein *fachlich fundiertes* Konzept von Mathematikunterricht entgegenzusetzen, das ein ruhiges und konzentriertes Arbeiten mit den Kindern ermöglicht – mit nachhaltigen Wirkungen über die Grundschule hinaus. Das Mathematiklernen vom Kindergarten bis zur beruflichen Bildung und zum Abitur aus einem Guss zu entwickeln ist das erklärte Ziel des Projekts „mathe 2000".

Wir hoffen, dass der neu gefasste Begleitband die Arbeit mit dem ZAHLENBUCH noch effektiver und ökonomischer unterstützt, und wünschen allen, die damit arbeiten, viel Freude und Erfolg.

Für Fragen zum Konzept und für einen Erfahrungsaustausch stehen wir unter Zahlenbuch@t-online.de gerne zur Verfügung.

Die Autoren

# Inhaltsverzeichnis des Schülerbuchs



„iTb“ bedeutet, dass es zu der entsprechenden Seite ein **i**nteraktives **T**afel**b**ild für das Whiteboard gibt.
Für Hinweise zum Einsatz s. S. 10.

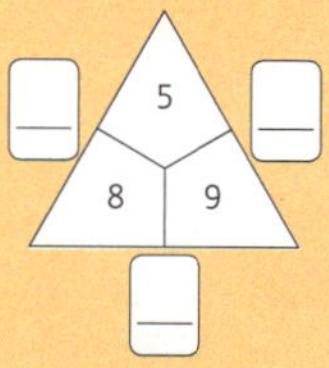

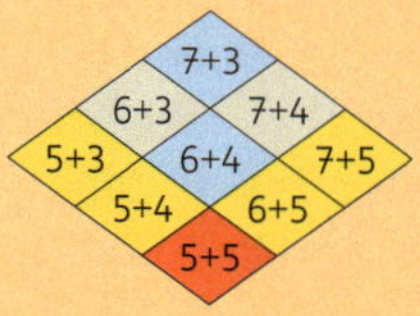


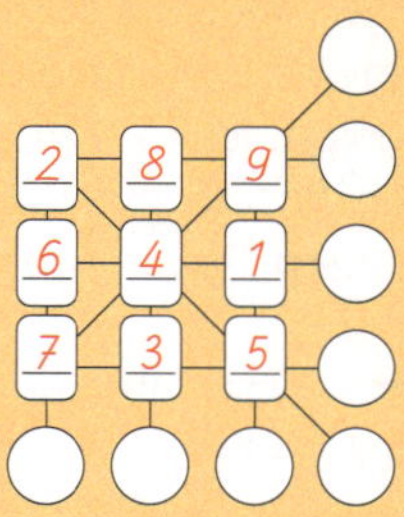


Schreibe in dein Heft.

Finde eine passende Frage.

„unerschöpfliche“ Aufgabenfülle

Partnerarbeit

„Schnüffelaufgaben“

„Forschen und Finden“

Mathekonferenz

*Habe deine Zwecke im Ganzen vor Augen und lasse dich im Einzelnen durch die Umstände bestimmen.*
Johann Wolfgang von Goethe

Allen Kolleginnen und Kollegen, die neu mit dem ZAHLENBUCH arbeiten, empfehlen wir, sich eingehend mit der Grundkonzeption (s. Anhang, S. 158–173) auseinanderzusetzen, da dies für eine erfolgreiche Arbeit mit dem Buch unabdingbar ist. Im Elternbrief am Beginn des Schülerbuchs werden einige zentrale Punkte benannt. Dort wird auch erklärt, wie die verschiedenen Bereiche der inhaltsbezogenen Kompetenzen und die Seiten, auf denen die allgemeinen mathematischen Kompetenzen besonders geübt werden, farblich gekennzeichnet sind.

Wichtig für die Arbeit in der täglichen Praxis ist es, die intelligenten und gleichzeitig schlichten Lösungen zu kennen, die das ZAHLENBUCH für Schlüsselprobleme des Unterrichts anzubieten hat. Diese seien hier kurz erläutert.

### *Differenzierung*

Die üblichen Methoden der Differenzierung bestehen darin, dass die Lehrperson Gruppen von Kindern oder einzelnen Kindern Aufgaben für ein bestimmtes Lernziel zuweist, die nach Einschätzung der Lehrperson dem jeweiligen Lernstand entsprechen. Es gibt Werke, bei denen die Kinder weitgehend unabhängig voneinander Heftchen für Heftchen abarbeiten. Dadurch werden aber nicht nur die Bildungsstandards verfehlt, auch soziales Lernen wird verhindert.
Im ZAHLENBUCH wird ein grundsätzlich anderer Weg der Differenzierung beschritten: Das Buch ist vom Grundsatz her so konzipiert, dass Kinder mit unterschiedlichen Voraussetzungen, Interessen und Möglichkeiten *gemeinsam* damit arbeiten können und gleichwohl *individuell* gefördert werden.

Die Differenzierung ergibt sich aufgrund des besonderen Aufbaus von selbst:

- Das ZAHLENBUCH bietet einerseits eine Grundlage für den Erwerb der Kenntnisse und Fertigkeiten, die für das weitere Lernen notwendig und daher für *alle* Kinder in *gleicher* Weise verbindlich sind. Das Arbeitsheft enthält Übungen der unteren und mittleren Anforderungsstufe zur Festigung und Vernetzung der Grundlagen. Bereits auf dieser Stufe besteht ein Spielraum bei der Auswahl der Aufgaben, der Wahl der Lösungswege, der Form der Darstellung, der den Kindern eine gewisse Selbststeuerung ermöglicht.
- Auf dieser Grundlage bauen Lernangebote auf, die sich ebenfalls an *alle* richten, aber von jedem Kind in vollem Umfang nach seinen Möglichkeiten individuell wahrgenommen werden können und dürfen (*natürliche Differenzierung).* Diese Angebote, die durch eine grüne Unterlegung deutlich zu erkennen sind, beginnen immer auf der unteren Anforderungsstufe (Basiskompetenzen), reichen aber bis in die höchste Anforderungsstufe hinein und verknüpfen die Übung allgemeiner mathematischer Kompetenzen mit der Übung inhaltlicher Kompetenzen. Die Kinder werden bei der Bearbeitung dieser Angebote unterschiedlich weit kommen, was aber kein Problem ist, denn ihre mathematischen Kräfte werden auch gesteigert, wenn sie sich mit diesen Angeboten nur auf der unteren Anforderungsstufe befassen. Trotz der unterschiedlichen Bearbeitungen ist ein sozialer Austausch möglich, den wir als hohes Gut ansehen. Wenn beispielsweise die Ergebnisse von Rechnungen an der Tafel zusammengetragen werden, damit auf dieser Grundlage Muster erkannt und beschrieben werden, können auch Kinder einbezogen werden und den Anschluss finden, die selbst nur wenige Rechnungen durchgeführt haben. Für die Bearbeitung der grün unterlegten Aufgaben ist die Anlage eines Portfolios sinnvoll.

### *Übung der Basiskompetenzen*

Zum Grundangebot gehört der „Blitzrechenkurs" mit 10 Übungen pro Schuljahr, der ständig auf der Tagesordnung stehen muss. Allen Beteiligten sollte bewusst gemacht werden, dass es sich lohnt, an dieser Stelle intensiv und fortgesetzt zu üben. Hilfreich ist hier der Vergleich mit dem Sport, wo Fitness- und Konditionsprogramme eine Selbstverständlichkeit sind. Wer sich körperlich fit hält, kann körperlich etwas leisten. Wer in der Mathematik die Basiskompetenzen übt, kann damit seine mathematische Leistung steigern. Zum Wesen der Basiskompetenzen gehört es ja, dass sie ständig benutzt werden.
Jede Blitzrechenübung wird an der entsprechenden Stelle im Schülerbuch eingeführt. Die Kinder lernen dabei, sich gegenseitig Aufgaben zu stellen.
Um die Durchführung der Blitzrechenübungen sowohl in der Schule als auch zu Hause zu ermöglichen, wurden die dafür erforderlichen Operationsfelder *sowohl* in das Schülerbuch (S. 134–135) *als auch* in das Arbeitsheft (ausklappbarer Umschlag) integriert. Es ist sinnvoll, Mathematikstunden mit dem Blitzrechnen als „warm up" zu beginnen.
Für Kinder, die zu Hause beim „Blitzrechnen" keine Unterstützung finden – das sind oft gerade die Kinder, für die es am nötigsten ist – sollten andere „Rechentrainer" rekrutiert werden (Mitschüler, Erwachsene in der Nachmittagsbetreuung, Senioren, ...). Damit sich diese externen Helfer über die Übungen informieren können, wurde in das Arbeitsheft (S. 70–71) eine Übersicht über die Übungen des betreffenden Schuljahrs aufgenommen, die auch auf S. 174–175 abgedruckt ist. Genauere Hinweise zum Stellenwert und zur Durchführung des „Blitzrechnens" sind auf beiliegender CD zu finden.

Die Praxis des Blitzrechnens wird unterstützt durch die Rechenkartei „Blitzrechnen. Basiskurs Zahlen" und die CD-ROM „Blitzrechnen".
Die Rechenkartei für jedes Schuljahr enthält ca. 400 Aufgabenkarten. Auf der Vorderseite jeder Karte ist eine Aufgabe symbolisch und bildlich dargestellt. Die Lösung steht auf der Rückseite. Mit der Kartei können auch schwächere Kinder trainieren. Sie ist auch eine Hilfe für externe Rechentrainer.
Die CD-ROM „Blitzrechnen" bietet noch mehr Möglichkeiten. Insbesondere enthält sie Testmodule, mit denen die Kinder ihre Lernfortschritte selbst überprüfen können. Diese CD gibt es in einer Einzelplatzversion und einer Netzwerkversion für eine ganze Schule, jeweils für die Klassen 1/2 und 3/4. Außerdem können abgespeckte Versionen für jedes Schuljahr getrennt mit dem Arbeitsheft bezogen werden.

Auch im Sachrechnen und in der Geometrie gibt es Basiskompetenzen, die besondere Übungsanstrengungen erfordern. Hierfür stehen die Karteien „Sachrechnen im Kopf. Basiskurs Größen 1/2 und 3/4“ sowie „Geometrie im Kopf. Basiskurs Formen“ (ab Klasse 3) zur Verfügung.

Die Basiskompetenzen in den Bereichen Zahlen, Formen und Größen kennzeichnen den unteren Anforderungsbereich.

### *Förderung leistungsschwächerer Kinder*

Der Erfolg in der Mathematik steht und fällt mit dem Aufbau von Verständnis. Was man verstanden hat, kann man besser anwenden und behalten. Damit hat man auch für das Weiterlernen eine bessere Grundlage. Dies kann man nicht oft genug betonen. **Wegen seines auf Verständnis ausgerichteten Ansatzes bewährt sich das ZAHLENBUCH gerade bei schwächeren Kindern, wie empirische Untersuchungen zeigen.** Mehrere Elemente des Werkes wirken sich hier positiv aus: der schlüssige Aufbau, die kleine Anzahl gut ausgewählter Anschauungsmittel, prägnante zeichnerische Darstellungen und Sprechweisen, durchgehende Übungsformate, wiederkehrende Lehr-/Lernstrukturen. All dies hilft auch, den Erklärungsbedarf zu reduzieren und trägt zur Entlastung der Lehrpersonen bei. Da der Blitzrechenkurs nicht nur das übliche Kopfrechnen, sondern auch grundlegende Zahlvorstellungen und Zahlbeziehungen umfasst, die für das Verständnis entscheidend sind, ist der Kurs gleichzeitig ein *eingebautes Förderprogramm* für Kinder, die sich mit der Mathematik etwas schwerer tun. Basiskompetenzen heißen ja auch deshalb Basiskompetenzen, weil von ihnen andere Kompetenzen abhängen.

Für eine intensive Übung der grundlegenden Anforderungen wurde die Reihe *„Verstehen und Trainieren. Grundaufgaben zum Zahlenbuch“* entwickelt, die ergänzend zum Arbeitsheft eingesetzt werden kann. Wie der Titel zum Ausdruck bringt, geht es nicht um bloßes Rechentraining, sondern um Üben im Hinblick auf Verständnis. Die Hefte dieser Reihe stellen zum großen Teil eine schriftliche Grundlegung der Blitzrechenübungen dar.

Wir empfehlen dringend, dass bei Kindern mit zusätzlichem Förderbedarf zuallererst die Möglichkeiten des ZAHLENBUCHs und seiner Begleitmaterialien ausgeschöpft werden.

### *Förderung leistungsstarker Kinder*

Leistungsstarke Kinder können sich bei den grün unterlegten Angeboten „ausleben“ und erhalten darüberhinaus durch Igelaufgaben zusätzliche Anregungen. Zur weiteren Förderung steht die Reihe *„Probieren und Kombinieren. Igelaufgaben zum Zahlenbuch“* zur Verfügung, die aber keinesfalls als exklusives Angebot für diese Gruppe zu verstehen ist. Auch schwächere Kinder können und sollen sich an diesen Aufgaben versuchen. Probieren ist eine mathematische Grundstrategie, die gerade dann eingesetzt wird, wenn man noch keine Lösungsstrategien kennt.

Da das ZAHLENBUCH mathematisch gehaltvoll ist, können leistungsstarke Kinder viele Themen des Buches selbstständig weiterführen. Auch diese Kinder sollten zunächst einmal unter Ausschöpfung der Möglichkeiten, die das ZAHLENBUCH bietet, gefördert werden. Im Begleitband werden dazu Hinweise gegeben. Nach unserem Verständnis zeigt sich eine echte Begabung von Kindern darin, dass sie mathematische Themen aus sich selbst kreativ weiterspinnen können.

### *Diagnose*

In bewusster Abgrenzung von der „Diagnositis“, der „Testeritis“ und der „Evaluitis“, die von den angelsächsischen Ländern aus leider immer stärker auch auf uns übergreift, setzt das ZAHLENBUCH auf *implizite Formen* von Diagnose: Die Kinder bearbeiten im Unterricht ständig Aufgaben, an deren Bearbeitung man den Lernstand einschätzen kann. Eine Aufgabe wird ja nicht erst dadurch zu einer Testaufgabe, dass sie auf einem Testblatt oder Diagnosebogen steht. Wenn z.B. das Einspluseins gelernt wird, rechnen die Kinder im Unterricht mündlich und schriftlich eine Vielzahl von Aufgaben. Wenn es um die schriftliche Multiplikation geht, werden dazu viele Aufgaben mit unterschiedlich großen Zahlen gerechnet. *Aus den mündlichen und schriftlichen Äußerungen der Kinder im normalen Unterricht kann man umfassendere Informationen über den Lernstand und die Lernfortschritte gewinnen als aus Diagnosebögen, deren Auswertung nur zusätzliche Zeit kostet.* Die Äußerungen der Kinder müssen im Unterricht aber durch geschicktes Fragen und Nachfragen gezielt angeregt werden. Dies gelingt natürlich umso leichter, je mehr Sprechanlässe die im Unterricht behandelten Themen bieten und provozieren. Auch auf diesem Gebiet setzt das ZAHLENBUCH Maßstäbe.

Zum eigenaktiven und eigenverantwortlichen Lernen gehört es auch die Kinder anzuleiten, von sich aus bei anderen Kindern und der Lehrperson nachzufragen, wenn sie etwas nicht verstanden haben.

Es gibt nur einen Bereich, in dem die Lehrperson im Interesse der Kinder und im eigenen Interesse gut daran tut, sich über die Lernfortschritte genau auf dem Laufenden zu halten und darüber sogar Buch zu führen: den Bereich der Basiskompetenzen, vor allem im Blitzrechnen. Dieser Bereich ist überschaubar und lässt sich mit einem akzeptablen Aufwand kontrollieren, was bei den Totalprogrammen von Diagnose und Fördern, mit denen der gesamte Unterricht nach angelsächsischen Vorstellungen überzogen werden soll, nicht der Fall ist. Mit der CD-ROM „Blitzrechnen“ steht nicht nur ein einfaches *Förderprogramm,* sondern auch ein einfaches *Diagnoseprogramm* zur Verfügung. Da falsche Eingaben nicht angenommen werden, erhalten die Kinder eine unmittelbare Rückmeldung über die Richtigkeit ihrer Rechnungen. Mit den Testmodulen sowohl für die einzelnen Übungen als auch den Gesamttests für alle Übungen eines Schuljahrs können die Kinder selbst ihren Lernstand einschätzen. Bei der Einzelplatz- und der Netzwerkversion sind die Ergebnisse des Gesamttests von der Lehrperson mühelos einzusehen. Die Lehrperson erhält auf einen Blick eine Übersicht über den Stand einer Klasse beim „Blitzrechnen“ und kann sich auf dieser Grundlage mit Kindern und Eltern über weitere Übungsmaßnahmen verständigen.

**Eltern und Kindern die Bedeutung des „Blitzrechnens“ bewusst zu machen, ihnen die Notwendigkeit beständigen Übens vor Augen zu führen, ihre Fortschritte genau zu verfolgen und eisern auf entsprechenden Übungsanstrengungen zu beharren: Auf diesem eng begrenzten Gebiet lohnt es sich, Energie zu investieren. Alle Beteiligten werden früher oder später begreifen, dass sich alles andere im Unterricht viel schneller und leichter erledigen lässt, wenn die Basiskompetenzen sicher und mit Verständnis beherrscht werden.**

*Ein Plan, den man nicht ändern kann, ist ein schlechter Plan.*
Publilius Syrus

In diesem Abschnitt sollen Hinweise vorweg genommen werden, die für den Unterricht generell wichtig sind. Dies erspart bei den Hinweisen zu den einzelnen Seiten Wiederholungen.

Im ZAHLENBUCH werden mathematische Grundideen von der Frühförderung beginnend über die Klassen hinweg konsequent entwickelt. Dies wird in der Grundkonzeption erläutert. Für den Bereich „Zahlen und Operationen“ kommt die entsprechende Gliederung in Themenblöcke in der linken Spalte des Inhaltsverzeichnisses deutlich zum Ausdruck. Die Grundideen der Bereiche „Raum und Form“, „Größen, Messen, Sachrechnen“ und „Daten, Häufigkeit, Wahrscheinlichkeit“ werden in der mittleren Spalte des Inhaltsverzeichnisses durch Fettdruck hervorgehoben. Mit der gleichen Farbe wie dieser letztgenannte Bereich ist auch die elementare Kombinatorik gekennzeichnet, da sie im Mathematikunterricht nur in Verbindung mit diesem Bereich Bedeutung hat. Inhaltlich handelt es sich bei der Kombinatorik natürlich um ein Teilgebiet des Bereichs „Zahlen und Operationen“. Daten kommen auch im Bereich „Größen, Messen, Sachrechnen“ vor, wie in manchen Lehrplänen zu Recht ausgewiesen ist.
Umfassende mathematische und didaktische Hinweise finden sich auf eingeschobenen Seiten vor jedem Themenblock.

### *Lernumgebungen und didaktische Situationen*

In den letzten Jahren hat es sich eingebürgert, den Unterricht in „Lernumgebungen“ zu gliedern. Durch diese Bezeichnung kommt zum Ausdruck, dass den Lernenden Spielräume für eigene Aktivitäten geboten werden müssen. Eine Lernumgebung kann kleinere Lernumgebungen enthalten und selbst Teil einer umfassenderen Lernumgebung sein. Das ZAHLENBUCH wurde so konzipiert, dass in der Regel jede Seite bzw. Doppelseite als Lernumgebung erscheint. Das betreffende Thema wird in der Überschrift benannt.
Man kann die Beschreibung einer Lernumgebung mit einem Theaterstück vergleichen, das aufgeführt werden soll. Die Lehrperson führt dabei Regie. Als Regisseurin hat sie selbst Freiheiten, die sie nutzen darf und soll. Die in diesem Begleitband unter der Rubrik „Wie kann man vorgehen?“ gemachten Regiehinweise sind daher grundsätzlich nur als Empfehlungen zu verstehen.
Für die Unterrichtsorganisation hat sich eine Unterscheidung „didaktischer Situationen“ bewährt, die der französische Didaktiker Guy Brousseau vorgeschlagen hat:

1. Einführung in eine Lernumgebung
2. Aktive Bearbeitung der Aufgaben durch die Kinder
3. Bericht und Diskussion
4. Reflexion (Erklärung eines Lösungswegs, Begründung eines Musters)
5. Zusammenfassung („Institutionalisierung“)

Der Lehrperson und den Kindern fallen bei den einzelnen Situationen unterschiedliche Aufgaben zu:

Zu 1: Bei der Einführung in eine Lernumgebung geht es darum, die Aufgabenstellung möglichst klar zu beschreiben. Dies geschieht am besten mithilfe prägnanter Beispiele. Vor der Arbeit mit dem Buch müssen immer Aktivitäten stehen, die auf die Aufgabenstellungen im Buch vorbereiten. Dafür werden in der Regel einzelne Aufgaben aus dem Buch herausgegriffen. Im ersten Schuljahr müssen Texte, für welche die Lesefähigkeiten der Kinder noch nicht ausreichen, vorgelesen werden.

Zu 2: Wenn die Aufgabenstellung verstanden ist, sollen die Kinder möglichst selbstständig arbeiten, alleine, in Zweiergruppen oder in Kleingruppen. Die Lehrperson muss sich nur vergewissern, ob alle verstanden haben, worum es geht und ggf. steuernd eingreifen. In manchen Fällen arbeitet die gesamte Klasse gemeinsam an einer Aufgabe.

Zu 3: Nach Bearbeitung der Aufgabenstellung werden die Ergebnisse an der Tafel gesammelt, geordnet und besprochen. Hier kommt es darauf an, die Kinder durch gute Fragen zum Sprechen zu bringen.

Zu 4: In der Reflexionsphase ist es das Ziel, die Kinder zu Erklärungen von Lösungswegen und zu Begründungen von Mustern anzuleiten. Dazu müssen Impulse gegeben werden. Die Lehrperson ist hier voll gefordert.

Zu 5: Zum Abschluss der Arbeit werden die wichtigen Ergebnisse von der Lehrperson herausgestellt und zusammengefasst.

Wie ersichtlich beschreiben diese fünf Situationen die Abfolge der Phasen, die bei der Untersuchung einer mathematischen Aufgabenstellung durchlaufen werden. In Reinform findet sich diese Abfolge bei den grün unterlegten Seiten, bei denen die allgemeinen mathematischen Kompetenzen Modellieren, Problemlösen, Argumentieren, Darstellen und Kommunizieren voll zur Geltung kommen.
Bei anderen Lernumgebungen spielen nur einzelne Situationen eine Rolle. Wenn z. B. auf einer Seite nur Übungsaufgaben zu einer vorher eingeführten Fertigkeit gerechnet werden, bedarf es keiner neuen Einführung und die Besprechung kann kurz gehalten werden. Wenn die Kinder in Kleingruppen Blitzrechnen üben, ist nur die Situation 2 relevant.

Die unterschiedlichen Rollen der Lehrperson und der Kinder bei den einzelnen Situationen gehen aus folgender Tabelle hervor:

| Situation | Lehrperson | Kinder |
|---|---|---|
| Einführung | Aufgabe erklären | zuschauen, zuhören, mitmachen |
| Aktive Bearbeitung | beobachten, Hinweise geben | arbeiten |
| Sammlung der Ergebnisse, Bericht | zuhören, nachfragen | berichten, zuhören |
| Reflexion | Blick öffnen, anleiten | erklären, begründen |
| Zusammenfassung | prägnant darstellen | zuhören, nachfragen |

### *Einrichtung von Kleingruppen*

Um das selbstständige Arbeiten der Kinder zu unterstützen, empfehlen wir generell eine Organisationsform, die in Japan vielfach praktiziert wird und sich dort ausgesprochen bewährt hat: die Einrichtung relativ fester Kleingruppen. In der japanischen Gesellschaft spielt die solidarisch arbeitende Gruppe eine Schlüsselrolle. Der Grundgedanke ist aber auch dem westlichen Denken keineswegs fremd. Er findet sich z. B. im Subsidiaritätsprinzip einiger Soziallehren, das folgendermaßen lautet: Jede soziale Gruppe soll die Aufgaben, die sie selbst bewältigen kann, in eigener Regie bearbeiten, und nur dann Hilfe von einer höheren Ebene anfordern, wenn die eigenen Kräfte nicht ausreichen. Auf eine Schulklasse übertragen bedeutet dieses Prinzip, dass zwischen das einzelne Kind und die Lehrperson Kleingruppen mit 3 bis 5 Kindern als Zwischenebene eingeschoben werden. Die Kinder jeder Gruppe sollen sich gegenseitig helfen, natürlich ohne einander die Arbeit abzunehmen. In der japanischen Praxis werden die Gruppen im Laufe eines Jahres mehrfach neu gemischt. Die Organisation der Gruppen erfordert zu Beginn natürlich einen bestimmten Aufwand, aber diese Investition lohnt sich.

Für einige Aufgabenstellungen des ZAHLENBUCHs sind Kleingruppen eine große Hilfe, z. B. für das Blitzrechnen, bei denen die Kinder sich gegenseitig Aufgaben stellen und sich kontrollieren, und für Mathekonferenzen, bei denen sich die Kinder gegenseitig ihre Rechen- und Lösungswege erklären.

Der möglichst selbstständige Umgang der einzelnen Kinder und der Kleingruppen mit dem Buch wird durch Lösungsbände zum Schülerbuch und zum Arbeitsheft unterstützt.
Die Hefte der Reihe „Probieren und Kombinieren“ enthalten Lösungsblätter.

### *Unterricht in altersgemischten Klassen*

In altersgemischten Klassen führt kein Weg daran vorbei, Gruppen zu bilden, die an verschiedenen Bänden des ZAHLENBUCHs arbeiten. Dies liegt in der Natur der Mathematik. Das Einspluseins im ersten Schuljahr z. B. hat eine andere Struktur als das Einmaleins im zweiten Schuljahr. Das halbschriftliche Rechnen ist etwas anderes als das schriftliche. Natürlich gibt es zwischen verschiedenen Themen auch Beziehungen. Die Verdopplungsaufgaben im Einspluseins etwa kommen in anderer Schreibweise auch im Einmaleins vor und halbschriftliche Strategien bilden die Grundlage für schriftliche Verfahren. Dies rechtfertigt aber keineswegs einen gemeinsamen Unterricht.

Der Unterricht muss unter diesen Bedingungen so organisiert werden, dass eine Lerngruppe in eine Lernumgebung eingeführt werden kann oder in einer Lerngruppe Ergebnisse besprochen, reflektiert bzw. zusammengefasst werden können, während die anderen Kinder/Kleingruppen selbstständig arbeiten. Diese Unterrichtsform ist ohne Zweifel anspruchsvoll. Wenn an den Zielsetzungen des Mathematikunterrichts keine Abstriche gemacht werden sollen, wird im altersgemischten Unterricht ein Buch benötigt, das bewusst das eigenständige Arbeiten fördert und den informellen Austausch zwischen den Gruppen fördert. Das ZAHLENBUCH genügt diesen Ansprüchen. Hinweise zum Einsatz des Werkes in altersgemischten Klassen finden sich auf beiliegender CD.

### *Stoffverteilung*

Von den 130 Seiten des Schülerbuchs enthalten die 20 Seiten des Themenblocks „Ergänzende Übungen“ keinen neuen Stoff, sondern stellen einen Puffer dar, auf den während und am Ende des Schuljahrs zur Differenzierung zugegriffen werden kann.
Nicht alle Seiten/Doppelseiten erfordern den gleichen Aufwand. Langsamer vorgehen muss man bei der Grundlegung von Themen. Davon hängt das Verständnis ab. Ansonsten empfiehlt sich ein zügigeres Tempo. Im ZAHLENBUCH werden alle grundlegenden Themen des Bereichs „Zahlen und Operationen“ in mehreren Durchgängen behandelt und die Basiskompetenzen im „Blitzrechnen“ das gesamte Schuljahr hindurch geübt. Daher wird kein Kind „abgehängt“.
Bereits beim ersten Themenblock wird dieses Konstruktionsprinzip deutlich: Immer geht es um Anzahlen, die Zahlenreihe, Ordnungszahlen und Maßzahlen (Geld). Immer steht die strukturierte Anzahlerfassung im Mittelpunkt. Bei dem Einspluseins folgt nach Plusaufgaben in der Umwelt die Behandlung von Plusaufgaben am Zwanzigerfeld. Im nächsten Durchgang schließen sich Übungen an Rechenformaten (Zahlenmauern, Rechendreiecke) und die Vertiefung an der Einspluseins-Tafel an. Ergänzt wird dies durch die entsprechenden Blitzrechenübungen, die den Unterricht ständig begleiten. Es sind immer die gleichen Grundideen, die nach dem Spiralprinzip entwickelt werden.
Das ZAHLENBUCH ist nicht als Angebot aufzufassen, das Seite für Seite und Aufgabe für Aufgabe abgearbeitet werden muss. Die Lernziele lassen sich auch mit dem sprichwörtlichen „Mut zur Lücke erreichen. Der einzige Bereich, in dem Lücken vermieden werden müssen, ist das „Blitzrechnen“. Hier ist aber zu beachten, dass der Großteil der 10 Übungen im ersten Halbjahr eingeführt wird, sodass ein weiteres Halbjahr für deren gründliche Übung zur Verfügung steht.
Wenn alle diese Punkte beachtet werden, sollte kein Stoffdruck entstehen.

Als grobe Anhaltspunkte für die Stoffverteilung haben sich folgende Angaben bewährt:

| 1. Halbjahr: Orientierung und Einführung | 2. Halbjahr: Festigung und Vertiefung |
|---|---|
| *Schuljahresbeginn bis Herbstferien:* Entwicklung des Zahlbegriffs, Kraft der Fünf | *Ende des 1. Halbjahres bis Ostern:* Integrierende Übungen |
| *Herbstferien bis Weihnachten:* Orientierung im Zwanzigerraum, Einführung der Addition | *Ostern bis Pfingsten:* Vertiefende Übungen |
| *Weihnachten bis Ende des 1. Halbjahres:* Einführung der Subtraktion | *Pfingsten bis Schuljahresende:* Ergänzende Übungen |

Die Miniprojekte „Zeit“, „Bald ist Weihnachten“, „Bald ist Ostern“ sind zeitlich einzupassen. Bei späteren Osterferien sollten bis Ostern schon einige vertiefende Übungen behandelt werden. Bei Verzögerungen im Zeitplan, die aus unterschiedlichen Gründen eintreten können, bildet der Themenblock „Ergänzende Übungen“ wie oben schon angemerkt einen Puffer.

# Arbeits- und Demonstrationsmittel im Band 1

*Erkenntnis bedeutet nicht im Entferntesten,*
*sich eine anschauliche Kopie der Realität zu beschaffen;*
*vielmehr beruht sie stets auf operativen Vorgängen,*
*die im Handeln oder Denken die Realität transformieren.*
Jean Piaget

Im Folgenden werden die für das ZAHLENBUCH in Frage kommenden Arbeits- und Demonstrationsmittel beschrieben. Welche davon jeweils benötigt werden und welche Materialien sonst noch bereitgestellt werden müssen, ist bei den Hinweisen zu den einzelnen Seiten/Doppelseiten unter der Rubrik „Was wird benötigt?“ angegeben.

### Arbeitsmittel

Für die Arbeit mit dem Band 1 werden benötigt:
- *Zwanzigerreihe* (dem Schülerbuch beiliegend, für die Grundidee „Zahlenreihe“)
- *Zwanzigerfeld, Abdeckstreifen* und *Zahlwinkel* (beiliegend, für die Grundideen „Rechnen“ und „Zehnersystem“)
- *Wendeplättchen* (rot/blau, für die Grundideen „Rechnen“ und „Zahlenmuster“)
- *Fünferstreifen* (beiliegend, rot/blau, für die Grundidee „Zehnersystem“)
- *Wendekarten* (beiliegend, für die Grundideen „Zahlenreihe“ und „Rechnen“)
- *Einspluseins-Tafel* (auf der Rückseite des Schülerbuches, für die Grundideen „Rechnen“ und „Zahlenmuster“)
- *Rechengeld* (Münzen und Scheine in Cent und Euro, für die Grundidee „Zahlen in der Umwelt“)
- *Mini-Tangram* (beiliegend, für die Grundidee „Formen legen“)

Diese Arbeitsmaterialien wurden so ausgewählt, dass sie die arithmetischen Grundideen für den ersten Band voll abdecken (bis auf die Grundidee „Rechenverfahren“, die im ersten Band noch keine Rolle spielt).
Die Materialien sollten für die Schüler stets greifbar sein. Zur Aufbewahrung der Wendeplättchen und Wendekarten empfehlen sich verschließbare Dosen oder kleine Schachteln (wie sie für Kosmetikartikel benutzt werden).
Im „Programm mathe 2000“ sind folgende Arbeitsmaterialien erhältlich (Bestellnummern und Preise sind dem aktuellen Katalog für die Grundschule des Ernst Klett Verlags zu entnehmen):
- *Wendeplättchen*, Klassensatz mit 1500 Stück aus dickem Karton
- *Wendekarten*, im Zehner-Pack (zur Nachbestellung)
- *Der Hunderterrahmen*, 10 Zehnerschiffchen mit 100 Wendeplättchen aus Holz im Holzrahmen

Das zuletzt genannte Holz-Material, das auch im Hunderterraum verwendet werden kann, weist zwei große Vorteile auf: Es erlaubt einen erheblich besseren haptischen Zugang zum Rechnen als Wendeplättchen aus Karton, was für manche Kinder sehr wichtig ist.

### Demonstrationsmittel

Die Unterrichtsarbeit wird erleichtert, wenn einige oder im Idealfall alle Arbeitsmittel auch als Demonstrationsmittel im Großformat zur Verfügung stehen. Kinder können dann Arbeitsaufträge, Aufgabenstellungen und Erklärungen, die von der Lehrperson am Demonstrationsmaterial verdeutlicht werden, sofort am eigenen Material nachvollziehen und auch ihre am eigenen Material erarbeiteten Lösungswege und Überlegungen mithilfe des Demonstrationsmaterials der ganzen Klasse vorstellen. Dies ist effektiver als eine rein verbale Präsentation.

Im „Programm mathe 2000“ werden für das 1. Schuljahr folgende auf die Arbeitsmittel abgestimmte Demonstrationsmaterialien angeboten:
- *Wendeplättchen* (100 Stück), blau/rot, doppelseitig magnetisch, Ø 4 cm, inklusive Zwanzigerfeld und Zwanzigerreihe
- *Wendekarten* für die Zahlen 0 bis 20, doppelseitig magnetisch
- *Die Einspluseins-Tafel,* Poster 84 cm x 119 cm, stabiles Kunststoffpapier

Diese Materialien sind sehr haltbar und können jahrelang verwendet werden.

### Interaktive Tafelbilder

Für den Einsatz in Klassenzimmern, die mit einem Whiteboard ausgestattet sind, stehen interaktive Tafelbilder (iTb) zum ZAHLENBUCH zur Verfügung. In allen didaktischen Situationen, in denen Informationen gegeben werden müssen und es auf die Kommunikation mit den Kindern ankommt, insbesondere den didaktischen Situationen „Einführung“, „Bericht und Diskussion“ sowie „Begründung“, sind interaktiven Tafelbilder eine sehr große Hilfe. Bei der Einführung in Schülerbuchseiten und deren Besprechung sind sie unübertrefflich. Interaktive Tafelbilder erlauben auch eine Veränderung von Rechnungen und unterstützen damit die Diskussion über Rechenwege.
In den Praxishinweisen zeigt das Kürzel „iTb“ bei „Was wird benötigt?“ an, dass es zur betreffenden Seite ein interaktives Tafelbild gibt.
Das ZAHLENBUCH fordert vielfach zu Handlungen an grundlegenden Materialien auf, durch die Rechenwege erklärt, Beziehungen aufgezeigt und Begründungen für Muster (operative Beweise) gegeben werden. In den Praxishinweisen zu den Seiten/Doppelseiten des Schülerbuchs wird dies genau ausgeführt. Dafür steht die „mathe 2000-Galerie digitaler Darstellungen“ zur Verfügung. Diese Galerie ist in die interaktiven Tafelbilder integriert.
Bei den Praxishinweisen lassen wir offen, in welcher Ausführung (OHP, Magnettafel, Whiteboard) die Demonstrationsmittel eingesetzt werden.

*Gut lehrt, wer gut gliedert.*
Lateinisches Sprichwort

Dieser Abschnitt ist folgendermaßen aufgebaut:
**Jedem Themenblock ist eine Doppelseite vorangestellt, auf der die mathematischen und didaktischen Grundlagen erklärt werden.**
Anschließend werden Praxishinweise zu den einzelnen Seiten des Themenblocks gegeben. Wenn sich ein Thema über eine Doppelseite erstreckt, was häufig der Fall, zieht sich ein zusammenhängender Text über die beiden zugehörigen Seiten im Begleitband. Einzelseiten im Schülerbuch werden wo immer möglich auf einer Seite im Begleitband behandelt. Manchmal war ein Ausweichen auf die Nachbarseite unvermeidlich. Die Überlappungen sind aber gut zu erkennen. Erleichtert wird dies durch das bewährte Gliederungsschema:

**WAS WIRD BENÖTIGT?**
**WORUM GEHT ES?**
**WIE KANN MAN VORGEHEN?**

Die letzte Rubrik wird unterteilt in die Abschnitte

***Vor der Arbeit mit dem Buch***
***Zur Arbeit mit dem Buch***
***Nach der Arbeit mit dem Buch***

Im Abschnitt ***Fortsetzung*** wird verwiesen auf anschließende Aufgaben/Seiten im Arbeitsheft, in den Heften „Verstehen und Trainieren. Grundaufgaben zum Zahlenbuch“, „Probieren und Kombinieren. Igelaufgaben zum Zahlenbuch“, die Rechenkartei „Blitzrechnen“, die CD-ROM „Blitzrechnen“ sowie auf weitere Zusatzmaterialien (ZAHLENBUCH-Frühförderprogramm, Ziffernschreibkurs, Sieben auf einen Blick, s. auch Übersicht auf S. 11).
Es sei an dieser Stelle noch einmal angemerkt, dass die Aufgabenstellungen im Arbeitsheft und auch die Aufgaben im Heft „Verstehen und Trainieren“ im Schülerbuch erarbeitet werden. Daher eignen sich diese Hefte gut für Hausaufgaben.

## Übersicht über die Werkteile

| **Das Zahlenbuch für das 1. Schuljahr** | | | |
|---|---|---|---|
| 978-3-12-201610-4 | Schülerbuch (allgemeine Ausgabe) | 978-3-12-200414-9 | Arbeitsmittel 5er-Pack |
| 978-3-12-201651-7 | Schülerbuch (Ausgabe für Baden-Württemberg) | 978-3-12-201616-6 | Schülerbuch und Arbeitsheft mit Lösungen |
| 978-3-12-201611-1 | Arbeitsheft mit CD-ROM | 978-3-12-201619-7 | Begleitband mit Kopiervorlagen |
| 978-3-12-201612-8 | Arbeitsheft ohne CD-ROM | | |

| **Das Zahlenbuch – Frühförderprogramm** | | | |
|---|---|---|---|
| 978-3-12-201275-5 | Gesamtpaket Frühförderung 1/2 | 978-3-12-201271-7 | Malheft zur Frühförderung 1 |
| 978-3-12-201261-8 | Spiele zur Frühförderung 1 | 978-3-12-201272-4 | Malheft zur Frühförderung 2 |
| 978-3-12-201262-5 | Spiele zur Frühförderung 2 | 978-3-12-201260-1 | Handbuch zur Frühförderung |
| 978-3-12-201270-0 | Spielmaterial 1/2 | | |

| **Weitere Materialien aus dem Zahlenbuch-Programm für die Frühförderung und das 1. Schuljahr** | | | |
|---|---|---|---|
| **Übungsmaterialien** | | | |
| *Ziffernschreibkurs* | | *Software* | |
| 978-3-12-200941-0 | Schöne Ziffern – Schöne Muster | 978-3-12-200931-1 | Blitzrechensoftware 1/2 Einzelplatzversion |
| *Arbeitshefte zum Fördern und Fordern* | | 978-3-12-200932-8 | Blitzrechensoftware 1/2 Netzwerkversion |
| 978-3-12-200935-9 | Verstehen und Trainieren 1 | *Lernspiele* | |
| 978-3-12-200915-1 | Probieren und Kombinieren 1 | 978-3-12-200939-7 | Sieben auf einen Blick |
| *Karteien* | | 978-3-12-200961-8 | Das Zauberdreieck |
| 978-3-12-200901-4 | Blitzrechnen 1 – Basiskurs Zahlen | 978-3-12-199071-9 | Spiegeln mit dem Spiegel |
| 978-3-12-200911-3 | Sachrechnen im Kopf 1/2 – Basiskurs Größen | 978-3-12-199021-4 | Die Denkschule 1/2 |
| **Arbeits- und Demonstrationsmaterial** | | | |
| 978-3-12-199058-0 | Wendeplättchen, 1500 Stück, Klassensatz | 978-3-12-199061-0 | Wendekarten, 10er-Pack, Schülerausgabe |
| 978-3-12-199059-7 | Wendeplättchen, Demonstrationsmaterial, magnetisch | 978-3-12-199068-9 | Wendekarten, Demonstrationsmaterial, magnetisch |
| 978-3-12-200960-1 | Hunderterrahmen aus Holz | 978-3-12-200944-1 | Spiel- und Lernplakate 1/2 |
| **Interaktive Tafelbilder** | | | |
| 978-3-12-201614-2 | Einzellizenz 1/2 | 978-3-12-201615-9 | Schullizenz 1/2 |

*Dies: denkend tätig sein*
*Dies: denkend tätig machen*
*ist der Quellpunkt aller produktiven Erziehung*
Friedrich Fröbel

Schulanfänger sind keine Lernanfänger, auch nicht in der Mathematik. In diesem Satz kann man die Erkenntnisse bündeln, die in den letzten Jahrzehnten über die Vorkenntnisse von Schulanfängern gewonnen wurden. Im Gegensatz zu vielen Ländern, in denen in den Kindergärten eine mathematische Frühförderung fest etabliert ist, besteht in Deutschland auf diesem Gebiet ein großer Nachholbedarf, obwohl bereits Friedrich Fröbel, der „Vater" der Kindergartenbewegung, mit seinen Spielgaben Musterbeispiele für eine mathematische Frühförderung geliefert hat.
Solange in Deutschland klare bildungspolitische Vorgaben fehlen, sind Eltern und Kinder darauf angewiesen, dass zwischen Schulen und Kindergärten eine Zusammenarbeit in der mathematischen Frühförderung *auf freiwilliger Basis* praktiziert wird. ZAHLENBUCH-Schulen sollten hier im ureigenen Interesse entschlossen die Initiative ergreifen. Das ZAHLENBUCH-Frühförderprogramm, das 2010 mit dem Worlddidac Award ausgezeichnet wurde, bietet hierfür eine optimale Grundlage. Die Grundschulen können ihr Knowhow in der Arbeit mit dem ZAHLENBUCH an die Kindergärten weitergeben und die Erzieherinnen in das Praxishandbuch zum Frühförderprogramm einführen. Bei einer solchen Kooperation würden alle gewinnen.

### *Inhalte der Frühförderung*
Das ZAHLENBUCH-Frühförderprogramm konzentriert sich im Bereich „Zahlen und Operationen" auf die Entwicklung der numerischen Bewusstheit, die zwei Komponenten aufweist:
Die Kinder sollen *erstens* die Zahlenreihe bis mindestens 12 und verschiedene Zahlaspekte (Zählzahl, Anzahl, Ordnungszahl, Maßzahl, Code) kennenlernen. *Zweitens* sollen sie angeleitet werden, Anzahlen strukturiert zu ermitteln, d. h. die kleinen Anzahlen 2, 3 und 4 sozusagen auf einen Blick zu erfassen und größere Anzahlen aus kleinen zusammenzusetzen, z. B. 6 aus 3 + 3. Diese Fähigkeit ist die unabdingbare Grundlage für das denkende Rechnen.
Im Bereich „Raum und Form" zielt die Frühförderung auf die Entwicklung der geometrischen Bewusstheit mit den beiden Komponenten „Kenntnis von Grundformen" und „Schulung der Feinmotorik". Das ZAHLENBUCH-Frühförderprogramm besteht zur Hälfte aus geometrischen Aktivitäten, da die Geometrie für die geistige Entwicklung über die Mathematik hinaus eine Schlüsselrolle spielt. Zur Schulung der Feinmotorik dienen die beiden Malhefte, mit denen das richtige Schreiben von Buchstaben und Ziffern vorbereitet wird. Ob in das Schreiben von Buchstaben und Ziffern schon im Kindergarten eingeführt werden sollte, ist gegenwärtig eine offene Frage.

### *Übergang Kindergarten – Grundschule*
Der erste und zweite Themenblock des Bandes 1 schließt inhaltlich genau an das ZAHLENBUCH-Frühförderprogramm an. Es werden dieselben Themen behandelt, im ZAHLENBUCH jedoch nicht nur in Form von Lernspielen, sondern auch in Form gezielter Aufgabenstellungen. Beide Ansätze ergänzen sich, sodass Elemente des Frühförderprogramms (Lernspiele, Malhefte) mit großem Nutzen auch noch in den ersten Wochen der Grundschule eingesetzt und nahtlos weitergeführt werden können.

### *Inhalte des Themenblocks*
Die Themen der Frühförderung werden im Bereich Zahlen in vollem Umfang behandelt. Der Nachdruck liegt dabei auf der strukturierten Anzahlerfassung.
Bei einigen Zahlaktivitäten können die Kinder auch erste Erfahrungen zum Zufall erwerben (Seite 6 und Seite 17).
In den Themenblock sind zur Auflockerung einige geometrische Seiten eingestreut, mit denen ebenfalls Aktivitäten aus der Frühförderung fortgesetzt werden. Im Bereich Formen werden einige Grundformen zeichnerisch erfasst, die für den Ziffernschreibkurs wichtig sind. Weiter werden wichtige Lagebeziehungen eingeführt (Seiten 8 – 9), und die Feinmotorik wird im Zusammenhang mit der Spiegelsymmetrie geschult (Seiten 10 – 11).

In der Grundschule muss deutlich werden, dass es sich bei der strukturierten Anzahlerfassung um ein „rechnendes Zählen" handelt.

Beispiel:

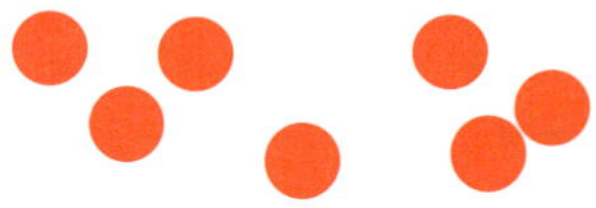

Die Anzahl der Plättchen dieser Menge kann folgendermaßen ermittelt werden: „3 und 3 sind 6 und 1 dazu sind 7." Bei fortgeschrittenen Zahlkenntnissen kann ein Kind auch Gruppen mit 4 und 3 Plättchen „auf einen Blick" sehen und dann 4 und 3 zu 7 zusammenrechnen. Wie an diesem Beispiel ersichtlich, ist schlichtes Zählen bei der Anzahlbestimmung keineswegs verboten, sondern wird einbezogen.
Die Anzahlbestimmung ist umso einfacher, je besser die zu zählenden Objekte strukturiert sind. Im weiteren Unterricht werden bei größeren Anzahlen aus gutem Grund Anschauungsmittel benutzt, die übersichtlich strukturiert sind, besonders das Zehnerfeld und das Zwanzigerfeld.
Eine besondere Bedeutung kommt bei der Strukturierung der Zahl 5, der Hälfte von 10, zu. Dies wird aber erst im folgenden Themenblock genauer herausgearbeitet.
Unstrukturierte Mengen von beweglichen Plättchen sollten immer erst strukturiert werden, wobei durchaus unterschiedliche Strukturierungen zur Geltung kommen sollten.

Es ist zu beachten, dass beim „rechnenden Zählen" im Grunde genommen schon „gerechnet" wird. Allerdings werden die Rechnungen ganz bewusst noch nicht aufgeschrieben. Die formale Notation mit Symbolen hat ihre eigenen Schwierigkeiten, mit denen man die Zahlbegriffsentwicklung am Anfang nicht belasten darf. Die „Ganzheitler" seit Johannes Wittmann (1885 – 1960) wussten das. An ihre Erfahrungen wird im ZAHLENBUCH angeknüpft.

***Lernmaterialien***

Im Frühförderprogramm wird die Zahlenreihe entweder bildlich oder durch Zahlenfliesen von 1 bis 20 repräsentiert, die auf dem Boden ausgelegt werden, soweit das für die jeweilige Aktivität benötigt wird.
Zum Erlernen der Reihe dient das Lied „Ich kann zählen mit den Zahlen ...", das choreographisch umgesetzt werden kann.
Im Frühförderprogramm wird die strukturierte Anzahlerfassung in erster Linie durch Spiele mit den Tierkarten (Insektenkarten) angeregt und gefördert. Das sind 24 Karten, auf denen 1 bis 6 Ameisen, Bienen, Käfer und Schmetterlinge in unterschiedlicher Anordnung abgebildet sind, sodass unterschiedliche Zerlegungen der Zahlen deutlich werden.
Beispiel:

Mit den 24 Karten können unterschiedliche Lernspiele durchgeführt werden, bei denen es ständig darauf ankommt, Karten nach ihrer Anzahl richtig zu platzieren. Das erfordert fortwährend Anzahlbestimmungen. Ein ganz einfaches Spiel besteht z. B. darin, die Karten nach den Anzahlen zu ordnen. Bei den kleinen Anzahlen 1, 2 und 3 gelingt dies schneller und sicherer, bei den Anzahlen 4, 5, und 6 treten naturgemäß zunächst Fehler auf, die aber im Lauf der Zeit immer weniger werden.

Um einen nahtlosen Übergang zur Grundschule zu gewährleisten, wurde auf dieser Grundlage das Material „Sieben auf einen Blick" entwickelt. Anstelle von Spielkarten mit bis zu 6 Insekten enthält es Karten mit bis zu 10 Insekten, zusammen also 40 Karten. Die Spielpläne wurden entsprechend erweitert, die Regeln aber unverändert übernommen.
Auf dem Foto sind Kinder zu sehen, die das Spiel „Karte an Karte" mit dem vollen Set von 40 Karten spielen.

Der Name „Sieben auf einen Blick" zeigt an, worauf es nicht nur bei diesem Material, sondern beim gesamten Themenblock ankommt: nämlich auf die Ermittlung von Anzahlen einer Menge nicht durch Abzählen Element für Element, sondern durch geschicktes Untergliedern und Zusammenfassen der Elemente. Die Kinder müssen sich dazu einfache Zahlbeziehungen als Stützpunkte merken.
Beispiel: 4 muss als „2 und 2" eingeprägt werden, 5 als „3 und 2" oder „ 2 und 2 und 1", 6 als „3 und 3".

**Bei der Arbeit an diesem Themenblock muss der Fokus auf das „rechnende Zählen" gerichtet sein. Die Kinder müssen immer wieder angehalten werden, kleine Anzahlen „auf einen Blick" zu erfassen. Anzahlen zusammen mit ihren möglichen Zerlegungen in Teilgruppen zu sehen, ist das A und O des denkenden Rechnens. Das Strukturieren ist wichtiger als das bloße Zählen.**

*Man hält ein Kind sehr leicht für unbegabt, wenn sich seine ersten Zahlenkenntnisse nicht glatt einstellen. Nach meiner Überzeugung ist das ein gründlicher Irrtum, wie schon die sehr langsame Zahlbegriffsentwicklung bei den Naturvölkern zeigt. Alle motorischen und geistigen Fertigkeiten des Menschen benötigen zu ihrer Entfaltung ihre Zeit. Dies wird besonders an der Sprachentwicklung deutlich. Es dauert sehr lange, bis ein Kleinkind einen einzigen artikulierten Laut hervorbringen kann und die ersten Versuche sind noch sehr unvollkommen. Die Erwachsenen müssten dieselbe Nachsicht und dieselbe Bewunderung, mit der sie die Sprachentwicklung von Kindern gewöhnlich begleiten, auch für die Entwicklung des mathematischen Denkens aufbringen. Aber leider ist dies oft nicht der Fall. Die ersten Versuche des Kleinkindes, „Papa" und „Mama" auszusprechen, werden jubelnd begrüßt, als wenn sich darin eine vielversprechende Rednerbegabung ausdrückte. Die ersten Versuche des kleinen Zahlenrechners dagegen, der überlegt, ob „6 plus 5" das Ergebnis 13, 8, 7 oder 10 haben könnte und nicht gleich zielgerichtet auf die 11 zusteuert, erwecken bei Erwachsenen oft ganz und gar nicht die Vision auf einen späteren Gelehrten und werden keineswegs mit Sympathie verfolgt. Im Gegenteil, das Kind erntet mehr oder weniger leisen Tadel, weil es angeblich unaufmerksam ist und sich dumm anstellt. Bei der Sprachentwicklung lernt das Kind selbstgesteuert. Es nimmt die beiläufigen Verbesserungen seiner Sprechversuche von den Erwachsenen produktiv auf und gelangt so unfehlbar zum Erfolg. Bei der mathematischen Entwicklung lassen sich die Erwachsenen dazu verleiten, das Kind zu belehren, und zwar mit Methoden, die keineswegs immer erfolgversprechend sind. Irritiert oder gar genervt durch offensichtliche Misserfolge ihrer Belehrung neigen die Erwachsenen dazu, ungeduldig zu werden und ihre anfangs wohlwollende Haltung aufzugeben. Das Kind, das auf solche atmosphärischen Veränderungen außerordentlich sensibel registriert, wird dadurch gründlich verunsichert und entmutigt. Es gewinnt schließlich den Eindruck, die Schuld für den fehlenden Lernfortschritt liege bei ihm, anstatt in der didaktischen Unfähigkeit der Erwachsenen.*

AUGUSTE DE MORGAN: ON TEACHING ARITHMETIC, 1833

## WAS WIRD BENÖTIGT?

*Arbeitsmaterial:* Stifte, Wendeplättchen
*Demonstrationsmaterial:* Wendeplättchen

## WORUM GEHT ES?

Am Beginn des Schuljahrs muss man sich eine Übersicht über die mathematischen Vorkenntnisse jedes einzelnen Kindes verschaffen.
Dies kann in unterschiedlicher Weise geschehen. Im Materialband und der beiliegenden CD befinden sich Minimalversionen der GI-Tests „Arithmetik“ und „Geometrie“, die schon bei der Schulanmeldung eingesetzt werden können. Eine gute Einschätzung ist aber auch im Unterricht selbst zu gewinnen, wenn die Kinder dazu angeregt werden, sich mathematisch zu äußern, wozu auch auf den folgenden Seiten noch reichlich Gelegenheit ist.
Es empfiehlt sich, die Doppelseite im Zusammenhang zu behandeln.

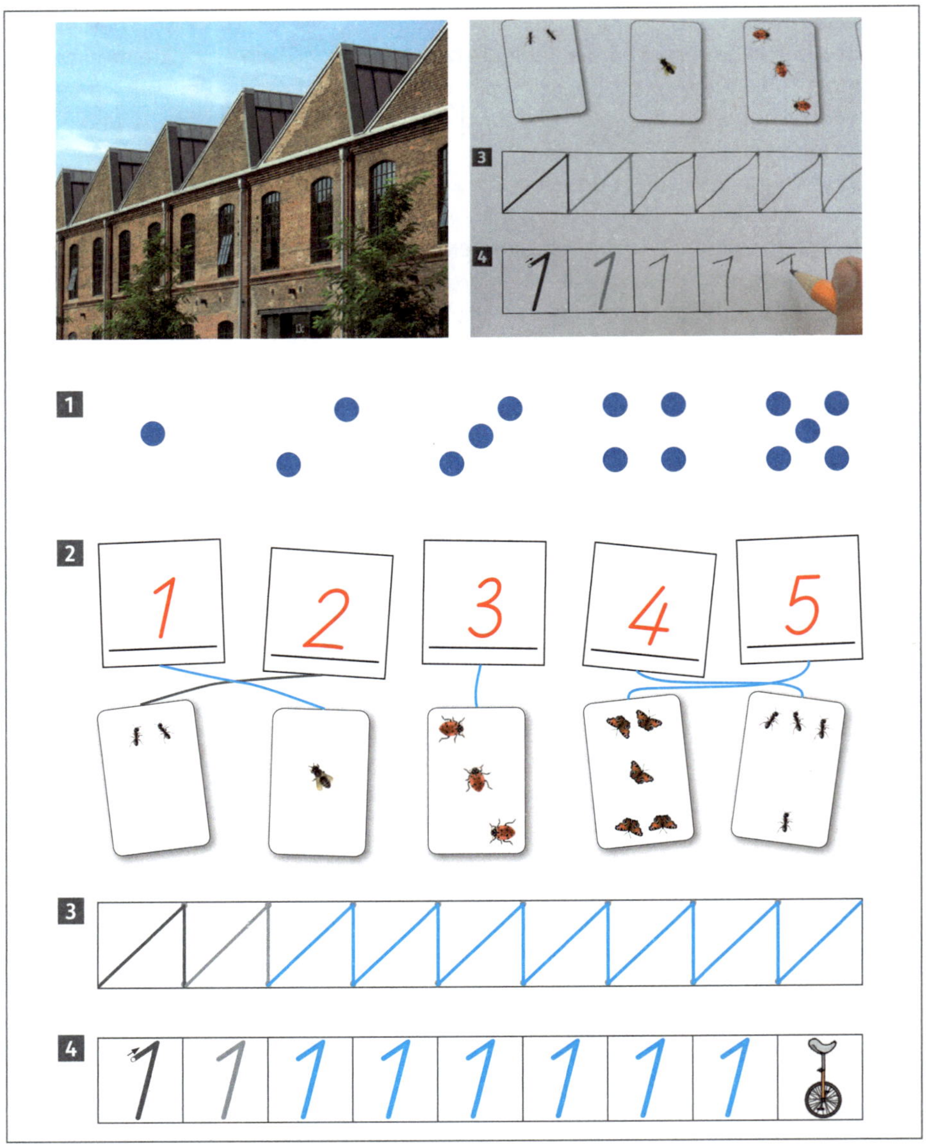


## WIE KANN MAN VORGEHEN?

***Vor der Arbeit mit dem Buch:***
Man kann die Kinder zuerst einmal fragen, ob und wie weit sie schon zählen können. Die Zahlenreihe kann von den Kindern entweder ein Stück gemeinsam aufgesagt werden, oder einzelne Kinder zeigen, was sie können.
Dann kann man mit Blick auf die Aufgabe 2 fragen, wer schon Zahlen schreiben kann. Zahl für Zahl bis 10 wird von Kindern, die sich das schon zutrauen, in einem bestimmten Abstand an die Tafel geschrieben. Es entsteht ein Tafelbild, das den Vorgaben in Aufgabe 2 gleicht. Die Lehrperson greift beim Schreiben der Zahlen nur dort glättend ein, wo es unbedingt nötig ist, z. B. wenn eine Zahl spiegelverkehrt geschrieben wird.

Natürlich ist es auch möglich, dass die Lehrperson die Zahlen selbst in einer Anordnung analog zu Aufgabe 2 aufschreibt, ggf. zuerst nur bis zur Zahl 5 wie auf Seite 4 und in einem zweiten Schritt dann bis 10. Die Kinder benennen die Zahlen dann nur.

Unter die Zahlen werden dann ähnlich wie im Buch in etwas veränderter Reihenfolge Plättchenmengen gemalt und eingerahmt. Dabei sollten bereits die Muster in Aufgabe 1 einfließen. Die Kinder erhalten den Auftrag, die Mengen den Zahlen richtig zuzuordnen.

Die Lehrperson zeigt, wie diese Zuordnung zeichnerisch durch einen verbindenden Strich dargestellt werden kann. Damit haben die Kinder dann ein Vorbild für die Bearbeitung der Aufgabe 2.

Die Lehrerin zeigt zum Schluss noch, wie die Ziffern 1 und 2 richtig geschrieben werden.

***Zur Arbeit mit dem Buch:***
Die Fotos auf beiden Seiten werden beschrieben und kommentiert, das Zickzackmuster und die Herzform als Stilisierungen realer Formen erkannt und benannt.

**1**, **5** Die Kinder erhalten den Auftrag, Punktbilder mit Plättchen nachzulegen. Dies kann auch gut im Sitzkreis erfolgen, wobei man sich auf kleine Mengen in Anordnungen beschränken kann, die den Kindern bekannt sind, z. B. Würfelbilder. Alternativ können die Muster auch beschrieben und anzahlmäßig benannt werden.
Beispiel: „Bei der 4 sind es 2 und 2.“
„Bei der Fünf sind außen herum 4, innen 1.“

**2**, **6** Die Kinder zeichnen die Verbindungsstrecken wie vorher besprochen.

**3**, **7** Das vorgezeichnete Zickzackmuster wird fortgesetzt, wobei die vorgegebenen kleinen Punkte als Hilfe dienen.
Die Herzform wird nach den Vorbildern gezeichnet. Als Hilfe ist immer die „Mitte“ vorgegeben.

**4**, **8** Mit der Ziffer 1 beginnt der Ziffernschreibkurs. Wo der Stift anzusetzen ist, zeigt ein kleiner Pfeil an.
Die Ziffer 2 beginnt mit der rechten Hälfte der Herzform. Das Einrad verkörpert die Zahl 1, das Zweirad die Zahl 2.

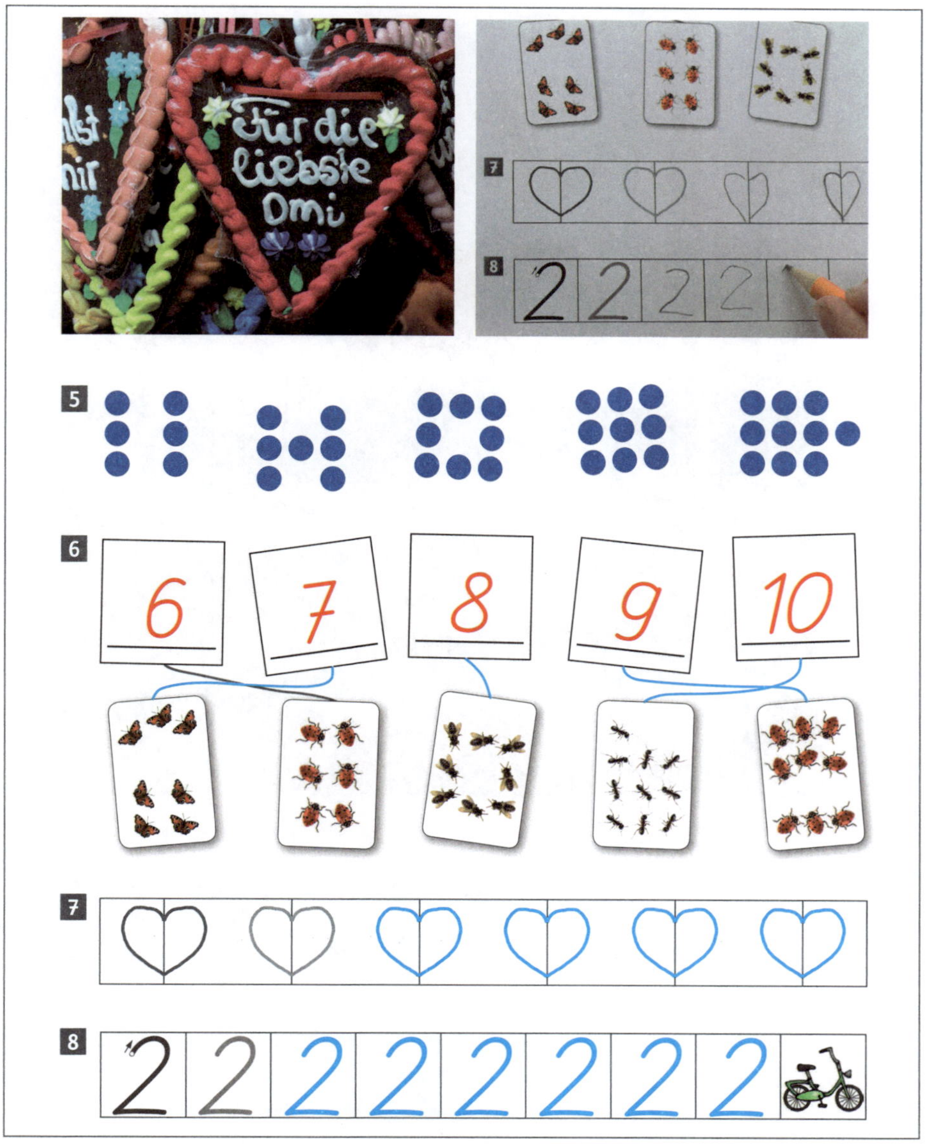


***Fortsetzung:***
→ *Arbeitsheft*
Seite 3, **1** Formen nachzeichnen
Seite 3, **2** Zahlbilder nachspuren
Seite 4, **4–5** Ziffern 1 und 2
→ *Der Ziffernschreibkurs*
Seiten 2–7, Ziffern 1 und 2

***Nach der Arbeit mit dem Buch:***
*Lernspiele aus dem ZAHLENBUCH-Frühförderprogramm*
Dabei bieten sich besonders Spiele mit den Tierkarten an (z. B. Tierkarten sortieren, Versteckt – entdeckt, passende Pärchen, Karte an Karte).

Das Zahlenlied „Ich kann zählen" mit der choreografischen Umsetzung sorgt für eine schöne Abwechslung und kommt dem Bewegungsdrang der Kinder entgegen.
Wenn Zahlenfliesen bis 12 auf dem Boden ausgebreitet sind, können einzelne Kinder im einfachsten Fall die Zahlenreihe dem Lied entsprechend durchlaufen, was einiges an Konzentration erfordert. Die anderen Kinder schauen zu.

*Standortbestimmung*
Jedes Kind schreibt auf ein leeres Blatt selbst Zahlen und malt dazu Plättchenmengen der passenden Anzahl.
Auf diese Weise ist ein erster Einblick in die Vorkenntnisse möglich.

Kinder mit einer schwach ausgebildeten Feinmotorik können die Malhefte 1 und 2 aus dem Frühförderprogramm bearbeiten.

*Allgemeiner Hinweis zu Standortbestimmungen*
Standortbestimmungen sollen zeigen, welche Voraussetzungen das einzelne Kind für den Unterricht mitbringt. Dies könnte dazu veranlassen, solche Bestimmungen **vor** jeder Behandlung eines Themas durchzuführen. Wir halten das nicht für günstig, sondern glauben, dass es besser ist, die Kinder zuerst mit den Konventionen bei der Darstellung mathematischer Objekte und Beziehungen vertraut zu machen. Diese Konventionen sind willkürlich und können von den Kindern nicht entdeckt, sondern wie jede Sprache nur im Gebrauch erlernt werden.
Auf dieser Doppelseite wird deutlich, dass man Zahlen durch Zahlsymbole und durch Mengen darstellen kann, denen man eine Zahl als Anzahl zuordnet.
Die Kinder können diese Darstellungsformen dann benutzen, um ihre Vorkenntnisse über Zahlen mitzuteilen. Dass es viele Kinder gibt, die diese Konventionen zunächst ignorieren und sich anders artikulieren, ist beim Erlernen einer Sprache normal. Aus dem gleichen Grund, aus dem man Sprechweisen des Kleinkindes (z. B. „Ponchjuter" statt „Computer") nicht verstärkt, sollte man auch kindliche Darstellungsweisen nicht kultivieren, wie es eine einseitig auf das Kind ausgerichtete Pädagogik suggeriert.

# 6 Räuber und Goldschatz

Rechenspiel auf der Zahlenreihe, Erfahrungen zum Zufall

## WAS WIRD BENÖTIGT?

*Arbeitsmaterial:* 1 Spielwürfel, 1 Spielstein (für je 2 Spieler)
*Demonstrationsmaterial:* Schaumstoffwürfel, Magnetplättchen, großer Spielplan (Poster, selbst gezeichnet oder Zahlenfliesen von 1 bis 20), großer „Goldschatz", iTb

## WORUM GEHT ES?

Das Spiel „Räuber und Goldschatz" bietet eine erste zwanglose Einführung in die Zwanzigerreihe (und auch schon in die Addition und Subtraktion) im Rahmen eines abwechslungsreichen Spiels.
Wie „Mensch ärgere dich nicht" kann es schon mit geringen Zahlvorkenntnissen gespielt werden. Die Kenntnis der Zahlenreihe wird gefördert, ist aber nicht erforderlich, denn die Kinder können ja Feld für Feld rücken. Daher hat das Spiel auch schon Platz im ZAHLENBUCH-Frühförderprogramm.
Kinder mit unterschiedlichen Vorkenntnissen können gut gemeinsam spielen (natürliche Differenzierung). Kinder mit geringen Vorkenntnissen lernen dabei von fortgeschrittenen Kindern, die schon Felder benennen und mehr als ein Feld in einem Zug weiterziehen können. Im Laufe des Spiels kommt es immer wieder zu Situationen, die lehrreich sind.
Beispiele:
- Wenn der Schatz auf 10 („*zehn*") steht und der Plusräuber 4 („*vier*") würfelt, darf er auf 14 („*vierzehn*") ziehen.
- Wenn ein Räuber dieselbe Zahl würfelt wie der andere zuvor, zieht er auf das Feld zurück, das der andere vorher verlassen hat (Aufgabe und Umkehraufgabe).

Die Fülle solcher möglichen „Lernziele" ist übergroß. Sie stellt aber für das einzelne Kind kein Problem dar, weil es diese Fülle gar nicht wahrnimmt, sondern sein Wissensnetz individuell so weit ausbaut, wie es das „verkraften" kann. Das ist natürliche Differenzierung in Reinkultur.
Das Spiel liefert auch erste Erfahrungen zum Zufall: In der Terminologie der Wahrscheinlichkeitstheorie handelt es sich um einen „Markoff-Prozess" mit zwei „absorbierenden Zuständen" (den Höhlen). Der Übergang von einem Feld auf andere Felder wird durch Übergangswahrscheinlichkeiten beschrieben. Darüber brauchen sich die Kinder (und die Lehrpersonen) aber noch nicht den Kopf zerbrechen. Wohl aber können die Kinder im Spiel Erfahrungen zum Zufall sammeln: Der Goldschatz

**1**

**2**

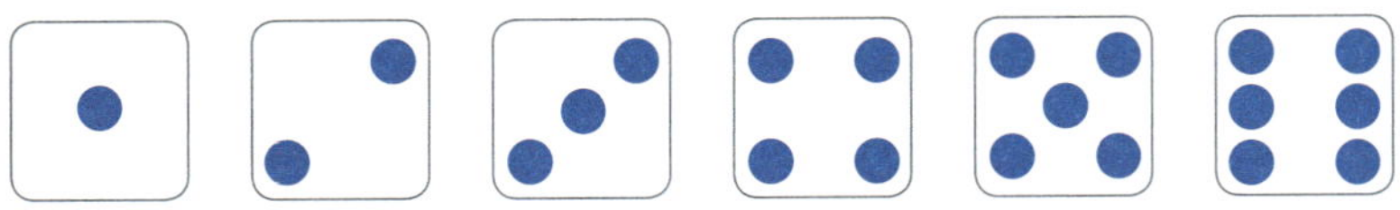

**3**

wogt hin und her. Wer schon fast vor dem Sieg steht, kann noch verlieren. Wer gewinnt, kann nicht vorhergesagt werden. Wer Pech hat, verliert mehrmals hintereinander, wer Glück hat, gewinnt mehrmals hintereinander.
Auch die Spieldauer hängt vom Zufall ab. In der Regel beträgt sie ca. 5–10 Minuten. Manchmal kann das Spiel aber sehr schnell beendet sein, manchmal auch sehr lange dauern und muss ggf. sogar abgebrochen werden.

## WIE KANN MAN VORGEHEN?

### *Vor der Arbeit mit dem Buch:*

Die Lehrperson betrachtet mit den Kindern den Spielplan und erzählt dabei folgende Geschichte:
*In einem tiefen Wald lebten vor langer Zeit zwei Räuber, die gute Freunde waren. Deshalb hatten sie zwischen ihren Höhlen einen Weg aus Steinen gelegt und darauf die Zahlen von 1 bis 20 geschrieben. In ihrer Freizeit machten sie auf diesem Steinweg lustige Spiele.*
*Einmal entdeckten sie unter Baumwurzeln und Steinen versteckt einen Sack mit glitzernden Goldtalern. Natürlich behauptete jeder, er habe den Schatz zuerst entdeckt. Es begann ein furchtbarer Streit und Kampf. Aber beide Räuber waren gleich stark, keiner konnte den anderen besiegen. Schließlich fielen beide erschöpft zu Boden. Nach einiger Zeit sagte der eine Räuber: „Lass uns doch auf dem Weg zwischen unseren Höhlen um den Schatz würfeln. Wir stellen den Schatz auf die 10, würfeln abwechselnd und tragen den Schatz so viele Felder zu unserer Höhle, wie der Würfel zeigt. Wer den Schatz zuerst in seine Höhle bekommt, darf ihn behalten. Weil die 10 etwas näher an meiner Höhle ist, darfst du anfangen."*
Die Steine „1" und „20" am Eingang der Höhlen müssen nicht genau getroffen werden. Beispiel: Wenn der Schatz auf 4 steht und der Minusräuber 3, 4, 5 oder 6 würfelt, hat er gewonnen.

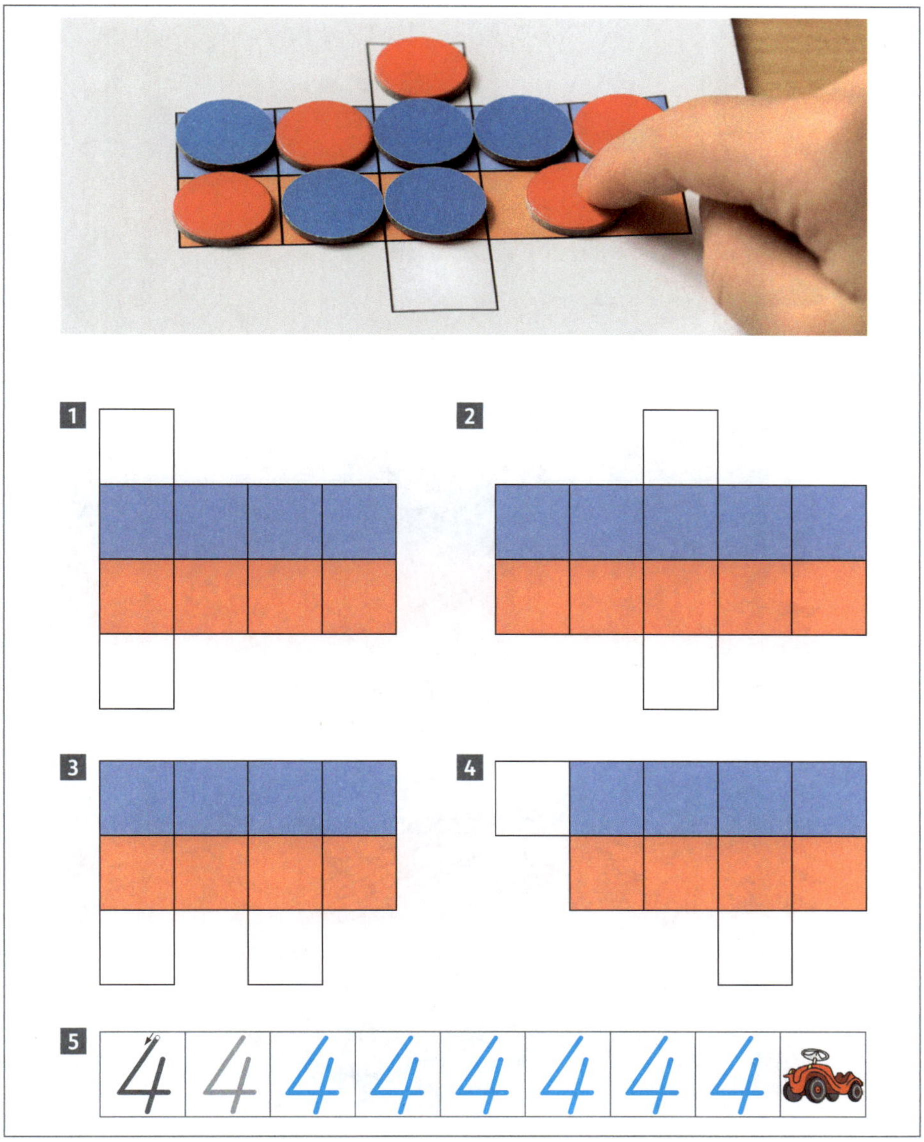


Die Klasse wird in zwei Gruppen aufgeteilt, die stellvertretend für die beiden Räuber stehen. Kinder aus jeder Gruppe würfeln abwechselnd mit einem großen Schaumstoffwürfel. Auf dem Spielplan wird der Goldschatz hin und her bewegt, sodass alle Kinder folgen können. Während des Spiels sollen die Kinder angeregt werden, nicht Feld um Feld weiterzuzählen, sondern kleine Sprünge vorzunehmen. Beispiel: „3 weiter“ kann man springen, indem man zuerst 2, dann noch 1 weiterzieht, „4 weiter“ heißt „2 weiter“ und nochmals „2 weiter“. Diese Form sollte aber nicht unnötig forciert werden.

### *Zur Arbeit mit dem Buch:*

**1** Das Spiel wird in Partnerarbeit mit Rollentausch anhand des Spielplans im Buch durchgeführt.

**2** Die Würfelbilder im Buch und an die Tafel gezeichnete oder geheftete Würfelbilder werden analysiert. Dazu braucht man nur einige Anregungen zu geben, z. B. dass in der 5 die 4 und die 1 stecken. Dann entdecken die Kinder selbst weitere Beziehungen: In der 6 steckt zweimal die 3. In der 3 steckt die 2 und die 1, usw.
Mit Farben kann man dies unterstreichen. Beispiel: Bei der 5 können die drei Plättchen in der Diagonale rot gelegt werden, die verbleibenden zwei blau.

**3** Der Ziffernschreibkurs wird mit der 3 fortgesetzt. Wie anzusetzen ist, zeigt der Pfeil.

### *Fortsetzung:*

*→ Arbeitsheft*
Seite 3, **3** Würfelbilder malen
Seite 4, **6** Ziffer 3
*→ Der Ziffernschreibkurs*
Seiten 8 – 9, Ziffer 3

## WAS WIRD BENÖTIGT?

*Arbeitsmaterial:* Wendeplättchen
*Demonstrationsmaterial:* Wendeplättchen, großer Spielplan

## WORUM GEHT ES?

Dieses Denkspiel, das ebenfalls im ZAHLENBUCH-Frühförderprogramm vorkommt, ist ein Einpersonenspiel. Es wird auf Spielplänen gespielt, die jeweils gleich viele rote und blaue Plätze sowie zwei weiße Plätze zum Ausweichen aufweisen. In der Frühförderung verwendet man einfache Spielpläne mit bis zu 3 Plätzen jeder Farbe, bis Klasse 2 werden immer anspruchsvollere Varianten (bis zu 5 Plätzen jeder Farbe) benutzt. Die Spielregel ist einfach: Alle roten Plätze werden zu Beginn mit blauen Plättchen belegt, alle blauen Plättchen mit roten. Die weißen Plätze bleiben leer.
Ziel ist es, alle roten Plättchen auf die roten Plätze zu bekommen und alle blauen auf die blauen Plätze. Bei jedem Zug darf ein Plättchen auf ein freies Feld geschoben werden, aber immer nur über Seitenkanten, nicht über Eck.
Wie bei jedem Denkspiel ist dabei ein „Hindernis“ zu überwinden. Hier besteht es darin, dass die Plättchen der gleichen Farbe auf dem Weg zum Ziel nicht immer zusammen bleiben können. Einzelne Plättchen müssen zurückbleiben, um dann später nachgeholt zu werden. Dies schult das vorausschauende Denken.
Wie schnell die Lösung gefunden wird, spielt bei diesen Spielen keine Rolle.

## WIE KANN MAN VORGEHEN?

### *Zur Arbeit mit dem Buch:*

An einem großen Spielplan werden die Regeln erklärt.

**1** – **4** Jedes Kind kann alleine nach Lösungen suchen.

**5** Fortsetzung des Ziffernschreibkurses mit der Ziffer 4, die in zwei Schritten gezeichnet wird. Zuerst wird der Haken gesetzt, dann der vertikale Strich.

### *Fortsetzung:*

*→ Die Denkschule 1/2*
Seiten 1 – 4, Schiebespiele
*→ Arbeitsheft*
Seite 5, **4** Ziffer 4
*→ Der Ziffernschreibkurs*
Seiten 10 – 13, Ziffern 1 – 4

# 8 Bremer Stadtmusikanten

Erfassung und Beschreibung von Lagebeziehungen im Raum

## WAS WIRD BENÖTIGT?

*Demonstrationsmaterial:* Märchen von den „Bremer Stadtmusikanten“ aus der Grimmschen Sammlung
*Hinweis:* Im Bilderbuch „Kinder malen Märchen. Die schönsten Märchen der Brüder Grimm“ (Frankfurt: Insel 1976) finden sich schöne Bilder von Grundschülern zu diesem Märchen.

## WORUM GEHT ES?

Die Kinder sollen an einem Märchenkontext ihre Kenntnisse über Lagebeziehungen „oben, unten, in der Mitte, davor und dahinter, rechts und links“ erweitern und vertiefen.

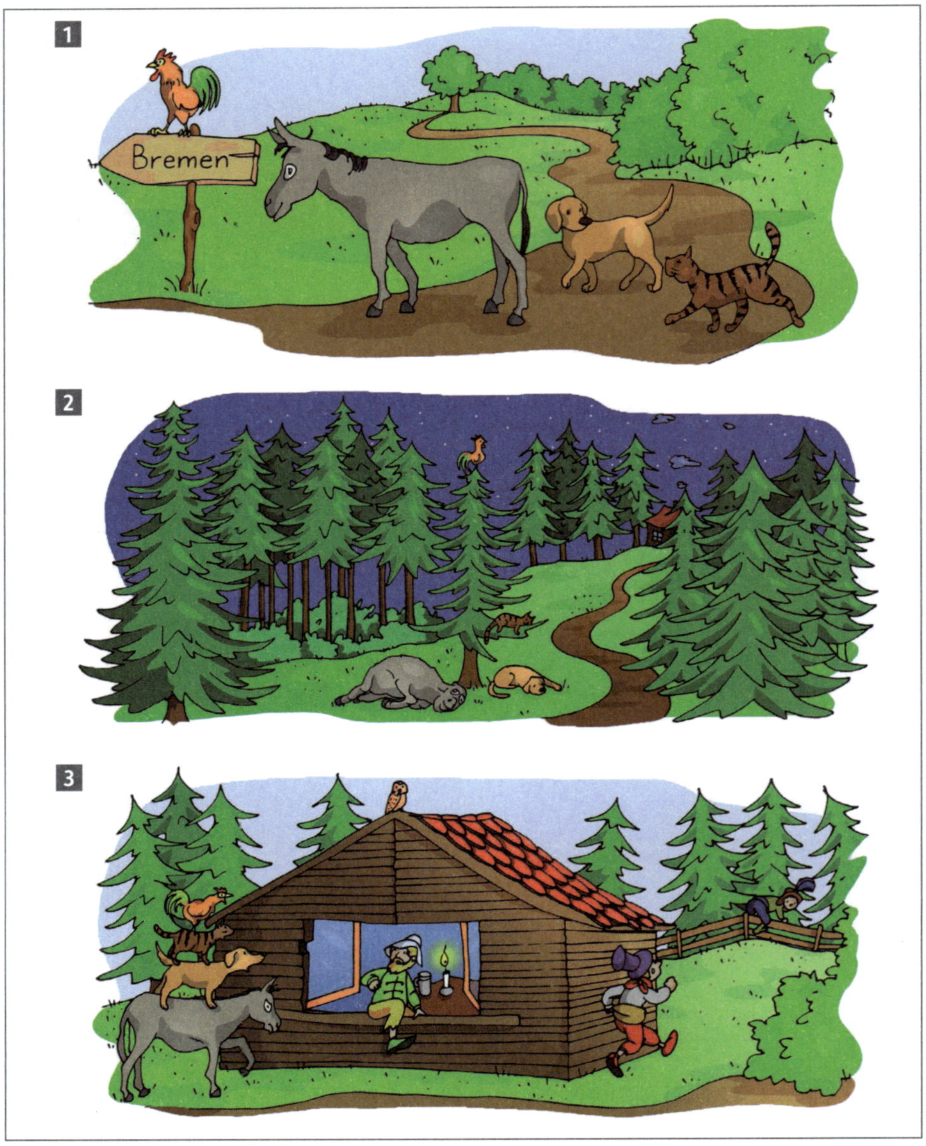


## WIE KANN MAN VORGEHEN?

### *Vor der Arbeit mit dem Buch:*

Zunächst erzählt die Lehrerin den Kindern in verkürzter Form das Märchen „Die Bremer Stadtmusikanten“, das einige Kinder schon kennen dürften.

### *Zur Arbeit mit dem Buch:*

Das obere Bild auf der Seite zeigt, wie der Esel vorneweg, dahinter Hund und Katze den Hahn treffen. Im mittleren Bild liegen einige Tiere unter dem Baum, der Hahn sitzt ganz oben. Im untersten Bild ist die weltbekannte Tierpyramide (unten Esel, darüber Hund und Katze und obendrauf der Hahn) dargestellt, die den Räubern Angst einflößt.
Die Bilder werden gemeinsam betrachtet und beschrieben. Dabei werden in natürlicher Weise Lagebeziehungen benutzt.

### *Nach der Arbeit mit dem Buch:*

Die Kinder können die *Tierpyramide* (Tiere übereinander) und/oder die *Tierwanderung* (Tiere hintereinander) selbst malen.

Der Mäusetanz im ZAHLENBUCH-Frühförderprogramm setzt die Lagebeziehungen vorwärts, rückwärts, links, rechts, links herum, rechts herum, ab, auf, links im Kreise, rechts im Kreise, vorne, hinten in Bewegungen um. Die Kinder tanzen zu diesem Lied und prägen sich diese Beziehungen auf diese Weise „in Fleisch und Blut“ ein.

*Kurzfassung des Märchens:*
*Die „Hauptpersonen“ des Märchens Die Bremer Stadtmusikanten sind vier Tiere (Hahn, Katze, Hund und Esel). Alle vier sind alt und für ihre Besitzer nicht mehr nützlich. Der Esel kann keine Säcke mehr zur Mühle tragen, der Hund ist nicht mehr zur Jagd zu gebrauchen, die Katze kann keine Mäuse mehr fangen, der Hahn befürchtet, geschlachtet zu werden. Jedes Tier fasst sich in dieser ausweglosen Situation ein Herz, beschließt sein Leben in die Hand zu nehmen und flieht. Zufällig treffen die Tiere einander. Alle folgen dem Vorschlag des Esels, in Bremen Stadtmusikanten zu werden, und brechen zu dieser Stadt auf. Da der Weg weit ist, müssen sie im Wald übernachten. Dort ruhen sie sich zuerst aus und entdecken dann ein Haus, in dem Räuber mit ihrer Beute leben und gerade speisen. Die Tiere bilden eine Pyramide, der Esel unten, der Hund darüber, auf dem Hund die Katze und ganz oben der Hahn. Mit ihrem Geschrei erschrecken sie die Räuber, die glauben, ein Gespenst stehe vor dem Haus. Die Räuber fliehen. Die Tiere ziehen in das Haus ein und verbringen dort die Nacht. Einer der Räuber, der zurückkehrt, um zu schauen, ob das Haus wieder frei ist, wird von den Tieren nochmals erschreckt und glaubt, dass im Haus Geister wohnen. Die Räuber haben Angst und kehren nicht mehr zurück. Den Tieren gefällt es im Haus so gut, dass sie beschließen, dort wohnen zu bleiben, von den Vorräten der Räuber zu leben und nicht nach Bremen zu wandern.*

## WAS WIRD BENÖTIGT?

*Arbeitsmaterial:* Wendeplättchen als Symbol für ein kletterndes Eichhörnchen
*Demonstrationsmaterial:* Evtl. großer Spielplan und großer Spielstein, iTb

## WORUM GEHT ES?

„Klettern" ist ein „strategisches Spiel", das auf einem einfacheren Spielplan ebenfalls schon in der Frühförderung gespielt wird. Regeln: Zu Beginn sitzt ein „Eichhörnchen" (Plättchen) auf dem untersten Feld. Die Spieler einigen sich, wer beginnt und schieben das Plättchen abwechselnd ein Feld weiter (nach links oben, gerade nach oben, nach rechts oben), angedeutet durch Pfeile. Wer das Plättchen zur Spitze schiebt, gewinnt.
Im Spiel werden vielfach Lagebeziehungen benutzt, um die Züge zu beschreiben.
*Mathematische Analyse:* Von der Endposition aus werden die Positionen rückwärts Schritt für Schritt danach bewertet, ob sie bei optimalem Weiterspielen „gut" oder „schlecht" sind. *Gut* ist sicherlich die oberste Position. Wer dort hinzieht, gewinnt. Wir markieren diese Position mit „g". Wer aber auf eine der drei Positionen vor der obersten Position zieht, ist *schlecht* dran, denn der Gegner kann ja von dort aus gewinnen. Diese drei Positionen erhalten die Marke „s". Die obersten Positionen in den äußersten Spalten sind gut, denn wer dort hinzieht, lässt dem Gegner nur schlechte Nachfolgepositionen. Damit sind die oberen sechs Positionen markiert (drei mit „g, drei mit „s"). Wie sind die darunter liegenden Positionen in den fünf Spalten zu bewerten? In den Spalten links und rechts außen sind die zweiten Positionen von oben schlecht. Wer dorthin zieht, bietet dem Gegner eine gute Nachfolgeposition. Aus dem gleichen Grund sind in der zweiten und vierten Spalte die zweiten Positionen von oben schlecht. Von dort kann man ja zu einer guten Position ziehen. In der mittleren Spalte ist die dritte Position von oben gut. Wer dorthin zieht, hinterlässt dem Gegner nur schlechte Nachfolgepositionen.
Nach diesem Prinzip werden rückwärts alle weiteren Positionen bewertet. Man erkennt, dass es im Spielbaum nur 7 gute Positionen gibt, unter diesen die über dem Startfeld liegende Position in der mittleren Spalte.
Wer bei diesem Spiel beginnt, kann sicher gewinnen, wenn er zuerst auf diese unterste gute Position zieht. Der Gegner kann ziehen, wie er will, er kommt immer auf eine schlechte Position. Von da aus kann der erste Spieler immer zu einer guten Position ziehen. In diesem Rhythmus geht es weiter bis zur guten Endposition.
Solange die Strategie von keinem der Spieler durchschaut wird, haben beide trotz des strategischen Vorteils des ersten Spielers in etwa gleiche Chancen zu gewinnen, insbesondere dann, wenn der Beginn wechselt. Da es mehr als doppelt so viele schlechte wie gute Positionen gibt, tappen die Spieler immer wieder in schlechte Positionen und eröffnen dem Gegner neue Chancen.

## WIE KANN MAN VORGEHEN?

***Vor der Arbeit mit dem Buch:***
An einem großen Spielplan (Boden, Magnettafel, Whiteboard) werden die Regeln erklärt. Zwei Spieler oder zwei Gruppen spielen gegeneinander. Je mehr sich das Spiel „zuspitzt", desto überschaubarer wird es. Die Kinder erkennen, welche Positionen in der Umgebung der Spitze gut und welche schlecht sind. Im weiteren Verlauf wird ihnen auch immer klarer, welche Positionen im mittleren Bereich günstig sind, um eine der günstigen Positionen vor der Spitze zu erreichen. Das Spiel macht auch mit nur teilweiser Analyse Sinn.

***Zur Arbeit mit dem Buch:***
Anhand des Spielplans im Buch spielen immer zwei Kinder gegeneinander.

***Nach der Arbeit mit dem Buch:***
Das Spiel wird auf einem großen Plan gemeinsam gespielt. Dabei wird über günstige und schlechte Züge gesprochen.
Wenn die Lehrperson gegen die ganze Klasse spielt und den Kindern die Entscheidung überlässt, ob sie anfangen wollen oder (lieber) nicht, sieht man, wie weit die Gewinnstrategie verstanden wurde.

## WAS WIRD BENÖTIGT?

*Arbeitsmaterial:* Quadratisches Faltpapier in verschiedenen Farben (preiswert als Zettelblock erhältlich), Schere
*Demonstrationsmaterial:* Serviette, mehrere große quadratische Stücke Papier

## WORUM GEHT ES?

Bereits im ZAHLENBUCH-Frühförderprogramm nehmen Faltübungen einen breiten Raum ein. Wie dort geht es hier ebenfalls sowohl um die Förderung der Feinmotorik als auch um Erfahrungen zur Achsensymmetrie.
Das Quadrat ist hierfür die ideale Figur, wie auf Seite 10 deutlich wird.
Diese Figur hat vier Symmetrieachsen, die beiden Mittellinien (Verbindungsstrecken der Mittelpunkte gegenüberliegender Seiten) und die beiden Diagonalen, die sich im Mittelpunkt schneiden.

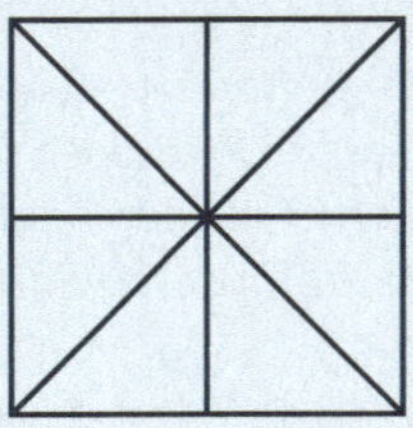

Diese vier Linien entstehen beim Falten, wenn man eine Seite auf die gegenüberliegende Seite bzw. eine Ecke auf die gegenüberliegende Ecke faltet.
Dabei wird das Quadrat auf zwei unterschiedliche Weisen halbiert, die Hälften passen jeweils genau aufeinander.
Beim Falten sieht man, dass sich die Diagonalen halbieren, gleich lang sind und rechte Winkel bilden.
Die beiden Mittellinien zerlegen das Quadrat in vier kleine Quadrate, die deckungsgleich sind. Analog zerlegen die beiden Diagonalen das Quadrat in vier gleichschenklig rechtwinklige, ebenfalls deckungsgleiche Dreiecke.
Korrektes Falten stellt einige Anforderungen an die Feinmotorik: Die Seiten bzw. Ecken müssen exakt aufeinander gelegt werden, eine Hand muss sie in dieser Position fixieren, die andere muss das Papier glattstreichen.

Geometrisch interessant ist der zusammengefaltete Brief, bei dem die vier Ecken des quadratischen Papiers in den Mittelpunkt gefaltet sind. Der zusammengefaltete Brief hat wieder Quadratform. Da das Papier überall doppelt liegt, hat dieses kleine Quadrat den halben Flächeninhalt des ursprünglichen Quadrats. Wenn man das Papier wieder auffaltet, sieht man das kleine Quadrat als „Karo" im großen Quadrat. Die Ecken des kleinen Quadrats sind die Seitenmitten des Papierquadrats. Diese Figur ist ein historisch hochbedeutsamer Spezialfall des Satzes von Pythagoras.

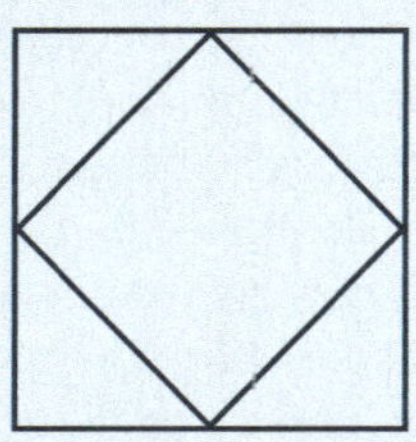

Auf der Seite 11 werden durch Falten andere achsensymmetrische Figuren erzeugt. Dabei wird jeweils die Hälfte vorgezeichnet, das doppelt liegende Papier wird längs der gezeichneten Linie ausgeschnitten und dann aufgefaltet. Dabei wird die Beziehung zwischen den symmetrischen Hälften „handgreiflich". Durch Veränderung der vorgezeichneten Linie lassen sich verschiedenartige symmetrische Linien erzeugen.

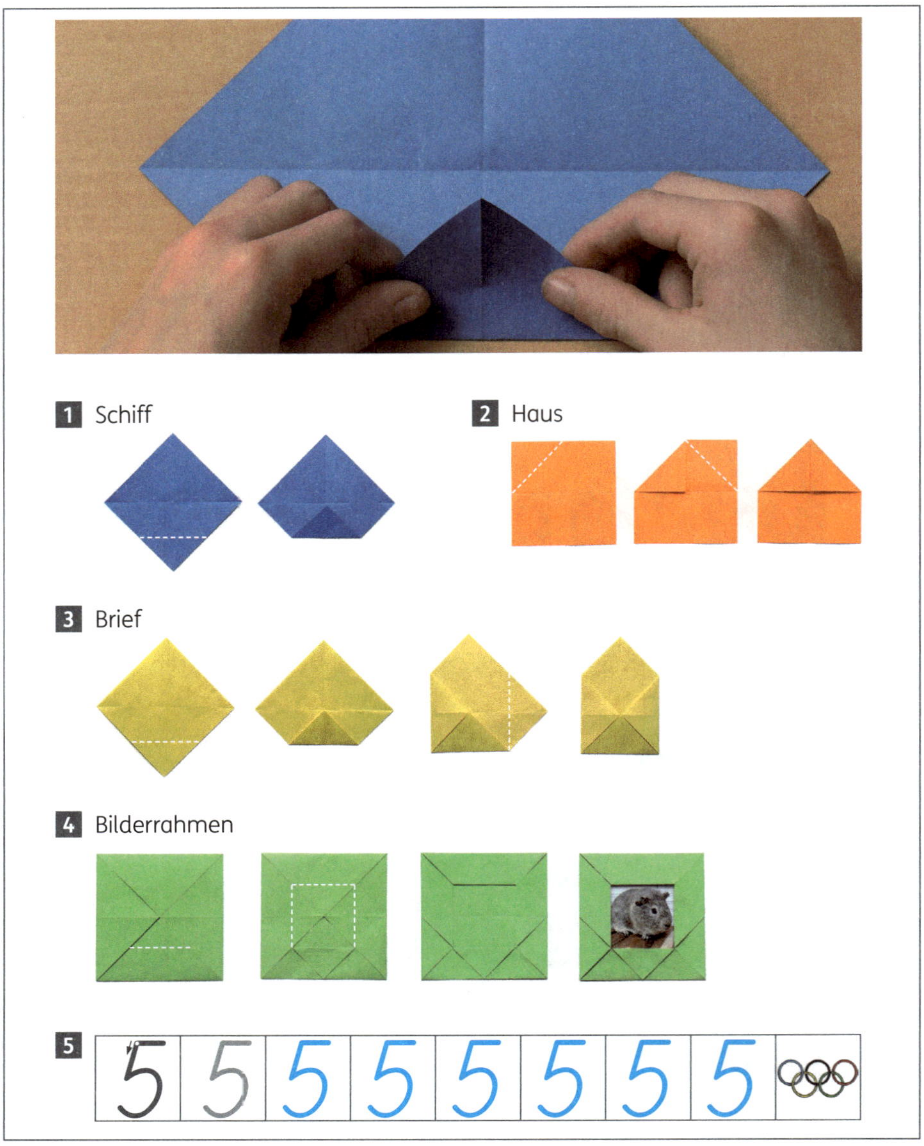


Die bilaterale Symmetrie ist ein wichtiges Bauprinzip in der Natur. Der Mensch und Lebewesen, die sich im Raum bewegen müssen, sind grundsätzlich symmetrisch gebaut, da sonst ein Hang zu einer Seite entstehen würde. Auch Fahrzeuge müssen symmetrisch gebaut werden.
Der spätere Geometrieunterricht baut systematisch auf der Achsensymmetrie auf, sodass sich von der Frühförderung an eine intensive Beschäftigung mit diesem Thema lohnt. Faltübungen sind hierbei unentbehrlich.

## WIE KANN MAN VORGEHEN?

***Vor der Arbeit mit dem Buch (S. 10):***
Im Sitzkreis entfaltet man eine Serviette. Die Kinder versuchen zu beschreiben, wie sie gefaltet ist, und falten sie wieder zusammen. Dann zeigt man das große Papierquadrat und fragt, ob ein Kind daraus eine Serviette falten kann. Daran anschlie-

Falte, male, schneide.

6

7

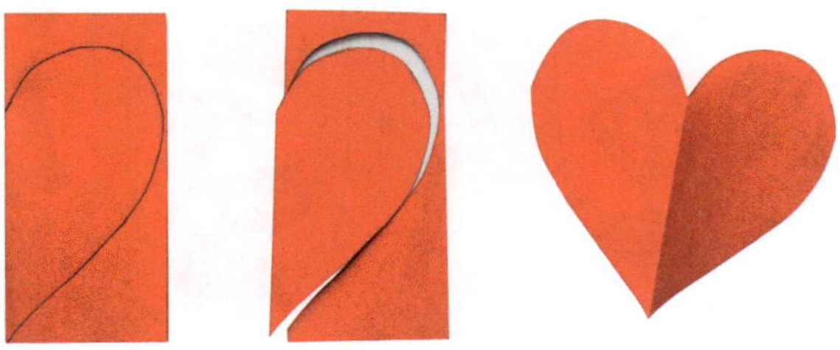

8

| 6 | 6 | 6 | 6 | 6 | 6 | 6 | 6 |  |
|---|---|---|---|---|---|---|---|---|

***Vor der Arbeit mit dem Buch (S. 11):***
An einem großen Stück Papier demonstriert die Lehrerin, was auf dem Foto oben angedeutet ist: das Papier wird gefaltet, es wird ein halber Baum aufgemalt, dann wird entlang der gezeichneten Linie geschnitten und schließlich wird aufgefaltet.

***Zur Arbeit mit dem Buch (S. 11):***
**6**, **7** Nach diesem Vorbild stellen die Kinder selbst die vorgegebenen Formen mehrfach her und wandeln sie ab.

**5**, **8** Zum Abschluss der beiden Seiten werden die Aufgaben 5 und 8 bearbeitet (Schreiben der Ziffern 5 und 6).

***Fortsetzung:***
→ *Arbeitsheft*
Seite 5, **5 – 6** Ziffern 5 und 6
→ *Der Ziffernschreibkurs*
Seiten 14 – 19, Ziffern 5 und 6

***Nach der Arbeit mit dem Buch:***
*Falt- und Schneideübungen im ZAHLENBUCH-Frühförderprogramm*
Die Spielebücher enthalten weitere Anleitungen zum Falten und Schneiden, auch mit doppelt gefaltetem Papier, bei dem Figuren mit zwei Symmetrieachsen entstehen.

ßend wird besprochen, wie man gegenüberliegende Ecken genau aufeinander legen, festhalten und glattstreichen muss, ebenso gegenüberliegende Seiten. Die Begriffe *„Ecke“*, *„Seite“* und auch der Begriff *„Diagonale“*, der im täglichen Leben häufig verwendet wird, fließen hierbei ein. Wenn einige Kinder diesen Begriff noch nicht benutzen, ist das kein Problem. Der Begriff kommt ja später noch oft vor. Die Kinder überzeugen sich, dass ein Quadrat vier Ecken und vier Seiten, aber nur zwei Diagonalen hat.
Am Beispiel „Schiff“ (Aufgabe 1) wird schließlich noch gezeigt, dass man aus einem Quadrat auch andere Dinge falten kann als Servietten.

***Zur Arbeit mit dem Buch (S. 10):***
**1** – **3** Anschließend erhalten die Kinder Faltpapier und versuchen anhand der Fotos zu den Aufgaben 1 – 3 ein Schiff, ein Haus und einen Brief zu falten. Die Kinder in jeder Gruppe unterstützen sich dabei. Die Lehrerin sieht überall nach dem Rechten und leistet Hilfe, wo dies nötig ist. Natürlich sollen die Kinder die Objekte nicht nur einmal, sondern mehrmals falten (Übung!). Am Schluss überzeugen sich alle, dass das Schiff, das Haus und der Brief alle 5 Ecken haben.

**4** Jeder Gruppe zeigt man dann, wie man aus dem Schiff den Bilderrahmen falten kann: Der Brief wird zuerst „zugefaltet“. Alle Ecken des Papiers sind dann im Mittelpunkt versammelt. Dann wird jede dieser vier Ecken nach außen auf die zugehörige Seitenmitte gefaltet. Wer möchte, kann die abgeknickten Dreiecke noch nach innen umklappen und verstecken. Dann hat man in der Mitte eine quadratische Öffnung in einem quadratischen Rahmen.

*Das Gehirn lebt nicht im Innern des Kopfes, obwohl er sein offizieller Wohnsitz ist. Es greift aus dem Körper heraus, und mit dem Körper greift es nach der Welt. Wir können sagen, das Gehirn „ende“ am Rückenmark und das Rückenmark „ende“ am peripheren Nerv und der periphere Nerv an der motorischen Platte und so fort ..., doch das Gehirn ist die Hand und die Hand ist das Gehirn und ihre Wechselwirkung umfasst alles ...*
*Eltern oder Kinder, die bei einem Kind die Neugier wecken möchten oder Zugang zu ihm suchen, wenn es lernbereit ist, sollten vielleicht einfach die Hände in den Mittelpunkt ihrer Bemühungen stellen.*
Frank R. Wilson: Die Hand – Geniestreich der Evolution

## WAS WIRD BENÖTIGT?

*Arbeitsmaterial:* Wendeplättchen, evtl. auch schon Wendekarten, Buntstifte
*Demonstrationsmaterial:* Wendeplättchen und evtl. Wendekarten, iTb

## WORUM GEHT ES?

Die beiden Seiten kann man sofort als Doppelseite zur Einführung in den Zahlenraum bis 10 in einem Zug oder als Einzelseiten zur Einführung in die Zahlenräume 0 bis 5 bzw. 6 bis 10 behandeln. Im Folgenden wird der ganzheitliche Zugang beschrieben.

Als Rahmen dient die Situation in einem Klassenzimmer. Die Kinder auf dem Bild sind mit verschiedenen Zahlaktivitäten befasst: Zahlen legen, Zahlen zeigen, Zahlen schreiben, Aufgaben schreiben, usw. Auch die später im Laufe des Schuljahrs noch auftretenden Unterrichtsmaterialien (Wendekarten, Wendeplättchen, Zwanzigerfeld, Einspluseins-Tafel, Kalender) sind zu sehen und geben einen Vorgeschmack auf den weiteren Unterricht.

Im jeweils unteren Teil der beiden Seiten werden Dingmengen die entsprechenden Anzahlen und Plättchenmengen zugeordnet.

Bereits auf der Doppelseite 4/5 haben die Kinder die Zahlen von 1 bis 10 in einer ähnlichen Form kennengelernt wie auf der Doppelseite 12/13. Jetzt tritt aber die Darstellung im Zehnerfeld gemäß der „Kraft der Fünf" in Erscheinung, die im folgenden Themenblock noch ausführlich behandelt werden wird. Neu hinzu kommt die Zahl 0. Im ganzheitlichen Konzept des Zahlenbuchs ist dies ein weiterer Durchgang durch den Zehner, dem noch weitere folgen werden. Die sichere Beherrschung dieses Zahlenraums ergibt sich im Lauf der Zeit.

Dass hier bereits die Null thematisiert wird, hat seinen Grund darin, dass von Anfang an die Struktur des Zehnersystems deutlich werden soll. Die Kinder sollen möglichst früh lernen, in den Symbolen 10 und 20 zwei Zeichen zu sehen, von denen das erste einen bzw. zwei volle Zehner bezeichnet und das zweite, die Null, anzeigt, dass anders als bei 13 oder 21 keine Einer vorkommen.

**Es soll dabei auch deutlich werden, dass Zahlen keine absolute Bedeutung haben, sondern immer nur im Bezug zu einer Einheit.**

Dass man unterschiedliche Einheiten wählen kann, darin liegt die Macht des Zehnersystems und die weite Anwendbarkeit des Zahlbegriffs begründet. In der sprachlichen Verschiebung von „5 Einern" zu „1 Fünfer" oder von „10 Einern" zu „1 Zehner" zeigt sich diese fundamentale Tatsache. Kinder, die nur die Einer sehen, neigen leicht zum zählenden Rechnen. Daher ist es wichtig, das Bewusstsein für verschiedene Einheiten früh zu wecken. Im täglichen Leben kommt das vor: man kann z. B. auch Klassen zählen, nicht nur Kinder in einer Klasse.

## WIE KANN MAN VORGEHEN?

### *Vor der Arbeit mit dem Buch:*

Die Kinder werden angeregt, im Schulzimmer nach Zahlsymbolen zu suchen und Anzahlen zu bestimmen:
Wie viele Türen gibt es? Wie viele Fenster? Wie viele Kinder? Wie viele Erwachsene? Wie viele Babys? (Natürlich keine!)
Die Kinder versuchen, die Zahlen an der Tafel aufzuschreiben. Dabei wird natürlich der Zahlenraum bis 10 oder 20 überschritten. Das ist kein Problem. Kinder, die noch nicht folgen können, schauen einfach zu. Im täglichen Leben kommt es ständig vor, dass man mit Dingen konfrontiert ist, die man noch nicht versteht.

Die Lehrerin malt dann noch einige kleine Plättchenmengen und schreibt einige Zahlen jeweils etwas ungeordnet an die Tafel. Die Kinder zeichnen Verbindungslinien zwischen den Mengen und Zahlen, wie sie es auf Seite 4/5 gelernt haben.

Dann teilt die Lehrerin den Kindern mit, dass man die Plättchenmengen auch so aufmalen kann, dass es leichter ist, die Anzahl zu bestimmen (s. Aufgabe 1).

Die Lehrerin erklärt, wie die Punkte in zwei Reihen angeordnet werden. Alle überzeugen sich, dass in jeder vollen Reihe 5 Punkte liegen. Die Kinder werden darauf hingewiesen, dass

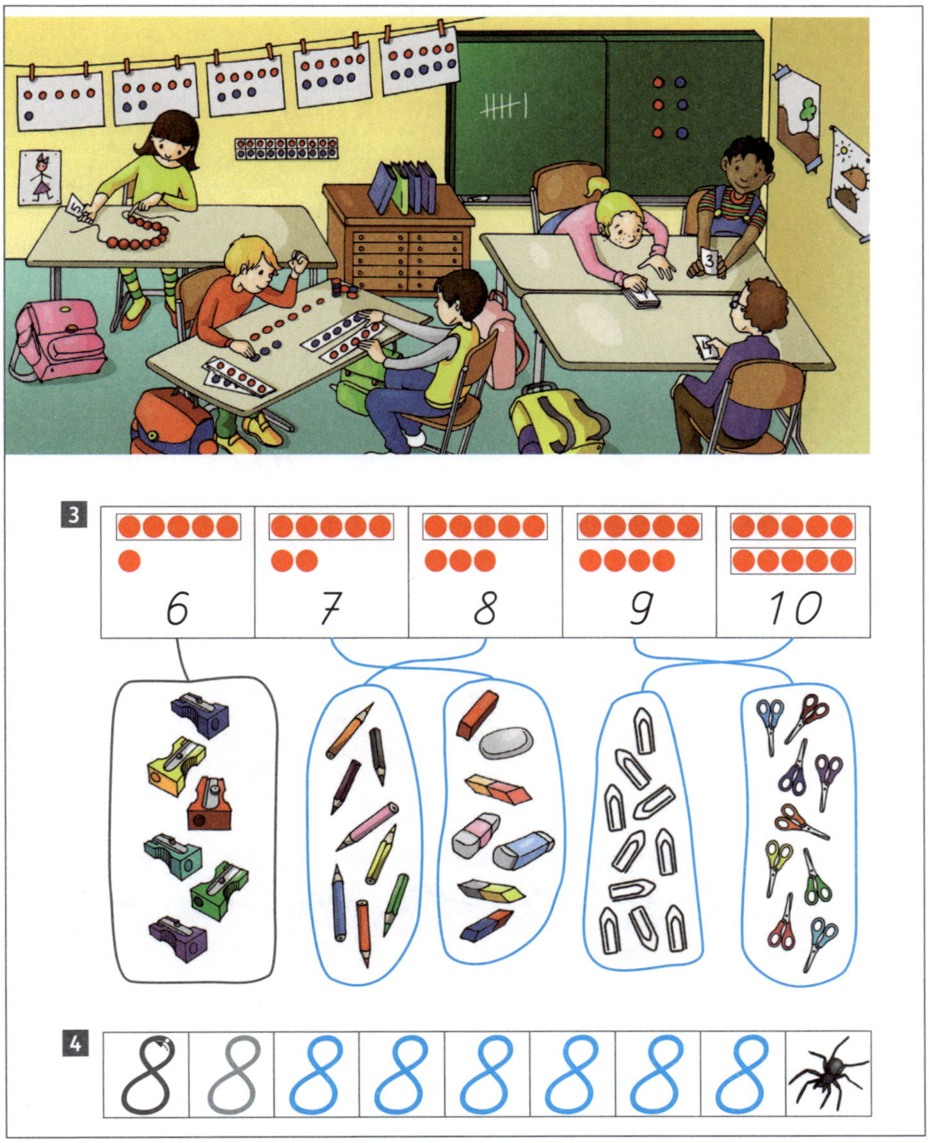


- diese übersichtliche Anordnung der Punkte in Zukunft ständig vorkommen wird,
- sie sich merken müssen, dass in einer vollen Reihe immer 5 Punkte sind, so viele, wie man Finger an einer Hand hat. Das volle Zehnerfeld hat so viele Punkte, wie man an beiden Händen hat.

Wer das weiß, braucht nicht immer neu zu zählen. Dass ein Fünfer voll ist, wird durch eine Einrahmung angezeigt. Die Kinder können sich vorstellen, dass immer Fünferpäckchen gebildet werden.

***Zur Arbeit mit dem Buch:***

Die Kinder werden angeregt zu beschreiben, wo auf dem Bild, das über die beiden Seiten verläuft, Zahlen zu sehen sind und was die abgebildeten Kinder machen.

Die Punktdarstellungen an der Wäscheleine verdienen dabei ganz besondere Beachtung.

**1**, **3** Die Aufgabenstellung ist den Kindern von Seite 4/5 bereits bekannt.

Die Kinder werden bei der Zuordnung mehr oder weniger strukturiert zählen. Einige werden sicherlich noch abzählen.

Im Anschluss daran muss unbedingt über die Zahl 0 gesprochen werden, die bei der Zuordnung leer ausgegangen ist. Die Lehrerin weist die Schüler darauf hin, dass man für diese Zahl auch einen Mengenkreis zeichnen kann: nämlich einen, der leer ist (leer wie eine Tasche oder eine Schachtel).

Die Zahl 0 bedeutet, dass von einer bestimmten Art von Dingen keines vorhanden ist. Weshalb die Null auch bei 10 vorkommt, kann an dieser Stelle noch nicht erklärt werden.

**2**, **4** Ziffern 7 und 8 schreiben und abgebildete Objekte (Arme des Leuchters, Beine der Spinne) zuordnen.

***Fortsetzung:***

→ *Arbeitsheft*

Seiten 4–6, Anzahlbestimmung, Ziffern schreiben

→ *Der Ziffernschreibkurs*

Seiten 20–25, Ziffern 7 und 8

***Nach der Arbeit mit dem Buch:***

*Zahlenbilder malen:* Die Kinder können angeregt werden, ein Bild zu malen, auf dem verschiedene Anzahlen vorkommen, z.B. einen Bauernhof mit 1 Pferd, zwei Katzen, usw.

*Punktfelder malen:* Lehrreich ist es auch, wenn die Kinder versuchen, die Punktbilder von Aufgabe 1 abzuzeichnen. Dies ist eine schöne Standortbestimmung. Vielleicht schaffen es einige Kinder sogar, die Bilder frei zu zeichnen, ohne im Buch nachzuschauen.

*Nachlegen der Punktfelder an der Magnettafel (am Whiteboard):* Dies hat den Vorteil, dass die Punktbilder dynamisch entstehen.

*Beziehungen zwischen den Zahlen aufzeigen:* Welche Zahlen ergeben zusammen 10?

An den Punktfeldern kann man das gut sehen: 9 und 1 sind zusammen 10, 8 und 2 ebenfalls, usw.

Die Frage „Was hat die 8 mit der 3 zu tun?“ regt die Kinder an, auch die Zahlen 6 und 1, 7 und 2 sowie 9 und 4 in Beziehung zu setzen (Unterschied immer 1 Fünfer).

Wer ist Partner von 5? Das kann sowohl die 0 sein, als auch die 10.

Diese Aufgabe bereitet auf die „Kraft der Fünf“ vor.

> *Der Zahlbegriff ist ein theoretischer, kein sinnlich erfassbarer Begriff. Die bloße Tatsache, dass eine Menge von Objekten vorliegt und angeschaut werden kann, beweist nicht, dass damit eine Anzahl gegeben sei. Einem Kind oder Erwachsenen etwa 5 Objekte vorzulegen und seine Aufmerksamkeit auf diese Objekte zu lenken, heißt nicht, ihm damit die Idee der Zahl 5 zu vermitteln. Die Zahl ist keine Eigenschaft von Dingen, die durch den bloßen Gebrauch der Sinne erfasst oder dem Geist von außen aufgeprägt werden könnte. Dinge (und Größen) unterstützen den Geist zwar bei der Konstruktion des Zahlbegriffs, aber ihre bloße Wahrnehmung konstituiert diesen Begriff nicht.*
>
> James A. McLellan und John Dewey: The Psychology of Number, 1908

# Mehr – weniger – gleich viel

Mengen durch „1 zu 1"-Zuordnung vergleichen, Prinzip der Anzahlinvarianz veranschaulichen

**1** Gibt es für jedes Kind einen Stuhl? Ja.

**2** Gibt es zu jedem Buch ein Arbeitsheft? Es gibt ein Arbeitsheft mehr.

**3**

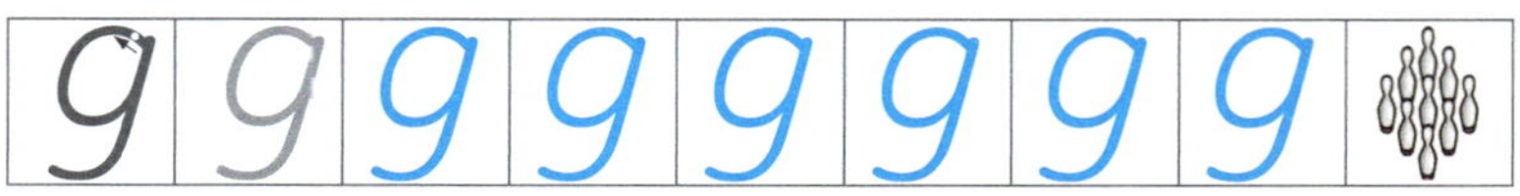

## WAS WIRD BENÖTIGT?

*Arbeitsmaterial:* Wendeplättchen

## WORUM GEHT ES?

1941 haben Jean Piaget und Alina Szeminska ihr berühmtes Buch „Die Entwicklung des Zahlbegriffs beim Kind" veröffentlicht, in dem das berühmte Experiment zur „kardinalen Invarianz" beschrieben ist:

Der Versuchsleiter legt auf den Tisch eine Reihe von etwa 8 roten Plättchen und fordert das gegenübersitzende Kind auf, ebenso viele blaue Plättchen zu legen.

Das Kind wird gefragt, ob es ebenso viele blaue wie rote Plättchen gibt. Wenn das Kind die Frage bejaht, wird eine der beiden Reihen auseinandergezogen und die Frage erneut gestellt. Dann wird eine der Reihen auf einen Haufen zusammengeschoben und es wird erneut gefragt, ob es ebenso viele blaue wie rote Plättchen gibt.

Die Kinder zeigen dabei je nach Entwicklungsstand typische Reaktionen, die man in drei Stadien einteilen kann:

1. „Keine Erkenntnis der Invarianz der Anzahl": „Es gibt mehr blaue, weil die Reihe länger ist".
2. „Übergangsstadium": Manchmal wird die Invarianz behauptet, manchmal nicht.
3. „Invarianz": Die Anzahl wird als unabhängig von der räumlichen Lagerung der Objekte erkannt.

An diesem Experiment ist in der Folgezeit viel Kritik geübt worden. Es wurde z. B. bemängelt, dass die Aufgabenstellung für die Kinder nicht klar ist und sie die bloße Frage verwirrt. Gleichwohl lässt sich nicht bestreiten, dass die Kinder, auch noch manche Schulanfänger, ein Bewusstsein für die Anzahlinvarianz erst noch entwickeln müssen. In manchen Klassen trifft man sogar gehäuft Kinder an, die noch keine feste Vorstellung von der Invarianz haben oder sich im Übergangsstadium befinden.

Pierre Gréco, ein Schüler von Piaget, hat 1962 Kinder bei diesem Versuch zusätzlich zum Zählen aufgefordert. Er fand dabei folgende Antworten:

*„Beide Male sind es gleich viele Plättchen, nämlich 8, aber in dieser Reihe sind es mehr."*

Andere korrigierten die erste falsche Antwort: *„Nein. Es sind doch gleich viele, nämlich immer 8."*

Gréco zog daraus den Schluss, dass der Zählzahlaspekt bei der Entwicklung des Zahlbegriffs eine eigenständige Bedeutung hat und die Entwicklung des kardinalen Aspekts begünstigen kann.

Generell lässt sich sagen, dass die Entwicklung des Zahlbegriffs bei Kindern unterschiedlich verlaufen kann. Der Zahlbegriff ist ein komplexer Begriff mit verschiedenen Aspekten, die von Kind zu Kind unterschiedlich entwickelt sein können. Im Hinblick auf die unterschiedlichen Vorkenntnisse der Kinder ist es sinnvoll, den Zahlbegriff mit allen Aspekten breit zu entfalten, wie es im ZAHLENBUCH auch geschieht. Dann gibt es nicht nur viele Anknüpfungspunkte, sondern die Aspekte können sich auch gegenseitig beeinflussen.

Auf der Doppelseite 14/15 geht es vorwiegend um den kardinalen Aspekt: Die Anzahlen von Mengen sollen durch „1 zu 1"-Zuordnung ihrer Elemente miteinander verglichen werden. Dabei werden Zahlen gar nicht benötigt. Natürlich kann der Anzahlvergleich aber auch mithilfe des Zählens vorgenommen werden. Beide Möglichkeiten sollen mit den Kindern besprochen werden.

## WIE KANN MAN VORGEHEN?

***Vor der Arbeit mit dem Buch:***

Die Lehrerin stellt folgende Aufgabe: Schulanfänger kommen zum ersten Mal in ein Klassenzimmer. Wie können wir feststellen, ob es mehr Stühle als Kinder, mehr Kinder als Stühle oder gleich viele Kinder und Stühle gibt?

Erste Lösung (ohne Zahlen): Jedes Kind sucht sich einen Platz.

- Bleiben Stühle unbesetzt, so gibt es mehr Stühle als Kinder.
- Bleiben Kinder ohne Sitzplatz, so gibt es zu wenig Stühle.
- Geht es genau auf, so gibt es genauso viele Stühle wie Kinder.

**4** Gibt es für jedes Kind eine große Kugel? Ja.

**5**
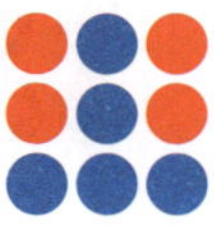
1 blaues Plättchen mehr

**6**
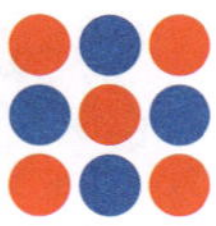
1 rotes mehr

**7**

gleich viele

**8**

gleich viele

**9**

2 rote mehr

**10**

gleich viele

**11**

gleich viele

**12** 1 0 1 0 1 0 1 0 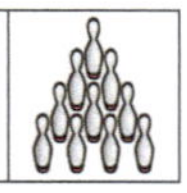

**4** 6 Kinder spielen Boccia. 3 Kinder haben ihre Kugel schon geworfen. Diese 3 Kugeln liegen in mehr oder weniger großer Entfernung von der kleinen roten Zielkugel. 2 weitere Kinder haben eine Kugel in der Hand und sind kurz vor dem Werfen. Ein Mädchen kommt von außen dazu. Es kann die sechste Kugel, die noch ungenutzt in der Box liegt, nehmen und mitspielen.

**5** – **11** Hier können jeweils blaue und rote Plättchenanzahlen verglichen werden. „1 zu 1"-Zuordnungen schaffen in Figuren mit größeren Anzahlen schnell Übersicht.
Wenn ein Muster mit Plättchen nachgelegt ist, kann man den Anzahlvergleich dadurch vornehmen, dass man Pärchen mit je einem roten und blauen Plättchen bildet (Plättchen nebeneinander oder aufeinander legen). Je nachdem, ob es aufgeht oder Plättchen einer Sorte übrig bleiben, sind es gleich viele, mehr rote oder mehr blaue Plättchen. Zeichnerisch lässt sich die Pärchenbildung (in unterschiedlicher Weise) durch Verbindungsstriche vornehmen.

**12** Zahl 10 als Zusammensetzung der Ziffern 1 und 0 schreiben.

***Fortsetzung:***
→ *Arbeitsheft*
Seite 7, **1 – 5** Mengen durch 1 zu 1-Zuordnung vergleichen
Seite 7, **6 – 7** Ziffer 9 und Zahl 10
→ *Der Ziffernschreibkurs*
Seiten 26 – 32, Ziffern 9 und 0, Wiederholung
Mit den Ziffern 9 und 0 ist der Kurs beendet. Die Kinder müssen die Ziffern aber noch intensiv üben, was am besten dadurch erreicht wird, dass man aus den Ziffern Muster bilden lässt: „Schöne Ziffern – Schöne Muster" ist der bewusst gewählte Titel des Kurses.

***Nach der Arbeit mit dem Buch:***
Jedes Kind zeichnet an die Tafel ein Plättchen oder legt ein Plättchen an der Magnettafel oder am Whiteboard. Damit hat man die Klasse zahlenmäßig erfasst. Wenn man Mädchen und Jungen durch rot und blau unterscheidet, kann man die Anzahlen durch 1 zu 1-Zuordnung vergleichen. Durch Anordnung der Plättchen in Fünfergruppen lässt sich die Anzahl übersichtlich ermitteln.

Zweite Lösung (mit Zahlen): Man zählt zuerst die Kinder, dann die Stühle und vergleicht die Zahlen.

*Anmerkung:* Bei Kindergeburtstagen wird oft das Spiel „Reise nach Jerusalem" gespielt. Die Kinder laufen bei Musik um eine Stuhlreihe mit einem Stuhl weniger, als es Kinder gibt. Bei plötzlich abbrechender Musik setzen sich alle Kinder, so dass ein Kind ohne Stuhl bleibt und ausscheiden muss. Das Spiel wird immer mit einem Stuhl weniger fortgesetzt, bis am Schluss nur noch ein Kind übrig ist.

***Zur Arbeit mit dem Buch:***
**1** Auf dem Bild sind sitzende und stehende Kinder zu sehen. Die Lehrerin bringt gerade zwei Stühle herein. Frage: Reichen die Stühle?
Zur Lösung können blaue Plättchen auf die stehenden Kinder gelegt und dann auf die leeren Stühle geschoben werden.
Es zeigt sich, dass mit den zwei weiteren Stühlen der Lehrerin alle Kinder einen Platz finden.
Die Situation regt zu einer genaueren Anzahlanalyse an:
In der Klasse befinden sich 20 Kinder. Davon sind bereits 9 an ihren Plätzen.
3 + 2 + 3 + 3 = 11 Kinder stehen noch herum. 3 + 1 + 3 + 2 = 9 Stühle sind unbesetzt. Mit den 2 Stühlen der Lehrerin finden alle Kinder Platz.

**2** In dieser dem oben genannten Piaget-Experiment nachempfundenen Situation finden sich in der ersten Reihe 6 Zahlenbücher und in der zweiten Reihe 7 Arbeitshefte.
Bei der „1 zu 1"-Zuordnung mithilfe von Plättchen oder durch das Ziehen von Verbindungslinien zeigt sich, dass ein Schülerbuch fehlt.

**3** Ziffer 9 schreiben.

## WAS WIRD BENÖTIGT?

*Arbeits- und Demonstrationsmaterial:* Wendeplättchen

## WORUM GEHT ES?

Diese beiden Seiten haben für die Entwicklung des rechnenden Zählens große Bedeutung, wie auf Seite 12/13 im Begleitband begründet wurde.

Die Überschrift „auf einen Blick“ soll dazu anregen, Teilgruppen mit 2 und mehr Elementen anzahlmäßig zusammenzufassen und nicht Stück für Stück abzuzählen. Damit diese Methode funktioniert, müssen die Kinder Stützpunktwissen über Zusammenfassungen von kleinen Anzahlen erwerben. Grundlage bilden hier die Beziehungen: 2 und 1 ist 3, 2 und 2 ist 4, 3 und 2 ist 5, 3 und 3 ist 6. Diese Beziehungen können, wie oben gezeigt wurde, schon von den Würfelbildern abgeleitet werden. Wenn diese Beziehungen nicht oder nicht mehr ausreichen, darf natürlich gezählt werden. Auch Erwachsene, die eine gute Anzahlerfassung ausgebildet haben, zählen ja, etwa wenn Elemente einer Menge der Reihe nach präsentiert werden (z. B. Glockenschläge).

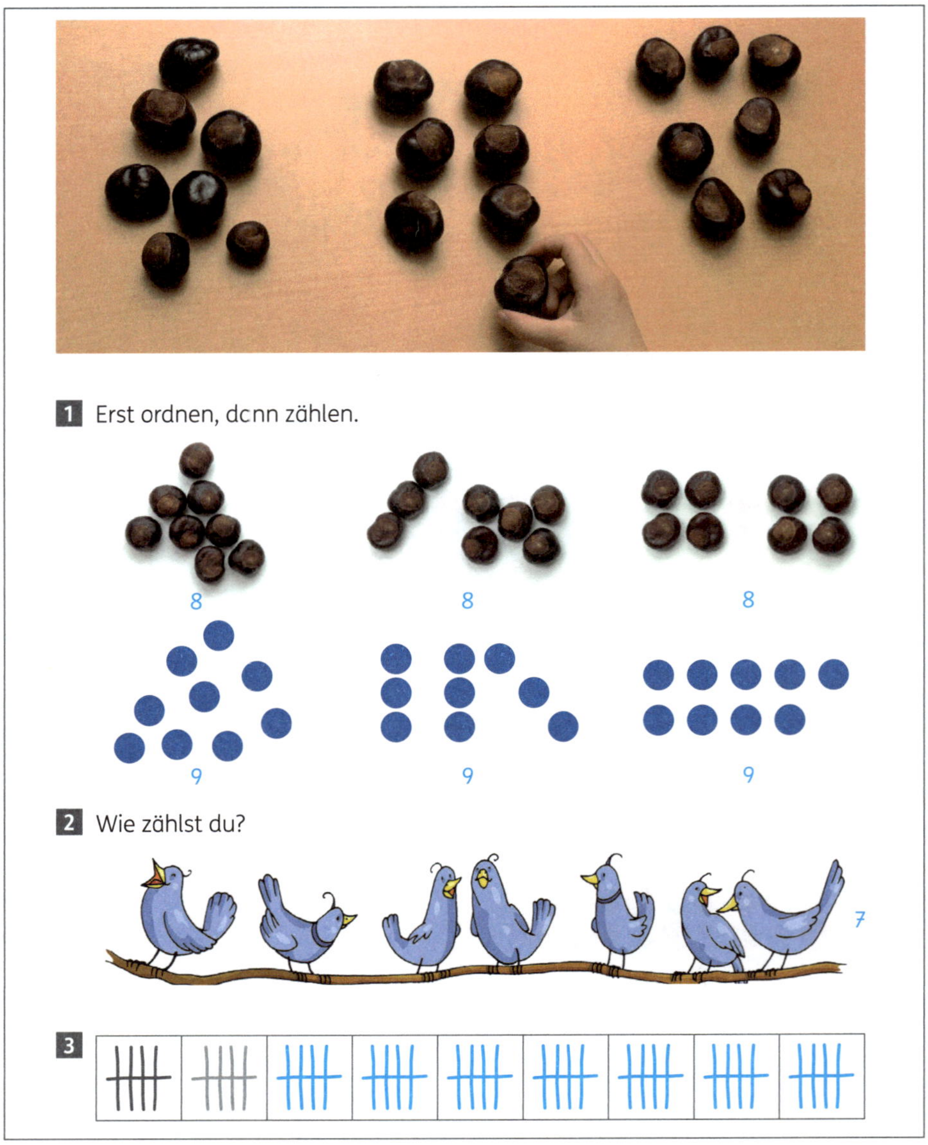


## WIE KANN MAN VORGEHEN?

### *Vor der Arbeit mit dem Buch:*

An der Tafel oder auf dem Boden werden 6 Plättchen ungeordnet gelegt. Die Kinder bestimmen die Anzahl, wobei viele naheliegender Weise zählen werden.

Die Lehrerin fragt dann, ob man die Anzahl auch ohne einzeln zu zählen herausbekommen kann. Wenn kein Kind eine Idee hat, legt sie zwei Dreiergruppen.

Es wird besprochen, dass es bei dieser Ordnung leichter ist und schneller geht, die Anzahl zu bestimmen. Die Kinder nehmen die Botschaft mit, selbst auf geschickte Anordnungen von Plättchen zu achten.

### *Zur Arbeit mit dem Buch:*

Am Einstiegsbild wird nochmals besprochen, dass die Anzahl gut geordneter Kastanien leichter und schneller zu bestimmen ist, wenn man kleine Anzahlen „auf einen Blick“ erfasst und rechnend zählt.

**1** In der ersten Reihe sind 8 Plättchen unterschiedlich angeordnet. Bei der zweiten und dritten Anordnung helfen Würfelbilder. Zumindest eine Teilgruppe sollte auf einen Blick erfasst werden. Um die Gesamtzahl zu ermitteln, darf dann weitergezählt werden: 5, 6, 7, 8 oder 4, 5, 6, 7, 8. Fortgeschrittene Kinder sehen bei der ersten Anordnung 4 und 4. Wer schon weiß, dass 4 und 4 zusammen 8 ist, braucht gar nicht mehr zu zählen.

**2** Die Kinder werden unterschiedliche Gliederungen vornehmen, die alle zum gleichen Ergebnis 7 führen.

**3** Hier wird die Strichliste mit Fünferbündelung als Ordnungsstruktur eingeführt. An der Tafel wird gezeigt, wie man damit z. B. die Anzahl der Kinder einer Klasse bestimmen kann.

Es ist wichtig, deutlich zu machen, dass der fünfte Strich nicht bedeutet, dass vier Striche durchgestrichen werden, sondern dass er den Abschluss eines Fünferbündels anzeigt. In naher Zukunft werden die Kinder lernen, dass man in Fünferschritten kinderleicht (rechnend) zählen kann. Als Merkhilfe dienen die Finger der Hand mit abgespreiztem Daumen. Der Daumen wird durch den Querstrich angedeutet.

### *Fortsetzung:*

→ *Arbeitsheft*

Seite 8, **1–4** Aufgaben zum rechnenden Zählen, Strichlisten für die Zahlen 3 und 4

Seite 9, **5–7** Aufgaben zum rechnenden Zählen, Strichliste für die Zahl 5

### *Nach der Arbeit mit dem Buch:*

An dieser Stelle empfehlen sich Lernspiele aus dem ZAHLENBUCH-Frühförderprogramm mit den Tierkarten, wobei die Kinder gezielt angeregt werden sollen, die Anzahlen auf den Karten „auf einen Blick“ zu erfassen.

Das Lernmaterial „Sieben auf einen Blick“ setzt diese Lernspiele auf den Zehnerraum fort. Die Anzahlen bis 10 sind auf den Karten unterschiedlich angeordnet, aber nicht willkürlich, sondern so, dass die Erfassung „auf einen Blick“ unterstützt wird.

**1**

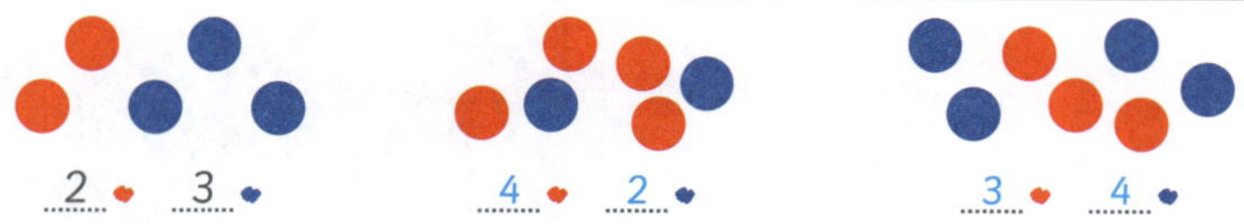


**2** Immer 5.

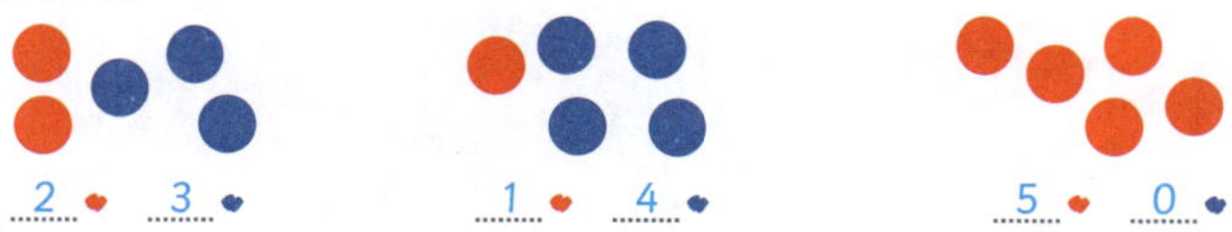


**3** Plättchen werfen mit 5.

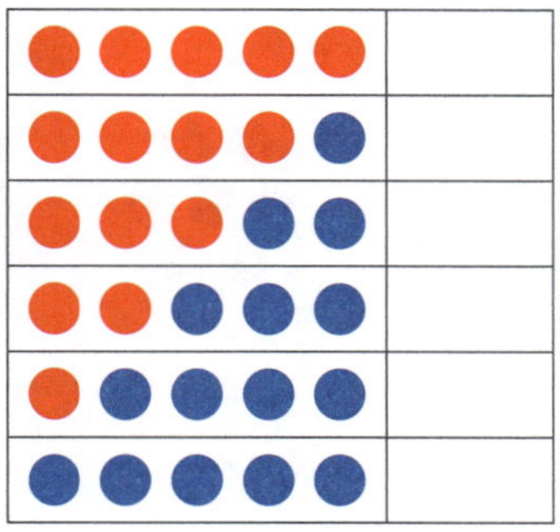

(verschiedene Verteilungen der Striche in der Tabelle)

**4** Mit 7.   **5** Mit 8.

**Blitzrechnen: Wie viele?**

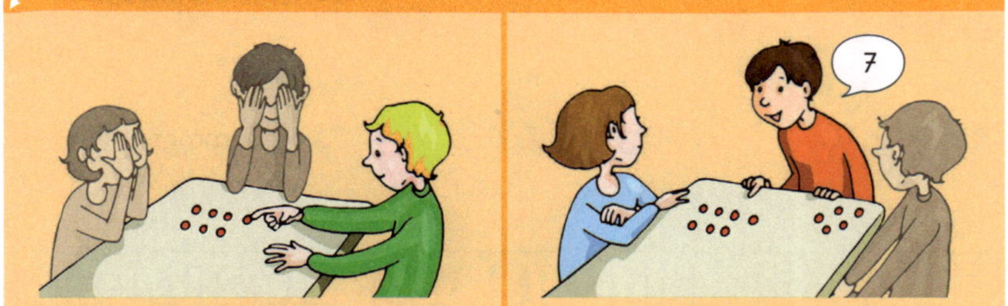


Anzahl legen.   Anzahl nennen.

## WAS WIRD BENÖTIGT?

*Arbeitsmaterial:* Wendeplättchen, Würfelbecher, Unterlage zum leisen Aufsetzen des Bechers (etwa ein Stück Filz oder Teppichboden), Arbeitsblatt 1 „Plättchen werfen“ für die Aufgaben 4 und 5, evtl. Arbeitsblatt 2 zur Weiterführung

## WORUM GEHT ES?

Auf dieser Seite üben die Kinder weiter das Erfassen von Anzahlen auf einen Blick und erwerben gleichzeitig erste Einsichten in fundamentale Ideen der Stochastik. Bei „Plättchen werfen“ handelt es sich um Bernoulli-Experimente, bei denen die verschiedenen Ausgänge mit unterschiedlichen Wahrscheinlichkeiten vorkommen. Dies ist bereits bei 2 Plättchen gut zu sehen: Bei dem Ausgang „2 rote“ müssen beide Plättchen auf die rote Seite fallen, bei dem Ausgang „1 rot, 1 blau“ kann das erste oder das zweite rot sein. Daher sind die Chancen doppelt so groß wie bei „2 rot“ und bei „2 blau“.

Bei „Plättchen werfen mit 3 Plättchen“ kommen „3 rot“ oder „3 blau“ nur selten vor. „2 rot, 1 blau“ kommt häufiger vor, „1 rot, 2 blau“ ebenfalls.

Je mehr Würfe mit den Plättchen durchgeführt werden, desto mehr wird die Mitte bevorzugt, da es für die betreffenden Zerlegungen mehr Möglichkeiten der Realisierung gibt.

## WIE KANN MAN VORGEHEN?

***Zur Arbeit mit dem Buch:***

**1** – **3** Zu bestimmen ist jeweils die Anzahl der roten und die Anzahl der blauen Plättchen. Die Plättchen liegen teilweise ungeordnet, teilweise geordnet. Den Kindern muss erneut bewusst gemacht werden, dass eine gute Ordnung (Strukturierung) die Anzahlbestimmung erleichtert.

Am Beispiel von 5 Plättchen wird besprochen, dass es 6 verschiedene Zerlegungen in zwei Farben gibt (5 rote, 4 rote/1 blaues, 3 rote/2 blaue, 2 rote/3 blaue, 1 rotes/4 blaue, 5 blaue), die in Form einer Tabelle wie in Aufgabe 3 angeschrieben werden (Kombinatorik). Dann wird das Experiment „Plättchen werfen mit 5 Plättchen“ durchgeführt, wobei reihum gewürfelt wird. Es wird gezeigt, wie die Ausgänge als Strichlisten festgehalten werden.

Jedes Kind führt dann das Experiment selbst durch und legt eine Strichliste an.

**4**, **5** „Plättchen werfen“ wird mit größeren Anzahlen gespielt. Zur Erleichterung dient das Arbeitsblatt 1 mit vorgefertigten Tabellen. Die Kinder müssen angeregt werden, die Plättchen nach jedem Wurf zu ordnen, weil sich dann die Anzahlen leichter und sicherer bestimmen lassen.

Anschließend wird über die Ergebnisse gesprochen. Die Kinder werden dabei in die Sprechweisen „selten“, „häufig“, „häufiger als“, „größere/kleinere Chance“ eingeführt. Zum Abschluss kann folgende Aktivität durchgeführt werden:

Man zeichnet Tabellen für „Plättchen werfen“ mit 1, 2, 3, 4 und 5 Plättchen an die Tafel, wobei die rechte Spalte schmal sein darf, weil nur Zahlen, keine Strichlisten hineingeschrieben werden.

Zuerst wirft jedes Kind ein Plättchen. Die Anzahlen der roten und der blauen Ausgänge in der Klasse werden in der Tabelle festgehalten. Dann werfen alle mit 2 Plättchen. Wieder werden die Anzahlen in der Tabelle festgehalten. Analog wird mit 3, 4 und 5 Plättchen verfahren. Im Vergleich der Tabellen zeigt sich die zunehmende Konzentration zur Mitte.

*Blitzrechenkurs*

Einführung der Blitzrechenübung „Wie viele?“

Ein Kind legt immer eine Anzahl von Plättchen, möglichst gut geordnet, ein anderes bestimmt die Anzahl möglichst auf einen Blick.

***Fortsetzung:***

→ *Arbeitsheft*

Seite 10, **1** – **4** Aufgaben zur Anzahlerfassung, Fortsetzung „Plättchen werfen“

→ *Verstehen und Trainieren 1*

Seiten 2 – 7, „Wie viele?“, intensive Übungen zur Anzahlerfassung

## WAS WIRD BENÖTIGT?

*Arbeitsmaterial:* Wendeplättchen

## WORUM GEHT ES?

Zu vorgegebenen Zahlen sollen verschiedene Plättchenmuster gelegt und gezeichnet werden. Sternbilder dienen dabei als Anregung. Das Zusammenfassen einer Anzahl von Sternen an der Himmelskugel zu einprägsamen Mustern ist in allen Kulturen der Erde bekannt und hat die Menschen immer angeregt, über den Kosmos und ihre eigene Existenz im Kosmos nachzudenken.

Bei den im Buch abgebildeten Sternbildern handelt es sich um einige der markantesten Sternbilder des nördlichen Sternenhimmels:

- Der *Große Wagen* ist ganzjährig sichtbar. Er umkreist den Himmelsnordpol (Polarstern) während eines Tages einmal entgegen dem Uhrzeigersinn. Der Polarstern (und damit die Nordrichtung) lässt sich leicht finden, wenn man die Strecke der beiden „letzten" Sterne des Wagens um etwa das Fünffache „nach oben" verlängert (vom Wagen aus betrachtet). Im Herbst befindet sich der Wagen gegen 20.00 Uhr etwa in horizontaler Lage (Ost-West-Richtung).
- Der *Schwan* steht im Sommer und Herbst gegen 20.00 Uhr hoch am Südsternhimmel („Flugrichtung" Ost-West). Sein Hauptstern Deneb bildet mit zwei anderen hellen Sternen, der Wega (im Sternbild Leier) und dem Atair (im Sternbild Adler), das berühmte Sommerdreieck.
- Der *Orion* (Himmelsjäger, leicht identifizierbar an den 3 Gürtelsternen) steht im Januar/Februar gegen 20.00 Uhr im Südosten und ist das Wintersternbild.
- Der *Löwe* steht im Frühjahr (April bis Juni) gegen 20.00 Uhr im Südosten. Da ein Sterntag (die Zeit zwischen zwei Höchstständen jedes Sterns) etwas kürzer ist als ein Sonnentag (die Zeit zwischen zwei Höchstständen der Sonne), verschiebt sich die Position aller Sterne bei einer festen Tageszeit im Verlaufe eines Jahres stetig. Das hat zur Folge, dass manche Sternbilder, darunter Schwan, Orion und Löwe, nicht das ganze Jahr über sichtbar sind.

Es gehört zu den Merkwürdigkeiten des Sternhimmels, dass die Zahl 7 eine dominante Rolle spielt. Außer den o.g. Sternbildern sind noch die Pleiaden („Siebengestirn") zu nennen. Die Babylonier kannten darüber hinaus 7 sich verändernde Himmelskörper: Sonne, Mond sowie die Planeten Merkur, Mars, Venus, Jupiter, Saturn. (Die Planeten Uranus, Neptun und Pluto wurden erst viel später entdeckt.) Beeindruckt von dieser Fülle von „Sieben" nannten sie den gesamten Himmel die „Sieben" und bauten die Türme von Babylon mit 7 Stockwerken.

**1** Lege immer 7.

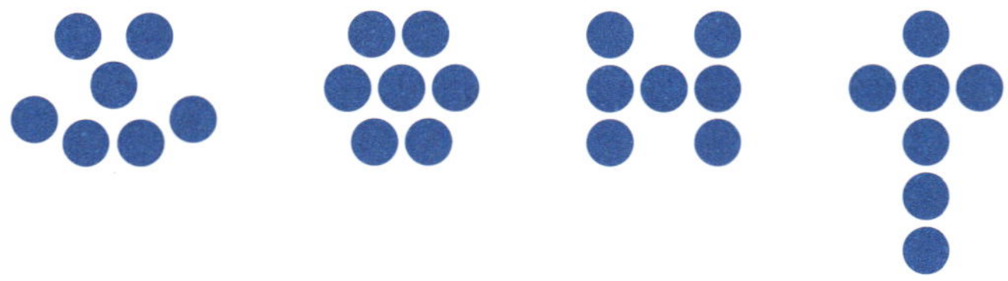

**2** Lege und male. Immer 4.

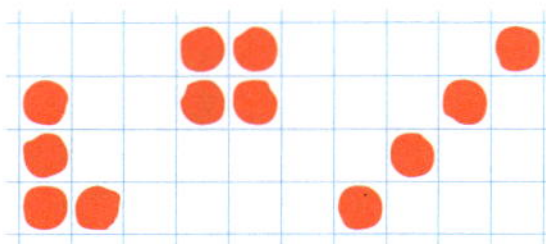

**3** Lege und male. Immer 5.

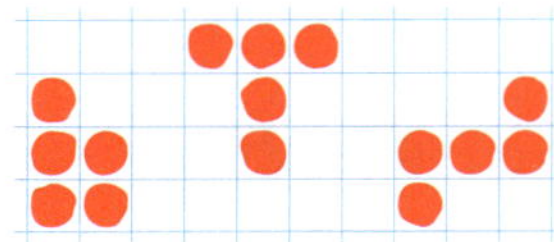

(verschiedene Lösungen)

**4** Immer 3. **5** Immer 6. **6** Immer 8.

**7**

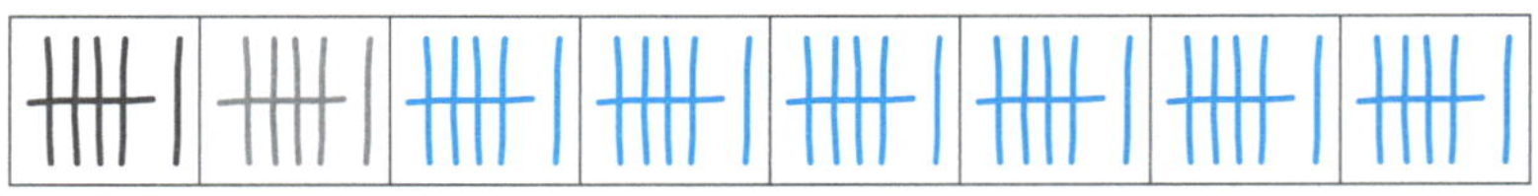

*Literatur:*

Themenheft „Mit Kindern den Weltraum entdecken", Grundschulzeitschrift, H.129/ 1999 (mit Sternkarte für Einsteiger)

Grundsätzliche Anmerkung zum ZAHLENBUCH: Unter einem *„Muster"* wird im umgangssprachlichen Sinn eine bestimmte Anordnung von Elementen verstanden. (vgl. S. 18). Allgemein versteht man in der Mathematik unter einem „Muster" eine mehr oder weniger abstrakte Regelmäßigkeit, die in einem gewissen Bereich allgemein auftritt. Regelhafte Folgen (S. 19) stellen ein einfaches Beispiel dar. Da solche Muster für die Mathematik typisch sind, nennt man die Mathematik auch die „Wissenschaft von den Mustern". **Als bewusst mathematisch fundiertes Werk ist das ZAHLENBUCH von Zahlen- und Formenmustern durchzogen.**

## WIE KANN MAN VORGEHEN?

***Zur Arbeit mit dem Buch:***

Anhand des Einstiegsbildes spricht man mit den Kindern über ihre Erfahrungen zum Sternenhimmel und erweitert sie.

Die Hauptsterne der Sternbilder Schwan, Wagen, Löwe, Orion werden gezählt. Es sind immer 7. Die Kinder legen diese mit Plättchen nach.

**1** – **6** Hier werden Plättchenmuster für unterschiedliche Anzahlen zunächst nachgelegt und dann ins Heft gezeichnet.

Wie geht es weiter?

**8**

**9** 

**10** 

**11** 

**12** 

*Diese Fortsetzungen sind nicht zwingend, siehe Begleitband.*

**13** Lege eigene Muster.

**Forschen und Finden**

Lege und male.

**14** Immer 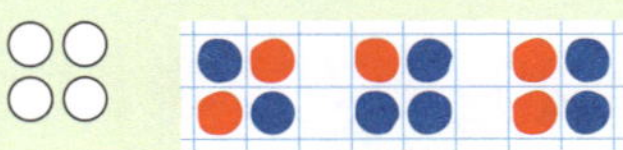

Finde weitere Muster.

**15** Immer 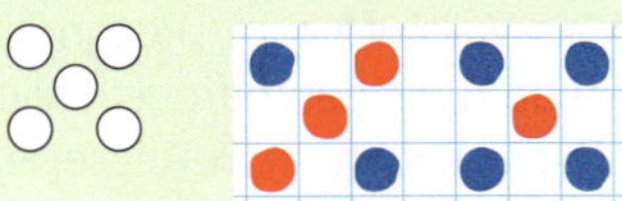

**16** Immer 

**7** Die Anzahl 6 wird als Strichliste dargestellt.

**8** – **12** Die Aufgabe 8 führt in Muster bei Folgen ein. Die Kinder beschreiben den regelmäßigen Aufbau der Perlenketten und haben damit ein Vorbild für die Bearbeitung der weiteren Aufgaben.

**13** Hier ist Fantasie gefragt. Jedes Kind kann nach eigenem Gusto vorgehen.

*Forschen und Finden*

**14** – **16** Hier begegnen die Kinder erstmalig einem grün unterlegten Angebot mit einer kombinatorischen Aufgabenstellung: Vorgegeben sind Kreise, die in Würfelbildern angeordnet sind. Es sollen verschiedene Möglichkeiten gefunden werden, wie man die Kreise mit zwei Farben färben kann. Die Lehrerin beginnt mit der Würfel-2. Man findet gemeinsam 4 Möglichkeiten. Bei der Würfel-3 findet man gemeinsam 8 Möglichkeiten: alle drei rot, alle drei blau, 1 rotes unten, in der Mitte, oder oben, 1 blaues unten, in der Mitte, oben. Insgesamt 8 Möglichkeiten.
Dann zeichnet die Lehrerin die im Buch für die Würfel-4 vorgegebenen Möglichkeiten an der Tafel nach und erklärt noch einmal die Aufgabenstellung. Dann machen sich die Kinder selbst auf die Reise, jedes auf seine Weise.
Bei 4 Kreisen gibt es 16 Möglichkeiten, die man systematisch finden kann, wenn man sie in Teilgruppen gliedert:

- Alle Kreise gleiche Farbe: 2 Möglichkeiten
- 1 Kreis rot, 3 Kreise blau: 4 Möglichkeiten
- 1 Kreis blau, 3 Kreise rot: 4 Möglichkeiten
- 2 Kreise rot, 2 blau: Die 2 roten können beide links, beide oben, beide rechts, beide unten und auf zwei Weisen einander gegenüberliegen. Zusammen sind es in dieser Teilgruppe 6 Möglichkeiten.

Insgesamt (Additionsprinzip): $2+4+4+6=16$ Möglichkeiten.

Bei 5 Kreisen ist die Anzahl der Möglichkeiten doppelt so groß, weil die zwei Färbungen des inneren Kreises mit den 16 Färbungen der Würfel-4 außen herum kombiniert werden können: $2 \cdot 16=32$
Die Würfel-6 setzt sich aus der Würfel-4 und der Würfel-2 zusammen. Für die Würfel-2 gibt es 4 Möglichkeiten, von denen man jede mit den 16 Möglichkeiten bei der Würfel-4 kombinieren kann. Das führt zu $4 \cdot 16=64$ Möglichkeiten.
In dieser Weise geht es weiter.
Wenn man bei einem Kreis beginnt (2 Möglichkeiten) und die Anzahl der Kreise immer um 1 erhöht, verdoppelt sich von Schritt zu Schritt die Anzahl der Möglichkeiten.
Die Kinder in diesem Alter braucht diese mathematische Struktur nicht zu kümmern. Sie versuchen, so viele Möglichkeiten zu finden, wie sie können, und wenden in der Regel nur begrenzte Strategien an.

***Fortsetzung:***
→ *Arbeitsheft*
Seite 11, **1 – 5** Muster zeichnen, Strichlisten anfertigen

***Nach der Arbeit mit dem Buch:***
Im Anschluss an das Einstiegsbild auf Seite 18 mit dem Kind, das mit einem Fernrohr den Himmel beobachtet, sollten die Kinder angeregt werden, bei klarem Himmel selbst Sterne zu beobachten. An erster Stelle bei der Orientierung am Himmel steht natürlich der Große Wagen. Vielleicht entdecken einige Kinder auch schon den Schwan und im weiteren Verlauf des Schuljahres den Orion und den Löwen.

*Nach einigen Stunden ließ der Astronom seinen Gast die Treppen zur Sternwarte sich hinaufwinden, und zuletzt allein auf die völlig freie Fläche eines runden Turmes heraustreten. Die heiterste Nacht, von allen Sternen leuchtend und funkelnd, umgab den Schauenden, welcher zum ersten Mal das hohe Himmelsgewölbe in seiner ganzen Herrlichkeit zu erblicken glaubte.*
*Ergriffen und erstaunt hielt er sich beide Augen zu. Das Ungeheure hört auf erhaben zu sein, es übersteigt unsere Fassungskraft, es droht uns zu vernichten. Was bin ich denn gegen das All? sprach er zu seinem Geiste: Wie kann ich ihm gegenüber, wie kann ich in seiner Mitte stehen?*

J. W. von Goethe: Wilhelm Meisters Wanderjahre. Erstes Buch. 10. Kapitel

*Zählen und Rechnen ist der Grund aller Ordnung im Kopf.*
*Das war eine der Meinungen, die Gertrud am eifrigsten behauptete*
*und die in ihrer Erziehung einen großen Einfluss hatte.*
Johann Heinrich Pestalozzi

In diesem Themenblock tritt eine Form der Strukturierung von Zahlen voll ins Rampenlicht, die in der Frühförderung und beim ersten Themenblock noch im Hintergrund stand: die sogenannte „Kraft der Fünf". Mit dieser Bezeichnung wird die besondere Bedeutung der Zahl 5, der Hälfte von 10, als Stütze der Anzahlerfassung hervorgehoben. Warum lohnt es sich, in der Grundschule diese Form der Strukturierung besonders zu betonen?

### *Argumente für die „Kraft der Fünf"*

Es gibt eine ganze Reihe guter Gründe, die Zahl 5 beim Rechnen besonders hervorzuheben:

1. Die menschliche Hand hat 5 Finger. Da die Menschen in der Urzeit die Finger zum Zählen benutzten, hat sich die 5 als eigene Zähleinheit zwangsläufig ergeben.
2. Psychologische Experimente zeigen, dass das Gehirn in der Lage ist, bei ungeordneter Plättchenmengen die Anzahl relativ schnell zu erfassen, wenn diese klein ist. Die Zahl 5 markiert die Grenze, nach welcher die Anzahlbestimmung deutlich mehr Zeit erfordert. Die Zahl 5 ist also die Grenze der „Simultanerfassung". Bei Kindern liegt diese Grenze bei 4, kann aber durch Training gesteigert werden.
3. Die meisten Kulturvölker benutzten die Kraft der Fünf in der einen oder anderen Form für die Darstellung von Zahlen.

   Beispiele:
   3.1 In der Zahldarstellung der Römer gab es folgende Grundzeichen: I (1), V (5) und X (10), L (50), C(100). Es ist bemerkenswert, dass die obere und untere Hälfte des Zeichens X je ein V darstellt (das untere V umgekehrt).
   Aus diesen Grundzeichen wurden die Zeichen für die anderen Zahlen nach bestimmten Regeln zusammengesetzt: II (2), III (3), IV (4 = 5 − 1, d.h. 1 weniger als 5), VI (6 = 5 + 1), VII (7 = 5 + 2), VIII (8 = 5 + 3), IX (9 = 10 − 1, d.h. 1 weniger als 10), XI (11 = 10 + 1), XII (12), XIII (13), XIV (14), XV (15), XVI (16), XVII (17), XVIII (18), XIX (19, d.h. 1 weniger als 2 Zehner).
   Ohne die Verwendung eigener Zeichen für halbe Zehner, halbe Hunderter und halbe Tausender würde die Zahldarstellung erheblich unübersichtlicher.

   3.2 Die gebräuchlichste Darstellung der ersten neunzehn Zahlen bei den Maya (300 bis 900 n. Chr. auf der Halbinsel Yucatan/Mittelamerika, heute zu Mexiko gehörend) fußt ebenfalls auf der Kraft der Fünf:

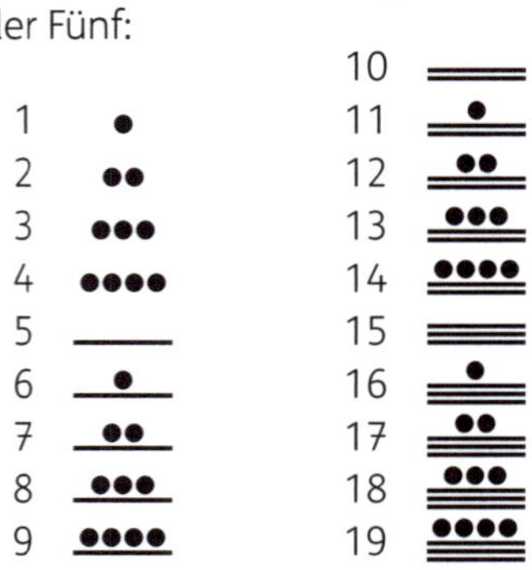


Die Zahl 20 war die Basis des Positionssystems der Maya. Mit den Stufenzahlen 1, 20, 400 (= 20 · 20), 8 000 (= 20 · 20 · 20) usw. und den obigen Darstellungen der Zahlen 1 – 19 konnten die Maya beliebig große Zahlen darstellen.
Es handelt sich bei dem Ziffernsystem der Maya aber nicht um das Stellenwertsystem mit der Basis 20, da die Zahlen 1 – 19 nicht durch je eine eigene Ziffer, sondern mithilfe der zwei Zeichen ● (für 1) und —— (für 5) dargestellt sind.

3.3 Auch heute gibt es in manchen Sprachen noch Zahlwörter, die die Kraft der Fünf widerspiegeln, wie z.B. in einem afrikanischer Dialekt in Mozambique:

| | | | |
|---|---|---|---|
| 1 | mo | 6 | sanumo |
| 2 | ili | 7 | sanuili |
| 3 | tatu | 8 | sanutatu |
| 4 | me | 9 | sanume |
| 5 | sanu | 10 | kuni |

4. Die Zahl 5 trat als eigene Zahleinheit auch in Rechengeräten auf, die vor Einführung des schriftlichen Rechnens mit Ziffern verwendet wurden und in Asien heute noch in Gebrauch sind.

4.1 Rechenbretter
Noch Adam Ries verwendete das „Rechnen auf den Linien" mit guten Gründen als Vorstufe zum „Rechnen mit den Federn" (d.h. mit Gänsefedern als den damals üblichen Schreibgeräten für das schriftliche Rechnen). Bei dieser Form des Rechnens waren auf einem Rechenbrett von unten nach oben Linien mit den Wertigkeiten 1, 10, 100, 1000, 10 0000 usw. angeordnet. Ein Plättchen, das auf einer dieser Linien lag, hatte den Wert der betreffenden Einheit. Um die Zahl der benötigen Plättchen zu reduzieren, wurden Plättchen auch in die Zwischenräume zwischen den Linien gelegt: ein Plättchen zwischen den Linien für 1 und 10 bedeutete 5, ein Plättchen zwischen den Linien 10 und 100 bedeutete 50, ein Plättchen zwischen den Linien 100 und 1000 bedeutete 500, usw.

Beispiel:
Für die Darstellung der Zahl 3697 auf den Linien werden am Rechenbrett nur 13 Plättchen benötigt (statt 25 Plättchen später auf der Stellentafel).

Darstellung der Zahl 3697 mit dem Rechenbrett:

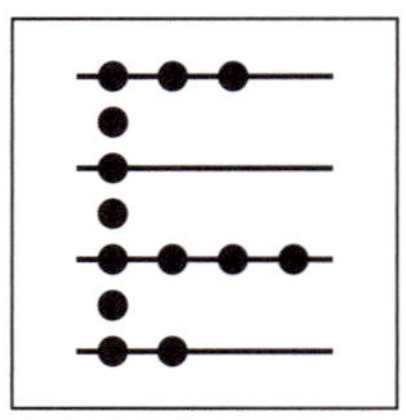

4.2 In Japan ist ein Rechenbrett, der Soroban, gebräuchlich, bei dem von rechts nach links vertikale Stäbe mit je vier Holzperlen unter einem horizontalen Steg und einer Perle über dem Steg angeordnet sind. Die Stäbe haben von rechts nach links die Wertigkeiten 1, 10, 100, 1000, usw. Die Perlen oberhalb des Stegs haben jeweils den fünffachen Wert der Perlen unterhalb. Perlen werden „aktiviert", indem sie zum Steg hin geschoben werden.

Darstellung der Zahl 3697 mit dem Soroban:

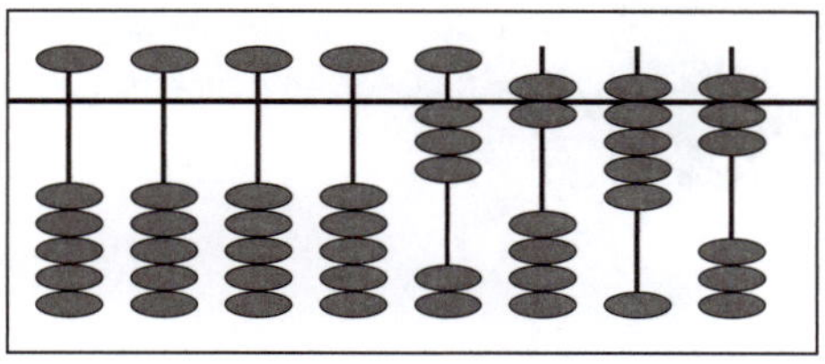

Bei dem ähnlich konstruierten chinesischen Suanpan befinden sich oberhalb des Stegs zwei Perlen.

Darstellung der Zahl 3697 mit dem Suanpan:

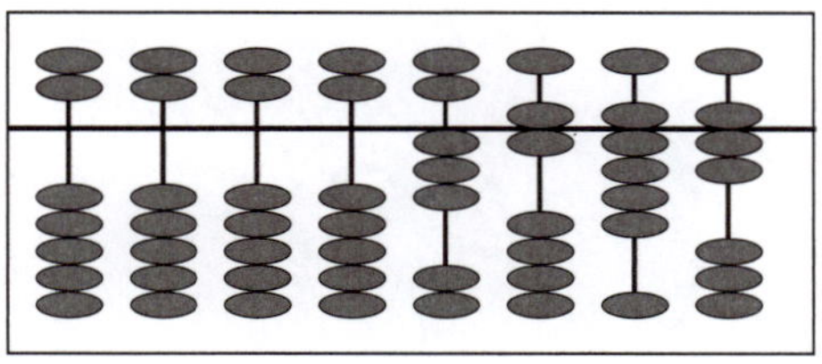

Die Verwendung von Perlen mit den Wertigkeiten 5, 50, 500, usw. erhöht bei beiden Rechenbrettern die Übersichtlichkeit der Zahldarstellung wie beim Rechnen auf den Linien ganz erheblich.

5. Struktur der Münzen und Scheine beim Geld
   Um die Darstellung von Geldbeträgen zu optimieren, werden auch hier nicht nur Münzen mit dem Wert 1 Cent, 10 Cent, 1 Euro, und Scheine mit dem Wert 10 Euro, 100 Euro verwendet, sondern auch Münzen mit den Werten 5 Cent, 50 Cent, und Scheine mit den Werten 5 Euro, 50 Euro und 500 Euro (zu denen noch Münzen und Scheine mit den doppelten Werten der Grundeinheiten kommen). Auch hier ist die bessere Übersichtlichkeit das entscheidende Kriterium.

6. Strichlisten
   Zum Abzählen (z.B. von Stimmen bei Wahlen) werden auch heute noch Strichlisten mit Fünferbündelung verwendet.

### *„Kraft der Fünf" in Arbeitsmitteln*

Dass die Simultanerfassung von Grundschulkindern in der Regel nur bis 4 reicht, kann durch Arbeitsmittel kompensiert werden, bei denen die Zahl 5 prägnant zur Geltung gebracht wird:
Das Zehnerfeld besteht aus zwei Reihen mit fünf Feldern, die über- oder nebeneinander angeordnet sind:

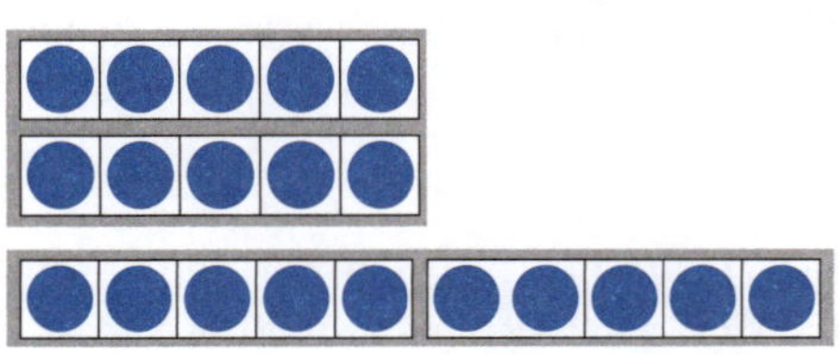

Das Zwanzigerfeld besteht aus vier Teilen mit je fünf Feldern:

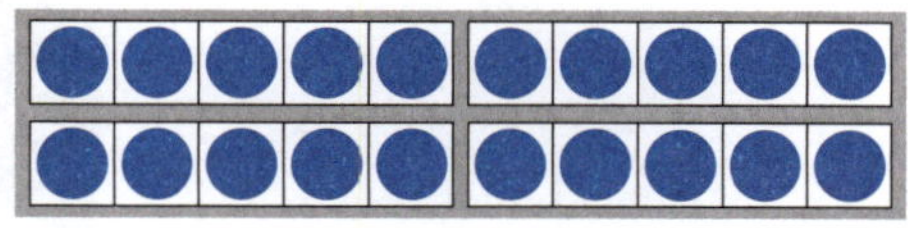

Diese Struktur befindet sich auch auf der Rückseite der Wendekarten.
Der Fünfer kommt auch beim Geld vor. Gerade bei Kindern, die am Abzählen von Einern „kleben", empfiehlt sich der Einsatz von Geld als Arbeitsmittel.
Die bei Geld übliche Sprechweise „Fünfer" ist auch für den Unterricht relevant. Sie bringt die Zusammenfassung von fünf Einern zu einer neuen Einheit treffend zum Ausdruck.

### *Anwendung der „Kraft der Fünf" beim Rechnen*

Praktisch bedeutet „Kraft der Fünf", dass die Zahlen unter 5 und zwischen 5 und 10 zur 5 in Beziehung gesetzt werden:

| | |
|---|---|
| $1=5-4$ | $6=5+1$ |
| $2=5-3$ | $7=5+2$ |
| $3=5-2$ | $8=5+3$ |
| $4=5-1$ | $9=5+4$ |

Wenn diese Beziehungen im Kopf „fest verdrahtet" sind, lassen sich Aufgaben des Einspluseins und des Einsminuseins ökonomisch legen und rechnen.
Beispiel:
$6+7$

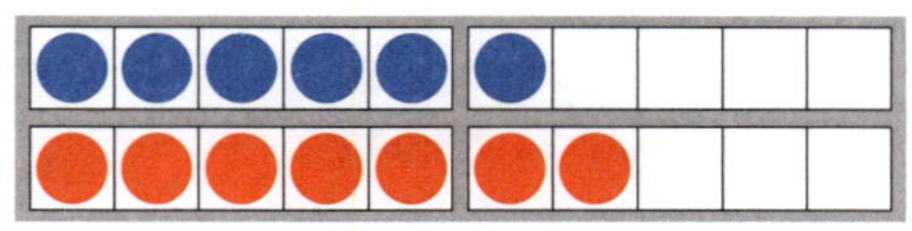

6 stellt sich als $5+1$, 7 als $5+2$ dar. Das Ergebnis 13 ist offensichtlich, da $5+5=10$ und $1+2=3$ ist.

### *Blitzrechenübung „Kraft der Fünf"*

Um das Einmaleins zu unterstützen, wurde die „Kraft der Fünf" auch unter die Blitzrechenübungen aufgenommen. Diese Übung kann erst dann in vollem Umfang durchgeführt werden, wenn die Subtraktion eingeführt ist. Die Beziehungen $6=5+1$, $7=5+2$, $8=5+3$, $9=5+4$ können und sollen sich die Kinder aber schon vorher einprägen.

### *Rechnen mit den Fingern*

An dieser Stelle ist auch ein kurzes Wort zu der Benutzung von Fingern beim Rechnen angebracht. Dass Finger zum zählenden Rechnen verleiten und von manchen Kindern hartnäckig in dieser Weise benutzt werden, spricht nicht grundsätzlich gegen die Nutzung der Finger. Man kann dieses natürlich gegebene Anschauungsmittel auch gut für die strukturierte Anzahlerfassung einsetzen, wie es in guten Förderprogrammen für rechenschwache Kinder praktiziert wird. Im ZAHLENBUCH-Frühförderprogramm und im ZAHLENBUCH werden die Finger an verschiedenen Stellen in diesem Sinne einbezogen. Sie werden aber nicht betont. Das Legen von Plättchen am Zehner- und Zwanzigerfeld bietet viel mehr Möglichkeiten, mit Zahlen zu operieren. Diese Darstellungsmittel finden auch eine nahtlose Fortsetzung auf den Hunderter- und Tausenderraum. Es kommt aber ganz entscheidend darauf an, dass bei diesen Darstellungen die Fünferstruktur voll zur Geltung gebracht wird.

# 20 Zahlenknoten

Fünferstruktur bei Zahlenknoten und Strichlisten, einfacher Knoten

## WAS WIRD BENÖTIGT?

*Arbeits- und Demonstrationsmaterial:*
Rund 10 m Hanfseil mit 8 mm Durchmesser, Gartenschere, ca. 1,50 m lange Wäscheleine (oder dicke Schnur), 10 Wäscheklammern

## WORUM GEHT ES?

Knoten finden im täglichen Leben und in der Freizeit (Segeln, Angeln, Bergsport) Anwendung. Das Thema gehört zu dem Bereich der Geometrie, in dem „krumme Linien" untersucht werden. Auf dieser Seite wird als erster Knoten der „einfache Knoten" eingeführt und anschließend zur Herstellung von Knotenschnüren für die Zahlen von 1 bis 10 benutzt.
Historischer Hintergrund: Von 1200 – 1500 existierte in Südamerika das Reich der Inka. Dieses Volk benutzte Knotenschnüre (quipus) zur Darstellung von Zahlen, die bei den Indios noch heute in Gebrauch sind. Die Zahl 1 wird durch einen einfachen Knoten, die Zahlen 2 bis 9 werden durch einen zweifachen, dreifachen Knoten, usw. dargestellt, bei denen die Schnur zweimal, dreimal, usw. durch die Schlinge geführt wird, bevor sie festgezogen wird.
Um die strukturierte Zahldarstellung zu betonen, werden Knotenschnüre im ZAHLENBUCH bewusst **anders als bei den Inka** geknüpft: Es werden entsprechend viele einfache Knoten in einer Reihe geknüpft. Bei Zahlen über 5 wird eine der „Kraft der Fünf" entsprechende Gestaltlücke gelassen.
Das Foto zeigt die Ruinen der 1911 entdeckten berühmten Inkastadt Machu Picchu [matʃu piktʃu], dt. „alter Gipfel".

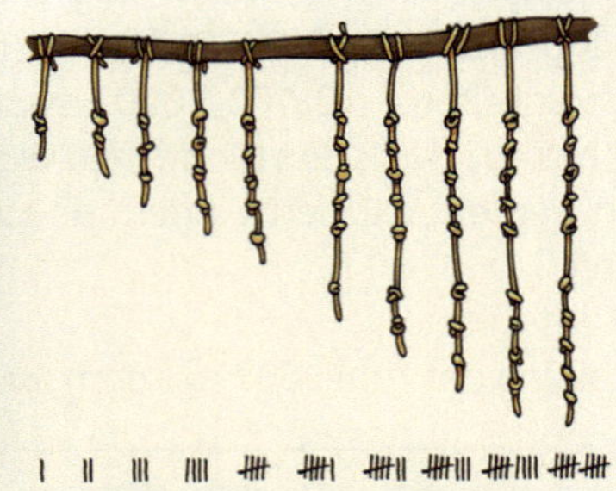

Vor 1000 Jahren rechneten die Inka in Südamerika mit Knotenschnüren.

**1** Einfacher Knoten

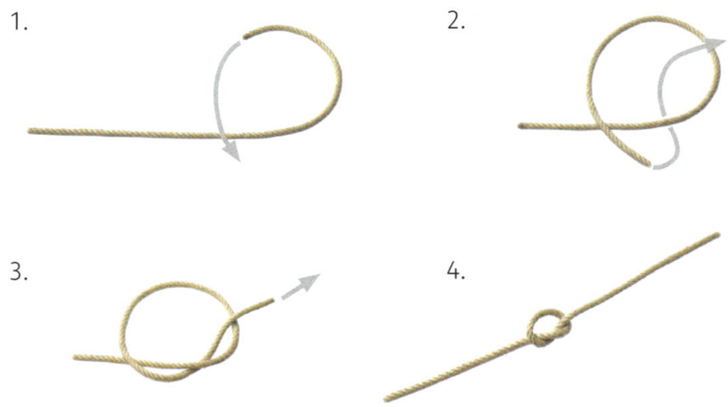


**2**

| 4 | 5 | 8 | 0 | 10 | 7 | 1 | 6 | 3 | 9 | 2 |
|---|---|---|---|---|---|---|---|---|---|---|
| ǀǀǀǀ | 𝍸 | 𝍸ǀǀǀ | | 𝍸𝍸 | 𝍸ǀǀ | ǀ | 𝍸ǀ | ǀǀǀ | 𝍸ǀǀǀǀ | ǀǀ |

## WIE KANN MAN VORGEHEN?

***Zur Arbeit mit dem Buch:***

**1** Die Lehrerin erzählt anhand des Fotos zuerst etwas über das Volk der Inka, das auch schon Zahlen kannte. Dann führt sie den einfachen Knoten vor und verweist auf die Anleitung im Buch. Die Kinder knüpfen dann den Knoten selbst.
*Anmerkung:* Der einfache Knoten kann auch spiegelsymmetrisch zu der im Buch angegebenen Anleitung geknüpft werden.

*Anschlussaufgabe:*
Herstellung von Zahlenknoten gemäß Abbildung rechts oben: Das 10 m lange Hanfseil wird in Stücke folgender Länge zerschnitten: 1,70 m (für die Zahl 10), 1,55 m (9), 1,40 m (8), 1,25 m (7), 1,10 m (6), 0,90 m (5), 0,75 cm (4), 0,60 cm (3), 0,45 cm (2), 0,30 cm (1).
Für einen einzelnen Knoten wird bei einem Seil von 8 mm Stärke ein Stück Schnur von ca. 10 cm „verbraucht". Die Lehrerin sollte einige Knotenschnüre vorher selbst knüpfen oder mit Elternhilfe mehrere. Dann haben die Kinder ein Vorbild für die weiteren Zahlenknoten. Der erste der 10 Knoten wird nach ca. 15 cm, die weiteren im Abstand von je zwei Fingern (5 cm) geknüpft. Für die **Fünferlücke** sollte man einen Abstand von vier Fingern (10 cm) lassen.
Den Kindern muss man zeigen, wie sich ein Knoten nach beiden Seiten verschieben lässt, *solange er noch nicht festgezogen ist*. Dadurch kann man die Abstände leicht regulieren. Die Kinder können in Gruppen die fehlenden Schnüre selbst knüpfen. Die Lehrerin hilft dabei.
Die Enden der Schnüre werden am Schluss mit Tesafilm umwickelt (oder verklebt), damit sie nicht ausfransen.
Die Kinder hängen die fertigen Schnüre nach Anzahl der Knoten geordnet an einer Wäscheleine auf.
Anschließend wird besprochen, dass die Lücke die Anzahlbestimmung erleichtert: **Da man weiß, dass in der Fünfergruppe 5 Knoten sind, braucht man sie nicht mehr zu zählen.** Man kann sofort weiterzählen, um die Anzahl der Knoten zu bestimmen (z. B. 5, 6, 7), oder sofort zählend rechnen (5 und 2 sind 7).
Anschließend werden im Buch die Zahlenknoten mit den darunter gezeichneten Strichlisten verglichen, bei denen ebenfalls Fünfergruppen abgegrenzt sind.

**2** Zuordnung von Strichlisten zu Zahlen in einer Tabelle

***Fortsetzung:***
Die Zahlenknoten liegen auf dem Tisch. Ein Kind greift sich einen mit geschlossenen Augen heraus und fühlt die Zahl.

**1**

| | | | | | | | | |
|---|---|---|---|---|---|---|---|---|
|  | 𝍸 \|\| | 7 |  | \|\| | 2 |  | 𝍸 \|\|\| | 8 |
|  | \|\|\| | 3 |  | \|\|\|\| | 4 |  | \|\| | 2 |
|  | 𝍸 \| | 6 |  | 𝍸 | 5 |  | | 0 |

**2**

| | | | | | | | | | | |
|---|---|---|---|---|---|---|---|---|---|---|
| \|\|\|\| | 𝍸 \|\|\|\| | \|\| | 𝍸 \|\| | \| | 𝍸 \| | | 𝍸 \|\|\| | 𝍸 | 𝍸 𝍸 | \|\|\| |
| 4 | 9 | 2 | 7 | 1 | 6 | 0 | 8 | 5 | 10 | 3 |

## WAS WIRD BENÖTIGT?

*Arbeitsmaterial:* Buntstifte
*Demonstrationsmaterial:* Evtl. Folienkopie der Seite, iTb

## WORUM GEHT ES?

Im Buch ist ein Bild vorgegeben, auf dem Tiere nur als schwarz/weißer Umriss gezeichnet und in unterschiedlicher Weise versteckt sind. Da man nicht sofort erkennt, wie viele Tiere von jeder Art sich versteckt haben, ist es zweckmäßig, für jedes gefundene und ausgemalte Tier einen Strich in eine Strichliste einzutragen.

Die 1 zu 1-Zuordnung wurde bereits auf den Seiten 14/15 besprochen. Auch das Frühförderprogramm enthält Aufgaben, bei denen für die Elemente einer Menge Plättchen als Stellvertreter gelegt werden. Die Bearbeitung der Aufgabe erfordert Sorgfalt in der Koordination der erforderlichen Tätigkeiten.

## WIE KANN MAN VORGEHEN?

***Zur Arbeit mit dem Buch:***

**1** Das Bild wird gemeinsam betrachtet (eventuell am OHP oder am Whiteboard). Die Kinder beschreiben, was sie sehen. Dabei kommen natürlich auch die Tierarten zur Sprache, die in der Tabelle farbig vorgegeben sind.

Gemeinsam werden die 7 Vögel gesucht gezählt, die in der Tabelle schon vorgegeben sind.

Die Lehrerin zeichnet die Tabelle an der Tafel nach, trägt die Zahl 7 als Strichliste ein und erklärt die weitere Vorgehensweise: Jedes gefundene Tier einer Tierart wird mit der für diese Tierart angegebenen Farbe ausgemalt. Immer wenn ein Tier ganz ausgemalt ist, wird dafür ein Strich in das entsprechende Feld der Tabelle eingetragen.

Mit jedem fünften Tier einer Art wird eine Fünferstrichliste abgeschlossen.

Nach diesem Verfahren bestimmt jedes Kind die Anzahl der weiteren Tiere und trägt das Ergebnis als Strichliste in die Tabelle ein.

Am Schluss wird verglichen, ob die Anzahlen richtig bestimmt wurden: es sind 3 Schweine, 6 Frösche, 2 Kühe, 4 Enten, 5 Katzen, 8 Mäuse, 2 Pferde.
Der Eisbär ist auf dem Bauernhof natürlich fehl am Platz und kommt nicht vor. Die Zahl 0 kann durch eine Strichliste nicht ausgedrückt werden, aber durch ein leeres Feld.

**2** Diese Aufgabe ist das Gegenstück zur Aufgabe 2 von Seite 20. Hier sind in einer Tabelle jetzt die Strichlisten vorgegeben und es müssen die Anzahlen dazu geschrieben werden. Erneut kommt die „Kraft der Fünf" prägnant zur Geltung und die Kinder erhalten eine weitere Gelegenheit sich einzuprägen, dass 5 und 1 zusammen 6, 5 und 2 zusammen 7, 5 und 3 zusammen 8, 5 und 4 zusammen 9, und 5 und 5 zusammen 10 ergeben. Diese wichtigen Beziehungen werden auf S. 23–24 noch einmal eigens thematisiert.

***Fortsetzung:***

→ *Arbeitsheft*
Seite 11, **4–5** Strichlisten anfertigen
Seite 12, **1–2** Üben zum Anfertigen und Anwenden von Strichlisten bei einem analogen Zählbild

***Nach der Arbeit mit dem Buch:***

Anzahlen (z.B. die Anzahl der Kinder in der Klasse) werden mithilfe von Strichlisten ermittelt.

*Je mehr sich ein Kind an die mechanische Anwendung von Rezepten gewöhnt hat, desto schwieriger ist es, diese Einstellung aufzubrechen. Deshalb ist es gerade im Anfangsunterricht sehr wichtig, Lernsituationen zu schaffen, bei denen es darauf ankommt, nicht nur Zahlen und Ziffern mechanisch zu manipulieren, sondern Zusammenhänge zwischen Zahlen operativ zu erarbeiten.*

Alina Szeminska, Ko-Autorin von Jean Piaget bei dem berühmten Buch „Die Entwicklung des Zahlbegriffs beim Kinde"

## WAS WIRD BENÖTIGT?

*Arbeits- und Demonstrationsmaterial:* –

## WORUM GEHT ES?

Die Kinder haben zu diesem Zeitpunkt schon viel über Zahlen gelernt und können mit diesem Wissen ausgestattet Zahlenstrukturen erforschen, die beim Körperbau des Menschen und anderer Lebewesen markant hervortreten. Das ist ein wichtiger Beitrag zur Umwelterschließung.

## WIE KANN MAN VORGEHEN?

***Zur Arbeit mit dem Buch:***

Das abgedruckte Gedicht, das wir der Waldorflehrerin Hélène Hummes verdanken, regt einen Dialog an, der folgendermaßen in die Klasse getragen werden kann: Die Lehrerin wählt vorher ein Kind aus und verabredet mit ihm, dass es der Reihe nach folgende Fragen stellt:
*„Sag mir doch, wo hast du eins?"*
*„Sag mir doch, wo hast du zwei?"*
*„Sag mir doch, wo hast du fünf?"*

Dann stellt sie sich mit diesem Kind vor die Klasse und beantwortet jede Frage mit dem Gedicht entsprechend. Dabei zeigt sie auf ihre Körperteile und am Schluss auf die Körperteile des Kindes.
Dieser Dialog wird mit einigen anderen Kindern wiederholt.
Anschließend versuchen je zwei Kinder selbst, den Text entsprechend vorzutragen.

**1** Jedes Kind bearbeitet diese Aufgabe zuerst für sich.
Anschließend sollten im Klassengespräch auch noch andere Zahlen als die Zahlen der Beine bestimmt werden:
*Kohlmeise:* 4 + 4 = 8 Zehen, 1 Schnabel, 1 Kopf, 2 Flügel, 2 Augen, 1 Schwanz
*Ameise:* 2 Fühler, 3 Körperglieder (Kopf, Rumpf, Hinterleib)
*Kuh:* 2 Hörner, 2 Ohren, 2 Augen, 1 Zunge, 1 Kopf, 2 + 2 Klauen (Paarhufer), 1 Schwanz
*Spinne:* 4 + 4 Beine
*Storch:* 1 + 1 Beine, 4 + 4 Zehen, 1 Schnabel, 2 Augen
*Tausendfüßer:* 2 Fühler, 3 Schwänze, 21 Körperglieder, 0 Augen

***Nach der Arbeit mit dem Buch:***

Die Kinder können Zählbilder aus Zeitungen, Katalogen, Werbematerial usw. sammeln. Interessante Zählbilder können in eine Mappe gelegt und in der Freiarbeit immer wieder hervorgeholt werden.

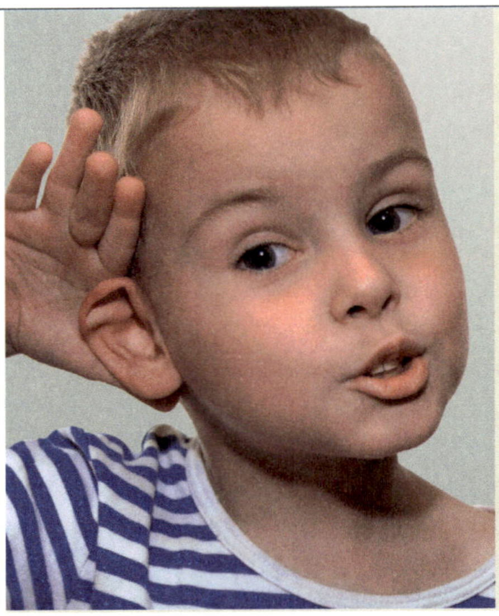

Sag mir doch, wo hast du **eins**?
**Eine** Nase hab ich,
**einen** Mund dazu,
habe **einen** Kopf,
schau, den hast auch du.

Sag mir doch, wo hast du **zwei**?
Zum Hören **zwei** Ohren,
zum Schauen **zwei** Augen,
zum Greifen **zwei** Hände,
zum Laufen **zwei** Beine,
**zwei** Füße dazu, genauso wie du.

Sag mir doch, wo hast du **fünf**?
Oh, das sag ich dir geschwind.
An jeder Hand **fünf** Finger sind,
an jedem Fuß **fünf** Zehen sind,
das weiß doch jedes kleine Kind.

**1** Wie viele Beine?

6 2 8

4 2 38

# Zwei Fünfer sind zehn 23

Die Zahl 10 als Zusammensetzung von zwei Fünfern erfassen

Zehn kleine Zappelmänner
zappeln hin und her.
Zehn kleinen Zappelmännern
fällt das gar nicht schwer.

Zehn kleine Zappelmänner
zappeln auf und nieder.
Zehn kleine Zappelmänner
tun das immer wieder.

Zehn kleine Zappelmänner
zappeln rings herum.
Zehn kleine Zappelmänner,
die sind gar nicht dumm.

Zehn kleine Zappelmänner
spielen jetzt Versteck.
Zehn kleine Zappelmänner
sind auf einmal weg.

**1** Immer 5? Immer 10?

## WAS WIRD BENÖTIGT?

*Demonstrationsmaterial:* Evtl. Fingerpuppen

## WORUM GEHT ES?

Die Kinder sollen eine Grundidee des Zehnersystem verinnerlichen, nämlich dass zwei Fünfer zusammen einen Zehner ergeben bzw. dass ein Fünfer ein halber Zehner ist. Die Bedeutung dieser Idee für das Rechnen kann man nicht überschätzen.

Dass 5 + 5 = 10 gilt, kann man natürlich damit begründen, dass man zu 10 gelangt, wenn man von 5 aus 5 weiterzählt. Weiter führt aber die Sichtweise, die Zahl 10 als Verdopplung der 5 zu *definieren*. Bei der Einführung in diesen Themenblock wurde bereits darauf hingewiesen, dass dies durch die zwei Hände des Menschen mit je 5 Fingern nahegelegt wird.

## WIE KANN MAN VORGEHEN?

***Zur Arbeit mit dem Buch:***

Der Kinderreim ist den meisten Kindern schon aus dem Kindergarten als Fingerspiel bekannt und sollte als Lockerungs- und Konzentrationsübung gesprochen und gespielt werden. Selber Fingerpuppen zu basteln, macht den Kindern viel Freude und lässt sich mit dem Kunst- und Sprachunterricht verbinden.

**1** Hier sind Zahlenstrukturen der Umwelt abgebildet, bei denen sich Zehn ergeben, ergeben können oder nur fast ergeben. Es wurden bewusst Störungen eingebaut. Die Kinder müssen daher genau hinschauen, um zu erkennen, ob wirklich zwei volle Fünfer vorhanden sind.
Bei der zweiten Strichliste fehlt ein Strich. Würde er gesetzt, wären es zusammen 10.
Im Zehnerstab liegen 5 blaue Holzplättchen. Wenn man von den daneben liegenden roten Plättchen zwei in die Lücken legt, sind es auch 5 rote und der Stab hat insgesamt 10 Plättchen, 5 rote und 5 blaue. Ein rotes Plättchen bleibt übrig.
Die beiden Fünfer beim Würfelspiel ergeben die Augensumme 10.
Wenn das neben der Schachtel liegende Ei hineingelegt wird, ist eine zweite Fünferreihe voll.
Im Zehnerfeld daneben sind beide Reihen gefüllt.
Bei den Fußabdrücken erkennt man deutlich die Abdrücke von 5 + 5 Zehen.
Bei den Geldbeträgen liegt eine Störung anderer Art vor: wenn man auf die Anzahl achtet, sind es vier Münzen und zwei Scheine. Wenn man aber auf den Wert achtet, sind es zusammen 10 Cent bzw. 10 Euro. 5 Cent hat den gleichen Wert wie 5 einzelne Cents, der 5-Euro-Schein den gleichen Wert wie 5 einzelne Euro.
Beim Molch muss man genau hinschauen. An den Hinterbeinen hat er je 5 Zehen, an den Vorderbeinen aber nur je 4.
Anmerkung: Die Anzahl der Zehen ist bei verschiedenen Molcharten unterschiedlich.

# Kraft der Fünf

Einführung des Pluszeichens zur additiven Zusammensetzung von Zahlen

## WAS WIRD BENÖTIGT?

*Arbeits- und Demonstrationsmaterial:* Wendeplättchen, gleichartige Zählobjekte aus der Umwelt z. B. Murmeln, Steine, Kastanien, Büroklammern, Wäscheklammern, iTb

## WORUM GEHT ES?

Auch diese Seite hat für den Rechenunterricht eine Schlüsselfunktion: wie auf den vorhergehenden Seiten schon erwähnt, werden jetzt die Zahl 6, 7, 8 und 9 explizit zur Zahl 5 in Beziehung gesetzt, wobei das Zehnerfeld mit zwei nebeneinander gesetzten Fünfern den Rahmen bildet:
Die Zahl 6 ist die Zusammensetzung von 5 und 1, die Zahl 7 die Zusammensetzung von 5 und 2, die Zahl 8 die Zusammensetzung von 5 und 3 und die Zahl 9 die Zusammensetzung von 5 und 4.
Beim Voranschreiten von 5 bis 10 wird ein „angefangener Fünfer" schrittweise gefüllt, bis bei 10 zwei Fünfer voll sind.
Für die additive Zusammensetzung wird hier erstmals das Pluszeichen „+", allerdings ohne das Gleichheitszeichen, benutzt. Es handelt sich also noch nicht um eine Additionsaufgabe. Ausgedrückt wird damit die additive Zusammensetzung von Zahlen.
Die Darstellung dieser Beziehungen am Zehnerfeld passt gut zu dem Zeigen von Anzahlen mit den Fingern. Eine volle Hand verkörpert 5.
Natürlich gibt es für die Zahlen 6, 7, 8, 9 auch andere wichtige Zerlegungen, z. B. 8=4+4=6+2=7+1. Aber die Fünferzerlegungen 5+1, 5+2, 5+3, 5+4 sind die für das Rechnen weitaus effektivsten und wichtigsten. Sie müssen daher von den Kindern gelernt und sicher beherrscht werden. Später (ab Schülerbuchseite 73) werden sie in der Blitzrechenübung „Kraft der Fünf" weiter automatisiert.

**1**

| | | | |
|---|---|---|---|
| | 5 + 1<br>plus | | 6 |
| | 5 + 2 | | 7 |
| | 5 + 3 | | 8 |
| | 5 + 4 | | 9 |
| | 5 + 5 | | 10 |

**2**

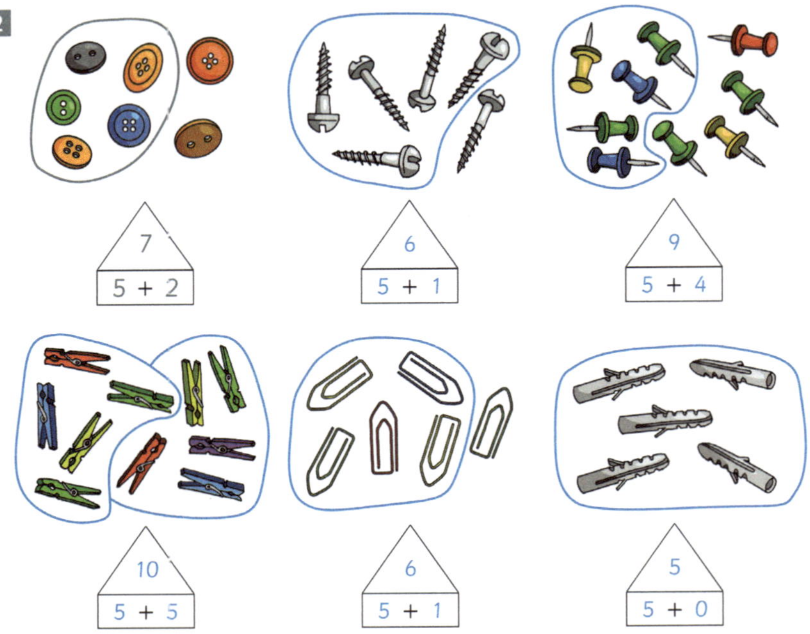


Die Lehrerin informiert die Kinder darüber, dass es für das Zählen und Rechnen günstig ist, Fünfer zusammenzufassen und weist auf die besondere Rolle der Zahl 5 hin, die sich in der Bezeichnung „Kraft der Fünf" ausdrückt. Sie legt den Kindern nahe, sich mit dieser Zahl besonders „anzufreunden".

In der Diskussion sollte deutlich werden, dass man hier kein Pluszeichen braucht. Die Angabe 5 würde ausreichen.

***Fortsetzung:***
*→ Arbeitsheft*
Seiten 13–14, Alle Aufgabenstellungen aus dem Schülerbuch kehren wieder.

## WIE KANN MAN VORGEHEN?

***Vor der Arbeit mit dem Buch:***
Die Lehrerin schreibt die Zahlen von 1 bis 10 an die Tafel. Die Kinder schreiben darunter die zugehörigen Strichlisten und malen dazu entsprechende Plättchenmengen. Dann zeigt die Lehrerin mit ihren Fingern Zahlen gemäß Aufgabe 1. Die Kinder nennen die Zahlen.
Dann wird ein Zehnerfeld wie in Aufgabe 1 aufgemalt, ein Plättchen nach dem anderen hinzugefügt, bis der zweite Fünfer voll ist.

***Zur Arbeit mit dem Buch:***
**1** Die Lehrerin erklärt den Aufbau der Tabelle. Die Kinder tragen die fehlenden Zahlen ein.

**2** Wie vorher an der Tafel erklärt wurde, werden die Anzahlen durch Einkreisung von Fünfern ermittelt und die Zahlen in die vorgegebenen Zahlenhäuser eingetragen. Alle Zerlegungen 5+1, 5+2, 5+3, 5+4, 5+5 kommen vor.
Die Vorgabe des Pluszeichens bei den Dübeln könnte für eine kleine Irritation sorgen. Aber wozu gibt es die Null?

***Nach der Arbeit mit dem Buch:***
*Vorbereitung der Blitzrechenübung „Kraft der Fünf":*
Zu Beginn der folgenden Stunden sollten den Kindern immer wieder Fingerbilder der Zahlen 5 bis 10 gezeigt werden, zu denen sie die Zahl nennen. Diese Aufgaben sollten auch mündlich gestellt werden:
Welche Zahl ist 5+2?
Welche Zahl ist 5+4?
Die vier Beziehungen 6=5+1, 7=5+2, 8=5+3, 9=5+4 und 10=5+5 müssen im Gehirn „fest verdrahtet" werden, da sie im Einspluseins eine tragende Rolle spielen.

**1**

**2**

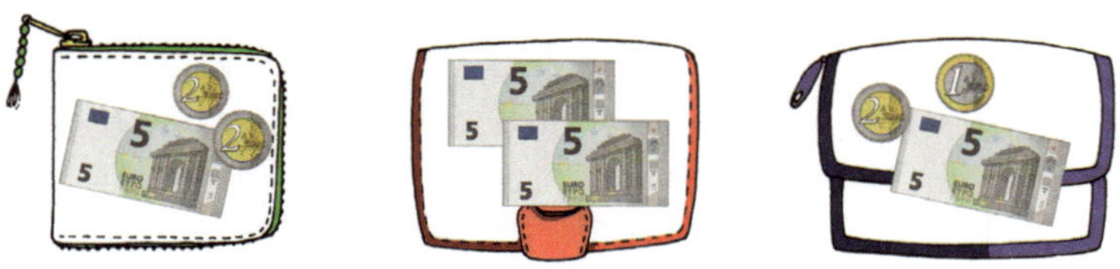

| 9 | 10 | 8 |
|---|---|---|
| 5 + 4 | 5 + 5 | 5 + 3 |

**Forschen und Finden**

**3** Lege immer 6 Euro.

Lege noch anders.
Finde alle 5 Möglichkeiten.

**4** Lege immer 7 Euro.
Finde alle 6 Möglichkeiten.

**5** Lege immer 8 Euro.
Wie viele Möglichkeiten findest du? 7

## WAS WIRD BENÖTIGT?

*Arbeitsmaterial:* Rechengeld: 1-Euro-Münzen (10 Stück), 2-Euro-Münzen (5 Stück), 5-Euro-Scheine (2 Stück)
*Demonstrationsmaterial:* Rechengeld im Großformat, echte Euro-Münzen und Euro-Scheine verschiedener Sorten, iTb

## WORUM GEHT ES?

Viele Kinder kommen heute in ihrer Lebenswelt kaum mit Geld in Berührung. Daher sind ihre Vorkenntnisse in der Regel sehr lückenhaft. Es ist daher Aufgabe der Schule, die Kinder mit dem Aussehen, der Größe und dem Wert der Münzen bzw. Geldscheine gründlich vertraut zu machen.
Kenntnisse über Anzahlen können dabei nicht „wörtlich" übertragen werden, wie schon auf Seite 23 deutlich wurde.
Bei der Bestimmung der Eurobeträge müssen nämlich auch die *Werte* der Münzen und Scheine berücksichtigt werden, nicht nur ihre Anzahl. Da die Zusammenfassung von Einheiten zu einer größeren Einheit aber auch bei Zahlen wichtig ist, lernen die Kinder aus ihrer Beschäftigung mit Geld auch etwas über Zahlen. (Rechen-)Geld kann daher auch als „Anschauungsmittel" für Zahlen verstanden und genutzt werden.

Im Hinblick auf die Aufgaben 3 – 5 sei noch angemerkt, dass sich mit 1-Euro- und 2-Euro-Münzen und dem 5-Euro-Schein jeder Eurobetrag zwischen 1 und 12 Euro mit höchstens 3 Münzen/Scheinen legen lässt.

## WIE KANN MAN VORGEHEN?

***Vor der Arbeit mit dem Buch:***
Im Sitzkreis stellt die Lehrerin verschiedene Euro- und Cent-Münzen sowie verschiedene Euro-Scheine vor und lässt sie anschließend benennen und ordnen. Danach werden die 1-Euro- und 2-Euro-Münzen sowie die 5-Euro-Scheine näher betrachtet. Gemeinsam wird erarbeitet, dass sich ein Betrag von 5 Euro (Eintritt ins Schwimmbad) auf verschiedene Weisen bezahlen lässt:

Als Vorübung zu Aufgabe 2 legt die Lehrerin anschließend an der Tafel Eurobeträge, die von den Kindern zu bestimmen sind.

***Zur Arbeit mit dem Buch:***
**1** Die Kinder vergewissern sich noch einmal, dass man, wie vorher besprochen, 5 Euro unterschiedlich bezahlen kann.

**2** Die Kinder bestimmen die Eurobeträge in den schematisiert dargestellten Geldbörsen.

*Forschen und Finden*
**3** – **5** Bei den ersten beiden Aufgaben ist jeweils die Anzahl der Möglichkeiten angegeben.
Bei der Aufgabe 5 fehlt diese Angabe. Hier soll jedes Kind sehen, wie weit es kommt. Vielleicht kann man den Kindern den Tipp geben, die Aufgabe in Teilaufgaben zu unterteilen:
- Es kommt ein 5-Euro-Schein vor: Lösungen: 5 + 2 + 1, 5 + 1 + 1 + 1
- Es kommt kein 5-Euro-Schein vor. Dann können 4, 3, 2, 1 oder keine 2-Euro-Münzen auftreten.

Dies sind zusammen 7 Möglichkeiten.
Kinder, die schnell fertig sind, können überlegen, wie viele Möglichkeiten es für die Beträge 9 oder 10 Euro gibt.

***Fortsetzung:***
→ *Arbeitsheft*
Seite 15, **1** Geldbeträge durch rechnendes Zählen bestimmen
Seite 15, **2–3** einfache Beispiele zur Aufgabenstellung aus „Forschen und Finden" aus dem Schülerbuch

*Es ist keine Frage, dass [es Kindern] leichter fällt, [Einzelheiten zu lernen], wenn sie über die Gesamtheit der anstehenden Lernaufgaben richtig vorinformiert sind.*
Margaret Donaldson

Der Hunderterraum ist der natürliche Rahmen für das Einmaleins, denn die größte Aufgabe, die man in der Didaktik zum Einmaleins rechnet, ist 10 · 10 = 100. Ganz analog ist der Zwanzigerraum der natürliche Rahmen für das Einspluseins, denn 10 + 10 = 20.

### *Ganzheitliche Einführung in den Zwanzigerraum*

Nach den Vorstellungen der alten Rechendidaktik, die den Unterricht über Jahrhunderte bestimmten und heute noch in vielen Köpfen stecken, wurde in den Zahlraum gestuft eingeführt. Der Unterricht verharrte lange im Fünfer- oder Sechserraum, dann nochmals mindestens bis zum Ende des ersten Halbjahrs im Zehnerraum, bevor die Zahlen bis 20 eingeführt wurden und nach dem Rechnen innerhalb des zweiten Zehners schließlich der Zehnerübergang an die Reihe kam.

Das ZAHLENBUCH führt in den Zwanzigerraum im Gegensatz dazu ganzheitlich ein und zwar so, dass das formale Rechnen zurück gestellt wird. Für die Entwicklung von Zahlvorstellungen, ist der größere Zahlraum eine große Hilfe, weil das Verständnis gefördert wird. „Ganzheitlich" heißt natürlich nicht, dass von den Kindern sofort verlangt wird, sich im gesamten Zwanzigerraum sofort sicher zu bewegen, was vielen Kindern nicht möglich ist. Es heißt nur, dass dieser Raum als „Spielraum" zur Verfügung steht und die Kinder Anregungen erhalten, sich in diesen Raum einzuleben. Das ZAHLENBUCH bietet hierzu verschiedene Durchgänge an, bei denen der Zwanzigerraum jeweils unter anderen Aspekten, mit anderen Anschauungsmitteln und anderen Aufgabenstellungen neu erschlossen wird. Die Kinder erhalten also mehrere Gelegenheiten, sich mit dem Zwanzigerraum vertraut zu machen. Von entscheidender Bedeutung ist dabei die Einsicht in das dekadische System. Wenn die Zahlen 11, 12, ..., 19 klar als Zusammensetzungen von einem Zehner und Einern verstanden werden, sind Analogien wie 5 + 3 und 15 + 3 oder 5 + 5 = 10 und 15 + 5 = 20 kein Problem.

### *Frühe Einsicht in das Zehnersystem*

Für die Einsicht in das dekadische System hat es sich als hilfreich erwiesen, die Kinder schon vor der Behandlung des Zwanzigerraums einen Blick auf den Hunderterraum werfen zu lassen, weil erst in diesem Raum die Unterscheidung zwischen Zehnern und Einern als eigenen Zahleinheiten deutlich wird. Das ist bei uns besonders nötig, denn die deutsche Zahlsprechweise verwischt diese Trennung. Im Chinesischen z. B. werden die Zahlen 11 bis 20 explizit als „1 Zehner und 1", „1 Zehner und 2", ..., „1 Zehner und 9", „2 Zehner" gesprochen, was chinesischen Kindern einen strategischen Vorteil verschafft. Im Deutschen tanzen „elf" und „zwölf" völlig aus der Reihe und „zwanzig" ist sprachlich nicht sofort als „2 Zehner" erkenntlich. Dass in den meisten Sprachen die Zehnerstelle vor der Einerstelle gesprochen wird, ist mit Blick auf die vielen Kinder mit Migrationshintergrund ein weiterer Grund die Trennung zwischen Zehnern und Einern früh bewusst zu machen. Argumente für diese Weg ergeben sich auch aus der russischen Didaktik. Dort wird nachdrücklich empfohlen Zahlen früh sogar auf beliebige Zahleinheiten zu beziehen.

Bei den früheren Ausgaben des ZAHLENBUCHs wurde im Begleitband empfohlen, am Beginn der Orientierung im Zwanzigerraum einen Blick auf die am Schluss angefügten Seiten „Ausblick auf den Hunderterraum" zu werfen. Jetzt wird dieser Ausblick im Buch aus den o. g. Gründen vorgezogen (Seiten 26 – 27). Auch bei der Doppelseite 28 – 29 wurden Änderungen vorgenommen: erstens wird jetzt die Stellentafel in die Tabelle einbezogen, zweitens wird die Tabelle über 20 hinaus um eine Zahl verlängert. Auf der Seite 27 kommt in Aufgabe 4 auch die Zahl 27 vor. Dies ist ein Anlass auf das kleine Hunderterfeld zu verweisen, das im ZAHLENBUCH unten neben den Seitenzahlen mitgeführt wird und eine ständige Gelegenheit bietet, den Blick auf den Hunderterraum und am Schluss sogar darüber hinaus zu werfen.
Damit soll aber keineswegs die Überschreitung des Zwanzigerraums forciert werden. Wir favorisieren „den nach oben offenen Zwanzigerraum" an. Die Kinder erhalten im ZAHLENBUCH viele Gelegenheiten, diesen Zahlenraum individuell zu überschreiten. Aber das ZAHLENBUCH ist nicht auf das Rechnen mit immer größeren Zahlen fixiert. Viel wichtiger ist die mathematische Durchdringung des Rechnens. Für letztere bietet der Zwanzigerraum von der Mathematik aus wunderbare Möglichkeiten. Sogar für ein Juwel wie das magische Quadrat auf der Doppelseite 120 – 121 reicht dieser Zahlenraum aus.

### *Strukturierung des Zehnerraums*

Mit dem Blick auf den Zwanziger- und den Hunderterraum wird der Zehnerraum keineswegs außer Kraft gesetzt. Die Zerlegung von Zahlen in kleinere Zahlen und die Zusammensetzung von kleineren Zahlen zu größeren Zahlen bleibt Thema. Die Blitzrechenübungen „Zerlegen" und „Immer 10 (Ergänzen bis 10)" spielen sich ganz im Zehnerraum ab.
Auch in diesem Themenblock werden noch keine Rechnungen aufgeschrieben. Der Nachdruck liegt ganz auf der Entwicklung von Zahlvorstellungen und in Verbindung damit auf dem „rechnenden Zählen". Eine zu frühe Einführung der formalen Notation von Rechnungen ist schädlich, gerade für schwächere Kinder.

### *Aufbau des Themenblocks*

Auf den Seiten 26 – 27 wird der Zehner als neue Zahleneinheit bewusst gemacht. Wichtiges Darstellungsmittel ist die Stellentafel. Die Doppelseite 28 – 29 setzt die Seite 24 fort. Die Zahlen 11 bis 21 werden unter Betonung der Fünfer-/Zehnerstruktur eingeführt. Da die Zahl 0 von Anfang an mitgeführt wurde, können die Zahlsymbole 10 und 20 im Kontrast zu den anderen Zahlsymbolen in ihrer vollen Bedeutung erfasst werden. 10 bedeutet „1 Zehner, 0 Einer", 20 bedeutet „2 Zehner, 0 Einer". Das Zwanzigerfeld bleibt hier aber noch im Hintergrund (s. später Seite 39).

Auf der Doppelseite 30 – 31 dominiert der Zählzahlaspekt. Auch die Zahlenreihe widerspiegelt die Fünferstruktur.

Das Arbeitsmittel „Wendekarten" (Seiten 34 – 35) stellt eine Synthese zwischen dem Anzahl- und dem Zählzahlaspekt dar und ist daher für das Verständnis des Zahlbegriffs sehr wichtig: Die Wendekarten können mit der Vorderseite (Zahlsymbol) in einer Reihe angeordnet werden. Auf der Rückseite findet sich die Punktfeld-Darstellung von Seiten 28–29.

Vor die Behandlung des Zwanzigerfeldes ist eine gründliche Behandlung von Zahlzerlegungen im Zehnerraum eingeschoben (Seiten 36–37).

Den Übergang zum Zwanzigerfeld bildet eine Seite, bei der nicht nur das „rechnende Zählen" intensiv geübt wird, sondern bei der Grundvorstellungen von Addition und Subtraktion im operativen Zusammenhang ausgebildet werden. Im Kontext von Tauben, die hinzu und weg fliegen, lassen sich viele Aufgaben mit unterschiedlichem Schwierigkeitsgrad stellen.

Von grundsätzlicher Bedeutung für den Unterricht im 1. Schuljahr ist das Zwanzigerfeld, das auf Seite 39 systematisch eingeführt und gründlich besprochen wird. Es leistet bei der Behandlung des Einspluseins und des Einminuseins einen unschätzbaren Dienst und prägt auch die Zahlvorstellung über den Zwanzigerraum hinaus. In den folgenden Bänden werden in ähnlicher Weise Hunderterfeld und Hundertertafel, Tausenderfeld und Tausenderbuch sowie das Millionbuch eingeführt. Insgesamt ergibt sich auf diese Weise ein schlüssiger Aufbau des Zahlraums.

Ein weiterer Durchgang durch den Zwanzigerraum eröffnet sich im Kontext der Ordnungszahlen (Seiten 42–43).

Den Abschluss bildet auf den Seiten 44–45 die Erschließung des Zwanzigerraums mithilfe von Größen (Geld, Längen).

### *Blitzrechnen im Zwanzigerraum*

An dieser Stelle kann deutlich gemacht werden, dass der „Blitzrechenkurs" keine Verkürzung auf die Automatisierung von Plus-, Minus-, Mal- und Geteilt-Aufgaben darstellt, sondern auf die Entwicklung grundlegender Zahl- und Operationsvorstellungen ausgerichtet ist.
Folgende Blitzrechenübungen treten im Zwanzigerraum auf:

- *Zahlenreihe* (Seite 30): Hier müssen an der verdeckten Zwanzigerreihe Zahlen lokalisiert werden.
- *Zerlegen* (Seite 36): Bei dieser Übung müssen die Zahlen von 2 bis 9 in zwei Summanden zerlegt werden, wobei ein Summand immer vorgegeben wird.
- *Immer 10* (Seite 40): Von einer Zahl unter 10 muss bis 10 ergänzt werden.
- *Immer 20* (Seite 41): Von einer Zahl zwischen 10 und 20 muss bis 20 ergänzt werden.

Die erste Übung zielt auf die lineare Ordnung der Zahlen. Bei den drei anderen Übungen lernen die Kinder Zahlen als Zusammensetzung kleinerer Zahlen zu sehen. Das ist eine Grundvoraussetzung für denkendes Rechnen. Lernschwierigkeiten der Kinder manifestieren sich, wie immer wieder betont werden muss, in den Basiskompetenzen. Daher ist der Blitzrechenkurs gleichzeitig ein eingebautes Diagnose- und Förderprogramm.

### *Beziehungen zwischen Geometrie und Arithmetik*

Während die Seite 33 „Formen in der Umwelt" lediglich ein Gegenstück zur Seite 32 „Zahlen in der Umwelt" darstellt, hat die Doppelseite „Was der Spiegel alles kann" eine Doppelfunktion: einerseits dient sie zur Ausbildung von Grundvorstellungen einer zentralen geometrischen Grundidee, nämlich der Achsensymmetrie". Andererseits wird auch der Arithmetik zugearbeitet, indem ein wichtiger Spezialfall der Addition vorbereitet wird: das Verdoppeln.
Die Doppelseite ist nicht die einzige Stelle, an welcher geometrische Vorstellungen zum Tragen kommen. Man kann ohne Übertreibung sagen, dass die gesamte Arithmetik auf räumlichen Vorstellungen beruht. Das beginnt bei der Anordnung von Plättchen, und findet eine markante Ausprägung im Zehnerfeld, dem Zwanzigerfeld und der Zahlenreihe. Natürlich handelt es sich hierbei nicht um bloße Bilder, sondern um Rahmen für Handlungen, die sich in der Zeit abspielen. Aber ohne geometrische Ordnungsstrukturen gäbe es dafür keine Grundlage.
Für Lehrerinnen und Lehrer ist es wichtig zu wissen, dass diese Strukturen nicht als gegeben betrachtet werden dürfen, sondern gezielt entwickelt werden müssen. Das ZAHLENBUCH setzt dabei schon in der Frühförderung an. Auch im Unterricht muss systematisch an dieser Zielsetzung gearbeitet werden. Es ist dabei sehr wichtig, dass neue Anschauungsmittel in ihrem Aufbau besprochen werden. Lagebeziehungen spielen dabei eine entscheidende Rolle.

*Eine wichtige Frage ist noch zu erörtern, die nämlich, wie weit wir auf dieser Stufe zählen dürfen. Aus langjähriger Erfahrung und aus herzlichem Mitgefühl wie auch aus psychologischer Beobachtung der Kindesnatur schlagen wir vor: ohne jede Grenze. Welchem Elementarlehrer hätte es nicht jedes Mal einen Stich ins Herz gegeben, wenn ein frisches Kindergesicht erklärte, es könne bis 20 zählen oder bis 30 - und er doch nur bis zur 10 rechnen lassen durfte, weil der Lehrplan es so vorschrieb! In der Tat, wer die Grenzen der Zahlenräume für den elementaren Rechenunterricht bis 10 oder bis 20 abgesteckt hat, ist gewiss ein logischer Kopf, vielleicht auch ein wohlmeinender Mann gewesen, aber ein Psychologe oder Kinderfreund nicht; oder er hat nicht bedacht, dass die Bestimmung Zahlenraum bis 10 nun vom Schulmeister so ausgelegt werden würde, dass es verboten sei, darüber hinauszugehen, wenigstens offiziell. Nur privatim durften Kinder des 1. Schuljahres ihre Zahlbegriffe zwischen 10 und 100 erweitern; im 2. Schuljahre „lernten" sie beispielsweise an geeigneter Stelle die 19 „kennen", vorher kannten sie nur die Zahlen bis 18. Welche Unnatur zeigt sich in all dem!*

JOHANNES KÜHNEL: NEUBAU DES RECHENUNTERRICHTS, 1916

# 26/27 Zehnerbündel

## Erster Einblick in das Zehnersystem

### WAS WIRD BENÖTIGT?

*Arbeitsmaterial:* Wendeplättchen, Knöpfe, Büroklammern, Schrauben, etc. für Abzählaufgaben im Hunderterraum
*Demonstrationsmaterial:* Evtl. Holzmaterial „Hunderterrahmen“, iTb

### WORUM GEHT ES?

Das Zehnersystem beruht auf dem Bündeln von je 10 Einheiten einer Stufe zu einer Einheit der nächsten Stufe. Die Kinder sollen diese Bündelung als sinnvolle Methode zur Bestimmung und Beschreibung größerer Anzahlen erkennen und sich bewusst machen, dass sie ein großer Fortschritt gegenüber primitiven Verfahren ist. Kerbhölzer z. B. wurden von Menschen über lange Zeit, von der Steinzeit bis in unser Jahrhundert, verwendet um Anzahlen festzuhalten.
Das Zählen mithilfe von Strichlisten ist den Kindern bereits als Ordnung stiftende Zählmethode bekannt. Sie wissen auch schon, dass zwei Fünfer zu einem Zehner zusammengefasst werden.

Besondere Aufmerksamkeit erfordert die deutsche Zahlensprechweise, die insbesondere für Kinder mit Migrationshintergrund ein Problem darstellt. Statt „2 Zehner“ heißt es im Deutschen „zwanzig“, statt „3 Zehner“ heißt es „dreißig“, dann wieder „vierzig“ für „4 Zehner“ usw. „Elf“ und „zwölf“ tanzen ganz aus der Reihe, wie die Kinder schon wissen. Außerdem werden ab „dreizehn“ die Einer vor den Zehnern gesprochen.

An dieser Stelle sind die Sprechweisen noch nicht so wichtig wie später. Wichtiger ist hier die klare Unterscheidung von Zehnern und Einern, die durch die Stellentafel nahegelegt wird. In dieser Tafel werden die Zehner und Einer einer Zahl wie vorgegeben eingetragen. Sprechweisen wie „vierzigunddrei“ statt „dreiundvierzig“ sind völlig akzeptabel, nicht nur hier, sondern auch im späteren Unterricht. Sie sind durch das Vertauschungsgesetz gedeckt.

Die Anforderung für die Kinder ist nicht so groß, wie es auf den ersten Blick scheint. Sie müssen Dinge nur in Zehnern gruppieren sowie die Anzahl der Zehner und Einer getrennt bestimmen und in der Stellentafel festhalten. Im Prinzip ist das nichts anderes, als z. B. die Anzahl von Elementen getrennt festzustellen (Tische und Stühle in einem Raum, Kastanien und Eicheln, ....

Selbst Kinder, die zunächst vielleicht noch Schwierigkeiten mit der getrennten Zählung von Zehnern und Einern haben, profitieren langfristig davon, dass sie frühzeitig mit der Grundidee des Zehnersystems in Berührung kommen. Im weiteren Verlauf des Schuljahres wird an diese Grundidee immer wieder dezent erinnert.

### WIE KANN MAN VORGEHEN?

***Vor der Arbeit mit dem Buch:***
Die Lehrerin zeichnet etwas mehr als dreißig Kreise (oder Kreuze oder Sternchen) an die Tafel.
Durch fortgesetzte Zehnerbündelung (immer zwei Fünfer) wird die Anzahl bestimmt und aufgeschrieben.
Dabei wird die Stellentafel eingeführt.

| Z | E |
|---|---|
| | |

Die Lehrerin weist die Schüler darauf hin, dass die Bildung von Fünfer- und Zehnergruppen beim Zählen die beste Übersicht liefert.
Wenn man fortlaufend zählt, kann man sich leicht vertun. Wenn man unterbrechen muss, kann man das Zwischenergebnis leicht vergessen und muss dann noch einmal von vorne beginnen.

Die Kinder sollten dann in Gruppen- oder Partnerarbeit selbst größere Anzahlen von „Massenobjekten“ entsprechend bündeln und zählen.
Die Ergebnisse werden in der Stellentafel festgehalten.

Abschließend wird mit einer Strichliste die Anzahl der anwesenden Kinder bestimmt und in die Stellentafel eingetragen. Es ist sinnvoll beim Zählen mit Strichlisten nach jedem Zehner (zwei Fünferlisten) eine neue Zeile zu beginnen.

4 Wie viele Zehner? Wie viele Einer?

| Z | E |
|---|---|
| 1 | 4 |

| Z | E |
|---|---|
| 4 | 1 |

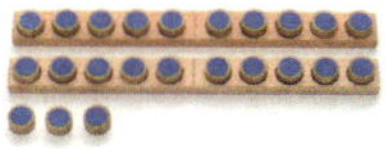

| Z | E |
|---|---|
| 2 | 3 |

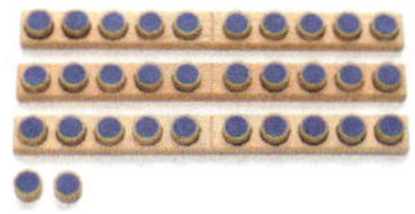

| Z | E |
|---|---|
| 3 | 2 |

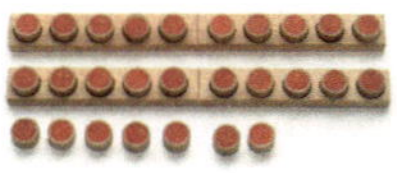

| Z | E |
|---|---|
| 2 | 7 |

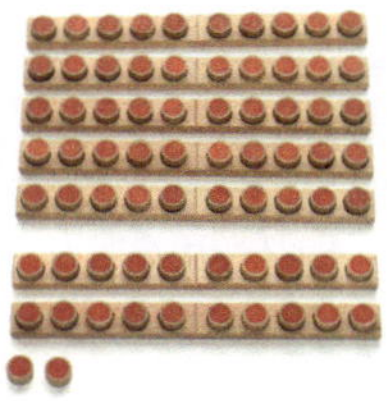

| Z | E |
|---|---|
| 7 | 2 |

5 Wie viele?

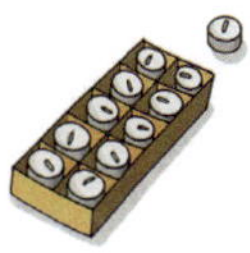

| Z | E |
|---|---|
| 1 | 1 |

| Z | E |
|---|---|
| 1 | 9 |

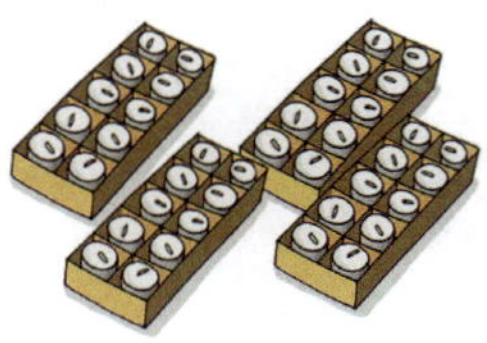

| Z | E |
|---|---|
| 4 | 0 |

| Z | E |
|---|---|
| 3 | 0 |

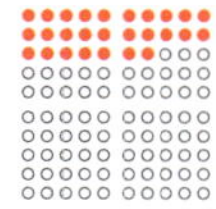

27

Die Kinder sollen dann auch noch frühere Seitenzahlen untersuchen und einige Seiten weiterblättern.
Die Lehrerin zeigt, dass bei der Seite 30 wieder ein Zehner voll wird und bei 31 ein neuer Zehner angefangen wird.

30 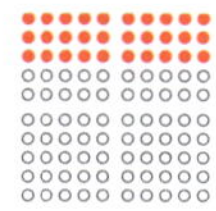 → 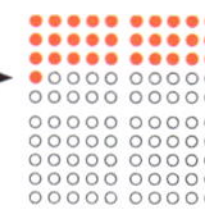 31

So geht es Zehner für Zehner weiter, bis bei der Zahl 100 zehn Zehner voll sind, die zu einem Hunderter zusammengefasst werden.

100 

Auf der folgenden Seite 101 geht es im zweiten Hunderter wieder von vorne los.

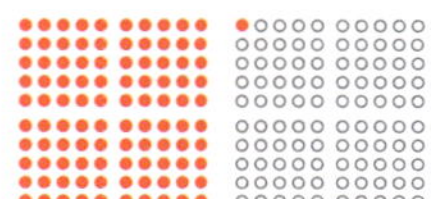 101

Im weiteren Unterricht sollte die Aufmerksamkeit der Kinder immer wieder auf die Seitenzahlen und das Hunderterfeld daneben gelenkt werden.

***Zur Arbeit mit dem Buch:***
Der Text wird von der Lehrerin, ggf. auch von einem Kind, vorgelesen und besprochen.

1 – 3 Wie vorher besprochen, werden jeweils Zehnergruppen eingekreist.

***Fortsetzung:***
→ *Arbeitsheft*
Seite 16, Zehnerbündelung

4 Bei diesen Aufgaben sind Fotos von Zahldarstellungen mit dem Material „Hunderterrahmen" vorgegeben.
Die Einer werden repräsentiert durch Holzplättchen, die Zehner durch Stangen mit 5+5 Löchern. Der voll gefüllte Stab stellt 10 Einer, zusammengefasst zu einem Zehner dar.
Bei jeder Teilaufgabe werden Zahlen dargestellt, bei denen Einer und Zehner vertauscht sind:
14 und 41, 23 und 32, 27 und 72.
Dadurch kommt der Stellenwert der Zahlen besonders zur Geltung.
Es sei nochmals darauf hingewiesen, dass die Kinder lediglich Zehner und Einer getrennt ermitteln und in die Stellentafel eintragen müssen.

5 Statt eines didaktischen Materials, das die Zehnerbündelung wiedergibt, werden hier Zehnerpackungen aus der Umwelt gewählt: Zehnerpacks von Teelichten und Eierkartons.
Hier liegt es von der Sache her nahe, die vollen Packungen und die Einzelstücke getrennt zu zählen.

***Nach der Arbeit mit dem Buch:***
**Die Lehrerin muss unbedingt auf den Zusammenhang zwischen der Zahl 27 in Aufgabe 4 und der Seitenzahl 27 mit dem daneben stehenden Punktfeld mit 27 Punkten eingehen.**

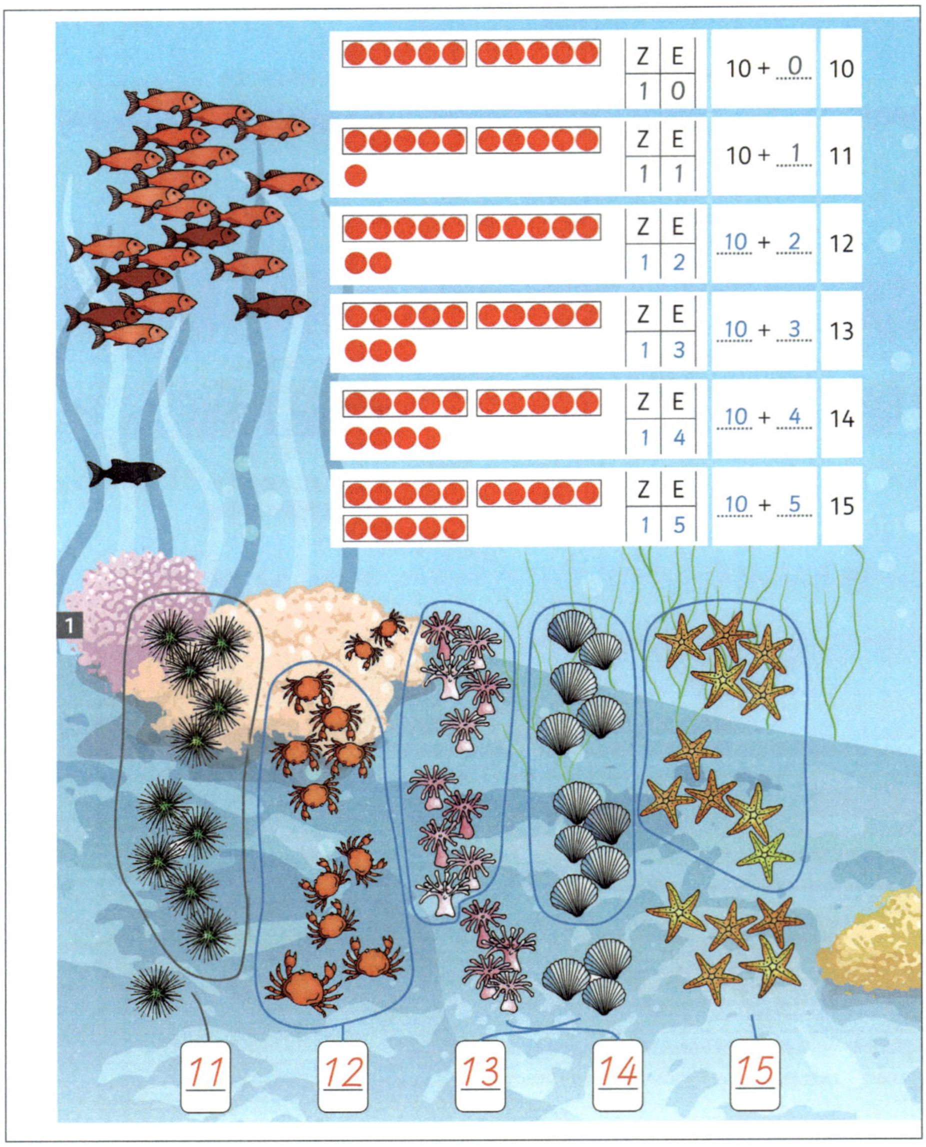


## WAS WIRD BENÖTIGT?

*Arbeitsmaterial:* Wendeplättchen, Wendekarten, Zwanzigerfeld
*Demonstrationsmaterial:* Zwanzigerfeld, Fischmodelle (evtl. von den Kindern selbst erstellt), ersatzweise Magnetplättchen; evtl. das Kinderbuch „Swimmy" von Leo Lionni, iTb

## WORUM GEHT ES?

Die im vorhergehenden Themenblock gewonnene Einsicht in die Fünfer- und Zehnerstruktur wird auf den Zahlenraum bis 21 fortgesetzt. Analog zur Seite 24, wo der zweite Fünfer Zahl für Zahl aufgebaut wird, wird der zweite Zehner aufgebaut. Jede Zahl wird auf vier verschiedene Weisen dargestellt: durch ein Punktfeld, in der Stellentafel (getrennt nach Zehnern und Einern) und in der üblichen kurzen symbolischen Form.
Um nochmals anzudeuten, wie es in der Zahlenreihe weitergeht, wurde auch noch die Zahl 21 angefügt.
Der Kontext „Swimmy" passt gut zu dem Thema „Vom Ich zur Gruppe", das die ersten Schulwochen in sozialer Hinsicht bestimmen sollte. In der Natur bilden in der Tat viele Tiere (insbesondere Fische) Gruppen um sich besser vor Feinden schützen zu können.

Nach der Behandlung der Seiten 26–29 haben die Kinder einen ersten groben Überblick über den für das erste Jahr vorgesehenen Zahlenraum und darüber hinaus. Dem Prinzip der natürlichen Differenzierung entsprechend können sie im weiteren Verlauf des Lernprozesses ihr Wissensnetz über den Zwanziger individuell dichter knüpfen. Einige Kinder werden sich zunächst im Zahlenraum bis 10 einrichten und sich bei größeren Zahlen noch unsicher fühlen, andere werden sich schon im vollen Zwanzigerraum bewegen, einige sogar schon darüber hinaus. Da der Zwanzigerraum im Folgenden von verschiedenen Seiten her noch in mehreren Durchgängen behandelt wird, erhalten langsamere Kinder immer wieder die Chance Lücken im Laufe der Zeit zu schließen.

## WIE KANN MAN VORGEHEN?

### *Vor der Arbeit mit dem Buch:*

Am Beginn des Unterrichts sollte die Lehrerin erzählen, wie sich Tiere zum Schutz vor Feinden zu Gruppen zusammenschließen. Evtl. kann auch das Kinderbuch „Swimmy" vorgelesen, betrachtet und mit Fischmodellen an der Tafel nachgespielt werden.

### *Zur Arbeit mit dem Buch:*

Die Bearbeitung der Seiten 28 und 29 kann getrennt oder im Zusammenhang erfolgen.

Im Klassengespräch werden die Zahlen von 10 bis 20 am Zwanzigerfeld (Tafel) aufgebaut und unterschiedlich notiert.
Die Zahlennamen müssen entsprechend Zahl für Zahl geklärt werden:
„elf" ist eine Zusammensetzung von „ein" und „lif", dem althochdeutschen Wort für „über" (das in der Seemannssprache in „luv" für „über dem Wind" nachklingt). „elf" bedeutet also „eins darüber", gemeint ist „eins über 10"
„zwölf" ist entsprechend eine Abkürzung von „zwei-lif" („zwei über zehn").
„dreizehn" bedeutet „drei Einer, ein Zehner", „vierzehn" bedeutet „vier Einer, ein Zehner", usw.
Der Zahlenname „zwanzig" bedeutet „zweimal zehn" (althochdeutsch „zweinzug", wobei „zug" die Aufreihung von Elementen in einer Zehnerreihe bedeutet).
Bei „einundzwanzig" geht es dann so weiter wie zwischen 13 und 19.

Wie vorher schon angemerkt kann nicht erwartet werden, dass namentlich Kinder mit Migrationshintergrund die Zahlennamen sofort richtig verwenden.
Da in vielen anderen Sprachen die Zehner zuerst gesprochen werden, muss man für längere Zeit mit Zahlendrehern rechnen. Um sie zu überwinden, sollten sich die Kinder die Stellentafel vor Augen führen, bei der die Zehner vorne stehen.
Bis auf die Zahlnamen „elf" und „zwölf" geben die Zahlnamen deutliche Signale, welcher Teil Zehner und welcher Einer bedeutet.

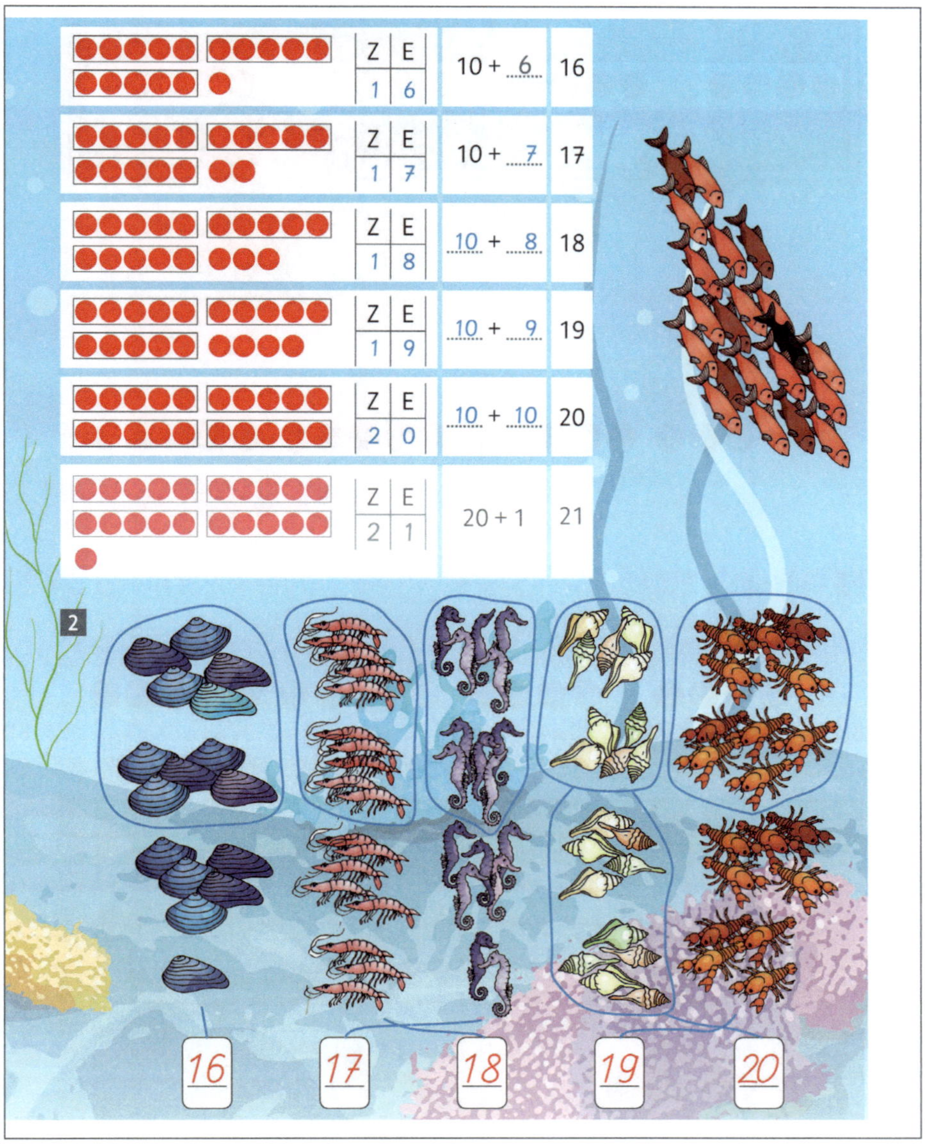


| | |
|---|---|
| achtzehn | zehn und acht |
| neunzehn | zehn und neun |
| zwanzig | zwanzig |
| einundzwanzig | zwanzig und eins |

*Anmerkung:* Der Bochumer Mathematiker Lothar Gerritzen hat vor einigen Jahren eine groß angelegte Initiative zur Beseitigung der Unregelmäßigkeiten der deutschen Zahlensprechweise gestartet, der er den Namen „Zwanzigeins" gegeben hat. Nach den schlechten Erfahrungen mit der Rechtschreibreform besteht allerdings weder in der Öffentlichkeit noch bei den Kultusministern die Bereitschaft andere Zahlennamen zu verordnen. Dies schließt aber deren „schleichende" Einführung und Verwendung im Unterricht nicht aus. Mehrere Namen für ein und dieselbe Sache sind ja keineswegs ungewöhnlich.
Wenn die Zahl 17 als „zehn und sieben" und die Zahl 431 als „vierhundert, dreißig und eins" gesprochen wird, weiß jeder, was gemeint ist. Das Vertauschungsgesetz untermauert diese Sprechweise.

Welche Probleme aber bei einer noch weiter gehenden Systematisierung in dieser Richtung auftreten können, zeigt folgendes Beispiel:
In Nachahmung der chinesischen Zahlwörter könnte es heißen:
10 zehn
11 zehn (und) eins

...

19 zehn (und) neun
20 zwei zehn
21 zwei zehn (und) eins

...

29 zwei zehn (und) neun
30 drei zehn

Damit wäre die Verwirrung mit „dreizehn" in der üblichen Sprechweise perfekt.

*Wichtig:* Wie jedes Wort werden auch Zahlwörter nicht durch eine einmalige Erklärung, sondern nur im Gebrauch gelernt.

Anschließend bearbeiten die Kinder die Aufgaben im Buch.

**1**, **2** Die Tiere am Meeresboden werden zuerst identifiziert:
Seite 28: Seeigel, Krabbe, Seeanemone, Muschel, Seestern,
Seite 29: andere Muschel, Garnele, Seepferdchen, Schnecke, Krebs

Die Bestimmung der Anzahlen wird dadurch erleichtert, dass Fünfergruppen vorgegeben sind, aus denen leicht Zehner gebildet werden können, wie es bei den Seeigeln vorgemacht ist.

***Fortsetzung:***
→ *Arbeitsheft*
Seiten 17–19, Anzahlerfassung mithilfe der Zehnerstrukturierung

***Nach der Arbeit mit dem Buch:***
Es ist hilfreich, den üblichen deutschen Zahlennamen Bezeichnungen gegenüber zu stellen, die einer strengen Systematik folgen und bei der die Reihenfolge der gesprochenen Ziffern mit der Reihenfolge der geschriebenen Ziffern übereinstimmt:

| | |
|---|---|
| elf | zehn und eins |
| zwölf | zehn und zwei |
| dreizehn | zehn und drei |
| vierzehn | zehn und vier |
| fünfzehn | zehn und fünf |
| sechzehn | zehn und sechs |
| siebzehn | zehn und sieben |

# 30/31 Zwanzigerreihe

Zweiter Durchgang durch den Zwanzigerraum, Blitzrechenübung „Zahlenreihe“

## WAS WIRD BENÖTIGT?

*Arbeitsmaterial:* Zwanzigerreihe, Wendeplättchen
*Demonstrationsmaterial:* Zwanzigerreihe, Wendeplättchen, evtl. Zwanzigerreihe auf eine Tapete gemalt, 15 große rote Kreise und 15 blaue Kreise aus Tonpapier, iTb

## WORUM GEHT ES?

Die Zwanzigerreihe besteht aus 20 linear in Fünfergruppen angeordneten Kreisen. Bei der „ausführlichen“ Zwanzigerreihe sind in alle Kreise Zahlen eingetragen. Bei der „normalen“ Zwanzigerreihe sind nur die Zahlen 5, 10, 15, 20 angegeben.

Durch Belegung der Kreise mit Wendeplättchen lassen sich Zahlen verdecken und markieren. Dadurch werden unterschiedliche Aufgabenstellungen ermöglicht, bei deren Bearbeitung die Kinder mit der Zwanzigerreihe vertraut werden.

Das Spiel „Rot gegen Blau“ (Aufgabe 3) ist wie „Klettern“ (Seite 9) ein strategisches Spiel für zwei Personen (Gruppen). Es wird auf einem Abschnitt der Zahlenreihe bis zu einer frei gewählten Zielzahl gespielt.

Regeln: Die Spieler legen bei 1 beginnend abwechselnd ein oder zwei Plättchen ihrer Farbe. Gewonnen hat derjenige Spieler, der den letzten Platz belegt. In dem ZAHLENBUCH-Frühförderprogramm wird das Spiel bis 10, 11 und 12 gespielt. Die Gewinnregeln lauten dann „10 gewinnt“, usw. In Klasse 1 können größere Zielzahlen gewählt werden, insbesondere auch 20 („20 gewinnt“).

Die Analyse erfolgt wie bei „Klettern“ rückwärts. Bei „20 gewinnt“ ist 20 eine gute Position, da deren Erreichen den Gewinn sichert. 19 und 18 sind schlechte Positionen. Wer dorthin zieht oder ziehen muss, erlaubt dem Gegner, von dort mit einem oder zwei Plättchen auf 20 zu ziehen. 17 dagegen ist wieder eine gute Position. Wer dorthin zieht, zwingt den Gegner, im nächsten Zug auf eine schlechte Position zu ziehen. 15 und 16 sind wieder schlechte Positionen. Wer dorthin zieht, ermöglicht es dem Gegner, zwei oder ein Plättchen zu legen, um auf die gute Position 17 zu gelangen. Diese Argumentation wiederholt sich. 14, 11, 8, 5 und 2 werden als gute Positionen erkannt, die anderen Positionen sind allesamt schlecht.

Der Spieler, der beginnt, hat also eine Gewinnstrategie, die darin besteht, dass er zuerst 2 Plättchen legt und zur 2 gelangt. Im Weiteren braucht er immer nur das Gegenteil des Mitspielers zu tun: Wenn dieser

**1**

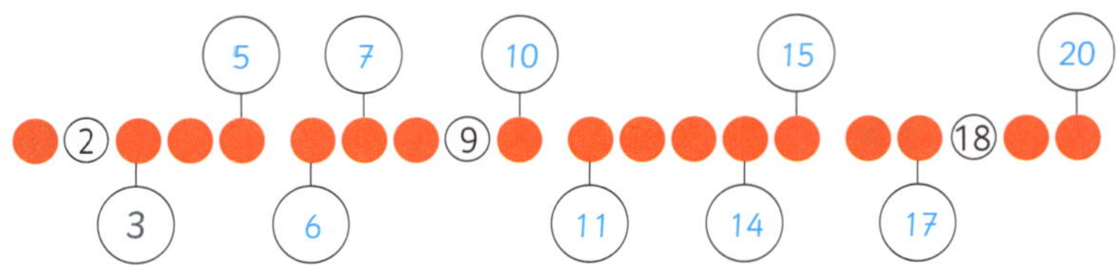


**2** Verbinde.

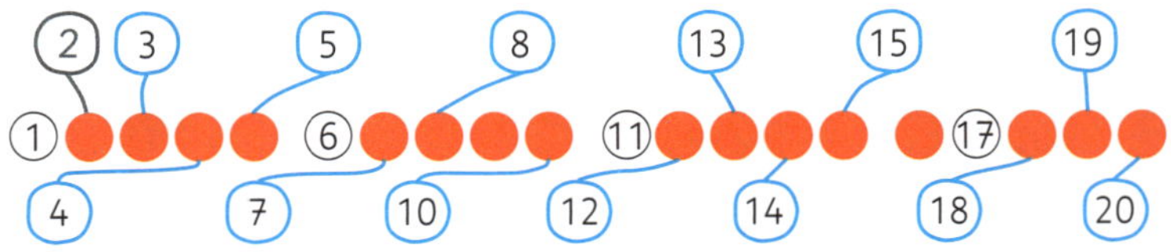


**Blitzrechnen: Zahlenreihe**

Zahl zeigen.

Zahl nennen.

1 Plättchen legt, legt er 2 Plättchen, wenn der Mitspieler 2 Plättchen legt, dann legt er 1 Plättchen. Der erste Spieler gelangt also immer 3 Felder weiter auf gute Positionen: von 2 auf 5, 8, 11, 14, 17 und schließlich auf 20.

Bei dem Spiel bis 15 („15 gewinnt“) sind die guten Positionen 15, 12, 9, 6 und 3. Jetzt muss der erste Spieler, der ja nur 1 oder 2 Plättchen legen darf, auf eine schlechte Position (1 oder 2) ziehen, von wo der zweite Spieler auf die gute Position 3 ziehen kann. Wenn er immer das Gegenteil des Mitspielers tut, gelangt er zu 6, 9, 12 und schließlich zu 15 und gewinnt .

## WIE KANN MAN VORGEHEN?

***Vor der Arbeit mit dem Buch:***

An der Tafel ist die ausführliche Zwanzigerreihe vorgegeben.

1. Ein Kind nennt eine Zahl und deckt sie mit einem Wendeplättchen ab.
2. Wenn alle Zahlen mit Plättchen verdeckt sind, nennt die Lehrerin oder ein Kind eine Zahl. Ein anderes Kind muss das Plättchen, welches auf der genannten Zahl liegt, entfernen. Kleine Irrtümer können dabei schnell korrigiert werden.
3. Die Lehrerin oder ein Kind nennt die ersten Zahlen einer von ihr ausgedachten Folge, die zugedeckt bzw. bei verdeckter Reihe aufgedeckt werden. Kinder müssen die Regel erraten und die Folge fortsetzen. Beispiele:
   2, 4, 6 ... (immer 2 weiter),
   1, 4, 7 ... (immer 3 weiter),
   20, 18, 16 ... (immer 2 zurück),
   1, 20, 2, 19 ... (abwechselnd von unten und oben aufdecken).

Diese Aktivitäten, bei denen sich eine natürliche Differenzierung von selbst ergibt, können in den folgenden Wochen mehrfach wiederholt werden. Sie eignen sich gut als Einstieg in eine Stunde.

**3**

**4**

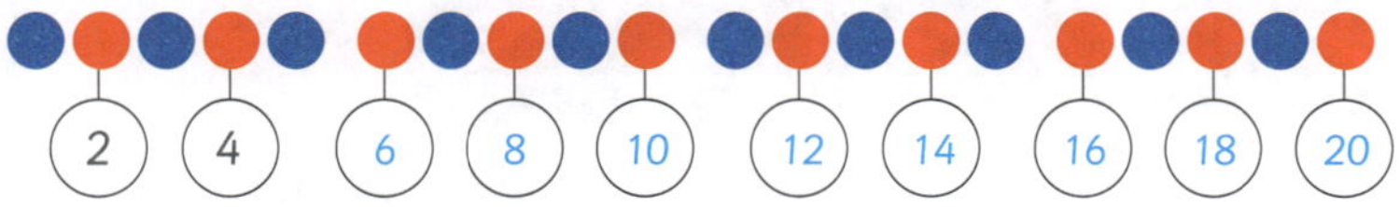


**5**

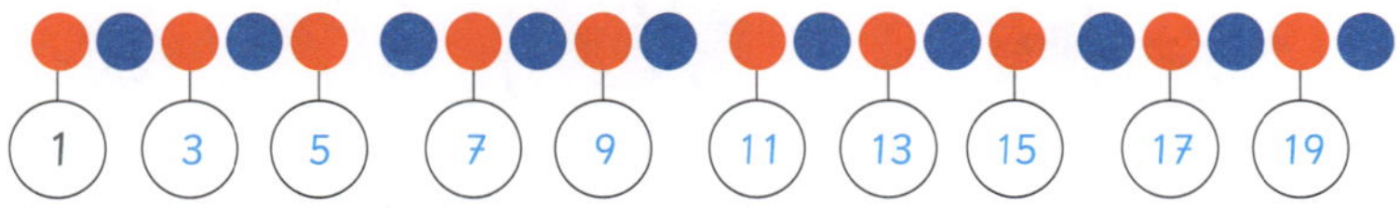


**6**

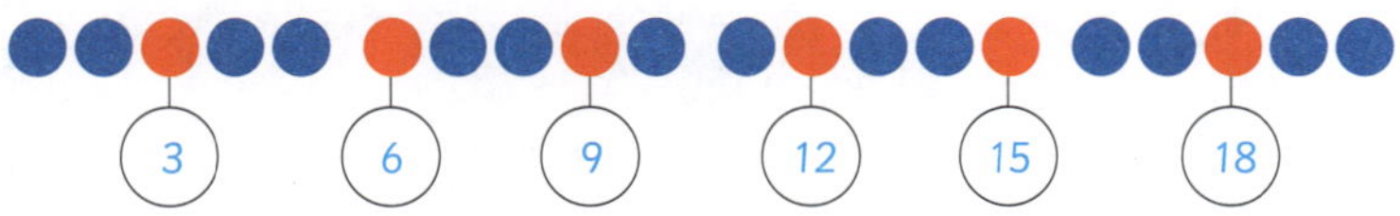


**7**

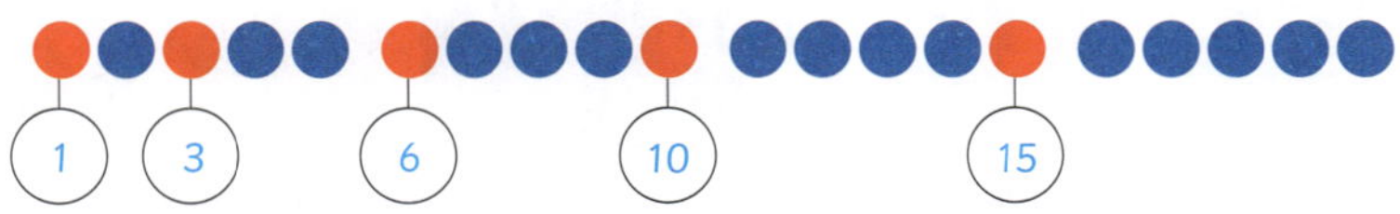


**8** Male eine Zwanzigerreihe und trage die Zahlen ein.

***Zur Arbeit mit dem Buch:***

**1**, **2** Die oben empfohlenen Zuordnungsübungen werden schriftlich wiederholt, wobei sowohl die Plätze den Zahlen als auch die Zahlen den Plätzen zugeordnet werden.

*Grundlegung der Blitzrechenübung „Zahlenreihe":*

Die Lehrerin zeigt an der Zwanzigerreihe, wie die Übung geht. Die Illustration im Buch dient als Gedächtnisstütze. Im weiteren Unterricht wird die Übung immer wieder durchgeführt.

Mit der Zwanzigerreihe auf der Doppelseite 134 – 135, dem ausklappbaren hinteren Umschlag des Arbeitsheftes oder mit der Rechenkartei „Blitzrechnen" können die Kinder in Kleingruppen alleine üben. Mit der CD-ROM „Blitzrechnen" kann jedes Kind alleine üben. Den Kindern muss erneut eingeschärft werden, dass „Blitzrechnen" besondere Anstrengungen erfordert.

***Fortsetzung:***


→ *Arbeitsheft*
Seite 20, **1 – 2** Aufgaben zur Zahlenreihe
→ *Verstehen und Trainieren 1*
Seite 8, Aufgaben zur Zahlenreihe


**3** Die Lehrerin stellt das Spiel im Stuhlkreis mit der Zielzahl 10 vor (Zwanzigerreihe auf dem Boden oder an der Tafel, abgedeckt bis zur 10). Zur Unterscheidung legt ein Spieler rote, der andere blaue Plättchen. Das Spiel wird einige Male gespielt, bis die Regeln verstanden sind.

Die Lehrerin erklärt dann, dass man bis zu einer beliebigen Zielzahl spielen kann und gibt 20 als Zielzahl vor („20 gewinnt"). Das Spiel wird ein- oder zweimal gemeinsam gespielt. Dann spielen die Kinder in Partnerarbeit mit dem Spielplan im Buch alleine, wobei sie auch andere Zielzahlen wählen können. Die Lehrerin spielt bei einigen Kindern mit um sich ein Bild von den Denkprozessen der Kinder zu machen.

Da die Kinder die Strategie nur langsam und nur ansatzweise durchschauen und ihr, auch wenn sie „eigentlich" verstanden zu sein scheint, oft nicht folgen, bleibt „Rot gegen Blau" lange Zeit interessant und kann längere Zeit immer wieder mal als Einstieg in den Unterricht gespielt werden. Einsichten in gute und schlechte Positionen erschließen sich den meisten Kindern nur, wenn sie im Gespräch durch entsprechende Fragen angeregt werden, was schon während der Spielphase geschehen kann. Bei der Reflexion über das Spiel kommt der Lehrerin eine Schlüsselrolle zu. Es empfiehlt sich bei der systematischen Analyse mit „10 gewinnt" zu beginnen. Dass man dabei rückwärts vorgeht, ist für die Kinder natürlich, weil sie beim Spielen auch erst gegen Ende erkennen, was gute und was schlechte Positionen sind. 10 ist gut, denn man gewinnt, wenn man da hinzieht. 8 und 9 werden als schlecht erkannt. Wer da hinziehen muss, verliert, wenn der Mitspieler aufpasst. Wie steht es mit 7? Die Kinder sollen begründen, warum 7 eine gute Position ist. Die Analyse der Positionen 5 und 6 wird unterstützt durch folgende Simulation: Angenommen es wurde bis 5 gelegt und du bist dran: ist es besser 1 Plättchen zu legen oder 2?

Es ist nur vor Ort zu entscheiden, wie weit diese Analyse geführt werden kann. Einige Kinder werden die Anregungen weiterführen und vielleicht bis zu Ende denken können (natürliche Differenzierung).

Inwieweit einzelne Kinder die Strategie verstanden haben, kann die Lehrerin folgendermaßen testen: sie nennt eine bestimmte Zielzahl und bietet an gegen ein Kind zu spielen, das wählen darf, ob es beginnen will oder nicht.

**4** – **7** Hier werden mithilfe roter Plättchen Zahlenfolgen nach bestimmten Regeln gebildet.

Folge 2, 4, 6, ... der geraden Zahlen, Folge 1, 3, 5, ... der ungeraden Zahlen, Dreierreihe 3, 6, 9, ...

Folge der Dreieckszahlen 1, 3, 6, 10, 15, ..., bei der zwischen den roten Plättchen von Schritt zu Schritt immer ein blaues Plättchen mehr liegt (s. Zahlenbuch 2).

**8** Diese Aufgabe ist ein Test und eine Übung zur Erfassung der Struktur der Zwanzigerreihe.

***Fortsetzung:***


→ *Arbeitsheft*
Seite 20, **3 – 4** Aufgaben zu Zahlenfolgen

## WAS WIRD BENÖTIGT?

*Demonstrationsmaterial:* Soweit vorhanden Geldscheine, Münzen, Kassenbons, Taschenrechner, TV-Fernbedienung, Prospekte, Lottoscheine, Kalender, Waagen, Uhren, Thermometer und andere Gebrauchsgegenstände mit Zahlen (Diese Gegenstände können eventuell auch von den Kindern mitgebracht werden.), Formenlied auf beiliegender CD, iTb

## WORUM GEHT ES?

Die Kinder sollen in ihrer Lebenswelt Gegenstände mit Zahlenangaben bewusst wahrnehmen und die jeweilige Bedeutung und Funktion der Zahlen verstehen. Es soll ihnen auch bewusst werden, dass Ziffern unterschiedlich geschrieben werden können.

**1** Suche selbst Zahlen in deiner Umwelt.

## WIE KANN MAN VORGEHEN?

### *Vor der Arbeit mit dem Buch:*

Für diese Seite bietet sich eine vorbereitende Hausaufgabe an. Die Kinder sollen zu Hause Gegenstände und Prospekte mit Zahlenangaben suchen und mitbringen. Im Stuhlkreis werden die „Funde" vorgestellt. Dabei kommen die unterschiedlichen Schreibformen von Ziffern zwanglos zur Sprache. Anschließend zeichnet die Lehrerin ein Zifferblatt ohne Ziffern an die Tafel. Die Kinder versuchen die Ziffern einzutragen. Danach wird ein Maßband an die Tafel gezeichnet. Die Kinder können die Zahlen so weit eintragen, wie sie ihnen bekannt sind.

### *Zur Arbeit mit dem Buch:*

Im Buch sollen die Kinder dann die abgebildeten Dinge betrachten und beschreiben und ggf. mit den Gegenständen zu Hause vergleichen.
Bei jedem Objekt muss die Funktion der Zahlen besprochen werden.

Das Schild links oben ist eine Hausnummer. Frage: Wozu braucht man Hausnummern? Welche Nummern haben die Häuser der Kinder?
Oben in der Mitte befindet sich ein Hinweisschild auf die Telefonnummer der Feuerwehr, die überall in Deutschland gilt und die man bei Gefahr anrufen kann. Frage: Wo in unserer Schule findet sich ein solches Hinweisschild?
Handys sind den Kindern heute allgemein bekannt. Frage: Wozu dienen die Zahlen auf dem Handy?

Das Bild mit den nummerierten Laufbahnen kann vermutlich nur von einigen Kindern interpretiert werden. Frage: Warum muss man die Bahnen nummerieren?
Der abgebildete Kalender sollte zu einem Vergleich mit Kalendern in der Schule anregen. Es sollte deutlich werden, dass die Tage in einem Monat gezählt werden. Bis zur Maximalzahl 31 werden einige Kinder schon zählen können.
Auch Waagen sind den Kindern gut bekannt. Die abgebildete Waage zeigt das Gewicht auf einer Skala an. Zu Hause werden viele Kinder Waagen mit einer digitalen Anzeige haben.
Der Steuerknüppel wird von einigen Kindern sicherlich erkannt werden. Die Lehrerin muss aber die Funktion der Gänge erklären.
Auch bei den Uhren gibt es analoge Anzeigen mit Zeigern und digitale Anzeigen. Die drei Zeiger geben die abgelaufenen Stunden. Minuten und Sekunden an.

Bei dem Wegweiser findet man eine Entfernungsangabe. Man weiß, wie weit man noch fahren muss. Das Schild rechts unten gibt ebenfalls eine Länge an. Es zeigt an, dass nur Fahrzeuge passieren dürfen, die schmaler als 2 m sind.
Von der gleichen Natur wie eine Telefonnummer ist ein Nummernschild. Es dient zur Erkennung.

**1** Die Suche zu Hause und die Besprechung der Seite ist eine Anregung in der Umgebung bewusster nach Zahlen Ausschau zu halten.

### *Fortsetzung:*

→ *Arbeitsheft*
Seite 21, **1** fehlende Zahlen auf abgebildeten Gegenständen ergänzen
Seite 22, **1 – 3** Grundformen zeichnen, Anzahlen bei realen Gegenständen und geometrischen Figuren bestimmen

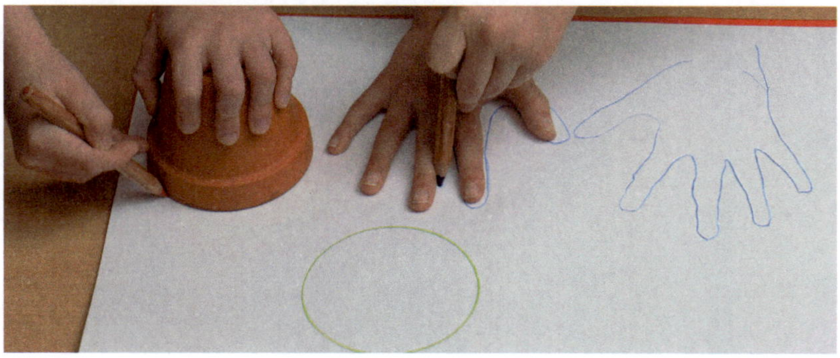

**1** Wozu passen die Umrisse? Verbinde.

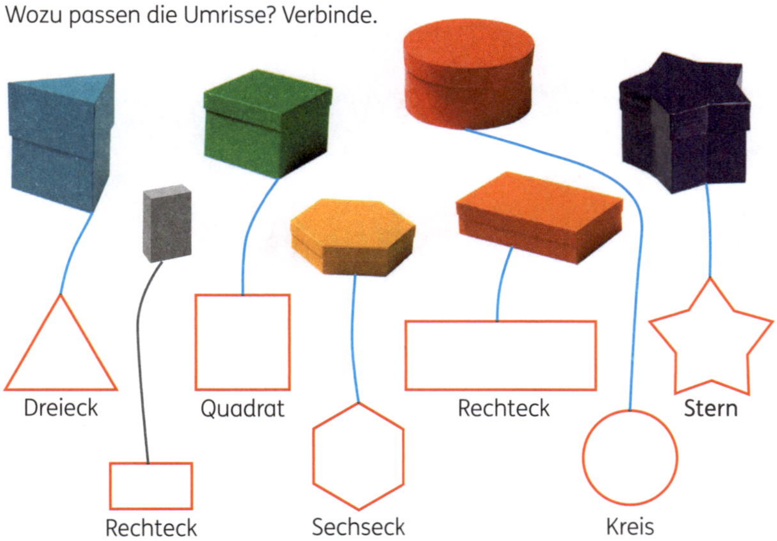


**2** Beschreibe.

Gefahrenzeichen haben Dreiecksform. Verbotszeichen sind in der Regel kreisrund und haben einen roten Rand.
Zeichen zum Vorrang von Personen sind meistens blau.

***Fortsetzung:***
→ *Arbeitsheft*
Seite 22, 4 Ornamente aus Grundformen zeichnen

***Nach der Arbeit mit dem Buch:***
Bei einem Unterrichtsgang können geometrische Formen in der Umwelt gesucht werden: Verkehrsschilder, Blattformen, Fenster, ...

*ZAHLENBUCH-Frühförderprogramm*
Im Spielebuch 2, Seiten 16–17, findet sich das Formenlied „Ein Dreieck hat drei Ecken ...“, das dazu anregt, die Grundformen Dreieck, Viereck, Fünfeck, Sechseck und Kreis handelnd zu erfassen und in der Umwelt nach diesen Formen Ausschau zu halten.
Die letzte Strophe lautet:
„Und wenn du drin und draußen schaust hin und her, entdeckst du diese Formen und noch viele mehr. Dächer, Giebel, Fenster, Schilder, Bienenwaben, Tische, Bilder. Drei-, Vier-, Fünf- und Sechsecke, Kreise und noch mehr.“
Dieses Lied, das auf der beiliegenden CD zu finden ist, passt sehr gut zu dem Thema.

## WAS WIRD BENÖTIGT?

*Demonstrationsmaterial:* Gegenstände der Umwelt mit einfachen geometrischen Formen, z. B. Schachteln, Blumentopf, Würfel (Zettelbox), Dosen, Verpackungen, Geldstücke

## WORUM GEHT ES?

Die Kinder sollen geometrische Grundformen in ihrer Umwelt bewusster wahrnehmen und umgangssprachlich beschreiben.

## WIE KANN MAN VORGEHEN?

***Zur Arbeit mit dem Buch:***
Wie durch das Bild angeregt zeichnen die Kinder von ihren Händen und von mitgebrachten Gegenständen die Umrisse. Die Gegenstände werden auf ein Blatt Papier gelegt und mit einem weichen Bleistift umfahren. Als mögliche Umrisse entstehen Kreise (Dose, Geldstück, Blumentopf), Rechtecke (Verpackungen), Quadrate, Dreiecke, ...
In Erweiterung der Erfahrungen zu „links/rechts“ sollte bewusst gemacht werden, dass die rechte Handfläche nicht auf den Umriss der linken Handfläche passt. Nur wenn man eine Hand auf den Rücken dreht, passt sie (einigermaßen) in den Umriss der anderen.

**1** Bei dieser Aufgabe müssen geometrische Figuren als Umrisse von Seitenflächen realer Objekte gedeutet werden. Die Form und die Anzahl der Ecken liefern dafür Anhaltspunkte.

**2** Die Form der Verkehrsschilder wird beschrieben. Ihre Bedeutung muss im Klassengespräch geklärt werden. Das überaus wichtige Stop-Schild ist als einziges Verkehrszeichen achteckig. Der Grund liegt darin, dass es auch bei schwierigen Sichtverhältnissen klar erkannt werden kann.

# 34/35 Wendekarten

Dritter Durchgang durch den Zwanzigerraum, Denkspiel „Dreiecks-Memory“

## WAS WIRD BENÖTIGT?

*Arbeitsmaterial*: Wendekarten
*Demonstrationsmaterial:* Große Wendekarten (magnetisch, Whiteboard) oder kleine Wendekarten (fixiert durch kleine Magnete oder Klebestreifen)

## WORUM GEHT ES?

Der Wendekartensatz besteht aus den 21 Karten für die Zahlen 0 bis 20. Auf der Vorderseite der Karten stehen die Zahlsymbole, auf der Rückseite sind die dazugehörigen Punktfelder abgebildet, die auf den Doppelseiten 12–13, 28–29 und der Seite 24 eingeführt wurden. Die Wendekarten integrieren den ordinalen und den kardinalen Zahlaspekt.
Wenn die Wendekarten von 1 bis 10 in eine Reihe und die Wendekarten von 11 bis 20 genau darunter gelegt werden (11 unter 1, 12 unter 2 usw.), tritt der dekadische Aufbau hervor. Auch die Kraft der Fünf wird durch die Wendekarten verdeutlicht. Aus diesem Grund unterstützen die Wendekarten das denkende Rechnen.
Weiter ist zu beachten, dass die Wendekarten von 0 bis 20 die Menge {0, 1, ..., 19, 20} dieser Zahlen repräsentieren. Alle Aufgaben der Doppelseite fordern dazu auf, die Karten nach bestimmten Zahlbeziehungen zu ordnen. Dadurch wird diese Menge strukturiert.

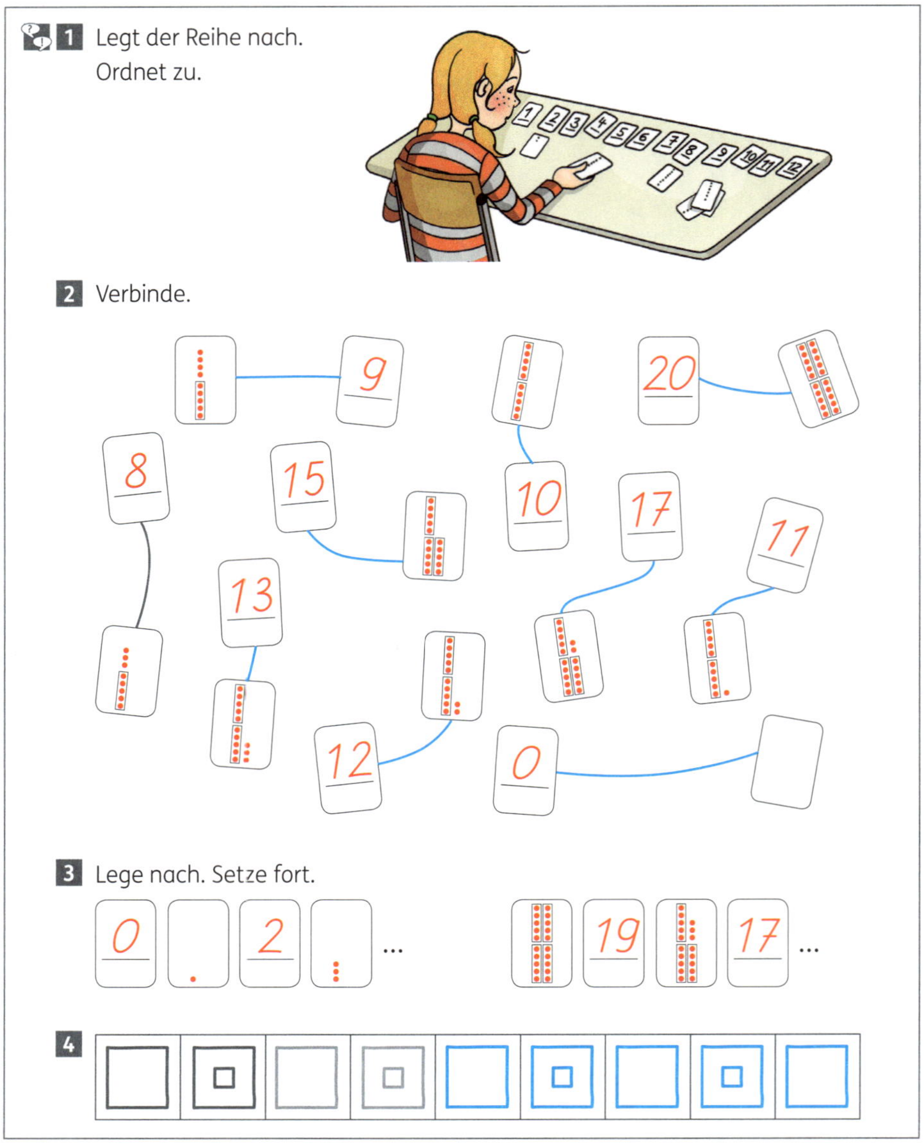


## WIE KANN MAN VORGEHEN?

### *Vor der Arbeit mit dem Buch:*

Die Lehrerin zeigt einen großen Wendekartensatz und macht die Kinder mit dem Material vertraut.
An der Tafel werden die Karten dann gemeinsam in einer Reihe der Größe nach geordnet, z. B. indem Kind für Kind herauskommt, sich eine Karte nimmt und sie ungefähr einordnet. Dadurch dass die Karten beweglich sind, kann mühelos korrigiert werden.
*Alternative:*
Die Wendekarten werden an 21 Kinder verteilt, die sich dann in der richtigen Reihenfolge aufstellen müssen.
Die Kinder holen anschließend ihren eigenen Kartensatz hervor und erhalten folgende Aufträge:

- Ordnung der Karten von 0 bis 20 nach den Symbolen
- Ordnung der Karten von 0 bis 20 nach den Punktfeldern

Diese Aufträge können gut in Partner- oder Gruppenarbeit erledigt werden.

Am Schluss sollte noch das Spiel „Zahlen raten“ stehen, mit dem die „Kraft der Fünf“ weiter untermauert werden kann: Die Lehrerin nimmt eine Karte, die für die Kinder nicht zu sehen ist (oder denkt sich eine Karte) und beschreibt sie, wobei sie „Zehner“, „Fünfer“ und „Einer“ als Zahleinheiten benutzt.
Die Kinder müssen herausfinden, um welche Zahl es sich handelt.

Beispiele:

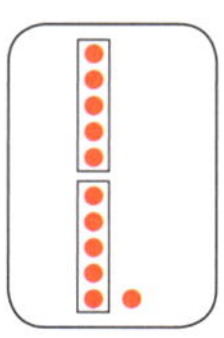

„Auf meiner Karte sind zwei Fünfer und ein Einer. Welche Zahl ist es?“

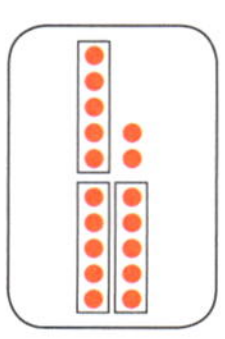

„Auf meiner Karte sehe ich einen Zehner, einen Fünfer und zwei Einer.“

Die Kinder bestimmen die Zahl und prüfen an der gewählten Karte nach.
Nach einiger Übung können sich die Kinder auch gegenseitig solche Aufgaben stellen.

Da sich Kinder in freier Entscheidung an dem Spiel beteiligen und sich dabei auf ihre Wendekarten stützen können, ist eine „natürliche Differenzierung“ gewährleistet. Kein Kind wird überfordert, jedes Kind kann sich individuell maximal fordern.

### *Zur Arbeit mit dem Buch:*

**1** Partnerarbeit: Jedes Kind arbeitet mit seinem Kartensatz. Abwechselnd legt ein Kind eine Wendekarte mit der Symbol- oder Punktdarstellung vor sich hin und begleitet dies mit dem Satz: „Ich lege die ...“. Das andere Kind muss aus seinen Karten das Gegenstück (gleiche Zahl, andere Darstellung) dazu legen.
Anschließend werden die Wendekarten wieder eingesammelt und gleichmäßig

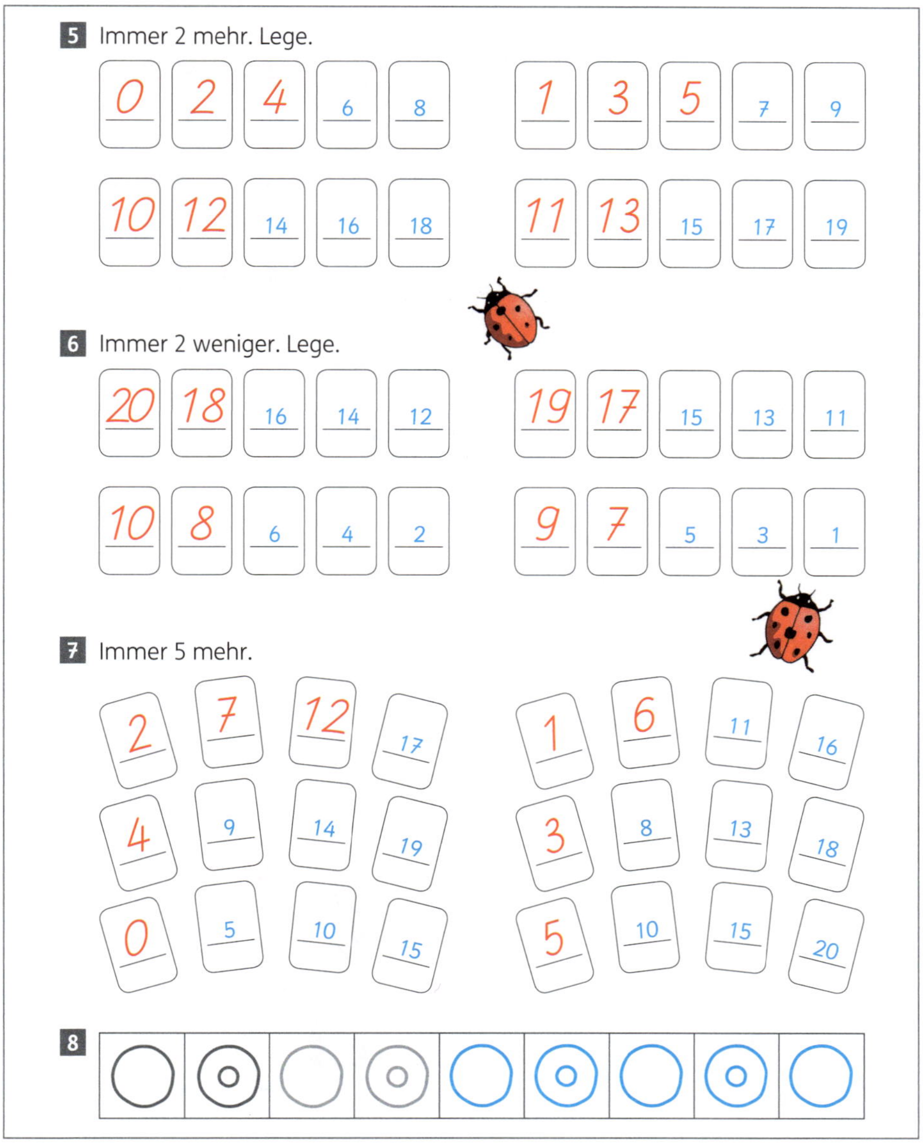


verteilt, damit eine weitere Runde gespielt werden kann.

**2** Die vorhergehende Aufgabenstellung wird schriftlich wiederholt. Das Verbinden von Zahlsymbol und Punktfeld ist den Kindern schon bekannt.

**3** Die angefangenen Zahlenfolgen sollen nachgelegt und fortgesetzt werden.
Erste Regel: Die Zahlen werden mit 0 beginnend abwechselnd als Symbole und Punktfelder gelegt: 0 als Zahl, 1 als Punktmuster, 2 als Zahl, 3 als Punktfeld, ...
Zweite Regel: Hier sind die Zahlen bei 20 beginnend rückwärts zu legen, 20 als Punktfeld, 19 als Zahl, 18 als Punktfeld, 17 als Zahl, usw.

**4** Schulung der Feinmotorik beim Zeichnen eines Ornaments, bei dem sich zwei einfache Motive abwechseln.

**5**, **6** Auch bei diesen Aufgaben sind Wendekarten nach Regeln zu legen. Allerdings sind die Karten in zwei Reihen anzuordnen.
Bei allen Teilaufgaben liegen am Schluss Karten mit dem gleichen Einer untereinander. Bei der ersten Teilaufgabe von Aufgabe 5 bleibt die gerade Zahl 20 unberücksichtigt, bei der ersten Teilaufgabe von Aufgabe 6 bleibt die Zahl 0 außen vor (was vielleicht einigen Kindern auffällt).

**7** Diese Aufgabe ist für die Kinder schwieriger. Daher sollte die erste Teilaufgabe gemeinsam gelöst werden. Bei der Lösung muss deutlich werden, dass es sinnvoll ist, sich die Punktfelder anzuschauen, bei denen leicht zu sehen ist, welche Zahl jeweils einen Fünfer mehr hat.

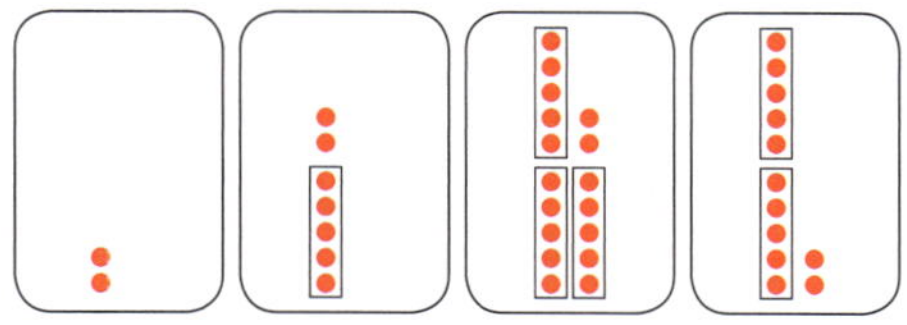

Durch das Spiel „Zahlen raten“ ist die Aufgabe aber gut vorbereitet.

**8** Diese Aufgabe ist das „runde“ Gegenstück zur Aufgabe 4.

***Fortsetzung:***
*→ Arbeitsheft*
Seite 23, Zuordnen von Symbolen und Punktfeldern, Bildung von Folgen nach den Regeln „Immer 1 mehr/ weniger“, „Immer 3 mehr/ weniger“

***Nach der Arbeit mit dem Buch:***
Die Kinder sollten angeregt werden, die Wendekarten nach eigenen Regeln zu ordnen.
Außerdem empfiehlt es sich, noch einmal das Spiel „Zahlen raten“ zu spielen, das sich auch gut als Einstieg in die folgenden Stunden eignet.

***Fortsetzung:***
*→ Die Denkschule 1/2*
Seiten 5 – 7, Dreiecks-Memory bis 21 (oder darüber hinaus)

# Zerlegen

Grundlegung der Blitzrechenübung „Zerlegen", Notation von Zerlegungen mit dem Pluszeichen

## WAS WIRD BENÖTIGT?

*Arbeitsmaterial:* Wendeplättchen, Stifte als Trennmarken, Wendekarten
*Demonstrationsmaterial:* Wendeplättchen
*Tipp:* Als Trennmarke auf der Magnettafel kann man einen auf einen Magneten geklebten Strohhalm oder einen Zeigestock benutzen.

## WORUM GEHT ES?

Sichere Kenntnisse im Zerlegen und Zusammenfassen von kleinen Zahlen sind zentrale Voraussetzung für denkendes Rechnen im Bereich Addition und Subtraktion. Darauf wurde bereits bei den Übungen zum „rechnenden Zählen" hingewiesen. Auf dieser Seite und der folgenden werden additive Zerlegungen der Zahlen bis einschließlich 10 systematisch behandelt. Zur Notation wird das Pluszeichen verwendet, das bereits auf Seite 24 eingeführt wurde, um die Zahlen 6, 7, 8, 9 nach der „Kraft der Fünf" zu strukturieren. Da bei jeder Aufgabe die zerlegte Zahl jeweils vorgegeben ist (z. B. „Immer 10"), brauchen hier noch keine ganzen Rechensätze aufgeschrieben zu werden. Zerlegungen mit 0 werden erst auf Seite 37 einbezogen.

**1** Zusammen immer 10.

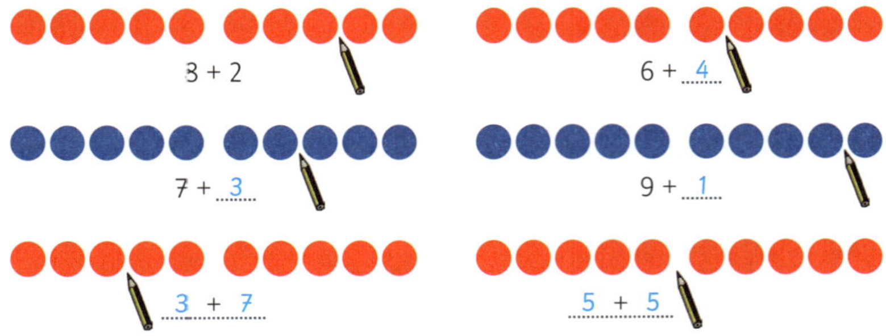


**2** Zusammen immer 7.

**3** Wie kannst du 7 noch zerlegen? 1 + 6, 4 + 3, 3 + 4

**4** Zerlegt 6. **5** Zerlegt 8. **6** Zerlegt 9.
(jeweils mehrere Lösungen)

**Blitzrechnen: Zerlegen**

Reihe zerlegen. Plusaufgabe nennen.

## WIE KANN MAN VORGEHEN?

***Vor der Arbeit mit dem Buch:***

Die Aufgaben im Buch können im Klassengespräch folgendermaßen vorbereitet werden:

- Mit Wendeplättchen (rote Seite) wird die Zahl 6 in unterschiedlicher Weise gelegt (Würfelsechs, Reihe). Dann werden in jeder Darstellung einige Plättchen auf die blaue Seite gedreht und die entsprechenden Zerlegungen mit dem Pluszeichen notiert (z. B. 3+3, 2+4, ...).
- Die Lehrerin zeichnet oder legt eine Zehnerreihe von Plättchen und zerlegt sie mit dem Zeigestock oder einer Trennmarke in zwei Summanden. Die Zerlegungen werden benannt und schriftlich notiert. Nach anfänglicher Hilfe der Lehrerin übernehmen die Kinder mehr und mehr die Zerlegung und die Notation.

Bereits auf dieser frühen Stufe sollten Beziehungen deutlich werden, insbesondere das Vertauschungsgesetz. Abschließend wird erklärt, dass die Kinder diese Zerlegungen intensiv üben müssen, bis sie „im Schlaf" beherrscht werden.

***Zur Arbeit mit dem Buch:***

**1** Diese Aufgabe ist eine Wiederholung der vorbereitenden Übung. Alle Zahlen von 1 bis 9 kommen als Summanden vor, aber nur 3, 5 und 7 kommen doppelt vor.

**2** Hier sind drei Zerlegungen vorgegeben, darunter 5+2 und 2+5 (Hinweis auf Vertauschungsgesetz).

**3** Diese Aufgabe ist bewusst offen formuliert. Einige Kinder werden vielleicht nur ein oder zwei Zerlegungen angeben, andere Kinder noch weitere. Es wird aber auch Kinder geben, die alle 6 Zerlegungen ohne den Summanden 0 aufschreiben oder vielleicht sogar noch 7+0 und 0+7 einbeziehen.

**4** – **6** Die Aufgabenstellung wird mit anderen vorgegebenen Zahlen wiederholt. Die Bearbeitung erfolgt aber in Partner- oder Gruppenarbeit mündlich.

*Grundlegung der Blitzrechenübung „Zerlegen":*

Die Lehrerin demonstriert an der Tafel mit einem Kind, wie die Übung geht. Die Illustration im Buch dient als Gedächtnisstütze. Im weiteren Unterricht wird die Übung immer wieder durchgeführt.

Mit den auf der Doppelseite 134–135 und dem ausklappbaren hinteren Umschlag des Arbeitsheftes vorgegebenen Plättchenreihen für die Zahlen 6, 7, 8 und 9 oder mit der Rechenkartei „Blitzrechnen" können die Kinder in Kleingruppen alleine üben. Mit der CD-ROM „Blitzrechnen" kann jedes Kind alleine üben.

Den Kindern muss erneut deutlich gemacht werden, wie wichtig das „Blitzrechnen" ist.

***Fortsetzung:***

→ *Arbeitsheft*
Seiten 24–25, **1**–**6** weitere Aufgaben zum Zerlegen

**1**

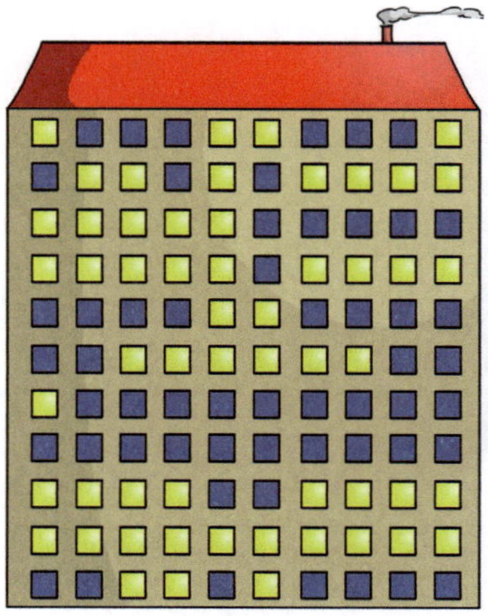

| | |
|---|---|
| 4 | 6 |
| 7 | 3 |
| 5 | 5 |
| 9 | 1 |
| 2 | 8 |
| 6 | 4 |
| 1 | 9 |
| 0 | 10 |
| 8 | 2 |
| 10 | 0 |
| 3 | 7 |

| 10 |
|---|
| 4 + 6 |
| 7 + 3 |
| 5 + 5 |
| 9 + 1 |
| 2 + 8 |
| 6 + 4 |
| 1 + 9 |
| 0 + 10 |
| 8 + 2 |
| 10 + 0 |
| 3 + 7 |

**2** Lege geordnet.

| 5 |
|---|
| 5 + 0 |
| 4 + 1 |
| 3 + 2 |
| 2 + 3 |
| 1 + 4 |
| 0 + 5 |

| 2 |
|---|
| 2 + 0 |
| 1 + 1 |
| 0 + 2 |

**3** Lege.

| 3 |
|---|
| 3 + 0 |
| 2 + 1 |
| 1 + 2 |
| 0 + 3 |

| 4 |
|---|
| 4 + 0 |
| 3 + 1 |
| 2 + 2 |
| 1 + 3 |
| 0 + 4 |

| 6 |
|---|
| 6 + 0 |
| 5 + 1 |
| 4 + 2 |
| 3 + 3 |
| 2 + 4 |
| 1 + 5 |
| 0 + 6 |

| 7 |
|---|
| 7 + 0 |
| 6 + 1 |
| 5 + 2 |
| 4 + 3 |
| 3 + 4 |
| 2 + 5 |
| 1 + 6 |
| 0 + 7 |

## WAS WIRD BENÖTIGT?

*Arbeits- und Demonstrationsmaterial:*
Wendeplättchen, iTb

## WORUM GEHT ES?

Das Übungsformat „Zahlenhäuser" knüpft an die vorhergehende Seite und auch an frühere Zerlegungsübungen (insbesondere „Plättchen werfen" von Seite 17) an.
Ziel ist eine systematische Übersicht über alle Zerlegungen der Zahlen bis 10 einschließlich der Summanden 0.

## WIE KANN MAN VORGEHEN?

***Zur Arbeit mit dem Buch:***
Bei dieser Seite empfiehlt es sich, die Aufgabenstellungen der Aufgaben 1, 2 und 3 gemeinsam zu besprechen.
Anschließend arbeitet jedes Kind nach seinem Tempo.

**1** Die Kinder beschreiben zuerst das Hochhaus mit dunklen und hellen Fenstern. Es wird festgestellt, dass das Haus 11 Stockwerke mit je 10 Fenstern hat, von denen einige beleuchtet und einige dunkel sind. Ein Stockwerk ist voll beleuchtet, ein anderes ist vollkommen dunkel.
Da in Deutschland die Zählung der Stockwerke nicht mit 1, sondern mit dem Erdgeschoss beginnt (das oft mit 0 bezeichnet wird), ist das oberste Stockwerk das zehnte.

Diese reale Situation wird in zwei Schritten „modelliert" (wie es in der Kompetenz-Neusprache heute heißt). Es handelt sich in schlichter Terminologie um eine Übertragung in die Sprache der Mathematik, wobei die Tabelle zwischen dem realen Haus links und dem Zahlenhaus rechts eine vermittelnde Rolle einnimmt: Die Zeilen der Tabelle widerspiegeln die 11 Stockwerke. In den Spalten werden aber nur noch die Anzahlen der beleuchteten und unbeleuchteten Fenster festgehalten, nicht mehr die Fenster selbst.
Das Zahlenhaus rechts stellt die Situation noch abstrakter dar. Im Dach wird festgehalten, dass es in jedem Stockwerk 10 Fenster gibt. In jeder Zeile wird die Verteilung hell/dunkel in einer Zerlegung von 10 notiert.
Wenn die Zahlen für einige Stockwerke ermittelt wurden und die Kinder die Aufgabenstellung verstanden haben, können sie alleine weiterarbeiten.

**2** Hier muss die systematische Aufzählung der Zerlegungen herausgearbeitet werden, die im Gegensatz zu den bunt durcheinander stehenden Zerlegungen in Aufgabe 1 steht.
Im Nachlegen mit Plättchen wird sehr schön deutlich, dass am Anfang alle 5 Plättchen rot sind und von Zeile zu Zeile ein rotes Plättchen mehr umgedreht wird. Am Schluss sind es dann 5 blaue. An der Tabelle sieht man, wie die Anzahl der roten Plättchen schrittweise ab- und die Anzahl der blauen Plättchen entsprechend zunimmt.

**3** Den Kindern wird erklärt, dass sie hier analog zu Aufgabe 2 selbst Plättchenreihen legen und verändern sollen.

***Fortsetzung:***
→ *Arbeitsheft*
Seiten 25, 7 Zerlegungsaufgaben systematisch im Zahlenhaus aufschreiben
→ *Verstehen und Trainieren 1*
Seiten 10, 12, 14–16 Zerlegungen in unsystematischer Form

# 38 Anzahlen verändern

## Integrierte Vorübung zur Addition und Subtraktion

### WAS WIRD BENÖTIGT?

*Arbeits- und Demonstrationsmaterial:*
Wendeplättchen

### WORUM GEHT ES?

Die Kinder haben bisher schon viel gerechnet, insbesondere beim „rechnenden Zählen“ und bei Zahlzerlegungen. Das Aufschreiben von Rechensätzen wurde aber bewusst zurückgestellt. Das Pluszeichen wurde lediglich für die Notation von Zerlegungen genutzt.
Bei der vorliegenden Seite wird das mündliche Rechnen ohne formale Notation weitergeführt, wobei neben der Addition auch die Subtraktion ins Spiel kommt.
Das „Taubenspiel“ liefert vielfältige Möglichkeiten für einfache und schwierigere Rechnungen, bei der sich jedes Kind nach seinen Möglichkeiten einbringen kann. Durch geschickte Variation der Aufgaben werden Zahlbeziehungen verdeutlicht.
Didaktischer Hintergrund des „Taubenspiels“ ist die operative Rechendidaktik, von Arnold Fricke (1913–1986) auf der Grundlage der genetischen Psychologie von J. Piaget und H. Aebli entwickelt.

Auf dem Dach sind Tauben.
Es fliegen Tauben **dazu**.
Es fliegen Tauben **weg**.

**1** 5 Tauben sind auf dem Dach.
2 Tauben fliegen **weg**.
Es sind dann ...3... Tauben.

**2** 5 Tauben sind auf dem Dach.
2 Tauben fliegen **dazu**.
Es sind dann ...7... Tauben.

**3** 5 Tauben sind auf dem Dach.
2 Tauben fliegen **weg**.
3 Tauben fliegen **dazu**.
Es sind dann ...6... Tauben.

**4** 6 Tauben sind auf dem Dach.
4 Tauben fliegen **dazu**.
5 Tauben fliegen **weg**.
Es sind dann ...5... Tauben.

**5** 9 Tauben sind auf dem Dach.
6 Tauben fliegen **weg**.
6 Tauben fliegen **dazu**.
Es sind dann ...9... Tauben.

**6** 12 Tauben sind auf dem Dach.
4 Tauben fliegen **dazu**.
5 Tauben fliegen **weg**.
Es sind dann ...11... Tauben.

**7** Auf dem Dach waren Tauben.
3 Tauben flogen **weg**,
1 Taube flog **dazu**.
Jetzt sind es 4 Tauben.
Zuerst waren es ...6... Tauben.

**8** Erfindet selbst Aufgaben.
(verschiedene Lösungen)

### WIE KANN MAN VORGEHEN?

***Vor der Arbeit mit dem Buch:***
Die Lehrerin spricht mit den Kindern im Sitzkreis zuerst über Tauben. Die Kinder berichten von ihren Erfahrungen mit diesen Vögeln. Die Lehrerin deutet einen Platz auf dem Boden oder an der Tafel als Treffpunkt von Tauben und lässt einige Plättchen (als Stellvertreter für Tauben) „einfliegen“. Die Kinder bestimmen die Anzahl. Dann lässt die Lehrerin mehrfach Tauben wegfliegen und dazu fliegen und betont dabei die Wörter „dazu“ und „weg“ und schreibt sie an die Tafel.
Anschließend werden Aufgaben analog zu denen im Buch gestellt und gemeinsam gelöst, indem die Beschreibungen in Handlungen übersetzt werden.
Beispiel:

*6 Tauben sind im Hof.*
Ein Kind legt 6 Plättchen.
*2 Tauben fliegen weg.*
Das Kind nimmt 2 Tauben weg.
Die Lösung 4 lässt sich ablesen.

Nach einiger Übung können auch die Kinder selbst Aufgaben stellen.

***Zur Arbeit mit dem Buch:***
Der Text neben dem Bild wird von der Lehrerin oder einem Kind vorgelesen.

**1** – **6** Die ersten Aufgaben werden gemeinsam bearbeitet. Da sich die Texte wiederholen und die wichtigen Wörter fett gedruckt sind, können sich auch Kinder mit geringen Lesefähigkeiten daran versuchen. Ansonsten kann die Lehrerin die Aufgaben mündlich stellen und im Sitzkreis lösen lassen.

**7** Diese Igelaufgabe muss von der Lehrerin ausführlicher erklärt werden:
„Auf dem Dach waren Tauben. Ich sage aber nicht wie viele. Das sollt ihr herausfinden. Also: auf dem Dach waren Tauben. Dann sind 3 weggeflogen, 1 Taube ist dazu geflogen. Jetzt sind es 4 Tauben.
Wie viele waren es am Anfang?“

Wie jede Aufgabenstellung kann auch diese zur Erleichterung des Verständnisses noch einmal wiederholt werden.
Es wird Kinder geben, die den Prozess rückwärts abspulen: 4 Tauben, 1 Taube weg, 3 Tauben dazu: Am Anfang waren es 6 Tauben.
Man kann die Aufgabe aber auch probierend lösen. Wenn es am Anfang 4 waren, 3 davon geflogen sind und 1 dazu gekommen ist, wären es jetzt 2. Es sind aber 4. Also waren es am Anfang mehr als 4...

**8** Anregung für eigene Aufgaben.

***Nach der Arbeit mit dem Buch:***
Nach dem Vorbild der Aufgaben im Buch kann das „Taubenspiel“ im weiteren Unterricht, insbesondere am Beginn einer Stunde noch längere Zeit gespielt werden, wobei sich die Kinder wie bei Aufgabe 8 selbst Beispiele ausdenken.
Bei der Aufgabenstellung kann man Überraschungen einbauen.
Beispiel:
*Auf dem Dach sind 100 Tauben. 1 fliegt weg und eine fliegt dazu. Wie viele Tauben sind auf dem Dach?*

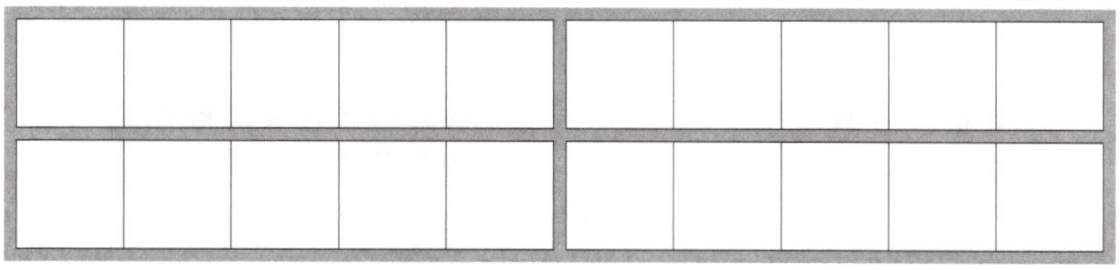

**1** Warum heißt dieses Feld „Zwanzigerfeld“?
Beschreibe, wie es aufgebaut ist.

**2** Am Zwanzigerfeld kann man alle Zahlen von 1 bis 20 legen.
Lege geschickt.

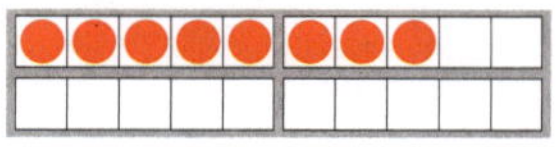

8 Plättchen.

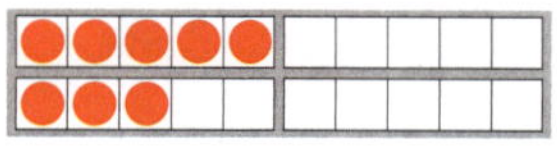

8 Plättchen.

8 Plättchen.

**3** Lege nach und rechne.

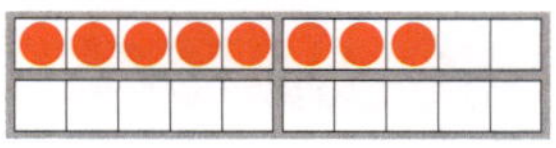

8 Plättchen. 4 dazulegen.
Es sind 12 Plättchen.

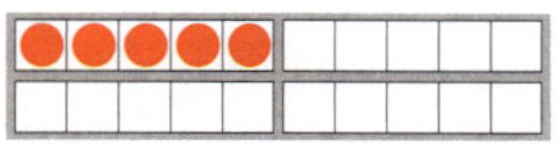

5 Plättchen. 6 dazulegen.
Es sind 11 Plättchen.

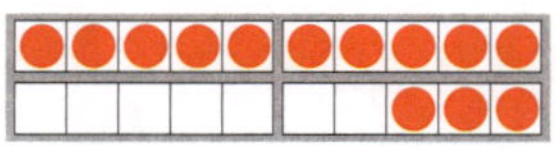

13 Plättchen. 6 wegnehmen.
Es sind 7 Plättchen.

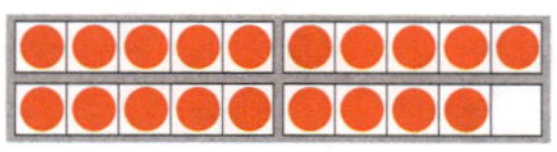

19 Plättchen. 3 wegnehmen.
Es sind 16 Plättchen.

**4** Erfinde eigene Aufgaben und rechne.
(verschiedene Lösungen)

**5** Male ein Zwanzigerfeld.

## WAS WIRD BENÖTIGT?

*Arbeits- und Demonstrationsmaterial:*
Zwanzigerfeld, Wendeplättchen, iTb

## WORUM GEHT ES?

Das Zwanzigerfeld ist **das** grundlegende Arbeitsmittel für die Addition und Subtraktion im Zwanzigerraum. Es unterstützt in idealer Weise die für das Rechnen im Zehnersystem sinnvolle Strukturierung von Zahlen.
Insbesondere bringt es die „Kraft der Fünf“ auf ideale Weise zum Ausdruck.
Das Zwanzigerfeld besteht aus vier Fünferfeldern, die durch Einrahmungen klar abgegrenzt sind. Zwei Fünferfelder nebeneinander bilden ein langgestrecktes Zehnerfeld, zwei Fünferfelder übereinander ein gedrungenes Zehnerfeld. Die Kinder müssen lernen beide Zehner zu nutzen.
Die Struktur des Zwanzigerfeldes wird den Kindern nicht durch bloßes Betrachten deutlich, sondern nur durch intensives Operieren an diesem Arbeitsmittel.
Am Zwanzigerfeld kann man alle Zahlen von 1 bis 20 legen und zwar auf unterschiedliche Weise.
Beispiel: 7 kann gelegt werden, indem das erste Fünferfeld gefüllt und 2 Plättchen entweder rechts daneben oder darunter gelegt werden. Beide Legungen sind mathematisch sinnvoll.

## WIE KANN MAN VORGEHEN?

***Zur Arbeit mit dem Buch:***

**1** Die Lehrerin zeigt an der Tafel ein großes Zwanzigerfeld, das die Kinder im Buch in klein vor sich haben. Sie nennt den Namen „Zwanzigerfeld“, merkt an, dass es wie ein Regal mit vielen Fächern aussieht, und fragt die Kinder, warum es wohl „Zwanzigerfeld“ heißt.
*Antwort*: Weil es 20 Kästchen hat, in der oberen Reihe links 5 und rechts 5, zusammen 10. In der unteren Reihe ebenso links und rechts je 5. Auf der linken Seite sind es unten und oben je 5 Kästchen, auf der rechten Seite ebenfalls. Die Lagenbezeichnungen „unten“, „oben“, „links“, „rechts“ müssen geklärt werden.

**2** Der Text wird vorgelesen. Bevor die Teilaufgaben bearbeitet werden, gibt die Lehrerin am großen Zwanzigerfeld selbst Zahlen vor. Dabei sollte sie ein und dieselbe Zahl unterschiedlich legen, z. B. 6 als 3 + 3 übereinander und 6 als 5 + 1 neben und übereinander. Die Kinder bestimmen die Anzahl. Wenn sie die Aufgabenstellung verstanden haben, können sie die weiteren Aufgaben alleine bearbeiten.

**3** Diese Aufgabe knüpft an das Taubenspiel an. An einem Beispiel wird die Aufgabenstellung erklärt. Dann arbeiten die Kinder alleine, wobei sie das leere Zwanzigerfeld oben auf der Seite benutzen können.

**4** Am Zwanzigerfeld können die Kinder selbst Zahlen legen.

**5** Diese Aufgabe ist ein guter Test für das Verständnis des Zwanzigerfeldes. An den „Lösungen“ der Kinder kann man gut ablesen, inwieweit die Struktur dieses Arbeitsmittels verinnerlicht wurde.

***Fortsetzung:***
*→ Arbeitsheft*
Seite 26, weitere Aufgaben analog Aufgabe 2

***Nach der Arbeit mit dem Buch:***
Die Kinder holen aus der Beilage „ihr“ Zwanzigerfeld heraus und legen es für die weitere Verwendung bereit.
Wenn keine Schäden an den Tischen zu befürchten sind, können die Felder mit Tesafilm auf die Tische geklebt werden.

*ZAHLENBUCH-Frühförderprogramm*
An diese Stelle passt das Rechenlied „Eins und eins ist zwei“ aus dem Spielebuch 2, Seite 31 und auf der Begleit-CD, wobei Bezug auf das kleine Hunderterfeld auf Seite 100 genommen werden sollte.

# Immer 10 – immer 20

Grundlegung der Blitzrechenübung „Immer 10“ am Zwanzigerfeld

## WAS WIRD BENÖTIGT?

*Arbeits- und Demonstrationsmaterial:* Zwanzigerfeld, Wendeplättchen, Wendekarten

## WORUM GEHT ES?

Diese Seite schließt unmittelbar an die vorhergehende an. Die Kinder sollen lernen, Zahlen zu ergänzen: Zahlen unter 10 bis 10 und Zahlen zwischen 10 und 20 bis 20.
Dabei sollen sie sich Analogien bewusst machen, die das Zehnersystem nahe legt. Das Ergänzen bis 10 bildet mit dem Weiterzählen um 1, der „Kraft der Fünf“, die den Kindern schon bekannt ist, sowie den Verdopplungsaufgaben, die auf Seite 49 bald folgen werden, den Bereich der „einfachen Plusaufgaben“, aus denen sich die Ergebnisse schwierigerer Aufgaben mithilfe des Verbindungsgesetzes ableiten lassen. Alle drei Typen gehören daher mit Recht zum „Blitzrechnen“.
Das Zwanzigerfeld ist das Arbeitsmittel, das sich für das Ergänzen bis 10 und 20 anbietet. Zur Unterstützung dienen die Wendekarten, denen die gleiche Struktur zugrunde liegt.

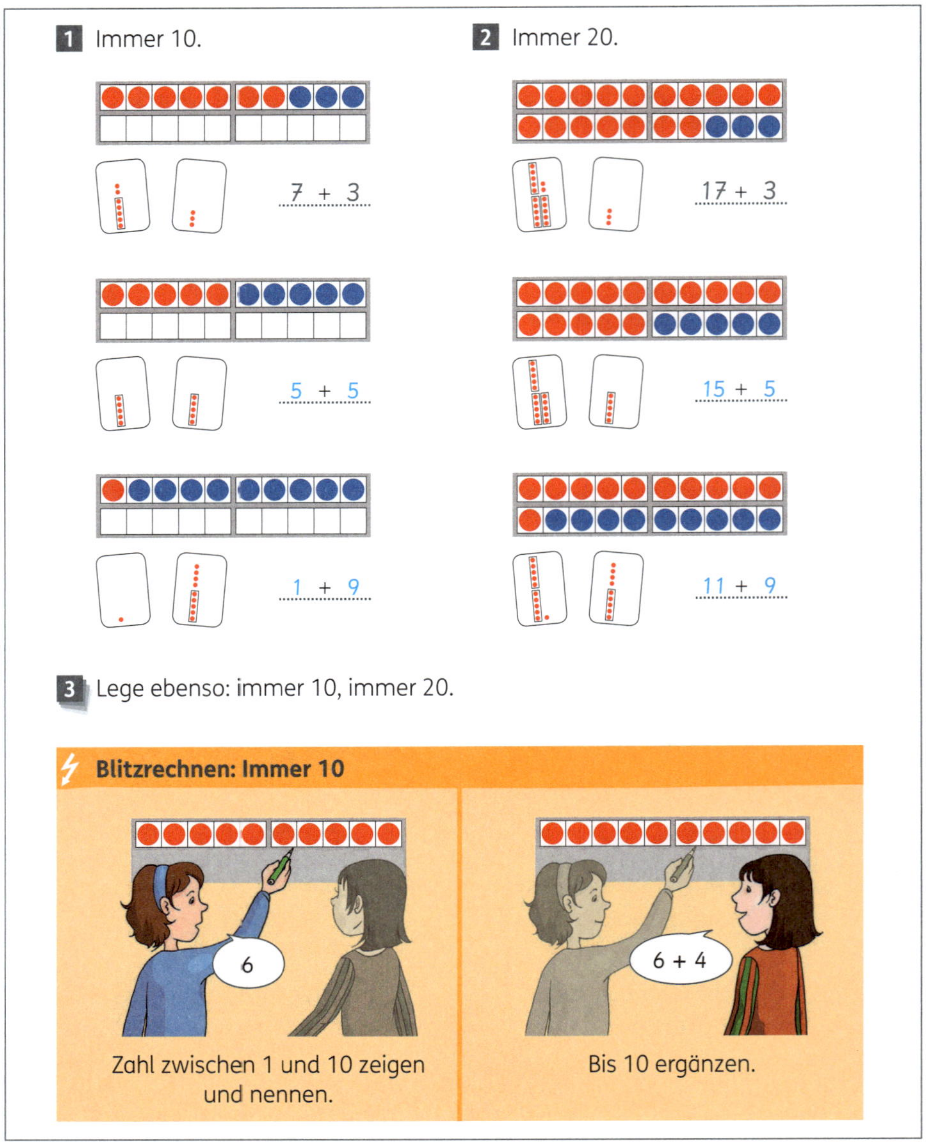

**1** Immer 10.

7 + 3

5 + 5

1 + 9

**2** Immer 20.

17 + 3

15 + 5

11 + 9

**3** Lege ebenso: immer 10, immer 20.

**Blitzrechnen: Immer 10**

6

Zahl zwischen 1 und 10 zeigen und nennen.

6 + 4

Bis 10 ergänzen.

## WIE KANN MAN VORGEHEN?

### *Vor der Arbeit mit dem Buch:*

Die Lehrerin erklärt den Kindern am großen Zwanzigerfeld die Aufgabenstellung anhand einiger Beispiele:
Sie legt etwa rote 6 Plättchen in die erste Reihe und macht mit 4 blauen Plättchen den Zehner voll.
Sie demonstriert diese Beziehung auch an den Wendekarten (wie in Aufgabe 1).

Dann legt sie 16 rote Plättchen, die Kinder legen 4 dazu und füllen damit das Zwanzigerfeld voll aus. Die Zerlegung 16 + 4 wird ebenfalls an den Wendekarten demonstriert.
Die Kinder vergleichen die Zerlegungen.
Diese Analogie zwischen dem Ergänzen bis 10 und dem Ergänzen bis 20 wird auch noch an weiteren Beispielen besprochen.

### *Zur Arbeit mit dem Buch:*

**1**, **2** Diese Aufgaben können von den Kindern nach der Vorbereitung selbstständig gelöst werden.

**3** Hier empfiehlt sich Partnerarbeit. Jedes Kind benutzt seinen Satz von Wendekarten: Ein Kind legt eine Karte, das andere muss mit einer Karte zu 10 oder 20 ergänzen.

*Grundlegung der Blitzrechenübung „Immer 10“*
Die Lehrerin demonstriert an einem großen Zwanzigerfeld mit einem Kind, wie die Übung geht. Die Illustration im Buch dient als Gedächtnisstütze. Im weiteren Unterricht wird die Übung immer wieder durchgeführt.

Mit dem Zwanzigerfeld auf der Doppelseite 134–135, dem ausklappbaren hinteren Umschlag des Arbeitsheftes oder mit der Rechenkartei „Blitzrechnen“ können die Kinder in Kleingruppen alleine üben. Mit der CD-ROM „Blitzrechnen“ kann jedes Kind alleine üben.

Anstelle des Zwanzigerfelds kann auch mit den Punktefeldern auf der Rückseite der Wendekarten gearbeitet werden:
Ein Kind wählt eine Wendekarte mit einer Zahl unter 10. Das andere Kind ergänzt bis 10 und legt die entsprechende Wendekarte dazu.

### *Fortsetzung:*

→ *Arbeitsheft*
Seite 27, weitere Aufgaben zum Ergänzen bis 10 und 20
→ *Verstehen und Trainieren 1*
Seiten 16–17, weitere Aufgaben zum Ergänzen bis 10 und 20 im Format von „Zahlenhäusern“

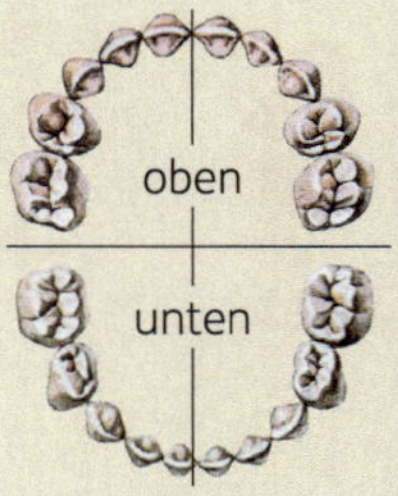


Zuerst haben Babys keine Zähne.
Dann wächst Zahn nach Zahn:
unten, oben, links, rechts.
Das volle Milchgebiss hat 20 Zähne,
oben 10 und unten 10.
Etwa zu Beginn der Schulzeit fallen die
Milchzähne aus und neue Zähne wachsen.
Erwachsene haben 12 Zähne mehr als Kinder.

**1** Vergleiche mit dem Zwanzigerfeld.

**2** Wie viele Zähne haben die Kinder? Wie viele Zähne hast du?

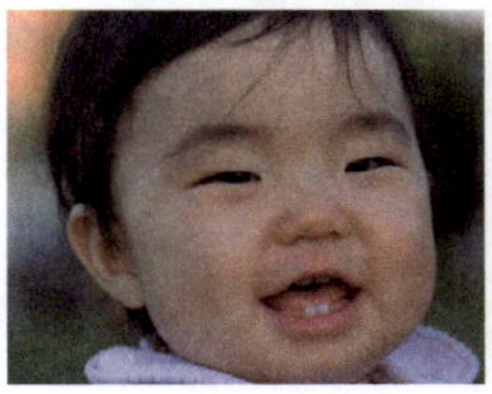
Bian
4

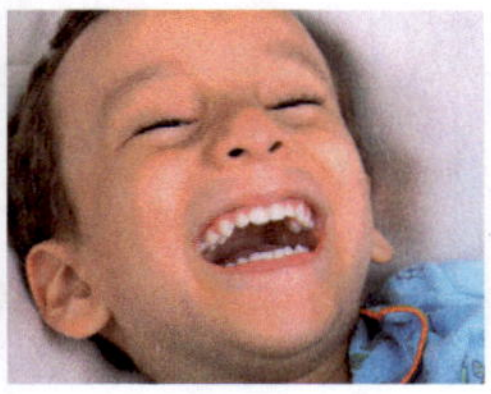
Nils
mindestens 18

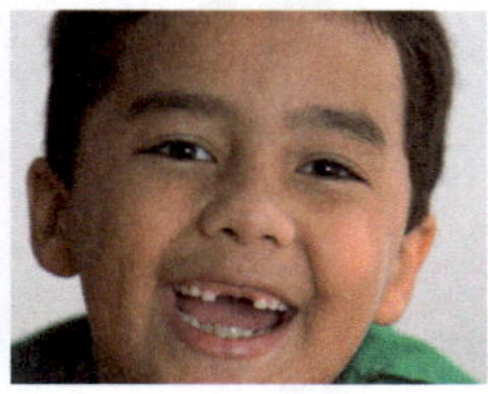
Tarik
höchstens 18

**Blitzrechnen: Immer 20**

Zahl zwischen 11 und 20 zeigen und nennen.

Bis 20 ergänzen.

## WAS WIRD BENÖTIGT?

*Arbeitsmaterial:* Zwanzigerfeld

## WORUM GEHT ES?

Das Thema „Zähne“ ist in erster Linie ein Thema des Sachunterrichts der Grundschule. Einige Aspekte, insbesondere die Anzahl der Zähne und ihre Verteilung auf die rechte und linke Kieferhälfte und auf Unter- und Oberkiefer, sind aber auch mathematisch interessant.

Es ist bemerkenswert, dass das volle Milchgebiss von Kindern wie das Zwanzigerfeld aufgebaut ist:

Es hat 20 Zähne, im Ober- und Unterkiefer je 10, in jeder Kieferhälfte 5.

In der Zahnheilkunde wird das Gebiss in „Quadranten“ zerlegt, und in jedem Quadranten werden die Zähne jedes Quadranten von hinten nach vorne durchnummeriert.

Kinder haben in jedem Quadranten 2 Schneidezähne, einen Eckzahn und 2 Backenzähne, zusammen also 8 Schneidezähne, 4 Eckzähne und 8 Backenzähne. Jedes Kind hat also sein „eigenes Zwanzigerfeld“ im Mund, solange das Milchgebiss noch vollständig ist. In der Regel beginnt aber schon vor Schuleintritt der Zahnwechsel.

Bei Erwachsenen kommen zu den $4 \cdot 2$ vorderen Backenzähnen noch $4 \cdot 3$ hintere Backenzähne dazu. Daher hat das Gebiss von Erwachsenen 12 Zähne mehr, also $20 + 12 = 32$ Zähne.

*Hinweis:* Im Band 2 wird das Thema Zähne mit Zahnformeln von Erwachsenen und von Tieren fortgesetzt.

## WIE KANN MAN VORGEHEN?

***Zur Arbeit mit dem Buch:***

Die Lehrerin liest den Sachtext vor und bespricht mit den Kindern anhand der Abbildung den Aufbau eines Milchgebisses. Die Abbildung gibt die Zähne so wieder, wie sie der Zahnarzt bei aufgesperrtem Mund sieht. (Vorsicht: Die rechte Seite des Gebisses befindet sich bei der Abbildung links. Damit keine Verwirrung entsteht, sollten bei der Abbildung links/ rechts-Angaben vermieden werden.)

Die Kinder vollziehen die Erklärungen der Lehrerin an ihrem eigenen Gebiss nach.

**1** Diese Aufgabe wird gemeinsam besprochen.

Bei geschlossenem Mund sind die Zähne eines vollständigen Milchgebisses wie die Kästchen eines Zwanzigerfelds angeordnet. Jedem Kästchen entspricht ein Zahn. Wenn ein Zwanzigerfeld etwas gebogen wird, sieht man das noch besser.

Mit Plättchen kann man das volle Milchgebiss am Zwanzigerfeld nachlegen:

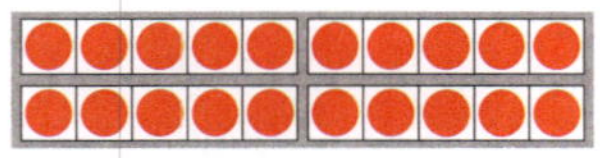

**2** Die Bestimmung der Anzahl der Zähne bei Bian ist leicht. Sie hat vier „Mäusezähnchen“. Bei Nils ist zu vermuten, dass er ein volles Milchgebiss hat, denn der Zahnwechsel beginnt bei den vorderen Zähnen. Bei Tarik sind die oberen Schneidezähne und vermutlich auch Zähne im Unterkiefer schon ausgefallen. Die genaue Anzahl lässt sich nicht feststellen.

Anschließend können die Kinder in Partnerarbeit (oder mithilfe eines Spiegels) die Anzahl ihrer Zähne feststellen und vielleicht sogar ihr Gebiss am Zwanzigerfeld nachlegen.

*Grundlegung der Blitzrechenübung „Immer 20“*

Die Lehrerin demonstriert an einem großen Zwanzigerfeld mit einem Kind, wie die Übung geht. Im weiteren Unterricht wird die Übung immer wieder durchgeführt (Doppelseite 134–135, ausklappbarer hinterer Umschlag des Arbeitsheftes, Rechenkartei „Blitzrechnen“, CD-ROM „Blitzrechnen“).

Wenn der Zusammenhang der Übungen „Immer 20“ und „Immer 10“ verstanden ist, kann man sich auf die Übung „Immer 10“ konzentrieren, deren Durchführung weniger Aufwand erfordert.

***Fortsetzung:***

→ *Verstehen und Trainieren 1*
Seite 17, weitere Aufgaben zum Ergänzen bis 20 im Format von „Zahlenhäusern“

# Ordnungszahlen

Ordnen und Zuordnen nach Merkmalen, Denkspiel „Springende Steine“

## WAS WIRD BENÖTIGT?

*Arbeits- und Demonstrationsmaterial:*
Wendeplättchen

## WORUM GEHT ES?

In der deutschen Grammatik unterscheidet man drei Sorten von Zahlwörtern:

- *Grundzahlen:* eins, zwei, drei, vier, ...
- *Zahladverbien:* einmal, zweimal, dreimal, ...
- *Ordnungszahlen*: erster, zweiter, dritter, ...

Die Grundzahlen werden zur Bezeichnung von Anzahlen und zum Zählen benutzt. Dies ist den Kindern schon bekannt. Die Zahladverbien kommen später beim Einmaleins ins Spiel (s. das Mini-Einmaleins Seite 114–115). Auf der vorliegenden Seite werden die Ordnungszahlen thematisiert, die den Kindern aus ihrem Leben schon bestens bekannt sind. Die Schreibweise 1., 2., 3., ... (Zahl mit Punkt) ist dagegen in der Regel kaum bekannt und muss daher neu eingeführt werden.

Bei dem Ordnen von Elementen nach quantitativen Merkmalen und dem ordnungstreuen Zuordnen von Elementen einer Menge zu den Elementen einer anderen Menge handelt es sich um logische Grundoperationen, die für die Entwicklung des Denkens im Allgemeinen und die Entwicklung des mathematischen Denkens im Besonderen von zentraler Bedeutung sind.

Ein berühmtes Experiment von Jean Piaget besteht darin, Kindern verschiedenen Alters Stäbe unterschiedlicher Länge der Größe nach ordnen zu lassen. Bei einem anderen Experiment sind 10 Männchen unterschiedlicher Größe und 10 Spazierstöckchen ebenfalls unterschiedlicher Größe jeweils ungeordnet vorgegeben. Der Impuls dazu lautet: *„Die Männchen möchten spazieren gehen. Gib jedem den passenden Spazierstock.“*
Je älter die Kinder sind, desto besser gelingen ihnen die vollständige Ordnung der Stäbe und die vollständige Zuordnung der Spazierstöcke. Kleinkinder begnügen sich mit teilweisen Ordnungen und ordnen nur grob zu.
Die Aufgaben auf dieser Seite wurden durch die Genfer Experimente angeregt.
Auch in der Montessori-Pädagogik spielen Aktivitäten des Ordnens eine zentrale Rolle. Es gibt dazu mehrere Materialien.

**1**

1. 2. 3. 4. 5. 6. 7.

**2**

1. 2. 3. 4. 5. 6. 7.

**3**

1. 2. 3. 4. 5. 6.

**4**

| | | | | | | | | | | | | | | | | | | | |
|---|---|---|---|---|---|---|---|---|---|---|---|---|---|---|---|---|---|---|---|
| 1. | 2. | 3. | 4. | 5. | 6. | 7. | 8. | 9. | 10. | 11. | 12. | 13. | 14. | 15. | 16. | 17. | 18. | 19. | 20. |

**5** Lea steht am Eisstand an. Vor ihr stehen 3 Personen, hinter ihr stehen 5 Personen. Wie viele Personen warten? 9

## WIE KANN MAN VORGEHEN?

***Zur Arbeit mit dem Buch:***

**1** – **3** Die dargestellte Situation, die den Kindern durch eigene Erfahrungen mit Warteschlangen sicher bekannt ist, wird zuerst besprochen:
Sieben Kinder stehen in der Reihe vor dem Eismann. Nach jedem Verkaufsvorgang rücken die Wartenden normalerweise um einen Platz auf. Plötzlich kommt ein Junge mit Skateboard, der sich vordrängeln will. Die anderen Kinder lassen sich das nicht gefallen und schicken ihn zurück an das Ende der Schlange.
Die Situation wird in der Klasse nachgespielt. Am Anfang und nach jeder Veränderung wird der Rangplatz jedes Kindes neu bestimmt.

Die Lehrerin erklärt die Schreibweise von Ordnungszahlen mit dem Punkt.
Die Reihe der Ordnungszahlen bis 20 wird gemeinsam gesprochen.
Anschließend bearbeiten die Kinder die Aufgaben schriftlich.

**4** Zu den Zahlen der Zahlenreihe muss immer ein Punkt dazu gefügt werden.

**5** Diese Aufgabe muss vorgelesen werden. Dann können sich alle Kinder daran versuchen. Mit Plättchen kann die Lösung bestätigt werden: Lea wird durch ein rotes Plättchen dargestellt, die 5 Personen vor ihr und die 3 Kinder nach ihr durch blaue Plättchen.

Am Jungen mit dem blauen Pullover kann bei den Aufgaben 1 – 3 gut verfolgt werden, wie sich sein Rangplatz ändert und wie viele Kinder jeweils vor und hinter ihm in der Schlange stehen.

6

7

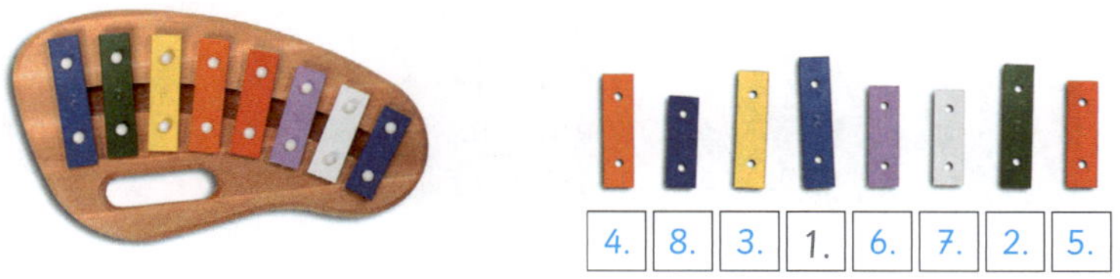


8 Jedes an seinen Platz. Verbinde.

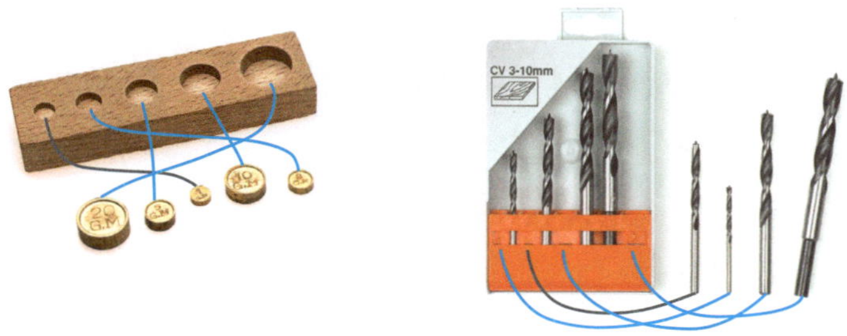


9 Welche Schraube passt? Verbinde.

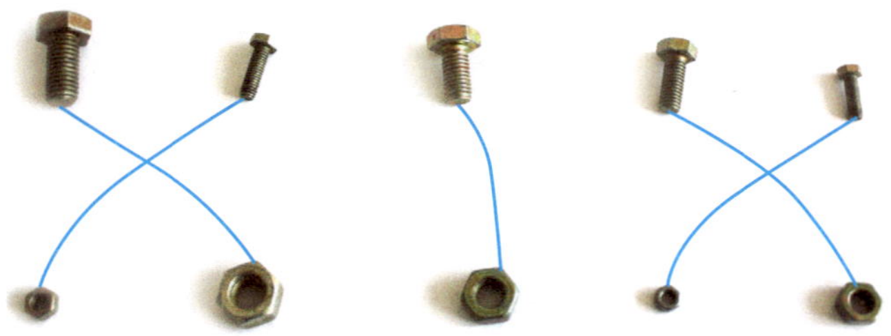

6 Die Herstellung eines Turms aus offenen Würfeln ist ein beliebtes Spielzeug im Kindergartenalter. Der Rangplatz der einzelnen Würfel lässt sich aus der Abbildung entnehmen.

7 Diese Aufgabe ist analog zu Aufgabe 6.

8, 9 Die Übungen des Typs „Jedes an seinen Platz“ fordern und fördern die Fähigkeit zur genauen Unterscheidung. Die relevanten quantitativen Merkmale der Gegenstände müssen erfasst und koordiniert werden: bei den Gewichten ist es der Durchmesser, bei den Bohrern die Länge, bei den Schrauben die Länge und die Dicke, bei den Muttern die Größe und der Durchmesser der Bohrung.

***Fortsetzung:***

→ *Arbeitsheft*
Seite 28, Aufgaben zum Eintragen von Ordnungszahlen
→ *Die Denkschule 1/2*
Seite 8, Springende Steine

*Der Lehrer muss zielbewusst und systematisch an der Entwicklung aller Schüler der Klasse, darunter auch der schwächsten, arbeiten.*
*Die besondere Funktion dieses Prinzips ist durch den Umstand bedingt, dass gerade die schwachen Schüler von einer Lawine trainierender Übungen in Russisch und Arithmetik erdrückt werden. Dieses Training wird von der traditionellen Unterrichtsmethodik als notwendig erachtet, um das Zurückbleiben der nicht erfolgreichen Schüler zu verhindern. Indessen bedürfen die Zurückbleibenden nicht weniger, sondern offensichtlich mehr einer systematischen Arbeit an ihrer Entwicklung. Unsere Erfahrung zeigt, dass eine solche Arbeit zu beträchtlichen Fortschritten in der Entwicklung der schwachen Schüler und damit auch zu besseren Ergebnissen in der Aneignung der Kenntnisse und Fertigkeiten führt. Umgekehrt werden die Zurückbleibenden durch ihre Überlastung mit trainierenden Übungen nicht gefördert, ihr Rückstand vergrößert sich sogar.*

LEONID V. ZANKOV: DIDAKTIK UND LEBEN

Leonid Zankov leitete an der Akademie der Pädagogischen Wissenschaften der UdSSR ein großes Grundschulprojekt.

# 44 Münzen und Scheine bis 20 Euro

Zahlen als Maßzahlen bei Geld

## WAS WIRD BENÖTIGT?

*Arbeitsmaterial:* Rechengeld
*Demonstrationsmaterial:* Rechengeld, echte Euro-Scheine (10 Euro, 20 Euro), evtl. Geldbörse, iTb

## WORUM GEHT ES?

Diese Seite setzt die Seite 25 fort, bei der Münzen und Scheine bis 10 Euro betrachtet wurden, und steht unter der gleichen Zielsetzung.
Da die Zahlkenntnisse der Kinder aber weiter entwickelt sind, kann das Thema Geld jetzt auch arithmetisch tiefer durchdrungen werden. Die Kinder sollen verschiedene Möglichkeiten finden um ein und denselben Geldbetrag zu legen. Dadurch wird auch das Zahlverständnis gefördert, da die Kinder gezwungen sind, größere Einheiten als Einer zu verwenden.

## WIE KANN MAN VORGEHEN?

***Vor der Arbeit mit dem Buch:***

Die Lehrerin legt im Sitzkreis die schon bekannten Münzen und Scheine bis 10 Euro vor. Die Kinder benennen sie, soweit sie können. Dann zeigt die Lehrerin den 20-Euro-Schein und fragt die Kinder, welche Scheine zusammen so viel wert sind wie dieser Schein.
Die Kinder finden einige Lösungen:
- zwei 10-€-Scheine
- ein 10-€-Schein und zwei 5-€-Scheine
- vier 5-€-Scheine.

Einige Kinder werden vielleicht auch schon Münzen einbeziehen.
Die Lehrerin legt dann einige Beträge mit Geld, die von den Kindern bestimmt werden. Dann nennt sie Beträge, die von den Kindern gelegt werden müssen.

***Zur Arbeit mit dem Buch:***

**1** Im Anschluss an die Aktivitäten im Sitzkreis wird die Aufgabe gemeinsam bearbeitet. Die Einstiegssituation wird besprochen. Die Kinder machen sich noch einmal klar, dass man 20 Euro auf verschiedene Weisen legen kann.

**2** Bei dieser Aufgabe müssen die erworbenen Kenntnisse über Zahlen angewandt werden: 5 + 5 = 10, 10 + 5 = 15, usw.

**3** – **5** Es steht den Kindern frei, die Beträge unterschiedlich zu legen. Leistungsstarke Kinder können versuchen, möglichst viele, vielleicht sogar alle Lösungen zu finden (natürliche Differenzierung).

**1**



**2**

18 Euro | 14 Euro | 16 Euro

15 Euro | 13 Euro | 19 Euro

**3** Lege 11 Euro. **4** Lege 17 Euro. **5** Lege 19 Euro.
(verschiedene Lösungen)

Beispiel: 11 Euro
In diesem Fall gibt es 12 Lösungen, die schematisch notiert werden können.
Mit einem 10-Euro-Schein:

Mit zwei 5-Euro-Scheinen:

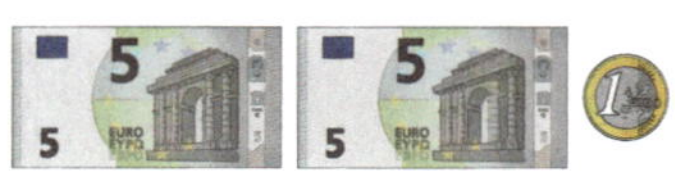

Mit einem 5-Euro-Schein:

Ohne 5-Euro-Schein gibt es weitere 6 Lösungen:
5 mal 2 Euro und 1 mal 1 Euro
4 mal 2 Euro und 3 mal 1 Euro
3 mal 2 Euro und 5 mal 1 Euro
2 mal 2 Euro und 7 mal 1 Euro
1 mal 2 Euro und 9 mal 1 Euro
11 mal 1 Euro

***Fortsetzung:***

→ *Arbeitsheft*
Seite 29, Übungen zu Geldbeträgen
→ *Verstehen und Trainieren 1*
Seiten 11, 13, Bestimmung von bildlich vorgegebenen Geldbeträgen wie Aufgabe 2

***Nach der Arbeit mit dem Buch:***

Die Blitzrechenübungen „Immer 10“ und „Immer 20“ können in einer Variante mit Geld durchgeführt werden: Ein Kind legt mit Rechengeld einen Betrag unter 10 Euro oder zwischen 10 Euro und 20 Euro. Das andere Kind muss bis 10 bzw. 20 ergänzen.

## WAS WIRD BENÖTIGT?

*Arbeits- und Demonstrationsmaterial:* Vorhandene Meterlineale und Maßbänder, aus Hasel-/ Weidenruten selbst oder mit Elternhilfe hergestellte Stäbe oder Stöcke der Länge 1m, selbst hergestellte Meterschnüre mit Knoten im Abstand von 1 m

## WORUM GEHT ES?

Die Kinder sollen Einsicht in die Verwendung von Zahlen als Maßzahlen von Längen gewinnen. Grundidee dabei ist die Vorgabe einer Einheit und das Ausmessen mit dieser Einheit. Als Einheit wird hier 1 m verwendet. Die Kinder tragen diese Einheit mehrfach ab. Als sehr hilfreich für Schätzungen erweist es sich, dass die Armspanne von Erstklässlern etwa einen Meter beträgt.

Vor der Festlegung des Meters als universeller Längeneinheit wurde mit regional unterschiedlichen Einheiten gemessen, die von Körpermaßen (Fuß, Schritt, Fingerspanne, Elle usw.) abgeleitet sind (z. B. „preußische Elle"). Erst im 19. Jahrhundert wurde eine internationale Metervereinbarung getroffen (Urmeter in Paris). Heute wird das Meter durch die Wellenlänge einer bestimmten Spektrallinie ausgedrückt. In der Didaktik wird es vielfach als Dogma angesehen, dass der historische Prozess der Normierung im Unterricht nachvollzogen werden muss. Dementsprechend wird zuerst mit nicht normierten Längeneinheiten gemessen und daraus wird die Notwendigkeit einer Normierung abgeleitet. Im ZAHLENBUCH wird ein anderer Weg eingeschlagen: Es wird von der heutigen Messpraxis ausgegangen, die von normierten Maßen bestimmt ist. Körpermaße (Fuß, Schritt, Fingerspanne, Armspanne) werden aber zum Meter in Bezug gesetzt und ebenfalls zur Längenmessung verwendet.

Die bewusste Reflexion der historischen Entwicklung hat sehr wohl ihren Sinn, ist aber im 5. oder 6. Schuljahr im Zusammenhang mit anderen Größen besser aufgehoben.

## WIE KANN MAN VORGEHEN?

### *Zur Arbeit mit dem Buch:*

Im Klassengespräch wird herausgearbeitet, was und wie die Kinder auf dem Bild messen.

Dann zeigt die Lehrerin die vorbereiteten Metermaße. Die Kinder vergleichen sie und erkennen, dass sie alle gleich lang sind: 1 Meter. Die Lehrerin erklärt, dass diese Länge auf der ganzen Welt gilt und dass es wichtig ist, eine gemeinsame Einheit zu haben.

**Die Kinder überzeugen sich, dass ihre Armspanne etwa 1 m beträgt.**

Gemeinsam werden dann die Länge und die Breite des Klassenzimmers ungefähr ausgemessen. Dabei wird verdeutlicht, dass die Einheit 1m lückenlos und überschneidungsfrei abgetragen werden muss. Etwaige Reststücke werden vernachlässigt. Die Ergebnisse in ganzen Metern sind also nur ungefähre Angaben.

Anschließend messen die Kinder durch Aneinanderlegen von Metermaßen Längen aus: Türen (Breite, Höhe), Tafel (Breite, Höhe), Tische, Stühle, Schränke, Regale, Fenster, Schulhof, Schulflure, Schulgebäude, Spielfelder auf dem Schulhof oder in der Turnhalle.

Die Messergebnisse werden folgendermaßen formuliert: Die Tür ist (ziemlich) genau 1 m breit und 2 mal 1 m (2 m) hoch, der Tisch ist etwas mehr als 1 m lang, die Tafel ist genau 1 m hoch und 2 m (ausgeklappt 4 m) breit, der Tisch ist ungefähr einen halben Meter breit.

Der Messvorgang wird besonders deutlich, wenn große Längen mit mehreren Meterstäben ausgelegt oder wenn nach jedem Meter mit Kreide eine Marke gesetzt wird. Der Hinweis, dass man mit einem biegsamen Metermaß auch gekrümmte Längen ausmessen kann (Umfang eines Baumstamms) darf nicht fehlen.

### *Nach der Arbeit mit dem Buch:*

Auf dem Schulhof wird eine Strecke von 10m abgetragen (am einfachsten mit einem Maßband).

Die Kinder laufen diese Strecke ab und zählen dabei ihre Schritte (ungefähr 20).

*Folgerung:* Mit einem Schritt legt ein Kind etwa einen halben Meter zurück. Die Lehrerin braucht weniger als 20 Schritte.

# 46/47 Was der Spiegel alles kann

Erfahrungen zur Symmetrie, Vorbereitung des Verdoppelns

## WAS WIRD BENÖTIGT?

*Arbeitsmaterial:* Taschenspiegel für die Hand der Kinder
*Hinweis:* Gut geeignet sind Spiegel, die in Materialkästen für den Sachunterricht an vielen Schulen vorhanden sind. Im „Programm mathe 2000“ werden unzerbrechliche Handspiegel (Format 10 cm x 15 cm mit abgerundeten Ecken) im Zehnerpack angeboten.
*Demonstrationsmaterial:* Großer Spiegel (Baumarkt), einige große Wendeplättchen

## WORUM GEHT ES?

Die Aktivitäten dieser Seite sind angeregt durch die amerikanische Mathematikdidaktikern Marion Walter, die in den sechziger Jahren Kinderbücher für Spiegelaktivitäten veröffentlicht hat.
Die Einführung der Achsensymmetrie auf diesem Weg ist bereits Thema der Frühförderung (Das Zahlenbuch. Spiele zur Frühförderung, Band 2, Seiten 6 – 9).
Die Kinder erfahren im Umgang mit dem Spiegel, dass Gegenstände „verdoppelt“ werden, d. h. dass ein Spiegelbild die gleichen Maße hat wie das Original, aber „spiegelverkehrt“ ist. Eine Schrift erscheint im Spiegel immer „spiegelverkehrt“. Ein Text in Spiegelschrift kann mithilfe eines Spiegels gelesen werden.
Die Kombination Bild-Spiegelbild erlaubt es Gegenstände *scheinbar* zu vergrößern oder zu verkleinern sowie Anzahlen zu vergrößern und zu verkleinern.
Im Gegensatz zu den Motiven in der Frühförderung, bei denen geometrische Beziehungen dominieren, rücken jetzt Motive in den Vordergrund, bei denen Anzahlen die entscheidende Rolle spielen. Dadurch wird eine Verbindung zur Arithmetik hergestellt.

## WIE KANN MAN VORGEHEN?

### *Vor der Arbeit mit dem Buch:*

Im Sitzkreis legt die Lehrerin 3 große Plättchen auf den Boden und erklärt den Kindern, dass sie aus den 3 Plättchen 6 zaubern kann. Die Kinder müssen dazu die Augen schließen. Wenn sie die Augen wieder öffnen, sehen sie die drei Plättchen und im Spiegel weitere 3, zusammen also 6.
Dann fragt die Lehrerin ein Kind, wie man aus den 3 Plättchen ohne ihre Lage zu verändern 4 zaubern könnte. Lösung: Eines der Plättchen verschwindet hinter dem Spiegel, nur noch 2 werden gespiegelt, die mit ihren Spiegelbildern 4 ergeben.

Um die Spannung noch zu erhöhen, wird den Kindern die Aufgabe gestellt, 5 Plättchen herzuzaubern. Wenn kein Kind die Lösung finden sollte, muss man sie verraten: der Spiegel wird mittig auf ein Plättchen legt, sodass die beiden anderen Plättchen vor dem Spiegel liegen. Dann erscheint das „halbe Plättchen“ im Spiegel ganz und insgesamt sieht man 5 Plättchen.

Anschließend bekommt jedes Kind einen eigenen Spiegel und darf damit zunächst frei experimentieren. Die Kinder werden dabei unterschiedliche Gegenstände als „Vorlage“ wählen, diese im Spiegel betrachten, die Lage des Spiegels verändern und schauen was passiert.

### *Zur Arbeit mit dem Buch:*

Die Seite 46 ist so konzipiert, dass die Kinder die abgebildeten Motive selbstständig bearbeiten und dabei Erfahrungen sammeln können.

In einer nachfolgenden Reflexionsphase wird besprochen, was der Spiegel alles kann, z. B. die Anzahl der Tortenstücke vergrößern und verkleinern, ein Haus vergrößern und verkleinern, ein lachendes in ein weinendes Kind verwandeln, usw.

*Hinweis:* Bei der Bearbeitung einer Aufgabe können die anderen Aufgaben durch leere Bogen Papier abgedeckt werden, so dass sie nicht stören.

**1** Wenn der Spiegel mittig mit der spiegelnden Seite nach rechts angelegt wird, weint Lisa. Man sieht verpflasterte Hände und Beine. Im Spiegel liest man „Lisa weint“. Wenn die spiegelnde Seite nach links gewendet wird, lacht Lisa und winkt.

**2** Bei einer vertikalen Ausrichtung des Spiegels und einer horizontalen Verschiebung kann die Anzahl der Fenster und der Frösche verändert werden

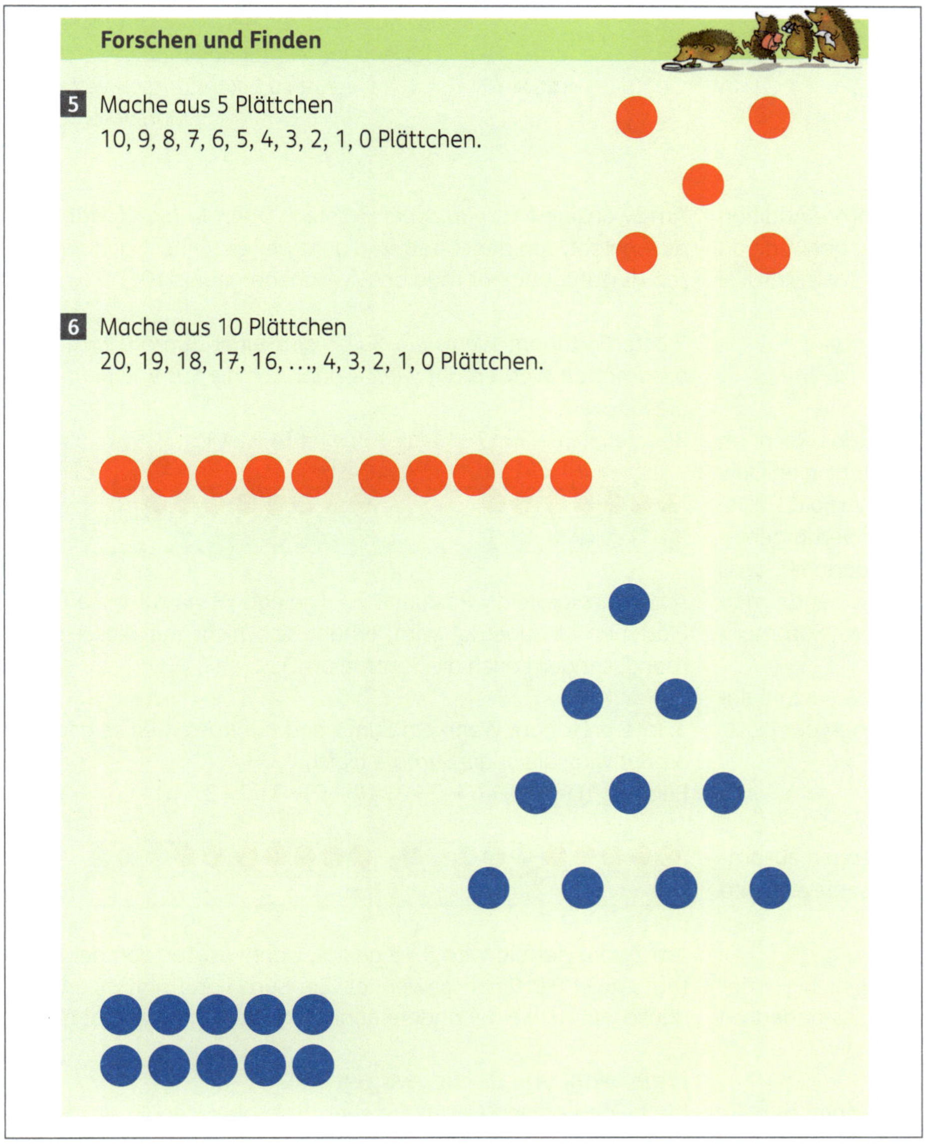


**3** Aus der Torte mit 7 Stücken lässt sich eine Torte mit 2, ..., 12 Stücken erspiegeln. Die Anzahl 2 ergibt sich auf zwei Weisen: entweder kann das am weitesten rechts liegende Stück gespiegelt werden oder der Spiegel kann mittig durch dieses und das gegenüberliegende Stück gelegt werden.

**4** Die Anzahl der Papageien kann von 0 bis 10 variiert werden. Für ungerade Anzahlen muss einer der Papageien „halbiert" werden.

*Forschen und Finden*

**Diese Seite ist für die freie Bearbeitung vorgesehen und ist ein Musterbeispiel für natürliche Differenzierung. Die Überschrift „Forschen und Finden" sowie die grüne Unterlegung weisen darauf hin, dass hier jedes Kind nach eigenem Tempo und nach eigenen Vorstellungen arbeiten kann. Es ist nicht erforderlich, dass alle Kinder alle Aufgaben vollständig lösen.**

Auch bei einer unvollständigen Bearbeitung machen die Kinder Erfahrungen mit dem Spiegel und stärken ihre Anzahlerfassung. Die Lehrerin erklärt zuerst die Aufgabenstellung: Bei Aufgabe 5 ist das Würfelbild der Fünf mit Plättchen gelegt, bei Aufgabe 6 sind jeweils 10 Plättchen in unterschiedlicher Anordnung gelegt. Aufgabe der Kinder ist es, mit dem Spiegel andere Anzahlen zu „erspiegeln", wie das vor der Arbeit mit dem Buch schon demonstriert wurde.

**5** Alle Anzahlen zwischen 0 und dem Maximum 10 sind möglich, wobei es immer verschiedene Lösungen gibt.
8 Plättchen erhält man z. B., wenn man ein Plättchen hinter dem Spiegel verschwinden lässt, oder wenn man den Spiegel mit der spiegelnden Seite nach links weisend mittig durch die beiden rechten Plättchen legt. Die Anzahl 0 ergibt sich dadurch, dass alle Plättchen hinter dem Spiegel verschwinden.

**6** Auch bei diesen Plättchenmengen sind alle Anzahlen von 0 bis zum Maximum möglich.
Bei der Zehnerreihe sind die Lösungen am einfachsten zu finden: Wie bei der Reihe der Papageien auf Seite 46 braucht man den Spiegel nur in vertikaler Position von links nach rechts über die Plättchen zu führen und erhält sozusagen „automatisch" alle Anzahlen von 0 bis 20 (oder von 20 bis 0).

Bei dem „mathe 2000"-Logo hat man bei einigen Anzahlen sehr viele Möglichkeiten.
Beispiel: Anzahl 4
- Man kann zwei Plättchen vor dem Spiegel platzieren.
- Man kann den Spiegel mittig durch eine Reihe von 4 äußeren Plättchen legen.
- Man kann den Spiegel aber auch mittig durch die beiden Nachbarn eines Eckplättchens legen.

Bei dem Zehnerfeld ganz unten sind die Lösungen für die ungeraden Zahlen schwieriger zu finden.
Beispiel: Anzahl 3
Der Spiegel wird mit der spiegelnden Seite nach rechts mittig durch das Plättchen unten rechts gelegt, dass das rechte obere Plättchen gerade noch ganz vor dem Spiegel liegt.

*Anmerkung* zu den Lösungen **unter dem Siegel der Verschwiegenheit:**
Wenn bei dem letzten Beispiel die spiegelnde Seite nach links (statt nach rechts) weist, liegen vor der spiegelnden Seite nicht 1 Plättchen und ein halbes (die mit ihren Spiegelbildern 3 Plättchen ergeben), sondern 8 Plättchen und ein halbes, die mit ihren Spiegelbildern 17 Plättchen ergeben.
Diese Beziehung gilt allgemein: Wenn ein Muster mit a Plättchen vorgegeben ist, kann man aus einer Lösung für x Plättchen sofort eine Lösung für 2a – x Plättchen erzeugen, indem man bei gleicher Lage der Spiegelachse Vorder- und Rückseite des Spiegels vertauscht.
Beweis: Stellen Sie sich einen auf beiden Seiten verspiegelten Spiegel vor. Dann liegen vor beiden Spiegelseiten zusammen insgesamt a Plättchen, die zusammen a Spiegelbilder haben. Insgesamt sind dann 2a Plättchen zu sehen. Wenn auf einer Seite x Plättchen zu sehen sind, müssen es auf der anderen Seite notwendig 2a – x Plättchen sein.

*Einzelheiten lehren heißt Verwirrung stiften,*
*Beziehungen unter den Dingen herstellen*
*heißt zu Erkenntnissen verhelfen.*
Maria Montessori

Es ist kaum zu glauben, trifft aber zu, dass die gesamte Addition und das „rechnende Zählen" als mündliche Vorform der Addition auf **lediglich zwei Rechengesetzen** beruhen. Im ZAHLENBUCH werden sie von Anfang an zur Geltung gebracht:

- *Vertauschungsgesetz (Kommutativgesetz):* $a+b=b+a$
- *Verbindungsgesetz (Assoziativgesetz):* $a+(b+c)=(a+b)+c$.

Die bewusste Nutzung dieser Gesetze erleichtert das Rechnen schon in der Grundschule, natürlich nicht in ihrer formalen Darstellung, sondern in der operativen Deutung nach Arnold Fricke. **„Operativ" heißt, dass man die in diesen Gesetzen verborgenen Handlungen zur Geltung bringt.** Dies gelingt z. B. dadurch, dass man Zahlen durch Plättchenmengen darstellt, mit denen man konkret operieren kann. Wendeplättchen erlauben es, Summanden farblich zu unterscheiden.
Die beiden Gesetze folgen aus der Tatsache, dass die Anzahl der Plättchen einer Menge nicht von der räumlichen Lage der Plättchen abhängt.

*Vertauschungsgesetz:*
Für die Anzahl der Plättchen einer aus zwei Teilmengen zusammengesetzten Menge ist es gleichgültig, ob man erst die eine und dann die andere Teilmenge legt.
*Verbindungsgesetz:*
Teilmengen einer Menge von Plättchen kann man beliebig zerlegen und die Teile beliebig neu kombinieren. Auch dies ändert an der Gesamtzahl der Plättchen nichts.

Bei diesem Themenblock wird die Addition lediglich **eingeführt**. Es wäre absurd anzunehmen, die Kinder sollten am Ende des Blocks das gesamte Einspluseins können. Es handelt sich hier um den ersten Durchgang, dem weitere folgen werden, besonders im Themenblock „Vertiefende Übungen", wo das Einspluseins mit Hilfe der Einspluseinstafel im Zusammenhang behandelt wird. Natürlich gehört das „Einspluseins" auch zum „Blitzrechnen" und wird später automatisiert.

### *Anwendung der Rechengesetze auf das Rechnen*

Das Vertauschungsgesetz ist leicht anzuwenden. Man nutzt es um die größere von zwei Zahlen als ersten Summanden zu platzieren. Dies führt in der Regel zur Vereinfachung von Rechnungen. Mehr Aufmerksamkeit erfordert das Verbindungsgesetz, da es mindestens drei verschiedene Interpretationen erlaubt:

1. Interpretation: *Eine Summe kann schrittweise berechnet werden, indem man den zweiten Summanden zerlegt und zuerst den ersten, dann den zweiten Teilsummanden addiert.*
Das ist die naheliegende Anwendung des Gesetzes.
Beispiel: $7+5=7+(3+2)=(7+3)+2=10+2=12$.

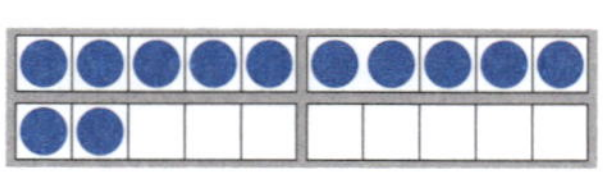

Am Zwanzigerfeld wird zuerst 7 gelegt. Dann werden 5 Plättchen dazugelegt, 3 in der ersten, 2 in der zweiten Reihe. Nach der ersten Hinzufügung hat man das Zwischenergebnis 10.

2. Interpretation: *Wenn ein Summand einer Summe um einen bestimmten Wert erhöht wird, erhöht sich die Summe genau um diesen Wert.*
Beispiel: $7+8=7+(7+1)=(7+7)+1=14+1=15$

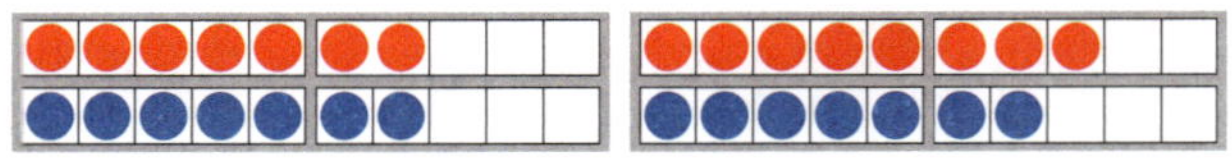

Am Zwanzigerfeld wird zuerst 7 + 7 gelegt. Wenn zur ersten 7 ein Plättchen hinzugefügt wird, erhöht sich nicht nur dieser Summand, sondern auch die Summe um 1.

3. Interpretation: *Wenn ein Summand auf Kosten eines anderen erhöht wird, bleibt die Summe gleich.*
Beispiel: $10=5+5=5+(2+3)=(5+2)+3=7+3=10$

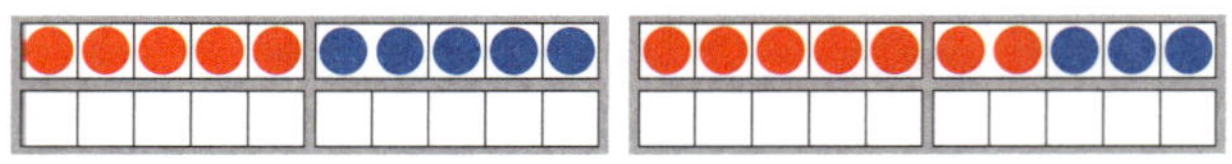

Am Zwanzigerfeld wird 5 + 5 gelegt. Dann werden von der zweiten 5 zwei Plättchen gewendet. Ein Summand nimmt um genauso viel zu wie der andere abnimmt. Die Summe bleibt gleich.

### *Freie Wahl von Rechenwegen*

Die beiden obigen Gesetze stehen fest, aber der Natur mathematischer Gesetze entsprechend ist ihre Anwendung frei. Nicht nur der Unterricht in der Grundschule sondern auch der spätere Algebraunterricht profitiert davon, dass die Kinder verschiedene Rechenwege kennen lernen. Dem Rechnen feste Wege vorzuschreiben, z. B. „**den** Zehnerübergang", ist ein mathematischer Kunstfehler. Natürlich heißt dies nicht, dass jedes Kind möglichst viele verschiedene Wege gehen soll. Es heißt nur, dass es sich der Existenz verschiedener Wege bewusst sein und dieses Wissen für sich individuell nutzen muss.

### *Einfache Aufgaben*

Das Verbindungsgesetz erlaubt es, schwierigere Einspluseinsaufgaben auf folgende einfachen Aufgaben zurückzuführen, die zum größten Teil schon behandelt wurden:

- Addition von Zahlen im Fünferraum („Wie viele?)
- Addition von 1 (Zahlenreihe)
- Ergänzen bis 10 (Immer 10)
- Addition von 5 (Kraft der Fünf)
- Verdopplungsaufgaben

Alle diese Aufgaben gehören, wie in Klammern angedeutet, zum „Blitzrechnen", zu dem auch noch das ebenfalls schon behandelte „Zerlegen" gehört, das bei der Anwendung des Verbindungsgesetzes eine entscheidende Rolle spielt.

Wie die neueren Forschungen zur Rechenschwäche zeigen (H.-D. Gerster, M. Gaidoschik), ist es die beste Hilfe für schwächere Kinder, wenn sie in der Ableitung schwieriger Aufgaben aus einfachen unterstützt werden.

### *Verdopplungsaufgaben als Einstieg*
Von den einfachen Aufgaben, auf die sich schwierigere zurückführen lassen, steht nur noch ein Typ aus: das Verdoppeln. Mit diesem Typ wird der Themenblock eingeleitet.

### *Schriftliche Formulierung von Plusaufgaben*
Ganz neu bei diesem Themenblock sind die *symbolische Notation* von Plusaufgaben mithilfe des Gleichheitszeichens und die zugehörige Sprechweise. Das Pluszeichen ist den Kindern schon bekannt. Jetzt kommt das Gleichheitszeichen dazu.
Schreib- und Sprechweisen sind in der Mathematik immer gewöhnungsbedürftig. Auch beim Gleichheitszeichen werden manche Kinder eine Weile brauchen, bis sie diese neue „Sprachform" verstehen und beherrschen.

### *Die Verwendung von Plättchen*
Die Abstützung von Rechnungen auf das Zwanzigerfeld und Plättchen darf nicht so verstanden werden, dass es sich nur um eine vorübergehende Phase handelt, und die Kinder von Plättchen möglichst schnell loskommen sollten. **Diesem immer noch verbreiteten Vorurteil muss die Lehrerin mit einer selbstverständlichen Nutzung von Plättchen entgegentreten.** Plättchen sind ein wunderbares Mittel um über Rechenwege zu sprechen und um arithmetische Muster zu begründen. Wie oben gezeigt wurde, fußen die Rechengesetze auf dem Operieren mit Plättchen. Natürlich ist das Legen von Zahlen am Zwanzigerfeld mühsam, wenn man nur einzelne Plättchen zur Verfügung hat. Daher gehören zu den Beilagen des ZAHLENBUCHs auch Fünfer- und Zehnerstreifen.
Bei den interaktiven Tafelbildern gibt es ebenfalls Fünferstreifen.

### *Struktur des Themenblocks*
Im Mittelpunkt des Themenblocks steht folgende Sequenz von Seiten: *Rechenwege (Seite 52) – Einfache Aufgaben (Seite 54) – Von einfachen zu schwierigen Aufgaben (Seiten 55 – 56)*
Diese Abfolge liegt in der Natur der Rechengesetze und, da das ZAHLENBUCH mathematisch fundiert ist, wiederholt sich diese Struktur im ZAHLENBUCH systematisch, nicht nur beim Rechnen mit größeren Zahlen, sondern auch bei anderen Rechenoperationen. Bereits im Themenblock „Einführung der Subtraktion" taucht sie erneut auf (Seiten 61 – 64).
Die unten abgebildeten Seiten 40 – 42 aus dem ZAHLENBUCH 2 sind das Gegenstück zu den Seiten 52, 54 und 55.

Die Botschaft bei solchen Seitenabfolgen ist für die Kinder immer wieder die gleiche: es sind immer die gleichen Rechengesetze, die man bei der Zurückführung schwierigerer Aufgaben auf einfache Aufgaben frei anwenden kann. Dies gilt in gleicher Weise für die Addition, die Subtraktion, die Multiplikation und die Division. **Das Voranschreiten vom Einfachen zum Zusammengesetzten ist ein durchgehendes Erfolgsrezept der Mathematik, das den Kindern fortlaufend bewusst gemacht werden muss, weil es ihnen das Lernen enorm erleichtert.**

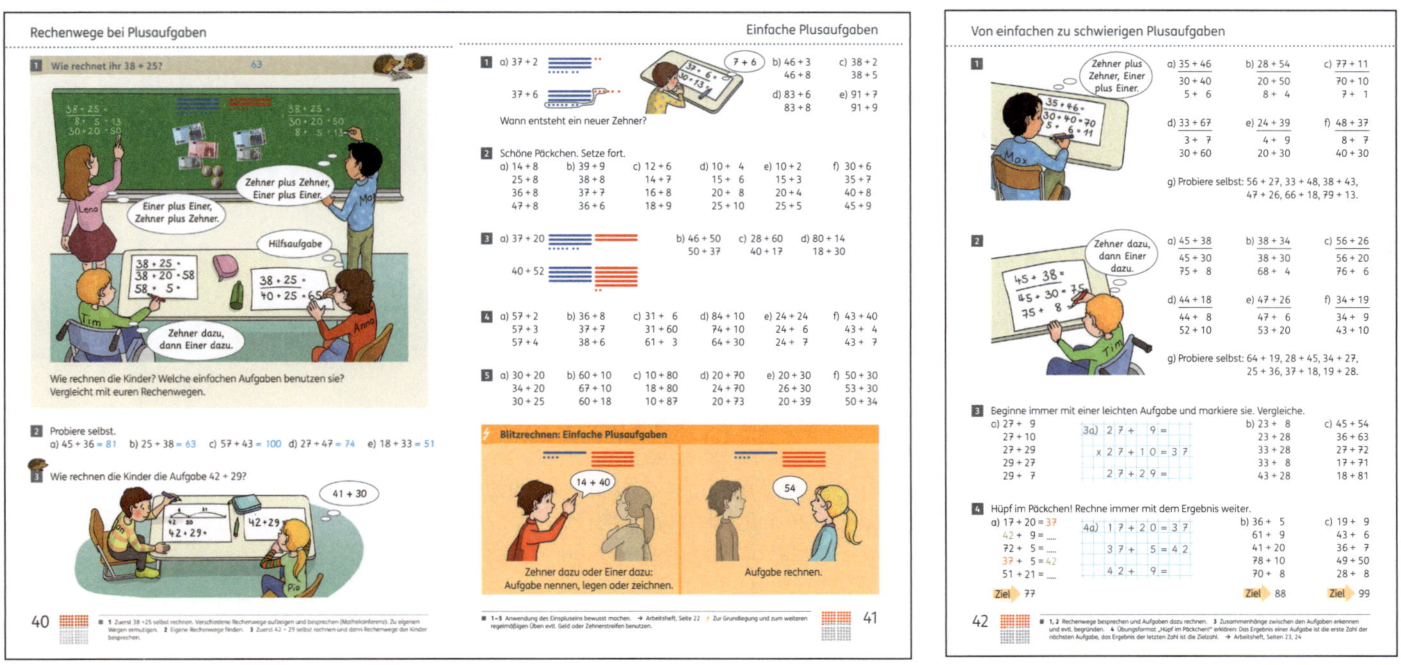


Rechenwege bei Plusaufgaben im Zahlenbuch 2

Beginn des Themenblocks „Einführung der Addition“, Vorbereitung des Verdoppelns

## WAS WIRD BENÖTIGT?

*Arbeitsmaterial:* Taschenspiegel für die Hand der Kinder

## WORUM GEHT ES?

Der Themenblock „Einführung der Addition“ wird mit den Verdopplungsaufgaben eröffnet. Die wenig aufwendige und daher schnell zu erledigende Seite 48 knüpft direkt an die vorhergehenden Seiten an. Einziger neuer Aspekt ist die Deutung von „Verdopplungen“ mit dem Spiegel als Additionsaufgaben und die Sprechweise für diese Aufgaben. Die Kinder beschreiben z. B. drei Plättchen vor dem Spiegel und drei Plättchen im Spiegel durch die Gleichung „3 plus 3 gleich 6“ oder in ausführlicherer Sprechweise durch die Gleichung „3 plus 3 ist gleich 6“.
Von Bundesland zu Bundesland unterscheiden sich die vorgeschriebenen Sprechweisen. Daraus darf aber keine Staatsaktion gemacht werden. Selbst in Ländern, in denen die längere Sprechweise vorgeschrieben ist, muss die kürzere Sprechweise als Abkürzung zugelassen werden. Und dort, wo die kürzere Sprechweise vorgeschrieben ist, schadet es nicht, die längere Sprechweise, die den Sachverhalt deutlicher macht, als ausführlichere Beschreibung ergänzend einzubeziehen.

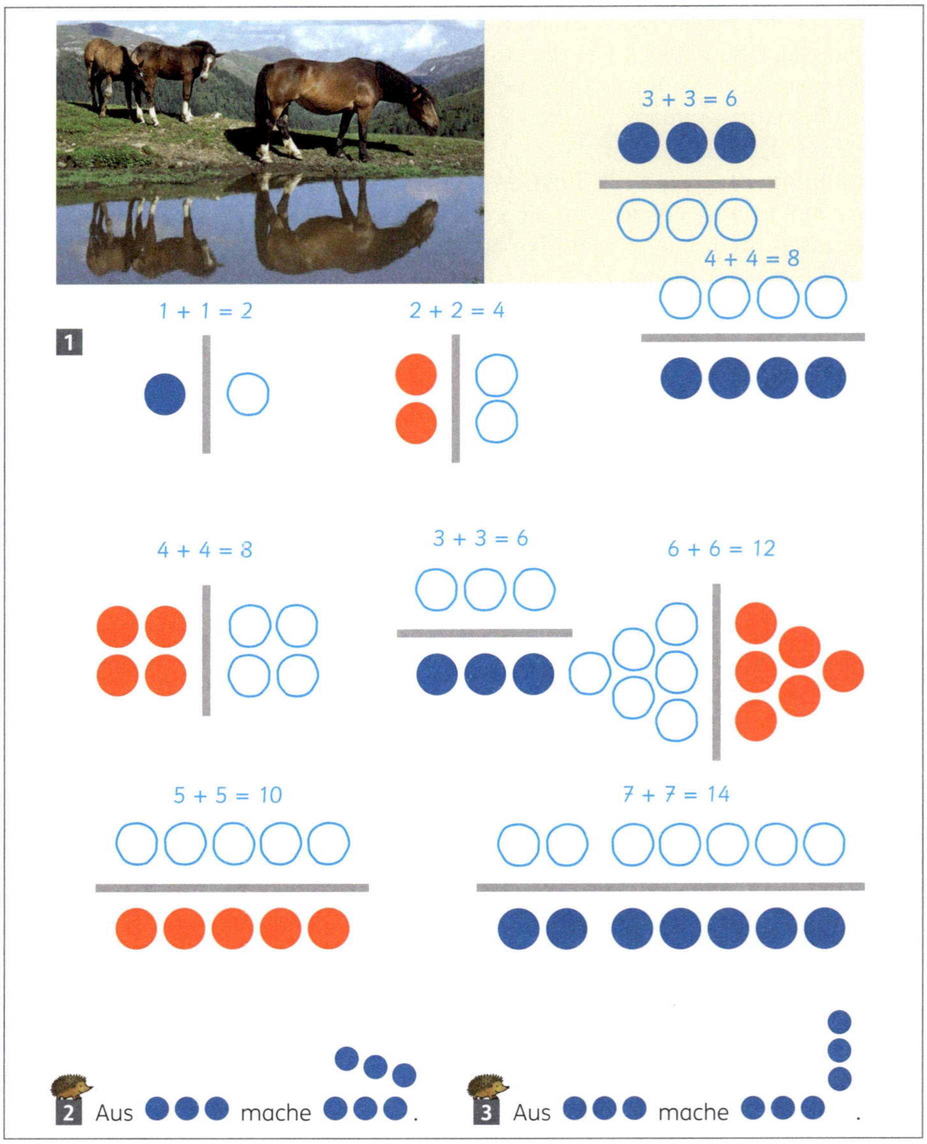


## WIE KANN MAN VORGEHEN?

***Zur Arbeit mit dem Buch:***

Die Kinder versuchen die Spiegelung der Pferde im Fluss durch eine Spiegelung mit dem Spiegel nachzuahmen (was natürlich nur „im Prinzip“ möglich ist).
Die Plättchen rechts stehen für die drei Pferde. Mit dem Spiegel kann die „Verdopplung“ exakt ausgeführt werden. Der graue Strich gibt die Lage des Spiegels an. Die Lehrerin erklärt die Sprechweise „3 plus 3 (ist) gleich 6.“

**1** Die Lehrerin zeigt den Kindern an einem Beispiel, wie die vorgegebenen Plättchen nachgelegt und mit dem Spiegel „verdoppelt“ werden sollen und wie die Lösung zeichnerisch festgehalten werden kann.
Für die Lösung spielt es natürlich keine Rolle, wenn die Lage der Kreise und deren Größe nur ungefähr stimmen.
Abschließend werden alle Lösungen arithmetisch formuliert:
1 plus 1 (ist) gleich 2
2 plus 2 (ist) gleich 4
4 plus 4 (ist) gleich 8
3 plus 3 (ist) gleich 6
6 plus 6 (ist) gleich 12
5 plus 5 (ist) gleich 10
7 plus 7 (ist) gleich 14

**2**, **3** Bei diesen Igelaufgaben spielt anders als bei den vorhergehenden Aufgaben die geometrische Anordnung eine entscheidende Rolle: die Kombination Bild-Spiegelbild soll nicht nur anzahlmäßig, sondern auch geometrisch stimmen. Die Kinder müssen intuitiv erkennen, dass der Spiegel an der Symmetrieachse der Zielfigur platziert werden muss.
Wie bei anderen Spiegelaufgaben kommt es nicht darauf an, dass die Lösung sofort zielgerichtet gefunden wird, sondern dass sich die Kinder die Lösung probierend erarbeiten: **Der Weg ist das Ziel.**

**1**

2 + 2 = 4

7 + 7 = 14

**2** Lege, rechne und vergleiche.

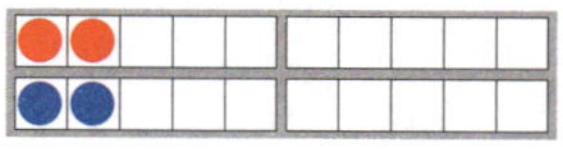

2 + 2 = 4

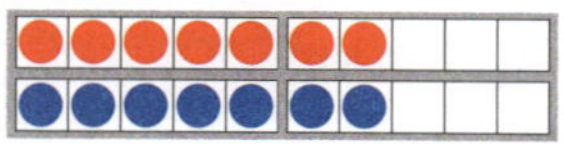

7 + 7 = 14

| | | | |
|---|---|---|---|
| 1 + 1 = 2 | 3 + 3 = 6 | 4 + 4 = 8 | 5 + 5 = 10 |
| 6 + 6 = 12 | 8 + 8 = 16 | 9 + 9 = 18 | 10 + 10 = 20 |

**3** Male ein Bild: Murat hat 8 Bücher. Helena hat doppelt so viele. ?
Helena hat 16 Bücher.

**Blitzrechnen: Verdoppeln**

Rote Zahl nennen.

Verdoppeln.

## WAS WIRD BENÖTIGT?

*Arbeitsmaterial:* Spiegel, Zwanzigerfeld, Wendeplättchen
*Demonstrationsmaterial:* Zwanzigerfeld, Wendeplättchen, iTb

## WORUM GEHT ES?

Auf dieser Seite wird eine vollständige Übersicht über alle Verdopplungsaufgaben im Zwanzigerraum angestrebt. Diese ergeben sich mühelos aus der geometrischen „Verdopplung“ von Punktfeldern mithilfe eines Spiegels, die auf den vorhergehenden Seiten ausführlich behandelt wurde. Auch die Sprechweise für Additionsaufgaben wurde mündlich bereits eingeführt. Jetzt erfolgt die schriftliche Notation.
Eingeführt wird auch die Formulierung „Das Doppelte von ... ist ...“, bei der deutlich zum Ausdruck kommt, dass das Verdoppeln eine Funktion (Abbildung) ist, die einer Zahl eine andere zuordnet.

Symmetrische Strukturen in der Natur bilden den Ausgangspunkt für Verdopplungsaufgaben: ein „Zwölfender“ (Hirsch, dessen Geweih $2 \cdot 6 = 12$ „Enden“ hat) sowie paarige Blattstellungen an einem Zweig.
Schematisch werden diese Beziehungen am Zwanzigerfeld nachgelegt. Dieses Arbeitsmittel verkörpert die „Kraft der Fünf“ und bringt bei Verdopplungsaufgaben nützliche Beziehungen ans Licht:

| | |
|---|---|
| 1+1=2 | 6+6=12 |
| 2+2=4 | 7+7=14 |
| 3+3=6 | 8+8=16 |
| 4+4=8 | 9+9=18 |

Es sei an dieser Stelle nochmals betont, dass mathematische Schreib- und Sprechweisen immer gewöhnungsbedürftig sind. Den Kindern muss also Zeit gelassen und gegeben werden, sich an die formale Notation von Plusaufgaben zu gewöhnen.

## WIE KANN MAN VORGEHEN?

***Zur Arbeit mit dem Buch:***
Im Buch finden die Kinder den Zwölfender und die zugehörige Aufgabe 6+6=12: am Zwanzigerfeld gelegt und formal notiert. Die Lehrerin erklärt dabei das neue Zeichen „=“ und die Schreibweise „6 plus 6 (ist) gleich 12“.
Ausführlich bedeutet dies, dass 6+6 genau so viel ist wie 10+2, was als 12 abgekürzt wird.
Die 10 ergibt sich durch Zusammenfassung zweier übereinander liegender Fünfer.

**1** Die Rechnungen mit den Kiefernzapfen und den Blättern werden im Klassengespräch gemeinsam am Zwanzigerfeld nachgelegt, notiert und gelöst.

**2** Die Aufgaben werden in Einzelarbeit am Zwanzigerfeld gelegt und gerechnet.
Bei der paarweisen Anordnung der Aufgaben wurde die „Kraft der 5“ berücksichtigt: 7+7 unterscheidet sich von 2+2=4 durch zwei Fünfer, die zusammen 10 ergeben. Also ist 7+7=10+4=14.
8+8 unterscheidet sich von 3+3=6 durch zwei Fünfer, die zusammen 10 ergeben. Also ist 8+8=10+6=16.

**3** Die Sachaufgabe wird vorgelesen. Die Kinder formulieren die passende Aufgabe „Wie viele Bücher hat Lea?“
Die Lösung wird gemeinsam erarbeitet und dann ins Heft übertragen.
Die Lehrerin erklärt anschließend das Symbol ?.

*Grundlegung der Blitzrechenübung „Verdoppeln“:*
Wie üblich wird besprochen, wie die Übung geht. Mithilfe des Operationsfeldes auf Seite 135 und im Arbeitsheft sowie der Rechenkartei „Blitzrechnen“ und der CD-ROM „Blitzrechnen“ können die Kinder alleine weiterüben.

***Fortsetzung:***
→ *Arbeitsheft*
Seite 30, Verdopplungsaufgaben in unterschiedlichen Darstellungen
→ *Verstehen und Trainieren 1*
Seite 18, **1** Verdopplungsaufgaben mit Bezug zur Spiegelsymmetrie
Seite 18, **2–6** Verdopplungsaufgaben in Tabellenform

## WAS WIRD BENÖTIGT?

*Arbeits- und Demonstrationsmaterial:*
Wendeplättchen, iTb

## WORUM GEHT ES?

Auf dieser Doppelseite werden der zweite Aspekt der Addition, das Zusammenfassen gleichberechtigter Summanden, und die Gleichheit als symmetrische Relation betont.
Die Addition beschreibt das zahlenmäßige Zusammenfassen zweier Mengen bzw. die zahlenmäßige Vergrößerung einer Menge durch Hinzufügen einer zweiten.
Umgangssprachlich wird die Addition durch zahlreiche Verben beschrieben: *dazukommen, dazulegen, anfügen, vergrößern, weiterzählen, aber auch zusammenfügen, zusammenfassen, usw.*
Bei der ersten Gruppe stellt der eine Summand etwas dar, was schon vorhanden ist, der zweite etwas, was dazu kommt. Das Gleichheitszeichen bedeutet „ergibt".
Bei der zweiten Gruppe sind die beiden Summanden gleichberechtigt. Sie bezeichnen zwei Anzahlen, die zu einem Ganzen zusammenzufassen sind. Auch hier bedeutet das Gleichheitszeichen „ergibt". Wenn man aber beachtet, dass das Zusammenfassen die Umkehrung des Zerlegens eines Ganzen in zwei Teile ist (s. S. 36–37), kann die Gleichung auch von rechts nach links gelesen werden. Die symmetrische Deutung des Gleichheitszeichens ist für den weiteren Rechenunterricht und für die Algebra von großem Vorteil.

## WIE KANN MAN VORGEHEN?

***Vor der Arbeit mit dem Buch:***
Zuerst sollten einige additive Situationen vor der Klasse gespielt werden. Die Lehrerin erklärt dabei die Bedeutung des Gleichheitszeichens und Struktur einer Plusaufgabe:
Erste Zahl, Pluszeichen, zweite Zahl, Gleichheitszeichen, Ergebnis.

Beispiel 1:
Auf der linken Seite des Zimmers stehen 3 Mädchen, auf der rechten Seite 4 Jungen. Wie viele Kinder sind es zusammen?
Die Rechnung wird mündlich formuliert
„3 plus 4 (ist) gleich 7"
und aufgeschrieben:
3+4=7.

Beispiel 2:
Auf dem Dach sitzen 4 Tauben (Plättchen), 5 kommen dazu:
„4 plus 5 (ist) gleich 9"
4+5=9.

Beispiel 3:
Die Lehrerin legt 6 rote und 2 blaue Plättchen:
„6 plus 2 (ist) gleich 8"
6+2=8

Angeregt durch diese Beispiele erfinden die Kinder selbst Plusaufgaben und schreiben sie auf.
Umgekehrt sollte die Lehrerin selbst einen Rechensatz aufschreiben. Die Kinder denken sich dazu eine Sachsituation aus oder legen die Aufgabe mit Plättchen nach.

***Zur Arbeit mit dem Buch:***
Das Einstiegsbild auf Seite 50 regt ein Gespräch über den Zoo an. Die Lehrerin erklärt dann, dass auf dem Bild Plusaufgaben versteckt sind.

**1** Die Lösung zu 2+2 ist vorgegeben und vorgegeben ist auch, wie die Situation und die Aufgabe mit Plättchen nachgelegt werden kann.
Anschließend versucht jedes Kind die weiteren Aufgaben zuzuordnen und mit Plättchen nachzulegen.
Durch die Vorgabe der Aufgaben 6+3 und 3+6 sowie der Aufgaben 2+3 und 3+2 sollen die Kinder schon auf das Vertauschungsgesetz hingelenkt werden, das auf S. 53 noch eigens thematisiert wird.
Auf dieser Stufe bedeutet es: Es ist für das Ergebnis gleichgültig, welche Zahl man bei einer Plusaufgabe zuerst aufschreibt.

**2** Die Kinder sollen jetzt umgekehrt zu den Bildern selbst Plusaufgaben finden, wobei manchmal mehrere Möglichkeiten sinnvoll sind.

**2** Finde zu jedem Bild eine Plusaufgabe und rechne. (Beispiele)

3 + 2 = 5

7 + 1 = 8

3 + 3 = 6

2 + 2 = 4

2 + 3 = 5

4 + 3 = 7

**3** Lege mit Plättchen und rechne.

| | | | | |
|---|---|---|---|---|
| 4 + 4 = 8 | 1 + 2 = 3 | 5 + 3 = 8 | 4 + 1 = 5 | 7 + 3 = 10 |
| 5 + 4 = 9 | 2 + 2 = 4 | 5 + 5 = 10 | 4 + 2 = 6 | 6 + 4 = 10 |

**4** Finde Plusaufgaben und male dazu Bilder. (verschiedene Lösungen)

Giraffen:
3+2=5 Giraffen (links ein Dreiergrüppchen, rechts ein Zweiergrüppchen)
oder
2+3=5 (zwei Giraffen schauen nach rechts, 3 nach links)

Pinguine:
7+1=8 (7 links, 1 alleine hinten)
oder
6+2=8 (6 vorne eng beisammen, 2 etwas abgesondert)

Eisbären:
3+3=6 (links Mutter mit 2 Kindern, rechts Mutter mit 2 Kindern)
oder
2+4=6 (2 große, 4 kleine Eisbären)

Elefanten:
2+2=4 (links 2, rechts 2 oder 2 große und 2 kleine)

Löwen:
2+3=5 (links 2, rechts 3)
oder
1+4=5 (1 Männchen, 4 Weibchen)

Zebras:
4+3=7 (4 Zebras links, 3 rechts)

In welcher Reihenfolge die Summanden benannt und aufgeschrieben werden, spielt keine Rolle.
Die Lösungen werden abschließend gemeinsam besprochen.

**3** Die Kinder rechnen die vorgegebenen Plusaufgaben.

**4** Die Kinder bilden selbst Plusaufgaben, berechnen das Ergebnis und malen dazu Bilder. Dies dient zur Standortbestimmung.

***Fortsetzung:***
*→ Arbeitsheft*
Seite 31, zu den Bildern Plusaufgaben finden, schreiben und rechnen
*→ Verstehen und Trainieren 1*
Seiten 19–20, Aufgaben, die am Zwanzigerfeld gelegt sind, notieren und lösen

***Nach der Arbeit mit dem Buch:***
An dieser Stelle lohnt sich wieder einmal ein Blick auf die Seitenzahlen. Auf der Seite 50 zeigt das kleine Feld 5 volle Zehner an, auf der Seite 51 zeigt es 5 volle Zehner und 1 Einer.

*Einführung des Denkspiels „Großes Ko-No“:*
Dieses strategische Spiel für zwei Spieler (-gruppen) kann wie die anderen Spiele der Denkschule in Randzeiten des Unterrichts und in der Freiarbeit eingesetzt werden.

*Was den Rechenunterricht zu meiner Schulzeit anlangte, so war er rein mechanisch. Er unterschied sich kaum von dem, wie er Jahrhunderte vorher von Rechenmeistern erteilt worden war. Er begann damit, dass unser Lehrer sagte: „So, schaut her, jetzt lernen wir das Rechnen. Ich schreibe an die Wandtafel 1“. – „Wie heißt das, Hans?“ – „Eins.“ – „Und jetzt schreibe ich „und“. Das sieht aus wie ein Kreuzlein +“. – „Wie heißt das, Michel?“ – „Eins.“ – „Nein, Michel, das heißt „und“. Also! „ – „Und.“ – „Was ich jetzt schreibe, könnt ihr alle schon lesen, schaut her! Lest alle!“ – „Eins.“ – „Wir lesen jetzt das ganze Sätzlein.“ – „Eins und eins.“ – „Und jetzt kommt noch was, schaut her! Das heißt „ist“ (=). Georg, lies!“ – „Eins und eins ist.“ – Dann fragte der Lehrer: „Weiß schon jemand von euch, wie viel eins und eins ist?“ – „Eins und eins ist zwei“, sagte ich, weil ich das ja von meinen vielen Schwestern, die alle älter waren als ich, längst wusste.
So lernten wir rein verbal, abstrakt und mechanisch den gesamten Rechenstoff der ersten Klasse.*

FRIEDRICH GÄRTNER: DIDAKTISCHE ERINNERUNGEN AN DIE ERSTE RECHENSTUNDE, 1910

## WAS WIRD BENÖTIGT?

*Arbeitsmaterial:* Zwanzigerfeld, Fünferstreifen, Wendeplättchen, Rechengeld
*Demonstrationsmaterial:* Zwanzigerfeld, Wendeplättchen, Rechengeld, iTb

## WORUM GEHT ES?

Auf dieser Seite wird gezeigt, dass beim Rechnen verschiedene Wege möglich sind. Der traditionelle Zehnerübergang im Teilschrittverfahren ist nur ein Weg unter anderen. In vielen Fällen ist er aufwendiger als andere Wege. Ihn als einzigen Weg vorzuschreiben widerspricht dem Wesen der Mathematik.
Im Buch werden in einer Mathekonferenz vier Rechenwege für die Aufgabe 8 + 7 vorgestellt.
**Mia** legt die Summanden am Zwanzigerfeld untereinander:
Erste Reihe: 8 blaue Plättchen
Zweite Reihe: 7 rote Plättchen
Das Ergebnis kann sie ablesen, weil die beiden übereinander liegenden Fünfer zusammen einen Zehner ergeben („Kraft der Fünf").
**Tim** legt die Summanden „hintereinander", was dem üblichen „Teilschrittverfahren" entspricht:
8 blaue + 2 rote Plättchen füllen einen Zehner. 5 rote Plättchen kommen in die zweite Reihe.
**Max** löst die Aufgabe 8 + 7 mit Geld und nützt dabei ebenfalls die „Kraft der Fünf", denn zwei Fünf-Euro-Scheine ergeben zusammen einen Zehner.
**Lara** löst die Aufgabe, indem sie von der Verdopplungsaufgabe 7 + 7 = 14 ausgeht, deren Ergebnis sie schon kennt. Das Ergebnis von 8 + 7 muss um 1 größer sein, d. h. 8 + 7 = 15.
Das Gemeinsame an allen Lösungen ist die Zurückführung einer schwierigeren Aufgabe auf einfache Aufgaben, hier auf 5 + 5 = 10 („Kraft der Fünf"), 3 + 2 = 5 (Aufgabe mit kleinen Zahlen), 8 + 2 = 10 (Zehnerergänzung), 7 + 7 = 14 (Verdopplungsaufgabe). Dabei kommen das Verbindungs- und das Vertauschungsgesetz zum Tragen.
Nicht alle Kinder verfügen über die gleiche Kenntnis einfacher Aufgaben und nicht alle Kinder wenden die Rechengesetze in gleicher Weise an. Sie haben auch unterschiedliche Präferenzen für Arbeitsmittel. Die freie Wahl der Rechenwege und der Hilfsmittel ermöglicht es jedem Kind, seine Vorkenntnisse optimal einzusetzen und seinen Weg zu gehen. Dies führt zu erfolgreicheren Lernprozessen als ein für alle in gleicher Weise verbindlich vorgeschriebener Zehnerübergang.
**Dass hier verschiedene Wege vorgestellt werden, bedeutet nicht, dass jedes Kind möglichst viele Wege lernen und gehen soll.**
Das Zwanzigerfeld wird im ZAHLENBUCH bewusst als grundlegendes Arbeitsmittel für die systematische Behandlung des Einspluseins benutzt, weil seine Struktur die strukturierte Zahlerfassung und das denkende Rechnen stützt.

**1** **Wie rechnet ihr 8 + 7?** 15

Wie rechnen die Kinder? Welche einfachen Aufgaben benutzen sie?
Vergleicht mit euren Rechenwegen.

**2** Wie rechnen die Kinder die Aufgabe 9 + 6 = 15?

Mia:
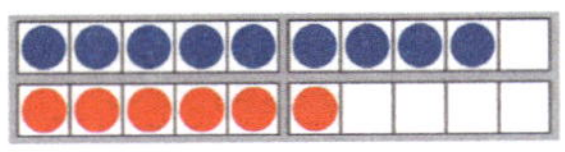

Tim:
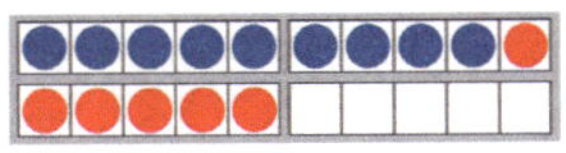

Max:

Lara rechnet: 10 + 5 = 15

**3** Wie rechnest du?

9 + 7 = 16 6 + 9 = 15 8 + 5 = 13 8 + 6 = 14 5 + 7 = 12

## WIE KANN MAN VORGEHEN?

***Vor der Arbeit mit dem Buch:***
Die Lehrerin fordert die Kinder auf, die Aufgabe 8 + 7 zu rechnen, die Rechnung zu veranschaulichen und anderen Kindern in einer Mathekonferenz ihren Rechenweg zu erklären. Anschließend stellen einige Kinder ihre Wege der Klasse vor.

***Zur Arbeit mit dem Buch:***
**1** Im Klassengespräch wird erarbeitet, wie die Kinder im Buch die Aufgabe 8 + 7 gelegt und gerechnet haben und welche einfachen Aufgaben sie benutzt haben. Dies ist den Denkblasen zu entnehmen.

**2** In einer Mathekonferenz besprechen die einzelnen Gruppen, wie die vier Kinder die Aufgabe 9 + 6 gerechnet haben.

**3** An diesen Aufgaben, die mit den zwei bereits durchgesprochenen Aufgaben verwandt sind, können die Kinder jeweils ihren eigenen Rechenweg gehen.

**1 Warum haben 6 + 5 und 5 + 6 das gleiche Ergebnis?** 11 11

Tauschaufgaben haben immer das gleiche Ergebnis.

**2** Welche Aufgabe findest du einfacher? Rechne sie zuerst.

| | | | | |
|---|---|---|---|---|
| 1 + 8 = 9 | 10 + 3 = 13 | 5 + 8 = 13 | 6 + 4 = 10 | 9 + 3 = 12 |
| 8 + 1 = 9 | 3 + 10 = 13 | 8 + 5 = 13 | 4 + 6 = 10 | 3 + 9 = 12 |

**3** Rechne immer Aufgabe oder Tauschaufgabe.

| | | | | |
|---|---|---|---|---|
| 3 + 5 = 8 | 3 + 7 = 10 | 5 + 15 = 20 | 2 + 10 = 12 | 4 + 7 = 11 |
| 1 + 11 = 12 | 5 + 10 = 15 | 19 + 1 = 20 | 4 + 5 = 9 | 2 + 12 = 14 |
| 7 + 10 = 17 | 1 + 6 = 7 | 1 + 13 = 14 | 5 + 7 = 12 | 8 + 3 = 11 |

## WAS WIRD BENÖTIGT?

*Arbeits- und Demonstrationsmaterial:*
Zwanzigerfeld, Wendeplättchen, Rechengeld

## WORUM GEHT ES?

Wie in der Einführung in den Themenblock schon erläutert wurde, darf man bei einer Plusaufgabe die Summanden vertauschen, weil es beim Legen einer Plusaufgabe nicht auf die Lage der Plättchen ankommt. Die Kinder sollen sich den durch das Vertauschungsgesetz ermöglichten Rechenvorteil von „Große Zahl plus kleine Zahl" gegenüber „Kleine Zahl plus große Zahl" bewusst machen. Z. B. ist die Aufgabe 9 + 2 leichter zu rechnen als 2 + 9, denn 2 lässt sich leicht in 1 + 1 zerlegen.

Gegenüber früheren Ausgaben des ZAHLENBUCHs wurde das Thema vorgezogen, damit die Kinder den damit verbundenen Rechenvorteil früh nutzen lernen.

## WIE KANN MAN VORGEHEN?

***Zur Arbeit mit dem Buch:***

**1** Im Gespräch wird heraus gearbeitet,
- dass es für die Anzahl der Luftballons keine Rolle spielt, ob der Mann 6 Luftballons in der rechten Hand hält und 5 in der linken oder umgekehrt
- dass es für die Gesamtzahl der Plättchen keine Rolle spielt, ob man am Zwanzigerfeld 6 Plättchen in der ersten und 5 Plättchen in der zweiten Reihe legt oder umgekehrt
- dass für den Geldbetrag 11 Euro gleichgültig ist, in welcher Reihenfolge die Scheine und Münzen gelegt werden.

**2** Die Kinder sollen herausfinden, dass die Ergebnisse jedes Aufgabenpaares gleich sind und, dass Plusaufgaben oft leichter zu rechnen sind, wenn die größere Zahl als erste Zahl gewählt wird.

Dabei ist aber der Einzelfall zu prüfen. Vielleicht finden die (deutschen!) Kinder 3 + 10 leichter als 10 + 3, weil 3 + 10 der Sprechweise „dreizehn" entspricht.
Auch 5 + 8 könnte als leichter empfunden werden als 8 + 5, wenn man weiß, dass 5 + 3 = 8 ist. Dann hat man nämlich die Aufgabe 5 + 5 + 3 vor sich und sieht sofort 13. Bei 8 + 5 dagegen muss 5 + 3 + 5 mithilfe des Vertauschungsgesetzes erst noch in 5 + 5 + 3 umgeformt werden.

**3** Hier können die Kinder entscheiden, ob sie statt der vorgegebenen Plusaufgabe lieber die Tauschaufgabe rechnen, z. B. bei 1 + 11 oder 2 + 12.

***Fortsetzung:***

*→ Arbeitsheft*
Seite 32, die Aufgaben regen zum Überlegen an, ob es sinnvoll ist, statt einer Plusaufgabe die Tauschaufgabe zu rechnen.

# Einfache Plusaufgaben

## Einfache Plusaufgaben als Ausgangspunkt für schwierige Aufgaben herausstellen

### WAS WIRD BENÖTIGT?

*Arbeitsmaterial:* Zwanzigerfeld, Wendeplättchen, Fünferstreifen
*Demonstrationsmaterial:* Zwanzigerfeld, Wendeplättchen

### WORUM GEHT ES?

Damit man auf einfache Plusaufgaben sofort zurückgreifen kann, muss man sie gründlich üben, was auf dieser Seite geschieht.
Es handelt sich um folgende Typen von Plusaufgaben:

1. Addition mit Summand 1 (Lösung durch Weiterzählen um 1, Rückgriff auf Blitzrechenübung „Zahlenreihe"), Beispiel: 13 + 1 = 14
2. Addition mit Summand 10 (Lösung durch Erinnerung an Bedeutung der Zahlen), Beispiel: 10 + 7 = 17
3. Aufgaben mit Summand 5 (Lösung unter Nutzung der „Kraft der Fünf"), Beispiel: 5 + 4 = 9
4. Aufgaben mit Summanden unter 5 (Lösung durch Rückgriff auf Blitzrechenübung „Zerlegen"), Beispiele: 3 + 2, 4 + 1, 5 + 0
5. Ergänzung bis 10 (Lösung durch Rückgriff auf Blitzrechenübung „Immer 10"), Beispiele: 8 + 2, 9 + 1, 7 + 3, ...
6. Verdopplungsaufgaben (Rückgriff auf Blitzrechenübung „Verdoppeln")

**1** Zeige die Aufgaben an den Bildern.

3 + 1 = 4
1 + 3 = 4

3 + 4 = 7
4 + 3 = 7

2 + 2 + 1 = 5
1 + 2 + 2 = 5

**2**
1 + 1 = 2
5 + 1 = 6
1 + 8 = 9
13 + 1 = 14
19 + 1 = 20

2 + 10 = 12
10 + 5 = 15
10 + 4 = 14
8 + 10 = 18
10 + 10 = 20

**3**
1 + 2 = 3
2 + 3 = 5
3 + 4 = 7
4 + 5 = 9
5 + 4 = 9

4 + 4 = 8
4 + 3 = 7
2 + 4 = 6
4 + 1 = 5
4 + 0 = 4

**4** Rechne im Heft.
3 + 2 = 5
4 + 1 = 5
2 + 3 = 5
1 + 4 = 5
0 + 5 = 5

3 − 2 = 5
4 − 1 = 5
2 + 3 =

**5** Rechne im Heft.
8 + 2 = 10
5 + 4 = 9
7 + 1 = 8
7 + 3 = 10
4 + 4 = 8

8 + 2 = 1 0
~~5 + 4 = 9~~
5 + 4 = 9

**6** Rechne im Heft.
5 + 1 = 6
9 + 5 = 14
4 + 6 = 10

5 + 1 = 6
9 + 5 =

6 + 5 = 11 5 + 3 = 8 8 + 8 = 16
5 + 4 = 9 6 + 6 = 12 5 + 10 = 15
2 + 5 = 7 8 + 5 = 13 3 + 2 = 5

**7** Rechne im Heft.
5 + 2 = 7
4 + 4 = 8
5 + 6 = 11

~~5 + 2 = 8~~
5 + 2 = 7

6 + 4 = 10 3 + 3 = 6 1 + 4 = 5
4 + 5 = 9 5 + 8 = 13 10 + 6 = 16
4 + 10 = 14 7 + 5 = 12 1 + 14 = 15

**8** Rechne selbst einfache Plusaufgaben. (verschiedene Lösungen)

### WIE KANN MAN VORGEHEN?

***Zur Arbeit mit dem Buch:***

Da die Aufgaben gut vorbereitet sind, braucht man die Kinder nur daran erinnern, dass es sich lohnt die einfachen Aufgaben gut zu lernen, weil man sich auf sie stützen kann. Dann kann jedes Kind die Seite alleine bearbeiten.
Zuvor muss aber noch das Übertragen von Päckchen ins Heft besprochen werden, das eine eigene Schwierigkeit darstellt, weil dabei Kästchen und Zeilen in bestimmter Weise frei zu lassen sind. Bei Aufgaben ohne zweistellige Summanden kommt es nur darauf an, in jedes Kästchen ein Zeichen zu schreiben und zwischen Aufgaben eine Zeile frei zu lassen. Dies muss mit den Kindern immer wieder besprochen werden. Aufgabe 4 liefert dafür eine Grundlage.
*Anmerkung:* Kinder müssen zwar unbedingt zu einer „sauberen" Heftführung angehalten werden. Man sollte sich aber auch der großen Gefahr bewusst sein, die damit verbunden ist: Die Kinder können durch allzu schematische Festlegungen leicht dazu verleitet werden, mehr auf die Form als auf die mathematischen Inhalte zu achten. Im Extremfall zählt dann nur noch die Form, und die Mathematik entartet in ein starres Regelwerk. Dieser Gefahr kann man nur dadurch entgehen, dass man zwischen inhaltlichen und formalen „Fehlern" deutlich unterscheidet. Es muss den Kindern deutlich werden, dass es ein Unterschied ist, ob z. B. die richtige Rechnung 7 + 7 = 14 „schlecht" und die falsche Rechnung 7 + 7 = 13 „schön" aufgeschrieben wurde. Zu unterscheiden, wo ein inhaltlicher und wo ein formaler Fehler vorliegt, ist nicht immer leicht, aber es lohnt sich, diesem Problem besondere Aufmerksamkeit zu widmen. Im Zahlenbuch werden dazu Vorschläge gemacht, die aber keineswegs zwingend sind.

**1** Hier wird noch einmal das Vertauschungsgesetz in Erinnerung gerufen, auf das man beim Rechnen von Plusaufgaben immer zurückgreifen kann.

**2** Das sind Aufgaben mit den Summanden 1 und 10 zur mündlichen Bearbeitung.

**3**, **4** Rechnungen mit kleinen Summanden, (die schon in der Frühförderung behandelt werden, z. B. bei der Analyse von Würfelbildern).

**5** – **7** Vermischte Aufgaben.

**8** Die Bearbeitung dient als weitere Standortbestimmung.

***Fortsetzung:***

→ *Arbeitsheft*
Seite 33, Ergebnisse von einfachen Aufgaben und Tauschaufgaben nutzen
→ *Verstehen und Trainieren 1*
Seiten 19 – 20, Plusaufgaben am Zwanzigerfeld

**1** Aus 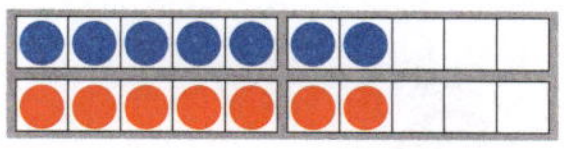 mache 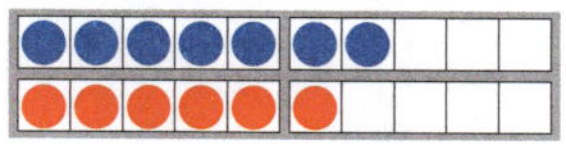

7 + 7 = 14 7 + 6 = 13

Aus 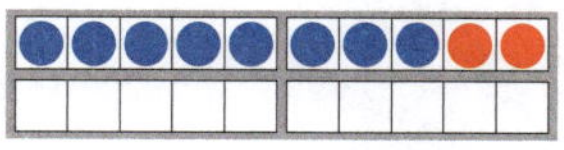 mache 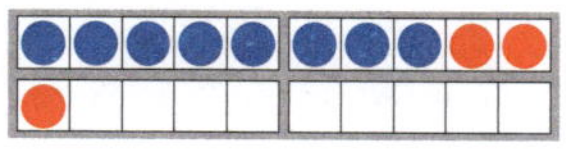

8 + 2 = 10 8 + 3 = 11

Aus 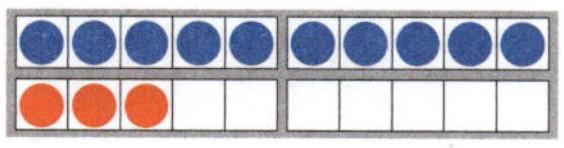 mache 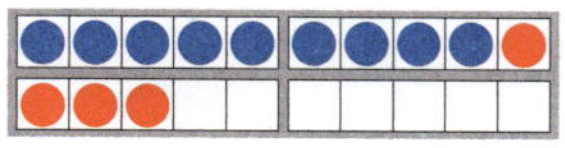

10 + 3 = 13 9 + 4 = 13

**2** Lege, rechne, vergleiche.

5 + 5 = 10
5 + 4 = 9
4 + 4 = 8
4 + 3 = 7
3 + 3 = 6

5 + 5 = 1 0
5 + 4 = 9
4 + 4 =

**3** Rechne ebenso.

| | | |
|---|---|---|
| 6 + 4 = 10 | 6 + 6 = 12 | 4 + 1 = 5 |
| 6 + 3 = 9 | 7 + 5 = 12 | 4 + 2 = 6 |
| 7 + 2 = 9 | 8 + 5 = 13 | 3 + 3 = 6 |
| 7 + 3 = 10 | 8 + 6 = 14 | 3 + 2 = 5 |
| 7 + 4 = 11 | 7 + 7 = 14 | 2 + 2 = 4 |

**4**

| | | | | |
|---|---|---|---|---|
| 9 + 1 = 10 | 8 + 8 = 16 | 10 + 8 = 18 | 7 + 3 = 10 | 6 + 6 = 12 |
| 9 + 2 = 11 | 7 + 8 = 15 | 9 + 8 = 17 | 8 + 3 = 11 | 5 + 7 = 12 |

**Blitzrechnen: Plusaufgaben**

Plusaufgabe legen.

Plusaufgaben rechnen.

## WAS WIRD BENÖTIGT?

*Arbeitsmaterial:* Zwanzigerfeld, Wendeplättchen, Fünferstreifen
*Demonstrationsmaterial:* Zwanzigerfeld, Wendeplättchen, iTb

## WORUM GEHT ES?

Durch das Legen und Umlegen von Plättchen werden aus einfachen Aufgaben schwierigere Aufgaben gebildet und die Ergebnisse daraus abgeleitet.
Beispiele:

- Aus der Aufgabe 7 + 7 = 14 entsteht durch Wegnehmen eines Plättchens aus der zweiten Reihe die Aufgabe 7 + 6. Das Ergebnis beträgt folglich 1 weniger, also 7 + 6 = 13.
- Aus der Zehnerergänzung 8 + 2 = 10 wird durch Hinzulegen eines Plättchens in der zweiten Reihe die Aufgabe 8 + 3. Das Ergebnis ist um 1 größer, also 8 + 3 = 11.
- Aus der einfachen Aufgabe 10 + 3 = 13 entsteht durch Wenden eines Plättchens die Aufgabe 9 + 4. Da sich die Anzahl der Plättchen nicht geändert hat, bleibt das Ergebnis gleich (Gesetz von der Konstanz der Summe).

Im Gespräch mit den Kindern muss deutlich werden, dass es vorteilhaft ist, beim Rechnen solche Beziehungen zu nutzen. Vor dem Rechnen einer Aufgabe sollte daher immer eine kurze „Besinnungspause" mit der Überlegung stehen, wie man die Aufgabe günstig rechnen kann. Motto: **Erst denken, dann rechnen.**

## WIE KANN MAN VORGEHEN?

***Vor der Arbeit mit dem Buch:***

Am Zwanzigerfeld legt die Lehrerin die Aufgabe 5 + 5 (in der ersten Reihe 5 Plättchen, darunter ebenfalls 5). Das Ergebnis 10 sollte inzwischen jedes Kind kennen. Dann legt die Lehrerin oben ein Plättchen dazu. Die Aufgabe lautet jetzt 6 + 5 und das Ergebnis ist 11.
Dann legt sie unten ein Plättchen dazu, was zur Aufgabe 6 + 6 führt, die das Ergebnis 12 hat.
Nun legt sie wieder oben ein Plättchen dazu (7 + 6 = 13), dann unten (7 + 7 = 14). Schließlich nimmt sie unten 2 Plättchen weg. Die Aufgabe ist jetzt 7 + 5 und das Ergebnis ist 12.

Anschließend wird den Kindern erklärt, dass sie durch die folgenden ähnlichen Aufgaben lernen können, aus Ergebnissen einfacher Aufgaben, die sie schon beherrschen, die Ergebnisse anderer Aufgaben abzuleiten.

***Zur Arbeit mit dem Buch:***

Jedes Kind soll versuchen die Aufgaben auf der Seite alleine zu bearbeiten. Die Lehrerin (und andere Kinder) leisten Hilfe zur Selbsthilfe.

**1** – **4** Alle Typen einfacher Aufgaben werden benutzt um die Ergebnisse schwierigerer Aufgaben abzuleiten.
Bei Aufgabe 1 sind die Aufgaben am Zwanzigerfeld vorgegeben, was ein Vorbild für die Aufgaben 2 und 3 ist, wo die Kinder die Zahlen selbst am Zwanzigerfeld legen müssen.

*Grundlegung der Blitzrechenübung „Plusaufgaben":*
Ein Kind legt am Zwanzigerfeld Plusaufgaben und ändert sie nach dem Vorbild der vorhergehenden Übungen ab. Das andere Kind nennt die Aufgaben und die Ergebnisse, wobei immer wieder auch die Tauschaufgabe mit genannt wird.
Weitere Übung am Zwanzigerfeld der Doppelseite 134–135 und des ausklappbaren Umschlags des Arbeitsheftes sowie mit der Rechenkartei und der CD-ROM „Blitzrechnen".

***Fortsetzung:***

→ *Arbeitsheft*
Seite 34, Bearbeitung von Plusaufgaben, in die Beziehungen eingebaut sind
→ *Verstehen und Trainieren 1*
Seiten 21 – 22, Plusaufgaben bzw. Übungsformate „Schöne Päckchen"/„Schöne Päckchen?"

Operative Beziehungen zwischen Aufgaben

## WAS WIRD BENÖTIGT?

*Arbeits- und Demonstrationsmaterial:*
Zwanzigerfeld, Wendeplättchen

## WORUM GEHT ES?

Diese Seite steht unter der gleichen Zielsetzung wie die vorhergehende.
Es werden immer Dreierpäckchen angeboten. Die Kinder werden angeregt, sich die Aufgaben zuerst anzuschauen, mit einer einfachen Aufgabe zu beginnen und deren Ergebnis für die anderen Aufgaben zu nutzen.

Die Aufgaben 6 und 7 setzen einen neuen Akzent. Durch sie soll das Gefühl für „abstrakte" operative Beziehungen geweckt werden. Damit ist Folgendes gemeint: Auch wenn man nicht weiß, wie die Aufgabe mit dem Ergebnis 13 genau lautet, kann man aus den Informationen „Erhöhung der ersten Zahl um 2 und der zweiten Zahl um 1" schließen, dass das Ergebnis der neuen Aufgabe 16 sein muss. In der Sprache der Algebra kann man dies folgendermaßen ausdrücken:
Wenn $a+b=13$, dann $(a+2)+(b+1)=(a+b)+3=13+3=16$.
Die Zahl 13 spielt hier keine Rolle.
Als erstes Ergebnis könnte irgendeine Zahl vorgegeben sein.
Wie bei anderen Lernzielen ist nicht zu erwarten, dass es schon bei der ersten Begegnung erreicht wird, und das ist auch nicht nötig. Bei weiteren Durchgängen gehen solche Einsichten immer mehr in Fleisch und Blut über und verstärken Schritt für Schritt die mathematische Leistungsfähigkeit.

**1** Lege. Beginne immer mit einer einfachen Aufgabe. Kreuze sie an.

6 + 8 = 14
7 + 7 = 14
5 + 9 = 14

9 + 7 = 16
10 + 6 = 16
8 + 8 = 16

8 + 6 = 14
10 + 4 = 14
9 + 5 = 14

10 + 2 = 12
7 + 5 = 12
6 + 6 = 12

**2**

| | | | |
|---|---|---|---|
| 3 + 2 = 5 | 6 + 2 = 8 | 1 + 9 = 10 | 4 + 5 = 9 |
| 13 + 2 = 15 | 16 + 2 = 18 | 1 + 19 = 20 | 4 + 15 = 19 |
| 3 + 12 = 15 | 6 + 12 = 18 | 11 + 9 = 20 | 14 + 5 = 19 |

**3**

| | | | |
|---|---|---|---|
| 7 + 7 + 2 = 16 | 9 + 1 + 6 = 16 | 8 + 7 + 2 = 17 | 5 + 2 + 5 = 12 |
| 7 + 9 = 16 | 9 + 7 = 16 | 8 + 9 = 17 | 7 + 5 = 12 |
| 14 + 2 = 16 | 10 + 6 = 16 | 10 + 7 = 17 | 10 + 2 = 12 |

**4**

| | | | |
|---|---|---|---|
| 4 + 1 = 5 | 3 + 4 = 7 | 2 + 3 = 5 | 2 + 4 = 6 |
| 1 + 14 = 15 | 3 + 14 = 17 | 13 + 2 = 15 | 14 + 2 = 16 |
| 14 + 1 = 15 | 13 + 4 = 17 | 12 + 3 = 15 | 12 + 4 = 16 |

**5**

| | | | |
|---|---|---|---|
| 6 + 7 = 13 | 8 + 7 = 15 | 7 + 9 = 16 | 5 + 8 = 13 |
| 6 + 4 = 10 | 8 + 2 = 10 | 7 + 3 = 10 | 5 + 5 = 10 |
| 10 + 3 = 13 | 10 + 5 = 15 | 10 + 6 = 16 | 10 + 3 = 13 |

**6** Paul hat eine Plusaufgabe gerechnet.
Das Ergebnis ist 13.
Er erhöht die erste Zahl um 2.
Er erhöht die zweite Zahl um 1.
Wie lautet das neue Ergebnis? 16

**7** Finde viele Plusaufgaben mit dem Ergebnis 13. (verschiedene Lösungen)

## WIE KANN MAN VORGEHEN?

***Zur Arbeit mit dem Buch:***

**1** Das erste Päckchen wird gemeinsam an der Tafel bearbeitet. Die einfache Aufgabe, die anzukreuzen ist, ist die Verdopplungsaufgabe 7 + 7.

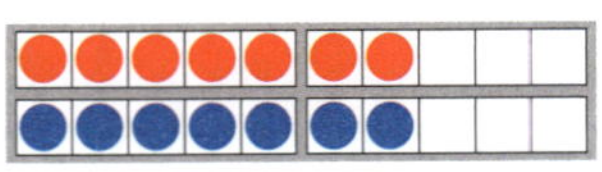

Die nächste Aufgabe 6 + 8 geht daraus hervor, indem man ein Plättchen von der ersten Reihe in die zweite umlegt und wendet. Dabei bleibt das Ergebnis gleich.

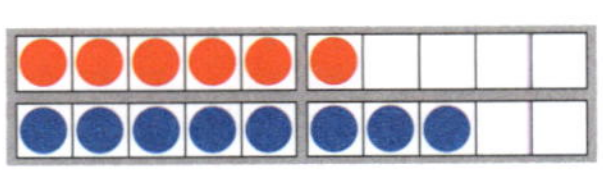

Eine weitere Umlegung und Umwendung eines Plättchens von der ersten in die zweite Reihe führt zur Aufgabe 5 + 9, die ebenfalls das Ergebnis 14 hat.

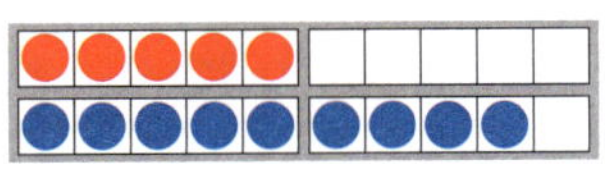

Dies kann dadurch bestätigt werden, dass man noch einmal ein Plättchen umlegt und wendet und damit zur Aufgabe 4 + 10 gelangt, deren Ergebnis 14 offensichtlich ist.

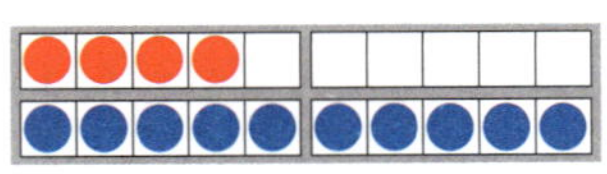

**2** – **5** Während die Kinder arbeiten, kann man ihren Lernstand beobachten und sie individuell fördern.

**6** Diese „operative Testaufgabe" wird gemeinsam gelöst. Dabei sollten sich die Kinder vorstellen, dass Paul die Aufgabe auch am Zwanzigerfeld gelegt hat. Wenn er dann zur ersten Zahl 2 Plättchen und zur zweiten 1 Plättchen dazu legt, ist offenkundig, dass es insgesamt 3 Plättchen mehr werden. Diese Aufgabe lässt sich vielfach variieren (anderes Ergebnis, andere Veränderungen). Dieser Aufgabentyp sollte immer wieder in den Unterricht eingebracht werden (z. B. am Beginn einer Stunde).

**7** Die Bearbeitung dient als weitere Standortbestimmung für den Grad an Flexibilität, den jedes Kind erreicht hat.

***Fortsetzung:***
→ *Arbeitsheft*
Seite 35, **1 – 10** Beziehungen zwischen Aufgaben erkennen und nutzen
→ *Verstehen und Trainieren 1*
Seiten 21 – 22, Plusaufgaben

**1** Schöne Päckchen.
Lege, rechne und erkläre.

5 + 1 = 6
6 + 2 = 8
7 + 3 = 10
8 + 4 = 12   Wie geht es weiter?
9 + 5 = 14

**2** Schöne Päckchen.

| | | |
|---|---|---|
| 7 + 4 = 11 | 5 + 4 = 9 | 4 + 5 = 9 |
| 7 + 3 = 10 | 4 + 4 = 8 | 6 + 6 = 12 |
| 7 + 2 = 9 | 3 + 4 = 7 | 8 + 7 = 15 |
| 7 + 1 = 8 | 2 + 4 = 6 | 10 + 8 = 18 |
| 7 + 0 = 7 | 1 + 4 = 5 | 12 + 9 = 21 |

**3** Erfinde selbst schöne Päckchen.
(verschiedene Lösungen)

**4** Schöne Päckchen?

5 + 2 = 7
6 + 3 = 9
(7 + 3 = 10)
8 + 5 = 13
9 + 6 = 15
7 + 4 = 11

5 + 2 = 7
6 + 3 = 9
(7 + 3 = 10)
7 + 4 = 11
8 + 5 =

1 + 1 = 2
3 + 3 = 6
5 + 5 = 10
7 + 7 = 14
9 + 9 = 18

**5** Schöne Päckchen?

| | |
|---|---|
| 1 + 3 = 4 | 5 + 9 = 14 |
| 3 + 4 = 7 | 6 + 7 = 13 |
| 5 + 5 = 10 | 7 + 5 = 12 |
| (7 + 7 = 14) | (8 + 2 = 10) |
| 9 + 7 = 16 | 9 + 1 = 10 |
| 7 + 6 = 13 | 8 + 3 = 11 |

**Forschen und Finden**

**6** Wer trifft die 20?
Wähle eine Startzahl.
Rechne 5 dazu.
Rechne dann 4 dazu.
Rechne dann 3, 2 und 1 dazu, solange du nicht über 20 bist.
Triffst du die 20?
(verschiedene Lösungen)

| Anna: | Max: |
|---|---|
| 9 + 5 = 14 | 8 + 5 = 13 |
| 14 + 4 = 18 | 13 + 4 = 17 |
| 18 + 3 = 21 ☹ | 17 + 3 = 20 ☺ |

## WAS WIRD BENÖTIGT?

*Arbeits- und Demonstrationsmaterial:*
Zwanzigerfeld, Wendeplättchen

## WORUM GEHT ES?

„Schöne Päckchen" sind Päckchen, bei denen die Aufgaben nach einer durchgehenden Regel verändert werden, was Konsequenzen für das Ergebnis hat. Damit sich die Kinder nicht blind auf die Struktur verlassen und nur oberflächlich arbeiten, werden Begründungen verlangt. Außerdem wird das Format „Schöne Päckchen" abgewandelt zum Format „Schöne Päckchen?", bei dem die zugrunde liegende Regel gestört sein kann und die ggf. vorliegende Störung beseitigt werden muss. **Die Seite ist grün unterlegt. Dies bedeutet, dass natürliche Differenzierung angesagt ist. Die Kinder werden und dürfen unterschiedlich weit kommen.**

## WIE KANN MAN VORGEHEN?

### *Vor der Arbeit mit dem Buch:*

Die Lehrerin entwickelt am Zwanzigerfeld folgendes Päckchen, hält es an der Tafel schriftlich fest

1 + 2 =
2 + 4 =
3 + 6 =

und fragt, wie die nächste Aufgabe lauten könnte. Die Kinder werden verschiedene Vorschläge machen. Wenn 4 + 8 darunter ist, greift sie diesen Vorschlag auf. Wenn nicht, gibt sie an, dass es mit 4 + 8 weitergeht. Mit dieser weiteren Information können die Kinder leichter die zugrunde liegende Regel entdecken.
So entsteht das Päckchen:

1 + 2 =
2 + 4 =
3 + 6 =
4 + 8 =
5 + 10 =

Einige Kinder werden die Regel schnell erkennen, andere brauchen etwas länger. Die erkannte Regel wird dann beschrieben: Die erste Zahl wird immer um 1 größer, die zweite immer um 2.
Anschließend werden die Ergebnisse berechnet und aufgeschrieben: 3, 6, 9, 12, 15. An der Zwanzigerreihe erkennt man den Zuwachs um 3. Die Begründung ergibt sich aus dem Legen am Zwanzigerfeld und wird **mündlich** formuliert: Zur ersten Zahl wird immer 1 Plättchen, zur zweiten werden immer 2 Plättchen dazugelegt. Daher wird das Ergebnis um 3 größer. Abschließend wird erklärt, dass solche Päckchen „schöne Päckchen" heißen.

### *Zur Arbeit mit dem Buch:*

**1** Die Aufgabe wird gemeinsam besprochen. Die Kinder erkennen die Analogie zum vorher behandelten Beispiel: Beide Zahlen werden um 1 größer, wie man beim Nachlegen am Zwanzigerfeld sieht. Daher wachsen die Ergebnisse immer um 2.

**2** Beim ersten Päckchen nimmt die zweite Zahl, beim zweiten die erste Zahl immer um 1 ab, folglich auch das Ergebnis. Drittes Päckchen analog zu Aufgabe 1.

**3** Spielraum für individuelle Bearbeitung.

**4** Im Gespräch wird erarbeitet, dass beim ersten Päckchen die erste Zahl immer um 1 größer wird, die zweite bis auf eine Störung in der dritten Aufgabe auch. Es wird anhand des Hefteintrags besprochen, wie die Störung zu beheben ist: Zuerst wird die „falsche" Rechnung aufgeschrieben, ausgerechnet und dann eingeklammert. Die „richtige" Aufgabe wird *ohne Leerzeile* eingefügt. Das zweite Päckchen wird als schön erkannt.

**5** Beide Päckchen sind in der vierten Zeile gestört. Die Ergebnisse des ersten nehmen nach Reparatur immer um 2 + 1 = 3 zu, die des zweiten immer um 1 ab.

*Forschen und Finden*

**6** Der Text ist natürlich für die Lehrerin bestimmt. Sie muss die Aufgabenstellung an Beispielen an der Tafel erklären. Dann können alle oder einige Kinder auf die Reise gehen und schauen, wie weit sie kommen.

### *Fortsetzung:*

→ *Arbeitsheft*
Seite 35, **11** Schöne Päckchen

*Jede Erkenntnis beruht auf früheren Erkenntnissen und ist die Grundlage für Erkenntnisse auf einer höheren Stufe.*
Jean Piaget

Die Subtraktion ist die Umkehroperation der Addition. Daher können die Ergebnisse von Subtraktionsaufgaben aus den Ergebnissen von Additionsaufgaben abgeleitet werden. Aus diesem Grund wird die Subtraktion in der Regel im Anschluss an die Addition behandelt. Das ZAHLENBUCH folgt dieser Tradition, allerdings nicht uneingeschränkt. Die Autoren sind sich bewusst, dass die Addition und die Subtraktion in der operativen Rechendidaktik von Arnold Fricke von Anfang an im Zusammenhang behandelt wurden. Auch ist ihnen bekannt, dass es in der japanischen Rechendidaktik einzelne Stimmen gibt, die sogar für eine Behandlung der Subtraktion *vor* der Addition plädieren, weil die Subtraktion schwieriger als die Addition ist.

Um diesen Argumenten Rechnung zu tragen werden im ZAHLENBUCH operative Beziehungen zwischen Addition und Subtraktion schon vor den Themenblöcken zur Addition und Subtraktion hergestellt: Bereits auf der Seite 38, „Verändern von Aufgaben“, treten Plus- und Minusaufgaben im Zusammenhang auf. Auch die Blitzrechenübungen „Zerlegen“ und „Immer 10/ Immer 20“ stellt schon einen engen Bezug zwischen beiden Operationen her, wie sich auf den folgenden Seiten noch deutlicher zeigen wird. Weiter ist anzumerken, dass nach dem Themenblock „Einführung in die Subtraktion“ sofort der Themenblock „Integrierende Übungen“ folgt, in dem Addition und Subtraktion explizit verzahnt werden, was sich auf die weiteren Durchgänge durch diese Themen günstig auswirkt. Die Beziehungen zwischen Addition und Subtraktion werden später bei den Übungsformaten „Rechendreiecke“, „Zahlenmauern“, „Plusquadrate“ „Zauberquadrate“ und „Igeldreiecke“ (letztere im Heft „Probieren und Kombinieren) noch weiter gefestigt.

### *Besonderheiten der Subtraktion*

Die Subtraktion unterscheidet sich von der Addition formal dadurch, dass die beiden Zahlen auf der einen Seite des Gleichheitszeichens einen unterschiedlichen Status haben, was sich schon daran zeigt, dass für die Subtraktion nicht das Vertauschungsgesetz gilt. Daher ist es besonders wichtig, dass die Handlungen, die der Subtraktion zugrunde liegen, sorgfältig geklärt werden.

Ein Rechensatz wie 8 – 2 muss strikt von links nach rechts gelesen und mit Handlungen verbunden werden: Die Zahl 8 ist durch eine Menge (z. B. von Plättchen) gegeben. Das Minuszeichen zeigt an, dass etwas weggenommen oder abgedeckt wird. Die hinter dem Minuszeichen stehende Zahl zeigt an, wie viel weggenommen oder abgedeckt wird. Die Anzahl der verbleibenden Plättchen steht als Ergebnis auf der anderen Seite des Gleichheitszeichens.

Genauso wenig wie man bei der Addition das Pluszeichen nur als „Hinzufügen“ und das Gleichheitszeichen nur als „ergibt“ verstehen darf, darf man bei der Subtraktion das Minuszeichen nicht nur als „Wegnehmen“ (insbesondere des vorher Hinzugefügten) und das Gleichheitszeichen nur als „ergibt“ interpretieren. Das Minuszeichen kann auch „Abdecken“ bedeuten. Weiter muss das Wegnehmen oder Abdecken von Plättchen auch nicht immer „von rechts“ erfolgen. Von Anfang an muss also im Auge behalten werden, dass die Subtraktion als Umkehrung der Addition in zwei Varianten vorkommt: als *Abziehen* und als *Ergänzen*. Dass die Division als Umkehrung der Multiplikation zwei Aspekte hat, das Aufteilen und das Verteilen, ist allgemein bekannt und wird in den Schulbüchern berücksichtigt. Die Erkenntnis, dass der Fall bei der Subtraktion genauso liegt, ist noch nicht so weit verbreitet.

### *Eins nach dem anderen*

Angesichts dieser Komplexität der Subtraktion verbietet es sich, alle ihre Besonderheiten auf einen Schlag zu behandeln. Der richtige Weg besteht daran, bei den verschiedenen Durchgängen durch die Subtraktion eine Besonderheit nach der anderen einzubeziehen und das Verständnis zu erweitern.
Auf später aufgeschoben wird insbesondere der Aspekt „Ergänzen“, für den eine eigene Seite vorgesehen ist (Seite 92):

Ergänzen

**1** Erkläre die Aufgaben an den Bildern. Rechne.

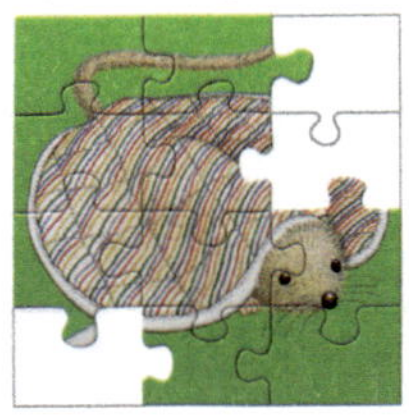

9 + ....... = 12 11 + ....... = 15

13 + ....... = 16

**2**

| | |
|---|---|
| 7 + ....... = 10 | 7 + ....... = 12 |
| 6 + ....... = 10 | 6 + ....... = 12 |
| 5 + ....... = 10 | 5 + ....... = 12 |
| 3 + ....... = 10 | 3 + ....... = 12 |
| 2 + ....... = 10 | 2 + ....... = 12 |

**3**

| | |
|---|---|
| 8 + ....... = 16 | 15 + ....... = 20 |
| 8 + ....... = 15 | 10 + ....... = 20 |
| 8 + ....... = 13 | 20 + ....... = 20 |
| 8 + ....... = 11 | 0 + ....... = 20 |
| 8 + ....... = 10 | 5 + ....... = 20 |

**4**

| | |
|---|---|
| 8 + ....... = 14 | 4 + ....... = 10 |
| 9 + ....... = 15 | 4 + ....... = 11 |
| 10 + ....... = 16 | 5 + ....... = 11 |
| 11 + ....... = 18 | 5 + ....... = 12 |
| 13 + ....... = 20 | 6 + ....... = 12 |

**5**

| | |
|---|---|
| 18 + ....... = 20 | 9 + ....... = 16 |
| 8 + ....... = 20 | 10 + ....... = 16 |
| 14 + ....... = 20 | 11 + ....... = 16 |
| 4 + ....... = 20 | 12 + ....... = 17 |
| 16 + ....... = 20 | 13 + ....... = 17 |

**6** Löse durch Ergänzen.

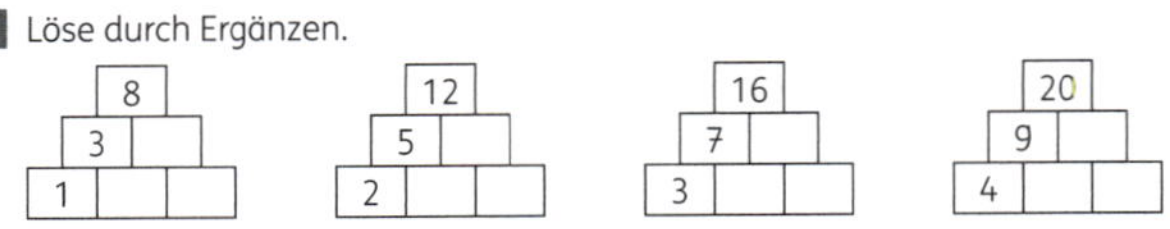


92

1 Das Ergänzen von einem Summanden auf die Summe an Sachsituationen klären. **2–6** Aufgaben durch Ergänzen lösen. → Arbeitsheft, Seite 55

### *Die Beziehung „Teil-Ganzes“*

Um die operativen Beziehungen zwischen Addition und Subtraktion deutlich zu machen, ist es sinnvoll, das Abdecken einer Teilmenge gegenüber dem Wegnehmen zu betonen. In der angelsächsischen Didaktik spricht man hier von der Notwendigkeit die Beziehung „Teil-Ganzes“ zu betonen.
Was bedeutet das für den Unterricht?

Wenn man 8 Plättchen legt

und dann 2 Plättchen wegnimmt, sind diese 2 Plättchen verschwunden.

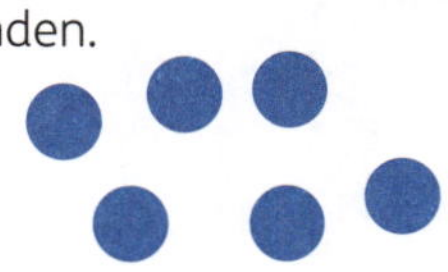

Man sieht nur noch das Ergebnis: 6 Plättchen.

Wenn dagegen 8 Plättchen gelegt

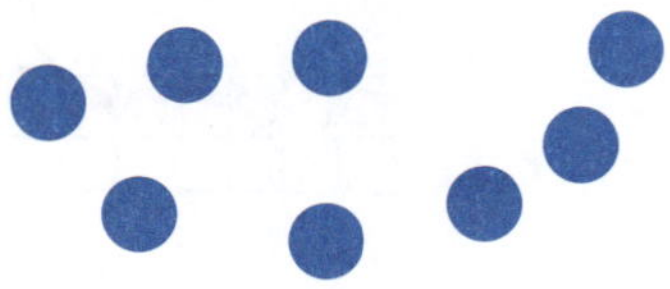

und 2 davon nur abgedeckt werden

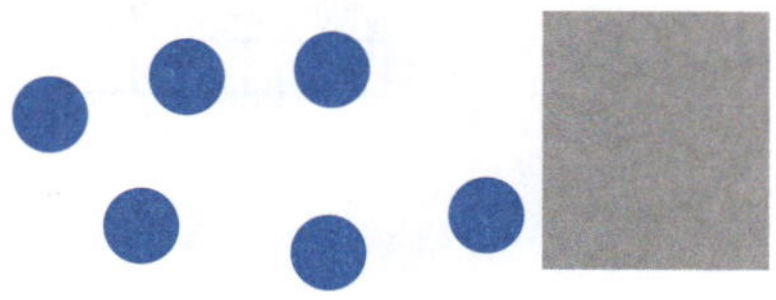

sieht man zwar auch nur noch das Ergebnis 6. Die 2 abgedeckten Plättchen sind aber trotzdem immer noch präsent. Man braucht die Abdeckung nur zur Seite schieben. Dann hat man wieder die ursprüngliche Anzahl 8.
Bei dieser Interpretation der Subtraktion ist eine enge Beziehung zum Zerlegen gegeben: Eine Zahl wird in zwei Zahlen zerlegt. Dies kann als Plusaufgabe gedeutet werden, wie auf der Seite „Zerlegen". Jeden Teil kann man aber auch abdecken, sodass zwei Subtraktionsaufgaben entstehen. Auf der Seite 71 (s. Abbildung rechte Spalte) werden diese operativen Beziehungen explizit angesprochen.
Wenn sich die Kinder diese Beziehungen klar gemacht haben, können sie aus einer Plusaufgabe zwei Minusaufgaben **ohne weitere Rechnung** ableiten. Weil dies so ist, erscheint es uns sinnvoll, der Addition im ZAHLENBUCH doch Priorität einzuräumen.

### *Nutzung des Zwanzigerfelds*

Um reale Situationen modellieren zu können, ist es notwendig Anzahlen auch durch bloße Plättchenmengen zu „modellieren", wie das heute in der Sprache der Bildungsstandards heißt. Für die *rechnerische* Behandlung der Subtraktion ist es aber sinnvoll, das Zwanzigerfeld zu benutzen, weil dadurch Zahlbeziehungen viel besser zur Geltung gebracht werden können.
Beispiel:
Wenn die Aufgabe 8 – 2 am Zwanzigerfeld gelegt wird,

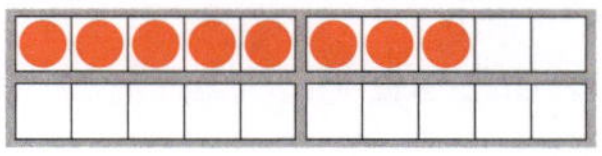

erscheint die 8 sofort in der Gestalt 5 + 3 (Kraft der Fünf) und das Ergebnis ist sofort als 6 (5 + 1) erkennbar.

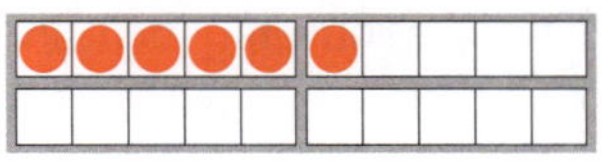

Am Zwanzigerfeld kann man die Subtraktion auch so darstellen, dass die wegzunehmenden Plättchen über den Rand geschoben werden und noch sichtbar sind.

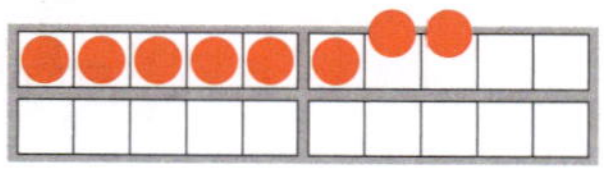

Das ist eine zum Abdecken gleichwertige Darstellung.
Auf der folgenden Seite wird so vorgegangen.

Der von der Addition her schon gewohnten Abfolge „Rechenwege" – „Einfache Minusaufgaben" – „Von einfachen zu schwierigen Minusaufgaben" geht nicht nur eine Seite „Minusaufgaben (in der Umwelt)" voraus. Der Themenblock beginnt mit einer Seite, auf der die Handlungen „Wegnehmen" und „Abdecken" in aller Ausführlichkeit zur schriftlichen Formulierung von Minusaufgaben in Beziehung gesetzt werden. Gerade weil die Subtraktion im Vergleich mit der Addition komplexer und ihre schriftliche Notation anspruchsvoller ist, kommt es besonders darauf an sie gut zu begründen.

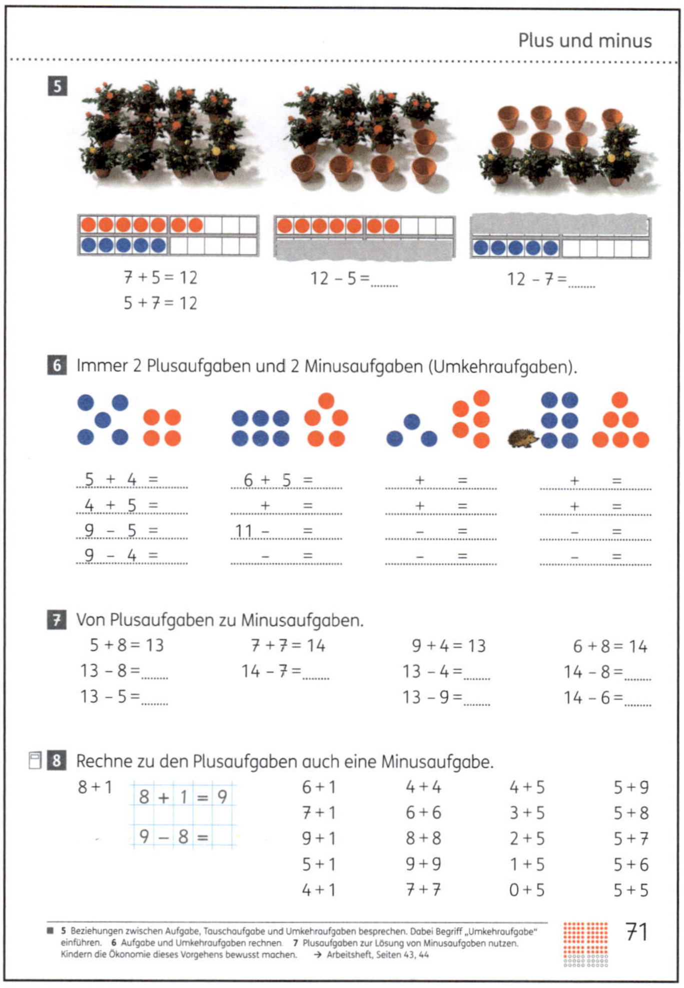

Plus und minus

5
7 + 5 = 12
5 + 7 = 12
12 – 5 = ……
12 – 7 = ……

6 Immer 2 Plusaufgaben und 2 Minusaufgaben (Umkehraufgaben).

| | | | |
|---|---|---|---|
| 5 + 4 = | 6 + 5 = | + = | + = |
| 4 + 5 = | + = | + = | + = |
| 9 – 5 = | 11 – = | – = | – = |
| 9 – 4 = | – = | – = | – = |

7 Von Plusaufgaben zu Minusaufgaben.

| | | | |
|---|---|---|---|
| 5 + 8 = 13 | 7 + 7 = 14 | 9 + 4 = 13 | 6 + 8 = 14 |
| 13 – 8 = …… | 14 – 7 = …… | 13 – 4 = …… | 14 – 8 = …… |
| 13 – 5 = …… | | 13 – 9 = …… | 14 – 6 = …… |

8 Rechne zu den Plusaufgaben auch eine Minusaufgabe.

| | | | | |
|---|---|---|---|---|
| 8 + 1 | 6 + 1 | 4 + 4 | 4 + 5 | 5 + 9 |
| 8 + 1 = 9 | 7 + 1 | 6 + 6 | 3 + 5 | 5 + 8 |
| 9 – 8 = | 9 + 1 | 8 + 8 | 2 + 5 | 5 + 7 |
| | 5 + 1 | 9 + 9 | 1 + 5 | 5 + 6 |
| | 4 + 1 | 7 + 7 | 0 + 5 | 5 + 5 |

5 Beziehungen zwischen Aufgabe, Tauschaufgabe und Umkehraufgaben besprechen. Dabei Begriff „Umkehraufgabe" einführen. 6 Aufgabe und Umkehraufgaben rechnen. 7 Plusaufgaben zur Lösung von Minusaufgaben nutzen. Kindern die Ökonomie dieses Vorgehens bewusst machen. → Arbeitsheft, Seiten 43, 44

71

## WAS WIRD BENÖTIGT?

*Arbeits- und Demonstrationsmaterial:*
Zwanzigerfeld, Wendeplättchen

## WORUM GEHT ES?

Die Seite ist für das Verständnis der Subtraktion sehr wichtig. Hier wird das Zwanzigerfeld als Grundlage für die handlungsgestützte Erarbeitung der Subtraktion genutzt. Durch die Arbeitsaufträge „Lege ..., nimm ... weg“ und „Lege ..., decke ... ab“ wird sichergestellt, dass erst eine Ausgangsmenge hergestellt und dann etwas weggenommen bzw. abgedeckt wird.
Um die Beziehung „Teil-Ganzes“ besonders deutlich zu machen, werden bei der bildlichen Darstellung die wegzunehmenden Plättchen an den Rand gerückt bzw. abgedeckt. Auf das Durchstreichen von Plättchen als Kennzeichnung für Wegnehmen, das für einige Kinder problematisch ist, kann so verzichtet werden.
Aus folgendem Grund wird bei dieser Doppelseite die Behandlung der Subtraktion mit Plättchen (Seite 58) der Beschreibung subtraktiver Situationen der Umwelt (Seite 59) vorangestellt: Mathematik ist eine Strukturwissenschaft. Ihre Strukturen werden zwar vielfach durch Umweltbezüge angeregt, aber sie lassen sich nicht aus der Umwelt herauslösen, sondern müssen in sie hinein gelesen werden. Man benötigt eine mathematische Brille um Strukturen zu erkennen. Keith Devlin hat die Mathematik in diesem Sinn treffend mit einem Röntgenapparat oder einem Nachtsichtgerät verglichen, also Geräten, die Dinge sichtbar machen, die man mit bloßem Auge nicht sehen kann.
In der Pädagogik und der pädagogisch ausgerichteten Mathematikdidaktik ist es geradezu ein Dogma, die Mathematik „aus Alltagssituationen heraus“ und „anschaulich“ zu entwickeln. Dies widerspricht dem Wesen der Mathematik.

8 − 2 = 6
8 minus 2 ist gleich 6

**1** Lege Plättchen.
Lege 8, nimm 2 weg. 8 − 2 = 6
Lege 8, nimm 3 weg. 8 − 3 = 5
Lege 8, nimm 5 weg. 8 − 5 = 3
Lege 8, nimm 4 weg. 8 − 4 = 4
Lege 8, nimm 8 weg. 8 − 8 = 0

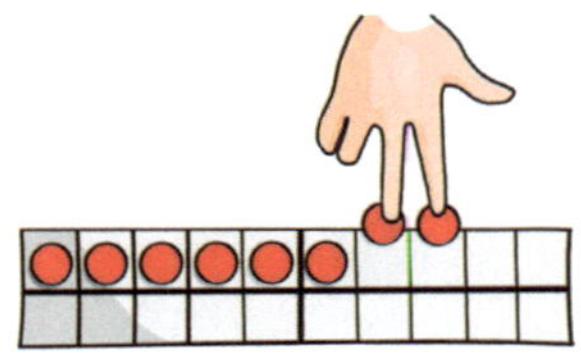

**2** Lege 9, decke 2 ab. 9 − 2 = 7
Lege 9, decke 4 ab. 9 − 4 = 5
Lege 9, decke 5 ab. 9 − 5 = 4
Lege 9, decke 7 ab. 9 − 7 = 2
Lege 9, decke 8 ab. 9 − 8 = 1
Lege 9, decke 9 ab. 9 − 9 = 0

9 − 2 = 7
9 − 4 =

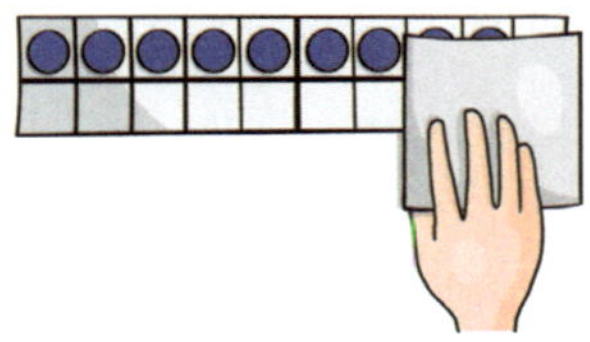

**3** 5 Bananen. Der Affe frisst 3 Bananen. ?
5 − 3 = 2
2 Bananen bleiben übrig.

**4** 10 Birnen. 4 davon sind gelb. ?
10 − 4 = 6
6 Birnen sind grün.

## WIE KANN MAN VORGEHEN?

### *Zur Arbeit mit dem Buch:*

Zuerst wird die Bildergeschichte besprochen: Der Vater ist sich sicher, dass auf dem Küchentisch 8 Äpfel liegen. Als er an den Tisch zurückkehrt, stellt er erstaunt fest, dass 2 Äpfel fehlen. Wo sind sie hingekommen? Die beiden Kinder unter dem Tisch haben sie stibitzt.
Die Lehrerin fordert die Kinder auf, die Situation am Zwanzigerfeld nachzulegen und notiert an der Tafel den Arbeitsauftrag „Lege 8 Plättchen, nimm 2 weg.“ Ein Kind führt die Handlungsfolge aus.
Dann schreibt die Lehrerin die Rechnung dazu auf, 8 − 2 = 6, und erklärt das Minuszeichen und die Sprechweise.

**1** Diese Aufgabe wird gemeinsam gelesen und bearbeitet. Immer werden 8 Plättchen gelegt und es wird die angegebene Anzahl von Plättchen weggenommen. Jedes Mal wird die Handlung in einen Rechensatz übertragen. Da sich die einfachen Texte wiederholen, können sie auch von Kindern mit noch schwachen Lesefähigkeiten gelesen werden.

Es ist wichtig, darauf hinzuweisen, dass die Plättchen nicht immer nur von rechts weggenommen werden müssen.
Bei 8 − 5 ist es besser, die fünf Plättchen im linken oberen Viertel des Zwanzigerfelds wegzunehmen.

**2** Diese Aufgabe wird gemeinsam angefangen. Die Lehrerin zeigt, wie die Rechensätze im Heft aufgeschrieben werden. Dann arbeitet jedes Kind mit seinem Zwanzigerfeld alleine weiter. Die Lehrerin beobachtet, was die einzelnen Kinder machen und leistet ggf. Hilfe zur Selbsthilfe.

**3**, **4** Diese Aufgaben werden gemeinsam bearbeitet. Die Lehrerin erinnert noch einmal an das Fragesymbol. An den Illustrationen sind die Lösungen leicht abzulesen. Es braucht nicht gerechnet zu werden.

***Fortsetzung:***
→ *Arbeitsheft*
Seite 36, analoge Aufgaben (Beim Lesen der Sachaufgaben, benötigen einige Kinder Hilfen.)
→ *Verstehen und Trainieren 1*
Seiten 23 – 24, Minusaufgaben am Zwanzigerfeld

**5** Finde zu jeder Aufgabe ein passendes Bild.
Lege mit Plättchen nach und rechne aus.

| | | |
|---|---|---|
| 7 – 3 = 4 | 7 – 2 = 5 | 8 – 1 = 7 |
| 10 – 3 = 7 | 7 – 1 = 6 | |
| 9 – 2 = 7 | 9 – 3 = 6 | |

## WAS WIRD BENÖTIGT?

*Arbeits- und Demonstrationsmaterial:*
Zwanzigerfeld, Wendeplättchen, iTb

## WORUM GEHT ES?

Diese Seite schließt an die vorhergehende Seite an, was durch die durchgehende Nummerierung der Aufgaben zum Ausdruck kommt. Die Seite ist analog zur Seite 50 aufgebaut: Statt Plusaufgaben sind Minusaufgaben vorgegeben, die realen Situationen zugeordnet werden müssen. Als Kontext dient hier ein Kindergeburtstag. Man erkennt eine ganze Reihe von „abbröckelnden“ Mengen: 6 Kinder, von denen sich eines schon verabschiedet, 9 Luftballons, von denen einige schon geplatzt sind, Kuchenstücke, von denen eines schon gegessen ist, usw. Diese Abnahmen lassen sich alle durch das Minuszeichen beschreiben, das von der konkreten Bedeutung des Wegnehmens abstrahiert.

Um den Anschluss an die vorhergehende Seite zu unterstreichen müssen die Situationen mit Plättchen nachgelegt werden, wobei nicht immer das Zwanzigerfeld benutzt werden muss. Man kann Minusaufgaben auch nur mit Plättchen nachlegen.

## WIE KANN MAN VORGEHEN?

***Vor der Arbeit mit dem Buch:***

Zur Einführung in die Seite sollten mit den Kindern einige „subtraktive“ Sachsituationen durchgespielt, nachgelegt und jeweils schrittweise in Rechensätze übersetzt werden. Dabei sollte auch an die Sachaufgaben 3 und 4 von Seite 58 angeschlossen werden.

Beispiel 1:
10 Kinder stehen vor der Klasse: Es wird 10 angeschrieben. 3 Kinder gehen zurück auf ihren Platz: 10 – 3.
Wie viele Kinder stehen nun noch vor der Klasse? Der Rechensatz wird vervollständigt: 10 – 3 = 7.
Anschließend wird diese Situation mit Plättchen nachgelegt.

Beispiel 2:
Mit Rechengeld werden 14 Euro gelegt, 5 Euro werden einem Kind gegeben. Wie viel Geld ist noch vorhanden?
Rechnung: 14 – 5 = 9.
Hier ist ein Nachlegen mit Rechengeld nicht erforderlich, aber möglich. Wenn 14 Euro mit einem 10-Euro-Schein gelegt sind, muss natürlich gewechselt werden.

Beispiel 3: Sachaufgabe
Der Urlaub dauert 12 Tage. 4 Tage sind schon um. Wie viele Tage dauert der Urlaub noch?
Zur Veranschaulichung werden am Zwanzigerfeld 12 rote Wendeplättchen gelegt (12 Tage). Dann werden 4 etwas heraus geschoben: 12 – 4. Schließlich wird die Rechnung vervollständigt: 12 – 4 = 8.
Antwort: Es sind noch 8 Tage.

Beispiel 4:
Auf dem Dach sind 11 Tauben. 4 fliegen weg.
11 – 4 = 7 wird am Zwanzigerfeld nachgelegt.

***Zur Arbeit mit dem Buch:***

**5** Zuerst wird die Situation „Kindergeburtstag“ besprochen. Wie bei der Seite 50 müssen dann die vorgegebenen Rechensätze den realen Situationen zugeordnet und nachgelegt werden.
Als Beispiel ist das Nachlegen der 7 Gläser, von denen 3 leer getrunken sind, vorgegeben.

***Fortsetzung:***

→ *Arbeitsheft*
Seite 37, an weiteren Situationen der Umwelt werden unterschiedliche Bedeutungen von minus deutlich.

## WAS WIRD BENÖTIGT?

*Arbeitsmaterial:* Zwanzigerfeld, Wendeplättchen
*Demonstrationsmaterial:* Evtl. Wendeplättchen

## WORUM GEHT ES?

Diese Seite dient zur Übung der Subtraktion.

**1** Finde Minusaufgaben und rechne.

12 - 2 = 10

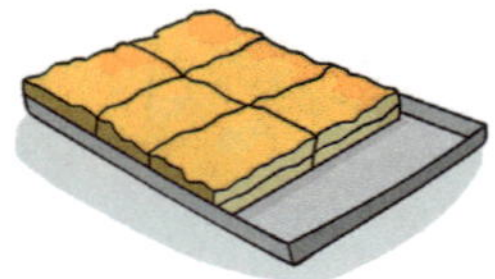

8 - 2 = 6

5 - 1 = 4

6 - 5 = 1

9 - 4 = 5

9 - 3 = 6

7 - 2 = 5

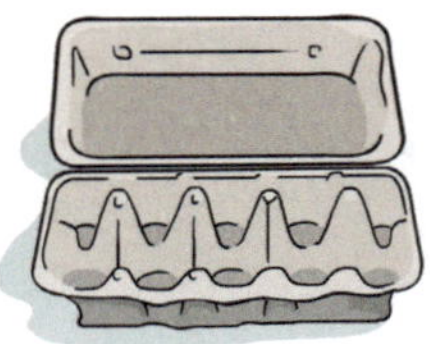

10 - 10 = 0

7 - 4 = 3

**2** Lege mit Plättchen und rechne.

| | | | | |
|---|---|---|---|---|
| 7 - 1 = 6 | 4 - 2 = 2 | 6 - 3 = 3 | 5 - 2 = 3 | 7 - 4 = 3 |
| 7 - 6 = 1 | 4 - 3 = 1 | 6 - 4 = 2 | 6 - 2 = 4 | 8 - 3 = 5 |

**3** Finde Minusaufgaben und male dazu Bilder. (verschiedene Lösungen)

## WIE KANN MAN VORGEHEN?

***Vor der Arbeit mit dem Buch:***

Da die Aufgabenstellung durch die vorhergehende Seite gut vorbereitet ist, könnte jedes Kind sofort mit der Bearbeitung beginnen.
Sinnvoll ist aber folgender Einstieg, bei dem Aufgaben zum Taubenspiel schriftlich formuliert und gerechnet werden.

Auf dem Dach sind 7 Tauben. 2 kommen dazu:
7 + 2 = 9
3 fliegen weg:
9 - 3 = 6
Hier und im Weiteren ist es wichtig, dass eine neue Rechnung aufgeschrieben wird. Das Ergebnis der vorhergehenden Aufgabe wird zur ersten Zahl einer Minus- oder Plusaufgabe.
2 fliegen weg:
6 - 2 = 4
4 kommen dazu:
4 + 4 = 8
usw.

An der Magnettafel oder am Whiteboard könnte diese Abfolge auch mit Plättchen nachgelegt werden.

Es wird hin und wieder eingewandt, dass durch die Vermischung von + und – „schwache Kinder“ überfordert werden (könnten). Dem ist entgegenzuhalten, dass die Unterscheidung zwischen Rechenzeichen entscheidend wichtig ist und alle Kinder das lernen müssen, je eher desto besser. Dass sich schwächere Kinder damit zunächst noch schwer tun, ist kein Grund an dieser entscheidenden Stelle die „Schwierigkeiten zu isolieren“. Damit tut man den Kindern keinen Gefallen.
Die Aktivität findet gemeinsam in der Klasse statt. Damit ist sowieso dafür gesorgt, dass kein Kind überfordert wird. Alle können sich nach ihren Möglichkeiten beteiligen und einbringen.

***Zur Arbeit mit dem Buch:***

**1** Das erste Bild mit dem Wasserkasten wird gemeinsam betrachtet und als Minusaufgabe gedeutet.
Dann rechnet jedes Kind für sich weiter.

**2** Auch diese Aufgabe wird selbstständig bearbeitet. Die Lehrerin beobachtet, was die einzelnen Kinder machen und leistet ggf. Hilfe zur Selbsthilfe.

**3** Hier handelt es sich um eine Standortbestimmung zur Subtraktion.

***Fortsetzung:***

→ *Arbeitsheft*
Seite 38, zu Bildern Minusaufgaben schreiben und rechnen

*Symbole, die von außen eingeführt und nicht durch vorhergehende Aktivitäten gestützt werden, sind, wie wir sagen, bloße und blanke Symbole: sie sind tot und nutzlos. Sie könnten nur dann eine Wirklichkeit verkörpern, wenn bestimmte Bedingungen erfüllt wären. Aber die abrupte Einführung macht Symbole zu Hieroglyphen: sie könnten etwas bedeuten, wenn man nur den Schlüssel dazu hätte. Da der Schlüssel fehlt, bleiben die Symbole eine unnütze Kuriosität und eine tote Bürde, die den Geist nur verwirrt und behindert.*

John Dewey: Das Kind und die Fächer

**1** **Wie rechnet ihr 11 – 5?** 6

Wie rechnen die Kinder? Welche einfachen Aufgaben benutzen sie?
Vergleicht mit euren Rechenwegen.

**2** Wie rechnen die Kinder die Aufgabe 15 – 6 = 9?

Paul:

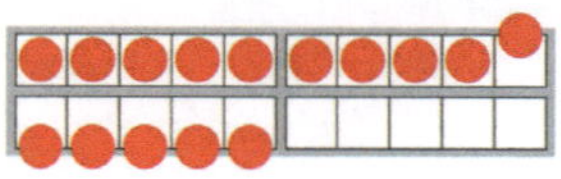

Leon:

Aynur rechnet: 15 – 5 = 10
15 – 6 = 9

Nora: 9 + 6 = 15

**3** Wie rechnest du?

12 – 4 = 8  15 – 9 = 6  13 – 5 = 8  14 – 6 = 8  13 – 7 = 6

## WAS WIRD BENÖTIGT?

*Arbeits- und Demonstrationsmaterial:*
Zwanzigerfeld, Wendeplättchen, Rechengeld, iTb

## WORUM GEHT ES?

Die hier beginnende Seitenabfolge ist schon rein äußerlich analog zu der Abfolge Seite 57 ff., was den Kindern das Lernen und den Lehrpersonen die Organisation des Lernens erleichtert. Aber auch die inhaltliche Botschaft ist analog: Wie bei der Addition, so sind bei der Subtraktion verschiedene Rechenwege möglich. Die traditionelle „Zehnerunterschreitung“ im Teilschrittverfahren ist nur ein Weg unter anderen. Sie als einzigen Weg vorzuschreiben widerspricht dem Wesen der Mathematik.
Im Buch werden in einer Mathekonferenz vier Rechenwege für die Aufgabe 11 - 5 vorgestellt.

**Paul** rechnet mit Hilfe des Zwanzigerfelds schrittweise: Er nimmt von 11 erst 1 weg und dann noch 4.
11 - 1 = 10 und 10 - 4 = 6 sind beides Umkehrungen einfacher Plusaufgaben.
**Aynur** benutzt die einfache Nachbaraufgabe 10 - 5 = 5 und leitet daraus das Ergebnis für 11 - 5 ab: Wenn man 1 mehr hat, von dem man die gleiche Zahl abzieht, bleibt 1 mehr übrig.
**Nora** weiß schon auswendig, dass 6 + 5 = 11 ist und weiß (z. B. vom Taubenspiel), dass man, wenn man eine Zahl dazu tut und die gleiche Zahl wieder wegnimmt, bei der Ausgangszahl landet.
**Leon** legt die Aufgabe mit Geld und sieht auf einen Blick 11 - 5 = 6.
Das Gemeinsame an allen Lösungen ist die Zurückführung einer schwierigeren Aufgabe auf einfache Aufgaben.
Nicht alle Kinder verfügen über die gleichen Vorkenntnisse und nicht alle wenden die Rechengesetze in gleicher Weise an. Sie haben auch unterschiedliche Präferenzen für Arbeitsmittel. Die freie Wahl der Rechenwege und der Hilfsmittel ermöglicht es jedem Kind, seine Vorkenntnisse optimal einzusetzen und seinen Weg zu gehen. Dies führt zu erfolgreicheren Lernprozessen als ein für alle in gleicher Weise verbindlich vorgeschriebener Rechenweg.
Betont sei nochmals: **Dass hier verschiedene Wege vorgestellt werden, bedeutet aber nicht, dass jedes Kind möglichst viele Wege lernen und gehen soll.**

Bei der Rückführung schwieriger auf einfache Minusaufgaben tritt das Verbindungsgesetz in folgenden Formen auf:

1. $a - (b + c) = (a - b) - c$
   d. h. eine Zahl kann schrittweise abgezogen werden.
2. $(a + b) - c = (a - c) + b$
   d. h. wenn der Minuend um eine Zahl erhöht wird, erhöht sich auch das Ergebnis um diese Zahl.
3. $(a \pm c) - (b \pm c) = (a - b)$
   Wenn Minuend und Subtrahend gleichsinnig verändert werden, bleibt das Ergebnis gleich.

## WIE KANN MAN VORGEHEN?

***Vor der Arbeit mit dem Buch:***
Die Lehrerin stellt die Aufgabe 11 - 5. Jedes Kind löst sie zunächst für sich und tauscht sich dann mit den Kindern der Gruppe aus („kleine“ Mathekonferenz). Anschließend folgt die „große“ Mathekonferenz in der ganzen Klasse, bei der einzelne Kinder ihren Rechenweg vorstellen. Auch der Lehrerin ist es erlaubt, „ihren“ Rechenweg vorzustellen.

***Zur Arbeit mit dem Buch:***

**1** Im Klassengespräch wird erarbeitet, wie die Kinder im Buch die Aufgabe 11 - 5 gelegt und gerechnet haben und welche einfachen Aufgaben sie benutzt haben. Die Denkblasen helfen bei der Interpretation.

**2** In „kleinen“ Mathekonferenzen besprechen die einzelnen Gruppen, wie die vier Kinder die Aufgabe 15 - 6 gerechnet haben. Dann folgt wieder eine „große“ Konferenz.

**3** An diesen Aufgaben, die mit den zwei bereits besprochenen Aufgaben verwandt sind, können die Kinder jeweils ihren eigenen Rechenweg gehen.

# 62 Einfache Minusaufgaben

Einfache Minusaufgaben als Ausgangspunkt für schwierige Aufgaben herausstellen

## WAS WIRD BENÖTIGT?

*Arbeits- und Demonstrationsmaterial:*
Zwanzigerfeld, Wendeplättchen

## WORUM GEHT ES?

Wie auf der vorhergehenden Seite an Beispielen gezeigt, können auch schwierigere Minusaufgaben auf einfache zurückgeführt werden. Damit man auf diese einfachen Aufgaben schnell zurückgreifen kann, muss man sie gründlich lernen und üben, was auf dieser Seite geschieht.
Die einfachen Minusaufgaben sind nichts anderes als die Umkehraufgaben der einfachen Plusaufgaben:

1. Subtraktion der Zahl 1 (z. B. 7 – 1)
2. Subtraktion der Zahl 10 (z. B. 15 – 10) oder des Einers einer zweistelligen Zahl (z. B. 13 – 3)
3. Subtraktion der Zahl 5 (z. B. 12 – 5)
4. Subtraktion im Fünferraum (z. B. 5 – 3)
5. Subtraktion von der Zahl 10 (z. B. 10 – 8)
6. Umkehrung der Verdopplungsaufgaben (z. B. 16 – 8)

**1** Zeige die Aufgaben an den Bildern.

6 – 1 = 5    10 – 3 = 7    12 – 2 = 10

**2** Lege und rechne.

| | |
|---|---|
| 11 – 1 = 10 | 15 – 10 = 5 |
| 11 – 10 = 1 | 15 – 1 = 14 |
| 14 – 4 = 10 | 5 – 2 = 3 |
| 20 – 10 = 10 | 13 – 2 = 11 |
| 14 – 10 = 4 | 15 – 2 = 13 |

**3** Schöne Päckchen. Setze fort.

| | |
|---|---|
| 7 – 1 = 6 | 3 – 2 = 1 |
| 7 – 2 = 5 | 5 – 4 = 1 |
| 7 – 3 = 4 | 7 – 6 = 1 |
| 7 – 4 = 3 | 9 – 8 = 1 |
| 7 – 5 = 2 | 11 – 10 = 1 |

**4** Rechne im Heft.

10 – 3 = 7
10 – 5 = 5
10 – 6 = 4
10 – 7 = 3
10 – 9 = 1

1 0 – 3 = 7
1 0 – 5 =
1 0 – 6 =

**5** Rechne im Heft.

| | | |
|---|---|---|
| 9 – 5 = 4 | 19 – 10 = 9 | 8 – 0 = 8 |
| 9 – 4 = 5 | 17 – 10 = 7 | 5 – 0 = 5 |
| 8 – 5 = 3 | 15 – 5 = 10 | 10 – 0 = 10 |
| 8 – 3 = 5 | 13 – 10 = 3 | 10 – 10 = 0 |
| 7 – 3 = 4 | 17 – 7 = 10 | 11 – 11 = 0 |

**6** Rechne im Heft.

9 – 5 = 4
10 – 5 = 5
10 – 4 = 6

9 – 5 = 4
~~1 0 – 5~~
1 0 – 5 =

| | | |
|---|---|---|
| 12 – 5 = 7 | 12 – 11 = 1 | 18 – 8 = 10 |
| 7 – 5 = 2 | 12 – 1 = 11 | 18 – 9 = 9 |
| 8 – 5 = 3 | 12 – 12 = 0 | 13 – 5 = 8 |

**7** Rechne ebenso.

10 – 6 = 4
9 – 6 = 3
11 – 6 = 5

1 0 – 6 = 4
~~9 – 6~~
9 – 6 =

| | | |
|---|---|---|
| 12 – 6 = 6 | 9 – 8 = 1 | 20 – 10 = 10 |
| 10 – 3 = 7 | 9 – 9 = 0 | 12 – 10 = 2 |
| 18 – 10 = 8 | 14 – 3 = 11 | 10 – 1 = 9 |

## WIE KANN MAN VORGEHEN?

***Zur Arbeit mit dem Buch:***

Die Kinder werden daran erinnert, dass es sich lohnt die einfachen Aufgaben gut zu lernen, weil daraus andere Minusaufgaben abgeleitet werden können.
Besprochen wird auch das Übertragen von Päckchen ins Heft, bei dem der Wechsel zwischen einstelligen und zweistelligen Zahlen die Hauptschwierigkeit darstellt. Wie die Aufgaben aufzuschreiben und wie Fehler zu korrigieren sind, muss mit den Kindern immer wieder besprochen werden. Die Beispiele bei den Aufgaben 4, 6 und 7 liefern dafür eine Grundlage.

**1** – **7** Jedes Kind rechnet für sich und tauscht sich mit den anderen Kindern aus.

Bei den Aufgaben 6 und 7 handelt es sich um Dreierpäckchen. In die Aufgaben sind operative Beziehungen eingearbeitet, die dazu anregen sollen, Aufgaben nicht isoliert zu sehen.
Beispiel: *Aufgabe 7*
10 – 6 = 4
9 – 6 = 3
11 – 6 = 5

**Bei dieser Aufgabe taucht erstmals eine Form der Rechenkontrolle auf, die im ZAHLENBUCH häufig genutzt wird und zum Konzept des Werkes passt:**
**Die 12 Rechnungen der beiden Aufgaben sind so gewählt, dass jeweils jede Zahl von 0 bis 11 genau einmal als Ergebnis auftritt.**

In Aufgabe 3 treten einfache „schöne Päckchen" auf. Was „schöne Päckchen" sind, ist den Kindern schon von Seite 57 her bekannt.

***Fortsetzung:***

→ *Arbeitsheft*
Seite 39, weitere Übungen zu einfachen Minusaufgaben

**1** Aus

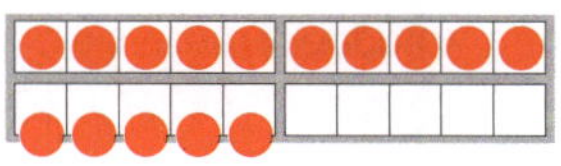

15 – 5 = 10

mache

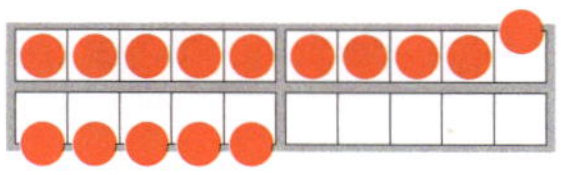

15 – 6 = 9

Aus

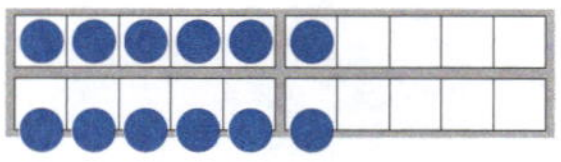

12 – 6 = 6

mache

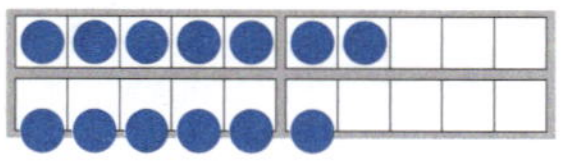

13 – 6 = 7

Aus

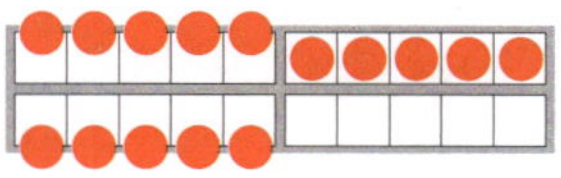

15 – 10 = 5

mache

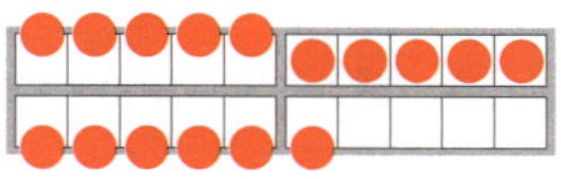

16 – 11 = 5

**2** Lege, rechne, vergleiche.

12 – 2 = 10
12 – 3 = 9
12 – 5 = 7
12 – 6 = 6
12 – 7 = 5

1 2 – 2 = 1 0
1 2 – 3 = 9
1 2 – 5 =

**3** Rechne ebenso.

| | | |
|---|---|---|
| 15 – 5 = 10 | 14 – 7 = 7 | 16 – 8 = 8 |
| 15 – 6 = 9 | 15 – 7 = 8 | 15 – 8 = 7 |
| 16 – 6 = 10 | 18 – 8 = 10 | 15 – 10 = 5 |
| 16 – 7 = 9 | 17 – 9 = 8 | 15 – 9 = 6 |
| 17 – 7 = 10 | 17 – 10 = 7 | 16 – 9 = 7 |

**4**

| | | | | |
|---|---|---|---|---|
| 13 – 3 = 10 | 19 – 10 = 9 | 17 – 7 = 10 | 14 – 7 = 7 | 12 – 6 = 6 |
| 13 – 4 = 9 | 19 – 11 = 8 | 17 – 8 = 9 | 15 – 8 = 7 | 13 – 7 = 6 |

**Blitzrechnen: Minusaufgaben**

Minusaufgabe legen.

Minusaufgabe nennen und rechnen.

## WAS WIRD BENÖTIGT?

*Arbeits- und Demonstrationsmaterial:*
Zwanzigerfeld, Wendeplättchen, iTb

## WORUM GEHT ES?

Durch das Legen und Umlegen von Plättchen werden aus einfachen Aufgaben schwierigere Aufgaben gebildet und die Ergebnisse daraus abgeleitet. Beispiele:

- Aus der einfachen Aufgabe 15 – 5 = 10 entsteht durch Wegnehmen eines Plättchens die Aufgabe 15 – 6. Das Ergebnis beträgt folglich 1 weniger, also 15 – 6 = 9.
- Aus der einfachen Aufgabe 12 – 6 = 6 wird durch Hinzulegen eines Plättchens in der zweiten Reihe die Aufgabe 13 – 6. Das Ergebnis ist um 1 größer, also 13 – 6 = 7.
- Aus der einfachen Aufgabe 15 – 10 = 5 entsteht durch Hinzufügen und Wegnehmen eines weiteren Plättchens die Aufgabe 16 – 11. Die Anzahl der verbleibenden Plättchen ändert sich nicht, das Ergebnis bleibt gleich (Gesetz von der Konstanz der Differenz).

Im Gespräch mit den Kindern muss deutlich werden, dass es vorteilhaft ist, beim Rechnen solche Beziehungen zu nutzen. Vor dem Rechnen einer Aufgabe sollte daher immer eine kurze „Besinnungspause" mit der Überlegung stehen, wie man die Aufgabe günstig rechnen kann. Motto wie bei den Plusaufgaben: **Erst denken, dann rechnen.**

## WIE KANN MAN VORGEHEN?

***Vor der Arbeit mit dem Buch:***

Am Zwanzigerfeld legt die Lehrerin die Aufgabe 10 – 5.

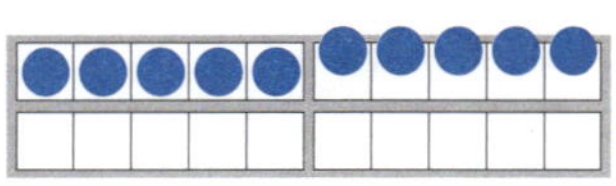

Das Ergebnis 5 muss inzwischen jedes Kind im Schlaf kennen. Dann zieht die Lehrerin das erste hinausgeschobene Plättchen ins Feld. Die Aufgabe lautet jetzt 10 – 4, und das Ergebnis ist 6.
Dann legt sie unten zwei Plättchen dazu, was zur Aufgabe 12 – 4 führt, die das Ergebnis 8 hat.
Schließlich schiebt sie das zuerst ins Feld geschobene Plättchen wieder halb hinaus. Die Aufgabe 12 – 5 hat das Ergebnis 7.

Anschließend wird den Kindern erklärt, dass sie durch die folgenden ähnlichen Aufgaben lernen können, aus Ergebnissen einfacher Aufgaben, die sie schon beherrschen, die Ergebnisse anderer Aufgaben abzuleiten.

***Zur Arbeit mit dem Buch:***

Jedes Kind soll versuchen die Aufgaben auf der Seite alleine zu bearbeiten. Die Lehrerin (und andere Kinder) leisten Hilfe zur Selbsthilfe.

**1** – **4** Alle Typen einfacher Aufgaben werden benutzt, um die Ergebnisse schwierigerer Aufgaben abzuleiten.
Bei Aufgabe 1 sind die Aufgaben am Zwanzigerfeld vorgegeben, was ein Vorbild für die Aufgaben 2 und 3 ist, wo die Kinder die Zahlen selbst am Zwanzigerfeld legen sollen.

*Grundlegung der Blitzrechenübung „Minusaufgaben":*

Ein Kind legt am Zwanzigerfeld Minusaufgaben und ändert sie nach dem Vorbild der vorhergehenden Übungen ab. Das andere Kind nennt die Aufgaben und die Ergebnisse. Wenn die Aufgaben schrittweise abgewandelt werden, erspart man sich das Legen der gesamten Aufgabe.
Weitere Übung am Zwanzigerfeld der Doppelseite 134–135 und des ausklappbaren Umschlags des Arbeitsheftes sowie mit der Rechenkartei und der CD-ROM „Blitzrechnen".

***Fortsetzung:***

→ *Arbeitsheft*
Seite 40, Beziehungen zwischen Aufgaben erkennen und nutzen
→ *Verstehen und Trainieren 1*
Seiten 25 – 26, weitere Aufgaben

## WAS WIRD BENÖTIGT?

*Arbeits- und Demonstrationsmaterial:*
Zwanzigerfeld, Wendeplättchen

## WORUM GEHT ES?

Diese Seite steht unter der gleichen Zielsetzung wie die vorhergehende. Die Kinder werden angeregt, sich die Aufgaben jedes Dreierpäckchens zuerst anzuschauen, in jedem Päckchen mit einer einfachen Aufgabe zu beginnen und deren Ergebnis für die anderen Aufgaben zu benutzen.

Die Aufgaben 6 und 7 sind analog zu den Aufgaben 6 und 7 auf der Seite 56. Sie sollen erneut das Gefühl für operative Beziehungen wecken. Auch bei der Aufgabe 6 muss man nicht wissen, wie die Aufgabe mit dem Ergebnis 7 genau lautet, um trotzdem das Ergebnis der abgewandelten Aufgabe nennen zu können: Wenn beide Zahlen um 2 erhöht werden, ändert sich das Ergebnis nämlich nicht. Die Zahl, von der etwas weggenommen wird, erhöht sich zwar um 2. Dafür werden aber auch 2 mehr weggenommen.
Am Zwanzigerfeld kann man das gut nachvollziehen.
Auch die Zahl 7 spielt hier keine Rolle: Bei *jedwedem* Ergebnis einer Minusaufgabe verändert eine gleiche Vergrößerung beider Zahlen das Ergebnis nicht.
In der Algebra würde man diese Beziehung folgendermaßen formulieren:
Aus $a - b = 7$ folgt $(a + 2) - (b + 2) = 7$.

**1** Lege. Beginne immer mit einer einfachen Aufgabe. Kreuze sie an.

| | |
|---|---|
| 13 – 8 = 5 | 10 – 2 = 8 |
| 13 – 9 = 4 | 14 – 6 = 8 |
| 13 – 10 = 3 | 18 – 10 = 8 |
| 12 – 2 = 10 | 16 – 10 = 6 |
| 12 – 4 = 8 | 13 – 7 = 6 |
| 12 – 6 = 6 | 10 – 4 = 6 |

**2**

| | | | |
|---|---|---|---|
| 7 – 4 = 3 | 5 – 3 = 2 | 8 – 6 = 2 | 9 – 5 = 4 |
| 17 – 4 = 13 | 15 – 3 = 12 | 18 – 16 = 2 | 19 – 15 = 4 |
| 17 – 14 = 3 | 15 – 13 = 2 | 18 – 6 = 12 | 19 – 5 = 14 |

**3**

| | | | |
|---|---|---|---|
| 7 + 7 – 7 = 7 | 8 + 8 – 8 = 8 | 9 + 9 – 9 = 9 | 6 + 6 – 5 = 7 |
| 14 – 7 = 7 | 16 – 8 = 8 | 18 – 9 = 9 | 12 – 5 = 7 |
| 15 – 7 = 8 | 16 – 7 = 9 | 18 – 11 = 7 | 12 – 7 = 5 |

**4**

| | | | |
|---|---|---|---|
| 15 – 8 = 7 | 14 – 9 = 5 | 16 – 11 = 5 | 12 – 6 = 6 |
| 15 – 10 = 5 | 14 – 8 = 6 | 16 – 9 = 7 | 12 – 5 = 7 |
| 15 – 9 = 6 | 14 – 10 = 4 | 16 – 10 = 6 | 12 – 7 = 5 |

**5**

| | | | |
|---|---|---|---|
| 13 – 7 = 6 | 15 – 7 = 8 | 16 – 7 = 9 | 12 – 7 = 5 |
| 13 – 3 = 10 | 15 – 5 = 10 | 16 – 6 = 10 | 12 – 2 = 10 |
| 10 – 4 = 6 | 10 – 2 = 8 | 10 – 1 = 9 | 10 – 5 = 5 |

**6** Paul hat eine Minusaufgabe gerechnet.
Das Ergebnis ist 7.
Er erhöht beide Zahlen um 2.
Wie lautet das neue Ergebnis? 7

**7** Finde viele Minusaufgaben mit dem Ergebnis 7. (verschiedene Lösungen)

## WIE KANN MAN VORGEHEN?

***Zur Arbeit mit dem Buch:***

**1** Das erste Päckchen wird gemeinsam an der Tafel bearbeitet. Als anzukreuzende einfache Aufgabe bietet sich die Aufgabe 13 – 10 an, die das Ergebnis 3 hat. Dies springt am Zwanzigerfeld ins Auge, wenn man die ganze erste Zeile halb herausschiebt.

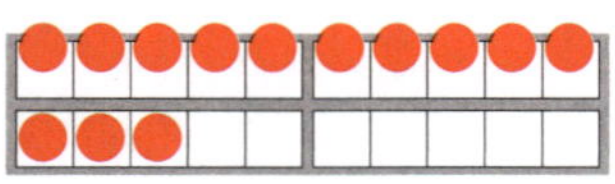

Die nächste Aufgabe 13 – 9 geht daraus hervor, indem man das letzte Plättchen der ersten Reihe wieder in das Feld zurückschiebt. Das Ergebnis nimmt um 1 zu und ist dann 4.
Wenn ein weiteres heraus geschobenes Plättchen zurückgelegt wird, entsteht die Aufgabe 13 – 8 mit dem Ergebnis 5.

**2** – **5** Während die Kinder arbeiten, kann man ihren Lernstand beobachten und sie individuell fördern.

**6** Diese „operative Tauschaufgabe" wird gemeinsam gelöst. Dabei sollten sich die Kinder vorstellen, dass Paul die Aufgabe am Zwanzigerfeld gelegt hat. Wenn er dann beide Zahlen erhöht, zeigt sich, dass das Ergebnis gleich bleibt.
Wenn die Aufgabe etwa 10 – 3 = 7 war,

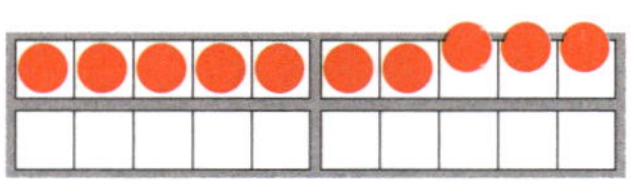

ist die abgewandelte Aufgabe 12 – 5. Sie hat ebenfalls das Ergebnis 7.

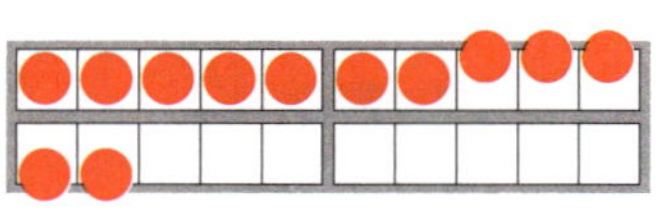

**7** Die Bearbeitung dient als weitere Standortbestimmung für den Grad an Flexibilität, den jedes Kind erreicht hat.

***Fortsetzung:***
→ *Arbeitsheft*
Seite 41, **7 – 9** Beziehungen erkennen und nutzen
→ *Verstehen und Trainieren 1*
Seiten 25 – 26, weitere Aufgaben

**1** Schöne Päckchen.
Lege, rechne und erkläre.

9 - 4 = 5
10 - 5 = 5
11 - 6 = 5
12 - 7 = 5
13 - 8 = 5  Wie geht es weiter?
14 - 9 = 5

**2** Schöne Päckchen.

| | | |
|---|---|---|
| 13 - 10 = 3 | 18 - 10 = 8 | 18 - 10 = 8 |
| 13 - 9 = 4 | 18 - 8 = 10 | 17 - 9 = 8 |
| 13 - 8 = 5 | 18 - 6 = 12 | 16 - 8 = 8 |
| 13 - 7 = 6 | 18 - 4 = 14 | 15 - 7 = 8 |
| 13 - 6 = 7 | 18 - 2 = 16 | 14 - 6 = 8 |

**3** Erfinde selbst schöne Päckchen.
(verschiedene Lösungen)

**4** Schöne Päckchen?

| | | |
|---|---|---|
| 6 - 3 = 3 | 6 − 3 = 3 | 11 - 0 = 11 |
| 7 - 4 = 3 | 7 − 4 = 3 | 12 - 2 = 10 |
| (9 - 5 = 4) | (9 − 5 = 4) | 13 - 4 = 9 |
| 9 - 6 = 3 | 8 − 5 = 3 | (14 - 7 = 7) |
| 10 - 7 = 3 | 9 − 6 = | 15 - 8 = 7 |
| 8 - 5 = 3 | | 14 - 6 = 8 |

**5** Schöne Päckchen?

| | |
|---|---|
| 15 - 5 = 10 | 11 - 4 = 7 |
| 14 - 4 = 10 | (12 - 6 = 6) |
| 13 - 3 = 10 | 15 - 8 = 7 |
| 12 - 2 = 10 | 17 - 10 = 7 |
| 11 - 1 = 10 | 19 - 12 = 7 |
| | 13 - 6 = 7 |

**Forschen und Finden**

**6** Wer trifft die 0?
Wähle eine Startzahl.
Ziehe 5 ab.
Ziehe dann 4 ab.
Ziehe 3, 2 und 1 ab, solange es geht.
Triffst du die 0?
(verschiedene Lösungen)

Finn:
11 − 5 = 6
6 − 4 = 2
2 − 3 = ☹

Lea:
12 − 5 = 7
7 − 4 = 3
3 − 3 = 0 ☺

## WAS WIRD BENÖTIGT?

*Arbeits- und Demonstrationsmaterial:*
Zwanzigerfeld, Wendeplättchen

## WORUM GEHT ES?

Auch bei der Subtraktion fördern die Übungsformate „Schöne Päckchen" und „Schöne Päckchen?" das Bewusstsein für operative Beziehungen.
In der Grundschule stehen die lateinischen Begriffe „Minuend" und „Subtrahend" nicht zur Verfügung. Die umgangssprachlichen Wendungen „erste Zahl", „zweite Zahl" und „Ergebnis" reichen aber aus um operative Veränderungen von Rechensätzen zu beschreiben
**Die Seite ist grün unterlegt. Das ist das Signal für „natürliche Differenzierung". Die Kinder werden und dürfen unterschiedlich weit kommen.**

## WIE KANN MAN VORGEHEN?

***Vor der Arbeit mit dem Buch:***
Analog zu dem Vorgehen bei Seite 57 entwickelt die Lehrerin mit den Kindern am Zwanzigerfeld schrittweise folgendes Päckchen und hält es an der Tafel fest:
1 - 0 =
3 - 1 =
5 - 2 =
7 - 3 =
9 - 4 =
Die erkannte Regel wird dann beschrieben: Die erste Zahl wird immer um 2 größer, die zweite immer um 1.
Anschließend werden die Ergebnisse berechnet und aufgeschrieben: 1, 2, 3, 4, 5, ... Das Ergebnis wird von Zeile zu Zeile um 1 größer.
Die Begründung ergibt sich aus dem Legen der Aufgaben am Zwanzigerfeld und wird **mündlich** formuliert: Am Anfang wird ein Plättchen gelegt und keines hinausgeschoben: 1 - 0 = 1
Dann werden immer 2 Plättchen dazugelegt und ein weiteres hinausgeschoben: 3 - 1 = 2, 5 - 2 = 3, usw.

***Zur Arbeit mit dem Buch:***
**1** Die Aufgabe wird gemeinsam besprochen. Die Kinder erkennen die Analogie zum vorher behandelten Beispiel: Die erste und die zweite Zahl werden um je 1 größer. Für das Nachlegen am Zwanzigerfeld bedeutet diese, dass immer ein hinausgeschobenes Plättchen dazu kommt. Die Zahl der Plättchen im Zwanzigerfeld, das Ergebnis, bleibt fest.

**2** Diese Aufgabe ist für die individuelle Bearbeitung vorgesehen.

**3** Spielraum für individuelle Bearbeitung.

**4** Im Gespräch wird erarbeitet, dass beim ersten Päckchen die erste Zahl immer um 1 größer wird, die zweite am Anfang auch, dass aber in der dritten Aufgabe eine Störung vorliegt. Es wird anhand des Hefteintrags besprochen, wie die Störung zu beheben ist. Wenn die Störung im zweiten Päckchen repariert ist, nehmen die Ergebnisse immer um 1 ab.
Der Vorschlag für einen Hefteintrag ist wiederum nicht zwingend. Eine Störung kann alternativ auch so beseitigt werden, dass die nicht passende Rechnung durchgestrichen, die richtige Rechnung am Schluss angefügt und wie bei den Lösungen im Begleitband durch einen Pfeil mit der durchgestrichenen Rechnung verbunden wird.

**5** Das erste Päckchen ist schön und analog zum dritten Päckchen von Aufgabe 2. Am Zwanzigerfeld braucht man nur immer eines der wegzunehmenden Plättchen entfernen. Dann sieht man, dass das Ergebnis unverändert 10 ist. Beim zweiten Päckchen nehmen nach Reparatur beide Zahlen um 2 zu. Das Ergebnis bleibt konstant, wie man analog am Zwanzigerfeld zeigen kann.

*Forschen und Finden*
**6** Der Text ist wieder für die Lehrerin bestimmt. Sie muss die Aufgabenstellung an Beispielen an der Tafel erklären. Dann können alle oder auch nur einige Kinder auf die Reise gehen und schauen, wie weit sie kommen.

***Fortsetzung:***
→ *Arbeitsheft*
Seite 41, **10** „Schöne Päckchen"

## WAS WIRD BENÖTIGT?

*Arbeitsmaterial:* Mini-Tangram (Beilage)
*Demonstrationsmaterial:* Evtl. Mini-Tangram-Formen am Whiteboard
*Tipp:* Auch auf dem OHP können Umrisse vorgegeben werden. Die Lösungen können der Klasse gut demonstriert werden, indem man die Teile des Spiels ein wenig auf Lücke legt.

## WORUM GEHT ES?

*Vorbemerkung:*
Nach der Einführung von Addition und Subtraktion ist im Bereich Zahlen eine erste Etappe absolviert. Die erreichten Ziele müssen jetzt erst gesichert und gefestigt werden. Dies erfolgt im Rahmen des Blitzrechnens, das, wie immer wieder betont wurde, wie ein Basso continuo in der Barockmusik weiterlaufen muss.
Parallel dazu können jetzt einige geometrische Themen in Angriff genommen werden, die für Abwechslung sorgen.
Das Zusammensetzen und Zerlegen von Formen, das auf dieser Doppelseite behandelt wird, ist eine Grundidee der Geometrie, die sich durch den gesamten Mathematikunterricht zieht.
Bereits im Frühförderprogramm des ZAHLENBUCHs nimmt diese Idee einen großen Raum ein. Als Legesteine dienen dort gleichschenklig rechtwinklige Dreiecke sowie Rauten mit den Winkeln 45° und 135°, deren Seite so lang sind wie die Schenkel des Dreiecks.
Im Spielebuch 1 legen die Kinder damit Formen aus, die reale Objekte stilisieren (Blüten, Boote, Häuser), im Spielebuch 2 abstrakte geometrische Formen (Dreiecke, Quadrate, Quadrate mit Löchern usw.)

Das Mini- oder Einfach-Tangram ist, wie der Name sagt, eine vereinfachte Version des Original-Tangram, welches im Band 2 des ZAHLENBUCHs behandelt wird. Das Mini-Tangram entsteht, indem ein Quadrat (9 cm Kantenlänge) nach folgendem Plan in 6 Teilfiguren zerschnitten wird:

2 große Dreiecke, 1 mittleres Dreieck, 2 kleine Dreiecke, 1 Rechteck

Gegenüber dem Original-Tangram hat das Mini-Tangram nur 6 Teile, die alle spiegelsymmetrisch sind (was das Parallelogramm im Tangram nicht ist).
Jede Teilfigur lässt sich mit Kopien des kleinen Dreiecks auslegen: die großen Dreiecke und das Rechteck mit vier Dreiecken, das mittlere Dreieck mit zwei Dreiecken. Das große Dreieck und das Rechteck sind somit flächengleich. Insgesamt passt das kleine Dreieck 16-mal in das große Quadrat.

Beim Auslegen von Figuren gelten folgende Regeln:
- Die ausgelegte Figur darf nur Teile des Legespiels enthalten.
- Die Teile dürfen sich nicht überlappen, sondern nur berühren.
- Die Figur muss vollkommen überdeckt sein.

Es gibt zwei verschiedene Aufgabentypen:
- Vorgegebene Figuren, die als Umrisse vorgegeben sind, werden mit den Teilen ausgelegt. Auf dieser Doppelseite sind das Umrisse realer Objekte (Segelboote, Häuser), im Arbeitsheft Quadrate und Rechtecke, beim Denkspiel „Lege schlau" Vielecke mit unterschiedlich vielen Ecken.
- Mit den Teilen des Legespiels werden eigene Figuren gelegt. Die kleinen schwarzen Objekte auf der Doppelseite (Bäume, Kuh, Kirche, Häuser) geben hierzu Anregungen.

Im Gegensatz zu (konvexen) Figuren, die keine einspringenden Ecken haben (z. B. Quadrat, Rechteck, großes Dreieck, großes Haus) bereitet das Auslegen von Figuren mit einspringenden Ecken (z. B. Segelbooten) nur wenig Mühe, da diese Ecken mehr Informationen dafür liefern, wohin welche Form wohin gelegt werden muss.

## WIE KANN MAN VORGEHEN?

***Vor der Arbeit mit dem Buch:***

Wenn ein OHP oder ein Whiteboard vorhanden ist, zeigt die Lehrerin den Kindern, wie man mit Teilen des Mini-Tangrams Figuren legen und Umrisse auslegen kann. Andernfalls stellt sie das Legespiel einfach vor und erklärt, wie man damit arbeiten kann.

***Zur Arbeit mit dem Buch:***

Die Kinder holen ihr Legespiel (Beilage) hervor. Sie legen zuerst die kleinen schwarzen Figuren nach.
Dann versuchen sie die weißen Flächen mit Teilen des Legespiels lückenlos und überschneidungsfrei auszulegen.

***Fortsetzung:***

→ *Arbeitsheft*
Seite 42, weitere Legeübungen

***Nach der Arbeit mit dem Buch:***

Die Kinder legen die Formen des Denkspiels „Lege schlau“ aus. Auf den Seiten des Materialbandes finden sich hierzu Kopiervorlagen mit weiteren Figuren zum Auslegen.

*Das ZAHLENBUCH-Frühförderprogramm:*
Als Ergänzung eignen sich die entsprechenden Seiten aus dem
Spielebuch 1, Seiten 14 – 17
Spielebuch 2, Seiten 10 – 13

Die Kinder können mit diesem Material völlig selbstständig arbeiten.

*Wenn Kinder [einen Umriss] auslegen, folgen sie einer Grundidee: dem Passen. Es handelt sich um die gleiche Idee wie beim Zusammensetzen von Körpern im Raum, die ebenso konkret umgesetzt wird Das Passen ist eine Sache des Tastsinns. Die Psychologen können viel über die Entwicklung des Tastsinns im frühen Alter, über das motorisch gesteuerte Lernen und den Einfluss auf das Gedächtnis sagen. Formen passen lückenlos zusammen. Fragen Kinder warum? Abgesehen von seltenen Fällen tun sie das nicht. Alle diese Wunder unseres Raumes scheinen auf sie keinen Eindruck zu machen. Aber sie schleifen den Geist wie Wetzsteine. Die größte pädagogische Tugend ist Geduld. Eines Tages werden die Kinder „Warum“? fragen. Es hat keinen Sinn mit dem systematischen Geometrieunterricht zu beginnen, bevor dieser Zeitpunkt gekommen ist. Wenn man trotzdem früher beginnt, kann es sogar schaden.*

Hans Freudenthal

## WAS WIRD BENÖTIGT?

*Arbeitsmaterial:* Buntstifte
*Demonstrationsmaterial:* Evtl. Trinkhalme

## WORUM GEHT ES?

Auch das zweite geometrische Thema, das zur Auflockerung in den arithmetischen Kurs eingeschoben wird, schließt eng an das ZAHLENBUCH-Frühförderprogramm an, das zwei Schwerpunkte hat: Erfassung von Grundformen und Schulung der Feinmotorik. Auf der vorliegenden Doppelseite werden diese beiden Schwerpunkte bei einem Thema verzahnt, das auch für den späteren Geometrieunterricht von großer Bedeutung ist und außerdem ein weiteres Beispiel für die Auffassung von Mathematik als Wissenschaft schöner und nützlicher Muster ist: Ornamente.
Die Analogie dieser Seite zur Seite 19 mit dem arithmetischen Thema „Muster legen" ist offenkundig.
Die Ornamente auf der Doppelseite ordnen sich auch der Grundidee „Formen in der Umwelt" unter, da geometrische Muster angesprochen werden, die für den Bau von Gebäuden Bedeutung haben. Seit feste Behausungen gebaut werden, wurde auch auf die Schönheit der Gebäude geachtet, besonders in der Fassadengestaltung. Ornamente spielen dabei eine prominente Rolle.
Die Abbildungen auf beiden Seiten zeigen Fassaden alter Gebäude aus verschiedenen Kontinenten und Kulturkreisen.
Aufgabe der Kinder ist es, Ornamente, die sich auf den Abbildungen finden, in schematisierter Form nachzuzeichnen und fortzusetzen. Dazu werden sie durch Vorgaben auf kariertem Papier angeleitet.

**1** Beschreibe.

Mosaik aus Persien

Afrikanisches Lehmhaus

Zeichne nach und setze fort.

**2**

**3**

**4** Finde und zeichne Ornamente.

## WIE KANN MAN VORGEHEN?

### *Vor der Arbeit mit dem Buch:*

Wenn die Seiten 4–5 des Spielebuchs 2 und das Malheft 2 des ZAHLENBUCH-Frühförderprogramms noch nicht bearbeitet wurden, können sie gut zur Vorübung für die Bearbeitung der Doppelseite herangezogen werden.

### *Zur Arbeit mit dem Buch:*

**1**, **5** Die Bilder werden gemeinsam betrachtet und besprochen. Dabei wird darauf hingewiesen, dass es sich hier um Verzierungen von Gebäuden handelt, unter denen sich auch Ornamente befinden, d.h. Bänder, auf denen sich ein bestimmtes Motiv wiederholt.

Das Fachwerkhaus auf der Seite 69 sollte dazu anregen, Fachwerkhäuser in der eigenen Kommune ausfindig zu machen. In vielen Orten Deutschlands ist das kein Problem. Einige von ihnen sind als Fachwerkstädte berühmt, z. T. weltberühmt.
Bei der Besprechung sollte der Blick auch auf Ornamente bei anderen vom Menschen hergestellten Gegenständen gelenkt werden (z.B. Kleidungsstücken, Möbeln, Fußböden).

An einem Beispiel wird dann die Aufgabenstellung erklärt: Einige Ornamente in der unteren Hälfte der Seiten sind aus den Bildern darüber herausgenommen worden (von wo?) und sollen in vereinfachter Form auf Karopapier nachgezeichnet und fortgesetzt werden.

Bevor die Kinder mit der Arbeit beginnen, werden die Motive der einzelnen Ornamente besprochen.

**2** Dreiecke, abwechselnd grün und blau bzw. gelbe Karos (Quadrate).

**3** Quadrate, abwechselnd grau, schwarz und rot bzw. versetzte Rechtecke in zwei Streifen, abwechselnd je zwei schwarze und zwei rote.

**4** Spielraum, auf dem sich jedes Kind nach seinen Möglichkeiten und Vorlieben entfalten kann.

**5** Beschreibe.

Fachwerkhaus in Hannover

Kirche Maria Novella in Italien

Zeichne nach und setze fort.

**6**

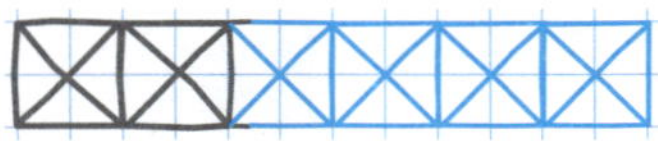

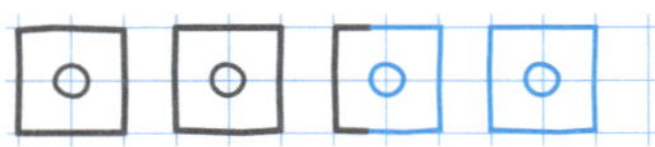

**7**

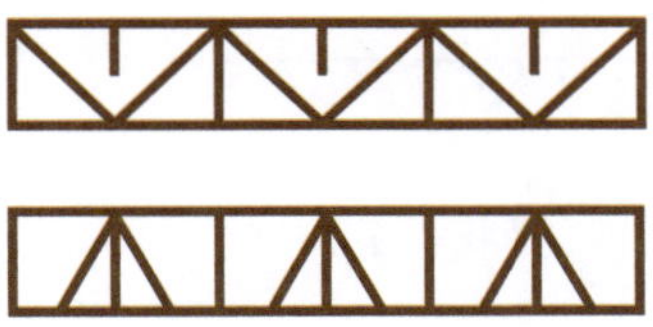

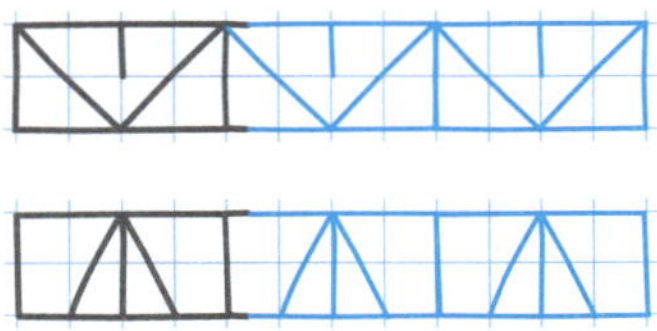

**8** Finde Ornamente an Gebäuden. Zeichne sie nach.

Die Seite 69 hat dieselbe Struktur wie die vorhergehende Seite.
Wieder sind Motive aus den Abbildungen und ihre Schematisierungen vorgegeben und die Kinder sollen die Ornamente fortsetzen.

**6** Die sich wiederholenden Motive sind hier einerseits ein Quadrat, das durch die Diagonalen in Dreiecke zerlegt wird, andererseits ein Quadrat mit Kreis in der Mitte. Das erste Motiv ist den Kindern aus den Faltübungen auf Seite 10 bekannt und wird im weiteren Unterricht noch mehrfach auftreten

**7** Als Motive treten Rechtecke und Dreiecke auf.

Abschließend könnte besprochen werden, dass bei Fachwerken Dreiecke notwendig sind, damit sie stabil sind.
Dies kann man mit einem Gliedermaßstab (Zollstock) gut demonstrieren.
Ein aus drei Gliedern geformtes Dreieck ist starr.

Ein aus vier oder mehr Gliedern geformtes Vieleck lässt sich verformen.

Geometrischer Hintergrund dieser Phänomene ist der Satz:
Das Dreieck ist das einzige starre Vieleck.

**8** Die Aufgabe 8 regt zur Suche nach Ornamenten in der Lebenswelt an.

***Nach der Arbeit mit dem Buch:***
Die Kinder halten an Gebäuden in ihrer Umgebung nach Ornamenten Ausschau und versuchen sie nachzuzeichnen.

*Das ZAHLENBUCH-Frühförderprogramm:*
Zur Abrundung der bisherigen Formenkenntnisse kann noch einmal das Lied „Ein Dreieck hat drei Ecken" (aus dem Spielebuch 2, Seite 16–17) choreografisch umgesetzt werden, auf das schon im Begleitband zu Schülerbuchseite 33 verwiesen wurde. Durch Nachzeichnung der Ecken- und Seitenstruktur von Drei-, Vier-, Fünf- und Sechsecken „in der Luft" prägen sich die Kinder diese Grundformen „in Fleisch und Blut" ein.

*Die Einsicht in die Gesetze der Zahl hängt, wie alle wahre Bildung, nicht von den Gedanken und Einsichten ab, die andere in sich erzeugt haben, sondern von denen, die in uns entstanden sind.*
Adolph Diesterweg

Während der Behandlung geometrischer Themen auf den vorhergehenden Seiten sollte der Blitzrechenkurs weitergeführt worden sein, sodass sich die Grundvorstellungen über die Zahlen und das Rechnen im Zwanzigerraum weiter festigen konnten.

Wie bereits bei der Einleitung zum vorhergehenden Themenblock angemerkt sind operative Beziehungen zwischen der Addition und der Subtraktion an verschiedenen Stellen schon angelegt worden. Jetzt geht es darum sie eigens zu thematisieren und noch stärker bewusst zu machen.

### *Operative Beziehungen zwischen Plus- und Minusaufgaben*

Den Schlüssel für eine operative Sicht des Einspluseins bilden die gegenläufigen Operationen „Zusammenfassen und Zerlegen" sowie „Hinzufügen und Wegnehmen", die so eng verbunden sind, dass man bei bildlichen Darstellungen oft nicht unterscheiden kann, worum es sich gerade handelt.
Beispiel: Seite 58, Aufgabe 1

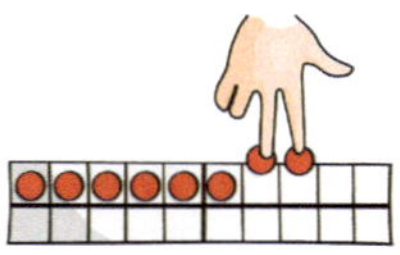

Diese Darstellung kann nicht nur als Wegnehmen von zwei Plättchen, sondern auch als Hinzuschieben von zwei Plättchen gedeutet werden. Jede der beiden Aufgaben 8 - 2 = 6 und 6 + 2 = 8 folgt also zwingend aus der anderen.
Die Einsicht in diesen fundamentalen operativen Zusammenhang, der allgemein gilt, erleichtert das Erlernen des Einspluseins ganz entscheidend und ist ein Musterbeispiel dafür, wie die im Fach liegenden Muster und Strukturen für ökonomisches Lernen genutzt werden können. Alle Mühe muss darauf verwandt werden, dass besonders auch die schwächeren Kinder operative Beziehungen sehen und nutzen.
Eine wichtige Hilfe ist dabei die Teil-Ganzes-Beziehung, die es ermöglicht, alle beteiligten Zahlen jeweils gleichzeitig in den Blick zu nehmen. Wie bei den didaktischen Hinweisen zur Seite 58 schon angemerkt, favorisieren wir im ZAHLENBUCH das Abdecken (gedankliche Wegnehmen) von Plättchen, bei dem die Plättchen sozusagen noch da sind, gegenüber dem physischen Wegnehmen, bei dem sie verschwunden sind.
Der operative Zusammenhang zwischen Additions- und Subtraktionsaufgaben muss zuerst bei den einfachen Aufgaben hergestellt werden:

| | |
|---|---|
| - Addition im Fünferraum<br>- Addition von 1<br>- Zehnerergänzungen<br><br>- Addition von 5<br>- Verdopplungsaufgaben | - Subtraktion im Fünferraum<br>- Subtraktion von 1<br>- Umkehrung von Zehnerergänzungen<br>- Subtraktion von 5<br>- Umkehrung von Verdopplungsaufgaben |

Aus diesen Aufgaben können schwierigere Aufgaben abgeleitet werden.
Das gesamte operative Gefüge der vier Plus- und Minusaufgaben, die man mit zwei Zahlen a, b als Summanden bilden kann, wird auf Seite 71 behandelt:
$a + b = c$, $b + a = c$, $c - b = a$ und $c - a = b$

### *Übungsformat Rechendreiecke*

Zur integrativen Übung der Addition und Subtraktion eignet sich in besonderer Weise das Übungsformat „Rechendreiecke", das im weiteren Unterricht bis in die Mittel- und Oberstufe hinein immer wieder benutzt werden kann.
Die Rechenregel bei Rechendreiecken ist einfach:

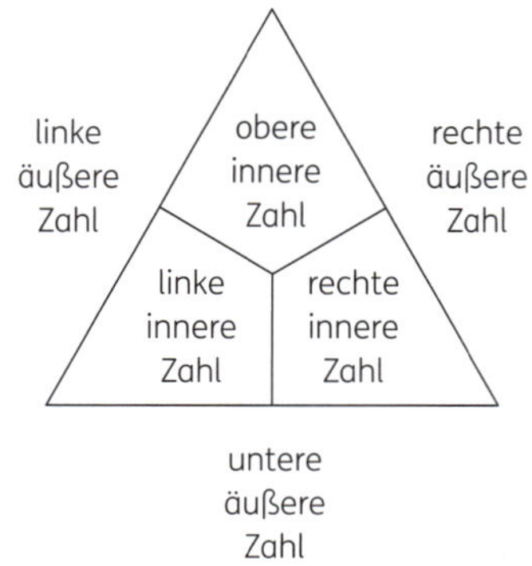


In die drei inneren Felder werden Zahlen geschrieben oder Plättchen als Anzahlen gelegt. Je zwei benachbarte innere Zahlen werden addiert, und die Summe wird außen an die gemeinsame Seite geschrieben.

Beispiel:

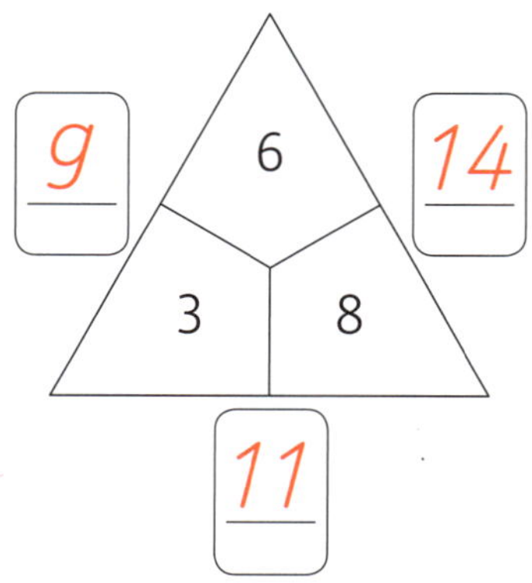


Wenn alle drei inneren Zahlen vorgegeben sind, muss man nur addieren um die äußeren Zahlen zu erhalten. Wenn aber zwei äußere und eine innere Zahl oder zwei innere und eine äußere Zahl vorgegeben sind, muss man auch subtrahieren. Insgesamt kann man an einem richtig ausgefüllten Rechendreieck 6 Additions- und 6 Subtraktionsaufgaben ablesen:
3 + 6 = 9, 6 + 3 = 9, 3 + 8 = 11, 8 + 3 = 11, 8 + 6 = 14, 6 + 8 = 14
9 - 6 = 3, 9 - 3 = 6, 11 - 8 = 3, 11 - 3 = 8, 14 - 6 = 8, 14 - 8 = 6

### Grundposition zum Sachrechnen

Im Anschluss an integrative Übungen zur Addition und Subtraktion folgt ein erster zusammenhängender Abschnitt zum Sachrechnen. Es mag auf den ersten Blick verwundern, dass die systematische Beschäftigung mit Sachaufgaben im ZAHLENBUCH relativ spät beginnt. Dafür gibt es aber gute Gründe, wie in diesem Abschnitt ausführlich begründet werden soll.

In der Pädagogik ist die Auffassung nicht auszurotten, dass Lebensnähe ein Garant für mathematisches Verständnis ist. Nicht nur in der Frühförderung im Kindergarten finden sich „alltagsintegrierte" Konzepte. Auch die Grundschule und die Sekundarstufe I sind voll von Bemühungen, die Mathematik aus Alltagserfahrungen herauszuschälen („mathe live", „Überall ist mathe", usw.). Diese Ansätze verstehen sich bewusst als Gegenmodelle zur formalen Mathematik. Mathematik im formalen Gewand gilt auch unter Laien vielfach als unverständlich bzw. als exklusiver Bereich von Sonderlingen - nicht ganz zu unrecht, wie man zugeben muss.

Die Flucht *in den* Formalismus und die Flucht *vor dem* Formalismus sind aber trotz ihrer Gegensätzlichkeit Symptome der gleichen Krankheit: nämlich der Unfähigkeit die Mathematik zu der Lebenswelt in eine sinnvolle Beziehung zu setzen.

### „Reine" und „angewandte" Mathematik

Der wahre Zugang zur Mathematik eröffnet sich jenseits von Alltagsorientierung und Formalismus mithilfe von Darstellungen, die gleichzeitig „real" und „abstrakt" sind und die daher zwischen beiden Extremen vermitteln können. Ein Musterbeispiel sind Plättchen, die sowohl reale Dinge als auch abstrakte Zahlen verkörpern können. **Indem die Kinder lernen, Plättchen und andere „konkret-abstrakte" Darstellungsmittel in doppelter Weise zu nutzen, werden sie für die Umwelterschließung am besten vorbereitet.**

Im ZAHLENBUCH wird dieser Weg konsequent beschritten. Er bringt den „reinen" und den „angewandten" Aspekt der Mathematik, die in ihrer Kombination für dieses Fach charakteristisch sind, voll zur Geltung.

*Beispiele für die Verwendung von Plättchen zur Umwelterschließung:*

Beispiel 1:
Seite 14, **1** Für jedes stehende Kind wird ein Plättchen gelegt und stellvertretend auf einen leeren Stuhl geschoben.

Beispiel 2:
Seite 38, **1** - **8** Das Hinzu- und Wegfliegen von Tauben wird mit Plättchen nachgespielt.

Beispiel 3:
Seite 50, **1** Plusaufgaben in der Umwelt werden mit Plättchen nachgelegt und gelöst.

*Beispiele für die Verwendung von Plättchen für die Erforschung von Zahlenmustern*

Beispiel 1:
Seite 19, **8** - **13** Die Kinder setzen Muster von roten und blauen Plättchen fort.

Beispiel 2:
Seite 47, **5** - **6** Mit einem Spiegel werden unterschiedliche Anzahlen von Plättchen erzeugt.

Beispiel 3:
Seite 59, **5** Minusaufgaben in der Umwelt werden mit Plättchen nachgelegt und gelöst.

### Modellieren

Durch „reine" Aktivitäten wird auf spielerische Weise ein Vorrat von Mustern geschaffen, die zur Modellierung (Mathematisierung) realer Situationen herangezogen werden können. Die Bezeichnung „modellieren" ist etwas gewöhnungsbedürftig, aber durchaus treffend. „Modelle", die gewisse Züge einer realen Situation wiedergeben bieten in vielen Lebensbereichen die Möglichkeit mit relativ geringen Mitteln Überlegungen anzustellen, Experimente durchzuführen und Folgerungen zu ziehen, die in der Realität aufwendig sind.

Beispiel: Erstellung eines Stundenplans für eine Schule an einer Stundenplantafel oder am Computer

In analoger Weise kann man reale Situationen mit mathematischen Mitteln nachlegen, nachspielen, nachzeichnen und „nachrechnen".

### Primat der Fachstruktur

Für die Strukturierung des Stoffes spielt die reine Mathematik die entscheidende Rolle. Sie sorgt für die Fachsystematik, die für verständnisvolles Lernen von alles entscheidender Bedeutung ist. Im ZAHLENBUCH werden Anwendungen der Mathematik daher bewusst an mathematische Inhalte angelagert, wie das Jahrhunderte lang selbstverständlich war. Die heute um sich greifende „Anwendungsorientierung", bei der Aufgaben zur Modellierung in bunter Folge präsentiert werden, führt notwendig zu einer Auflösung der Fachstrukturen und hindert die Schülerinnen und Schüler daran, systematisches Wissen zu erwerben. Damit erweist man ihnen einen Bärendienst.

### Sachrechnen im Kopf. Basiskurs Größen

In der Kartei „Sachrechnen im Kopf. Basiskurs Größen 1/2" finden sich Aufgaben zur Übung und Festigung des grundlegenden Wissens über Größen und einfache Textaufgaben. Auf die Module „Anzahlen" und „Geld" wurde bereits auf Seite 23 und Seite 25 hingewiesen. Die Grundlagen für das Modul „Einfache Textaufgaben" werden auf den Seiten 80, 81 gelegt.

Wie die Rechenkartei „Blitzrechnen" sollte diese Größenkartei neben dem Unterricht herlaufen, damit auch die Basiskompetenzen zum Sachrechnen gefestigt und wach gehalten werden.

# 70 Plus und minus

Addition und Subtraktion als Umkehroperationen herausstellen, Denkspiel „9er-Uhr“

## WAS WIRD BENÖTIGT?

*Arbeits- und Demonstrationsmaterial:*
Wendeplättchen

## WORUM GEHT ES?

Das Einstiegsbild und die vier Aufgaben zeigen Situationen, in denen es in der Schwebe bleibt, ob Objekte hinzugefügt oder weggenommen werden. Die Überschrift könnte daher genauso gut lauten „Plus oder minus?“

Die Kinder sollen sich diese Doppeldeutigkeit klar machen und sie rechnerisch umsetzen, indem sie jeweils eine Plus- und eine Minusaufgabe dazu notieren.

Am Rande sei angemerkt, dass die Symbole + und - von Johannes Widmann (≈ 1460 - 1498), der als Mathematiker an der Universität Leipzig tätig war, in seinem 1489 erschienenen Rechenbuch „Behende und hüpsche Rechenung auff allen Kauffmannschaft“ eingeführt wurden. Dieses Buch, das dritte Rechenbuch in deutscher Sprache, war in seiner klaren mathematischen Strukturierung stilbildend. Adam Ries (1492 - 1559) baute darauf auf.

## WIE KANN MAN VORGEHEN?

***Zur Arbeit mit dem Buch:***

Zuerst werden alle Bilder auf der Seite besprochen, wobei bereits die Doppeldeutigkeit der Darstellung herausgearbeitet werden sollte, wie sie durch die Überschrift der Seite suggeriert wird.

Dann werden das Einstiegsbild und die Aufgabe 1 gemeinsam bearbeitet. Damit haben die Kinder eine Grundlage für die Bearbeitung der weiteren Aufgaben in Einzelarbeit.

Die Kinder betrachten das Einstiegsbild und beschreiben zuerst die dargestellte Situation: Mit dem Kranaufsatz eines Traktors wurde ein Strohballen gepackt. Es bleibt offen, ob der Lenker ihn auf den Stapel oben drauf setzen wird oder ihn von dort schon weggenommen hat.

Die Kinder deuten die Darstellung am Zwanzigerfeld in doppelter Weise und ordnen die beiden Rechnungen 9 + 1 = 10 und 10 - 1 = 9 zu.

**1** Der Rechensatz 2 + 1 = 3 beschreibt die Situation, dass ein weiteres Pferd auf die Weide gebracht wird. 3 - 1 = 2 bedeutet, dass es von der Weide abgeholt wurde. Mit Plättchen werden diese beiden Fälle nachgespielt.

**2** Analog bleibt offen, ob der junge Mann Kästen heranschafft (4 + 2 = 6) oder abholt (6 - 2 = 4).

**3** Das Bild stellt sowohl die Aufgabe 3 + 3 = 6 als auch die Aufgabe 6 - 3 = 3 dar.

**4** Das Auf- und Abhängen der Lampions wird durch die Rechensätze 8 + 2 = 10 oder 10 - 2 = 8 beschrieben.

***Fortsetzung:***

→ *Arbeitsheft*
Seite 43, 1 – 2 Aufgaben und Umkehraufgaben rechnen

***Nach der Arbeit mit dem Buch:***

Da der Aufwand für die Bearbeitung dieser Seite gering ist, kann man die verfügbare Zeit für den Blitzrechenkurs die Kartei „Sachrechnen im Kopf“ nutzen.

**5**

| | | |
|---|---|---|
| 7 + 5 = 12 | 12 − 5 = 7 | 12 − 7 = 5 |
| 5 + 7 = 12 | | |

**6** Immer 2 Plusaufgaben und 2 Minusaufgaben (Umkehraufgaben).

| | | | |
|---|---|---|---|
| 5 + 4 = 9 | 6 + 5 = 11 | 3 + 5 = 8 | 6 + 6 = 12 |
| 4 + 5 = 9 | 5 + 6 = 11 | 5 + 3 = 8 | 6 + 6 = 12 |
| 9 − 5 = 4 | 11 − 6 = 5 | 8 − 3 = 5 | 12 − 6 = 6 |
| 9 − 4 = 5 | 11 − 5 = 6 | 8 − 5 = 3 | 12 − 6 = 6 |

**7** Von Plusaufgaben zu Minusaufgaben.

| | | | |
|---|---|---|---|
| 5 + 8 = 13 | 7 + 7 = 14 | 9 + 4 = 13 | 6 + 8 = 14 |
| 13 − 8 = 5 | 14 − 7 = 7 | 13 − 4 = 9 | 14 − 8 = 6 |
| 13 − 5 = 8 | | 13 − 9 = 4 | 14 − 6 = 8 |

**8** Rechne zu den Plusaufgaben auch eine Minusaufgabe.

8 + 1 = 9 (9 − 1 = 8 oder 9 − 8 = 1)

| | | | | |
|---|---|---|---|---|
| 8 | + | 1 | = | 9 |
| | | | | |
| 9 | − | 8 | = | |

| | | | |
|---|---|---|---|
| 6 + 1 = 7<br>7 − 1 = 6 oder 7 − 6 = 1 | 4 + 4 = 8<br>8 − 4 = 4 | 4 + 5 = 9<br>9 − 5 = 4 oder 9 − 4 = 5 | 5 + 9 = 14<br>14 − 9 = 5 oder 14 − 5 = 9 |
| 7 + 1 = 8<br>8 − 1 = 7 oder 8 − 7 = 1 | 6 + 6 = 12<br>12 − 6 = 6 | 3 + 5 = 8<br>8 − 5 = 3 oder 8 − 3 = 5 | 5 + 8 = 13<br>13 − 8 = 5 oder 13 − 5 = 8 |
| 9 + 1 = 10<br>10 − 1 = 9 oder 10 − 9 = 1 | 8 + 8 = 16<br>16 − 8 = 8 | 2 + 5 = 7<br>7 − 5 = 2 oder 7 − 2 = 5 | 5 + 7 = 12<br>12 − 7 = 5 oder 12 − 5 = 7 |
| 5 + 1 = 6<br>6 − 1 = 5 oder 6 − 5 = 1 | 9 + 9 = 18<br>18 − 9 = 9 | 1 + 5 = 6<br>6 − 5 = 1 oder 6 − 1 = 5 | 5 + 6 = 11<br>11 − 6 = 5 oder 11 − 5 = 6 |
| 4 + 1 = 5<br>5 − 1 = 4 oder 5 − 4 = 1 | 7 + 7 = 14<br>14 − 7 = 7 | 0 + 5 = 5<br>5 − 5 = 0 oder 5 − 0 = 5 | 5 + 5 = 10<br>10 − 5 = 5 |

## WAS WIRD BENÖTIGT?

*Arbeits- und Demonstrationsmaterial:*
Wendeplättchen

## WORUM GEHT ES?

Im engen Anschluss an die vorhergehende Seite werden Addition und Subtraktion als Umkehroperationen herausgearbeitet. Die Aufgaben schließen nahtlos an, sodass die durchgehende Nummerierung gerechtfertigt ist.

Zur Unterstützung der Hauptbotschaft dient eine reale Situation.
Die erste Abbildung in Aufgabe 5 zeigt eine Anordnung von 12 Blumentöpfen, von denen 7 Blumen mit roten Blüten und 5 Blumen mit gelben Blüten enthalten. Dies führt zu den Plusaufgaben 7 + 5 = 12 und 5 + 7 = 12.
Im zweiten Bild sind die Töpfe mit den gelben Blüten herausgenommen worden, was durch die Minusaufgabe 12 − 5 = 7 ausgedrückt wird.
Im dritten Bild wurden die 7 Töpfe mit den roten Blüten entfernt, was der Minusaufgabe 12 − 7 = 5 entspricht.

Allgemein kann zu jeder Plusaufgabe $a+b=c$ die Tauschaufgabe $b+a=c$ gebildet werden. Dazu kommen als Umkehraufgaben die beiden Minusaufgaben $c-b=a$ und $c-a=b$.
Wie mehrfach betont, erleichtert die Kenntnis dieser Beziehungen das Erlernen des Einspluseins.

## WIE KANN MAN VORGEHEN?

***Zur Arbeit mit dem Buch:***

**5** Im Klassengespräch werden anhand der Bilder die Beziehungen zwischen der Plusaufgabe 7 + 5 = 12, ihrer Tauschaufgabe 5 + 7 = 12 und den beiden Umkehraufgaben erarbeitet.

Am Zwanzigerfeld werden die Plusaufgaben gelegt und durch Abdecken von Plättchen werden die Minusaufgaben dargestellt.
Wenn diese Aufgabe gründlich besprochen wurde, können sich die Kinder an den weiteren Aufgaben selbst versuchen.

**6** Zu jedem Bild mit roten und blauen Plättchen gehören 4 Aufgaben, die am Anfang alle vorgegeben sind. Bei dem zweiten Bild sind die erste Aufgabe und der Minuend der dritten vorgegeben. Bei dem dritten und vierten Bild sind nur die Schemata der vier Aufgaben gegeben.
Der Igel bei Bild 4 deutet an, dass jede Verdopplungsaufgabe mit ihrer Tauschaufgabe identisch ist und es nur eine einzige Umkehraufgabe gibt.
Die Kinder können bei jedem Bild die blauen oder roten Plättchen abdecken um die Minusaufgaben darzustellen.

**7** Diese Aufgabe verdeutlicht, dass man aus der Kenntnis einer Plusaufgabe *ohne Rechnung* das Ergebnis von zwei Minusaufgaben, die beide angegeben sind, ableiten kann. Diese Botschaft deutet sich in der Überschrift „Von Plusaufgaben zu Minusaufgaben“ an.

**8** Hier sollen die Kinder selbst zu Plusaufgaben Minusaufgaben suchen. Um die Systematik nicht auf die Spitze zu treiben, genügt es, wenn jeweils eine Minusaufgabe gerechnet wird.

***Fortsetzung:***

→ *Arbeitsheft*
Seite 43, **3**, **4** Aufgaben und Umkehraufgaben rechnen
Seite 44, **1** – **2** Aufgaben und Umkehraufgaben rechnen
→ *Die Denkschule 1/2*
Seite 10, Denkspiel „9er-Uhr“: Dieses Einpersonenspiel kann wie die anderen Spiele der Denkschule in Randzeiten des Unterrichts und in der Freiarbeit eingesetzt werden.

## WAS WIRD BENÖTIGT?

*Arbeitsmaterial:* 1 Spielwürfel, 1 Spielstein, Zwanzigerreihe (je 2 Spieler)
*Demonstrationsmaterial:* Schaumstoffwürfel, großer Spielplan oder große Zwanzigerreihe, großer Spielstein als Schatz

## WORUM GEHT ES?

Diese Seite bringt weitere Aufgaben zur Festigung der Beziehung zwischen Plus- und Minusaufgaben. In Aufgabe 1 wird dafür das Spiel „Räuber und Goldschatz“ aufgegriffen, das den Kindern von Seite 6 oder schon von der Frühförderung her bekannt ist und vielfach gespielt wurde. Es gibt folgende Varianten:

- Die einzelnen Spielzüge werden als Plus- und Minusaufgaben benannt und notiert.
- Notierte Spielverläufe werden rekonstruiert und beschrieben.
- Unvollständige Spielverläufe werden vervollständigt.

Der Zufall führt dabei auch auf aufeinander folgende Aufgaben, von denen die eine Umkehraufgabe der anderen ist.
Beispiel: Der Schatz steht auf 13. Der Plusräuber würfelt 5.
Die Rechnung dazu lautet 13 + 5 = 18.
Wenn der Minusräuber jetzt auch 5 würfelt, lautet die Rechnung 18 – 5 = 13.
Der Minusräuber braucht gar nicht mehr zu rechnen, weil er das Ergebnis von der vorhergehenden Aufgabe ablesen kann.
Interessant ist es auch, wenn zwei fast gleiche Zahlen hintereinander gewürfelt werden.
Beispiel: Der Schatz steht auf 11. Der Minusräuber würfelt 4, der Plusräuber anschließend 3. Die Rechnungen lauten dann:
11 – 4 = 7
7 + 3 = 10.
In Aufgabe 5 werden eine Plus- und eine Minusoperation in einem Term formuliert. Dabei können die Kinder erkennen, dass man manchmal rechnen kann „ohne zu rechnen“: Das Ergebnis von 8 + 5 – 5 kann sofort mit 8 angegeben werden, da die Operation – 5 die Operation + 5 kompensiert.
Rechnen ohne zu rechnen ist auch dann angebracht, wenn die zu addierende und die zu subtrahierende Zahl fast gleich sind.
Beispiel: 9 + 3 – 4
Es wird ein Plättchen mehr weg genommen als vorher hinzugefügt wurde. Daher ist es am Schluss ein Plättchen weniger als es am Anfang war.
Bei dem Taubenspiel Seite 38 sind diese Beziehungen schon angeklungen: Wenn auf dem Dach 8 Tauben sitzen, 5 davon fliegen und 5 wieder dazu kommen, sind es wieder 8 Tauben.

**1**

Spielt Räuber und Goldschatz. Schreibt die ersten 10 Aufgaben auf.

**2**

| | |
|---|---|
| 10 + 4 = 14 | 8 – 4 = 4 |
| 14 – 5 = 9 | 4 + 2 = 6 |
| 9 + 2 = 11 | 6 – 4 = 2 |
| 11 – 6 = 5 | 2 + 3 = 5 |
| 5 + 3 = 8 | 5 – 5 = 0 |

**3**

| | |
|---|---|
| 10 + 2 = 12 | 12 – 1 = 11 |
| 12 – 6 = 6 | 11 + 5 = 16 |
| 6 + 4 = 10 | 16 – 2 = 14 |
| 10 – 2 = 8 | 14 + 6 = 20 |
| 8 + 4 = 12 | |

**4** Aufgabe und Umkehraufgabe.

| | | | | |
|---|---|---|---|---|
| 9 + 7 = 16 | 6 + 5 = 11 | 11 + 7 = 18 | 9 + 5 = 14 | 6 + 7 = 13 |
| 16 – 7 = 9 | 11 – 5 = 6 | 18 – 7 = 11 | 14 – 5 = 9 | 13 – 7 = 6 |
| 8 – 6 = 2 | 15 – 8 = 7 | 12 – 8 = 4 | 13 – 7 = 6 | 12 – 5 = 7 |
| 2 + 6 = 8 | 7 + 8 = 15 | 4 + 8 = 12 | 6 + 7 = 13 | 7 + 5 = 12 |

**5** Rechnen ohne zu rechnen?

| | | | | |
|---|---|---|---|---|
| 8 + 5 – 5 = 8 | 9 + 3 – 3 = 9 | 9 + 4 – 3 = 10 | 9 – 4 + 3 = 8 | 11 – 5 + 6 = 12 |
| 8 – 5 + 5 = 8 | 9 – 3 + 3 = 9 | 9 – 3 + 4 = 10 | 9 + 3 – 4 = 8 | 11 + 6 – 5 = 12 |

## WIE KANN MAN VORGEHEN?

### *Zur Arbeit mit dem Buch:*

**1** Das Spiel Räuber und Goldschatz wird in zwei Gruppen gespielt, wobei die neuen Positionen soweit wie möglich rechnerisch bestimmt werden. Die Lehrerin zeigt, wie die Spielzüge notiert werden können, die des Minusräubers zur Unterscheidung in roter Farbe. Anschließend spielen die Kinder in Partnerarbeit das Spiel und schreiben zumindest die ersten 10 Spielzüge auf. Bei den weiteren Zügen sollten die neuen Positionen ebenfalls so weit wie möglich rechnerisch bestimmt werden.

**2** Diese Aufgabe sollte an der Tafel gemeinsam bearbeitet werden. Die Rechnungen werden aufgeschrieben. Dabei muss klar werden, dass das Ergebnis einer Rechnung die erste Zahl der folgenden Rechnung ist. Die zweite Zahl ist die jeweils gewürfelte Zahl, die vom Plusräuber zu addieren und vom Minusräuber zu subtrahieren ist.

**3** An dieser analogen Aufgabe sollte sich jedes Kind alleine versuchen.

**4** Auch diese Aufgabe wird von jedem Kind alleine bearbeitet.

**5** Die erste Aufgabe sollte der Klasse gestellt werden. Verschiedene Kinder sollten ihren Lösungsweg vorstellen. Darunter dürfte in aller Regel ein Kind sein, das rechnet „ohne zu rechnen“.

**Fortsetzung:**
→ *Arbeitsheft*
Seite 44, 3 – 5 Aufgaben zu „Räuber und Goldschatz“, rechnen ohne auszurechnen

# Kleiner – gleich – größer 73

Einführung der Zeichen <, >, Blitzrechenübung „Kraft der Fünf“

2 < 5
2 ist kleiner als 5

4 = 4
4 ist gleich 4

5 > 3
5 ist größer als 3

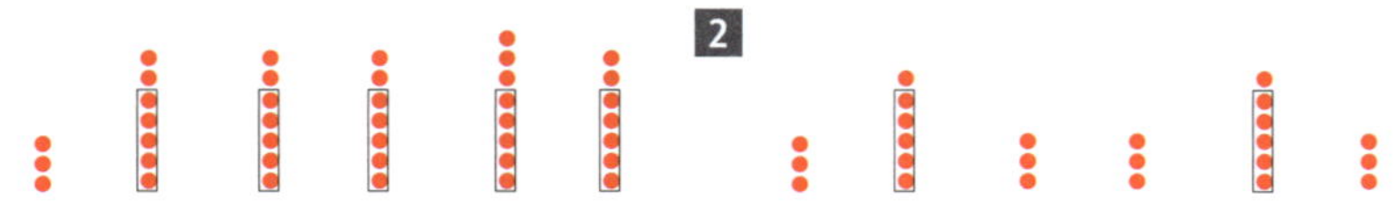

**1** 3 < 7 7 = 7 8 > 7

**2** 3 < 6 3 = 3 6 > 3

**3** 5 > 4 4 < 10 10 > 3
5 < 10 8 < 10 10 = 10

**4** 15 < 16 10 < 15 2 < 20
15 = 15 18 > 15 12 < 20

**5** Vergleiche an der Zwanzigerreihe.

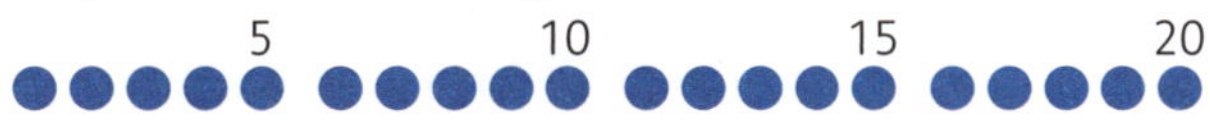


5 < 8 10 > 8 10 < 13 15 > 13 17 > 15 17 < 20

**Blitzrechnen: Kraft der Fünf**

Zahl mit Stift zeigen.

Plus- und Minusaufgabe rechnen.

## WAS WIRD BENÖTIGT?

*Arbeitsmaterial:* Wendeplättchen, Wendekarten
*Demonstrationsmaterial:* Wendeplättchen, Wendekarten, zwei etwa gleich lange Stäbe (Weidenruten)

## WORUM GEHT ES?

Aus einem Vergleich von Punktreihen werden die Fachbegriffe „größer als“, „kleiner als“ mit den dazugehörigen Zeichen gewonnen. Die Zeichen =, < und > wurden von Robert Recorde (1510–1558), dem englischen Adam Ries, eingeführt. Er ließ sich dabei von der folgenden geometrischen Situation leiten: Wenn zwei Strecken parallel sind, hat der senkrecht zur Mittellinie gemessene Abstand an jeder Stelle den gleichen Wert.

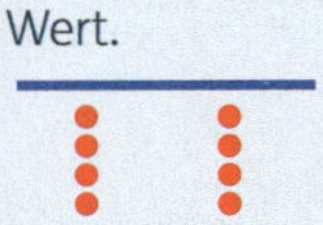

Bei zwei Strecken, die einen gemeinsamen Endpunkt haben, nimmt der senkrecht zur Mittellinie gemessene Abstand zu, wenn man sich vom gemeinsamen Endpunkt entfernt.

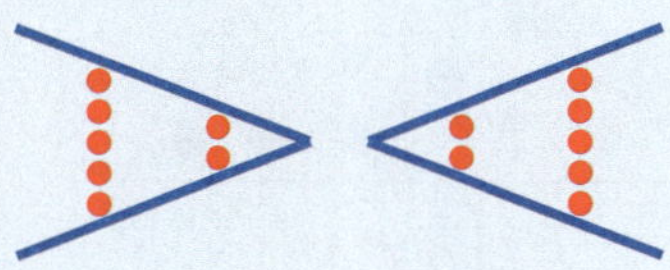

Anstatt zwei Zahlen der Größe nach zu vergleichen, kann man auch eine Summe mit einer Zahl vergleichen.

## WIE KANN MAN VORGEHEN?

***Zur Arbeit mit dem Buch:***

Das Einstiegsbild gibt die Situation, von der sich Robert Recorde hat leiten lassen, prägnant wieder und ist daher eine gute „Eselsbrücke“.
Das Krokodilmaul wird mit Stäben „modelliert“. Die Kinder sehen, dass auf der Seite, auf der die Stäbe enger zusammen sind, weniger Plättchen dazwischen passen, als dort, wo sie weiter auseinander stehen. Wenn die Stäbe parallel sind, passen auf beiden Seiten gleich viele Plättchen dazwischen. Diese geometrischen Größenbeziehungen werden wie angegeben in die entsprechenden Zeichen überführt.

**1**, **2** Die Aufgabenstellungen werden auf die Tafel übertragen. Es wird gemeinsam überlegt, welches Zeichen richtig ist. 3 < 7 bedeutet, dass 3 eine kleinere Anzahl darstellt als 7. 6 > 3 heißt, dass 6 eine größere Anzahl als 3 darstellt. Dies muss hier unbedingt deutlich gemacht werden.
Dass Ziffern größer oder kleiner geschrieben werden können, hat mit dieser Festlegung nichts zu tun. Eine Ungleichung wie 3 < 7 ist auch richtig, wenn die Ziffer 3 sehr groß und die Ziffer 7 sehr klein geschrieben wird. Dies sollte den Kindern bewusst werden. Die Zeichen <, =, > beziehen sich auf Zahlen, nicht auf die Größe von Ziffern.

**3**, **4** Jedes Kind überlegt allein, welches Zeichen einzusetzen ist.

**5** Je weiter man zählt, desto größer werden die Zahlen. Daher können Größenbeziehungen auch an der Zahlenreihe abgelesen werden.

*Grundlegung der Blitzrechenübung „Kraft der Fünf“:*
Für das Kopfrechnen ist es vorteilhaft, die Beziehung der Zahlen zu den Stützpunkten 5, 10, 15 und 20 blitzartig abrufen zu können. Diese Übung wird wie üblich im Klassenverband eingeführt. Weitere Übungen an der Zwanzigerreihe der Doppelseite 134–135 und des ausklappbaren Umschlags des Arbeitsheftes sowie mit der Rechenkartei und der CD-ROM „Blitzrechnen“.

***Fortsetzung:***
→ *Arbeitsheft*
Seite 45, Aufgaben zu Kleiner – gleich – größer
Seite 46, Aufgaben zur Kraft der Fünf
→ *Verstehen und Trainieren 1*
Seiten 27–28, Aufgaben zur Kraft der Fünf in Zahlenhausform

Einführung eines Übungsformats zur integrativen Übung der Addition und Subtraktion

## WAS WIRD BENÖTIGT?

*Arbeitsmaterial:* Operationsfeld 2 (KV) und Leerformat 3 „Rechendreiecke“ (KV), Wendeplättchen, Wendekarten
*Demonstrationsmaterial:* Großes Rechendreieck, Wendeplättchen und Wendekarten, iTb

## WORUM GEHT ES?

Rechendreiecke sind ein Übungsformat, das sich gut sowohl für grundlegende Übungen der Addition und Subtraktion, als auch für produktive Übungen eignet. Die bei der Einführung in den Themenblock schon genannte Regel ist sehr einfach:
Je zwei innere Zahlen werden addiert, das Ergebnis wird an den jeweiligen Rand geschrieben.
Folgende Anforderungsstufen kann man unterscheiden:
- drei innere Zahlen sind vorgegeben (Fall 1),
- zwei innere Zahlen und eine äußere Zahl, die nicht die Summe der inneren Zahlen ist, sind vorgegeben (Fall 2),
- zwei äußere Zahlen und eine innere Zahl sind vorgegeben (Fall 3).

Im Fall 1 werden die drei äußeren Zahlen durch Addition ermittelt. In den beiden anderen Fällen muss man subtrahieren und addieren.
Wenn die drei äußeren Zahlen vorgegeben sind (Fall 4), kann man die inneren Zahlen nicht direkt berechnen, jedenfalls nicht ohne weiteres. Diese interessante Aufgabenstellung, bei der man probieren und überlegen muss, wird auf der Seite 107 gesondert thematisiert.

Auf der Seite 74 werden die inneren Felder noch mit Plättchen belegt, auf der Seite 75 wird zur kürzeren Darstellung mit Zahlsymbolen übergegangen. Plättchen können aber jederzeit zu Hilfe genommen werden. Bei Aufgaben gemäß Fall 4 (Seite 107) sind sie ausgesprochen hilfreich.

## WIE KANN MAN VORGEHEN?

***Vor der Arbeit mit dem Buch:***
Im Sitzkreis wird ein großes Rechendreieck präsentiert. Die Kinder entnehmen schon dem Namen, dass mit diesem Dreieck in bestimmter Weise gerechnet werden muss und sollen die Regel aus Beispielen herausfinden.
Die Lehrerin legt auf die inneren Felder Plättchen (z. B. 3, 4, 6) und außen passend die drei Wendekarten (7, 10, 9).

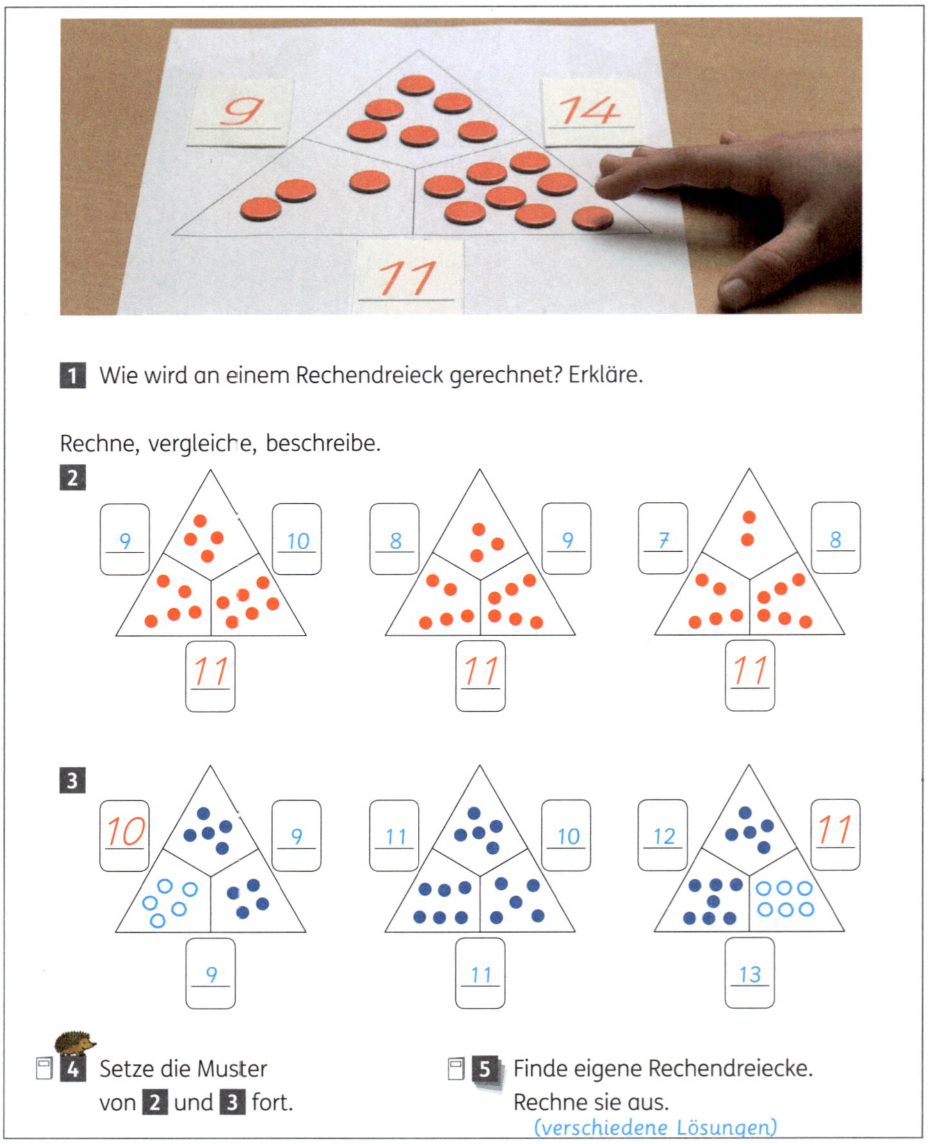


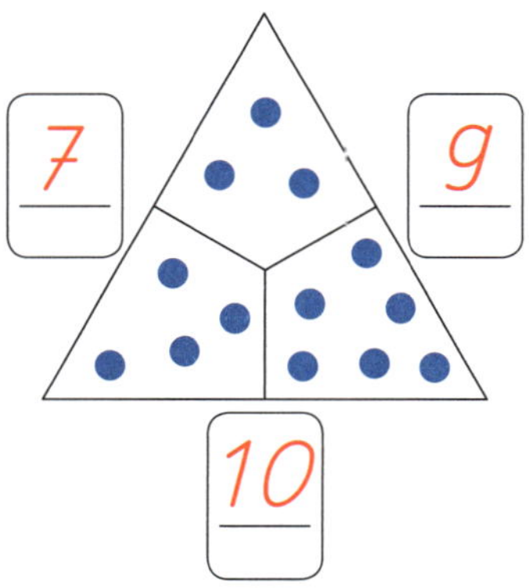


Die Kinder versuchen die Regel zu entdecken. Wenn dies mit einem Beispiel nicht gelingt, gibt man ein weiteres Beispiel vor, indem man in einem inneren Feld die Plättchenzahl ändert und die Randzahlen entsprechend anpasst.
Es ist sinnvoll, die Rechnungen an großen Rechendreiecken an der Tafel festzuhalten. Dann ist es für die Kinder leichter, die Regel zu erkennen.

Anschließend wird an der Tafel ein Dreieck vorgegeben, in dem zwei innere Zahlen und eine äußere Zahl vorgegeben sind (Fall 2).

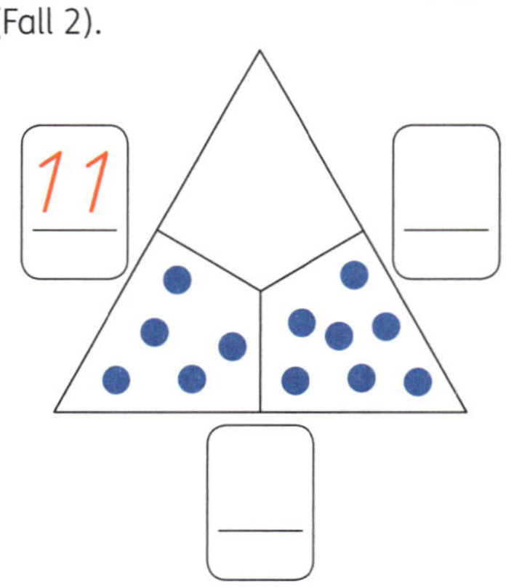


Gemeinsam werden die fehlenden Zahlen bestimmt. Schwächeren Kindern fällt diese Aufgabenstellung zunächst schwer.

Rechne, vergleiche, beschreibe.

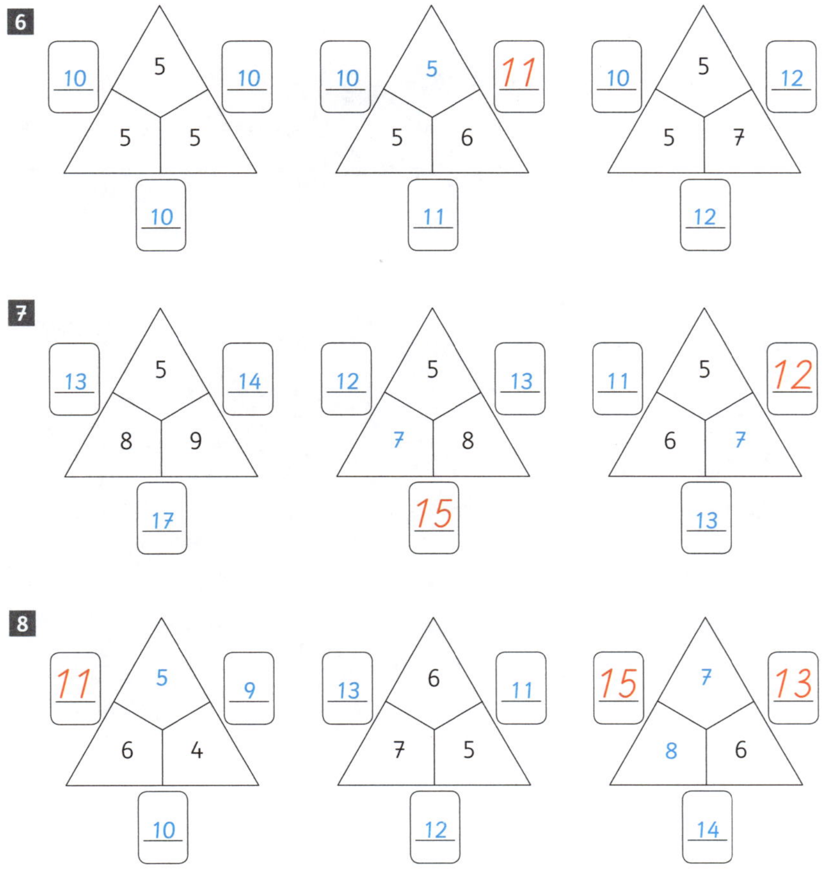


9 Setze die Muster von 6 bis 8 fort.

10 Erfinde eigene Muster mit Rechendreiecken.
(verschiedene Lösungen)

***Fortsetzung:***
→ *Arbeitsheft*
Seite 47, **1 – 4** Rechendreiecke vervollständigen

**6** – **8** In den Rechendreiecken treten fast ausnahmslos die Fälle 1 und 2 auf. Nur bei dem letzten Dreieck handelt sich um Fall 3. Hier muss zuerst zweimal subtrahiert werden, um die fehlenden inneren Zahlen zu ermitteln. Die untere äußere Zahl ergibt sich dann durch Addition.
Auch bei diesen Serien von Rechendreiecken handelt es sich um „schöne Päckchen“.
Bei der Aufgabe 6 ist die linke äußere Zahl konstant 10, die innere obere Zahl und die linke innere Zahl sind konstant 5. Die rechte äußere Zahl, die rechte innere Zahl und die untere äußere Zahl nehmen immer um 1 zu.
Bei der Aufgabe 7 ist die innere obere Zahl konstant 5, die linke äußere Zahl, die linke innere Zahl und die rechte innere Zahl und die rechte äußere Zahl nehmen um 1 ab, die untere äußere Zahl um 2.

Bei der Aufgabe 8 nehmen alle inneren Zahlen jeweils um 1 zu, alle äußeren Zahlen jeweils um 2.

**9** Auch diese Igelaufgabe ist ein Angebot, das die Kinder individuell wahrnehmen können. Jedes Kind kann sich seinen eigenen Reim darauf machen.

**10** Analog zur Aufgabe 5 können sich die Kinder selbst „schöne Päckchen“ mit Rechendreiecken überlegen, wenn sie möchten (natürliche Differenzierung).

***Fortsetzung:***
→ *Arbeitsheft*
Seite 47, **5** Rechendreiecke mit Wendekarten probierend lösen
→ *Probieren und Kombinieren 1*
Seiten 6 – 9, Aufgaben analog zur Aufgabe 5 und schwierigere Aufgaben, bei denen nicht sechs, sondern nur fünf Zahlen vorgegeben sind, und eine sechste Zahl gefunden werden muss, die zusammen mit den fünf gegebenen Zahlen regelrecht in ein Rechendreieck eingesetzt werden kann

***Zur Arbeit mit dem Buch:***
Die Kinder erhalten ein Rechendreieck (Kopie des Operationsfeldes 2) und legen daran mit Plättchen und Wendekarten zuerst das Einstiegsbild von Seite 74 nach.

**1** An diesem Beispiel wird nochmals die Rechenregel erklärt.

**2** Es sind alle inneren Zahlen vorgegeben (Fall 1). Die äußeren Zahlen werden durch Addition ermittelt. Wenn alle Rechendreiecke vollständig berechnet sind, fällt einigen Kindern vielleicht auf, dass sich die linken äußeren Zahlen und die rechten äußeren Zahlen systematisch verändern. Es handelt sich um ein „schönes Päckchen“ von Rechendreiecken: Die innere obere Zahl nimmt immer um 1 ab, die linke innere Zahl ist konstant, ebenso die rechte innere Zahl und die untere innere Zahl. Die rechte äußere Zahl und die linke äußere Zahl nehmen um 1 ab.

**3** Hier sind die Fälle 1 und 2 gemischt. Auch hier erkennen vielleicht einige Kinder an den ausgerechneten Rechendreiecken ein „schönes Päckchen“: Die innere obere Zahl ist konstant, die linke untere, die rechte untere, die linke äußere und die rechte äußere Zahl nehmen jeweils um 1 zu, die untere äußere Zahl um 2.

**4** Diese Igelaufgabe ist ein Angebot, das Kinder individuell nutzen können. Wenn Kinder diese Aufgabe nicht bearbeiten können, weil sie die Muster in den Aufgaben 2 und 3 nicht erkennen, ist das keinerlei Problem (natürliche Differenzierung).

**5** Diese offene Aufgabe ist wieder für alle Kinder zugänglich. Jedes Kind kann auf seinem Niveau arbeiten. Als Hilfe dienen Kopien mit vorgegebenen leeren Rechendreiecken.

## WAS WIRD BENÖTIGT?

*Arbeits- und Demonstrationsmaterial*: iTb

## WORUM GEHT ES?

Diese Seite ist analog zu den Seiten 50 und 59. Es sind Rechenaufgaben vorgegeben, für die eine passende Sachaufgabe zu finden ist. Gegenüber früher verfügen die Kinder jetzt über bessere Kenntnisse im Einspluseins, die es ihnen erleichtern reale Situationen durch Rechensätze zu beschreiben und Ergebnisse zu ermitteln. Der Sachkontext „Beim Bäcker“ bietet hierfür reichhaltige Möglichkeiten.
Es handelt sich um einfachste Beispiele zum Mathematisieren (Modellbilden):

1. Die Kinder müssen eine durch einen Text oder ein Bild beschriebene reale Situation in einem Modell (hier: Rechenaufgabe) erfassen.
2. Sie müssen aus dem Modell eine Folgerung ziehen (hier: Aufgabe ausrechnen, Rechensatz).
3. Sie müssen die Folgerung, d.h. das Ergebnis der Rechnung für die reale Situation interpretieren (hier: Zahl deuten).

Beispiele:
12 – 2: Von 12 Puddingteilchen, nimmt die Bäckerin 2 weg. Es bleiben 10 auf dem Blech zurück, die noch zum Verkauf stehen
3 + 3: Der Bäcker bringt gerade 3 Baguettes in den Laden, 3 von der gleichen Sorte liegen schon im Regal.

**1**

Finde die Aufgaben im Bild.

| | | | | |
|---|---|---|---|---|
| 6 + 6 = 12 | 4 + 2 = 6 | 3 + 5 = 8 | 12 – 2 = 10 | 4 + 4 = 8 |
| 3 + 3 = 6 | 5 – 1 = 4 | 9 – 2 = 7 | 10 – 2 = 8 | 3 + 1 + 1 = 5 |

Findest du noch weitere Aufgaben? (verschiedene Lösungen)

**2** Die Kirschtorte hat 12 Stücke. 5 Stücke werden verkauft. ?
12 – 5 = 7 7 Stücke bleiben übrig.

**3** Erfinde selbst Geschichten zur Aufgabe 12 – 5.
(verschiedene Lösungen)

## WIE KANN MAN VORGEHEN?

### *Vor der Arbeit mit dem Buch:*

Zuerst sollte über das Einkaufen beim Bäcker gesprochen werden. Mögliche Fragen: Wo befindet sich in der Schulumgebung die nächste Bäckerei (bzw. der nächste Bäckereiverkauf)? Was wird dort alles verkauft? Welche Brot- und Brötchensorten gibt es? Wer hat schon mal beim Bäcker eingekauft?
usw.

### *Zur Arbeit mit dem Buch:*

Zuerst wird die auf dem Einstiegsbild auf **Seite 76** dargestellte Situation besprochen: Wer ist im Laden? Was machen die drei Erwachsenen und die zwei Kinder? Was wird alles angeboten? (Brote, Brötchen, Gebäck) Was liegt in der Ladentheke? Von welchen Sorten wurde schon etwas verkauft? Woran erkennt man das?
usw.

**1** Diese Aufgabe wird gemeinsam bearbeitet.

- 6 + 6: Berliner mit rotem Guss und Schokoguss
- 3 + 3: Baguettes
- 4 + 2: Weißbrote
- 5 – 1: Schokoküsse (1 wurde für den Jungen gekauft)
- 3 + 5: Schokohörnchen links vom Mädchen
- 9 – 2: Schokoteilchen rechts von Mädchen
- 16 – 4: Kuchen links vom Jungen
- 10 – 2: runde Brötchen (2 wurden verkauft)
- 4 + 4: Croissants
- 3 + 1 + 1: Tortenstücke ganz links in der Theke

**2** Auch diese Aufgabe sollte gemeinsam bearbeitet werden. Der Text wird ggf. von einem Kind vorgelesen. Dann wird nochmals das Fragesymbol erklärt. Eventuell kann die Torte durch 12 im Kreis angeordnete Plättchen dargestellt werden.

**3** Bei dieser Igelaufgabe können die Kinder ihrer Fantasie freien Lauf lassen. Sie können Geschichten bildlich oder durch einen Text darstellen.

### *Fortsetzung:*

*→ Arbeitsheft*
Seite 48, analoge Aufgaben

**4**

Luka: 6 + 4 = 10

Mai: 6 + 5 = 11

Ali: 6 + 4 + 1 = 11

Jana: 6 > 4

**5**

6 − 3 = 3 oder 2 + 1 + 3 = 6

**6**

10 − 1 − 1 = 8 oder 10 − 2 = 8

**7**

7 + 7 + 1 = 15 oder 12 + 2 + 1 = 15 oder 6 + 6 + 1 + 1 + 1 = 15

**4** Diese Aufgabe sollte zuerst besprochen und dann in Mathekonferenzen bearbeitet werden.
Im anschließenden Klassengespräch muss deutlich werden, dass es zu einer Sachsituation oft mehrere sinnvolle Aufgaben gibt:

**Luka** berechnet die Zahl der Seil ziehenden Kinder, wobei er die Anzahl 6 der nach links ziehenden und die Anzahl 4 der nach rechts ziehenden Kinder addiert.

**Mai** rechnet zu den Kindern auf der rechten Seite auch das kleine Kind dazu, das Spaßes halber das Seil am Baum festgemacht hat.

**Ali** rechnet wie Mai, führt aber das kleine Kind hinter dem Baum extra auf.

**Jana** rechnet überhaupt nicht, sondern hält in einer Ungleichung fest, dass die nach links ziehenden Kinder in der Überzahl sind.

Auch andere Rechnungen wären noch möglich. Z.B. könnte man die Anzahl der Jungen und die Anzahl der Mädchen bestimmen.

**5** Auch hier sind verschiedene Rechnungen möglich:
6 − 3 = 3 beschreibt, dass 6 Kinder da waren und 3 davon weggehen
2 + 1 + 3 = 6 bringt zum Ausdruck, dass 2 Kinder spielen, 1 Kind zuschaut und 3 Kinder im Weggehen begriffen sind.
6 = 3 + 3 würde wieder die Anzahlen der Jungen und Mädchen wiedergeben.
Wenn man das Hüpffeld einbezieht, kann man rechnen 7 = 5 + 1 + 1 oder 7 = 3 + 3 + 1 um die Anzahl 7 der Felder zu strukturieren.

**6** Bei dieser Situation liegen die Aufgaben 10 − 2 und 10 − 1 − 1 nahe, die beschreiben, dass von den ursprünglich 10 Eiern im vollen Karton eines in der Pfanne ist, während das als zweites Spiegelei geplante Ei durch Unachtsamkeit auf den Boden gefallen ist.

**7** Das Bild zeigt zwei E-Junioren-Mannschaften mit einem Schiedsrichter in der Mitte vor einem Spiel.
Jede Mannschaft hat 6 Feldspieler und 1 Torwart.
Die Gesamtzahl der abgebildeten Personen ist 7 + 7 + 1 = 15.

Andere Rechnungen: 6 + 1 = 7 (Spieler einer Mannschaft)
14 + 1 = 15 (Anzahl der Kinder + Anzahl Erwachsene)

***Fortsetzung:***
→ *Arbeitsheft*
Seite 49, analoge Aufgaben

## WAS WIRD BENÖTIGT?

*Arbeitsmaterial:* Wendeplättchen
*Demonstrationsmaterial:* Wendeplättchen, iTb

## WORUM GEHT ES?

Die Modellierung realer Situationen durch Plättchen ist in kleinem Umfang bereits vielfach durchgeführt worden.
Auf dieser Seite begegnen die Kinder einer bildlich dargestellten komplexeren Situation und legen sie, man könnte auch sagen „spielen sie“, mit Plättchen nach. Auf diese Weise können sie ihre *mithilfe von Plättchen gewonnenen* Rechenkenntnisse zum Einsatz bringen. *Plättchen dienen zur Modellierung und unterstützen gleichzeitig das Rechnen.*
Die Plättchen stehen stellvertretend für Kinder. Während Kontrolle und Lenkung realer Kinder in einer realen Situation in der Regel einige Mühe erfordert, lässt sich mit den „braven“ Plättchen stressfrei umgehen. Dadurch, dass sich Plättchen leicht verschieben lassen, bieten sie sich für die probierende Lösung von Aufgaben an.

Beispiel 1:
Die offene Aufgabe „Jedes Kind spielt entweder am Kletterturm oder auf der Rutsche“ wird in der Variation der Plättchenverteilungen nachgespielt. Es ergeben sich viele Lösungen:

| Kletterturm | Rutsche |
|---|---|
| 10 | 0 |
| 9 | 1 |
| 8 | 2 |
| 7 | 3 |
| 6 | 4 |
| 5 | 5 |
| 4 | 6 |
| 3 | 7 |
| 2 | 8 |
| 1 | 9 |
| 0 | 10 |

Entsprechende Zerlegungen wurden im früheren Unterricht systematisch behandelt. „Immer 10“ ist sogar eine Blitzrechenübung.

Beispiel 2:
Zur Lösung der Aufgabe „Auf der Rutsche spielen mehr Kinder als am Kletterturm“ kann man die möglichen Verteilungen in analoger Weise finden.

Eine  und ein . Alle Kinder wollen spielen.
Lege für die Kinder Plättchen und schiebe.

**1** An der  spielen 3 Kinder. Am Kletterturm spielen 7 Kinder.

**2** Am  spielen 6 Kinder. 4 Kinder spielen an der Rutsche.

**3** Am  und an der  spielen gleich viele Kinder. Am Kletterturm und an der Rutsche spielen jeweils 5 Kinder.

**4** An der  spielen mehr Kinder als am . 5 mögliche Lösungen:

| | | | | | |
|---|---|---|---|---|---|
| Rutsche | 10 | 9 | 8 | 7 | 6 |
| Kletterturm | 0 | 1 | 2 | 3 | 4 |

**5** Aus 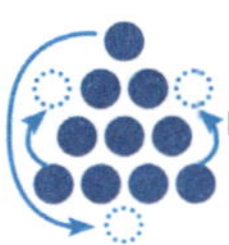 mache  Schaffst du es, nur 3 Plättchen zu bewegen?
(Beispiel)

## WIE KANN MAN VORGEHEN?

***Vor der Arbeit mit dem Buch:***
Zur Einführung kann die Situation mit Kindern simuliert werden: die linke Seite vor der Tafel wird zum „Kletterturm“ erklärt, die rechte zur „Rutsche“. Die Lehrerin zeichnet an die Tafel links einen Kletterturm, rechts eine Rutsche.
Dann gibt sie analog zu den Aufgaben 1 – 4 Anweisungen, die von den Kindern handelnd umgesetzt werden müssen, und hält die Lösungen durch (gezeichnete oder gelegte) Plättchen an der Tafel fest.

Beispiel:
„An der Rutsche spielen 2 Kinder.“ Die 10 Kinder müssen sich einigen, wer von ihnen zur Rutsche abgeordnet wird. Die anderen gehen zum Turm.
Nächste Anweisung: „Ein Kind geht vom Turm zur Rutsche.“
Wieder wird die Anweisung handelnd ausgeführt und an der Tafel nachvollzogen, indem ein Plättchen den Platz wechselt usw.

***Zur Arbeit mit dem Buch:***
Die Kinder erkennen die vorher „behandelte“ Situation wieder.
Der Text wird gelesen und besprochen.

**1** – **4** Jedes Kind holt 10 Plättchen hervor und bearbeitet die Aufgaben soweit wie möglich alleine.

**5** Die Lehrerin erklärt das Denkspiel mithilfe von Plättchen. Die Kinder versuchen sich dann an der Lösung und tauschen ihre Erfahrungen aus.
Die Kinder werden angeregt, das Spiel zu Hause vorzustellen und lösen zu lassen.

**1** Wie viele Beine haben 6 Gänse?

Julia:

Eric: 6 + 6 =

Linda: 2 + 2 + 2 + 2 + 2 + 2 =

*6 Gänse haben 12 Beine.*

**2** Wie viele Beine haben 4 Hasen?

*4 Hasen haben 16 Beine.*

**3** Wie viele Beine haben 2 Gänse und 2 Hasen zusammen?

*2 Gänse und 2 Hasen haben zusammen 12 Beine.*

**4** Wie alt ist Sara, wenn Noah 10 Jahre alt ist?

Noah 6 Jahre — Sara 3 Jahre

Manuel:

6 + 4 = 10
3 + 4 = 7
*Sara ist dann 7 Jahre alt.*

Elena:

| Noah | 6 | 7 | 8 | 9 | 10 |
|---|---|---|---|---|---|
| Sara | 3 | 4 | 5 | 6 | 7 |

*Sara ist 7 Jahre alt, wenn Noah 10 Jahre alt ist.*

**5** Anna ist 6 Jahre alt.
Sie bekommt einen Bruder. Er heißt Oskar.
Wie alt ist Anna, wenn Oskar 6 Jahre alt ist? *Anna ist dann 12 Jahre alt.*

## WAS WIRD BENÖTIGT?

*Arbeitsmaterial:* Wendeplättchen
*Demonstrationsmaterial:* Wendeplättchen

## WORUM GEHT ES?

Nach dem Nachlegen einer realen Situation mithilfe von Plättchen lernen die Kinder, dass man eine Situation auch zeichnerisch und mit symbolischen Mitteln modellieren kann.

Die Aufgabe „Wie viele Beine haben 6 Gänse?“ ist ein Musterbeispiel.
- Man kann sie zeichnerisch darstellen und lösen (Julia).
- Man kann Rechnungen dazu schreiben (Eric und Linda).

Den Kindern wird erneut bewusst gemacht, dass es verschiedene Wege zur Lösung von Sachaufgaben gibt.
Die ersten zeichnerischen Lösungen der Kinder enthalten zunächst noch viele Details, die eigentlich unnötig sind. Erst im Laufe der Zeit wird erkannt, dass „abstrakte“ Darstellungen, die nur die mathematisch wesentlichen Beziehungen wiedergeben, völlig ausreichen.

## WIE KANN MAN VORGEHEN?

***Vor der Arbeit mit dem Buch:***
Die Lehrerin stellt die Aufgabe „Wie viele Beine haben 5 Gänse?“
Die Kinder versuchen sie zu lösen und stellen ihre Lösungen vor.

***Zur Arbeit mit dem Buch:***
**1** Im Klassengespräch werden die Lösungen im Buch erklärt und mit den vorher gefundenen Lösungen verglichen.
Die Lösungen von Julia und Linda liegen nahe.
Eric hat folgendermaßen überlegt: Wenn jede Gans ein Bein hätte, wären es 6 Beine. Da jede Gans aber zwei hat, sind es doppelt so viele, also 6 + 6.

**2** An dieser Aufgabe sollten sich jetzt die Kinder alleine versuchen. Bei der Besprechung können z. B. 4 Gruppen von je 4 Plättchen an die Tafel gemalt werden. Jedes Plättchen steht für ein Bein, jede Vierergruppe für einen Hasen.
Eine rechnerische Lösung könnte so aussehen: 2 Hasen haben 4 + 4 = 8 Beine.
4 Hasen haben 8 + 8 = 16 Beine.

**3** Mit 2 Gruppen von je 4 und 2 Gruppen von je 2 Plättchen lässt sich die Aufgabe legen und das Ergebnis bestimmen.

**4** Der Aufgabentyp „Wie alt bin ich, wenn ... Jahre alt ist?“ ist bei Kindern und Erwachsenen sehr beliebt, unterhaltsam und anregend.
**Elena:** Lehrreich ist die Lösung mithilfe einer Tabelle

| | |
|---|---|
| Jetzt: | Noah 6, Sarah 3 |
| 1 Jahr später: | Noah 7, Sarah 4 |
| 2 Jahre später: | Noah 8, Sarah 5 |
| 3 Jahre später: | Noah 9, Sarah 6 |
| 4 Jahre später: | Noah 10, Sarah 7 |

**Manuel** löst die Aufgabe durch direkte Rechungen: Es müssen 4 Jahre vergehen, bis Noah 10 ist. Dann ist Sarah 3 + 4 = 7 Jahre.

Beide Lösungen können mit Plättchen nachgelegt werden.

Möglich ist auch eine Lösung an der Zwanzigerreihe: Für Noah wird zuerst ein Plättchen auf die 6 gelegt, für Sarah eines auf die 3. Beide Plättchen wandern dann in jedem Jahr ein Feld weiter. Es dauert 4 Jahre, bis Noah 10 ist. Dann ist Sarah 7.
In dieser Modellierung ist sogar eine Lösung ohne Rechnung möglich.

**5** An dieser Igelaufgabe können sich Kinder, die Lust dazu haben, selbst versuchen. Die Lösungen sollten anschließend besprochen werden.

# Legen und Überlegen

Einfache Sachaufgaben zu Beziehungen zwischen Anzahlen und Geldbeträgen

## WAS WIRD BENÖTIGT?

*Arbeits- und Demonstrationsmaterial:*
Wendeplättchen, iTb

## WORUM GEHT ES?

Diese Doppelseite ist von zentraler Bedeutung für das Sachrechnen. Die Kinder lernen hier handlungsorientiert grundlegende Beziehungen zwischen Anzahlen und Geldbeträgen kennen, die bei Sachaufgaben häufig vorkommen. Die Begriffe „mehr als", „weniger als", „doppelt so viele" und „halb so viele" wurden fett hervorgehoben. Empirische Untersuchungen zeigen, dass Kindern Aufgaben mit diesen Begriffen große Mühe bereiten. Für das Verständnis wichtig ist es, dass die Kinder unterscheiden lernen zwischen „Max hat **3 Muscheln**" und „Max hat **3 Muscheln mehr als** Lisa" und „Max hat **3 Muscheln weniger als** Lisa".
„3 Muscheln" ist eine Anzahl. „3 Muscheln mehr/ weniger als" ist ein Vergleich zwischen Anzahlen. Da sich Anzahlen bei solchen Aufgaben ändern können, spielt auch die Zeit eine wichtige Rolle: „vorher", „jetzt", „nachher" wird sprachlich in unterschiedlicher Weise zum Ausdruck gebracht. Um der teilweise noch geringen Lesefähigkeit Rechnung zu tragen wird auf der Doppelseite mit einem geringen Wortschatz gearbeitet, wobei die Schlüsselwörter vielfach wiederholt werden.
Bereits auf dieser niedrigen Stufe ist es aussichtslos, dem Sachrechen mit festen Lösungsschemata beikommen zu wollen. Der einzig sinnvolle Weg verläuft auch hier über das Verständnis. Die Kinder müssen lernen, Lösungswege von Aufgaben sinngemäß auf andere Aufgaben zu übertragen. Mit zunehmender Übung werden sich ihre Sachrechenfähigkeiten verbessern. Bei manchen Kindern geht das schneller, bei manchen dauert es länger.
Beachtet werden muss, dass es sich um einen ersten Durchgang durchs Sachrechnen handelt. Dass danach bei Kindern noch Lücken sein werden, liegt in der Natur der Sache.

Lisa hat 7 Muscheln.
Max hat 3 Muscheln.
Hamit hat 6 Muscheln.

Erkläre:
Lisa hat 4 Muscheln **mehr als** Max.
Max hat 4 Muscheln **weniger als** Lisa.
Hamit hat **doppelt so viele** wie Max.
Max hat **halb so viele** wie Hamit.

**Zusammen** haben sie 16 Muscheln.

**1** Maja hat 8 Luftballons.

Sie hat 3 **mehr als** Tim.
Wie viele Luftballons hat Tim?
Tim hat 5 Luftballons.

**2** Alina hat 6 Luftballons.

Ole hat 4 **weniger** als Alina.
Wie viele Luftballons hat Ole?
Ole hat 2 Luftballons.

**3** Fatma hat 4 Murmeln.

Emil hat **doppelt so viele**.
Wie viele Murmeln hat Emil?
Emil hat 8 Murmeln.

**4** Sarah hat 16 Murmeln.

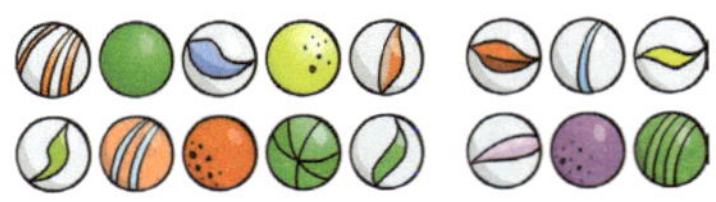

Boris hat **halb so viele**.
Wie viele Murmeln hat Boris?
Boris hat 8 Murmeln.

**5** Leni hatte einige Kastanien.
Sie hat 4 verloren.
Jetzt hat sie noch 9.

Wie viele hatte sie am Anfang?
Sie hatte 13 Kastanien.

**6** Marco hatte einige Kastanien.
Er bekam von Ebru noch 3 dazu.
Jetzt hat er 12.

Wie viele hatte er am Anfang?
Er hatte 9 Kastanien.

## WIE KANN MAN VORGEHEN?

### *Vor der Arbeit mit dem Buch:*

Die Lehrerin versammelt die Kinder im Sitzkreis und legt an der Tafel oder auf einem hellen Karton 8 rote Plättchen und darunter 5 blaue Plättchen. Sie erklärt den Kindern, dass das Murmeln (Knicker, Schusser, ...) sein sollen.

Dann stellt sie einige Fragen, die von den Kindern zu beantworten sind:

- Wie viele rote Murmeln sind es?
- Wie viele blaue?
- Sind es mehr rote oder weniger rote als blaue?
- Wie viel mehr rote Murmeln sind es?

Die Antwort „3 mehr" muss sorgfältig geklärt werden. Man legt zu diesem Zweck die 5 blauen Murmeln unter die ersten 5 roten Murmeln und sieht, dass 3 rote Murmeln keinen blauen Partner haben. Das heißt „3 mehr". Wenn diese 3 Murmeln nicht wären, gäbe es gleich viele rote und blaue Murmeln.
Wenn es 3 blaue Murmeln mehr gäbe, wären die Anzahlen gleich. Es sind aber weniger blaue, genau gesagt „3 weniger als rote". „3 rote mehr" und „3 blaue weniger" bezeichnen den gleichen Sachverhalt.
Interessant ist es, ein oder mehrere rote Plättchen zu wenden und nochmals die gleichen Fragen zu stellen.

- Wie viele Murmeln sind es zusammen?

Das ist eine einfache Aufgabe.
Nun wird von den blauen Murmeln eine weggenommen, und es werden die obigen Fragen wiederholt und geklärt.
Die Lehrerin weist darauf hin, dass man auch sagen kann „Es sind doppelt so viele rote wie blaue" und „Es sind halb so viele blaue wie rote".

Als nächstes stellt die Lehrerin mündlich folgende Aufgabe:
„Tim hat 3 Murmeln verloren. Er hat jetzt noch 7. Wie viele hatte er vorher?"
Die Kinder versuchen die Aufgabe mit den Plättchen zu legen:
Zuerst werden die 7 Murmeln gelegt, die Tim noch hat. Dann müssen 3 dazu gelegt werden, die er verloren hat.

Dieselbe Aufgabe wird im Kontext von Tauben gestellt: „Auf dem Dach waren Tauben. 3 sind weggeflogen. Jetzt sind es

**7** Marta hat 8 Euro.

Oma gibt ihr noch einige Euro dazu.
Jetzt hat Marta 14 Euro.
Wie viel Euro hat Oma ihr gegeben?
*Oma hat ihr 6 Euro gegeben.*

**8** Anton und Kim haben zusammen 20 Euro.

Anton gehören davon 12 Euro.
Wie viel Euro gehören Kim?
*Kim gehören 8 Euro.*

**9** 9 Frösche sitzen am Teich.

3 Frösche hüpfen weg.
Wie viele Frösche sind noch da?
*6 Frösche sind noch da.*

**10** 12 Frösche sitzen am Teich.

Zuerst hüpfen 2 Frösche weg.
Dann hüpfen noch 3 weg.
Wie viele Frösche sind noch da?
*7 Frösche sind noch da.*

**11** 20 Milchzähne.

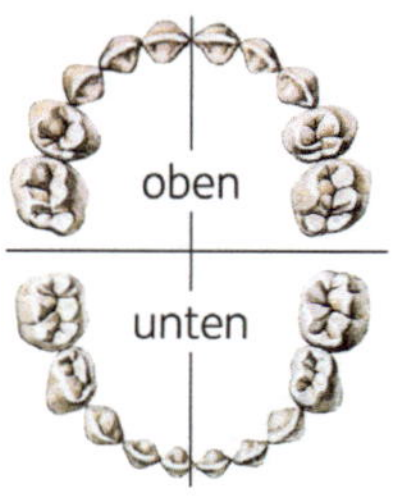


Daniel hat noch 11 Milchzähne.
Wie viele Zähne hat er verloren?
*Er hat 9 Zähne verloren.*

**12** 20 Milchzähne.

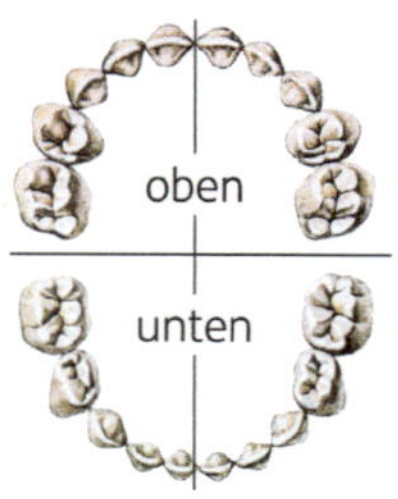


Nele hat 4 Zähne oben und 2 Zähne unten verloren.
Wie viele Zähne hat sie noch?
*Sie hat noch 14 Zähne.*

noch 7. Wie viele waren es vorher?"
Den Kindern muss bewusst werden, dass es sich zahlenmäßig um die gleiche Aufgabe handelt.

Eine neue Aufgabe wird gestellt: „Tim hat 9 Muscheln, Pia hat 5. Tim gibt ihr 2 Muscheln. Wie viele hat er dann, wie viele hat sie dann?" Auch diese Aufgabe wird mit Plättchen gelöst. Beide haben am Schluss gleich viele, nämlich 7 Muscheln.

### *Zur Arbeit mit dem Buch:*

Die Doppelseite wird gemeinsam bearbeitet, damit die neuen Begriffe gründlich geklärt werden. Die beigefügten Bilder erleichtern das Verständnis.
Das Einstiegsbild knüpft an die vorhergehenden Aufgaben an. Grundlegende Anzahlbeziehungen werden anhand der Muschelzahlen von drei Kindern illustriert. Die Kinder überzeugen sich, dass die Aussagen stimmen. Zusatzfragen:

Wie viele Muscheln hat Hamit mehr als Max?
Wie viele Muscheln hat Lisa mehr als Hamit?
Wie viele Muscheln haben Max und Hamit zusammen?

**1** Die 8 Luftballons von Maja sind abgebildet. Die weitere Information lautet: Sie hat 3 mehr als Tim. Dies bedeutet, dass sie mehr als Tim, Tim also weniger als 8 hat. Die drei letzten Luftballons, die Maja mehr hat, können abgedeckt werden. Dann hat man die Anzahl, der Luftballons, die Tim hat.
Auch hier muss man nicht rechnen. Es kommt nur darauf an, die Information richtig zu nutzen. Rechnung dazu: 8 – 3 = 5

**2** Lösung analog. Ole hat 4 weniger, also Alina 4 mehr. Diese 4 werden abgedeckt. Ole hat 2. Rechnung dazu: 6 – 4 = 2

**3** Um zur Anzahl von Emil zu kommen, muss die Murmelzahl 4 von Fatma verdoppelt werden. Hier werden die meisten Kinder sofort rechnen: 4 + 4 = 8

**4** Umgekehrte Fragestellung.
Die Murmeln sind so schön geordnet vorgegeben, dass die Halbierung einfach ist, die in der Form 16 – 8 = 8 notiert wird.

**5** Diese Aufgabe ist jetzt schon schwieriger, wurde aber gut vorbereitet.
Zur Lösung müssen die Kinder die drei verlorenen Kastanien dazu rechnen.
Rechnung: 9 + 4 = 13.
Wenn ein Kind 9 – 4 = 5 rechnen würde, hieße das, dass Leni noch einmal Kastanien verlieren würde.

**6** Umgekehrte Fragestellung. Die hinzugekommenen Kastanien müssen abgezogen werden. Rechnung: 12 – 3 = 9.

**7**, **8** An die Stelle von Anzahlen treten Geldbeträge. Die Aufgaben können mit Hilfe der Abbildungen oder rechnerisch gelöst werden.
Um auf 14 Euro = 10 Euro + 4 Euro zu kommen, können ein 5-Euroschein und eine 1-Euro-Münze dazu gedacht werden.
Rechnung: 8 + 6 = 14

**9**, **10** Hier braucht man nicht zu rechnen, sondern kann die Lösungen an den Zeichnungen ablesen. Die Rechnungen lauten: 9 – 3 = 6, 12 – 2 – 3 = 7

**11**, **12** Auch bei diesen Aufgaben helfen die Abbildungen. Die Rechnungen lauten: 20 – 9 = 11, 20 – 4 – 2 = 14.

### *Fortsetzung:*

→ *Arbeitsheft*
Seite 50, Sachaufgaben gemeinsam besprechen, Lösungen aufmalen
→ *Sachrechnen im Kopf. Basiskurs Größen 1/2*
Zur weiteren Übung steht das Modul „Einfache Textaufgaben" dieser Kartei zur Verfügung. Jede Aufgabe wird durch ein Bild unterstützt, die Sprache ist bewusst reduziert, damit auch schwächere Kinder die Aufgaben arbeiten können. Zur Verteidigung der sprachlichen Reduzierung sei darauf hingewiesen, dass an gewissen Stellen des Unterrichts im täglichen Leben auch eine verkürzte Sprache ihre Existenzberechtigung hat. Damit wird keineswegs der Anspruch an die Sprachförderung aufgegeben.

## WAS WIRD BENÖTIGT?

*Arbeits- und Demonstrationsmaterial:* Wäscheleine oder dicke Schnur von 5–6 mm Stärke

## WORUM GEHT ES?

Die vier vorhergehenden Seiten waren anstrengend. Da sind jetzt geometrische Seiten willkommen, bei denen man etwas „durchatmen“ kann. Die Basiskurse „Blitzrechnen“ und „Sachrechnen im Kopf“ sollten aber weitergeführt werden. Da handelt es sich nur um Wiederholungen.
Im ZAHLENBUCH wird nicht nur die „reine“, sondern auch die praktische Geometrie besonders gepflegt, wobei neue Wege eingeschlagen werden.
Knoten finden im täglichen Leben, in vielen Berufen (Seefahrt) und in der Freizeit (Basteln, Pfadfinden, Angeln, Bergsteigen) vielfältige Anwendung. Sie sind daher kein exotisches Thema, wie es vielleicht auf den ersten Blick scheinen könnte. In der Mathematik haben geometrische Theorien über „krumme“ Linien und Flächen die Geometrie der geraden Linien und Ebenen längst in den Schatten gestellt. Die Knotentheorie ist hier eines der Gebiete, die sich in den letzten Jahrzehnten besonders stürmisch entwickelt haben. In dieser Theorie versteht man unter einem Knoten eine geschlossene Linie mit beliebig komplexen Überschneidungen. Ziel der Theorie ist es Verfahren zu entwickeln um zu entscheiden, ob sich zwei Knoten durch Umformen ineinander überführen lassen (äquivalente Knoten) oder nicht.
Konstruktionspläne von Knoten zu lesen und in reale Knoten umzusetzen ist unabhängig von praktischen Anwendungen eine sehr gute Schulung der Raumvorstellung.
Das Studium einfacher Knoten ist eines der Gebiete, die aus der Zeit der „Neuen Mathematik“ überdauert haben. Heinrich Besuden gebührt das Verdienst sie in den Grundschulunterricht eingeführt zu haben (H. Besuden, Würfel, Knoten, Ornamente. Stuttgart: Klett, Seiten 15–27).
Die „Knotenschule“ des ZAHLENBUCHs beginnt im Band 1 mit dem einfachen Knoten und den Knotenschnüren der Inka (Seite 20). Sie wird hier mit dem Freihandknoten zum Zusammenbinden von Schnüren, dem Schlaufenknoten zum Befestigen einer Schnur an einem Haken sowie der Schuhschleife fortgesetzt.
Die Bezeichnungen für Knoten variieren sehr stark. Der Freihandknoten heißt oft

**1** Freihandknoten
Mit dem Freihandknoten kannst du zwei Schnurenden zusammenbinden.

1. 2. 3.

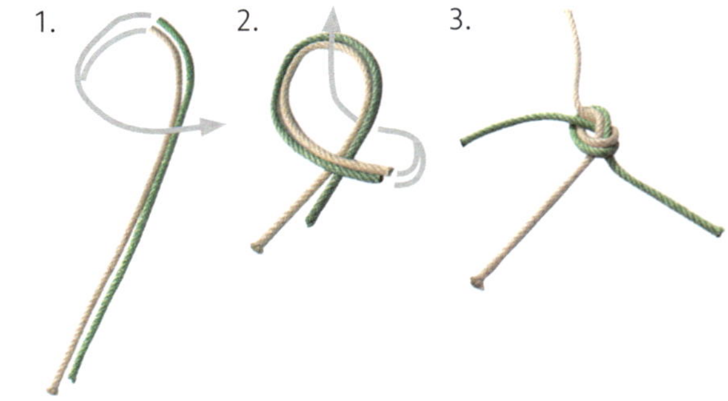

**2** Schlaufenknoten
Der Schlaufenknoten wird auch beim Angeln verwendet.

1. 2. 3.

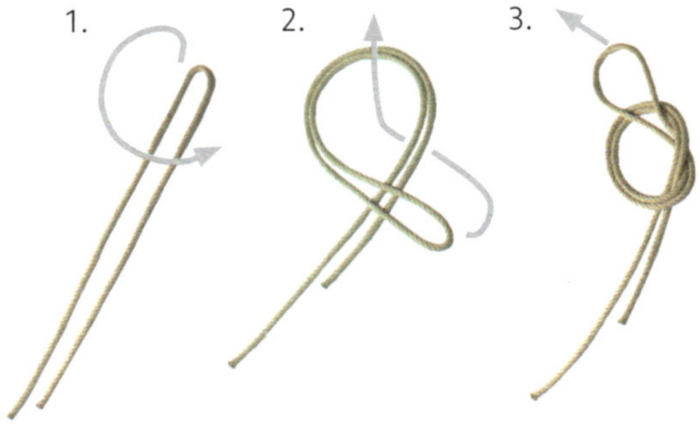

**3** Schuhschleife

1. 2. 3. 4. 5.

auch „Überhandknoten“, der Schlaufenknoten „Sackstich“.

Danksagung: Herrn Alexander Hesse, Fa. InVento, sind wir für nützliche Hinweise zur Verwendung von Knoten im Drachenbau verpflichtet.

## WIE KANN MAN VORGEHEN?

### *Zur Arbeit mit dem Buch:*

Die Kinder versuchen, die Knoten anhand der Anleitungen zu knüpfen, und helfen einander dabei. Wenn nötig zeigt die Lehrerin, wie es geht.

**1** Der *Freihandknoten* gleicht in der Knüpfbewegung dem einfachen Knoten (Seite 20). Es werden aber zwei Schnüre verknotet. Der Knoten kann wie der einfache Knoten auch rechts herum geknüpft werden, indem man die Enden der Schlaufen nicht wie im Bild gegen den Uhrzeigersinn, sondern im Uhrzeigersinn über die beiden Schnüre führt. Dies entspricht einer Spiegelung der Knüpfanleitung an der Vertikalen. Der Freihandknoten ist einer der am häufigsten benutzten Knoten. Er findet insbesondere im Drachenbau Verwendung. Wenn man die beiden Enden einer Schnur mit einem Freihandknoten verbindet, erhält man eine geschlossene Schnur, wie sie zum Aufhängen von Bildern o. Ä. benötigt wird.

**2** Der *Schlaufenknoten* wird wie ein Freihandknoten mit einem doppelt liegenden Seil geknüpft. Am Schluss entsteht eine Schlaufe, daher der Name. Wie der Freihandknoten kann auch der Schlaufenknoten anders herum geknüpft werden.

**3** Die *Schuhschleife* kann auch zum Verpacken von Geschenken benutzt werden. Zuerst sollte man die Schleife an einem Holzklotz üben, dann auch am Schuh.

**1** Wie heiße ich?

Ich habe lange blonde Haare. Leni
Ich bin ein Junge und trage eine Brille. Philipp
Ich sitze **zwischen** Leni und Emelie. Max
Ich sitze **neben** Jonas und habe kurze Haare. Paula
Ich sitze **gegenüber** von Arian und lache. Ling
Mein Vorname fängt mit A an. Arian
Ich sitze **rechts** von Paula. Jonas
Ich sitze **links** von Arian. Emelie
Ich sitze **neben** dem Kind, das **gegenüber** von Ling sitzt. Emelie

## WAS WIRD BENÖTIGT?

Arbeits- und Demonstrationsmaterial: iTb

## WORUM GEHT ES?

An einem einfachen Beispiel, das den Kindern gut bekannt ist, wird erarbeitet, wie man einen Plan zur Lösung räumlicher Aufgaben nutzen kann.

Auf der Seite ist oben wie auf einem Foto ein Stuhlkreis mit 8 Kindern und einer Lehrerin zu sehen. Links daneben ist in klein ein schematischer Plan des Stuhlkreises gezeichnet, auf dem die Namen der Personen stehen. Dieser Plan ist in der heutigen Terminologie ein *Modell* des Sitzkreises. An diesem Modell kann man nicht sehen, wie die Personen aussehen. Man erkennt nur, wo sie sitzen und wie sie heißen.

## WIE KANN MAN VORGEHEN?

### *Vor der Arbeit mit dem Buch:*

Die Lehrerin bildet mit 7 Kindern einen möglichst gleichmäßigen Stuhlkreis, d. h. die Stühle bilden ein Achteck. Dann ist genau definiert, was „gegenüber" heißt. Die anderen Kinder schauen zu. Analog zu den Aussagen in Aufgabe 1 beschreibt die Lehrerin einzelne Kinder im Stuhlkreis und alle Kinder müssen herausfinden, um wen es sich handelt.
Ein besonderes Problem taucht hier bei den Lagebeziehungen „rechts" und „links" auf. Die Kinder dürfen nicht von ihrer eigenen Perspektive ausgehen, sondern müssen sich jeweils in die Lage der beschreibenden bzw. beschriebenen Person versetzen.

### *Zur Arbeit mit dem Buch:*

**1** Auf dem Bild erkennen die Kinder die Situation des Stuhlkreises wieder. Da sie diese fremden Kinder nicht kennen, müssen sie das „reale" Bild zu den Namen in Beziehung setzen.

Es gibt zwei Typen von Aussagen.

1. Ein Kind wird beschrieben. Beispiel: „Ich habe lange blonde Haare." Das Kind muss *zuerst im Bild* gesucht und dann im Plan wiedergefunden werden. Dort kann man den Namen ablesen. Im Beispiel Leni.
2. Der Platz eines bestimmten Kindes wird durch eine Lagebeziehung beschrieben. Beispiel: „Ich sitze neben Jonas und habe kurze Haare." In diesem Fall muss man *zuerst im Plan* das Kind Jonas suchen, Jonas mit Hilfe des Planes im Sitzkreis suchen und kann dann das Kind neben Jonas finden, das kurze Haare hat. Im Beispiel Paula.

Nach der Bearbeitung der Aufgaben können die Kinder einander ähnliche Aufgaben stellen:
„Ich sitze zwischen ..."
„Ich sitze neben und habe ..."
„Ich habe ... an ..." usw.

### *Nach der Arbeit mit dem Buch:*

Die Kinder können versuchen, einen Plan ihrer Tischgruppe zu zeichnen.

*Der Gegensatz zwischen Freiheit und Disziplin ist nicht so scharf, wie eine logische Analyse der Begriffe nahe legen könnte, denn der kindliche Geist ist ein sich entwickelnder Organismus. Dies bedeutet einerseits, dass man ihm von außen keine Ideen aufzwingen kann, die ihm fremd sind, aber andererseits auch, dass systematisches Wissen der Nährboden für die kindliche Denkentwicklung ist. Daher muss es das Ziel einer ideal eingerichteten Erziehung sein, Freiheit mit Disziplin und Disziplin mit Freiheit zu verbinden.*

Alfred N. Whitehead: The Aims of Education

## WAS WIRD BENÖTIGT?

*Arbeitsmaterial:* Arbeitsblatt 3 (KV)
*Demonstrationsmaterial:* Plakat „Eckenhausen“, iTb

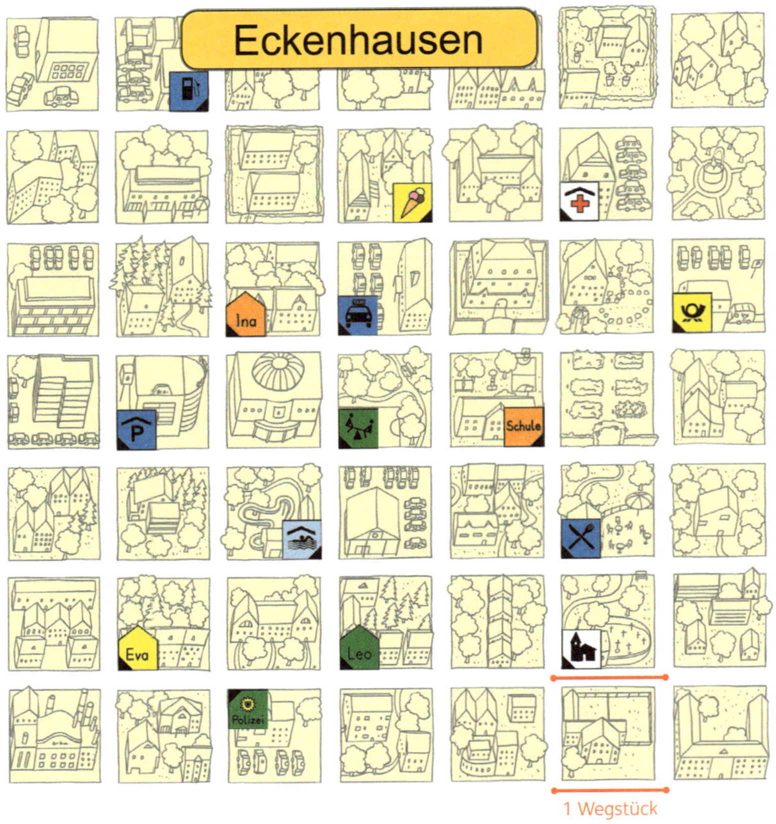


**1** Erkunde Eckenhausen.

**2** Von einer Kreuzung zur nächsten ist es immer das gleiche Wegstück.
Eva muss zu Ina 4 Wegstücke gehen. Prüfe nach.

**3** Wie viele Wegstücke?

Leo geht zu Eva. *2 Wegstücke* Leo geht zu Ina. *4 Wegstücke*

## WORUM GEHT ES?

Diese Doppelseite wurde angeregt durch die sogenannte „Taxi-Geometrie“, die der belgische Mathematiker Georges Papy vor etwa 45 Jahren für den Unterricht ausgearbeitet hat. Diese Geometrie beruht auf der Tatsache, dass es für die Kosten einer Taxifahrt nicht auf die Luftlinie zwischen Start und Ziel ankommt, sondern auf den tatsächlichen Weg, den das Taxi auf den Straßen fahren muss. In Papys fiktiver Stadt „Orthopolis“, in der die Straßen angelegt sind wie in einem Koordinatengitter, wird die Taxientfernung als Summe des vertikalen und des horizontalen Abstands des Start- und Zielpunkts ermittelt. Diese Abstände muss ja das Taxi überbrücken.

Im ZAHLENBUCH hat das Thema „Eckenhausen“ eine doppelte Funktion: Die Kinder lernen einen Ortsplan zu nutzen und lernen gleichzeitig die Grundstruktur eines Koordinatensystems kennen.

Die in Eckenhausen besonders ausgewählten Gebäude sind bewusst an Kreuzungen platziert. Welche Kreuzung zu einem Gebäude gehört, wird durch ein kleines schwarzes Dreieck am Piktogramm angezeigt. Mit den Kindern wird vereinbart, dass jeder Weg in der Mitte der zum Startpunkt gehörenden Kreuzung beginnt und am Mittelpunkt der zum Zielpunkt gehörenden Kreuzung endet. Durch diese Festlegung ist die Anzahl der Wegstücke eines Wegs vom Start zum Ziel eindeutig bestimmt.

Bei der Beschreibung der Wege werden Bezeichnungen gewählt, die bei Stadtplänen üblich sind: „Straße“, „Kreuzung“, „in Richtung ... laufen bzw. fahren“, „abbiegen“, „links abbiegen“, „rechts abbiegen“. Solche Wegbeschreibungen fallen vielen Kindern am Anfang sehr schwer. Man muss ihnen Zeit zur Auseinandersetzung mit der Problematik lassen.

Zwischen zwei Kreuzungspunkten, die nicht benachbart sind, gibt es immer mehrere kürzeste Wege, die aber alle die gleiche Länge haben. Das ist eine mathematisch sehr weit reichende Erkenntnis. Wenn man einen *festen* Kreuzungspunkt als Startpunkt wählt und die Endpunkte aller Wege markiert, die vom Startpunkt eine *feste* Weglänge entfernt sind, ergibt sich ein besonders schönes geometrisches Muster: ein auf der Spitze stehendes Quadrat. Die Aufgaben führen an beide Muster heran.

Die Doppelseite bietet eine *erste Begegnung* mit Eckenhausen. Das Thema wird in allen Folgebänden des ZAHLENBUCHs weitergeführt.

Die Piktogramme stehen für:

Am Plan ist die Längeneinheit „Wegstück“ durch zwei rote Strecken von je einem Kreuzungspunkt zu einem Nachbarn angegeben.

## WIE KANN MAN VORGEHEN?

***Vor der Arbeit mit dem Buch:***

Es ist sinnvoll, mit dem großen Plakat zu arbeiten. Bewegungen auf dem großen Plan mit einem Plättchen oder einer kleinen Puppe beziehen den ganzen Körper ein und sind daher viel einprägsamer, leichter nachzuvollziehen und besser anzusprechen.

Die Gebäude bzw. Plätze liefern die Anhaltspunkte für Wegbeschreibungen, wie sie in den Aufgaben 1–6 verlangt werden. Zuerst wird ein allgemeines Gespräch über den Stadtplan von Eckenhausen geführt. Leitfrage: „Was ist in dieser Stadt anders als in den uns bekannten Städten?“

Es wird herausgearbeitet, dass es nur ganz

**4** Wie viele Wegstücke?

Eva zur Schule. 6 Wegstücke — Ina zur Schule. 4 Wegstücke — Leo zur Schule. 4 Wegstücke

Eva zur Kirche. 4 Wegstücke — Ina zur Kirche. 6 Wegstücke — Leo zur Kirche. 2 Wegstücke

**5** Das Taxi fährt in Eckenhausen keine Umwege.

Vom -Stand zur : 3 Wegstücke

Vom -Stand zum : 4 Wegstücke

Vom -Stand zu Eva: 5 Wegstücke

**Forschen und Finden**

**6** Das Taxi fährt immer 3 Wegstücke. Wo kann es hinkommen? Zeichne die Ziele rot ein. Was fällt dir auf?

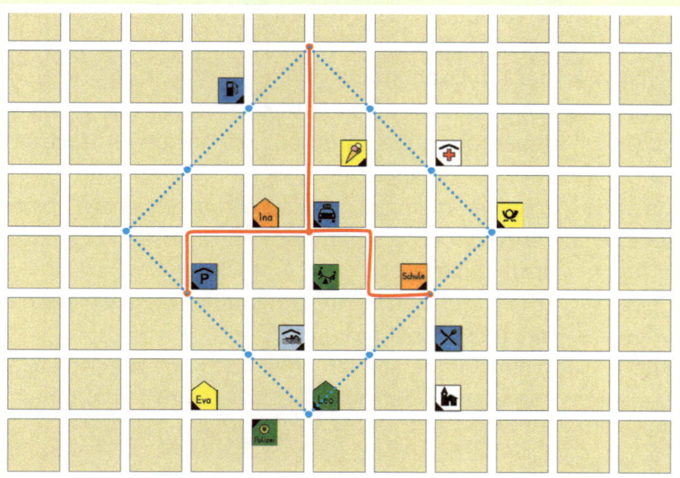


gerade *Straßen* gibt, die in zwei Richtungen verlaufen und sich in regelmäßigen Abständen kreuzen (*Kreuzung*). Weiter wird besprochen, dass es von einer Kreuzung zur nächsten immer gleich weit ist (*Wegstück*) und dass man die Länge eines Weges von einem Kreuzungspunkt zu einem anderen durch die Anzahl der zurückgelegten Wegstücke angeben kann. Dann werden einige Aufgaben gestellt und gemeinsam gelöst. Beispiel:
„Wie kann Ina zur Schule gehen?"
Die möglichen Wege werden gezeigt, die Kinder versuchen sie zu beschreiben:

- „Sie geht in Richtung der Post und biegt bei der dritten Kreuzung rechts ab."
- „Sie läuft in Richtung Polizei und biegt bei der ersten Kreuzung links ab."

Anschließend wird gemeinsam bestimmt wie viele Wegstücke Ina zurücklegen muss. Da unter einem „Wegstück" der Weg von einer Kreuzung bis zur nächsten verstanden wird, muss Ina in beiden Fällen 4 Wegstücke zurücklegen.
Natürlich kann Ina auch einen Umweg machen, z. B. zuerst zur Eisdiele gehen und von dort zur Schule. Das wären dann 6 Wegstücke.

### *Zur Arbeit mit dem Buch:*

Die Seite 84 wird am besten in Gruppen bearbeitet.

**1** Die Kinder schauen sich den Plan von Eckenhausen im Buch an, identifizieren die Gebäude und laufen mit dem Finger bestimmte Wege.

**2** Die Kinder bestimmen Wege von Eva zu Ina und deren Länge. Alle kürzesten Wege bestehen aus 4 Wegstücken.
Eva muss (im Plan) ein Wegstück nach rechts und drei Wegstücke nach oben gehen.

**3** Diese erste Teilaufgabe ist ganz einfach. Die zweite ist analog zu Aufgabe 2. Wenn Leo keine Umwege geht, muss er 4 Wegstücke zurücklegen.

**4** Die Fragestellung ist die gleiche, die Wege sind aber etwas komplexer. Daher gibt es mehrere Möglichkeiten für kürzeste Wege, die aber jeweils die gleiche Länge haben.

**5** Bei dieser einfachen Aufgabe muss nur die Anzahl der Wegstücke gefunden werden. Das Taxi fährt keine Umwege.

**6** Für diese grün unterlegte Aufgabe wird das Arbeitsblatt 3 verwendet. Für drei Wegestücke hat das Taxi viele Möglichkeiten, da der Fahrer an jeder Kreuzung neu entscheiden kann, wie er fahren möchte.
Wenn das Taxi keine Umwege fährt, kommt es nur darauf an, wie viele Wegstücke vertikal bzw. horizontal und in welcher Richtung zurückgelegt werden.
Beispiel:
„2 Wegstücke nach rechts, 1 nach unten" führt zum gleichen Ziel wie „1 Wegstück nach rechts, 1 Wegstück nach unten, 1 Wegstück nach rechts".

Insgesamt sind es 12 Zielpunkte, die man erreichen kann. Sie liegen auf den Seiten eines auf der Spitze stehenden Quadrates. Wenn man die Bedingung „keine Umwege" weglässt, können noch 4 weitere Ziele erreicht werden.
Im Anschluss daran können die Kinder überlegen, welche Zielpunkte das Taxi erreichen kann, wenn es (ohne oder auch mit Umweg) 4 Wegstücke (oder 5) zurücklegt.
Auf diese Weise ergibt sich ein weites Feld für „Forschen und Finden", das wiederum von jedem Kind nach seinen individuellen Interessen und Möglichkeiten ausgelotet werden kann.

*Weitere Anregungen:*
Welche Kreuzungspunkte sind von Leo und Ina gleich viele Wegstücke entfernt?

### *Fortsetzung:*

→ *Die Denkschule 1/2*
Seite 17, Denkspiel „Enge Straßen" - kann mit 2 oder mehreren Autos gespielt werden

*Das Kind, das „aktiv“ arbeitet, ist nicht nur sich selbst gegenüber, sondern auch gegenüber seiner Klasse oder seiner „Mannschaft“ zu ganz anderem Verhalten verpflichtet als der traditionelle Schüler, der einen Lektionsstoff hört oder seine schriftlichen Pflichtaufgaben erledigt.*
Jean Piaget

Nach einigen Seiten Geometrie, bei denen sich die Kenntnisse des Einpluseins „setzen“ konnten und durch den weiter laufenden Blitzrechenkurs gefestigt wurden, folgt nun ein neuer Durchgang durch das Einspluseins, der durch eine systematische Behandlung anhand der Einspluseins-Tafel eingeleitet wird. Die Beziehungen zwischen Addition und Subtraktion werden vertieft durch die Einführung des Ergänzens als zweitem Aspekt der Subtraktion. Im Anschluss an die Vertiefung der Rechenfertigkeiten wird auch das Sachrechnen vertieft. Von den 20 Seiten dieses Themenblocks entfallen 12 auf Zahlen und Operationen und 8 auf Sachrechnen.

### *Struktur der Einspluseins-Tafel*

Auf dieser Tafel sind alle Einspluseinsaufgaben von 0+0 bis 10+10 ohne Ergebnisse systematisch dargestellt. Sie steht als Demonstrationsmittel (Poster) und als Arbeitsmittel zur Verfügung. Die gesamte Tafel und die Felder haben Rautenform, was den Vorteil hat, dass für die Aufgaben genügend Platz vorhanden ist und bei Übungsblättern mit der Tafel in DIN A4-Format sogar noch Platz zum Eintragen der Ergebnisse zur Verfügung steht (Arbeitsblatt 4).
Durch die Färbung der Felder werden erneut die einfachen Plusaufgaben herausgestellt, die den Kindern schon vertraut sind:

Grün: Aufgaben mit den Summanden 0, 1 und 10
Gelb: Aufgaben mit einem Summanden 5
Rot: Verdopplungsaufgaben
Blau: Aufgaben mit dem Ergebnis 10 (Zehnerergänzung)

*Anmerkung:* Auf die Färbung der Aufgaben 3 + 2 und 2 + 3 im Fünferraum wurde verzichtet.
Einige Aufgaben gehören zu mehreren dieser Gruppen, z. B. 5 + 5. Anstatt sie bunt zu färben, wurde jeweils eine dominante Farbe festgelegt: rot vor grün, gelb und blau, gelb vor grün und blau vor grün.
In den weißen Feldern stehen (bis auf 3 + 2 und 2 + 3) die schwierigeren Aufgaben.
An der Tafel sieht man:
- *Schräge Streifen von links nach rechts oben aufsteigend*, bei denen der erste Summand immer um 1 zunimmt und der zweite konstant ist.
- *Schräge Streifen von oben nach rechts unten absteigend*, bei denen der erste Summand konstant ist und der zweite immer um 1 zunimmt.
- *Zeilen*, in denen beide Summanden von links nach rechts immer um 1 zunehmen.
- *Spalten*, in denen von oben nach unten der erste Summand immer um 1 abnimmt, der zweite um 1 zunimmt.

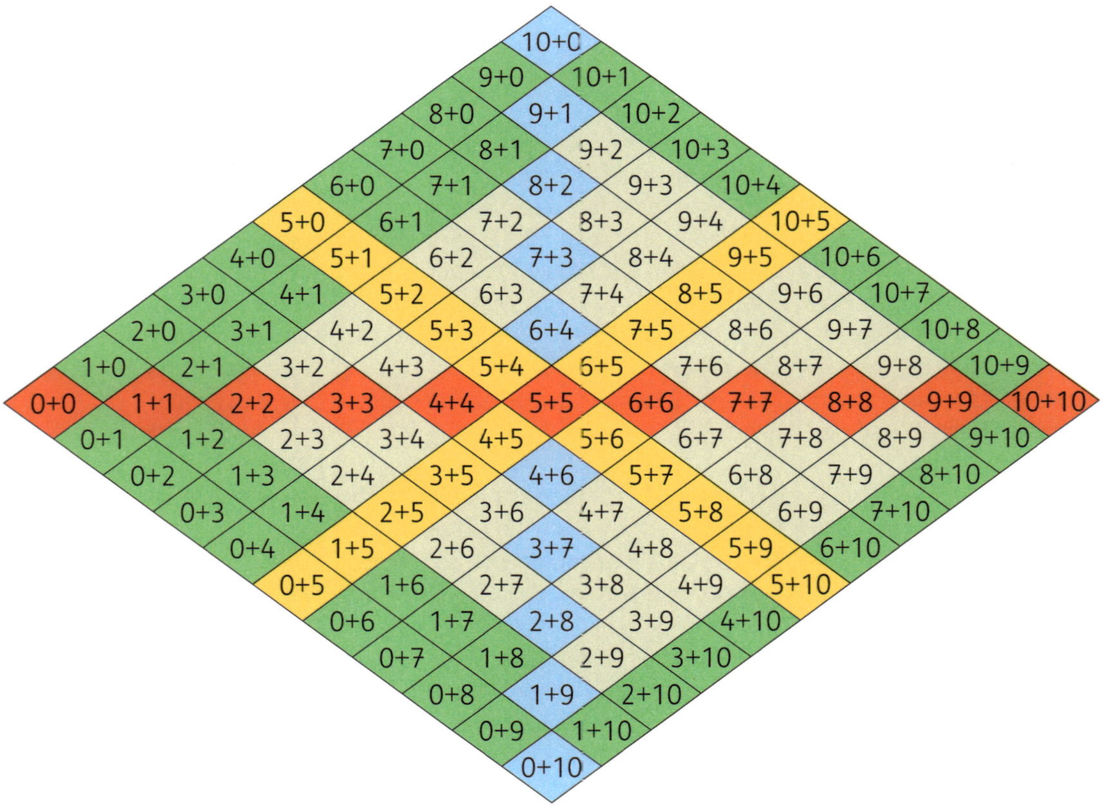

Jede „weiße" Aufgabe hat in einem der beiden Streifen, zu dem sie gehört, einen farbigen Nachbarn. Jede schwierige Aufgabe kann also von einer einfachen Aufgabe abgeleitet werden, indem man einen Summanden der einfachen Aufgabe um 1 vergrößert oder verkleinert, was zur Folge hat, dass sich auch das Ergebnis um 1 vergrößert oder verkleinert. Die Botschaft der Seiten 55 und 56 (Von einfachen zu schwierigen Aufgaben) wird somit an der Einspluseins-Tafel nochmals aufgegriffen und vertieft.

### *Arbeit mit der Einspluseins-Tafel*

Die Tafel bietet die Möglichkeit, die Aufgaben des Einspluseins systematisch zu vernetzen und dabei die schwierigen Aufgaben noch fester an die einfachen Aufgaben anzubinden. Wenn die Kinder auf der Tafel von Feld zu Feld wandern, treten die operativen Veränderungen der Aufgaben und die Veränderungen der dadurch bewirkten Ergebnisse markant in Erscheinung. Die Tafel unterstützt so das Lernen des Einspluseins bis hin zur blitzartigen Beherrschung.

### *Wo bleibt die Einsminuseins-Tafel?*

Natürlich gibt es eine solche Tafel. Im ZAHLENBUCH 1 tritt sie in Form des Arbeitsblatts 5, im ZAHLENBUCH 2 bei der Wiederholung des Einspluseins (Seite 5) auch in Erscheinung. Es ist aber nicht sinnvoll, sie besonders herauszustellen. Viel besser ist es, die Unterrichtszeit auf die Herausstellung der operativen Beziehungen zwischen Plus- und Minusaufgaben zu verwenden. Wie auf Seite 71 ausgeführt, impliziert jede Plusaufgabe mit ihrer Tauschaufgabe zwei Minusaufgaben. Aus $6+2=8$, $2+6=8$ und $8-2=6$ und $8-6=2$.

Ziel des Unterrichts muss es sein, dass die Kinder mit drei solchen Zahlen vier Aufgaben verbinden. Ein Vergleich mit der Sprache macht die Pointe deutlich: Wer weiß, dass Tim der Sohn von Frau Schmidt ist, muss nicht neu lernen, dass Frau Schmidt die Mutter von Tim ist.

**Wegen dieser systematischen Beziehung zwischen Addition und Subtraktion sind im Folgenden mit Einspluseins immer alle Plusaufgaben von 0+0 bis 10+10 und ihre Umkehrungen gemeint.**

### *Ergänzen als zweiter Aspekt der Subtraktion*

Die Nutzung der Addition zur Lösung von Minusaufgaben wird auch noch auf andere Weise unterstützt. Schon beim Themenblock „Einführung der Subtraktion" wurde darauf hingewiesen, dass es für die Subtraktion als Umkehrung der Addition zwei Varianten gibt: das Abziehen und das Ergänzen. Die zweite Form, das Ergänzen, wird auf den Seiten 92–93 thematisiert. Die Grundidee sei an der Aufgabe $16-13$ erläutert: anstatt 13 in der Weise abzuziehen, dass man 13 zerlegt und schrittweise abzieht, wird 13 auf einen Schlag weggenommen und durch Ergänzen von 13 bis 16 festgestellt, was noch übrig ist. Das Ergänzen ist immer sinnvoll, wenn der Subtrahend nahe am Minuenden liegt. Im weiteren Unterricht, z. B. bei der schriftlichen Subtraktion, und über die Grundschule hinaus hat das Ergänzen gegenüber dem Abziehen viele Vorteile.

### *Operative Beweise*

Bei der Einführung in den vorhergehenden Themenblock wurde auf die Doppelrolle von Plättchen hingewiesen: sie können einerseits als Repräsentanten realer Objekte dienen, andererseits verkörpern sie abstrakte Zahlen. Auf den Seiten 78–81 wurden Plättchen in der ersten Funktion verwendet. Auf den Seiten 87, 88 und 98 werden sie für sogenannte operative Beweise herangezogen wie vorher schon bei dem Übungsformat „Schöne Päckchen": operative Veränderungen von Aufgaben werden mit Plättchen nachgelegt. Dabei treten die Wirkungen auf die Ergebnisse in Erscheinung. Auf den betreffenden Seiten wird dies im Einzelnen ausgeführt.

### *Zahlenmauern*

Zur integrativen Übung der Addition und Subtraktion im Anschluss in die Behandlung der Einspluseins-Tafel eignet sich ein weiteres Übungsformat, „Zahlenmauern", das wie das Format „Rechendreiecke" im weiteren Unterricht bis in die Mittel- und Oberstufe hinein immer wieder benutzt werden kann.

Zahlenmauern können aus beliebig vielen Schichten aufgebaut sein, wobei die (gleichgroßen) Steine der Grundschicht lückenlos aneinander und jeder weitere Stein mittig über zwei andere gesetzt wird. Eine dreistöckige Mauer hat folgende Form:

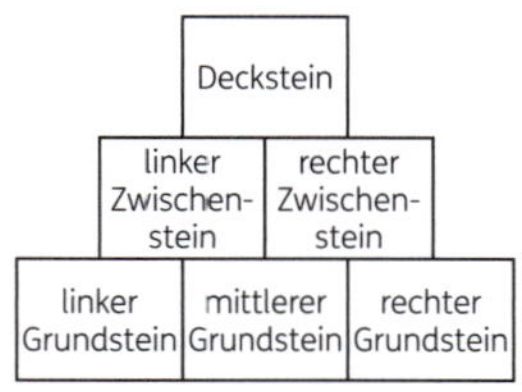


Auf die Steine werden Zahlen geschrieben, wobei folgende Regel gilt: Auf jedem Stein, der über zwei anderen Steinen liegt, muss die Summe der beiden Zahlen auf diesen beiden Steine stehen.

Beispiel:

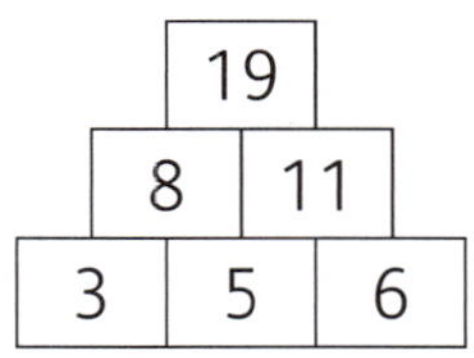


Wenn die Grundsteine vorgegeben sind, braucht man nur von unten nach oben zu addieren.

Wenn drei Zahlen verstreut vorgegeben sind, muss man auch subtrahieren.

Beispiel:

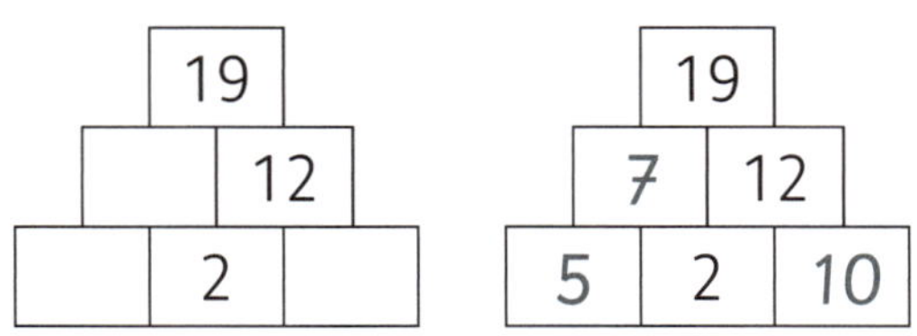


Der rechte Grundstein wird durch Subtraktion bestimmt: $12-2=10$, die weiteren Steine ebenfalls durch Subtraktion: $19-12=7$, $7-2=5$.

Wie bei Rechendreiecken gibt es auch bei dreistöckigen Zahlenmauern einen besonderen Fall: vorgegeben sind die äußeren Grundsteine und der Deckstein. In diesem Fall kommt man mit normaler Addition und Subtraktion nicht zum Ziel. Auf Seite 113 lernen die Kinder einen Lösungsweg kennen.

## WAS WIRD BENÖTIGT?

*Arbeitsmaterial:* Zwanzigerfeld und Wendeplättchen
*Demonstrationsmaterial:* Einspluseins-Tafel als Poster, evtl. Zwanzigerfeld und Wendeplättchen, iTb

## WORUM GEHT ES?

Die Doppelseite dient zur operativen Durcharbeitung des Einspluseins. Der Nachdruck liegt dabei auf der Addition. Im Mittelpunkt steht die Einspluseins-Tafel (kurz Plus-Tafel).

Die Kinder sollen sich anhand der Farben noch einmal bewusst machen, dass man aus einfachen Aufgaben schwierigere Aufgaben ableiten kann.
Einfache Aufgaben sind:
- Aufgaben mit Summanden 0, 1 und 10 (grün unterlegt)
- Verdopplungsaufgaben (rot unterlegt)
- Aufgaben mit Summand 5 (gelb unterlegt)
- Aufgaben mit Summe 10 (blau unterlegt)
- Die ebenfalls einfachen Aufgaben 3+2 und 2+3 wurden im Interesse der Symmetrie nicht gefärbt.

Jede schwierigere (weiße) Aufgabe ist Nachbar mindestens einer einfachen Aufgabe und kann durch operative Veränderung daraus gewonnen werden, wenn die Kinder wissen, wie sich die Veränderung eines Summanden auf das Ergebnis auswirkt.
Die grünen Aufgaben sowie die leichten Aufgaben im Fünferraum sind sehr leicht. Die Aufgaben 5+2, 5+3, 5+4 und 5+5 wurden bei der „Kraft der Fünf" behandelt. Wenn man noch das Vertauschungsgesetz beachtet, sieht man, dass die Ergebnisse der schwierigeren Aufgaben aus den Ergebnissen der folgenden 13 farbigen Aufgaben abgeleitet werden können:

3+3, 4+4, 6+6, 7+7, 8+8, 9+9
6+5, 7+5, 8+5, 9+5
8+2, 7+3, 6+4

Entscheidend bei der Behandlung der Tafel ist nicht ihre statische Betrachtung, sondern das Wandern auf der Tafel unter ständiger Beobachtung, wie sich dabei das Ergebnis der Aufgaben verhält.

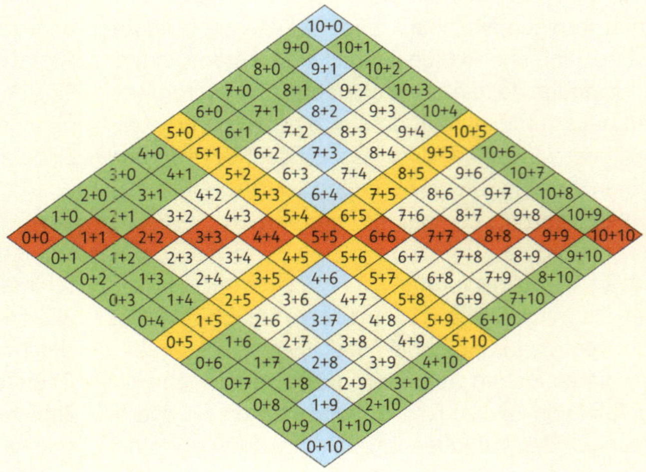


**1** Verdoppeln

| | |
|---|---|
| 0 + 0 = 0 | 6 + 6 = 12 |
| 1 + 1 = 2 | 7 + 7 = 14 |
| 2 + 2 = 4 | 8 + 8 = 16 |
| 3 + 3 = 6 | 9 + 9 = 18 |
| 4 + 4 = 8 | 10 + 10 = 20 |
| 5 + 5 = 10 | |

**2** Ergänzen zu 10

| | |
|---|---|
| 10 + 0 = 10 | 4 + 6 = 10 |
| 9 + 1 = 10 | 3 + 7 = 10 |
| 8 + 2 = 10 | 2 + 8 = 10 |
| 7 + 3 = 10 | 1 + 9 = 10 |
| 6 + 4 = 10 | 0 + 10 = 10 |

**3** Aufgaben mit 5

| | | | |
|---|---|---|---|
| 5 + 0 = 5 | 4 + 5 = 9 | 5 + 6 = 11 | 6 + 5 = 11 |
| 5 + 1 = 6 | 3 + 5 = 8 | 5 + 7 = 12 | 7 + 5 = 12 |
| 5 + 2 = 7 | 2 + 5 = 7 | 5 + 8 = 13 | 8 + 5 = 13 |
| 5 + 3 = 8 | 1 + 5 = 6 | 5 + 9 = 14 | 9 + 5 = 14 |
| 5 + 4 = 9 | 0 + 5 = 5 | 5 + 10 = 15 | 10 + 5 = 15 |

**4** Die Päckchen in **1**, **2** und **3** sind schön. Warum? Begründe.

## WIE KANN MAN VORGEHEN?

***Vor der Arbeit mit dem Buch:***
Es ist möglich, die Plus-Tafel bereits vor ihrer Benutzung in der Klasse aufzuhängen, damit sich die Kinder schon im Vorfeld zwanglos damit vertraut machen können. Bei der eigentlichen Vorstellung als Poster oder als Folie wird der Name „Einspluseins-Tafel", kurz „Plus-Tafel", genannt, und die Kinder werden aufgefordert sich spontan über die Tafel und ihren Zweck zu äußern. Die „farbigen" Aufgaben finden dabei sicher ihr besonderes Interesse und werden eingehend besprochen.
Die Lehrerin lenkt die Aufmerksamkeit der Kinder auf die Streifen, die Zeilen und die Spalten und die Kinder versuchen zu beschreiben, wie sich die Aufgaben jeweils ändern. Die Ergebnisse spielen in dieser ersten Phase keine Rolle.
Erst in der zweiten Phase zeigen die Kinder mit dem Zeigestock Aufgaben, die sie schon rechnen können. Jedes Kind kann dabei Aufgaben wählen, die seinem Leistungsstand entsprechen.
Die Lehrerin erklärt abschließend, dass die Übungen mit der Plus-Tafel dazu dienen alle dargestellten Aufgaben noch besser und schneller rechnen zu können.

***Zur Arbeit mit dem Buch:***
**1** – **3** Diese z.T. vorher schon mündlich gerechneten Aufgaben werden noch einmal schriftlich gerechnet.

**4** Im Klassengespräch wird herausgearbeitet, dass sich die Aufgaben in jedem Päckchen ohne Störung systematisch verändern und welche Auswirkungen das auf das Ergebnis hat.

**1** Jede Zahl wächst um 1, das Ergebnis um 2.

**2** Eine Zahl nimmt immer um 1 ab, die andere um 1 zu, das Ergebnis bleibt gleich.

**5** Lege und rechne die Nachbaraufgaben von 7 + 7.

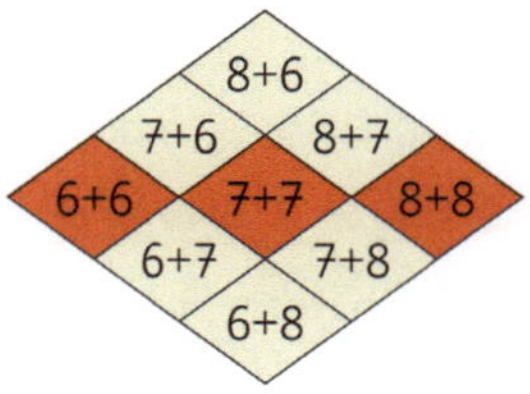


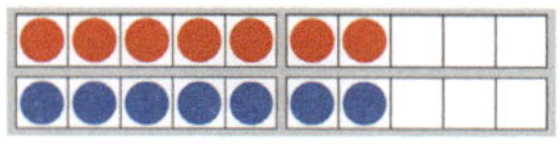

Aus 7 + 7 = 14 mache

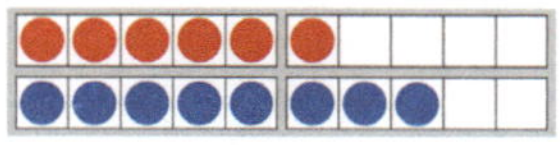

6 + 8 = 14
8 + 6 = 14

Aus 7 + 7 = 14 mache

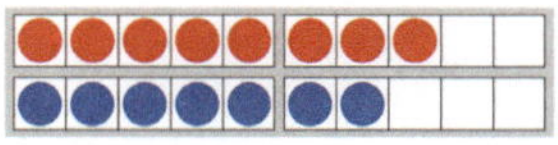

8 + 7 = 15
7 + 8 = 15

Aus 7 + 7 = 14 mache

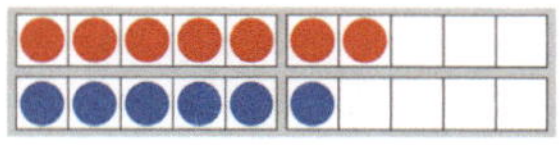

7 + 6 = 13
6 + 7 = 13

Aus 7 + 7 = 14 mache

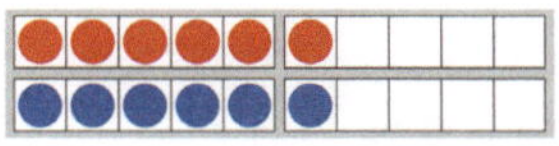

6 + 6 = 12

Aus 7 + 7 = 14 mache

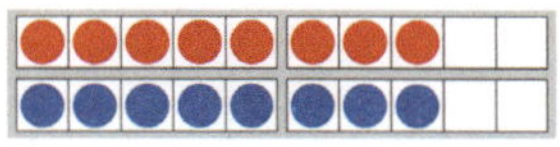

8 + 8 = 16

**6** Lege und rechne die Nachbaraufgaben von 9 + 7.

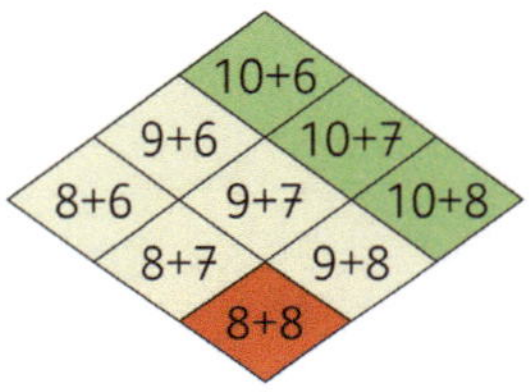


10 + 7 = 17
9 + 7 = 16
8 + 7 = 15

10 + 6 = 16
9 + 7 = 16
8 + 8 = 16

8 + 6 = 14
9 + 7 = 16
10 + 8 = 18

9 + 6 = 15
9 + 7 = 16
9 + 8 = 17

Welche Aufgaben sind für dich einfach? Kreuze an.

**Fortsetzung:**
→ *Arbeitsheft*
Seite 52, Aufgaben in der Einspluseins-Tafel
→ *Verstehen und Trainieren 1*
Seiten 21–22, Plusaufgaben, z. T. „Schöne Päckchen", „Schöne Päckchen?"

**3** Die Zahl 5 bleibt immer fest, die andere Zahl nimmt immer um 1 zu. Das Ergebnis nimmt immer um 1 zu.

Auf der **Seite 87** wird jede Aufgabe in Beziehung gesetzt zu ihren acht Nachbarn, die sie wie ein Ring umschließen.
Wenn man von der Mitte aus ein Feld nach oben bzw. nach unten geht, verändern sich die *beiden* Zahlen gegensinnig um 1. Wenn man nach links bzw. nach rechts geht, verändern sich *beide* Zahlen gleichsinnig um 1. Wenn man schräg zu einem Nachbarn geht, bleibt eine Zahl fest, die andere wird um 1 größer oder kleiner.

**5** Diese Aufgabe wird gemeinsam bearbeitet, wobei eine Magnettafel bzw. ein Whiteboard Gold wert sind. Die Verdopplungsaufgabe 7+7=14 wird zuerst am Zwanzigerfeld gelegt. Immer von dieser Aufgabe ausgehend, werden die anderen Aufgaben durch Operieren mit Plättchen abgeleitet. Die Kinder kennen dieses Vorgehen von Seite 55.

- Durch Umlegen und Wenden eines Plättchens entstehen aus 7+7 die Aufgaben 8+6 und 6+8 mit dem gleichen Ergebnis.
- Zwei Paare von Nachbarn der Aufgabe 7+7 sind Vertauschungsaufgaben (8+7 und 7+8 sowie 7+6 und 6+7). Sie ergeben sich aus 7+7 durch Hinzufügen bzw. durch Wegnehmen eines Plättchens. Die Ergebnisse sind daher um 1 größer bzw. um 1 kleiner als 14.
- Von 7+7 gelangt man durch Wegnehmen von 2 Plättchen zu 6+6=12, durch Hinzufügen von 2 Plättchen zu 8+8=16.

**6** Diese Aufgabe wird von jedem Kind nach dem Vorbild von Aufgabe 5 bearbeitet. Die Kinder sollen sich durch Ankreuzen bewusst machen, welche Aufgaben für sie einfach sind.

*Ist die Kindheit ein notwendiges Übel, oder haben die Charakteristika der kindlichen Mentalität eine funktionelle Bedeutung, aus der sich eine echte Aktivität ergibt? Je nach der Antwort auf diese fundamentale Frage kann die Beziehung zwischen der Erwachsenengesellschaft und dem Kind als einseitig oder wechselseitig begriffen werden. Im ersten Fall werden dem Kind von außen her die fix und fertigen Produkte des Wissens und der Moralität der Erwachsenen beigebracht; die erzieherische Relation besteht einerseits aus Zwang, andererseits aus Hinnahme. Von einem solchen Standpunkt aus haben die Schularbeiten – sogar die individuellsten, wie einen Aufsatz schreiben, in eine Fremdsprache übersetzen, eine mathematische Aufgabe lösen – weniger mit der echten Aktivität des spontanen und persönlichen Herausfindens zu tun als vielmehr mit oktroyierter Übung oder dem Kopieren eines äußeren Vorbilds; die innerlichste Moral des Schülers beruht mehr auf Gehorsam als auf Selbstständigkeit. Dagegen wird in dem Maß, als man der Kindheit eine echte Aktivität zubilligt und die Entwicklung des Verstandes in ihrer Dynamik begreift, die Beziehung zwischen den zu erziehenden Individuen und der Gesellschaft wechselseitig: Das Kind möchte das Erwachsensein nicht erreichen, indem es die Vernunft und die Regeln des Benehmens fertig übernimmt, sondern indem es sie durch seine Bemühungen und seine persönliche Erfahrung erwirbt; umgekehrt erwartet die Gesellschaft von den neuen Generationen Besseres als eine Nachahmung: eine Bereicherung ihres Daseins.*

JEAN PIAGET: THEORIEN UND METHODEN DER MODERNEN ERZIEHUNG

# Zeilen und Spalten in der Einspluseins-Tafel

Weitere operative Durcharbeitung des Einspluseins

## WAS WIRD BENÖTIGT?

*Arbeitsmaterial:* Zwanzigerfeld und Wendeplättchen
*Demonstrationsmaterial:* Einspluseins-Tafel als Poster, evtl. Zwanzigerfeld und Wendeplättchen

## WORUM GEHT ES?

Diese Seite schließt unmittelbar an die vorhergehende Seite an. Es wird verfolgt, wie sich Aufgaben und Ergebnisse verändern, wenn Spalten und Zeilen durchlaufen werden. Im kleinen Maßstab wurden die dabei auftretenden Muster schon bei den Aufgaben auf der vorhergehenden Seite deutlich:

- Wenn man eine Spalte von oben nach unten durchläuft, nimmt die erste Zahl von Feld zu Feld immer um 1 ab, die zweite immer um 1 zu. Das Ergebnis bleibt daher gleich.
- Wenn man eine Zeile von links nach rechts durchläuft, nehmen beiden Zahlen von links nach rechts jeweils um 1 zu. Das Ergebnis wird immer um 2 größer. Wenn die Aufgaben am Zwanzigerfeld gelegt und verändert werden, ist das unmittelbar einzusehen.

Die dabei entstehenden schönen Päckchen verlocken die Kinder zum schematischen Hinschreiben der Ergebnisse. Daher ist es wichtig, Begründungen einzufordern. Operative Beziehungen zu benutzen um Ergebnisse ohne Rechnen hinschreiben zu können, gehört zum Wesen der Mathematik.

**1** Lege die Aufgaben und rechne.

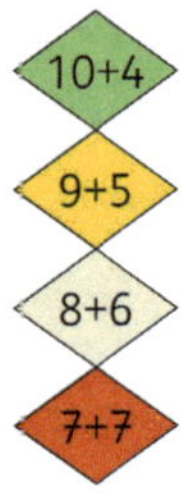


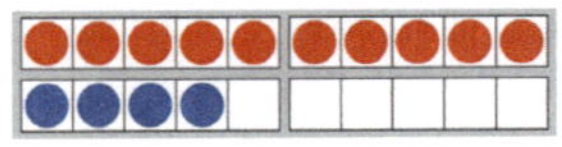

Aus 10 + 4 = 14 mache

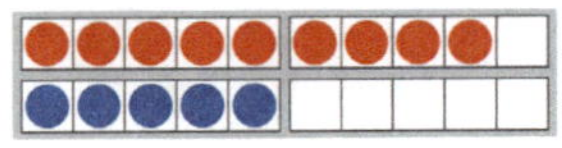

9 + 5 = 14
8 + 6 = 14
7 + 7 = 14

**2** Lege, rechne und setze fort.

| | | | |
|---|---|---|---|
| 9 + 5 = 14 | 6 + 2 = 8 | 10 + 7 = 17 | 7 + 0 = 7 |
| 8 + 6 = 14 | 5 + 3 = 8 | 9 + 8 = 17 | 6 + 1 = 7 |
| 7 + 7 = 14 | 4 + 4 = 8 | 8 + 9 = 17 | 5 + 2 = 7 |
| 6 + 8 = 14 | 3 + 5 = 8 | | |

**3** Lege und rechne.

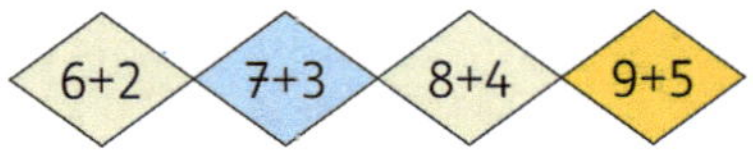


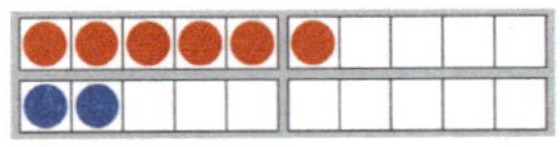

Aus 6 + 2 = 8 mache

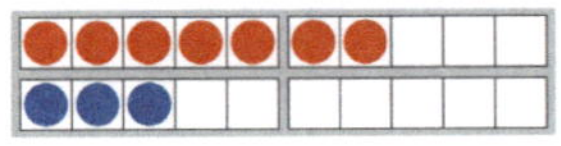

7 + 3 = 10
8 + 4 = 12
9 + 5 = 14

**4** Lege, rechne und setze fort.

| | | | |
|---|---|---|---|
| 5 + 1 = 6 | 2 + 3 = 5 | 1 + 6 = 7 | 4 + 2 = 6 |
| 6 + 2 = 8 | 3 + 4 = 7 | 2 + 7 = 9 | 5 + 3 = 8 |
| 7 + 3 = 10 | 4 + 5 = 9 | 3 + 8 = 11 | 6 + 4 = 10 |
| 8 + 4 = 12 | 5 + 6 = 11 | 4 + 9 = 13 | 7 + 5 = 12 |

**5** Finde selbst schöne Päckchen in der Einspluseins-Tafel.
(verschiedene Lösungen)

## WIE KANN MAN VORGEHEN?

### *Vor der Arbeit mit dem Buch:*

Die Lehrerin weist am Beginn darauf hin, dass jetzt die Spalten und die Zeilen der Einspluseins-Tafel genauer untersucht werden sollen. An Beispielen wird herausgearbeitet, wie sich die Aufgaben ändern, wenn man Spalten und Zeilen durchläuft.

### *Zur Arbeit mit dem Buch:*

Die erste Aufgabe wird gemeinsam gelöst. Die weiteren Aufgaben können in Partnerarbeit gelöst werden, wobei gemeinsam ein Zwanzigerfeld benutzt wird.

**1** Es handelt sich um die ersten vier Aufgaben einer Spalte. Wenn sie am Zwanzigerfeld nachgelegt werden, muss von Aufgabe zu Aufgabe ein rotes Plättchen in ein blaues gewendet und in die zweite Zeile gelegt werden. Die Gesamtzahl der Plättchen bleibt gleich.

**2** Es handelt sich um schöne Päckchen, die aus den Aufgaben je einer Spalte gebildet wurden. Die Kinder können sie soweit fortsetzen, wie sie möchten.

**3**, **4** Diese Aufgaben sind analog zu den Aufgaben 1 – 2. An die Stelle der Spalten treten jetzt die Zeilen. Die ersten Aufgaben von Zeilen, in denen die Summanden 0 und 1 auftreten, wurden meistens weggelassen.

**5** Die Einspluseins-Tafel enthält viele Zeilen und Spalten. Daraus kann jedes Kind nach Herzenslust eigene Päckchen bilden.

### *Nach der Arbeit mit dem Buch:*

Den Abschluss dieser Seite sollte eine gemeinsame Betrachtung der Einspluseins-Tafel bilden, bei der herausgearbeitet wird, dass die Ergebnisse der Aufgaben in jeder Spalte von links nach rechts jeweils um 1 größer werden. Die Zahl der Aufgaben für die möglichen Ergebnisse nimmt von 1 immer um 1 zu (Ergebnis 0) bis 11 (Ergebnis 10) zuerst zu, dann wieder immer um 1 ab bis 1 (Ergebnis 20).

### *Fortsetzung:*

→ *Arbeitsheft*
Seite 53, Aufgaben am Zwanzigerfeld

**1** Vergleiche.

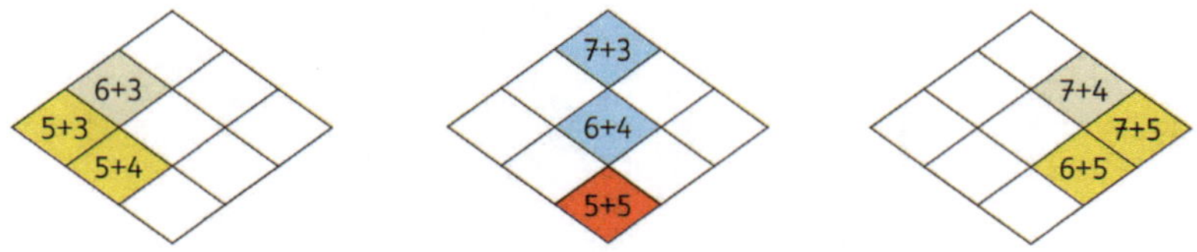


| | | |
|---|---|---|
| $6+3 < 10$ | $7+3 = 10$ | $7+4 > 10$ |
| $5+3 < 10$ | $6+4 = 10$ | $7+5 > 10$ |
| $5+4 < 10$ | $5+5 = 10$ | $6+5 > 10$ |

**2**

| | |
|---|---|
| $3+1 < 5$ | $3+3 < 10$ |
| $3+2 = 5$ | $4+4 < 10$ |
| $2+3 = 5$ | $5+5 = 10$ |
| $3+3 > 5$ | $6+6 > 10$ |
| $2+2 < 5$ | $7+7 > 10$ |

**3**

| | |
|---|---|
| $8+6 > 10$ | $8+1 < 15$ |
| $7+5 > 10$ | $8+3 < 15$ |
| $6+4 = 10$ | $8+5 < 15$ |
| $5+3 < 10$ | $8+7 = 15$ |
| $4+2 < 10$ | $8+9 > 15$ |

**4**

| | |
|---|---|
| $18-3 > 5$ | $14-3 > 10$ |
| $8-3 = 5$ | $13-4 < 10$ |
| $17-4 > 5$ | $16-6 = 10$ |
| $7-4 < 5$ | $16-10 < 10$ |
| $12-7 = 5$ | $17-7 = 10$ |

**5**

| | |
|---|---|
| $20-5 = 15$ | $17-2 = 15$ |
| $19-4 = 15$ | $16-3 < 15$ |
| $19-5 < 15$ | $16-0 > 15$ |
| $15-0 = 15$ | $18-2 > 15$ |
| $15-1 < 15$ | $18-3 = 15$ |

**6**

| | |
|---|---|
| $7+7 = 14$ | $6+5 < 12$ |
| $7+6 < 14$ | $6+6 = 12$ |
| $6+8 = 14$ | $5+7 = 12$ |

**7**

| | |
|---|---|
| $8+9 > 16$ | $9+9 = 18$ |
| $7+8 < 16$ | $8+10 = 18$ |
| $8+8 = 16$ | $10+9 > 18$ |

**8** Mark hat , Eva hat .

Wer hat mehr? Wie viel mehr? Mark hat 1 Euro mehr.

## WAS WIRD BENÖTIGT?

*Arbeitsmaterial:* Arbeitsblätter 4, 5 (KV)
*Demonstrationsmaterial:* Einspluseins-Tafel als Poster

## WORUM GEHT ES?

Auf Seite 73 wurden die Zeichen „<“ (kleiner) und „>“ (größer) eingeführt und zum Ordnen von Zahlen nach ihrer Größe benutzt.
Die systematische Auflistung aller Aufgaben des Einspluseins in der Plus-Tafel liefert auch eine gute Grundlage um Ergebnisse von Aufgaben größenmäßig einzuordnen. Als Bezugspunkte bieten sich die Stützzahlen 5, 10, 15 und 20 an. Wichtig ist vor allem die Frage, ob das Ergebnis einer Plusaufgabe unter oder über 10 liegt.
Beispiel:
Wenn man $6+4=10$ weiß, kann man ohne Rechnung sagen, dass $6+3<10$ und $6+5>10$ ist.

Auch die Abschätzung der Ergebnisse von Minusaufgaben ist wichtig.
Das Thema schließt inhaltlich gut an die operative Durcharbeitung der Einspluseins-Tafel an.

## WIE KANN MAN VORGEHEN?

### *Zur Arbeit mit dem Buch:*

**1** Die Aufgaben des Ausschnitts werden gerechnet und mit 10 verglichen: Die Aufgaben mit einem Ergebnis kleiner als 10 stehen links von der blauen Spalte, die Aufgaben mit einem Ergebnis größer als 10 rechts davon. Wegen $5+5=10$ muss gelten $5+4<10$ und $6+5>10$.

**2** Es handelt sich um einfache Aufgaben (Fünferraum, Verdopplungen). Auch hier hilft die operative Veränderung um ohne Rechnung einschätzen zu können, ob das Ergebnis 5 ist oder darüber bzw. darunter liegt.

**3** Bei dem ersten Päckchen wird ein Ausschnitt einer Zeile von rechts nach links durchlaufen. Daher nehmen die Ergebnisse ab. Dass $6+4=10$ ist, sollten die Kinder wissen.
Bei dem zweiten Päckchen folgt aus $8+7=15$, dass die Ergebnisse von $8+1$ und $8+3$ unter 15 liegen, und das Ergebnis von $8+9$ darüber liegt.

**4**, **5** Auch bei diesen Aufgaben sind operative Beziehungen hilfreich.

**6**, **7** Hier muss das Ergebnis von Plusaufgaben mit gleichen und fastgleichen Summanden abgeschätzt werden. Wenn man die Ergebnisse der Verdopplungsaufgaben gut kennt, sind die Aufgaben leicht zu lösen.

**8** Dies ist ein erstes Beispiel einer Sachaufgabe, wie sie sich in der Folge oft zum Abschluss einer Seite finden. Die Anforderungen an die Lesefähigkeit sind gering.
Eva hat 14 Euro. Mark hat 15 Euro, also mehr als Eva. Genau: 1 Euro mehr als Eva.

### *Fortsetzung:*

→ *Verstehen und Trainieren 1*
Seiten 25–26, Übungsseiten zur Subtraktion

### *Nach der Arbeit mit dem Buch:*

An dieser Stelle empfiehlt sich die Bearbeitung der *Arbeitsblätter 4 und 5*, auf denen das gesamte Einspluseins und Einsminuseins durchgerechnet werden. Dabei werden die operativen Beziehungen noch einmal deutlich.

## WAS WIRD BENÖTIGT?

*Arbeitsmaterial:* Wendekarten, Leerformat 4 (Zahlenmauern) als KV
*Demonstrationsmaterial:* Evtl. mit Zahlen beklebte Bauklötze oder kleine Schachteln, Wendekarten, iTb

## WORUM GEHT ES?

Auf dieser Seite wird das Übungsformat „Zahlenmauer" eingeführt, das bei minimalem Aufwand eine Vielzahl von Aufgabenstellungen erlaubt und bis in die Algebra hinein stufenübergreifend benutzt werden kann.
Die zugrunde liegende Regel ist sehr einfach: Jeder Stein muss die Summe der beiden Steine tragen, auf denen er liegt.
Alle auf dieser Seite dargestellten Mauern lassen sich durch Addition oder Subtraktion berechnen, wobei die Addition hier noch Vorrang genießt. Wie das Übungsformat „Rechendreiecke" dient das Übungsformat „Zahlenmauern" zur integrativen Übung dieser beiden Rechenarten.
Durch Vorgabe von „Prüfsteinen" ist eine gute Kontrolle möglich, ebenso natürlich durch Muster, die in Serien von Zahlenmauern eingearbeitet sind. Die Seiten sind analog zu den Seiten 74–75 mit Rechendreiecken aufgebaut.

Wir konzentrieren uns an dieser Stelle auf Zahlenmauern mit drei Schichten, weil es bei diesen Mauern genügend viele ergiebige Fragestellungen gibt.

**1** Wie wird bei Zahlenmauern gerechnet? Erkläre.

Rechne, vergleiche, beschreibe.

**2**
10 / 7 3 / 5 2 1 — 11 / 8 3 / 6 2 1 — 12 / 9 3 / 7 2 1 — 13 / 10 3 / 8 2 1

**3**
10 / 7 3 / 5 2 1 — 11 / 7 4 / 5 2 2 — 12 / 7 5 / 5 2 3 — 13 / 7 6 / 5 2 4

**4**
10 / 7 3 / 5 2 1 — 12 / 8 4 / 5 3 1 — 14 / 9 5 / 5 4 1 — 16 / 10 6 / 5 5 1

**5**
10 / 7 3 / 5 2 1 — 12 / 8 4 / 6 2 2 — 14 / 9 5 / 7 2 3 — 16 / 10 6 / 8 2 4

**6** Setze die Muster aus **2** bis **5** fort.   **7** Erfinde selbst Zahlenmauern.
(verschiedene Lösungen)

## WIE KANN MAN VORGEHEN?

### *Vor der Arbeit mit dem Buch:*

Die Lehrerin erklärt den Kindern, dass sie Zahlenmauern kennenlernen werden. Sie baut eine Mauer aus beschrifteten Bauklötzen oder entwickelt eine Zahlenmauer an der Tafel. Die Fixierung an der Tafel ist auch sinnvoll, wenn die Mauern gebaut werden.
Die Kinder sollen herausfinden, nach welcher Regel die Zahlen gesetzt werden.
Dazu werden mehrere Zahlenmauern mit einfachen Zahlen schrittweise gebaut bzw. entwickelt, z. B.

15 / 9 6 / 4 5 1 — 15 / 5 10 / 2 3 7 — 18 / 6 12 / 2 4 8

Einige Kinder werden die Regel schnell erkennen, andere benötigen etwas länger.
Die Lehrerin erklärt, was Grundsteine, Zwischensteine und der Deckstein sind, und weist darauf hin, dass man auch noch größere Mauern bauen könnte:

20 / 9 11 / 4 5 6 / 3 1 4 2

Anschließend gibt die Lehrerin an der Tafel eine Mauer vor, bei der die Zahlen auf einem Grundstein, einem Zwischenstein und einem Deckstein noch fehlen:

_ / _ 9 / 2 5 _

Gemeinsam werden die fehlenden Zahlen bestimmt. Schwächeren Kindern fällt diese Aufgabenstellung zunächst schwer, weil Addition und Subtraktion vermischt sind.

### *Zur Arbeit mit dem Buch:*

**1** Bei entsprechender Arbeit vorher ist diese Aufgabe schon erledigt worden.

**2** Die Kinder berechnen die fehlenden Zahlen, wobei immer von unten nach oben gerechnet werden kann. Einige Kinder werden bestimmt erkennen, dass der linke Zwischenstein und der Deckstein immer um 1 zunehmen.

**3** – **5** Auch hier erkennt man beim oder nach dem Ausrechnen Muster.

**6** Diese Igelaufgabe ist ein Angebot, die bei den Aufgaben 2–5 eventuell beobachteten Muster fortzusetzen. Das Leerformat 4 erleichtert dies.

**7** Diese Aufgabe eröffnet einen Spielraum, den Kinder nutzen können. Das Leerformat 4 kann auch hier herangezogen werden.

**8** Baue Mauern mit 3, 4, 5. Was fällt dir auf?

| 16 | 17 | 15 |
|---|---|---|
| 7 9 | 8 9 | 8 7 |
| 3 4 5 | 3 5 4 | 5 3 4 |

| 16 | 17 | 15 |
|---|---|---|
| 9 7 | 9 8 | 7 8 |
| 5 4 3 | 4 5 3 | 4 3 5 |

**9** Finde selbst Mauern mit 2, 3, 4. Vergleiche sie.

| 11 | 12 | 13 |
|---|---|---|
| 5 6 | 5 7 | 6 7 |
| 3 2 4 | 2 3 4 | 2 4 3 |

| 11 | 12 | 13 |
|---|---|---|
| 6 5 | 7 5 | 7 6 |
| 4 2 3 | 4 3 2 | 3 4 2 |

**10** Wähle 3 eigene Grundsteine. Baue damit alle 6 Mauern.
(verschiedene Lösungen)

**Forschen und Finden**

**11** Finde Zahlenmauern mit Deckstein 6.
(Beispiel)

| 6 | 6 |
|---|---|
| 3 3 | 2 4 |
| 1 2 1 | 0 2 2 |

Finde möglichst viele Lösungen.

Probiere auch mit anderen Decksteinen.

**8** Die Kinder berechnen die sechs Mauern und stellen im Vergleich fest, dass trotz der gleichen Grundsteine unterschiedliche Decksteine herauskommen. Wenn die 3 in der Mitte ist, ergibt sich der Deckstein 15, bei 4 in der Mitte der Deckstein 16 und bei 5 in der Mitte der Deckstein 17.

Bei den jeweils übereinander stehenden Mauern zeigt das Vertauschungsgesetz, dass jeweils der gleiche Deckstein entsteht. Diese Mauern sind spiegelsymmetrisch.

Dass sich unterschiedliche Decksteine ergeben, kann man begründen, indem man in Betracht zieht, dass man von einer Mauer zu einer anderen durch operative Veränderungen der Grundsteine gelangen kann.
Beispiel:
Im Vergleich der linken oberen und der mittleren oberen Mauer zeigt sich, dass in der zweiten Schicht in beiden Mauern die 9 (= 4 + 5 bzw. 5 + 4) auftritt, aber 3 + 4 ist nur 7, die Summe 3 + 5 dagegen 8. Der mittlere Deckstein (17) muss also um 1 größer sein als der linke (16).
Entsprechend zeigt sich im Vergleich der mittleren oberen und der rechten oberen Mauer, dass in der zweiten Schicht die 8 (= 3 + 5 bzw. 5 + 3) beide Male auftritt, dass 5 + 4 = 9, aber 3 + 4 nur 7 ist. Daher ist der Deckstein der rechten Mauer (15) um 2 kleiner als der Deckstein der mittleren Mauer (17).

Die folgenden Aufgaben sind grün unterlegt, sind also ein Angebot, das die Kinder individuell nutzen können.

**9** Bei dieser Aufgabe müssen die Kinder die sechs möglichen Mauern mit den Grundsteinen 2, 3 und 4 selbst finden und stoßen bei der Berechnung auf die gleichen Muster wie bei Aufgabe 8.

**10** Dies ist ein freies Angebot. Als Grundsteine dürfen auch Zahlen gewählt werden, die nicht aufeinander folgen. Vielleicht erkennen einige Kinder, dass sich die Differenzen in den Grundsteinen in den Decksteinen widerspiegeln.

**11** Für die Bearbeitung dieser Aufgabe steht das Leerformat 4 zur Verfügung. Die Aufgabe ist für alle Kinder zugänglich. Einige Kinder werden nur wenige Möglichkeiten finden, andere vielleicht sogar alle.

***Fortsetzung:***
→ *Arbeitsheft*
Seite 54, weitere Zahlenmauern
→ *Probieren und Kombinieren 1*
Seiten 15 – 17, Diese Seiten leiten dazu an, alle möglichen Mauern zu Decksteinen von 5 bis 10 zu finden, bei denen die Zahl 0 nicht auftritt.
*Hinweis:*
Die weiteren Aufgaben zu Zahlenmauern in *Probieren und Kombinieren* passen besser zur Doppelseite 112–113.

## WAS WIRD BENÖTIGT?

*Arbeitsmaterial:* Wendeplättchen, Zwanzigerfeld, Arbeitsblatt 6 (KV)
*Demonstrationsmaterial:* Wendeplättchen, Zwanzigerfeld

## WORUM GEHT ES?

Auf dieser Seite wird das Ergänzen als zweite Umkehrung der Addition eingeführt. Dabei wird an einen realen Kontext angeknüpft, bei dem sich das Ergänzen aus dem Zusammenhang heraus anbietet: Puzzles, zu deren Fertigstellung noch ein paar Teile fehlen. Der Kontext erklärt auch gut das Wort „Ergänzen" („Ganzmachen").
Im Buch wird auch vorgemacht, wie die Aufgabe 13 + __ = 16 an der Zwanzigerreihe gelöst werden kann: Mit einem Blatt Papier werden 16 Felder (die gewünschte Anzahl) abgedeckt, und der erste Summand wird in Gestalt von 13 Plättchen gelegt. Es zeigt sich, dass noch 3 Plättchen dazugelegt werden müssten.
Durch operative Variation der Zahlen (Wegnehmen bzw. Hinzufügen von Plättchen bzw. Verschieben des Blattes Papier) können weitere Aufgaben gebildet werden:
14 + __ = 16
14 + __ = 17
13 + __ = 17
12 + __ = 17 usw.

**1** Erkläre die Aufgaben an den Bildern. Rechne.

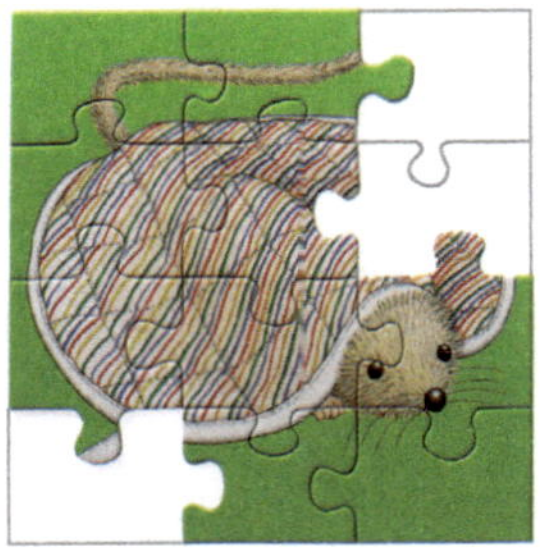

9 + 3 = 12    11 + 4 = 15

13 + 3 = 16

**2**

| | |
|---|---|
| 7 + 3 = 10 | 7 + 5 = 12 |
| 6 + 4 = 10 | 6 + 6 = 12 |
| 5 + 5 = 10 | 5 + 7 = 12 |
| 3 + 7 = 10 | 3 + 9 = 12 |
| 2 + 8 = 10 | 2 + 10 = 12 |

**3**

| | |
|---|---|
| 8 + 8 = 16 | 15 + 5 = 20 |
| 8 + 7 = 15 | 10 + 10 = 20 |
| 8 + 5 = 13 | 20 + 0 = 20 |
| 8 + 3 = 11 | 0 + 20 = 20 |
| 8 + 2 = 10 | 5 + 15 = 20 |

**4**

| | |
|---|---|
| 8 + 6 = 14 | 4 + 6 = 10 |
| 9 + 6 = 15 | 4 + 7 = 11 |
| 10 + 6 = 16 | 5 + 6 = 11 |
| 11 + 7 = 18 | 5 + 7 = 12 |
| 13 + 7 = 20 | 6 + 6 = 12 |

**5**

| | |
|---|---|
| 18 + 2 = 20 | 9 + 7 = 16 |
| 8 + 12 = 20 | 10 + 6 = 16 |
| 14 + 6 = 20 | 11 + 5 = 16 |
| 4 + 16 = 20 | 12 + 5 = 17 |
| 16 + 4 = 20 | 13 + 4 = 17 |

**6** Löse durch Ergänzen.

| Mauer 1 | Mauer 2 | Mauer 3 | Mauer 4 |
|---|---|---|---|
| 8 | 12 | 16 | 20 |
| 3 5 | 5 7 | 7 9 | 9 11 |
| 1 2 3 | 2 3 4 | 3 4 5 | 4 5 6 |

## WIE KANN MAN VORGEHEN?

### *Vor der Arbeit mit dem Buch:*

Die Lehrerin sagt den Kindern, dass sie eine Plusaufgabe gerechnet hat, verrät aber nicht die ganze Aufgabe, sondern nur den ersten Summanden und das Ergebnis:
8 + ____ = 12
Die Kinder müssen den fehlenden Summanden bestimmen.
Analog werden ein paar weitere Aufgaben bearbeitet.

### *Zur Arbeit mit dem Buch:*

**1** Im Klassengespräch wird das Legen eines Puzzles als Ergänzungsaufgabe interpretiert: 9 Teile eines 12er-Puzzles sind gelegt. Frage: Wie viele Teile fehlen noch, bzw. müssen noch gelegt werden?
Die mathematische Beschreibung durch die Gleichung 9 + __ = 12 muss gründlich besprochen werden.
Gedanklich können die fehlenden Teile hinzugefügt werden.
Rechnerisch entspricht das der Ergänzung 9 + 3 = 12.

Analog werden die Aufgaben zum 15er-Puzzle und zu der Plättchenreihe besprochen.

**2** – **5** Die Aufgaben des ersten Päckchens von Aufgabe 2, des zweiten Päckchens von Aufgabe 3 und des ersten Päckchens von Aufgabe 5 sollten vom Blitzrechnen her bekannt sein (Immer 10/ Immer 20).

Am Zwanzigerfeld kann man die Aufgaben gut nachlegen und lösen.

**6** Bei Zahlenmauern mit diesen Vorgaben bietet sich eine Lösung durch Ergänzen gerade zu an.

***Fortsetzung:***
*→ Arbeitsheft*
Seite 55, **1 – 3** fehlende Zahlen berechnen

**1 Wie rechnet ihr 16 – 13?** 3

Wie rechnen die Kinder? Vergleicht mit euren Rechenwegen.

**2**

| | | | |
|---|---|---|---|
| 17 + 3 = 20 | 13 + 4 = 17 | 9 + 3 = 12 | 8 + 3 = 11 |
| 20 – 17 = 3 | 17 – 13 = 4 | 12 – 9 = 3 | 11 – 8 = 3 |
| 14 + 6 = 20 | 11 + 5 = 16 | 7 + 5 = 12 | 15 + 4 = 19 |
| 20 – 14 = 6 | 16 – 11 = 5 | 12 – 7 = 5 | 19 – 15 = 4 |

**3** Löse durch Ergänzen.

| | | | | | |
|---|---|---|---|---|---|
| 14 – 11 = 3 | 12 – 8 = 4 | 15 – 10 = 5 | 20 – 17 = 3 | 16 – 11 = 5 | 11 – 7 = 4 |
| 18 – 15 = 3 | 13 – 9 = 4 | 17 – 12 = 5 | 19 – 15 = 4 | 16 – 9 = 7 | 14 – 8 = 6 |

**4**

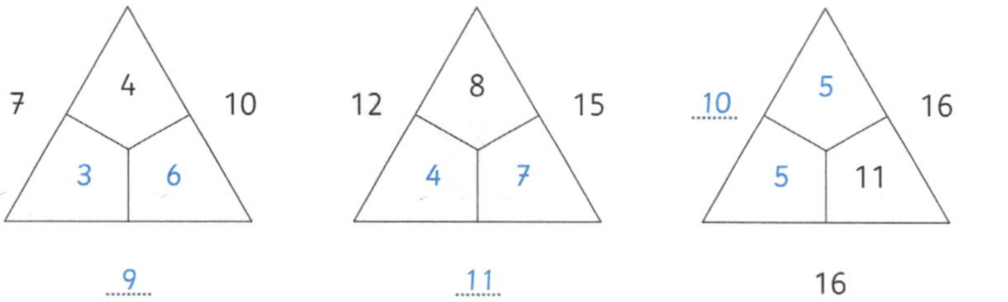


## WAS WIRD BENÖTIGT?

*Arbeitsmaterial:* Wendeplättchen, Zwanzigerfeld, Arbeitsblatt 6 (KV)
*Demonstrationsmaterial:* Wendeplättchen, Zwanzigerfeld

## WORUM GEHT ES?

Diese Seite ist eine „Ergänzung" zur Seite 61 „Rechenwege der Subtraktion". Als weiterer Weg zur Lösung von Minusaufgaben wird das Ergänzen vorgestellt, das sich besonders dann anbietet, wenn der Subtrahend nahe am Minuenden liegt.
Am Beispiel der Aufgabe 16 – 13 wird dieser Weg im Rahmen einer Mathekonferenz mit anderen Wegen verglichen. Alle Wege können am Zwanzigerfeld nachgelegt werden:
**Julian** zieht 13 ab. Er nimmt erst 10 weg, dann noch 3.
16 – 10 = 6
6 – 3 = 3

**Ida** nimmt 13 in anderer Weise weg: zuerst nimmt sie 6 weg, dann 7.
16 – 6 = 10
10 – 7 = 3
Das ist die traditionelle Zehnerunterschreitung.

**Linda** rechnet ähnlich wie Julian, nimmt aber zuerst 3 weg, dann 10.
16 – 3 = 13
13 – 10 = 3

**Erkan** rechnet im Gegensatz zu diesen drei Wegen ganz anders: er benutzt die Plusaufgabe
13 + 3 = 16, und folgert daraus
16 – 13 = 3.

Bei der Lösung durch Ergänzen handelt es sich um eine besondere Form des Wegnehmens: Von 16 Plättchen, die auf dem Zwanzigerfelds angeordnet sind, werden die ersten 13 weggenommen oder abgedeckt. Der verbleibende Rest wird durch Ergänzen bestimmt.

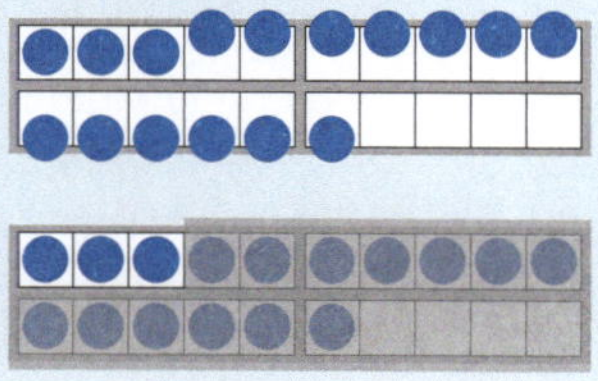

## WIE KANN MAN VORGEHEN?

***Vor der Arbeit mit dem Buch:***
In einer Mathekonferenz lösen die Kinder eine ähnliche Aufgabe, z. B. 17 – 14, zuerst selbst. Anschließend werden die Rechenwege besprochen.

***Zur Arbeit mit dem Buch:***
**1** Die Rechenwege der Kinder werden erklärt und verglichen. Es zeigt sich, dass die Lösung von Erkan in diesem Fall sehr vorteilhaft ist: wenn 13 auf einen Schlag weggenommen werden, ist der Rest leicht zu bestimmen.

**2** Zuerst wird immer die Ergänzungsaufgabe gerechnet und dann deren Ergebnis für die entsprechende Subtraktionsaufgabe genutzt.

**3** Die entsprechende Plusaufgabe muss gesucht werden.

**4** Diese Rechendreiecke lassen sich gut durch Ergänzen lösen.
Beispiel:
4 + __ = 7, also 3 im linken unteren Feld.
4 + __ = 10, also 6 im rechten unteren Feld,
3 + 6 = 9, also 9 unten außen.

***Fortsetzung:***
→ *Arbeitsheft*
Seite 55, **4 – 5** fehlende Zahlen berechnen, Rechendreiecke durch Ergänzen lösen
Bearbeitung von Arbeitsblatt 6

## WAS WIRD BENÖTIGT?

*Arbeitsmaterial:* Rechengeld (5-Euro-Scheine, 2-Euro-, 1-Euro-Münzen)
*Demonstrationsmaterial:* Rechengeld für die Wandtafel (5-Euro-Scheine, 2-Euro-, 1-Euro-Münzen), Gegenstände als Verkaufsattrappen, Kasse, Preisschilder

## WORUM GEHT ES?

Die Kinder sollen die Grundstruktur eines Kaufes (Preis, Bezahlung) erfassen. Bei allen Aufgaben der Seite 94 können die gekauften Gegenstände mit den Scheinen und Münzen in den abgebildeten Geldbörsen ohne Wechselvorgänge bezahlt werden. Wie viel Geld übrig bleibt, lässt sich durch Subtraktion ermitteln.
Auf Seite 95 kommen das Bezahlen mit einem größeren Schein bzw. einer größeren Münze und das Berechnen des Rückgeldes dazu. Entsprechend der Struktur von Kassenbons (gekauft, gegeben, zurück) wird zwischen der Rechnungssumme (ich kaufe), dem gegebenem Geld (ich gebe) und dem Rückgeld (zurück) unterschieden.
Den Kindern sollte dabei deutlich werden, dass Einkaufen/Bezahlen ein Tauschhandel ist. Die beiden Geschäftspartner tauschen Geld/Ware „im gleichen Wert“ aus. Beispiel: Der Kunde zahlt 10 Euro und erhält Ware im Wert von 7 Euro sowie 3 Euro als Geld zurück. Entsprechend erhält der Verkäufer 10 Euro und gibt dafür Ware im Wert von 7 Euro und dazu 3 Euro ab.
Von dieser Identifizierung von Geldwert und Warenwert nehmen alle Segnungen und Übel unseres auf Geld beruhenden Wirtschaftssystems ihren Ausgang. Geld kann man in beliebiger Menge drucken und in Umlauf bringen, Waren nicht. Noch undurchsichtiger werden die Verhältnisse, wenn das Geld nicht mehr durch Scheine und Münzen repräsentiert wird, sondern durch Buchungen auf Konten.

Die Einstiegssituation ist unter den heutigen sozialen Verhältnissen lebensnah. Insbesondere in sozialen Brennpunkten entwickelt sich eine Schattenwirtschaft von Trödelmärkten, bei denen die hier angegebenen kleinen Preise normal sind.

Die rechnerischen Anforderungen sind auf der Doppelseite bewusst einfach gehalten, da den Kindern Sachaufgaben dieser Art zum ersten Mal begegnen. Der Schwerpunkt liegt zunächst auf dem Erfassen der Sachsituation und dem Herausfinden des Lösungswegs.

**1** Linus hat 11 Euro. Linus kauft: Linus hat noch 5 Euro.

**2** Jule hat 13 Euro. Jule kauft: Jule hat noch 3 Euro.

Jede Aufgabe ist dem Kaufvorgang entsprechend in drei Teilschritte zerlegt, die bewusst gemacht werden müssen:
- Ein Kind hat Geld.
- Es kauft sich damit etwas.
- Am Schluss bleibt noch etwas im Portemonnaie übrig.

## WIE KANN MAN VORGEHEN?

***Zur Arbeit mit dem Buch:***
Anhand des Einstiegsbildes auf **Seite 94** wird die Sachsituation „Flohmarkt“ zuerst geklärt:
Was verkaufen die Kinder?
Was kosten die einzelnen Sachen?
Wie kann man die Beträge bezahlen?
Wenn man sich auf Euro-Münzen und Euro-Scheine beschränkt, gibt es bei allen Preisen über 1 Euro mehrere Möglichkeiten der Bezahlung, die von den Kindern zusammengetragen werden können.

Die Kinder können dann im Rollenspiel Sachen kaufen und mit Rechengeld bezahlen.
Diese Phase kann man beliebig ausdehnen.
Vielleicht können die Kinder sogar einen eigenen Flohmarkt simulieren.

Anschließend sollten die Aufgaben 1 und 2 gemeinsam gelesen und besprochen werden. Die drei Schritte des Kaufvorgangs sind deutlich herausgestellt.

**1** Der Betrag 11 Euro wird an der Tafel gelegt.
Davon wird der Betrag 6 Euro für die Holzpferde weggenommen. Der Restbetrag 5 Euro ergibt sich von selbst.

**2** Die Struktur ist die gleiche. Zur Lösung müssen aus dem Portemonnaie 10 Euro entnommen werden.

**3** Ich kaufe: | Ich gebe:

Zurück: 3 Euro

**4** Ich kaufe: | Ich gebe:

Zurück: 2 Euro

**5** Ich kaufe: | Ich gebe:

Zurück: 6 Euro

**6** Ich kaufe: | Ich gebe:

Zurück: 5 Euro

**7** Ich kaufe: | Ich gebe:

Zurück: 4 Euro

**8** Ich kaufe: | Ich gebe:

Zurück: ...... Euro

*1 Euro zu wenig gegeben!*

**9**

6 € + 6 € = 12 €
8 € + 6 € = 14 €
10 € + 6 € = 16 €
12 € + 5 € = 17 €
14 € + 6 € = 20 €

**10**

18 € − 10 € = 8 €
16 € − 8 € = 8 €
14 € − 6 € = 8 €
12 € − 4 € = 8 €
10 € − 2 € = 8 €

**11**

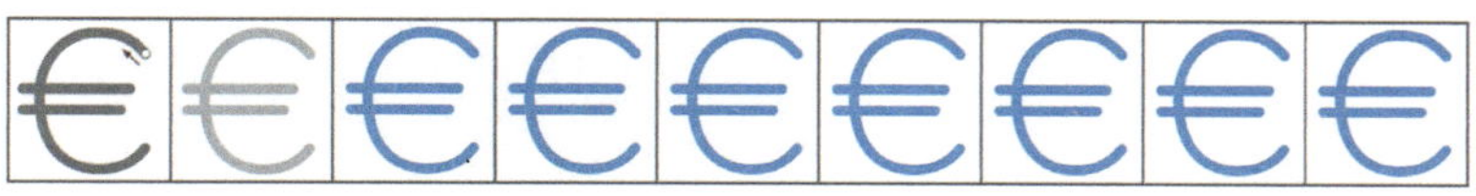

Auf **Seite 95** ist die Darstellung der Aufgaben etwas anders. Die Lösung erfordert die Rückgabe von Wechselgeld.
Daher müssen die ersten beiden Aufgaben gemeinsam gelöst werden.

**3** Das Spielzeugauto kostet 2 Euro. Wenn man 5-Euro gibt, ist das zuviel. Die Kinder sollten gemeinsam überlegen, wie dieses Problem zu lösen ist.

- Erster Weg: Das Kind wechselt seinen 5-Euro-Schein in Münzen. Dann kann es den Betrag 2 Euro bezahlen. Der Verkäufer hat dann zwei Euro erhalten. Das Kind hat das Auto plus 3 Euro. Zusammen ist das der gleiche Wert 5 Euro, den es vorher hatte.
  Der Verkäufer hat jetzt statt des Autos 2 Euro. Das ist der gleiche Wert.
- Zweiter Weg: Das Kind gibt dem Verkäufer 5 Euro, der Verkäufer gibt 3 Euro zurück.
  Jetzt hat der Verkäufer 5 Euro erhalten, für die er das Auto und 3 Euro an den Käufer gegeben hat. Der Käufer besitzt nach dem Kauf statt des 5-Euro-Scheins das Auto und 3 Euro.

Beide Wege zeigen, dass ein Tauschhandel stattgefunden hat, bei dem keiner etwas gewonnen und keiner etwas verloren hat. Auch das Wechseln von Geld ist ein Tauschhandel, da Geld im gleichen Wert ausgetauscht wird.

Es sollte besprochen werden, dass das Rückgeld durch Ergänzen ermittelt wird. Von den 5 gegebenen Euro werden 2 als Gegenwert für das Auto zurückbehalten. Das „Wechselgeld“ muss zurückgegeben werden.

**4** Die Uhr kostet 3 Euro, 5 werden gegeben. Wieder sollten beide Wege besprochen werden.

**5** – **8** An dieser Aufgabe sollte sich jedes Kind alleine versuchen. Die Lehrerin leistet bei Kindern, die noch Hilfe benötigen, Hilfe zur Selbsthilfe.

**9** Hier wird das Ergänzen von Geldbeträgen in der Form dargestellt, wie es mit Zahlen auf Seite 92 dargestellt wurde.

**10** Minusaufgaben mit Geldbeträgen.
Es sollte besprochen werden, dass diese Rechnungen auch einen Kaufvorgang beschreiben. Die erste Größe gibt den Betrag an, den man vor dem Kauf im Portemonnaie hatte, das Ergebnis den Betrag, den man nach dem Kauf hat. Daraus wird der Kaufpreis ermittelt.

Natürlich können die Rechnungen auch als einfache Subtraktionsaufgabe interpretiert werden.
Beispiel: Opa hat 18 Euro in seinem Portemonnaie. Davon schenkt er seinem Enkel etwas und hat dann noch 8 Euro.

**11** Diese Aufgabe dient dazu, sich das Euro-Zeichen stärker einzuprägen.

> *Persönliche Anmerkung der Autoren zu diesem Thema:*
> Wir haben beide von unseren Vätern, die beide Weltkriege und die Weltwirtschaftskrisen im 20. Jahrhundert erlebt haben, die Erkenntnis vermittelt bekommen, dass man von einem Geldschein nicht „herunter beißen“ kann.

## WAS WIRD BENÖTIGT?

*Arbeitsmaterial:* Rechengeld
*Demonstrationsmaterial:* Rechengeld (1 Euro-, 2 Euro-Münzen), evtl. Zettel als „Fahrkarten" mit Preisangaben

## WORUM GEHT ES?

Der Umgang mit Geld wird im Rahmen einer Sachsituation fortgesetzt, die den Kindern bekannt ist: Eine Familie macht einen Ausflug in einen Vergnügungspark. Dabei muss sie für verschiedene Wünsche, die sie sich erfüllt, Preise bezahlen.
Die Kinder lernen bei diesem Thema die Regel „Kinder zahlen die Hälfte" kennen, die im täglichen Leben oft vorkommt.
Die Doppelseite schließt mit einem biographischen Hinweis auf den Rechenmeister Adam Ries (im Volksmund oft Adam Riese genannt).
Adam Ries wurde 1492 (dem Jahr der Entdeckung Amerikas) in der oberfränkischen Stadt Staffelstein (nahe Bamberg) geboren. Er lernte in jungen Jahren (1509 - 1518) das Rechnen vermutlich bei Rechenmeistern in Nürnberg, das im Mittelalter Handels- und Wissenschaftsmetropole im gesamten süddeutschen Raum war. Nach seinen Lehr- und Wanderjahren wurde Ries 1518 in Erfurt sesshaft und gründete dort in der Drachengasse eine Rechenschule.
Um 1522/23 siedelte er nach Annaberg/Erzgebirge um und wurde herzoglicher Buchhalter der Silberbergwerke. 1539 wurde er zum „Churfürstlich Sächsischen Hofarithmeticus" ernannt. Hochgeachtet und vom Volk bis heute als „Rechenmeister" verehrt starb Adam Ries 1559 in Annaberg im Alter von 67 Jahren. Noch heute sagen viele Leute, wenn sie überzeugt sind richtig gerechnet zu haben: „Das stimmt nach Adam Ries(e)."
Vor Adam Ries war Rechnen eine große Kunst, die nur wenige Gelehrte beherrschten. Die vorhandenen Rechenbücher waren alle in lateinischer Sprache verfasst und daher für einfache Leute nicht lesbar. Philipp Melanchthon, Weggenosse von Martin Luther, erklärte um 1530 Studienanfängern der Universität Wittenberg, dass sie im Studium wohl schriftlich addieren und subtrahieren, aber nicht multiplizieren und dividieren lernen würden. Dies galt damals als zu schwierig. Wer beruflich auf die Lösung schwieriger Rechenaufgaben angewiesen war, musste zu Rechenmeistern gehen, die sich ihre Dienste gut bezahlen ließen.

**1**

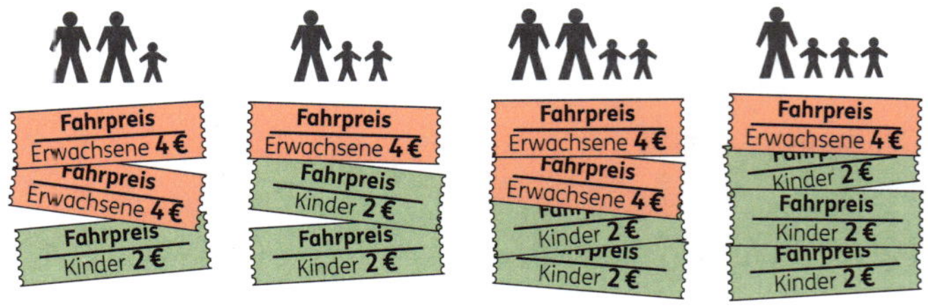


| | | | | |
|---|---|---|---|---|
| Zu zahlen | 10 Euro | 8 Euro | 12 Euro | 10 Euro |

**2** Rundfahrt

| Kinder | 1 | 2 | 3 | 4 | 5 | 6 |
|---|---|---|---|---|---|---|
| Zu zahlen | 2 € | 4 € | 6 € | 8 € | 10 € | 12 € |

| Erwachsene | 1 | 2 | 3 | 4 | 5 | 6 |
|---|---|---|---|---|---|---|
| Zu zahlen | 4 € | 8 € | 12 € | 16 € | 20 € | 24 € |

**3** Familie Minetti bezahlt für:

| | |
|---|---|
| 3 Kinder | 6 Euro |
| 2 Erwachsene | 8 Euro |
| zusammen | 14 Euro |

**4** Familie Kaiser bezahlt für:

| | |
|---|---|
| 2 Kinder | 4 Euro |
| 3 Erwachsene | 12 Euro |
| zusammen | 16 Euro |

Adam Ries wollte, dass alle Leute selbst Rechnen lernen. Hierfür verfasste er mehrere Lehrbücher in deutscher Sprache, die auch für „junge anhebende schuler", d. h. Kaufmanns- und Handwerkslehrlinge, gedacht waren. Seine Bücher waren so gut geschrieben, dass sie über Jahrhunderte hinweg Bestseller blieben. Das zweite Rechenbuch erschien zu seinen Lebzeiten in 42 Auflagen, bis 1650 in weiteren mehr als 20 Auflagen.
Der didaktische Ansatz von Adam Ries beruht auf seiner souveränen Beherrschung der Mathematik. Ein von ihm verfasstes, allerdings nicht veröffentlichtes Lehrbuch zur Algebra beweist, dass er zu den führenden Elementarmathematikern seiner Zeit gehörte.
Eine ähnliche Rolle wie Adam Ries in Deutschland spielten Robert Recorde (1510 - 1558) in England und, sehr viel später, Willem Bartjens (1569 - 1638) in den Niederlanden.

## WIE KANN MAN VORGEHEN?

***Zur Arbeit mit dem Buch:***
Das Einstiegsbild auf **Seite 96** regt zur Diskussion über den Kauf von Fahrkarten, Snacks und Getränken zwischendurch an. Die Kinder können dabei ihre eigenen Erfahrungen einbringen.
Gemeinsam wird überlegt, was die beiden Familien Gruppen (links Vater mit einem Kind, in der Mitte Elternpaar mit drei Kindern) bezahlen müssen, wenn sie mit der Loopingbahn fahren wollen. Evtl. werden die Fahrkarten an die Tafel geheftet. Der Preis lässt sich dann leicht bestimmen.
Im Rollenspiel können an einer Kasse Fahrkarten für die eigene Familie angefordert und bezahlt werden.
Die Aufgaben und Rechnungen sollten so notiert werden wie später in Aufgabe 1 und Aufgabe 3.

**5** Frau König bezahlt für sich und drei Kinder:

| | |
|---|---|
| Rundfahrt | 10 Euro |
| 3 Eis | 3 Euro |
| zusammen | 13 Euro |

**6** Familie Otte bezahlt:

| | |
|---|---|
| 2 Kaffee | 4 Euro |
| 2 Eis | 2 Euro |
| zusammen | 6 Euro |

**7** Pia und Emine bezahlen:

| | |
|---|---|
| Rundfahrt | 4 Euro |
| 1 Tierfutter | 1 Euro |
| 2 Eis | 2 Euro |
| zusammen | 7 Euro |

**8** Herr Kluge bezahlt:

| | |
|---|---|
| 3 Saft | 6 Euro |
| 3 Eis | 3 Euro |
| 3 Tierfutter | 3 Euro |
| zusammen | 12 Euro |

**9**

Adam Ries
1492–1559

*„Wer nicht weiß, was Rechnen ist,*
*leicht betrogen wird mit List.*
*Dies nimm zu Herzen, bitt' ich sehr.*
*Ein jeder sein Kind Rechnen lehr'."*

*Das erste deutsche Rechenbuch schrieb Adam Ries. Er wurde in Staffelstein (Bayern) geboren und war Rechenmeister in Erfurt (Thüringen) und Annaberg (Sachsen). Er lebte von 1492 bis 1559.*

**1** Nach einem (evtl. erneuten) Hinweis auf die Symbole für Erwachsene und Kinder kann jedes Kind die Aufgabe alleine bearbeiten.

**2** Die Tabellen für Kinder und Erwachsene werden an der Tafel ein Stück weit entwickelt, bis die Kinder die Struktur verstanden haben. Dann rechnet jedes Kind alleine weiter.

**3**, **4** Nach entsprechender Vorbereitung sollten die Kinder mit diesen Aufgaben zurecht kommen. Die Darstellung ist bei Preisberechnungen mit mehreren Posten üblich.

***Fortsetzung:***
*→ Arbeitsheft*
Seite 56, **1–2** Informationen aus Preisschildern und Preistabelle entnehmen

**5** – **8** Bei diesen Aufgaben wird zusätzlich noch auf die Preistabelle neben dem Kiosk Bezug genommen. Die Aufgaben 5 und 6 werden gemeinsam gerechnet. Dann können sich die Kinder mit den weiteren Aufgaben, die analog zu den Aufgaben 3 und 4 sind, alleine beschäftigen.

**9** Die Lehrerin erzählt den Kindern von Adam Ries und seinen Leistungen. Um den deutschen Rechenmeister zeitlich einzuordnen, sollte erwähnt werden, dass die Menschen die Zeit nach der Geburt von Jesus Christus in Jahrhunderte einteilen. Wir leben im 21. Jahrhundert. Adam Ries lebte im 16. Jahrhundert, das im Jahr 1500 angefangen hat und im Jahr 1600 vollendet war. Die Kinder können bereits von 16 bis 21 ergänzen, sodass sie verstehen können, dass Adam Ries vor 5 Hundert (500) Jahren gelebt hat.
Das kleine Hunderterfeld neben der Seitenzahl 97 ist fast ein voller Hunderter. Auf Seite 100 ist es voll. Wenn man sich für jeden Punkt ein Jahr denkt, muss man 5 Hunderterfelder nebeneinander legen um die Anzahl der Jahre darzustellen, die seit Adam Ries vergangen sind.
Als Adam Ries geboren wurde (1492), waren bereits 14 Jahrhunderte seit Christi Geburt vergangen, es fehlten noch 8 Jahre bis das 15. Jahrhundert voll war. Dann lebte Adam Ries weitere 59 Jahre. Vielleicht können einige Kinder schon ausrechnen, wie alt er wurde (66 Jahre).
Zum Vergleich: Wir schreiben das Jahr 2011. Dies bedeutet, dass seit dem Beginn der Zeitrechnung 20 Jahrhunderte vergangen sind. Vom 21. Jahrhundert sind schon 10 Jahre um. Wir befinden uns im 11. Jahr des 21. Jahrhunderts. Das kommende Jahr ist das Jahr 2012.
Heute sprechen wir nicht mehr „zwanzighundertelf", sondern „zweitausendelf".

Zum Abschluss kann die Lehrerin den Kindern eine Aufgabe aus dem berühmten Rechenbuch von Adam Ries stellen:
„Einer spricht: Gott grüße euch, ihr 30 Gesellen. Einer antwortet: Wenn wir noch einmal so viele und halb so viele wären, so wären wir 30.
Die Frage: Wie viele sind es gewesen?"
Moderne Fassung der Aufgabe: „Ein Mann geht spazieren und kommt an einen Stall mit vielen Pferden. Er sagt zu dem Tierpfleger: „Das sind aber viele Pferde, mindestens 30." Der Tierpfleger antwortet: „Nein, es sind viel weniger. Wenn es noch einmal so viele wären, wie es sind, und die Hälfte davon noch dazu. Dann wären es 30."
Die Lösung bei Adam Ries geht folgendermaßen:
„Mach's so: Nimm dir eine Zahl vor, die durch 2 geteilt werden kann, z. B. 16: Überprüfe die und sprich: 16 und 16 und die Hälfte von 16, das sind 8 – macht in einer Summe 40. Es sollten aber 30 sein, also „lügt 16" um 10 zu viel. Setze deshalb an, es seien 14 Gesellen gewesen. Sprich: 14 und 14 und 7 macht zusammen 35, also „lügt" 14 um 5 zuviel. ..."
Diese Probiermethode, der sogenannte „falsche Ansatz", ist auch für die Kinder die Methode der Wahl und führt sie zur Lösung 12 Pferde.

***Fortsetzung:***
*→ Arbeitsheft*
Seite 56, **3–8** analoge Aufgaben zum Schülerbuch

# Gerade und ungerade Zahlen

Übung der Addition in Verbindung mit wichtigen Grundbegriffen

**1** Zeichne die Punktfelder der Zahlen. Schneide sie aus. Rechne aus.

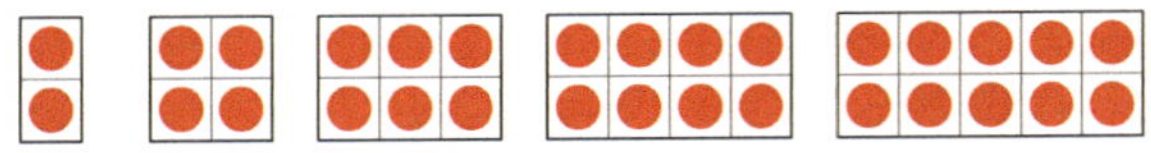

| 0 + 0 | 1 + 1 | 2 + 2 | 3 + 3 | 4 + 4 | 5 + 5 | gerade |
|---|---|---|---|---|---|---|
| 0 | 2 | 4 | 6 | 8 | 10 | Zahlen |

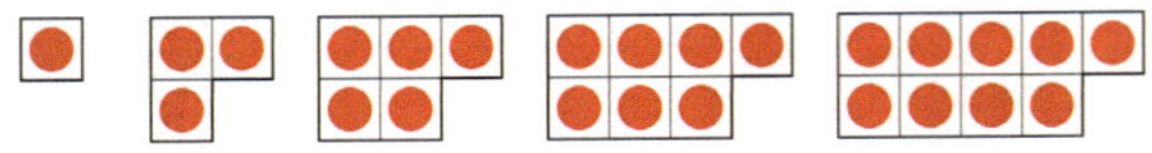

| 1 + 0 | 2 + 1 | 3 + 2 | 4 + 3 | 5 + 4 | ungerade |
|---|---|---|---|---|---|
| 1 | 3 | 5 | 7 | 9 | Zahlen |

**2**

6 + 2 = 8 | 5 + 3 = 8 | 4 + 3 = 7 | 3 + 4 = 7

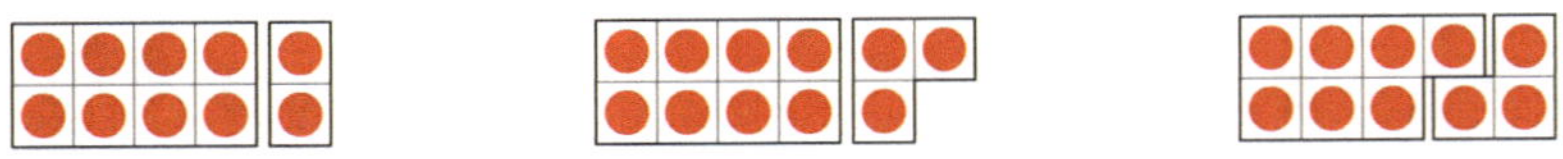

8 + 2 = 10 | 8 + 3 = 11 | 7 + 3 = 10

**3** Finde Plusaufgaben mit geradem Ergebnis. (verschiedene Lösungen)

**4** Beschreibe die Päckchen. Achte auf gerade und ungerade Zahlen.

| | | | |
|---|---|---|---|
| 4 + 6 = 10 | 5 + 1 = 6 | 2 + 1 = 3 | 1 + 8 = 9 |
| 6 + 8 = 14 | 7 + 3 = 10 | 4 + 3 = 7 | 3 + 6 = 9 |
| 8 + 4 = 12 | 9 + 5 = 14 | 6 + 5 = 11 | 5 + 4 = 9 |
| 10 + 2 = 12 | 5 + 7 = 12 | 8 + 7 = 15 | 7 + 2 = 9 |
| 12 + 8 = 20 | 9 + 9 = 18 | 10 + 9 = 19 | 9 + 0 = 9 |

Wann ist das Ergebnis gerade? Wann ungerade?

**3** Bilde auch Minusaufgaben. Ordne nach geraden und ungeraden Ergebnissen. (verschiedene Lösungen)

## WAS WIRD BENÖTIGT?

*Arbeitsmaterial:* Arbeitsblatt 7
*Demonstrationsmaterial:* Große Punktfelder für gerade und ungerade Zahlen, iTb

## WORUM GEHT ES?

Wenn man Plättchen paarweise in zwei Reihen anordnet, gibt es zwei Fälle:

- Es entsteht eine Doppelreihe (Fall 1).
- Es entsteht eine Doppelreihe und ein „Single" ohne Partner (Fall 2).

Wenn man diese Anordnungen in gerahmten Punktfeldern darstellt, ist der Begrenzungsstrich am Ende des Musters im Fall 1 gerade, im Fall 2 geknickt (ungerade) (s. Abbildungen zur Aufgabe 1).
Die Zahlen vom Typ 1 heißen daher *gerade*, die Zahlen vom Typ 2 heißen *ungerade*.
Wie die Beispiele in Aufgabe 2 zeigen, ergibt sich

- eine gerade Zahl, wenn zwei gerade Zahlen addiert werden
- eine gerade Zahl, wenn zwei ungerade Zahlen addiert werden, denn die beiden Singles verbinden sich zu einem Paar
- eine ungerade Zahl, wenn eine gerade und eine ungerade Zahl addiert werden.

In Klasse 1 werden diese mathematischen Beziehungen (mathematisch: „Sätze") nur in den Raum gestellt. Es genügt, wenn die Kinder mit geraden und ungeraden Zahlen unterschiedliche Punktfelder verbinden und an Beispielen sehen, wie bei der Zusammensetzung gerade oder ungerade Ergebnisse zustande kommen können. Die Thematik wird in den folgenden Schuljahren in größeren Zahlenräumen immer wieder aufgegriffen und dabei immer tiefer durchdrungen.

Das ZAHLENBUCH folgt in der Behandlung der geraden und ungeraden Zahlen der historischen Entwicklung: die Begründer der heutigen Mathematik, Pythagoras und seine Jünger, haben etwa 600 v. Ch. für Zahlen Steinchen gelegt und daraus zahlentheoretische Beziehungen abgeleitet. Diese Periode nennt man daher „Steinchen"-Arithmetik. Sie war die Wiege der Zahlentheorie.

## WIE KANN MAN VORGEHEN?

### *Vor der Arbeit mit dem Buch:*

Es werden unterschiedliche Anzahlen von Kindern nach vorne geholt und gebeten, sich in Zweier-Reihen aufzustellen. Man stellt fest, ob die Zweierreihe aufgeht oder nicht. Die Zahlen werden an der Tafel geordnet notiert: links die Zahlen, bei denen es aufgeht, die *geraden* Zahlen, rechts die Zahlen, bei denen es nicht aufgeht, die *ungeraden* Zahlen. Die geraden Zahlen sind den Kindern von der Einspluseins-Tafel als Ergebnisse von Verdopplungsaufgaben (rot) bekannt.
Abschließend wird die Zahlenreihe von 1 beginnend mit Plättchen als Doppelreihe gelegt. Die Kinder vergewissern sich, dass bei jeder ungeraden Zahl ein Einzelgänger auftritt, der mit einem weiteren Plättchen ein Paar bildet. Ungerade und gerade Zahlen wechseln sich daher ab.

### *Zur Arbeit mit dem Buch:*

Die Punktfelder im Buch werden als Doppelreihen bzw. als Doppelreihen plus Single identifiziert.

**1** In Partnerarbeit werden aus dem Arbeitsblatt 7 die Punktfelder der Zahlen von 1 bis 10 ausgeschnitten und nach gerade/ungerade geordnet.

**2** Die Aufgaben werden nachgelegt, aufgeschrieben und gerechnet. Bei zwei geraden Zahlen, aber auch bei zwei ungeraden Zahlen ist die Summe immer gerade.

**3** Die Kinder legen mit den ausgeschnittenen Mustern Aufgaben und rechnen. Sie entdecken vielleicht, dass sie für ein gerades Ergebnis entweder immer zwei gerade oder zwei ungerade Zahlen zusammensetzen müssen.

**4** Nach Berechnung der Ergebnisse hört sich die Lehrerin an, was die Kinder an Erklärungen vorzubringen haben und lenkt ggf. den Blick auf die Singles bei den ungeraden Zahlen.

**5** Die Aufgabe wird erklärt und dann von den Kindern individuell bearbeitet.

# Halbieren 99

Einführung der Umkehrung des Verdoppelns, Grundlegung der Blitzrechenübung „Halbieren"

**1** Vergleiche die Punktfelder von 8 und 9.

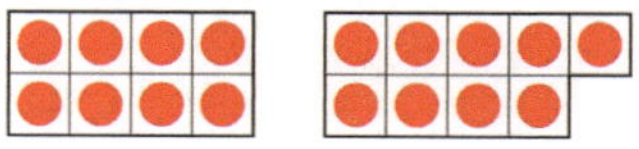

Welche Zahl lässt sich halbieren? 8

Welche anderen Zahlen bis 20 lassen sich halbieren?

2, 4, 6, 10, 12, 14, 16, 18, 20

**2** Lege, rechne und vergleiche.

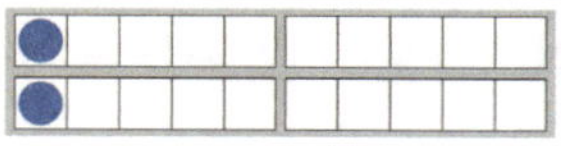

2 = 1 + 1

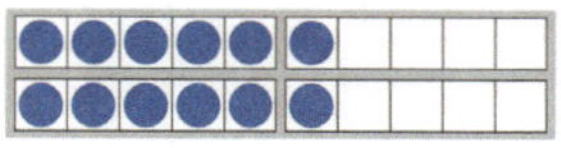

12 = 6 + 6

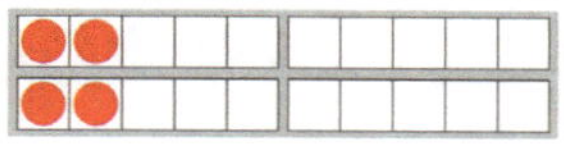

4 = 2 + 2

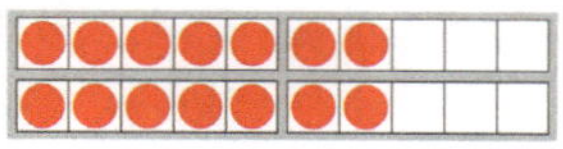

14 = 7 + 7

**3**

| | | | |
|---|---|---|---|
| 6 = 3 + 3 | 8 = 4 + 4 | 10 = 5 + 5 | 0 = 0 + 0 |
| 16 = 8 + 8 | 18 = 9 + 9 | 20 = 10 + 10 | |

**4** Halbiere.

5 Euro

3 Euro

**Blitzrechnen: Halbieren**

Zahl zeigen und nennen.

Zahl halbieren.

## WAS WIRD BENÖTIGT?

*Arbeitsmaterial:* Wendeplättchen, Zwanzigerfeld

*Demonstrationsmaterial:* Wendeplättchen, Zwanzigerfeld, Rechengeld

## WORUM GEHT ES?

Punktfelder für gerade Zahlen kann man durch eine horizontale Linie in zwei gleiche Teile zerlegen: gerade Zahlen lassen sich halbieren.

Punktfelder für ungerade Zahlen lassen sich nur in zwei fast gleiche Teile zerlegen, also nicht halbieren.

Die Behandlung der geraden und ungeraden Zahlen ist also eine hervorragende Vorbereitung des Themas „Halbieren", das daher auf dieser Seite kurz und trocken besprochen werden kann.

## WIE KANN MAN VORGEHEN?

***Vor der Arbeit mit dem Buch:***

Die Lehrerin legt an der Tafel mit Wendeplättchen frei und am Zwanzigerfeld Zahlen, sie legt mit Rechengeld Euro-Beträge und sie zeichnet eine Pizza, Stücke von Kuchen unterschiedlicher Form.

Aufgabe der Kinder ist es, die Zahlen, die Beträge und die Backwaren gerecht an zwei Kinder zu verteilen. Jedes Kind soll die Hälfte bekommen. Während es bei Pizza & Co. keine Probleme gibt und man bei Geldbeträgen durch Wechseln in kleinere Münzen Lösungen findet, stellt sich bei natürlichen Zahlen heraus, dass sich nur gerade Zahlen halbieren lassen. (Bei den Bruchzahlen ändert sich das.)

***Zur Arbeit mit dem Buch:***

**1** Im Gespräch wird die vorher gewonnene Erkenntnis vertieft: genau die geraden Zahlen lassen sich halbieren, die ungeraden nur fast.

**2**, **3** Hier sind gerade Zahlen in zwei gleiche Summanden zu zerlegen. Die Zahlen sind in Paaren vorgegeben, die gleiche Einer aufweisen (z.B. 2, 12), damit Analogien deutlich werden.

**4** Diese Aufgabe knüpft an die Einführung an.

Der erste Betrag 10 Euro kann ohne Mühe halbiert werden: 5 Euro und 2 Euro + 2 Euro + 1 Euro.

Der zweite Betrag 6 Euro kann halbiert werden, wenn man 5 Euro in Münzen wechselt.

Zum Abschluss dieser Seite sollte geklärt werden, dass man, wenn man eine Zahl verdoppelt und das Ergebnis halbiert, wieder zur ursprünglichen Zahl zurückkehrt.

Beispiel:

4 —verdoppeln→ 8 —halbieren→ 4

*Grundlegung der Blitzrechenübung „Halbieren":*

Wie üblich wird besprochen, wie die Übung geht. Mit Hilfe des Operationsfeldes auf Seite 135 und im Arbeitsheft sowie der Rechenkartei „Blitzrechnen" und der CD-ROM „Blitzrechnen" können die Kinder alleine weiterüben.

***Fortsetzung:***

→ *Arbeitsheft*

Seite 57, Halbieren am Zwanzigerfeld und in Sachaufgaben

→ *Verstehen und Trainieren 1*

Seite 30, Halbierungsaufgaben in Tabellenform

***Nach der Arbeit mit dem Buch:***

Zum Abschluss eignet sich das strategische Spiel „Halbieren verboten" von P.M. Grundy: Zwei Spieler teilen eine Menge von n Plättchen abwechselnd immer feiner in Teilmengen. Beim ersten Zug wird die ganze Menge, bei weiteren Zügen eine beliebige Teilmenge in zwei Mengen **mit verschiedenen Anzahlen** zerlegt. Daher der Name „Halbieren verboten". Wer nicht mehr zerlegen kann, weil nur noch Teilmengen mit 1 oder 2 Plättchen vorhanden sind, hat verloren.

Je nach der Zahl n der Plättchen hat der erste oder zweite Spieler eine Gewinnstrategie. Die Analyse ist für das erste Schuljahr zu schwer.

# Zählen in Schritten

Weitere Gliederung des Zwanzigerraums, Blitzrechenübung „Zählen in Schritten“

## WAS WIRD BENÖTIGT?

*Arbeits- und Demonstrationsmaterial:*
Zwanzigerreihe, Wendeplättchen

## WORUM GEHT ES?

Diese Seite hat eine doppelte Funktion: Erstens vertieft sie das Verständnis des Zwanzigerraums, zweitens ist sie eine gute Vorbereitung für das Mini-Einmaleins auf den Seiten 114–115.
Das Zählen in Fünferschritten ist bestens vorbereitet und wird durch das durchgehend verwendete Zwanzigerfeld unterstützt.
Das Zählen in Zweierschritten ergibt sich aus der Kenntnis der geraden Zahlen, die vom Verdoppeln her bekannt sind und auf den vorhergehenden Seiten ausführlich behandelt wurden.
In beiden Fällen landet man bei 20.
Das Zählen in Dreier- und Viererschritten muss neu gelernt werden. Dabei kann man aber auf das Einspluseins zurückgreifen.
Von 3 ausgehend wird immer 3 dazu addiert: 3, 6, 9, 12, 15, 18, 21.
Man landet nicht bei 20.
Von 4 ausgehend wird immer 4 dazu addiert: 4, 8, 12, 16, 20.
Man landet bei 20.
Betont sei, dass es sich bei dem „Zählen in Schritten“ um ein „rechnendes Zählen“ handelt.

**1**

**2**

**3**
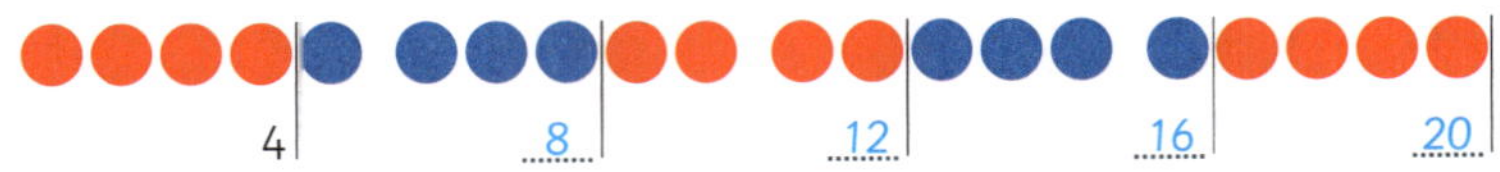


**4**
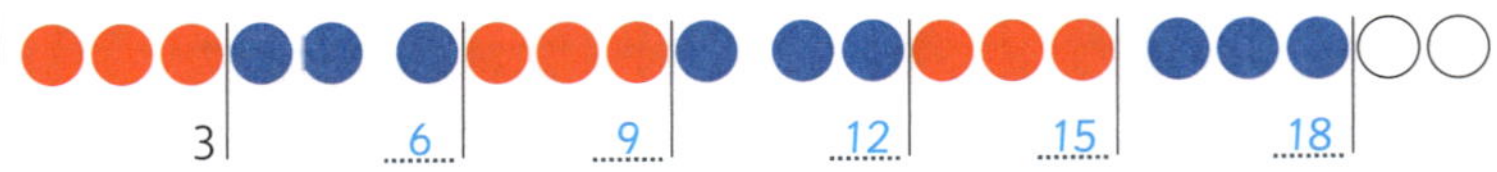


**5** Zähle vorwärts.
Fünferschritte: 5, 10, 15, 20
Zweierschritte: 2, 4, 6, 8, 10, ..., 20
Viererschritte: 4, 8, 12, 16, 20
Dreierschritte: 3, 6, 9, 12, 15, 18

**6** Zähle rückwärts.
Zweierschritte: 20, 18, 16, 14, ..., 2
Fünferschritte: 20, 15, 10, 5
Viererschritte: 20, 16, 12, 8, 4
Dreierschritte: 21, 18, 15, 12, 9, 6, 3

**7** Welche Schritte führen zu 12?
Einer-, Zweier-, Dreier-, Vierer-, Sechserschritte, ein Zwölferschritt

**8** Welche Schritte führen zu 20?
Einer-, Zweier-, Vierer-, Fünfer-, Zehnerschritte, ein Zwanzigerschritt

**Blitzrechnen: Zählen in Schritten**

Schritte vorgeben.

In Schritten zählen.

## WIE KANN MAN VORGEHEN?

### *Vor der Arbeit mit dem Buch:*

Das Zählen in Schritten an der Zwanzigerreihe ist in erster Linie eine mündliche Übung, die zum Blitzrechenkurs gehört.
Die Lehrerin erklärt, dass man an der Zwanzigerreihe auch in größeren Schritten als in Einerschritten zählen kann.
Sie gibt die Schrittzahl, zuerst 2 und 5, dann 3 und 4, vor und tippt die Zahlen der Reihe nach an. Die Kinder zählen laut mit. Nach dem Vorwärtszählen sollte auch das Rückwärtszählen geübt werden, was bei Abstützung auf die Zwanzigerreihe keine schwere Übung ist. Um ohne Stütze in Schritten rückwärts zählen zu können, muss man üben.

### *Zur Arbeit mit dem Buch:*

**1** – **4** Schriftliche Bearbeitung der vorhergehenden mündlichen Aufgaben.

**5** – **8** Diese Aufgaben sind für die mündliche Bearbeitung vorgesehen.

*Grundlegung der Blitzrechenübung „Zählen in Schritten“:*
Wie üblich wird besprochen, wie die Übung geht. Mithilfe des Operationsfeldes auf den Seiten 134–135 und im Arbeitsheft sowie der Rechenkartei „Blitzrechnen“ und der CD-ROM „Blitzrechnen“ können die Kinder alleine weiterüben.

### *Fortsetzung:*

→ *Verstehen und Trainieren 1*
Seite 31, „Zählen in Schritten“ mit Bezug zur Zwanzigerreihe

### *Nach der Arbeit mit dem Buch:*

**Es darf unter keinen Umständen versäumt werden, die Kinder auf das volle Hunderterfeld links unten neben der Seitenzahl 100 hinzuweisen.** Die Kinder sollen sich durch Zurückblättern und Vorausblättern klar machen, wie der letzte Zehner Einer für Einer gefüllt wurde. Wenn dieser Zehner voll ist, hat man 10 volle Zehner, die zu der größeren Zahleneinheit Hunderter zusammengefasst werden. 100 heißt „1 Hunderter, 0 Zehner, 0 Einer“.
Nach 100 wird ein zweiter Hunderter angefangen, wobei der erste Zehner Einer für Einer gefüllt wird: 101, 102, 103, ..., 109. Wenn der erste Zehner voll ist, hat man die Zahl 110 (1 Hunderter, 1 Zehner, 0 Einer). Auf der letzten Seite 135 sieht man 1 volles Hunderterfeld, 3 volle Zehner und 5 Einer. Die Zahl 135 bringt dies genau zum Ausdruck: 1 Hunderter, 3 Zehner, 5 Einer.

Es empfiehlt sich an dieser Stelle, die Zahlenreihe von 1 bis 100 aufsagen zu lassen und dabei die vollen Zehner besonders herauszustellen. Am kleinen Hunderterfeld kann man den Zählvorgang gut verfolgen.

**1** Immer (+3).

Immer (+5).

Immer (+2).

Immer (+4).

Immer (+5).

**Forschen und Finden**

**2** Erfindet eigene Zahlenraupen.

Immer (+2).

## WAS WIRD BENÖTIGT?

*Arbeitsmaterial:* Faltpapier in verschiedenen Farben und Größen (Zettelblock), Schere, Klebstoff

## WORUM GEHT ES?

Im Übungsformat „Zahlenraupen" wird eine Klasse von Folgen grundschulgemäß dargestellt, die in der Arithmetik von fundamentaler Bedeutung sind und daher *arithmetische Folgen* heißen. Das sind Folgen, bei denen zwei Zahlen vorgegeben sind: die *„Startzahl"* und die *„Pluszahl"* die von Zahl zu Zahl fortlaufend dazu addiert wird.

Es ergeben sich folgende Aufgabentypen:

1. Startzahl und Pluszahl sind bekannt. Weitere Zahlen werden durch fortlaufende Addition berechnet:
(+3) 1, ___, ___, ___, ___, ___, ___, 22
Lösung:
(+3) 1, 4, 7, 10, 13, 16, 19, 22
Zur Kontrolle könnten einige dieser Zahlen ebenfalls vorgegeben sein.

2. Die Pluszahl und eine andere als die erste Zahl sind vorgegeben:
(+3) ___, ___, ___, ___, ___, 21
Lösung:
(+3) 3, 6, 9, 12, 15, 18, 21
In diesem Fall muss man von 21 beginnend subtrahieren.

3. Mindestens zwei Zahlen der Folge, aber nicht die Pluszahl sind gegeben:
(+?) 2, ___, 6, ___, ___, ___, ___, ___
Durch Probieren (oder gezieltes Überlegen) findet man heraus, dass die Pluszahl 2 sein muss.
Lösung:
(+2) 2, 4, 6, 8, 10, 12, 14, 16, ...
Weiteres Beispiel für diesen Typ:
(+?) 2, ___, ___, ___, 22
Lösung:
(+5) 2, 7, 12, 17, 22

Man erkennt an den Beispielen: Aus der Pluszahl und einer Zahl der Folge oder aus zwei beliebigen Zahlen der Folge lassen sich die restlichen Zahlen berechnen.

## WIE KANN MAN VORGEHEN?

***Vor der Arbeit mit dem Buch:***

Das Übungsformat Zahlenraupe wird an einem Beispiel (1, 4, 7, ...) vorgestellt. Dabei malt (oder klebt) die Lehrerin ein Raupenglied nach dem anderen an die Tafel, und lässt die Kinder vermuten, was die nächste Zahl sein wird. Wer die Regel erraten hat, darf sie nicht weitersagen, bis sie auch andere Kinder erkannt haben.

An diesem Beispiel erklärt die Lehrerin, dass es sich um eine Zahlenraupe handelt, und führt die Begriffe „Startzahl" und „Pluszahl" (letztere mit einem Kreis eingerahmt) ein.

Die Startzahl steht nur am Anfang. In die Raupe werden nur die Ergebnisse der fortlaufenden Rechnungen geschrieben.

Die Kinder wählen dann selbst eine kleine Startzahl und eine kleine Pluszahl. Gemeinsam wird die Zahlenraupe entwickelt.

Dann gibt die Lehrerin eine Zahlenraupe mit Lücken vor, bei der die Pluszahl nicht bekannt ist:
(+?) 2, ___, ___, 11, ___, ___, ___

Die Kinder können verschiedene Pluszahlen ausprobieren.
Zweierschritte passen nicht:
2, 4, 6, 8 (statt 11)
Dreierschritte passen:
2, 5, 8, 11, 14, 17, 20, ...

***Zur Arbeit mit dem Buch:***

**1** Jedes Kind versucht sich an den Aufgaben alleine.

**2** Diese Aufgabe eröffnet einen Spielraum, in dem sich die Kinder individuell bewegen können.

***Fortsetzung:***

→ *Verstehen und Trainieren 1*
Seite 29, Wiederholung Plus- und Minusaufgaben
→ *Probieren und Kombinieren 1*
Seiten 18 – 19, weitere Aufgaben zu Zahlenraupen

## WAS WIRD BENÖTIGT?

*Arbeits- und Demonstrationsmaterial:* –

## WORUM GEHT ES?

An verschiedenen Stellen wurde bereits auf den Basiskurs Größen „Sachrechnen im Kopf" hingewiesen. Einzelne Übungen daraus wurden auch bereits eingeführt. Auf der Doppelseite 102 – 103 wird dieser Kurs im Zusammenhang behandelt.
Ähnlich wie der Basiskurs Zahlen „Blitzrechnen" besteht auch der Basiskurs Größen aus Modulen zur Übung bestimmter Basiskompetenzen.

Übersicht über die Übungen im Band 1:
- Anzahlen bis 20: Strukturiertes Erfassen von Anzahlen bis 20
- Geld (Euro): Strukturiertes Erfassen von Eurobeträgen bis 20 Euro
- Zeit (volle Stunden): Ablesen von Uhrzeiten in vollen Stunden
- Einfache Textaufgaben über Anzahlen, Geld und Zeit

Die besondere Ausweisung dieser Basiskompetenzen als Kurs ist dadurch begründet, dass diese Übungen als „Fitnessprogramm" für das Sachrechnen neben dem Unterricht herlaufen und dabei vielfach wiederholt werden müssen. Dafür steht die Kartei „Sachrechnen im Kopf. Basiskurs Größen 1/2" zur Verfügung, die auch die sechs Übungen für den Band 2 umfasst.
Von den Karteikarten sind einige mit dem Zeichen Blitz versehen um anzudeuten, dass diese bis zur blitzartigen Verfügbarkeit geübt werden sollten. Im Vergleich mit dem Blitzrechenkurs zeigen sich starke Überlappungen, sodass ein Teil der Aufgaben als „Blitzsachrechnen" bezeichnet werden könnte: Das strukturierte Erfassen von Plättchenzahlen, das Ergänzen von Zahlen bis 10 und 20, das Verdoppeln und Halbieren im Zwanzigerraum usw. ist abstrakt gesehen das gleiche wie das strukturierte Erfassen der Anzahlen von realen Objekten, das Ergänzen von Geldbeträgen bis 10 Euro und 20 Euro und das Verdoppeln und Halbieren von Geldbeträgen usw.
Um den Einfluss der Lesefähigkeit zu reduzieren, werden die Aufgaben durch kurze Texte vorgegeben und in der Regel zusätzlich noch durch Bilder unterstützt. Dabei werden Grundvorstellungen und grundlegende Wörter, die bei Sachaufgaben ständig wiederkehren, vielfach wiederholt.
„Sachrechnen im Kopf" ist ein mündlicher Kurs. Daher sind auch alle Aufgaben auf der Doppelseite mündlich zu bearbeiten. Die Kinder sollen sich dabei gegenseitig kontrollieren. Die Lehrerin setzt sich zu einzelnen Kindern dazu und gibt ggf. Hilfe zur Selbsthilfe.

## WIE KANN MAN VORGEHEN?

***Zur Arbeit mit dem Buch:***

**1** An dieser Aufgabe sollte die allen folgenden Aufgaben gemeinsame Grundstruktur besprochen werden:
Es sind gewisse Daten gegeben.
Es wird eine Frage gestellt.
Es muss eine Antwort gegeben werden.
Zur Beantwortung der Frage müssen die Daten entnommen, interpretiert und verknüpft werden.

**2** – **7** Jedes Kind versucht, die Aufgaben zu verstehen und zu lösen.

***Fortsetzung:***

→ *Sachrechnen im Kopf. Basiskurs Größen 1/2*
Bearbeitung von Karten in Kleingruppen

**8** Wie viel Euro sind es?

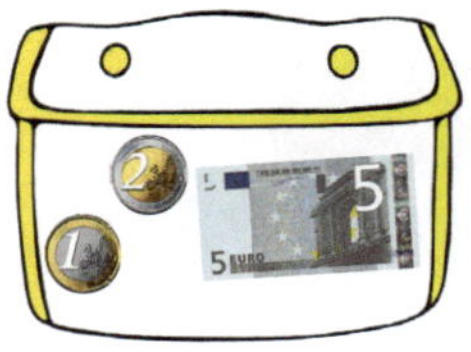
8 Euro

16 Euro

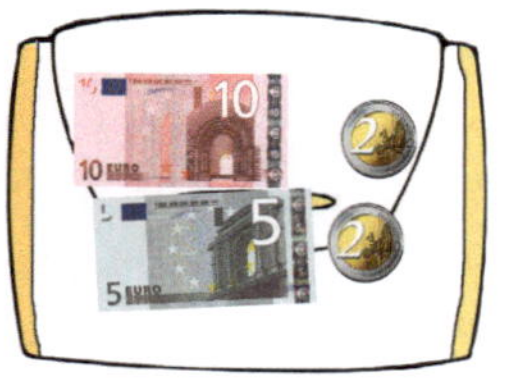
19 Euro

**9** Ergänze zu 10 Euro.

2 Euro

**10** Ergänze zu 20 Euro.

5 Euro

**11**

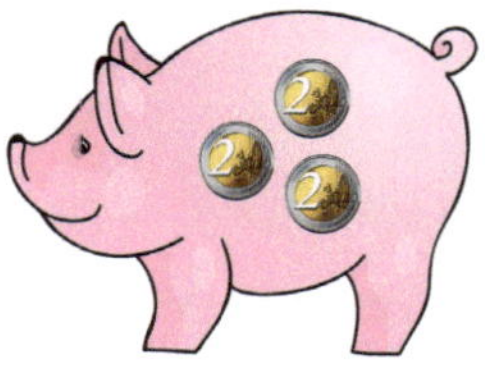

Oma gibt noch 4 Euro.
Wie viel Euro sind es dann?
10 Euro

**12**

Opa gibt noch 7 Euro.
Wie viel Euro sind es dann?
19 Euro

**13** Wie viel Euro sind es?
1 Euro mehr als 5 Euro. 6 Euro
2 Euro mehr als 10 Euro. 12 Euro
1 Euro weniger als 20 Euro. 19 Euro

**14** Wie spät ist es?

3 Uhr
oder 15 Uhr

8 Uhr
oder 20 Uhr

**15** Verdopple.

12 Euro

18 Euro

**16** Halbiere.

9 Stücke

6 Euro

**8** – **10** Hier sind nur Geldbeträge zu bestimmen.

**11**, **12** Das sind einfache Textaufgaben vom gleichen Typ. Es ist ein Betrag vorgegeben, der um einen gewissen Betrag vergrößert wird. Zu berechnen ist der Endbetrag.

**13** Hier werden die wichtigen und schwierigen Begriffe „mehr als" und „weniger als" verwendet.

**14** Diese Aufgabe muss besprochen werden, da die Zeigerstellungen ja zwei verschiedenen Zeiten entsprechen. Grundsätzlich ist zum Erlernen der Uhr zu sagen, dass die Uhrzeit an einer Uhr mit Zeigern, die, hoffentlich, im Schulgebäude vorhanden ist, immer wieder abgelesen werden muss.

**15**, **16** Das Verdoppeln ist einfach. Beim Halbieren von 12 Euro muss gewechselt werden wie auf Seite 99, Aufgabe 4, besprochen.

***Fortsetzung:***
→ *Arbeitsheft*
Seite 58, Sachaufgaben
→ *Sachrechnen im Kopf. Basiskurs Größen 1/2*
Bearbeitung von Karten in Kleingruppen

*Die Vernachlässigung der Übung läßt sich bis zu einem gewissen Grade aus der Entwicklung der modernen Pädagogik verstehen. Einer der Gründe liegt schon in der allgemeinen Natur des Unterrichts. Herbart sagt einmal: „Langweilig zu sein ist die ärgste Sünde des Unterrichts." Der Unterricht soll vor allem fesselnd sein, er soll die Schüler interessieren, so dass sie willig und gern mitgehen. Das aber erreicht er am besten, wenn er rasch voranschreitet und immer etwas Neues bietet. Die Übung ist demgegenüber langweilig, weil sie lange beim schon Bekannten verweilt und dies bis zur Geläufigkeit wiederholt. Aber der hastige Drang nach dem Neuen und Interessanten kann nur kurzfristig verdecken, daß dabei die Grundlagen, die für das Spätere notwendig sind, vernachlässigt werden, daß sie nicht „sitzen" (wie es in der Schulsprache heißt). Das Ergebnis ist dann die Hilflosigkeit und das Unbefriedigtsein in der so entstandenen Unsicherheit. Man kommt nicht weiter und muss schließlich doch wieder von vorn anfangen. Die Übung erscheint dann, so unangenehm sie auch ist, doch wieder als notwendig.*
Otto F. Bollnow: Vom Geist des Übens

## WAS WIRD BENÖTIGT?

*Arbeits- und Demonstrationsmaterial:*
Wendeplättchen

## WORUM GEHT ES?

Der Themenblock schließt mit einer Doppelseite über Sachaufgaben, die sich mithilfe der bisher erworbenen Kenntnisse über die Addition und Subtraktion gut lösen lassen.
Bei der Seite 104 sind sieben einfache Textaufgaben und sieben Rechnungen vorgegeben. Die Kinder müssen herausfinden, welche Rechnung zu welcher Aufgabe passt. Fragen wurden in den Texten weggelassen. Die Kinder sollen sie aus dem Sinnzusammenhang selbst erschließen. Bei jedem Text liegen bestimmte Fragen nahe, die dann durch die angegebenen Rechnungen beantwortet werden. Es ist aber zu beachten, dass auch bei einfachen Aufgaben oft mehrere Fragen möglich sind. Beispiel:
Bei Aufgabe 2 passt die Rechnung 6 + 6 zu der Frage „Wie viele Murmeln hat Pinar?“ Man könnte aber auch fragen: „Wie viele Murmeln haben die Kinder zusammen?“
Bei Aufgabe 3 könnte man fragen, wie viele rote Luftballons es mehr sind als blaue.
Bei solch einfachen Aufgaben drängt sich das traditionelle Lösungsschema „Frage – Rechnung – Antwort“ geradezu auf. Es empfiehlt sich jedoch, die Lösung von Sachaufgaben schon auf dieser frühen Stufe breiter anzulegen, um das Verständnis zu fördern.
Bei der Lösung von Sachaufgaben sollten immer **vier** Phasen beachtet werden:

1. Verstehen der Aufgabe
2. Überlegung
3. Lösung
4. Kontrolle und Antwort

In der ersten Phase muss man sich ein Bild von der Situation machen, m. a. W. ein Modell bilden. Die beste Form der Modellierung bei diesen Textaufgaben über kleine Anzahlen besteht darin, die Texte mit Plättchen nachzulegen oder zeichnerisch darzustellen. Diese Methode wurde auf den Seiten 78 – 81 eingehend besprochen und muss hier erneut ins Bewusstsein der Kinder gehoben werden.

## WIE KANN MAN VORGEHEN?

***Zur Arbeit mit dem Buch:***
Die Aufgabenstellung der Seite insgesamt wird mit den Kindern besprochen: Auf der Seite sieht man sieben Aufgaben, bei denen die Frage fehlt, und sieben Kinder, die eine Rechnung im Kopf haben. Wie lauten die Fragen und welche Rechnung gehört zu welcher Aufgabe?
Die Kinder bearbeiten die Seite am besten in Gruppen. Die Lehrerin überzeugt sich, dass auch schwächere Kinder die Texte lesen. Anschließend werden die Ergebnisse vorgestellt:
Reihum liest ein Kind einer Gruppe eine Aufgabe vor, formuliert dazu eine Frage und nennt die Rechnung, die zur Beantwortung der Frage ausgeführt werden muss. Jede Lösung wird dann mit Plättchen nachgelegt (nachgespielt).

Welche Sachaufgaben rechnen die Kinder?

**1** 6 Hasen sitzen im Gras,
2 davon hoppeln weg. ? (Anna)
4 Hasen bleiben.

**2** Tai hat 6 Murmeln.
Pinar hat doppelt so viele. ? (Hakan)
Pinar hat 12 Murmeln.

**3** Der Verkäufer hat 6 rote,
3 blaue und 3 gelbe
Luftballons. ? (Eva)
Er hat 12 Luftballons.

**4** Adrian kauft ein Buch für 6 Euro.
Er bezahlt mit einem 10-Euro-Schein. ? (Luis)
Adrian bekommt 4 Euro zurück.

**5** Zwei gleiche Eisbecher kosten
zusammen 6 Euro. ? (Ben)
Ein Eisbecher kostet 3 Euro.

**6** Mika kommt um 6 Uhr abends
nach Hause. 2 Stunden später
geht er ins Bett. ? (Lilli)
Mika geht um 8 Uhr abends ins Bett.

**7** Ein Riesenrad hat 12 Gondeln.
6 davon sind besetzt. ? (Nico)
6 Gondeln sind frei.

**1** 6 Plättchen stellen die 6 Hasen dar, 2 werden weggenommen. Rechnung: 6 – 2 = 4. Antwort: 4 Hasen sitzen noch im Gras. Die Hasen können natürlich auch gezeichnet werden. Die weghoppelnden werden abgedeckt.

**2**, **7** 6 rote Plättchen stellen die Murmeln von Tai dar. Pinars doppelt so viele Murmeln werden mit blauen Plättchen gelegt. Rechnung: 6 + 6 = 12. Antwort: Pinar hat 12 Murmeln.
Auch hier wäre eine Zeichnung möglich.
Analog wird Aufgabe 7 besprochen.

**3** Die Luftballons werden mit roten, blauen und 3 anderen Objekten gelegt. usw. Anschließend sollte besprochen werden, dass es beim Nachlegen auf die Farben gar nicht ankommt. Beim Zeichnen könnte man sie gut wiedergeben, was aber mathematisch ebenfalls nicht nötig ist.

**4** Diese Aufgabe ist schwieriger nachzulegen. Hier sollte man besser sofort zeichnerisch vorgehen.
Man zeichnet ein Buch mit Preisangabe 6 Euro und daneben einen 10-Euro-Schein. Aus dem Kaufvorgang, der auf Seite 94 und Seite 102 besprochen wurde,

**1** 12 − 4 = 8

1 Kasten Wasser.
4 Flaschen sind leer.

Lea

Auf dem Kindergeburtstag sind 12 Kinder.
4 davon sind Mädchen.
Deniz

Der Unterricht dauert 4 Stunden.
Er endet um 12 Uhr.
Isabella

Eine Torte hatte 12 Stücke.

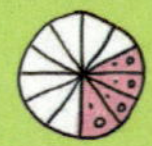

4 sind noch übrig.
Maja

Marie ist 12 Jahre alt.

Tim ist 4 Jahre jünger.

Erik

Räuber und Goldschatz
Der Schatz steht auf 12.
Der Minusräuber würfelt

Oskar

Im September ist es 12 Stunden am Tag hell.
An Weihnachten sind es 4 Stunden weniger.
Frau Schreiner

Finde dazu passende Fragen und beantworte sie.

**2** Finde Sachaufgaben zu den Rechnungen. (verschiedene Lösungen)

| | | | | | |
|---|---|---|---|---|---|
| 10 + 4 | 5 + 2 | 10 − 4 | 20 − 16 | 5 + 2 + 2 | 4 + 4 + 4 |
| 7 + 7 | 4 + 4 | 7 − 4 | 8 − 8 | 10 + 5 − 13 | 18 − 2 + 4 |

ergibt sich die Frage, wie viel Adrian zurückbekommt. Dies wird durch die Rechnung 10 − 6 beantwortet.
Das Buch und das Rückgeld 4 Euro sind zusammen 10 Euro wert.
Die Aufgabe lässt sich auch mit Rechengeld lösen: 10 Euro werden gewechselt. Von den 10 Euro gehen 6 an den Verkäufer. Adrian darf 4 Euro behalten.

**5** Auch hier ist eine Zeichnung sinnvoll. Der Betrag 6 Euro bezieht sich auf beide Becher. Ein Becher kostet die Hälfte.

**6** Hier passt eine Darstellung wie auf Seite 127: Die Stunden werden in einer Reihe dargestellt: 1 2 3 4 5 6. Dann werden zwei weitere Stunden hinzugetan. Die Rechnung ist dann 6 + 2 = 8.

***Fortsetzung:***
→ *Arbeitsheft*
Seite 58, weitere Sachaufgaben

## WAS WIRD BENÖTIGT?

*Arbeits- und Demonstrationsmaterial:* –

## WORUM GEHT ES?

Auf der Seite 105 wird die umgekehrte Aufgabenstellung behandelt: Eine Rechnung ist vorgegeben. Dazu werden Aufgaben gesucht.
In Aufgabe 1 sind Lösungen von Kindern vorgegeben, die in Mathekonferenzen von den Kindern bearbeitet werden.

## WIE KANN MAN VORGEHEN?

***Zur Arbeit mit dem Buch:***

**1** Wie auf der vorhergehenden Seite wird die Aufgabenstellung mit den Kindern besprochen.
Dann arbeiten die Kinder in Gruppen. Sie müssen bei jeder der 7 Lösungen begründen, warum die Aufgabe zur Rechnung 12 − 4 = 8 passt.
Dabei muss die Bedeutung der Zahlen 12 und 4 und die Berechtigung des Minuszeichens geklärt werden. Beispiele:
**Lea** hat einen Kasten gezeichnet, in dem 12 Flaschen Platz haben. 4 Flaschen sind schon leer. Sie müssen weggenommen werden, wenn man wissen will, wie viele noch voll sind.
Die Aufgabe von **Maja** ist analog.

**Isabella**: Der Unterricht ist um 12 Uhr vorbei. 4 Stunden muss man zurückrechnen, wenn man wissen will, wann er begonnen hat.
Ähnlich ist die Aufgabe von **Oskar**.

**Frau Schreiner**: Die Aufgabe von Frau Schreiner soll andeuten, dass es auch der Lehrerin frei steht, selbst eine Aufgabe beizusteuern. Das ist deshalb sinnvoll, weil die Kinder auf bestimmte Bereiche nicht von selbst kommen.

**2** Diese Aufgabe ist sehr schwer, wenn man Wert auf real bedeutsame Aufgaben legt. Es ist z. B. keine große Kunst für die Rechnung „8 + 4“ eine Lösung zu finden wie „Auf dem Dach sind 8 Tauben. 4 kommen dazu. Wie viele Tauben sind jetzt da?“ Die Sachaufgabe „Ugur ist 8 Jahre alt. Seine Schwester Beysha ist 4 Jahre älter. Wie alte ist Beysha?“ erfordert schon mehr Sachkenntnis.
Noch gewichtiger wäre die Aufgabe „Herr Almeria musste 8 Wochen im Krankenhaus verbringen und dann noch 4 Wochen in der Reha. Wie lange dauerte die Behandlung?“, auf die aber kein Kind kommen wird.

Die von den Kindern gefundenen Sachaufgaben werden eine große Spannweite aufweisen. Immerhin liefern ihnen die Sachaufgaben, die früher gerechnet worden sind, Anhaltspunkte.
Beispiele:
Die Rechnung 5 + 2 könnte als Inhalt einer Geldbörse (Seite 103), 4 + 4 + 4 als Berechung eines Eintrittspreises (s. Seite 96) und 18 − 2 + 4 als Zugfolge bei „Räuber und Goldschatz“ interpretiert werden (s. oben).

***Fortsetzung:***
→ *Probieren und Kombinieren 1*
Seiten 30 – 32, anspruchsvollere Textaufgaben, bei denen die Kinder überlegen müssen

*Die Mathematik als Fertigprodukt anwenden ist etwas, das mehr und mehr den Maschinen überlassen werden kann, und dabei werden immer neue Kräfte frei zur schöpferischen Anwendung der Mathematik. (...) [Heute müssen wir] Sprache und Mathematik als Tätigkeiten sehen, in die wir den Schüler einzuführen haben, und diese Einführung [hat] von der Seite des Schülers her Wiederentdeckung unter Führung zu sein.*
Hans Freudenthal

Mit dem vorhergehenden Themenblock ist der Kernstoff des ersten Schuljahrs abgeschlossen. Die Lernangebote, die jetzt folgen, haben wie in der Überschrift deutlich angegeben ergänzenden Charakter.
Bei der Nutzung dieser Lernangebote sind verschiedene Punkte zu beachten, die vorab geklärt werden müssen.
Angemerkt sei noch, dass von dieser Stelle an die Seiten 64 - 69 im Arbeitsheft zur Wiederholung von Grundkenntnissen eingestreut werden können. Natürlich muss auch der Blitzrechenkurs weiterlaufen.

### *Angebote unterschiedlichen Charakters*

Ein Teil der ergänzenden Übungen schließt direkt an den vorhergehenden Unterricht an. Dazu gehören die Seiten 105 - 106, 112 - 113, bei denen bekannte Übungsformate weiter ausgeführt werden. Dazu gehören auch die Seiten 108 - 109 mit Aktivitäten zum Falten im Anschluss an die Seiten 10 - 11 und die Seiten 110 - 111 mit Aktivitäten zur Symmetrie im Anschluss an die Seiten 46 - 47. Eine intensive Wiederholung des Einspluseins in neuen, mathematisch lehrreichen Zusammenhängen bieten die Seiten 116 - 121.
Der Themenblock enthält aber auch Themen, die schon über das erste Schuljahr hinausweisen (Zone der nächsten Entwicklung): Auf den Seiten 114 - 115 werden Plusaufgaben mit mehreren Summanden behandelt, die eine Vorstufe zum Einmaleins sind („Mini-Einmaleins"). Die Doppelseite 122 - 123 über Gleichungen und Ungleichungen verweist über die Grundschule hinaus in die Algebra. Auf den Seiten 124 - 125 werden einerseits die Kenntnisse über Geld aufgefrischt. Andererseits wird aber auch der Blick auf den Hunderterraum weiter geöffnet, was an die Doppelseite 26 - 27 anschließt, deren Botschaft in den kleinen Hunderterfeldern neben den Seitenzahlen lebendig gehalten wurde.

### *Möglichkeiten zur Einordnung der ergänzenden Übungen in das Schuljahr*

Angesichts dieser unterschiedlichen Aspekte eröffnen sich zwei unterschiedliche Möglichkeiten diese Angebote zu nutzen.

1. Wenn man zügig vorangekommen ist, sollte die Zeit vorhanden sein, den gesamten Themenblock oder wenigstens Ausschnitte zum Abschluss des Schuljahrs zu behandeln. Da der Kernstoff ja schon erledigt wurde, kann dies in freierer Form geschehen. Die Lehrerin selbst und die Kinder können nach ihren Präferenzen auswählen. Die Bearbeitung der Themen in Gruppen ist hier sinnvoll.
2. Wenn absehbar ist, dass die Zeit nicht ausreichen wird, um den Themenblock am Schluss des Schuljahrs als Ganzes in Angriff nehmen zu können, ist es gut möglich, einzelne Seiten oder Aufgaben an die vorhergehenden thematisch passenden Seiten anzudocken, wobei sich wie immer in solchen Fällen eine natürliche Differenzierung empfiehlt. Leistungsstarke Kinder können sich einige der Themen sicherlich selbstständig erarbeiten.

### *Probieren als natürliche Lösungsstrategie*

Da alle für die Klasse 1 vorgesehenen inhaltlichen Ziele (Kompetenzen) bei den vorhergehenden Themenblöcken erfasst wurden, kann der Nachdruck bei diesem Themenblock auf ein allgemeines Lernziel gelegt werden, das für das Konzept des ZAHLENBUCHs eine herausragende Bedeutung hat: das Probieren als fundamentale Strategie des Problemlösens. Die Seiten 107 und 111 sind hierfür typische Beispiele.
Auf Seite 107 begegnen die Kinder dem Fall 4 bei Rechendreiecken: aus den äußeren Zahlen sind die inneren Zahlen zu bestimmen.
Beispiel:

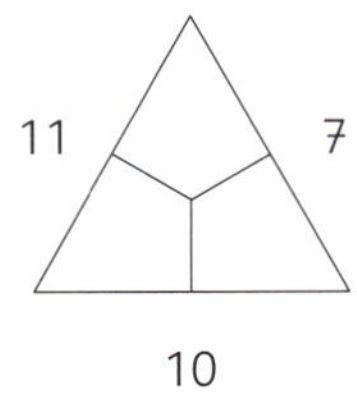

Das Mädchen im Bild beginnt versuchsweise mit einer Zahl im linken inneren Feld, bestimmt mithilfe der unteren äußeren Zahl einen Partner rechts innen und zu diesem mit Hilfe der äußeren Zahl rechts einen Partner innen oben. Die Frage ist dann, ob die linke innere und die obere innere Zahl die linke äußere Zahl ergeben.
Wenn dies zufällig der Fall sein sollte, hat man einen Glückstreffer gelandet, wenn nicht, muss die versuchsweise angenommene Zahl verändert und erneut reihum gerechnet werden. Dieser Prozess muss solange wiederholt werden, bis man die Lösung gefunden hat.

Analog verfährt das Mädchen auf Seite 113 bei der Lösung der Zahlenmauer:

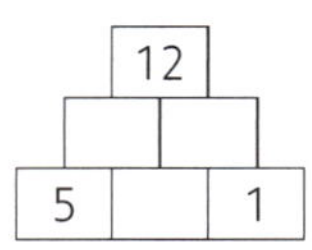

Sie wählt versuchsweise einen mittleren Grundstein, rechnet hoch und schaut, welcher Deckstein sich ergibt. Wenn sich ein zu großer Stein ergibt, vermindert sie den mittleren Grundstein. Wenn sich ein zu kleiner Deckstein ergibt, vergrößert sie den mittleren Grundstein. Nach wenigen Schritten gelangt sie zur Lösung. Bei Aufgaben dieser Art können die Kinder erfahren, dass das Probieren immer die *Methode der Wahl* ist, wenn man nicht sofort einen Lösungsweg sieht. Schwächere Kinder sind häufiger in dieser Situation als leistungsstarke Kinder. Daher sind sie besonders

darauf angewiesen, das Probieren als Lösungsmethode zu lernen und zu pflegen.
Im traditionellen Unterricht sind Aufgaben, die besondere Anforderungen stellen, von Zeit zu Zeit in den Unterricht eingestreut worden. Oft geschieht dies in Form von Oasen, bei denen diejenigen Kinder verweilen konnten, die mit dem normalen Stoff schneller fertig waren. Die Erfahrungen mit dem ZAHLENBUCH haben gezeigt, dass die sporadische Beschäftigung mit „Oasen-Aufgaben" keine Breitenwirkung hat. Daher ist das Probieren bei jeder Bearbeitung des ZAHLENBUCHs verstärkt worden. Dabei wurde darauf geachtet, dass die Aufgaben möglichst eng an bekannte Routineaufgaben anschließen und das Einstiegsniveau gering ist. Das gibt auch den schwächeren Kindern die Möglichkeit sich solchen Aufgaben mit guten Erfolgsaussichten zuzuwenden. Um das Probieren als Methode noch weiter aufzuwerten, wurde die Reihe „Probieren und Kombinieren" entwickelt, die fast nur Aufgaben enthält, bei denen Probieren zum Ziel führt.

Diese Ausführungen sollten nicht zu der Schlussfolgerung verleiten, beim Probieren handele es sich um eine *von der Didaktik her* kreierte Lösungsmethode, die in der Mathematik selbst nicht üblich ist. Diese falsche Folgerung wird leider häufig gezogen. Tatsache ist, dass mathematischen Forschern, die an der Front der Forschung arbeiten, gar nichts anderes übrig bleibt, als bei Problemen, für die sie noch keine Lösung haben, zu probieren. Natürlich probieren sie nicht blind, sondern ziehen aus ihren Versuchen Schlüsse für die nächsten Ansätze. Ebenso müssen auch Kinder lernen, mehr und mehr systematisch zu probieren. Dafür muss man ihnen Zeit lassen.

### *Mathematik als Wissenschaft von Mustern*

An dieser Stelle liegen genügend viele Erfahrungen mit dem ZAHLENBUCH vor, sodass man eine der Besonderheiten des Buches ins Licht rücken kann: nämlich die mathematische Fundierung.
Das ZAHLENBUCH beruht auf der Auffassung von Mathematik als Wissenschaft von Mustern. Die Kinder sind solchen Mustern in vielfacher Weise begegnet: bei schönen Päckchen, im Einspluseins, bei Zahlenmauern mit gleichen Grundzahlen, bei der Auflistung kombinatorischer Möglichkeiten, bei Wegen in Eckenhausen, usw.
Dadurch, dass Muster die gesamte Mathematik beherrschen, erhalten die Kinder, wenn sie früh in das Denken in Mustern eingeführt werden, die Grundausstattung für erfolgreiches Lernen.
Bei der Untersuchung von Mustern werden inhaltliche Kompetenzen effektiv gefördert, weil Einzelwissen vernetzt wird, und damit besser gelernt und behalten werden kann. Muster bilden aber auch den unverzichtbaren Rahmen zur Förderung der allgemeinen Kompetenzen Modellieren, Problemlösen, Argumentieren und Kommunizieren:

- Die Kenntnis von Mustern erleichtert es, reale Situationen mathematisch zu erfassen. Muster sind sozusagen das Rohmaterial für Modellierungen.
  Beispiel: Übersetzung von Sachaufgaben in Rechnungen (Seite 104)
- Lösungswege beruhen auf Mustern. Muster helfen also Lösungen zu finden.
  Beispiel: Forschen und Finden (Seiten 57, 65 und 91)
- Auch Begründungen beruhen auf Mustern.
  Beispiel: Zeilen und Spalten auf der Plus-Tafel (Seite 88)
- Nur wenn Zusammenhänge zwischen Fakten hergestellt werden, ergeben sich überhaupt Anlässe zum Kommunizieren.
  Beispiel: Mathekonferenzen, Besprechung der Plustafel.

Im Themenblock „Ergänzende Übungen" und bei den Mini-Projekten werden die allgemeinen Kompetenzen weiter gefördert.
Beispiele:
Modellieren: Zahlen aus meiner Klasse (Seite 129)
Problemlösen: Probieren bei den schwierigen Fällen von Rechendreiecken und Zahlenmauern (Seiten 106 - 107, 112 - 113)
Argumentieren und Kommunizieren: Plusquadrate und Zauberquadrate (Seiten 118 - 121)

### *Geometrie im ZAHLENBUCH*

Zu diesem Themenblock gehören auch zwei Doppelseiten über Geometrie. Das gibt Gelegenheit für einige grundsätzliche Bemerkungen zur Behandlung dieses Themas im ZAHLENBUCH.
Aus der Tabelle über die Grundideen, auf die bei der Darstellung der Grundkonzeption Bezug genommen wird, geht hervor, dass im ZAHLENBUCH auch die Geometrie schlüssig entwickelt wird. Im Inhaltsverzeichnis wurden die Grundideen der Geometrie durch Fettdruck hervorgehoben, sodass ein „blauer Faden" erkennbar ist. Die folgende Tabelle zeigt genauer, wie die geometrischen Grundideen in den Band 1 eingebaut wurden:

**Formen und ihre Konstruktion:**
Falten und Schneiden (Seiten 10 - 11), Würfel falten (Seiten 108 - 109), Formen zeichnen (Seiten 68 - 69)
**Operieren mit Formen:**
Aktivitäten zur Spiegelsymmetrie (Seiten 46 - 47, 110 - 111)
Formen legen (Mini-Tangram, Seiten 66 - 67)
**Koordinaten:**
Wege im Stadtplan (Seiten 84 - 85)
**Maße und Formeln:**
Messen mit dem Meterstab (Seite 45)
**Formen in der Umwelt:**
Umrisse von Körpern (Seite 33), Ornamente (Seiten 68 - 69)
**Übersetzung in die Formensprache:**
Lagebeziehungen (Seite 8), Knotenschule (Seite 82), Pläne (Seiten 83 - 85)
Die Grundidee **„Geometrische Gesetzmäßigkeiten und Muster"** tritt im Band 1 noch nicht so stark in den Vordergrund, ist aber in die o. g. Seiten integriert.

Die meisten dieser Angebote sind betont handlungsorientiert und reichen über das Buch hinaus.
Angemerkt sei an dieser Stelle noch, dass die Geometrie in der ZAHLENBUCH-Frühförderung einen sehr hohen Stellenwert hat: Die Hälfte des ZAHLENBUCH-Frühförderprogramms ist der Geometrie gewidmet

## WAS WIRD BENÖTIGT?

*Arbeitsmaterial:* Operationsfeld 2 (Großes Rechendreieck) und Leerformat 3 (Rechendreiecke) als KV, Wendeplättchen
*Demonstrationsmaterial:* Rechendreieck, Wendeplättchen, iTb

## WORUM GEHT ES?

„Rechendreiecke" werden erneut zur Übung des Einspluseins und zusätzlich zur Förderung allgemeiner Kompetenzen genutzt (Stichwort „produktives Üben"). Dabei wird besonderes Gewicht auf das Probieren als Lösungsstrategie gelegt.
Die Seite schließt ab mit einem Strategiespiel für zwei Personen (Gruppen) nach folgenden Regeln: Am Anfang liegen die zwei roten Plättchen des einen und die zwei blauen Plättchen des anderen Spielers jeweils am Rand. Die Spieler ziehen abwechselnd eines ihrer Plättchen beliebig vor oder zurück. Jedes Plättchen ist aber auf seine Bahn fixiert. Überspringen ist ebenfalls verboten. Wer den anderen blockiert, so dass dieser nicht mehr ziehen kann, hat gewonnen.
Bei dem Spiel hat der zweite Spieler folgende Gewinnstrategie: Eine Position heißt *ausgeglichen*, wenn der Abstand der roten und blauen Marken auf beiden Bahnen des Spielfeldes gleich ist.
Die Startposition ist ausgeglichen, da der Abstand der Plättchen auf beiden Bahnen 6 beträgt. Auch jede Endposition ist ausgeglichen. Der Abstand auf beiden Bahnen ist dann 0. Da bei jedem Zug immer nur ein Plättchen auf einer Bahn bewegt wird, führt jeder Zug, der von einer ausgeglichenen Position ausgeht, notwendig zu einer nicht ausgeglichenen Position. Dagegen kann man jede nicht ausgeglichene Position durch entsprechende Verkürzung des längeren Abstands in eine ausgeglichene Position überführen.
Daraus folgt: Der erste Spieler hinterlässt notwendig eine nicht ausgeglichene Position, wie immer er zieht. Der zweite kann durch Verkürzung des längeren Abstands wieder eine ausgeglichene Position herstellen. Dem ersten Spieler bleibt erneut nichts anderes übrig, als das Gleichgewicht auf beiden Bahnen wieder zu zerstören, da er ja ziehen muss. Der zweite kann es nun wieder herstellen usw. Die Plättchen rücken auf diese Weise immer näher zusammen, bis schließlich der zweite Spieler den Abstand 0 auf beiden Bahnen herstellt und damit gewinnt.
Der erste Spieler kann nur dann gewinnen, wenn der zweite einen Zug zu einer unausgeglichenen Position vornimmt und damit seinen Vorteil aufgibt.
Die Strategie wird von den Kindern nicht so schnell durchschaut, so dass das Spiel für sie lange interessant bleibt.
Die Länge der Bahnen ist für die Gewinnstrategie unerheblich. Das Spiel kann also auch auf einem größeren Spielfeld gespielt werden.

**1** Trage die fehlenden Zahlen ein.

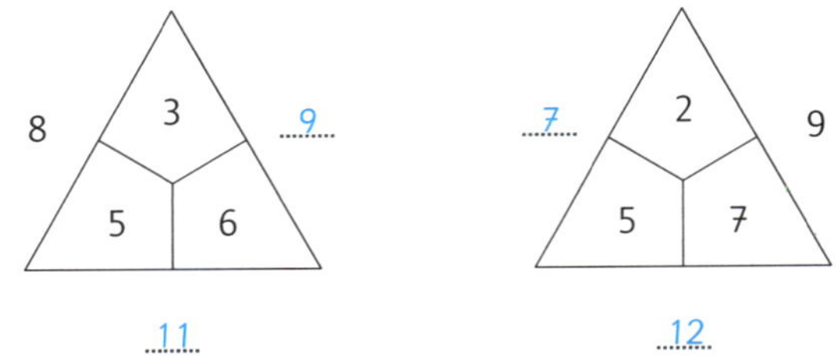


**2**

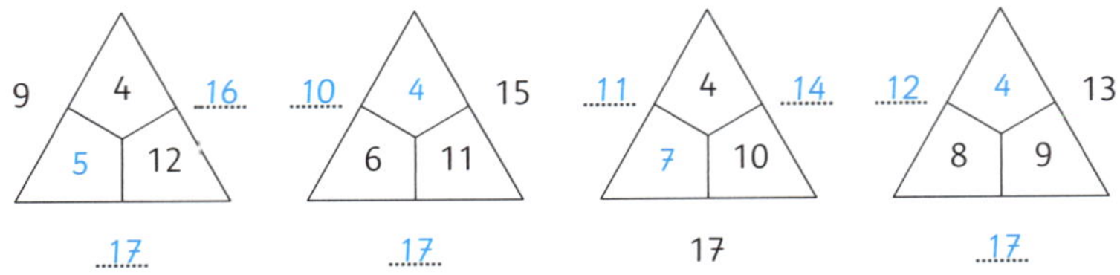


**3**

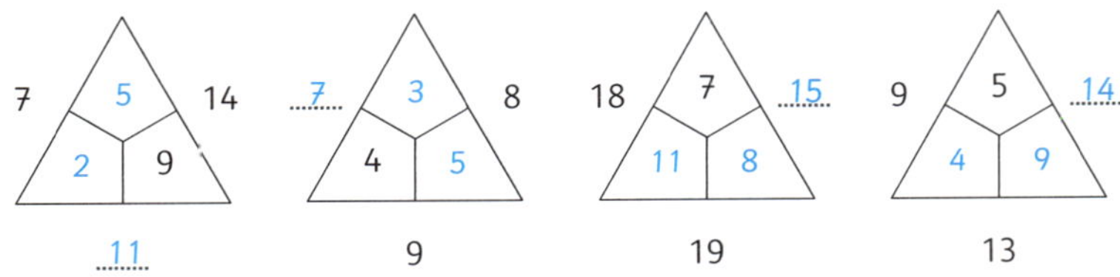


**4** Trage die Zahlen passend ein. (Beispiele)

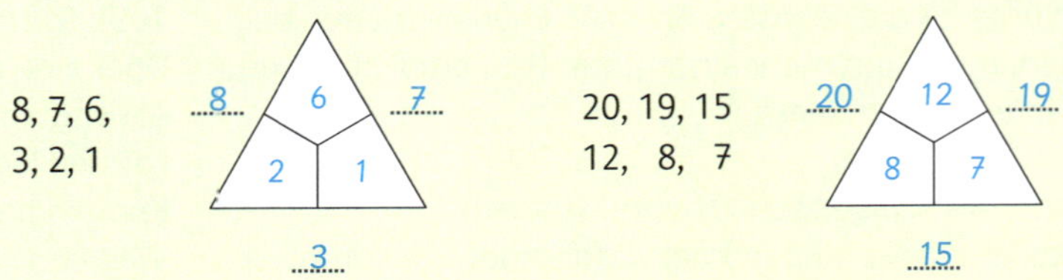


**5** Erfindet selbst Rechendreiecke. Stellt euch Aufgaben wie in **4**.
(verschiedene Lösungen)

## WIE KANN MAN VORGEHEN?

***Zur Arbeit mit dem Buch:***

**1** Diese Aufgabe kann gemeinsam gelöst werden. Es ist nur zu entscheiden, wann man addieren und wann man subtrahieren muss. Im Vergleich der Aufgaben zeigen sich Beziehungen.

**2**, **3** Jedes Kind versucht die Aufgaben alleine zu lösen und wird bei Aufgabe 2 ein Muster entdecken.

**4** Bei diesen grün unterlegten Aufgaben sind 6 vorgegebene Zahlen den Regeln entsprechend auf die sechs Felder zu verteilen. Mit den Wendekarten und dem Operationsfeld 2 können diese Aufgaben handelnd gelöst werden. Natürlich kann man auch im Kopf probieren. Die Kinder erkennen schnell, dass die größte Zahl außen platziert werden muss.

**5** Die Kinder können selbst Rechendreiecke bestimmen und mithilfe des Leerformats 3 daraus Aufgaben analog zu den vorhergehenden Aufgaben bilden.

***Fortsetzung:***
→ *Arbeitsheft*
Seite 59, **1**–**2** analoge Aufgaben zu Rechendreiecken
→ *Probieren und Kombinieren 1*
Seite 10, **1**–**6**, Seiten 9–10, 12, analoge Aufgaben zu Rechendreiecken

**Forschen und Finden**

**6** Probiere.

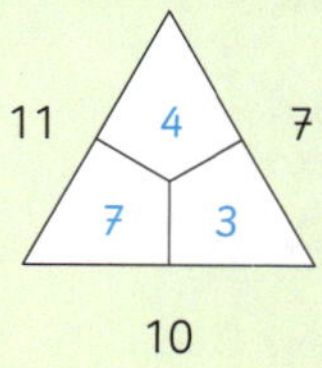

**7**

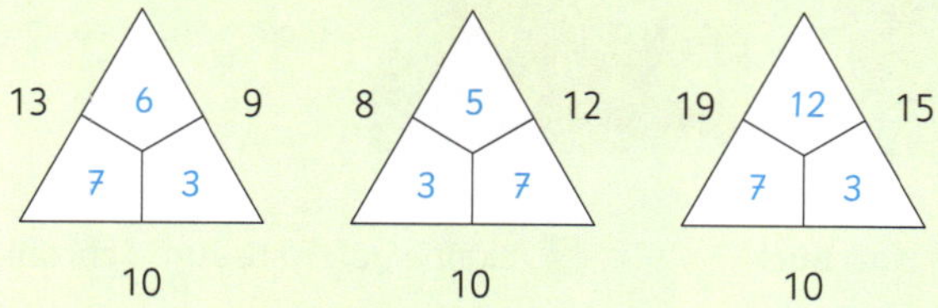


**8**

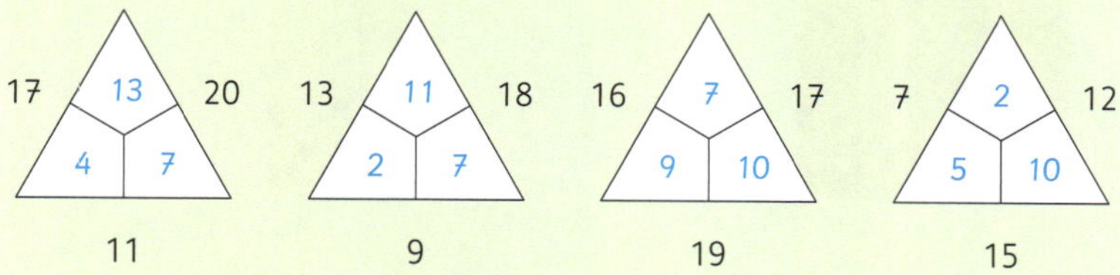


**9** „Rot" spielt gegen „Blau": Wer kann den anderen blockieren?

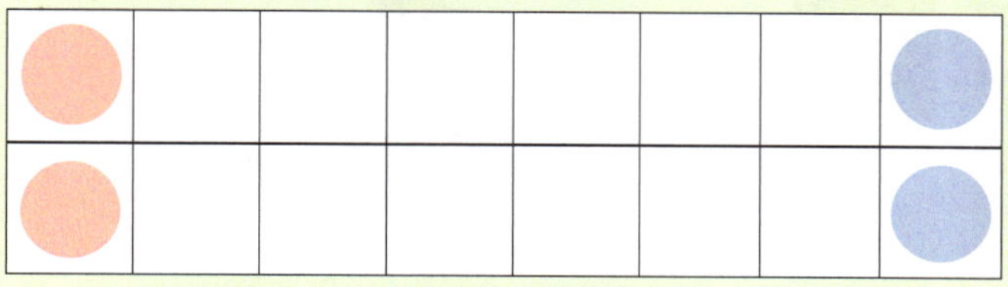

Abwechselnd ein Plättchen der eigenen Farbe schieben, beliebig weit vor oder zurück. Nicht schräg, nicht überspringen.

Die **Seite 107** ist grün unterlegt. Die Kinder werden und dürfen unterschiedlich weit kommen.

**6** Diese Aufgabe (Fall 4 bei Rechendreiecken) wird unter Bezug auf das Bild mit Hilfe von Plättchen probierend gelöst.
Ein Lösungsweg sieht so aus: Man legt links innen 5 und rechts innen 5 Plättchen. Das sind zusammen 10, wie es sein muss. Man weiß aber, dass das nur ein Versuch ist und stellt sich innerlich schon mal darauf ein, dass man statt 5 und 5 andere Zahlen probieren muss. Unter dieser Annahme rechnet man weiter:
Da rechts außen 7 herauskommen soll, muss man innen oben 2 Plättchen legen, denn $5+2=7$. Leider sind die obere und die linke innere Zahl zusammen nur $5+2=7$. Es sollten aber 11 sein. Das Mädchen vergrößert jetzt die Zahl im linken inneren Feld auf 6 und muss, damit es unten außen 10 sind, im rechten inneren Feld auf 4 reduzieren. Dies hat zur Folge, dass es oben 3 Plättchen sein müssen, um rechts außen 7 zu haben. Die Probe für links außen ist jetzt: $6+3=9$.
Das ist immer noch nicht 11, aber schon besser als vorher 7.
Eine weitere Erhöhung der Zahl links innen auf 7 führt zu 3 rechts innen, 4 oben innen, womit unten außen 10 und rechts außen 7 gesichert sind. Die Probe für links außen ergibt jetzt: $7+4=11$. Damit ist das Rechendreieck gelöst.
Wenn man die Zahl links innen nochmals um 1 auf 8 erhöht, ergibt sich rechts innen 2 und oben innen 5. Links außen wären das $8+5=13$, also zuviel!

Leistungsstarke Kinder werden schnell erkennen, dass eine Veränderung der Zahl links innen um 1 zu einer Veränderung der Zahl links außen um 2 führt und gelangen gezielter und schneller zur Lösung.
Einige werden vielleicht auch sofort entdecken, wie man 10 zerlegen muss um die Lösung sofort zu erhalten.
Das sollte aber andere Kinder keinesfalls abhalten, die Lösung peu à peu zu finden. Diese Probierlösung ist eine sehr gute Vorbereitung auf das Arbeiten mit Variablen in der Sekundarstufe I.

**Unter dem Siegel der Verschwiegenheit** teilen wir hier eine direkte Lösung für diesen Fall mit: Da die innere obere Zahl bei der Berechnung der linken äußeren und der rechten äußeren Zahl verwendet wird, ist der Unterschied zwischen diesen beiden äußeren Zahlen gleich dem Unterschied zwischen der linken inneren und der rechten inneren Zahl. Der Unterschiede zwischen 11 und 7 ist 4. Daher muss die linke innere Zahl 4 größer sein als die rechte. Zusammen sind diese beiden inneren Zahl 10. Wenn man den Unterschied 4 abzieht, den Rest 6 halbiert und zur einen Hälfte 3 den Unterschied 4 hinzufügt, hat man die Zahlen 7 für links innen und 3 rechts innen gefunden.

**7**, **8** An diesen Aufgaben kann sich jedes Kind alleine versuchen.

**9** Die Lehrerin erklärt die Spielregeln. Wenn eine Magnettafel oder ein Whiteboard zur Verfügung steht, kann das Spiel vor der Klasse gespielt werden.

Wenn die Kinder genügend Erfahrungen gesammelt haben, kann die Lehrerin anbieten gegen ein Kind zu spielen und es dabei dem Kind überlassen, ob es anfangen möchte oder nicht.
Wenn ein Kind dieses Angebot annimmt und die Lehrerin bewusst anfangen lässt, kann man schon ahnen, dass es die Strategie verstanden hat.
Es kann dann mehrfach gegen die Lehrerin spielen und die anderen Kinder können sich überlegen, wie das Kind spielt und warum es immer gewinnt.
Sollte nach einer gewissen Zeit kein Kind die Strategie gefunden haben, kann die Lehrerin den Kindern zeigen, wie sie als zweite Spielerin immer gewinnen kann. Die Kinder müssen dann wieder die Strategie herausfinden.

***Fortsetzung:***
→ *Arbeitsheft*
Seite 59, **3** Rechendreiecke probierend lösen
→ *Probieren und Kombinieren 1*
Seite 10, **7 – 12** Rechendreiecke probierend lösen

# 108/109 Würfel falten

Kennenlernen einer wichtigen Grundform durch Herstellen eines Modells

**1** Falte in der Mitte zum **Buch**.

**2** Klappe auf. Falte zum **Schrank**.

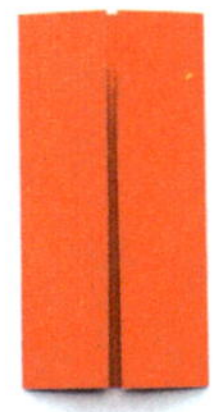

**3** Falte den Schrank in der Mitte.

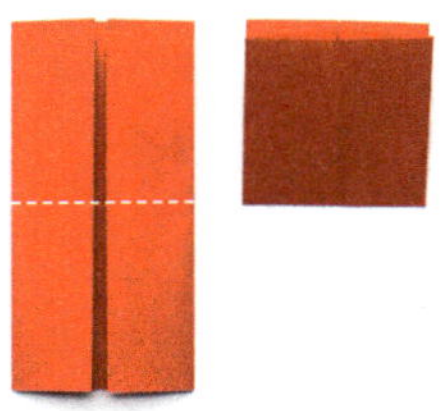

**4** Falte auf zu einem **Winkel**.

**5** Führe **1** bis **4** noch einmal aus. Du erhältst einen zweiten Winkel.

## WAS WIRD BENÖTIGT?

*Arbeitsmaterial:* Quadratisches Faltpapier in verschiedenen Farben (10 cm x 10 cm), preiswert im Zettelblock
*Demonstrationsmaterial:* Evtl. 8 Bogen Faltpapier (ca. 20 cm x 20 cm)

*Tipp:*
Aus einem DIN A4-Bogen (am besten 100 g/qm) kann man quadratisches Papier in etwa dieser Größe mit einer Schneidemaschine (oder mit Lineal und Schere) mühelos herstellen.

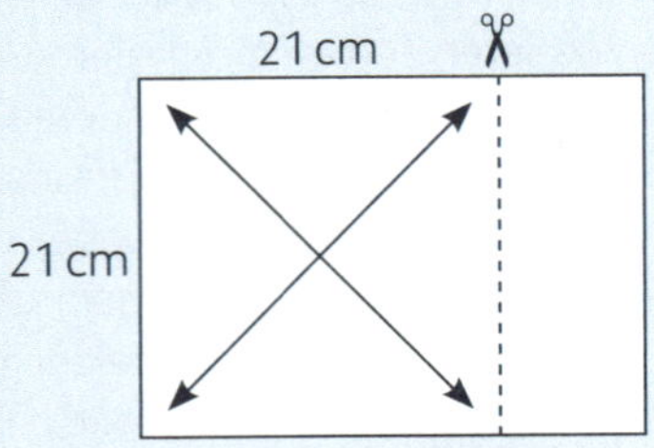


## WORUM GEHT ES?

Der Würfel gehört zu den wichtigsten geometrischen Körpern. Er repräsentiert die drei Dimensionen unseres Erfahrungsraums nicht nur, weil die an jeder Ecke zusammenstoßenden Kanten in drei Richtungen weisen, sondern weil sich der Raum mit Würfel gleicher Größe lückenlos ausfüllen lässt. Interessant ist der Würfel auch wegen seiner Symmetrie.
Die Kinder können diesen Körper am besten durch Modelle erfassen. Da unterschiedliche Modelle unterschiedliche Aspekte betonen, lohnt es sich, im Laufe der Schulzeit mehrfach Modelle herstellen zu lassen. Im ZAHLENBUCH erfolgt dies in systematischer Form: Jeder Band enthält eine Anleitung zur Herstellung eines Würfelmodells.
Bereits im Frühförderprogramm stellen die Kinder Würfel (sowie Kugeln und Walzen) aus Knetmasse her. Dabei erfahren sie schon, dass der Würfel 6 Seitenflächen hat. Weitere Strukturmerkmale bleiben noch verborgen.

Bei der Origami-Methode, die auf dieser Doppelseite beschrieben wird, ist das anders: diese Methode lenkt den Blick nicht nur auf die *quadratische* Form der Seitenflächen sondern auch auf das Gefüge der Kanten und Ecken.
Die Anforderungen an die Feinmotorik sind höher als bei den Seiten 10–11, aber dafür sind die Kinder in ihrer Entwicklung auch ein Stück weiter gekommen. Die Feinmotorik muss ständig weiter verbessert werden. Das ist nicht ohne höhere Anforderungen möglich. Die Doppelseite erfüllt ihren Übungszweck dann, wenn die Kinder angeregt werden, mehrere Würfel zu falten. Verschiedenfarbiges Faltpapier motiviert dazu mehrere Würfel zu bauen, ebenso die Aussicht aus allen Würfeln größere Würfel zu bauen. Wenn in einer Klasse mit 25 Kindern jedes Kind im Durchschnitt 3 Würfel faltet, kann man einen großen Würfel aus $4 \cdot 4 \cdot 4 = 64$ kleinen Würfeln bauen. Bei durchschnittlich 5 Würfeln pro Kind ist sogar ein Würfel mit $5 \cdot 5 \cdot 5 = 125$ kleinen Würfeln möglich.

Die Faltmethode beruht auf der Tatsache, dass die vier Seitenflächen eines Würfels einen Ring bilden. Zwei solcher Ringe kann man zusammenstecken und erhält dann einen geschlossenen Würfel.
Die Symmetrie des Würfels verlangt eigentlich noch einen dritten Ring, der quer zu den beiden anderen steht. Dann wäre jede Seitenfläche doppelt belegt. Wegen der Stärke des Papiers ist diese Faltung aber nicht praktikabel.

Die ersten drei Faltschritte vertiefen das Verständnis der Symmetrie des Quadrats und des Rechtecks. Die Faltlinien sind Symmetrieachsen.

## WIE KANN MAN VORGEHEN?

### *Vor der Arbeit mit dem Buch:*

Die Lehrerin zeigt den Kindern einen fertigen Würfel und kündigt an, dass sie lernen werden, einen solchen Würfel selbst zu falten.
Jedes Kind nimmt das Faltpapier zur Hand. Die Lehrerin zeigt, wie man daraus ein Buch faltet (Schritt 1). Kinder, die das ZAHLENBUCH-Frühförderprogramm absolviert haben, wissen das bereits. Sie wissen auch, wie man aus einem Buch einen Schrank faltet (Schritt 2).

**6** Falte einen schmalen Schrank mit leicht überlappenden Türen.

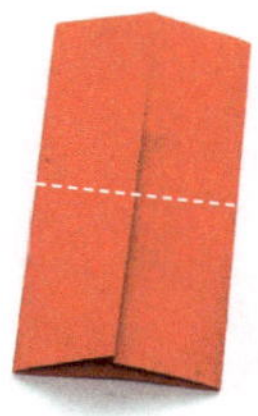

**7** Falte in der Mitte. Falte auf zu einem Winkel.

**8** Falte einen weiteren schmalen Winkel.

**9** Schiebe zwei breite und zwei schmale Winkel zu einem **Ring** zusammen.

**10** Führe **1** bis **9** noch einmal aus.

**11** Schiebe zwei Ringe zu einem **Würfel** zusammen.

**12** Baut aus euren Würfeln größere Würfel.

Aus dem Schrank wird schließlich noch ein Winkel gefaltet (Schritte 4 und 5). Damit sind die wesentlichen Schritte für die Faltung besprochen.

*Anmerkung:* Die Bezeichnung „Winkel" entstammt der Sprache des Handwerks. Dass gewisse Wörter, namentlich das Wort „Winkel", in unterschiedlichen Zusammenhängen unterschiedliche Bedeutung haben, daran müssen sich die Kinder gewöhnen.

Jedes Kind faltet dann zwei rote Winkel und zwei blaue und legt sie zur Seite.
Dann zeigt die Lehrerin den Kindern, wie man einen schmalen Schrank falten kann, indem man die Türen leicht überlappend faltet (Schritt 6). Die Fortsetzung der Faltung wie vorher besprochen führt zu einem schmalen Winkel.
Wieder falten die Kinder zwei schmale rote und zwei schmale blaue Winkel.

Die Lehrerin nimmt ihr Demonstrationsmodell auseinander und zeigt die beiden Ringe, aus denen es zusammengesetzt ist. Sie erklärt den Kindern, dass jeder Ring aus zwei normalen Winkeln und zwei schmalen Winkeln zusammengesetzt ist und dass die schmalen Winkel dabei als Eckverbindungen benutzt werden. Weil sie schmaler sind, passen sie gut als Laschen in die Taschen der normalen Winkel.

### *Zur Arbeit mit dem Buch:*

Nach der Vorbereitung versuchen die Kinder anhand der Anleitung auf Seite 109 die Teile selbst zusammenzuschieben.
Die Kinder sollten darauf hingewiesen werden, dass die gestrichelten weißen Linien anzeigen, an welcher Stelle man *als nächstes* falten muss.
In jeder Klasse gibt es Kinder, die schnell verstanden haben, „wie es geht", und die den anderen Kinder zur Hand gehen können.

Natürlich steht auch die Lehrerin beratend zur Verfügung.

Das Zusammenschieben zweier Ringe zu einem Würfel (Schritt 11) ist diffizil. Es gelingt besser, wenn man den äußeren Ring vorsichtig weitet und, wenn der innere Ring an seinem Platz ist, wieder zusammenschiebt.

Eine andere Möglichkeit der Zusammenfügung besteht darin, den äußeren Ring an einer Stelle wieder zu öffnen, als Band um den inneren Ring zu legen und dann den äußeren Ring wieder zu schließen.
Kinder, die fertig sind, werden aufgefordert, nach der Anleitung auf den beiden Seiten weitere Würfel mit anderen Farben zu falten.

Wenn viele Würfel gefaltet sind, kann man die Aufgabe 12 in Gruppen in Angriff nehmen: Zusammenbau größerer Würfel aus kleinen Würfeln.

Die Kinder werden feststellen, dass man 8 Würfel zu einem größeren zusammensetzen kann, 27 zu einem noch größeren. Noch größere Würfel aus 64 und 125 Würfeln erfordern die Zusammenarbeit der ganzen Klasse.

### *Nach der Arbeit mit dem Buch:*

Bernd Wollring hat in seinen Schriften den Nutzen von Faltdokumenten („Faltbüchlein") eindrucksvoll dokumentiert. In ihnen sind die Schritte vom Anfang bis zum fertigen Produkt nicht wie auf den Seiten 130–131 bildlich, sondern durch reale Faltobjekte dargestellt.

## WAS WIRD BENÖTIGT?

*Arbeitsmaterial:* Taschenspiegel, möglichst ohne Rahmen

*Hinweis:* Rahmenlose, unzerbrechliche Handspiegel (10 cm x 15 cm) mit leicht abgerundeten Ecken werden im „Programm mathe 2000" im Zehner-Pack angeboten.

*Demonstrationsmaterial:* Großer Spiegel (im Baumarkt erhältlich)

## WORUM GEHT ES?

Auf den Seiten 46–47 haben die Kinder mit dem Spiegel frei experimentiert und konnten dabei Bilder realer Objekte in vielfältiger Weise verändern.

Auf dieser Doppelseite muss der Spiegel zielgerichtet eingesetzt werden, denn es gilt aus zwei Motiven (Haus als reales Objekt, in vier kleine Quadrate zerlegtes Quadrat als rein geometrisches Objekt) Zielfiguren herzustellen. An die Motive, die oben auf den Seiten vorgegeben sind, muss der Spiegel so angelegt, verdreht und verschoben werden, dass das Motiv und sein Spiegelbild zusammen jeweils die vorgegebenen Zielfiguren ergeben.

Im Vergleich mit den Aufgaben zu Rechendreiecken (Seite 107) zeigt sich, dass hier bei einem geometrischen Thema das mehr oder weniger systematische Probieren ebenfalls eine sinnvolle Lösungsstrategie ist und dass das Operieren an Figuren dem Operieren mit Zahlen wesensgleich ist. Die Kinder sollen die Zielfiguren nicht einfach anstarren und krampfhaft überlegen, wie denn der Spiegel anzulegen ist um sie zu erreichen. Sie sollen vielmehr den Spiegel *versuchsweise* anlegen, die Übereinstimmung mit der Zielfigur überprüfen und durch fortlaufende Veränderungen der Lage des Spiegels eine immer bessere Anpassung und schließlich die Lösung zu erreichen.

Natürlich ist es sinnvoll, den ersten Versuch nicht blind zu starten, sondern der Zielfigur schon erste Informationen zu entnehmen, wo der Spiegel platziert werden könnte.

Die Doppelseite 110–111 findet in den weiteren Bänden ihre Fortsetzung. Dabei finden immer komplexere Motive Verwendung.

## WIE KANN MAN VORGEHEN?

### *Vor der Arbeit mit dem Buch:*

Die Lehrerin führt in die Aufgabenstellung auf der Doppelseite ein.

Die Kinder sitzen im Halbkreis um die Lehrerin. Diese hält einen großen Spiegel in der Hand. Vor ihr liegt ein Blatt, auf das ein Haus gezeichnet ist (ähnlich wie im Buch). Die Lehrerin bewegt den Spiegel nun langsam auf dem Bild und hält immer wieder inne. Die Kinder berichten, was sie dabei beobachten. Beispiele:

- „Man sieht nur noch ein Haus ohne Tür."
- „Jetzt sind es zwei Häuser direkt nebeneinander."
- „Die zwei Häuser sind jetzt weiter auseinander."
- „Es sind zwei Häuser, eines steht auf dem Kopf".

Abschließend gibt die Lehrerin eine Zielfigur vor und fordert die Kinder auf, den Spiegel so auf dem Motiv zu platzieren, dass diese Zielfigur entsteht.

Den Kindern ist die Aufgabenstellung „Aus ... mache ..." schon von S. 48 her bekannt. Das Verändern des Spiegels um bestimmte Anzahlen zu „erspiegeln" wurde auf S. 47 eingehend geübt.

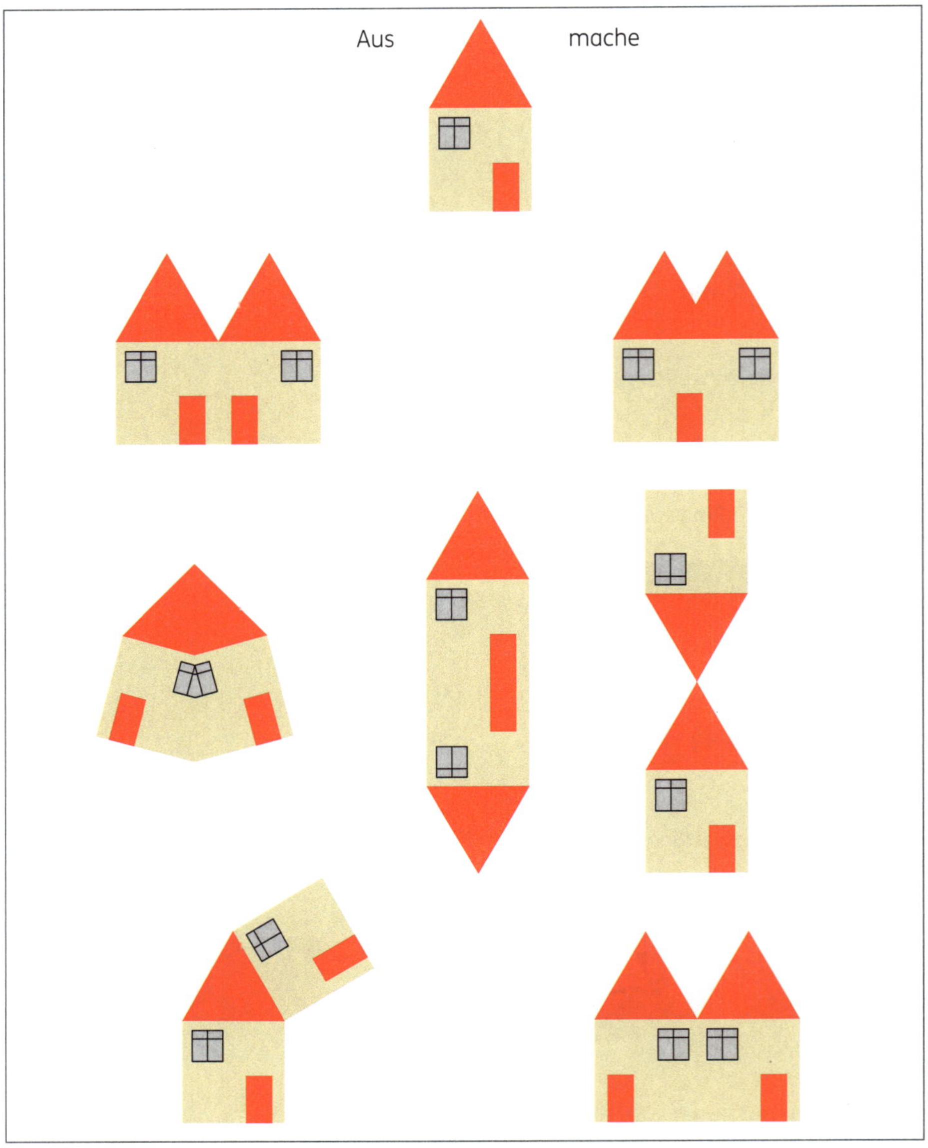


### *Zur Arbeit mit dem Buch:*

Jedes Kind arbeitet mit seinem Handspiegel am Haus als vorgegebenem Motiv und versucht, die Zielfiguren zu erreichen.

Fortgeschrittene Kinder werden natürlich schon die Symmetrie der Zielfiguren nutzen und ihr Informationen über die Platzierung des Spiegels entnehmen.

Während bei dem Motiv auf Seite 110 die Tür, das Dach und das Fenster Informationen lieferten, die zum Erfahrungsbereich der Kinder gehören, ist das Motiv auf Seite 111 abstrakter und komplexer. Zur Lösung müssen geometrische Beziehungen genutzt werden.

**1. Zielfigur:**
Die linke Hälfte des Motivs muss „ausgeblendet" werden. Es reicht aber nicht, den Spiegel mitten auf das Motiv zu stellen, was viele Kinder zunächst tun. Denn dann entsteht ein ebenso großes Quadrat, das in der oberen Hälfte grau und unten gelb ist. Die Kinder müssen diese Figur durch Verlagerung des Spiegels nach rechts verkleinern.
Wenn der Spiegel in der Mitte der rechten Hälfte des Motivs liegt, ergibt sich die Zielfigur. Wenn er weiter nach rechts geschoben wird, wird das Rechteck immer schmäler.

**2. Zielfigur:**
Hier wird der Spiegel horizontal auf die Mitte des Motivs gelegt und zwar mit der spiegelnden Seite nach unten. Dann spiegeln sich das rote Teilquadrat und das gelbe Teilquadrat rechts unten nach oben.

**3. Zielfigur:**
Um diese Figur zu erreichen, in der die Farbe rot nicht mehr auftritt, muss der Spiegel diagonal angelegt werden mit der spiegelnden Seite nach rechts oben.

**4. Zielfigur:**
Diese Aufgabe ist jetzt schon schwieriger. Offensichtlich muss ein Stück des roten Teilquadrats und ein Stück des grauen Teilquadrats gespiegelt werden. Der Spiegel ist daher parallel zur zweiten Diagonale des Motivs mit der spiegelnden Seite nach rechts anzulegen.

**5. Zielfigur:**
Das kleine graue Quadrat erhält man, wenn man die Spiegel auf eine Diagonale des grauen Quadrats legt, mit der spiegelnden Seite nach rechts oben.
Eine Verschiebung des Spiegels nach rechts oben würde zu einem immer kleineren grauen Quadrat führen.
Analog könnte man aus dem roten Teilquadrat rote Quadrate erzeugen.

**6. Zielfigur:**
Auch diese Figur erfordert etwas mehr Mühe. Wer unermüdlich probiert, wird schließlich die Lösung finden. Der Spiegel muss mit der spiegelnden Seite nach rechts unten auf die Diagonale des unteren gelben Teilquadrats platziert werden.

**7. Zielfigur:**
Auch hier muss man unter Umständen länger probieren, bis man herausfindet, dass der Spiegel vertikal stehen muss, mit der spiegelnden Seite nach rechts, sodass ein schmaler Streifen des roten Teilquadrats vor dem Spiegel liegt.

**8. Zielfigur:**
Diese Figur ist ein Gegenstück zur 4. Figur. Nur sind jetzt nicht das rote und das graue Teilquadrat, sondern die beiden gelben involviert.

Natürlich werden es die Kinder bei der Lösung dieser Aufgaben nicht belassen, sondern selbst nach schönen Figuren „fahnden".

### *Nach der Arbeit mit dem Buch:*

*Das Spiegelbuch (von Hartmut Spiegel)*
Dieses Material aus dem Programm „mathe 2000" bietet die ideale Fortsetzung dieser Spiegelaktivitäten.
Das Buch enthält eine Vielzahl von Motiven. Unter den Zielfiguren befindet sich immer auch eine unmögliche. Diese herauszufinden und zu begründen, warum man sie nicht erreichen kann, ist eine besondere Herausforderung. Der amerikanischen Mathematikdidaktikerin Marion Walter gebührt das Verdienst, diese Aufgabenstellung bei ihren „mirror cards" erstmalig eingeführt zu haben.

## WAS WIRD BENÖTIGT?

*Arbeitsmaterial:* Leerformat 4 (Zahlenmauern) als KV, Wendekarten
*Demonstrationsmaterial:* Wendekarten, iTb

## WORUM GEHT ES?

Auf den Seiten 90–91 wurden Zahlenmauern zur Übung des Einspluseins eingeführt. Hier werden sie nochmals für diesen Zweck und zusätzlich zur Förderung allgemeiner Kompetenzen genutzt (Stichwort „produktives Üben“). Dabei wird besonderes Gewicht auf das Probieren als Lösungsstrategie gelegt.
Die Doppelseite ist analog zur Doppelseite 106–107 für Rechendreiecke aufgebaut.

Die Seite 112 beginnt mit Aufgaben zu Zahlenmauern mit verstreut vorgegebenen Aufgaben, bei denen man mit Addition und Subtraktion zur Lösung gelangt. Dann folgen Aufgaben, bei denen sechs Zahlen vorgegeben sind, die zu einer Zahlenmauer zusammenzusetzen sind.

Auf der Seite 113 lernen die Kinder, wie man die Lösung durch mehr oder weniger systematisches Probieren finden kann.
Diese Seite schließt mit einer Anregung zum Finden eigener Mauern mit beliebig großen Zahlen.

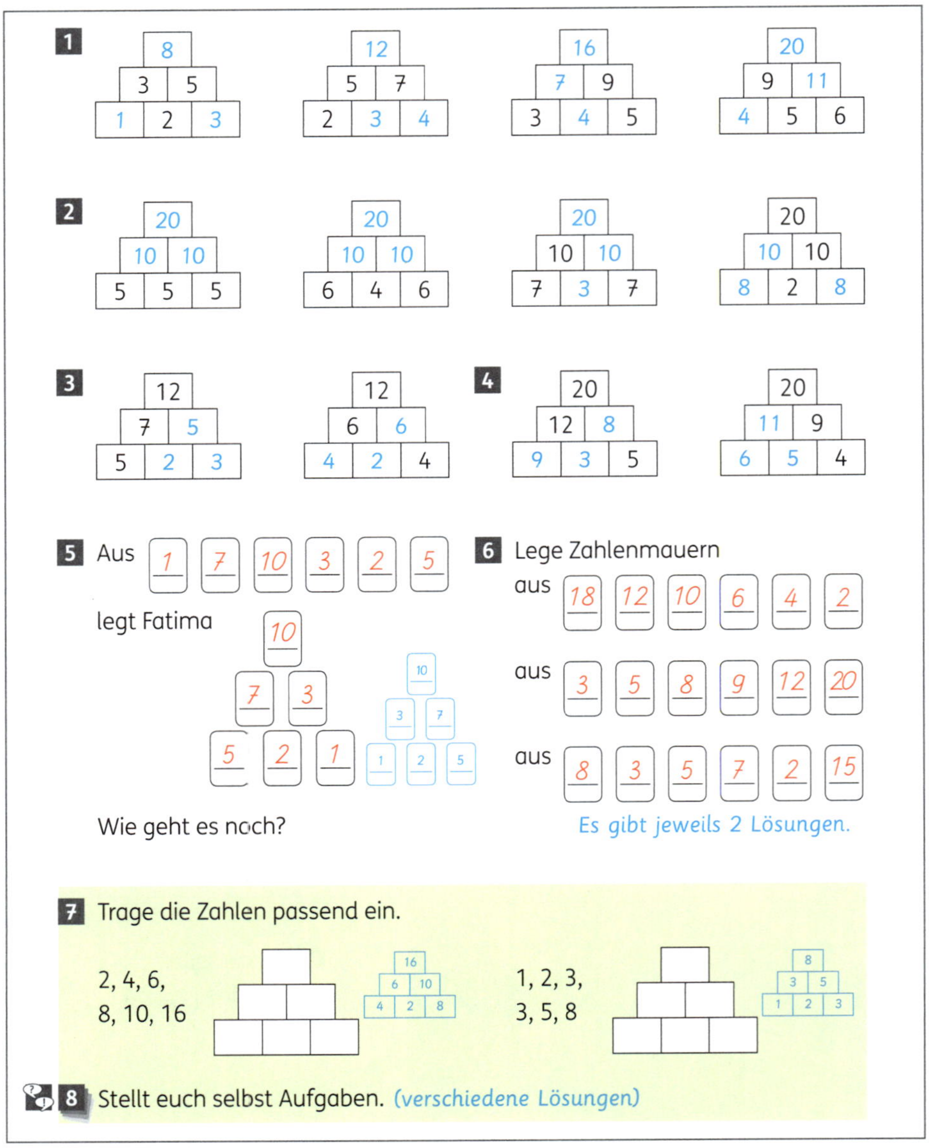

**1**
8 / 3 5 / 1 2 3
12 / 5 7 / 2 3 4
16 / 7 9 / 3 4 5
20 / 9 11 / 4 5 6

**2**
20 / 10 10 / 5 5 5
20 / 10 10 / 6 4 6
20 / 10 10 / 7 3 7
20 / 10 10 / 8 2 8

**3**
12 / 7 5 / 5 2 3
12 / 6 6 / 4 2 4

**4**
20 / 12 8 / 9 3 5
20 / 11 9 / 6 5 4

**5** Aus 1 7 10 3 2 5
legt Fatima 10 / 7 3 / 5 2 1
10 / 3 7 / 1 2 5
Wie geht es noch?

**6** Lege Zahlenmauern
aus 18 12 10 6 4 2
aus 3 5 8 9 12 20
aus 8 3 5 7 2 15
Es gibt jeweils 2 Lösungen.

**7** Trage die Zahlen passend ein.
2, 4, 6, 8, 10, 16 — 16 / 6 10 / 4 2 8
1, 2, 3, 3, 5, 8 — 8 / 3 5 / 1 2 3

**8** Stellt euch selbst Aufgaben. (verschiedene Lösungen)

## WIE KANN MAN VORGEHEN?

### *Zur Arbeit mit dem Buch:*

Aufgrund der formalen Analogie mit der Doppelseite 106–107 können einige Kinder oder Gruppen versuchen, sie ganz alleine zu bearbeiten.

Bei der Arbeit mit der Klasse kann man vorgehen wie bei den Rechendreiecken.

**1** Die ersten beiden Mauern können gemeinsam gelöst werden. Die Kinder sehen dabei, dass nur zu entscheiden ist, wann man addieren und wann man subtrahieren muss. Wenn alle Zahlen ausgerechnet sind, ergibt sich ein schönes Päckchen von Mauern.

**2** – **4** Jedes Kind versucht die Aufgaben alleine zu lösen. Bei der ersten Mauer von Aufgabe 3 und der letzten von Aufgabe 4 werden alle drei fehlenden Zahlen durch Subtraktion (Ergänzen) bestimmt. Wieder zeigen sich Beziehungen zwischen den fertigen Mauern.

**5** Eine Lösung ist vorgegeben. Eine zweite Lösung entsteht durch spiegelsymmetrisches Vertauschen der Karten. Es genügt, wenn die Kinder eine der Lösungen angeben. Sie sollen sich aber der symmetrischen Lösungen bewusst sein. Dass hier die Aufgaben mit Wendekarten vorgegeben sind, ist ein Hinweis auf die Nutzung der Karten bei der Lösung.

**6** Mithilfe von Wendekarten durch Probieren zu lösen. Die Kinder erkennen schnell, dass die größte Zahl oben und die kleinste irgendwo unten platziert werden muss.

**7** Bei diesen grün unterlegten Aufgaben sind 6 vorgegebene Zahlen den Regeln entsprechend auf die sechs Steine zu verteilen. Mit den Wendekarten können diese Aufgaben handelnd gelöst werden. Natürlich kann man auch im Kopf probieren.

**8** Die Kinder können selbst Zahlenmauern „kreieren“ und daraus mithilfe des Leerformats 4 Aufgaben analog zur Aufgabe 7 bilden. Auch das ist ein Spielraum, den die Kinder individuell nutzen können.

***Fortsetzung:***
→ *Arbeitsheft*
Seite 60, weitere Zahlenmauern
→ *Probieren und Kombinieren 1*
Seiten 12–13, analoge Aufgaben über Zahlenmauern

**Forschen und Finden**

**9** Probiere.

12
8 | 4
5 | 3 | 1

**10**

15 / 9 | 6 / 4 | 5 | 1

10 / 7 | 3 / 5 | 2 | 1

10 / 7 | 3 / 6 | 1 | 2

12 / 7 | 5 / 4 | 3 | 2

**11**

13 / 8 | 5 / 6 | 2 | 3

18 / 11 | 7 / 8 | 3 | 4

15 / 10 | 5 / 6 | 4 | 1

20 / 8 | 12 / 6 | 2 | 10

**12**

19 / 10 | 9 / 9 | 1 | 8

14 / 8 | 6 / 4 | 4 | 2

18 / 10 | 8 / 8 | 2 | 6

15 / 8 | 7 / 8 | 0 | 7

**13** Erfinde selbst Zahlenmauern. (verschiedene Lösungen)

31
17 | 14
9 | 8 | 6
4 | 5 | 3 | 3
1 | 3 | 2 | 1 | 2

8000
4000 | 4000
2000 | 2000 | 2000
1000 | 1000 | 1000 | 1000

*Forschen und Finden*
Die **Seite 113** ist grün unterlegt. Die Kinder werden und dürfen unterschiedlich weit kommen.

**9** Diese Aufgabe wird unter Bezug auf das Bild mithilfe von Wendekarten probierend gelöst.
Ein Lösungsweg sieht so aus: Man legt unten in der Mitte versuchsweise eine Karte, berechnet zuerst die Zahlen in der Zwischenschicht und am Schluss den sich daraus ergebenden Deckstein. Wenn das Ergebnis zu groß ist, verkleinert man den mittleren Grundstein, wenn es zu klein ist, vergrößert man ihn. Nach mehr oder weniger Schritten gelangt man auf diese Weise zu Lösung.

Leistungsstarke Kinder werden schnell erkennen, dass eine Veränderung des mittleren Grundsteins um 1 zu einer Veränderung des Decksteins um 2 führt und gelangen mit dieser Einsicht gezielter und schneller zur Lösung.
Einige werden vielleicht auch sofort entdecken, welchen mittleren Grundstein man wählen muss.
Das sollte aber andere Kinder keinesfalls abhalten, die Lösung peu à peu zu finden. Diese Probierlösung ist eine sehr gute Vorbereitung auf das Arbeiten mit Variablen in der Sekundarstufe I.

**Unter dem Siegel der Verschwiegenheit** wird auch hier eine direkte Lösung mitgeteilt:
Da der mittlere innere Grundstein bei der Berechnung der beiden Zwischenzahlen verwendet wird, steckt er im Deckstein doppelt drin, die beiden anderen Grundsteine dagegen nur einfach. Wenn man ihre Summe vom Deckstein subtrahiert, hat man den doppelten Beitrag des Grundsteins isoliert und braucht nur noch zu halbieren.

Anwendung auf Aufgabe 9:
5 + 1 = 6
12 − 6 = 6
6 : 2 = 3
Der mittlere Grundstein ist 3.

Natürlich kann man die Untersuchung von Zahlenmauern noch weiter treiben. Man kann die Kinder z. B. auch dazu anleiten, die Beziehungen zwischen den Grundsteinen und dem Deckstein zu entdecken und zu begründen.
Wie weit man hier geht, hängt davon ab, welche Schwerpunkte man im Unterricht setzen möchte und wie viel Zeit zur Verfügung steht. Man kann es nicht oft genug betonen: Die Unterrichtszeit ist begrenzt. Jede Ausweitung eines Themas führt notwendig zur Reduktion eines anderen.
Da Zahlenmauern und andere Themen in den folgenden Klassen wiederkehren, hat man später noch viele Möglichkeiten der Vertiefung.

**10** – **12** An diesen Aufgaben kann sich jedes Kind alleine versuchen.

**13** Die vorgegeben Zahlenmauern sollen dazu anregen, den Zahlenraum nach Herzenslust auszuschöpfen und dabei eigene Muster zu entwerfen. Unvergessen in der Geschichte von „mathe 2000" ist „Das Zahlenmauerbuch", das der 6-jährige Tim Lümkemann an einem Regentag zu Hause für seine Lehrerin verfasst hat.

*Literatur*
Tim Lümkemann: Das Zahlenmauerbuch. In: Müller, G. N. & Wittmann, E. Ch. (Hg.): Mit Kindern rechnen. Frankfurt/ am Main: Grundschulverband 1995, S. 81 – 83

***Fortsetzung:***
→ *Probieren und Kombinieren 1*
Seite 14, **9 – 20** analoge Aufgaben über Zahlenmauern
→ *Die Denkschule 1/2*
Seite 15, Denkspiel „Ausgleich der Felder": Dieses Einpersonenspiel kann wie die anderen Spiele der Denkschule in Randzeiten des Unterrichts und in der Freiarbeit eingesetzt werden.

# Plusaufgaben mit gleichen Zahlen

Vorbereitung des Einmaleins in Form des „Mini-Einmaleins“

## WAS WIRD BENÖTIGT?

*Arbeits- und Demonstrationsmaterial:*
Multiplikativ strukturierte Verpackungen (Pralinen, Schokoküsse, Eier, ...), iTb

## WORUM GEHT ES?

Auf den ersten Blick mag es verwundern, dass im Band 1 des ZAHLENBUCHs schon vom Einmaleins die Rede ist. Dieses Thema wird ja erst im zweiten Schuljahr behandelt. Wenn man aber bedenkt, dass die Multiplikation eine verkürzte Addition ist, erscheint es aber doch sinnvoll sie nach dem Prinzip von der Zone der nächsten Entwicklung schon im ersten Schuljahr anzusprechen.

Einige Plusaufgaben mit gleichen Summanden stehen bereits bei der Behandlung des Zwanzigerraums voll im Rampenlicht. Beispiele:

- Das Zwanzigerfeld besteht aus 4 Fünfern, d. h. 5+5+5+5=20 oder 4 Fünfer=20 oder auch kurz: 4 mal 5=20.
- 15 besteht aus 3 Fünfern.
- Beim Verdoppeln handelt es sich ebenfalls um eine Plusaufgabe mit (zwei) gleichen Summanden.

Bei genauerer Analyse zeigt sich, dass die 25 folgenden Einmaleinsaufgaben, deren Ergebnisse (bis auf 5 · 5=25) im Zwanzigerraum liegen, in den Rahmen von Band 1 passen:

| | | | | |
|---|---|---|---|---|
| 1 · 1 | 2 · 1 | 3 · 1 | 4 · 1 | 5 · 1 |
| 1 · 2 | 2 · 2 | 3 · 2 | 4 · 2 | 5 · 2 |
| 1 · 3 | 2 · 3 | 3 · 3 | 4 · 3 | 5 · 3 |
| 1 · 4 | 2 · 4 | 3 · 4 | 4 · 4 | 5 · 4 |
| 1 · 5 | 2 · 5 | 3 · 5 | 4 · 5 | 5 · 5 |

Diese Aufgaben lassen sich nämlich mit den Kenntnissen zum Einspluseins und zum Zählen in Schritten (beides Blitzrechenübungen) ohne große Mühe erschließen.

Dabei empfehlen sich Sprechweisen wie „4 Fünfer“, „4 Dreier“, usw. Auch das den Kindern aus der Umgangssprache bekannte Wort „mal“ kann verwendet werden. Die Schreibweise mit dem „Malpunkt“ wird jedoch erst im Band 2 eingeführt.

## WIE KANN MAN VORGEHEN?

### *Vor der Arbeit mit dem Buch:*

Die Kinder sind im Sitzkreis versammelt. Die Lehrerin legt Gegenstände (am einfachsten große Plättchen in der Form 4 x 5 in die Kreismitte, vgl. Einstiegsbild Seite 114). Die Kinder sollen beschreiben, wie sie angeordnet sind. Mögliche Antworten:

- „Das sind 20.“
- „Ich sehe 2 Zehner.“
- „Da sind vier Reihen. In jeder sind 5 Plättchen.“
- „Ich sehe 5 Reihen, in jeder 4 Plättchen.“
- „Ich sehe 5 mal 4.“

Falls die Kinder die Mal-Sprechweise nicht spontan benutzen, kann sie von der Lehrerin eingeführt werden.

Alle Sprechweisen müssen durch Handlungen verdeutlicht werden.

Durch die unterschiedlichen Positionen der Kinder im Sitzkreis werden Aussagen provoziert, die auf das Vertauschungsgesetz der Multiplikation verweisen. Es ist aber nicht nötig, es schon auf dieser frühen Stufe zu thematisieren.

Anschließend zeigt die Lehrerin an der Tafel zur Vorbereitung von Aufgabe 1, wie man ein Zwanzigerfeld durch Einkreisen in Fünfer, Vierer und Zehner zerlegen kann. Die Wörter „Zehner“, „Fünfer“, „Vierer“, „Dreier“, „Zweier“ sollten angeschrieben werden.

Insgesamt muss deutlich werden, dass zu jeder Zerlegung eine Plusaufgabe mit gleichen Summanden gehört.

### *Zur Arbeit mit dem Buch:*

Die Kinder betrachten das Einstiegsbild auf **Seite 114** und beschreiben es. Sie versetzen sich dabei in die Position der vier Kinder. An den weiteren Aufgaben soll sich jedes Kind selbst versuchen.

**1** Ein 4 x 5-Feld (20 Plättchen) ist in Zehner, Vierer, Zweier und Fünfer zerlegt. Die Kinder bestimmen die Anzahl der Gruppen.

**2** Die eingekreisten Felder werden durch Plusaufgaben mit gleichen Summanden beschrieben.

**5**

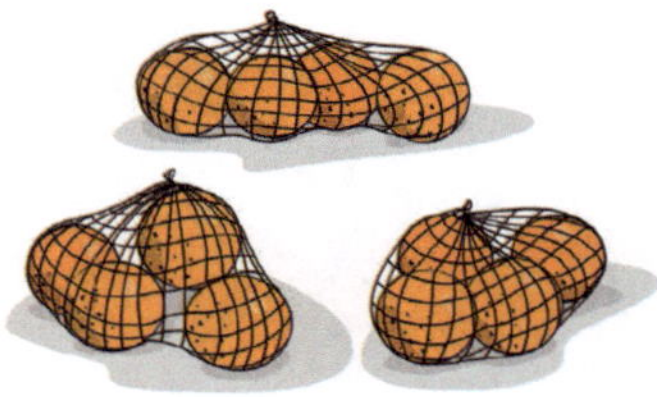

3 Netze mit 4 Orangen.
3 mal 4 = 12

4 Netze mit 3 Orangen.
4 mal 3 = 12

**6**

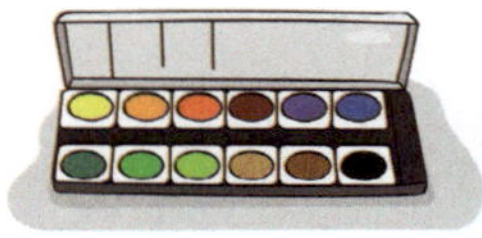

6 + 6
2 mal 6

2+2+2+2+2+2
6 mal 2

3+3+3+3+3 oder 5+5+5
5 mal 3 oder 3 mal 5

**7** Wie viele Ohren haben 5 Elefanten? 10 Ohren

**8** Wie viele Beine haben 3 Mäuse? 12 Beine

**9** Wie viele Schwänze haben 4 Mäuse? 4 Schwänze

**Blitzrechnen: Mini-Einmaleins**

Aufgabe zeigen und nennen.

Ergebnis nennen.

**3** 12 Plättchen lassen sich in Zweier, Dreier, Vierer oder Sechser zerlegen:
2+2+2+2+2+2=12
3+3+3+3=12
4+4+4=12
6+6=12

**4** Die Malaufgaben sind vorgegeben. Die Kinder müssen nur die Ergebnisse bestimmen.

Auf **Seite 115** sind reale Situationen als Malaufgaben zu beschreiben.

**5**, **6** Die Situationen sind bildlich vorgegeben.

**7** – **9** Diese einfachen Texte sollten alle Kinder lesen können.
Die Lösung erfolgt im Kopf, mithilfe von Plättchen oder einer Zeichnung.

*Grundlegung der Blitzrechenübung „Mini-Einmaleins“*
Zwei Kinder zeigen, wie man an dem 5 x 5 Punktfeld Aufgaben von 1 · 1 bis 5 · 5 legen kann, deren Ergebnis dann bestimmt wird.
Zur weiteren Übung kann das Operationsfeld auf Seite 135 bzw. auf dem ausklappbaren Umschlag des Arbeitsheftes benutzt werden.

***Fortsetzung:***
→ *Arbeitsheft*
Seite 61, analoge Aufgaben
→ *Verstehen und Trainieren 1*
Seite 32, analoge Aufgaben zum Mini-Einmaleins

*Mit dem Prinzip des Unterrichts auf hohem Schwierigkeitsniveau ist ein anderes Prinzip organisch verbunden: das des* **schnellen** *Tempos der Durcharbeitung des Lehrstoffes. Dieses Prinzip bedeutet die ununterbrochene Bereicherung der Schüler mit immer neuen Kenntnissen, die Absage an das Auf-der-Stelle-treten und die einförmige Wiederholung des durchgenommenen Lehrstoffes. Man soll dieses Prinzip nicht mit der Eile im Unterricht verwechseln. Unser Herangehen schließt die Jagd nach „Rekorden“ im Sinne der Menge der von den Schülern auszuführenden Aufgaben aus. Es ist gar nicht notwendig, dass die Kinder im Verlauf der Unterrichtsstunde möglichst viele Beispielaufgaben lösen, möglichst viele Übungen durchführen usw. Das Vorgehen in schnellem Tempo bedeutet durchaus nicht, dass man sich während der Unterrichtsstunde beeilen muss. Es ist erforderlich, dass sowohl der Lehrer als auch die Schüler ruhig arbeiten. Der Lehrer soll sich Zeit nehmen, dem Kind aufmerksam zuzuhören, wenn es seine Beobachtungen und Eindrücke mitteilt und wenn es sich bei Unsicherheiten meldet und Fragen stellt. Man soll auch mit der Zeit nicht sparen, wenn es darum geht, vertrauliche Gespräche mit den Kindern zu führen. Dieser Arbeitsstil, so zeigt die Erfahrung, trägt seine Früchte.*

Leonid V. Zankov: Didaktik und Leben

# Mit Zahlen spielen

## Produktive Übungen zum Einspluseins

### WAS WIRD BENÖTIGT?

*Arbeits- und Demonstrationsmaterial:* –

### WORUM GEHT ES?

Diese Seite gibt den Kindern die Möglichkeit, selbst Aufgaben zu entwerfen. Vorgegeben sind immer drei Zahlen, aus denen unterschiedliche Aufgaben gebildet werden können, wobei eines der Rechenzeichen + und – oder beide Verwendung finden. Es gibt verschiedene Möglichkeiten, die bei den Aufgaben 1 und 2 vorgegeben sind. Bei den weiteren Aufgaben ist es Sache der Kinder die Aufgaben zu bilden.
Die drei Zahlen sind so gewählt, dass die Summe der beiden kleineren Zahlen kleiner als die größte Zahl ist. Dann gibt es, wenn man mit der jeweils größeren Zahl beginnt immer 6 Möglichkeiten, Aufgaben mit einem einzigen Rechenzeichen und 8 Möglichkeiten, Aufgaben mit zwei Rechenzeichen zu bilden. Jede Zahl darf dabei aber höchstens einmal verwendet werden. Dies wird durch die Illustrationen angedeutet.
Natürlich müssen sich die Kinder nicht an die Vorgaben der Aufgaben 1 und 2 halten. Dort könnte man im linken Päckchen auch noch die Tauschaufgaben aufführen. Eine besondere Herausforderung stellt die Aufgabe 9 dar, bei der die Regel anders ist: Zahlen dürfen mehrfach verwendet werden. Hier geht es nicht nur darum verschiedene Aufgaben zu bilden, sondern sie so zu bilden, dass möglichst jede Zahl zwischen 1 und 20 als Ergebnis auftritt.
Wie bei allen grün unterlegten Seiten bleibt es dem einzelnen Kind überlassen, welche Aufgaben es bearbeiten möchte, wie systematisch es vorgehen möchte und wie weit es damit kommt. Jedes Kind kann die Aufgaben 1 und 2 bearbeiten, bei denen die Rechnungen vorgegeben sind. Nach dem Vorbild der Aufgaben 1 und 2 können dann die Aufgaben 3 – 8 in Angriff genommen werden. Wer möchte, kann sich dann auch noch an der Aufgabe 9 versuchen.

**1**
13 + 5 = 18
13 – 5 = 8
13 + 2 = 15
13 – 2 = 11
5 + 2 = 7
5 – 2 = 3

13 + 5 + 2 = 20
13 + 2 + 5 = 20
13 + 5 – 2 = 16
13 + 2 – 5 = 10
13 – 5 + 2 = 10
13 – 2 + 5 = 16
13 – 2 – 5 = 6
13 – 5 – 2 = 6

**2**
14 + 3 = 17
14 – 3 = 11
14 + 1 = 15
14 – 1 = 13
3 + 1 = 4
3 – 1 = 2

14 + 3 + 1 = 18
14 + 1 + 3 = 18
14 + 3 – 1 = 16
14 + 1 – 3 = 12
14 – 3 + 1 = 12
14 – 1 + 3 = 16
14 – 1 – 3 = 10
14 – 3 – 1 = 10

**3** 10 2 1

**4** 11 5 4

**5** 13 3 2

**6** 9 5 2

**7** 12 4 1

**8** 15 5 1

**9** Jeden Zahlenball gibt es 3-mal.
Der Clown nimmt aber immer nur 2 oder 3 Bälle.

11 – 5 – 5 = 1
7 + 7 – 11 = 3
7 + 5 = 12

Sind alle Zahlen von 1 bis 20 als Ergebnis möglich? Nein. 8 und 20 sind nicht möglich.

### WIE KANN MAN VORGEHEN?

***Vor der Arbeit mit dem Buch:***

Die Lehrerin schreibt die drei Zahlen 12, 5 und 1 an die Tafel und kreist sie ein.
Sie erklärt, dass man mit diesen Zahlen wie mit Bällen jonglieren und Plus- und Minusaufgaben bilden kann. Sie gibt einige Beispiele zuerst mit zwei Zahlen vor, wobei sie das Plus- und das Minuszeichen verwendet. Die Kinder finden weitere Aufgaben, die an die Tafel geschrieben werden. Natürlich werden sie auch Tauschaufgaben nennen.
Wenn dieser Fall erschöpft ist, schreibt die Lehrerin Rechnungen an, bei denen alle drei Zahlen und zwei Rechenzeichen auftreten. Wieder finden die Kinder weitere Aufgaben, die an der Tafel notiert werden.

***Zur Arbeit mit dem Buch:***

**1** – **8** Die Kinder erkennen in den Aufgaben 1 und 2 die vorher eingeführte Aufgabenstellung wieder.
Die Lehrerin erklärt ihnen, dass sie bei den Aufgaben 3 – 8 mit den vorgegebenen Zahlen selbst Aufgaben bilden sollen. Dann macht sich jedes Kind an die Arbeit.

**9** Wer fertig ist, kann sich die Aufgabe 9 alleine erschließen und bearbeiten. Daraus kann ein schönes Blatt für das Portfolio werden.

### WAS WIRD BENÖTIGT?

*Arbeitsmaterial:* 3 Würfel für jede Gruppe von Kindern
*Demonstrationsmaterial:* 3 Würfel

### WORUM GEHT ES?

Auch diese Seite bietet eine spielerische Übung des Einspluseins, die in besonderer Weise das soziale Lernen und allgemeine Kompetenzen fördert.
Die mathematische Grundlage ist einfach: Wenn drei Würfel geworfen werden, bewegt sich die Summe aller gewürfelten Zahlen, die Augensumme, im Intervall 3 bis 18. Die kleinste Augensumme 3 tritt auf, wenn alle Würfel 1 zeigen, die größte Augensumme 18, wenn alle Würfel 6 zeigen. Für die Augensummen 3 und 18 kann man also genau sagen, welche Zahlen gewürfelt wurden.
Auch wenn die Augensumme 4 ist, stehen die Würfelzahlen fest: mit zwei Wür-

**1** Immer 14.

4 + 5 + 5 = 14
3 + 6 + 5 = 14
2 + 6 + 6 = 14
4 + 4 + 6 = 14

**2** Immer 12.

1 + 5 + 6 = 12
4 + 4 + 4 = 12
(Beispiele)
2 + 6 + 4 = 12
3 + 5 + 4 = 12

**3** Immer 8.

1 + 3 + 4 = 8
6 + 1 + 1 = 8
(Beispiele)
2 + 5 + 1 = 8
1 + 3 + 4 = 8

**4** Würfelraten: 4 + 3 + 1 = 8

feln muss 1, mit dem dritten 2 gewürfelt worden sein. Aber bereits bei der Augensumme 5 ist ein eindeutiger Rückschluss auf die gewürfelten Zahlen nicht mehr möglich, denn es gilt 2+2+1=5 und 3+1+1=5.
Wenn die Augensumme noch größer wird, wächst die Zahl der Möglichkeiten weiter um dann wieder abzunehmen.
Für die Augensumme 10 z. B. gilt:
10=6+3+1, 10=6+2+2, 10=5+4+1, 10=5+3+2, 10=4+4+2, 10=4+3+3.
Aus der Augensumme 10 allein kann daher nicht auf die einzelnen Würfelzahlen geschlossen werden. Man benötigt weitere Informationen.
Hier setzt das Rechenspiel „Würfelraten“ ein, bei dem die Lehrerin oder ein Kind die Würfel verdeckt wirft, den anderen Kindern die Augensumme nennt und sie auffordert die gewürfelten Zahlen zu erraten. Dazu haben sie, wenn sie die gewürfelten Zahlen nicht sicher bestimmen können, die Möglichkeit, Fragen der Art „Ist die Zahl ... dabei?“ zu stellen, die das Kind, das die Zahlen kennt, mit „ja“ oder „nein“ beantworten muss. Jede Antwort grenzt die Möglichkeiten ein. Wenn nach einer Frage noch keine Bestimmung der Zahlen möglich ist, wird weiter gefragt.
Ziel ist mit möglichst wenigen Fragen auszukommen. Fragen zu stellen, die eigentlich nicht mehr nötig wären, ist aber nicht verboten (natürliche Differenzierung).
In Aufgabe 4 ist eine typische Situation beschrieben. Die gewürfelte Augensumme ist 8. Die Antwort „Nein“ auf die erste Frage, liefert noch keine Anhaltspunkte für die Zahlen. Jede der anderen Zahlen wäre noch möglich. Die Antwort „ja“ auf die Frage „Ist eine 4 dabei?“ grenzt die Suche aber stark ein. Wenn eine 4 dabei ist, müssen die beiden anderen gewürfelten Zahlen zusammen 4 ergeben. Dies führt auf die Alternative 3+1 oder 2+2.
Da die Frage „Ist eine 2 dabei?“ mit „ja“ beantwortet wird, steht fest, dass die gewürfelten Zahlen 4, 2 und 2 sein müssen, was an den Würfeln bestätigt wird.

## WIE KANN MAN VORGEHEN?

***Vor der Arbeit mit dem Buch:***

Zur Vorbereitung der Aufgaben 1–3 wirft (oder legt) die Lehrerin verdeckt drei Würfel, malt alle drei Würfelbilder an und rechnet mit den Kindern die Augensumme aus.

Beispiel: Gewürfelt 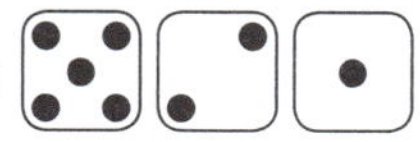

Rechnung: 5+2+1=8

Dann würfelt sie erneut, lässt aber eine Würfelzahl weg (wie bei Aufgabe 1), nennt das Ergebnis und schreibt die Rechnung mit einer Leerstelle an.

Beispiel: Gewürfelt 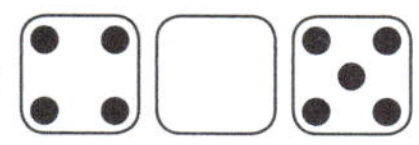

Rechnung: 4+___+5=13
Die Kinder überlegen, welche Zahl fehlt.

Schließlich würfelt die Lehrerin noch einmal, nennt das Ergebnis und lässt zwei Würfelbilder offen:

Beispiel: Gewürfelt 

Rechnung: __+6__=16
Die Kinder finden mehrere Lösungen.

***Zur Arbeit mit dem Buch:***

**1** – **3** Diese Aufgaben sind gut vorbereitet.

**4** Die Lehrerin führt das Spiel „Würfelraten“ mit der ganzen Klasse ein. Am Anfang steht an der Tafel nur __+__+__=......
Wenn gewürfelt wurde, wird die Augensumme als Ergebnis der Aufgabe eingetragen. Dann dürfen die Kinder Fragen stellen. Jede richtig erratene Zahl wird eingetragen. Es wird solange weiter gefragt, bis alle Zahlen erraten sind.
Im Weiteren spielen die Kinder Würfelraten in Gruppen alleine weiter.

## WAS WIRD BENÖTIGT?

*Arbeitsmaterial:* Wendekarten, Leerformat 5 (Plusquadrate) als KV
*Demonstrationsmaterial:* Wendekarten, iTb

## WORUM GEHT ES?

Das Übungsformat „Plusquadrate“ eignet sich ebenfalls zur Übung des Einspluseins. Es bereitet das Übungsformat „Zauberquadrate“ vor, hat aber auch eine eigenständige Bedeutung.
Struktur des Übungsformats: Bei jeder Aufgabe müssen die Zahlen 1 - 9, repräsentiert durch Wendekarten, auf den neun Feldern eines 3 x 3-Quadrates angeordnet werden. Dann werden immer drei Zahlen addiert:

- in der Diagonale von links unten nach rechts oben (Notation des Ergebnisses an der oberen Ecke in einem dafür vorgesehenen Kreis)
- in jeder Zeile (Notation des Ergebnisses rechts am Rand der Zeile)
- in der Diagonale von links oben nach rechts unten (Notation des Ergebnisses in einem Kreis an der Ecke rechts unten)
- in jeder Spalte (Notation des Ergebnisses unten am Rand der Spalte).

Ähnlich wie bei Rechendreiecken und Zahlenmauern kann man von „innen“ nach „außen“ rechnen, d.h. man verteilt die Zahlen 1 - 9 auf die neun Felder und berechnet die Randzahlen, indem man addiert. Man kann aber auch einige innere und einige äußeren Zahlen vorgeben und die fehlenden Zahlen berechnen, wobei man nicht nur addieren, sondern auch subtrahieren muss.
Auch Aufgabenstellungen, bei denen man probieren muss, sind möglich. Im Extremfall sind nur die Randzahlen vorgegeben (Aufgabe 8). Mithilfe der Wendekarten kann man Zahlen versuchsweise anordnen und ihre Lage mühelos verändern, was wie bei den Zahlenmauern die Lösungsfindung stark unterstützt.
In der Aufgabe 9 wird ein strategisches Spiel mit den Wendekarten 1 bis 9 vorgestellt, bei dem ebenfalls Summen von Zahlen zu bilden sind, allerdings nicht nur Dreiersummen.
Regeln: Die Karten liegen auf dem Tisch. Zwei Spieler (Gruppen) nehmen abwechselnd je eine Karte und legen sie vor sich hin. Wer aus einigen seiner Karten oder allen die Summe 15 bilden kann, hat gewonnen.

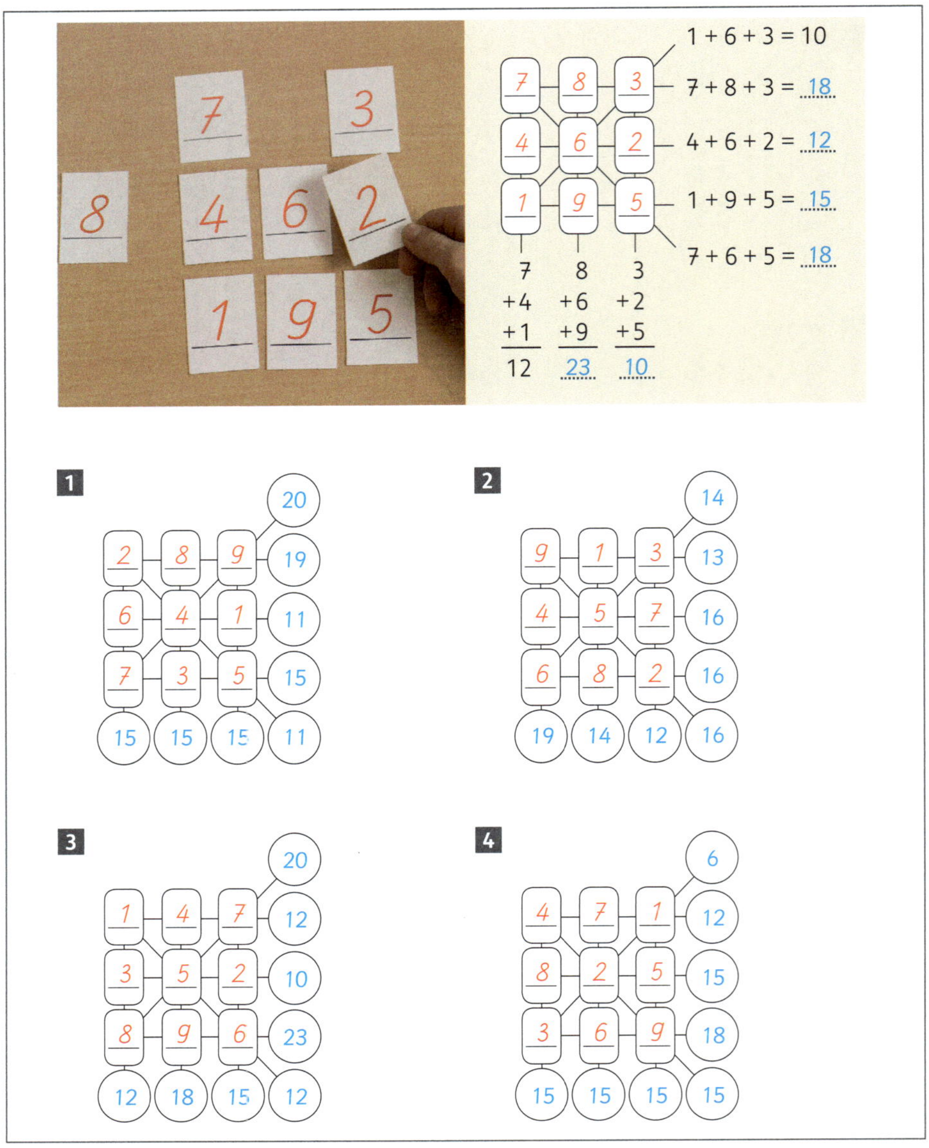


**Unter dem Siegel der Verschwiegenheit** teilen wir mit, dass der Spieler A sogar mehrere Gewinnstrategien hat. Eine geht so: Spieler A wählt die 8. Damit der Spieler A beim nächsten Zug nicht die 7 nehmen und wegen 8+7=15 bereits in seinem zweiten Zug gewinnen kann, ist Spieler B gezwungen die 7 zu wählen. Als nächstes wählt Spieler A die 6, was Spieler B zwingt die 9 zu wählen, denn 9+6=15. Da aber 8+6=14 ist, kann Spieler A als dritte Karte 1 wählen und gewinnt damit, denn 8+6+1=15.

## WIE KANN MAN VORGEHEN?

### *Vor der Arbeit mit dem Buch:*

Die Lehrerin erklärt das Übungsformat „Plusquadrate“ nach dem Einstiegsbild auf Seite 118 an der Tafel. Dabei muss vor allem auf die Addition der Zahlen in den Spalten eingegangen werden, bei denen die Zahlen untereinander geschrieben werden. Bei den weiteren Aufgaben werden die Rechnungen im Kopf oder auf einem Schmierblatt durchgeführt. Nur die Ergebnisse werden in die entsprechenden Kreise geschrieben.

### *Zur Arbeit mit dem Buch:*

**1** Diese Aufgabe wird zur weiteren Klärung des Aufgabenformats gemeinsam gelöst.

**2** - **4** Jedes Kind bearbeitet die Aufgaben alleine.

### *Fortsetzung:*

→ *Leerformat Plusquadrate*
Mit dem Leerformat 5 können die Kinder selbst Plusquadrate stellen und ausrechnen. Dabei werden innen immer nur die Zahlen von 1 - 9, jede genau einmal, verwendet.
Ziel kann sein, besondere Randzahlen zu erreichen.

Berechne die fehlenden Zahlen.

**5**

**6**

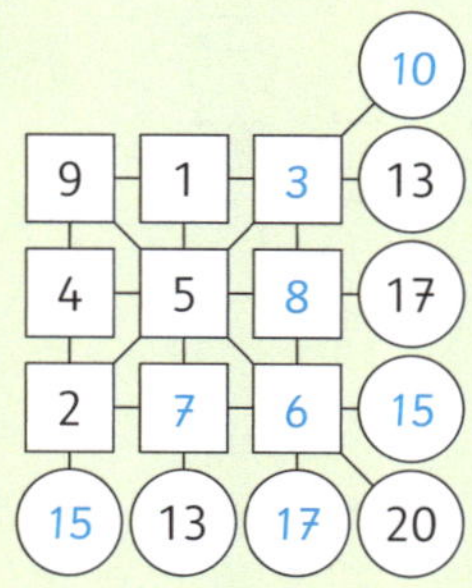


**7**

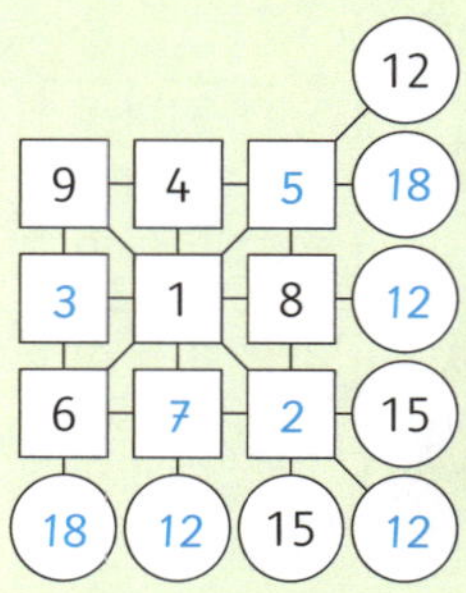


**8**

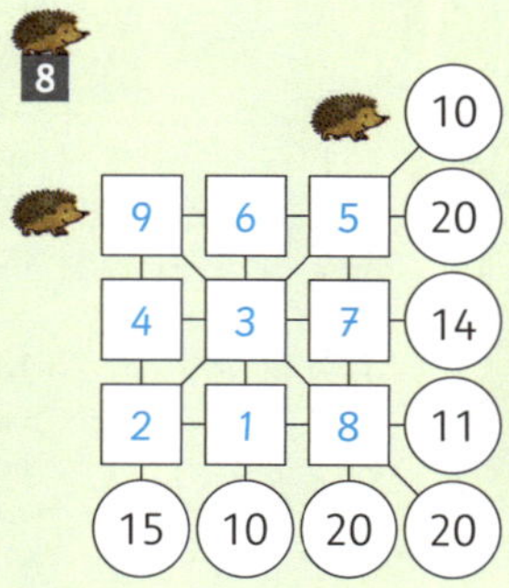


**9** „15 gewinnt“

Zwei Spieler nehmen abwechselnd eine Karte.
Wer zuerst aus seinen Karten die Summe 15 bilden kann, gewinnt.

Elisa hat gewonnen, denn
9 + 2 + 4 = 15.

**5** Diese Aufgabe sollte wieder gemeinsam gelöst werden.
Ähnlich wie bei dem Spiel Würfelraten müssen einige Summanden durch Subtraktion (Ergänzen) ermittelt werden. Dass manchmal addiert und manchmal subtrahiert werden muss, sollte den Kindern von Rechendreiecken und Zahlenmauern her bekannt sein.

**6**, **7** Diese Aufgaben werden wieder individuell bearbeitet (natürliche Differenzierung).

**8** Zur Lösung dieser „Drei-Igel-Aufgabe“, der schwierigsten im ganzen Buch, muss man ausdauernd probieren, wobei die Wendekarten eine große Hilfe sind. Man kann den Kindern den Tipp geben, darauf zu achten, dass einige Randzahlen klein sind (zweimal 10 und einmal 11) und die große Randzahl 20 dreimal vorkommt. Für kleine Randzahlen benötigt man innen kleine Zahlen, für große Randzahlen innen größere Zahlen.
Wie bei Rechendreiecken und Zahlenmauern beginnt man mit einer versuchsweisen Verteilung der Wendekarten und verändert die Verteilung schrittweise, bis man die Lösung hat.

*Anmerkung:* Man kann den Suchraum einengen, wenn man die möglichen Dreiersummen für die kleinen Randzahlen auflistet. Für die Summe 10 gibt es vier Möglichkeiten:
7 + 2 + 1, 6 + 3 + 1, 5 + 4 + 1, 5 + 3 + 2
Um die Randzahl 20 zu erhalten, muss man die tendenziell größeren Summanden in die erste Zeile setzen.

**9** Dieses Spiel wird handlungsorientiert eingeführt. Dass nicht alle der gewählten Karten verwendet werden müssen, um die Summe 15 zu erzielen, muss besonders betont werden.

Die Kinder werden nicht so schnell entdecken, dass der erste Spieler eine Gewinnstrategie hat, und bei der Wahl ihrer Karten nur bestimmte Zahlbeziehungen beachten. Daher ist das Spiel lange interessant.
Der besondere Reiz liegt darin, dass man nicht nur darauf achten muss, dass man selbst die Summe 15 erreicht, sondern auch darauf, dass der Partner die 15 *nicht* erreicht. Sonst hat man ja verloren.
Wieder kann die Lehrerin den Kindern anbieten, gegen sie zu spielen und dabei wählen zu dürfen, wer anfängt.
Wenn ein Kind eine Gewinnstrategie entdeckt hat, kann es sie gegen die Lehrerin zum Einsatz bringen. Die anderen Kinder müssen dann versuchen, sie zu beschreiben.

**Unter dem Siegel der Verschwiegenheit** geben wir eine systematische Lösung der Aufgabe 8 bekannt:
Für die Dreiersumme 10 gibt es vier Möglichkeiten: 7 + 2 + 1, 6 + 3 + 1, 5 + 4 + 1, 5 + 3 + 2.
Als Zahl in der Mitte kommen daher nur die mehrfach auftretenden Zahlen 3, 2 und 1 in Frage. Mit 1 und 2 in der Mitte lässt sich die Diagonalsumme 20 nicht erreichen. Also muss 3 in der Mitte stehen, die nur mit 9 und 8 zusammen 20 ergibt. Die 9 kann nicht in der letzten Zeile stehen, weil sie für die Zeilensumme 11 zu groß ist. Also muss sie links oben stehen, und 8 rechts unten. Die Partner von 8 in der letzten Zeile sind 1 und 2. Würde 1 in der linken unteren Ecke stehen und 2 unten in der Mitte, dann müsste 6 in der rechten oberen Ecke stehen. Dies hätte zur Folge, dass die 5 sowohl in der Mitte der ersten Zeile, als auch in der Mitte der ersten Spalte stehen müsste, denn 20 − (9 + 6) = 5 und 15 − (9 + 1) = 5.
Es bleibt also nur übrig, dass 2 in der linken unteren Ecke steht und 5 in der rechten oberen Ecke. Alle weiteren Zahlen ergeben sich zwangsläufig.

## WAS WIRD BENÖTIGT?

*Arbeitsmaterial:* Wendekarten, Leerformat 5 (Plusquadrate) als KV
*Demonstrationsmaterial:* Wendekarten, iTb

## WORUM GEHT ES?

Ein magisches Quadrat aus dem alten China dient als Kontext für die Übung des Einspluseins und die Förderung allgemeiner Lernziele (produktives Üben).

*Zur Geschichte:*
Magische Quadrate wurden von alters her als Sinnbild einer kosmischen Ordnung angesehen, die den Menschen Vorbild für das eigene Handeln war. Im alten China spielte das folgende magische Quadrat eine fundamentale Rolle, das Lo Shu (wörtlich „Zahlendokument aus dem Fluss Lo“).

| | | |
|---|---|---|
| 4 | 9 | 2 |
| 3 | 5 | 7 |
| 8 | 1 | 6 |

Die magische Besonderheit des Quadrats besteht darin, dass die Summe der Zahlen in jeder Zeile, in jeder Spalte und in jeder Diagonale 15 beträgt.
Das Lo Shu repräsentierte den kaiserlichen Palast, der aus neun Hallen bestand: der Halle des Kaisers in der Mitte und acht umgebenden Hallen, welche die acht Provinzen des Reiches symbolisierten.
Der Kaiser betrachtete es als seine Aufgabe, den Ausgleich zwischen himmlischen und irdischen Kräften zu gewährleisten, damit der Wandel der Dinge ungestört seinen Lauf nehmen konnte.
Die ungeraden Zahlen 1, 3, 5, 7, 9 repräsentieren das „Yang“ (den Himmel oder die männliche Kraft), die geraden Zahlen stellen das „Yin“ (die Erde oder die weibliche Kraft) dar. Im Lo Shu sind diese Kräfte zu einem harmonischen Ausgleich gebracht: Die geraden Zahlen 2, 4, 6, 8 stehen in den Ecken, die ungeraden Zahlen 1, 3, 7, 9 dazwischen, die mittlere ungerade Zahl 5 als Symbol für die Vermittlung der Gegensätze steht in der Mitte.
Eine Legende sagt, dass das Lo Shu dem legendären Kaiser Yü durch eine Schildkröte überbracht wurde, die dem Fluss Lo entstieg. Yü (chin. Jade, Symbol für himmlische Kraft) gilt als der Kaiser, der mit dem Bau von Deichen zur Zähmung des Gelben Flusses (Huang He) und seiner Nebenflüsse (darunter des Flusses Lo) begann.

## WIE KANN MAN VORGEHEN?

***Vor der Arbeit mit dem Buch:***
Die Lehrerin erzählt im Sitzkreis das folgende (durch die Legende angeregte, aber sonst völlig frei erfundene) Märchen von der Schildkröte „Lo Shu“:
*Vor 4000 Jahren lebte in China der Kaiser Yü. Er war sehr traurig, dass jedes Jahr die großen Flüsse seines Reiches über die Ufer traten. Denn in den Fluten verloren viele Menschen Haus und Hof und viele kamen ums Leben. Der Kaiser Yü überlegte mit seinen Ministern hin und her, ob er es wagen sollte, große Dämme bauen zu lassen, damit es keine Überschwemmungen mehr gäbe. Er war sehr unsicher, ob dieses große Werk gelingen würde.*
*Eines Nachts träumte der Kaiser, dass er an einem Fluss entlang wanderte. Auf einmal tauchte aus dem Fluss eine riesige Schildkröte vor ihm auf, die auf ihrem Panzer merkwürdige Zeichen hatte. Der Kaiser war sehr verwundert, und er war noch mehr verwundert, dass die Schildkröte auch sprechen konnte. Sie sagte zu ihm: „Du kannst es wagen, die Dämme zu bauen. Das Werk wird gelingen.“*
*Der Kaiser fragte die Schildkröte: „Wer bist du?“ Die Schildkröte erwiderte: „Ich bin die Zauberschildkröte Lo Shu und ich bringe dir Glück.“ Der Kaiser fragte weiter: „Was bedeuten die Zeichen auf deinem Rücken?“ Die Schildkröte antwortete: „Das ist ein Geheimnis. Auch meine sieben Schwestern haben solche Zeichen.“ Damit verschwand die Schildkröte wieder in den Fluten.*
*Der Kaiser erschrak und wachte aus seinem Traum auf. Er nahm schnell ein Blatt und einen Pinsel und zeichnete die Zeichen, die er auf dem Panzer der Schildkröte im Traum gesehen hatte auf.*
*Sofort ließ der Kaiser seine Berater zusammenrufen und zeigte ihnen die seltsamen Zeichen.*
*Die Berater überlegten lange hin und her. Auf einmal platzte es aus einem von ihnen, der bisher geschwiegen hatte, heraus. „Ich hab's! Das sind Zeichen für die Zahlen von 1 bis 9.“*
*Er ritzte die Zahlen von 1 bis 9 auf kleine Täfelchen, trat vor den Kaiser hin und ließ ihn nach einem Zauberspruch rechnen.*

**2** Ergänze in jeder Zeile und Spalte zu 15.

- *Schreib' 1 bis 9 in Dreierreih'n.*
  *Addiere längs, addiere quer*
  *und schräg dazu. Was findest du?*
- *Tausch 7 und 3, was ist dabei?*
  *Addiere längs, addiere quer*
  *und schräg dazu. Was findest du?*
- *Die 5 lass steh'n, die andern dreh'n.*
  *Addiere längs, addiere quer*
  *und schräg dazu. Was findest du?*
- *Nun finde zwei, vertausche sie,*
  *dann wirst du reich,*
  *hast alles gleich.*

Die Lehrerin begleitet den Zauberspruch, mit Wendekarten. Die Kinder rechnen bei jedem Vers längs, quer und schräg die acht Dreiersummen aus. Beim ersten Vers ergibt sich die Summe 15 bereits viermal. Nun wird gemäß Vers 2 die Zahl 7 mit der Zahl 3 vertauscht. Die Kinder berechnen erneut die Dreiersummen. Fragen:
Wie oft kommt die Summe 15 heraus?
Welche Summen sind gleich geblieben?
Welche Summen haben sich verändert?
Anschließend lässt man die Wendekarten nach Regel 3 „um die 5 tanzen". Wieder werden die Summen berechnet. Jetzt kommt sechsmal die Summe 15 heraus. (Nun stehen die geraden Zahlen schon in den Ecken.)
Der letzte Vers wird zurückgestellt.

### *Zur Arbeit mit dem Buch:*

**1** Die Kinder wiederholen die gemeinsamen mündlichen Rechnungen im Buch schriftlich und versuchen dann den vierten Zauberspruch, der keine eindeutige Anweisung gibt, selbst umzusetzen. Sie müssen im Kopf rechnen und durch Versuch und Irrtum herausfinden, welche zwei Karten vertauscht werden müssen. Da man die Diagonalen, die Spalten und die mittlere Zahl nicht antasten sollte, weil dort die Summe 15 schon stimmt, kommt man zwangsläufig zur Vermutung, die Zahlen 1 und 9 zu vertauschen.

Die Kinder tragen die richtige Zahlenfolge ein, berechnen die acht Summen und schreiben die Ergebnisse in die Kreise: Alle acht Summen betragen nun 15.
Die einander diagonal gegenüberstehenden Zahlen sind genau die Zehnerergänzungen 9 + 1, 8 + 2, 7 + 3, 6 + 4.

**2** Die Seite 121 zeigt Lo Shu mit ihren Schwestern. Die Anordnungen auf den anderen Panzern ergeben sich aus dem Lo Shu-Quadrat durch Drehung um 90°, 180° und 270° sowie durch Spiegelung an den Mittelachsen und Diagonalen, wie einigen Kindern sicherlich auffallen wird.
*Hinweis:* Die Schildkröten, welche die magischen Quadrate tragen, sind nach den acht wichtigsten Flüssen (Landschaften) in China benannt: Lo Shu (Lo-Fluss), Hei Long Shu (Schwarzer-Drache-Fluss), Zhu Shu (Perlen-Fluss), Huang Shu (Gelber Fluss), Huai Shu (Huai-Fluss), Hai Shu (Meer-Fluss), Qiantang Shu, Chang Shu (Tschang-Fluss).
*Anmerkung:* Lo und Huai sind Landschaften, durch die jeweils der Fluss fließt. „Shu" bedeutet „Schriftstück". „Lo Shu" heißt also eigentlich: „Das Schriftstück, das dem Fluss Lo entstammt." Die chinesischen Namen für Fluss, Strom sind „He" und „Tsiang".
Herrn Prof. Chun Ip Fung/Hongkong sind wir für seine Unterstützung bei der Identifikation der Flüsse verbunden.

### *Fortsetzung:*

→ *Leerformat 5 (Plusquadrate)*
Die Kinder können auf dem Leerformat links oben das Lo Shu-Quadrat eintragen und die anderen Quadrate daraus durch Drehung und Spiegelung herleiten.

### *Nach der Arbeit mit dem Buch:*

An den folgenden Tagen könnte der Rechenunterricht immer mit einer Rekonstruktion des Zauberquadrats beginnen. Die Lehrerin (oder ein Kind, das schon lesen kann) liest (mit einer geheimnisvollen, „magischen" Stimme) die Konstruktionsanweisungen vor und die Kinder vollziehen sie mit den Wendekarten 1 – 9 nach. Am Schluss können sich die Kinder gegenseitig kontrollieren.

### *Fortsetzung:*

→ *Probieren und Kombinieren 1,*
Seiten 20 – 25, Igeldreiecke – ein reichhaltiges Angebot, das die Kinder eigenständig bearbeiten können

# 122/123 Gleichungen und Ungleichungen

Erstbegegnung mit einer mathematischen Grundidee, Denkspiel „Wandern am Fluss“

## WAS WIRD BENÖTIGT?

*Arbeits- und Demonstrationsmaterial:* Wendekarten

## WORUM GEHT ES?

Die Kinder haben bisher die Zeichen <, > und = für den Vergleich von Zahlen (Seite 73) und den Vergleich einer Summe mit einer Zahl (Seite 89) kennengelernt. Dadurch ist die Voraussetzung für die Lösung von Ungleichungen mit einer Variablen gegeben.

Betrachtet werden im Band 1 nur Ungleichungen mit der Menge der natürlichen Zahlen von 0 – 20 als Grundmenge. Diese Ungleichungen sind durch Wendekarten probierend zu lösen.

Die Lösungsfindung wird durch eine einfache Überlegung verkürzt: Oberhalb der größten und unterhalb der niedrigsten Lösungszahl gibt es keine Lösungszahl mehr. Alle weiteren Lösungszahlen liegen dazwischen.

Typisch für Ungleichungen ist, dass mehrere Lösungen möglich sind.

In den Folgebänden werden Gleichungen und Ungleichungen immer wieder aufgegriffen, sodass ein fließender Übergang zur Algebra gewährleistet ist.

Bei der Lösung der Aufgaben müssen die Kinder viel rechnen, sodass dieses Thema schon alleine als Übung des Einspluseins gerechtfertigt ist. Sozusagen nebenher und ohne besonderen Aufwand erfolgt nach dem Prinzip von der Zone der nächsten Entwicklung aber auch eine Einführung in eine fundamentale Idee der Algebra: die Lösung von Gleichungen und Ungleichungen.

In der Zeit der Mengenlehre hatte dieses Thema Konjunktur. Mit ihrem Verschwinden ist es zu Unrecht beiseite geschoben worden. Wie die Doppelseite zeigt, kann man es bereits im ersten Schuljahr handlungsorientiert einführen. Die Repräsentation der Menge {0, ..., 20} durch die Wendekarten ist hierfür der Schlüssel.

## WIE KANN MAN VORGEHEN?

***Zur Arbeit mit dem Buch:***

Das Einstiegsbild regt eine Diskussion über Größenbeziehungen an:

In einer Familie ist die Mutter kleiner als der Vater (Bild 1).

Wenn die Mutter den Jungen auf den Arm nimmt (Bild 2), befinden sich die Köpfe des Jungen und des Vaters auf einer Höhe.

**1** Welche Zahlen passen? Probiere und schreibe auf.

0 1 3 5 6 7 8 9 10

11 12 13 14 15 16 17 18 19 20

6 + ■ < 11

2 4

6 + 2 < 11

6 + 4 < 11

Du kannst 5 passende Zahlen finden. 0, 1, 2, 3, 4

**2** Welche Zahlen passen? Probiere und schreibe einige Zahlen auf.

6 + ■ > 11

6, 7, ..., 20

6 + 6 > 11

6 + 7 > 11

**3** Welche Zahl passt? 6 + 5 = 11

**4** Welche Zahlen passen? Probiere und schreibe einige Zahlen auf.

■ + 9 < 14 — 0, 1, 2, 3, 4

■ + 9 > 14 — 6, 7, ..., 20

5 + 9 = 14

Wenn die Mutter den Jungen auf die Schultern setzt (Bild 3), sind Mutter und Sohn zusammen größer als der Vater.

Die ersten drei Aufgaben werden gemeinsam gelöst. Dabei werden auch die Fachbegriffe (Leerstelle, Gleichung, Ungleichung) und die Schreibweisen für die Bearbeitung der Aufgaben besprochen.

**1** Die Lehrerin schreibt die Aufgabe 6 + __ < 11 an die Tafel und fragt die Kinder, welche Zahlen an der **Leerstelle** eingesetzt werden dürfen, damit das Ergebnis der Plusaufgabe kleiner als 11 ist.

Sie stellt besonders heraus, dass es nicht darum geht, Zahlen zu finden, die kleiner als 11 sind, sondern Zahlen, die *zusammen mit 6* kleiner als 11 sind.

Die Lehrerin verteilt die großen Wendekarten an die Kinder und fordert alle Kinder, die eine passende Zahl haben, auf nach vorne zu kommen.

Ein Kind nach dem anderen kommt nach vorn und hält seine Karte an die Leerstelle. Es wird geprüft, ob die Plusaufgabe aus 6 und der gezeigten Karte ein Ergebnis < 11 hat.

Die passenden Lösungszahlen werden in einer Reihe untereinander festgehalten. Zusätzlich wird jede Lösung in einer Ungleichung festgehalten, z. B. 6 + 2 < 11 (s. angefangene Lösung in Aufgabe 1).

Am Schluss sind alle Lösungszahlen 0, 1, 2, 3, 4 aufgereiht.

Die Kinder legen die Wendekarten, die nicht passen, auf das Pult.

Einige Kinder werden hier schon herausfinden: Wenn 5 und 6 nicht passen (6 + 5 = 11 und 6 + 6 > 11), dann passen alle noch größeren Zahlen erst recht nicht. Weiter: Wenn 3 und 2 passen, dann sicher auch 1 und 0.

**2** Die Kinder erkennen, dass alle Zahlen von 6 aufwärts Lösungen sind.

**5** Welche Zahlen passen?

| 12 – ▢ > 6 | 12 – ▢ < 6 | 12 – 6 = 6 |
|---|---|---|
| 0, 1, 2, 3, 4, 5 | 7, 8, 9, 10, 11, 12 | |

**6** Welche Zahlen passen?

| 20 – ▢ > 10 | 20 – ▢ < 10 | 20 – 10 = 10 |
|---|---|---|
| 0, 1, 2, 3, 4, 5, 6, 7, 8, 9 | 11, 12, 13, 14, 15, 16, 17, 18, 19, 20 | |

**7**
9 + 7 = 16
7 + 9 = 16

9 + 7 = 16
7 + 9 = 16

7 + 5 = 12
5 + 7 = 12

6 + 6 = 12
6 + 6 = 12

8 + 12 = 20
12 + 8 = 20

9 + 6 = 15
6 + 9 = 15

5 + 8 = 13
8 + 5 = 13

9 – 6 = 3
9 – 6 = 3

11 – 3 = 8
11 – 3 = 8

12 – 7 = 5
12 – 7 = 5

**8** Jan ist 12 Jahre alt, Lina ist 8 Jahre alt.
Tarik ist jünger als Jan, aber älter als Lina.
Wie alt könnte Tarik sein?
Tarik könnte 9, 10 oder 11 Jahre alt sein.

**9** Ich denke mir eine Zahl.
Sie ist kleiner als 10
und größer als 6.
Welche Zahlen könnten es sein?
7, 8, 9

**10** Rechenprogramm:
Wähle eine Zahl kleiner als 20.
Ist sie gerade, halbiere.
Ist sie ungerade, rechne 1 dazu.
Setze fort.
Schreibe die Zahlen auf.

(verschiedene Lösungen)

Hans: 5, 6, 3, 4, 2, 1,

Eva: 14, 7, 8, 4, 2, 1,

Sabrina: 15, 16, 8, 4, 2, 1,

Die Lehrerin weist darauf hin, dass man die Lösungen auch in kürzerer Form angeben kann: man schreibt einfach die Lösungszahlen auf.

**3** Die Kinder erkennen, dass diese Gleichung nur eine einzige Lösung hat.

Im Rückblick auf die drei Aufgaben sollte deutlich werden, dass in diesem Rahmen Ungleichungen im Gegensatz zu Gleichungen mehrere Lösungen haben.

**4** Jedes Kind versucht sich alleine an den Aufgaben.

**5**, **6** Die Lösung der ersten Ungleichung sollte gemeinsam angefangen werden, damit allen Kindern klar wird, dass hier das Ergebnis einer Minusaufgabe mit einer Zahl verglichen werden muss. Anschließend arbeitet jedes Kind für sich weiter.

**7** Hier bewegen sich die Kinder auf bekanntem Terrain (s. Seiten 92 – 93).

**8**, **9** Die Kinder sollen versuchen, den Text selbst zu lesen und die Aufgaben zu lösen. Die Lehrerin leistet Hilfe zur Selbsthilfe.

**10** Diese sehr schöne Aufgabe passt nicht zu dem Thema der Doppelseite, hatte aber sonst im Band 1 keinen Platz.
Mathematisch handelt es sich um ein „diskretes dynamisches System": eine Rechenvorschrift wird wiederholt angewandt, wobei jeder „Output" der „Input" für den nächsten Schritt ist.
Das Rechenprogramm wird an Beispielen erklärt. Dabei muss darauf hingewiesen werden, dass die Rechnung abgebrochen wird, wenn sich am Schluss die Zahlen 2, 1 endlos wiederholen würden (Kreisel).
Anschließend machen sich die Kinder auf die Reise. Sie werden entdecken, dass man von allen Startzahlen aus, auch von Zahlen über 20, in den „Kreisel" 2, 1 gelangen kann.

In den weiteren Bänden werden ähnliche Rechenprogramme folgen, bei denen mehr als ein Kreisel auftritt.

***Fortsetzung:***
→ *Die Denkschule 1/2*
Seite 18, Denkspiel „Wanderer am Fluss"

*Aus der Tatsache, dass traditionelle Unterrichtskonzepte einer strengen Fachsystematik folgten und die Lebenswelt außer Acht ließen, wird fälschlicher Weise oft der Schluss gezogen, dass in Unterrichtskonzepten, die auf die Umwelterschließung ausgerichtet sind, die fachliche Systematik keine Rolle spielen dürfe.*

John Dewey

# 124 Alle Münzen

Übersicht über alle Euro- und Cent-Münzen, kombinatorische Aufgaben mit Münzen

## WAS WIRD BENÖTIGT?

*Arbeitsmaterial:* Rechengeld
*Demonstrationsmaterial:* Euro- und Cent-Münzen

## WORUM GEHT ES?

Die Erfahrung zeigt, dass Kinder in ihrer Lebenswelt immer weniger Erfahrungen mit Geld machen, insbesondere mit kleinen Münzen. Daher muss dieses Thema im Unterricht gründlich behandelt werden.
Auf den Seiten 25 und 44 haben die Kinder die Euro-Münzen und Scheine bis 20 Euro kennengelernt. Auf dieser Seite treten jetzt die Cent-Münzen hinzu. Da die Kinder immer wieder in den Hunderterraum vorgestoßen sind, insbesondere im Zusammenhang mit den Seitenzahlen, kann man sich hier auf arithmetische Vorkenntnisse stützen.
Auf der Seite 124 bewegen sich die Aufgaben im Zwanzigerraum.

Die Darstellung von Geldbeträgen durch Münzen regt zu kombinatorischen Aufgaben an. Interessant ist dabei die Frage, mit welchen Anzahlen von Münzen man einen bestimmten Betrag legen kann.
Man kann sich überlegen, dass bei allen Beträgen von 1 Cent bis 100 Cent mit Ausnahme von 5 Cent und 10 Cent zwischen der Minimalzahl und der Maximalzahl von Münzen jede andere Anzahl möglich ist. Bei 5 Cent gibt es nur Darstellungen mit 1, 3, 4 und 5 Münzen, nicht mit 2 Münzen, bei 10 nur Darstellungen mit 1, 2, 4, ..., 10 Münzen, nicht mit 3 Münzen. (s. dazu Müller, G. N. & Wittmann, E. Ch., Der Mathematikunterricht in der Primarstufe. Braunschweig/Wiesbaden: Vieweg 1984, Seiten 76 – 78)
Wenn man einen bestimmten Betrag mit einer bestimmten Anzahl von Münzen legen soll, empfiehlt sich wie so oft ein probierendes Vorgehen: Man startet mit irgendeiner Anzahl von Münzen und wechselt. Beispiel:
*16 Cent soll mit 9 Münzen gelegt werden.*
10+5+1, 3 Münzen
10 Cent in fünf 2-Cent-Münzen gewechselt: 2+2+2+2+2+5+1, 7 Münzen
5-Cent-Münze in zwei 2-Cent-Münzen und eine 1-Cent-Münze gewechselt:
2+2+2+2+2+2+2+1 +1, 9 Münzen
Natürlich könnte man auch mit 16 1-Cent-Münzen beginnen und dann entsprechend oft zwei 1-Cent-Münzen in eine 2-Cent-Münze wechseln, bis man bei 9 Münzen angelangt ist.

**1** Immer 10 Cent. Lege und zeichne. — Wie viele Münzen?

| | |
|---|---|
| 1 1 1 1 1 1 1 1 1 1 | 10 |
| 5 2 2 1 | 4 |
| 5 2 1 1 1 | 5 |
| 5 1 1 1 1 1 | 6 |
| 2 2 2 2 2 | 5 |
| 2 2 2 1 1 1 1 | 7 |

(Beispiele)

**2** Immer 20 Cent. Lege und zeichne. — Wie viele Münzen?

| | |
|---|---|
| 20 | 1 |
| 10 5 5 | 3 |
| 2 2 2 2 2 2 2 2 2 2 | 10 |
| 5 5 5 2 2 1 | 6 |

(Beispiele)

**3** Ich habe 2 Kupfermünzen. Wie viel Cent könnten es sein?

Es könnten 2, 3, 4, 6, 7 oder 10 Cent sein.

Die Lösungen sind oft nicht eindeutig. 16 z. B. kann man mit 9 Münzen auch in der Form 5+2+2+2+1+1+1+1+1 legen.

## WIE KANN MAN VORGEHEN?

### *Vor der Arbeit mit dem Buch:*

Die Lehrerin bespricht mit den Kindern im Sitzkreis die Münzen. Dabei werden die Kupfermünzen, die Messingmünzen und die Euro-Münzen unterschieden. Dann fragt die Lehrerin, wie man Geld wechseln kann. Im Zwanzigerraum hilft die Kenntnis des Einspluseins. Einige Kinder werden sich auch schon im Hunderterraum auskennen und wissen, dass man 1 Euro in zwei 50-Cent-Münzen wechseln kann, usw.

Anschließend wird die Aufgabe gestellt, den Betrag 5 Cent unterschiedlich zu legen:
Eine 5-Cent-Münze, zwei 2-Cent-Münzen und eine 1-Centmünze, eine 2-Cent-Münze und drei 1-Cent-Münzen, fünf 1-Cent-Münzen.
Die Ergebnisse werden in einer Tabelle wie in Aufgabe 1 festgehalten. Einige Kinder werden noch Mühe haben, zwischen dem Geldbetrag und der Anzahl der Münzen zu unterscheiden. Das fällt bei diesem ersten Durchgang durch das Thema noch nicht ins Gewicht.

### *Zur Arbeit mit dem Buch:*

Nach dieser Vorbereitung versuchen die Kinder die weiteren Aufgaben zu lösen.

**1**, **2** Der Anfang der Tabelle ist vorgegeben. Die Kinder können selbst bestimmen, wie sie 10 Cent bzw. 20 Cent legen möchten. Rechengeld hilft dabei.

**3** Diese Igelaufgabe ermöglicht wieder eine natürliche Differenzierung.

**1** Wie viele Münzen von jeder Sorte sind es?

50 70 60 50 60 50 25 17

**!** **1 Euro hat 100 Cent.**

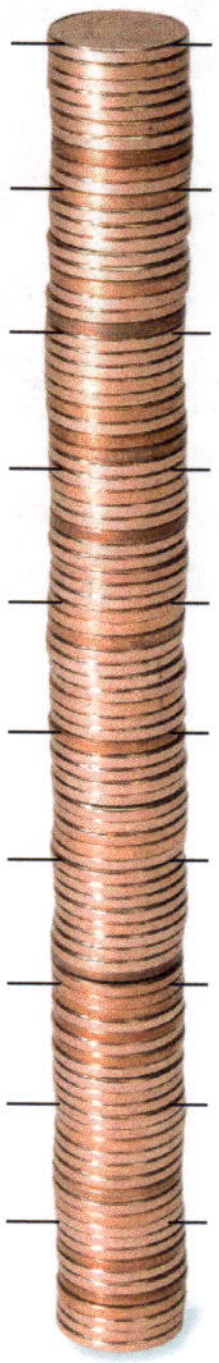


**2** Immer 1 Euro. Lege und zeichne.

| |
|---|
| (1 Euro) |
| (50) (10) (10) (10) (10) (10) |
| (50) (50) |
| (50) (20) (20) (10) |
| (20) (20) (20) (20) (20) |
| (20) (20) (20) (20) (10) (5) (5) |
| (50) (20) (10) (10) (5) (5) |

(Beispiele)

**3** Milena kauft: | Sie gibt:

Wie viel Cent bekommt sie zurück?
Sie bekommt 10 Cent zurück.

Nik kauft: | Er gibt:

Wie viel Cent bekommt er zurück?
Er bekommt 10 Cent zurück.

**4** Immer 50 Cent. Lege und zeichne. (verschiedene Lösungen)

## WAS WIRD BENÖTIGT?

*Arbeitsmaterial:* Rechengeld
*Demonstrationsmaterial:* Euro- und Cent-Münzen

## WORUM GEHT ES?

Auf dieser Seite kommen die Erkenntnisse über den Hunderterraum zum Tragen und werden im Zusammenhang mit Geld vertieft.
Dass man 10 Einer zu einem Zehner und 10 Zehner zu einem Hunderter zusammenfassen kann, haben die Kinder bei den Seitenzahlen gelernt.
Wenn die Kinder Zehnerzahlen strikt als Zehner interpretieren, z.B. 50 als 5 Zehner („fünf-zig"), ist das Rechnen im Hunderter nichts anderes als ein Rechnen mit zwei Zahleneinheiten: Einern und Zehnern.
Das Bündeln zu größeren Einheiten und das Zerlegen in kleinere Einheiten gehört zum Wesen des Zehnersystems.

Die Seite knüpft an die Seiten 26–27 an.

## WIE KANN MAN VORGEHEN?

### *Zur Arbeit mit dem Buch:*

Zuerst wird der in Zehner gegliederte Turm von 100-Cent-Münzen besprochen. Dabei sollte auf das kleine Hunderterfeld unten verwiesen werden, das genau so viele Punkte hat wie der Turm Münzen. Immer 10 Punkte in einer Reihe entsprechen immer 10 Münzen im Stockwerk.
Abschließend erhalten die Kinder die Aufgabe einen Turm aus 10-Cent-Münzen zu bauen, der den Wert 1 Euro hat.
Einige können sicher auch schon einen Turm aus 20-Cent-Münzen und einen aus 5-Cent-Münzen mit dem Wert 1 Euro und bauen.

**1** Das ist eine sehr schöne Übung zum strukturierten Zählen. Die Lehrerin erklärt, dass es sich hier um ein Brett handelt, mit dem man Münzen gut zählen kann. Die Münzen jeder Sorte sind nicht in einem glatten Turm angeordnet, sondern etwas versetzt in Fünferpacks. Dann sollten die Kinder selbst versuchen, die Anzahlen der einzelnen Sorten im Zählbrett zu ermitteln, indem sie jeweils 2 Fünferpacks zu einem Zehnerpack zusammenfassen. Dies ist ein Zählen in der Einheit 10.
Beispiel: 1-Cent-Münzen
Es sind 5 Zehnerpacks, also 50 Münzen.

**2** Jedes Kind kann sich an dieser Aufgabe versuchen. Es muss nur 10 Cent als neue Einheit auffassen.

**3** Auch diese Aufgabe kann leicht gelöst werden, wenn man in Zehnereinheiten denkt.
Der Einkauf sollte nachgespielt werden, damit erneut deutlich wird, dass jeder Kauf ein Tauschhandel ist.
Beispiel:
Milena bezahlt mit 50 Cent, der Ladenbesitzer gibt ihr dafür einen Bleistift im Wert von 40 Cent und 10 Cent Rückgeld.
Boris bezahlt mit 1 Euro = 100 Cent, der Verkäufer gibt ihm eine Eiskugel für 90 Cent und 10 Cent Rückgeld.

**4** Diese Aufgabe bietet einen Spielraum für individuelle Lösungen.

***Fortsetzung:***
→ *Arbeitsheft*
Seite 62, analoge Aufgaben
→ *Probieren und Kombinieren 1*
Seiten 26–27, Geldbeträge mit einer bestimmten Anzahl an Münzen legen

# 126/127 Tageszeiten

Ablesen der Uhr (volle Stunden), Tagesablauf zeitlich strukturieren

## WAS WIRD BENÖTIGT?

*Demonstrationsmaterial:* Lernuhren und andere Uhren, iTb

## WORUM GEHT ES?

Diese Doppelseite bildet die Grundlage für das erste Mini-Projekt, das sinnvoller Weise mit der Behandlung der Zeit im Sachunterricht verbunden wird.

Zur Geometrie im ZAHLENBUCH gehört ein kleiner Kurs in der „Himmelsgeometrie“, der den Kindern im Laufe der vier Schuljahre Schritt für Schritt tiefere Einsichten in die Beziehungen zwischen Sonne, Mond und Erde vermitteln soll.

Im Band 1 geht es um folgende Grundkenntnisse: Die Sonne bestimmt, was ein Tag ist. Morgens geht sie „im Osten“ auf, steigt höher und höher, bis sie mittags „im Süden“ am höchsten steht. Nachmittags sinkt sie wieder und geht abends „im Westen“ unter.

Die Himmelsrichtungen sind auf dieser frühen Stufe grobe Angaben. Vom Schulgebäude aus können sie durch Marken am Horizont (Häuser, Bäume, Hügel usw.) beschrieben werden. Erst in den Bänden 3 und 4 werden sie genauer definiert.

Die Gliederung des Tages in Stunden und das Ablesen der Uhr fällt vielen Kindern in Klasse 1 noch schwer. Wie bei allen schweren Themen empfiehlt sich auch hier eine Behandlung in mehreren Durchgängen.

Im ersten Schuljahr richtet sich das Augenmerk auf die Einteilung des Tages in Stunden. Das Ablesen der Uhrzeit in Stunden und Minuten ist Thema des zweiten Schuljahrs.

Die Sonne legt an einem Tag am Himmel einen vollen Kreisbogen zurück. Durch eine Konvention wurde die Mitternacht als Tagesanfang festgelegt.

Wie schon den Babyloniern bewusst war, ist es rechnerisch bequem, den Vollwinkel in 360° einzuteilen, denn 360 entspricht in etwa der Zahl der Tage eines Jahres und ist eine Zahl, die man gut teilen kann. Die Zeit, welche die Sonne braucht, um einen Ausschnitt von 15° aus dem vollen Sonnenbogen zurückzulegen, ist ein sinnvolles Zeitmaß für menschliche Aktivitäten. Dieses Zeitmaß wurde als *Stunde* gewählt, sodass der gesamte Tag von Mitternacht zu Mitternacht 24 Stunden bzw. zweimal 12 Stunden hat.

In der Grundschule ist die geozentrische Betrachtungsweise der Himmelserscheinungen angemessen: Wir betrachten den

Himmel von der Erde aus, die wir als fest stehend wahrnehmen, und sehen Sonne, Mond und Sterne ihre Bahnen ziehen. Im kopernikanischen Weltbild wird das Planentensystem von der Sonne aus (heliozentrisch) betrachtet: Die Sonne wird als stillstehend angesehen, die Erde und die anderen Planenten wandern um sie. Außerdem dreht sich die Erde täglich einmal um ihre Achse.

Es wird oft gesagt, die geozentrische Betrachtungsweise sei „falsch“ und die heliozentrische Betrachtungsweise (das sog. „kopernikanische Weltbild“) „richtig“. Wer in der Grundschule den geozentrischen Standpunkt vertritt, muss sich vorwerfen lassen, er bringe den Kindern etwas Falsches bei. Dieser Vorwurf ist völlig unberechtigt. Das heliozentrische System darf nämlich genauso wenig absolut gesetzt werden wie das geozentrische. Es handelt sich bei den beiden Systemen einfach um unterschiedliche Beschreibungen von Lagebeziehungen, die beide ihre Berechtigung haben. Dass sich in der Wissenschaft das heliozentrische System durchgesetzt hat, liegt daran, dass es *physikalisch* viel einfacher zu behandeln ist. Physikalische Fragen spielen aber in der Himmelsgeometrie der Grundschule keine Rolle. Für die Ordnung unserer Erfahrungen mit Erde, Sonne und Mond ist das geozentrische das einfachere System. Kein Mensch wird sich im Alltag vorstellen, dass wir uns mit der Erde um die Sonne und um ihre Achse drehen (noch dazu mit rasender Geschwindigkeit).

## WIE KANN MAN VORGEHEN?

***Vor der Arbeit mit dem Buch:***

Der Sonnenlauf sollte vom Schulhof und wenn möglich auch vom Klassenzimmer aus im Laufe des Tages zuerst bewusst beobachtet werden. Die Frage „Wo steht die Sonne um 8 (10, 12) Uhr?“ wird dahin-

gehend beantwortet, dass man sich auf Marken in der Umgebung (Häuser, Bäume etc.) bezieht.

*Vorsicht:*

An sonnigen Tagen darf man die Sonne auf keinen Fall mit bloßem Auge fixieren, weil dies für das Augenlicht sehr gefährlich ist. Bei der Beobachtung von Sonnenfinsternissen haben schon viele Menschen ihr Augenlicht verloren, weil sie keine Schutzbrille benutzten. Die Kinder müssen auf diese Gefahr ausdrücklich hingewiesen werden.

### Zur Arbeit mit dem Buch:

Diese Doppelseite wird mit der Klasse besprochen, zuerst grob, dann in den Einzelheiten.

Es muss deutlich werden, dass auf dem Bild der Sonnenlauf beschrieben wird und die Bilder der Sonne den Positionen der Sonne zu unterschiedlichen Tageszeiten entsprechen.

Am linken Rand geht die Sonne am Morgen auf. Im Laufe des Vormittags steigt sie immer höher, bis sie am Mittag den Höchststand erreicht. Im Laufe des Nachmittags sinkt sie langsam und geht am Abend unter. Mit der Nacht beginnt das Bild am linken Rand und endet am rechten Rand.

Tiere und Pflanzen richten sich nach der Sonne. Es gibt nachtaktive und tagaktive Tiere. Die meisten Pflanzen schließen abends ihre Blüten und öffnen sie in der vollen Sonne. Es gibt aber auch Blumen, die nachts aufblühen und von Nachtschwärmern besucht werden.

Natürlich darf bei der Besprechung nicht vergessen werden, schöne Sonnenauf- und -untergänge als besonderes Erlebnis anzusprechen. Vielleicht können die Kinder eigene Erfahrungen einbringen.

Der Tagesablauf wird dann noch einmal unter Bezug auf die Uhrzeiten besprochen. Je nach Jahreszeit geht die Sonne etwa zwischen 4 und 7 Uhr auf, erreicht mittags gegen 12 Uhr ihren Höchststand und geht abends zwischen 5 Uhr (17 Uhr) und 9 Uhr (21 Uhr) unter.

An Lernuhren oder anderen Uhren wird der Aufbau einer Uhr (Zifferblätter, Ziffern, Stunden- und Minutenzeiger) erklärt. Wichtig ist der Hinweis, dass die Uhr zwei Zifferblätter hat, eines für den Minutenzeiger, das zweite für den Stundenzeiger. Für den Stundenzeiger sind die 12 längeren Striche maßgeblich. Der kleine Zeiger (Stundenzeiger) wandert wie eine Schnecke in jeder Stunde von einem großen Strich zum nächsten. Er braucht also 12 Stunden für eine volle Umrundung. Wenn er zweimal herumgewandert ist, sind 24 Stunden, ein ganzer Tag, vergangen.

Der große Zeiger (der Minutenzeiger) wandert schneller, wie ein kleiner Käfer. Er braucht nur 1 Stunde, bis er einmal ganz herumgewandert ist.

Mit Wendekarten kann man das Zifferblatt für die Stunden nachlegen. Man muss nur die Karten für 22, 23 und 24 Uhr provisorisch ergänzen. Man kann damit auch erklären, dass man ab 12 Uhr zwei Möglichkeiten hat die vollen Stunden anzugeben: Man kann weiterzählen, 13 Uhr, 14 Uhr usw. bis 24 Uhr = 0 Uhr des folgenden Tages. Man kann aber auch wieder von vorne beginnen: 1 Uhr (nachmittags), 2 Uhr (nachmittags) usw. bis 12 Uhr nachts. Der Zusatz „nachmittags“ kann weggelassen werden, wenn aus dem Zusammenhang hervorgeht, was gemeint ist.

Die Situationsbilder unten auf der Doppelseite und die kurzen Texte dienen als Anregung zu einem Gespräch über den eigenen Tagesablauf, der zu den Uhrzeiten in Verbindung gesetzt werden muss. Die Kinder tragen ein, wann sie morgens aufstehen und wann sie abends ins Bett gehen.

Abschließend wird an der Lernuhr das Einstellen und Ablesen der vollen Stunden geübt.

### Fortsetzung:

→ *Arbeitsheft*

Seite 63, Uhrzeiten (volle Stunden) aufschreiben, Sachaufgaben

### Nach der Arbeit mit dem Buch:

Im weiteren Unterricht sollte das Einstellen und Ablesen der Uhr immer wieder angesprochen werden, was nicht viel Zeit erfordert, aber sehr wirksam ist. („Steter Tropfen höhlt den Stein.“)

# 128 Sekunde – Minute – Stunde

Entwicklung grober Vorstellungen über unterschiedliche Zeitdauern

## WAS WIRD BENÖTIGT?

*Demonstrationsmaterial:* Lernuhren und andere Uhren

## WORUM GEHT ES?

Die Kinder sollen ein Gefühl für die Zeiteinheiten Stunden, Minuten und Sekunden gewinnen, indem sie sich bewusst machen, welche alltäglichen Abläufe etwa eine Sekunde, eine Minute und eine Stunde dauern und wie diese Einheiten an Uhren realisiert sind. An der Uhr werden erneut volle Stunden, evtl. auch schon halbe und viertel Stunden abgelesen.
Natürlich müssen auch digitale Uhren einbezogen werden, mit denen einige Kinder vielleicht schon ausgestattet sind. Auch die auf Handys angegebene Uhrzeit kann angesprochen werden.

**1** Erzähle.

**2** Beobachte die Zeiger einer Uhr.

1 Stunde hat 60 Minuten. 1 Minute hat 60 Sekunden.

**3** Wie lange dauert es etwa?

Zähne putzen

deine Lieblingssendung

Fußballspiel

**4** Versuche für 1 Minute die Augen zu schließen.

## WIE KANN MAN VORGEHEN?

***Zur Arbeit mit dem Buch:***

**1** Angeregt durch die Bilder können die Kinder über ihre Erfahrungen zu den Zeiteinheiten berichten.
Ein Herzschlag dauert etwa eine Sekunde. Das Anziehen der Schuhe und der Jacke, das Schultern des Schulranzens und das Verabschieden von den Eltern dauern etwa 1 – 2 Minuten. Eine Schulstunde dauert 45 – 50 Minuten, also etwas weniger als 1 Stunde, ist aber ein guter Anhaltspunkt für „1 Stunde".

**2** Diese Aufgabe dient in erster Linie dazu, die Kinder auf die unterschiedlichen Zeiteinheiten aufmerksam zu machen und anzuregen, Uhren in ihrer Umwelt von sich aus zu beobachten.
Dabei sticht natürlich sofort der Unterschied zwischen analogen und digitalen Uhren ins Auge.
Jede analoge Uhr hat einen Zeiger für Stunden und Minuten. An Uhren, die auch einen Sekundenzeiger haben, lässt sich die Dauer dieser Einheiten gut vergleichen.
Viele Kinder wissen von der Zeitanzeige im Fernsehen, dass nach einem Umlauf des Sekundenzeigers (60 Sekunden) der Minutenzeiger um 1 weiter springt. Ist der Minutenzeiger oben („bei der 12"), so ist eine Stunde voll und die neue Stunde beginnt.
Manche Kinder haben „Flik-Flak"-Lernuhren, bei denen die Zifferblätter für Stunden und Minuten durch Farben unterschieden sind.
Da sich die Kinder im Hunderterraum schon etwas auskennen, ist es sinnvoll, die Einteilung einer Stunde in 60 Minuten anzusprechen. Die Kinder können mitzählen, wie der Sekundenzeiger bei 0 beginnend Sekunde für Sekunde weiterrückt und nach 60 Sekunden eine volle Runde gedreht hat.
Der Minutenzeiger ist dann eine Minute weiter gerückt. Wenn er ebenfalls eine volle Runde zurückgelegt hat, ist eine Stunde vergangen.

**3** Die Kinder berichten über die ungefähre Zeitdauer von täglichen Aktivitäten:
- Zähneputzen (einige Minuten), hierfür gibt es auch spezielle Sanduhren
- eine Kindersendung (30 Minuten)
- Fußballspiel (Profis: 2 mal 45 = 90 Minuten = eineinhalb Stunden, F-Jugend: 2 mal 20 = 40 Minuten)
- Der Schulvormittag dauert 4 oder 5 volle Stunden.

**4** Die Kinder versuchen, mit geschlossenen Augen bis 60 zu zählen und prüfen dann an der Uhr.
Subjektiv wird eine Minute unterschiedlich lang empfunden: Ein Fan, dessen Mannschaft knapp führt und vom Gegner zurückgedrängt wird, kann es kaum erwarten, bis der Schiedsrichter abpfeift. Wer dagegen im Laufschritt pünktlich ein öffentliches Verkehrsmittel erreichen möchte, empfindet eine Minute als sehr kurz.

# Zahlen aus meiner Klasse 129

Daten aus der Lebenswelt sammeln

**1** Vergleicht mit eurer Klasse und Schule.

In unserer Klasse
sind 23 Kinder,
davon 12 Mädchen
und 11 Jungen.

Unsere Schule hat
8 Klassen,
1 Rektorin,
7 Lehrerinnen
3 Lehrer und
1 Hausmeister.

In unserem Raum sind
14 Tische,
29 Stühle,
3 Schränke,
2 Tafeln und 4 Regale.

Unser Raum ist
14 Meter lang
und 10 Meter breit.
Er hat 4 Fenster
und 2 Türen.

**2** Unsere Haustiere.

| Klasse ........ |  |  |  |  |  | andere Tiere |
|---|---|---|---|---|---|---|
|  | | | | | | |
|  | | | | | | |
| zusammen | | | | | | |

**3** Vergleiche mit dir selbst.

Ich bin 7 Jahre alt.

Ich bin am 11. April geboren.

Ich habe
18 Zähne.

## WAS WIRD BENÖTIGT?

*Arbeits- und Demonstrationsmaterial: -*

## WORUM GEHT ES?

Gegen Ende des Schuljahrs haben die Kinder genügend viele Kenntnisse erworben, sodass sie in einem Mini-Projekt Daten über sich selbst und über die Klasse ermitteln und aufschreiben können.
Bekanntes wird dabei wiederholt (Anzahl der Kinder in der Klasse, Name der Lehrerin, ...). Andere interessante Informationen, z. B. Anzahl der Zähne, Anzahl von Haustieren ..., werden neu eingeholt. Gezählt haben die Kinder in diesem Schuljahr schon viel. Zahlen aus der Klasse zu sammeln und übersichtlich darzustellen, bietet einen neuen Anreiz.
Bei diesen Aktivitäten üben die Kinder den Umgang mit den grundlegenden Datenstrukturen Liste und Tabelle.

## WIE KANN MAN VORGEHEN?

***Zur Arbeit mit dem Buch:***

**1** Die Daten, die ein Kind einer Klasse gesammelt hat, dienen als Vorbild für die eigene Sammlung von Daten.
Natürlich können die Kinder die Listen durch andere zählbare Objekte ergänzen.

**2** Die Kinder befragen sich gegenseitig nach Art und Anzahl von Haustieren und tragen die Ergebnisse als Strichliste in eine Tabelle ein. Die gesammelten Daten der Klasse werden verglichen und ausgewertet. Wegen der unterschiedlichen Vorlieben von Jungen und Mädchen werden die Daten nach Geschlechtern getrennt.

**3** Auch hier dienen Daten eines anderen Kindes den Kindern als Vorbild für eine Sammlung von Daten über sich selbst (Größe, Alter, Telefonnummer, Adresse,...).

# Bald ist Weihnachten

Anwendung mathematischer Kenntnisse in einem Sachzusammenhang

## WAS WIRD BENÖTIGT?

*Arbeitsmaterial:* Fotokarton oder festes buntes Papier, Schere, Kleber, buntes Faltpapier, runder Gegenstand (Teller) als Schablone

*Demonstrationsmaterial:* Kalender für den Monat Dezember des jeweiligen Jahres, evtl. großer Adventskalender, fertig gebastelte Tüte (Seite 131, Aufgabe **6**)

## WORUM GEHT ES?

Das Mini-Projekt „Bald ist Weihnachten" ist inhaltlich unabhängig von anderen Themen, kann also Anfang Dezember zeitlich passend eingeschoben und evtl. bis Weihnachten gestreckt werden.
Weihnachten ist nicht nur ein christliches Fest. Dass nach der Dunkelheit wieder das Licht erscheint, ist ein allgemeines Symbol für die Hoffnungen von Menschen. Die Wintersonnenwende, die um Weihnachten stattfindet, spielte in allen Hochkulturen eine besondere Rolle.

Folgende Themen werden angesprochen:
- *Größen und Messen*: Kalender zur zeitlichen Gliederung der Vorweihnachtszeit
- *Kombinatorik*: Permutationen von drei Elementen
- *Geometrie*: Herstellung kegelförmiger Tüten für das Verschenken von Plätzchen, Herstellung von Sternen zur Verzierung der Tüten
- *Arithmetik*: Verteilung von Plätzchen auf die Tüten

| Dezember | |
|---|---|
| 1 | |
| 2 | |
| 3 | |
| 4 | |
| 5 | |
| 6 | Nikolaus |
| 7 | |
| 8 | |
| 9 | |
| 10 | |
| 11 | |
| 12 | |
| 13 | |
| 14 | |
| 15 | |
| 16 | |
| 17 | |
| 18 | |
| 19 | |
| 20 | |
| 21 | |
| 22 | |
| 23 | |
| 24 | Heiligabend |
| 25 | |
| 26 | |
| 27 | |
| 28 | |
| 29 | |
| 30 | |
| 31 | Silvester |

**1** Trage in den Kalender ein: Nikolaus, Heiligabend, Silvester.

**2** Male alle Adventssonntage rot an.

**3** Male alle Feiertage blau an.

**4** Leo, Ida und Ben spielen beim Krippenspiel die Heiligen Drei Könige. Welche Rollenverteilungen sind möglich?

| Caspar | Melchior | Balthasar |
|---|---|---|
| Leo | Ida | Ben |
| Leo | Ben | Ida |
| Ida | Leo | Ben |
| Ida | Ben | Leo |
| Ben | Leo | Ida |
| Ben | Ida | Leo |

**5** Am 4. Dezember (St. Barbara-Tag) werden Zweige von Obstbäumen abgeschnitten und ins Wasser gestellt. Etwa 20 Tage später blühen sie auf. Wann ist das?
24. Dezember

## WIE KANN MAN VORGEHEN?

### *Zur Arbeit mit dem Buch:*

**1** – **3** Zuerst wird der Kalender des Monats Dezember besprochen. In erster Linie interessiert natürlich, welche besonderen Tage es in diesem Monat gibt.
Folgende Symbole werden erläutert und zugeordnet: Kerzen für die vier Adventssonntage, gefüllter Schuh für den Nikolaustag, Schneemann für Winteranfang, Tannenbaum für Weihnachtstage, Feuerwerk für Silvester. Mithilfe eines aktuellen Kalenders werden die Wochentage ermittelt.
Für die Bearbeitung der Aufgaben 1 – 3 gibt es zwei Möglichkeiten:

1. Gemeinsam wird ein großer Monatskalender erstellt, der im Klassenzimmer aufgehängt wird. Bis Weihnachten wird daran durch Ankreuzen kenntlich gemacht, an welchem Tag man sich befindet.
   Schön ist es, wenn parallel dazu die Fenster eines großen Adventskalenders geöffnet werden.
   Bei jedem Tag kann man bestimmen, wie viele Tage es noch bis Weihnachten sind.
2. Jedes Kind kann den Kalender evtl. auch auf ein eigenes Blatt (Kopie aus dem Buch) übertragen, die entsprechenden Wochentage einsetzen (MO = Montag, DI = Dienstag usw.) und die Aufgaben 1 – 3 an diesem Kalender bearbeiten.

**4** Die Lehrerin liest die Aufgabe vor und erklärt sie. Jedes Kind versucht sich dann alleine daran.

Anschließend wird die Lösung besprochen. Der vorgegebene Anfang der Tabelle deutet eine Systematik an, bei der das Additionsprinzip zu Anwendung kommt: Man unterteilt die Möglichkeiten in verschiedene, leichter zu überschauende Fälle.

1. Wenn Leo die Rolle von Caspar übernimmt, gibt es für Ida und Ben zwei Möglichkeiten, in die Rollen von Melchior und Balthasar zu schlüpfen.
2. Wenn Ida den Caspar spielt, gibt es zwei Möglichkeiten für Leo und Ben.
3. Ebenso gibt es zwei Möglichkeiten für Ida und Leo, wenn Ben sich für Caspar entscheidet.

Es gibt also genau $2 + 2 + 2 = 3 \cdot 2$ Möglichkeiten.
Es ist sehr sinnvoll, diese Verteilungen von drei Kindern nachspielen zu lassen.
Dazu werden an die Tafel in gebührendem Abstand die Namen „Caspar", „Melchior" und „Balthasar" geschrieben.
Drei Kinder stellen sich in den verschiedenen Verteilungen unter die Namen.

**5** Nach dem Ausblick auf den Hunderter (Seiten 26 – 27) sollte diese Aufgabe für die Kinder möglich sein.

**6**

**7**

**8** Wie viele? Verteile auf 4 Tüten.

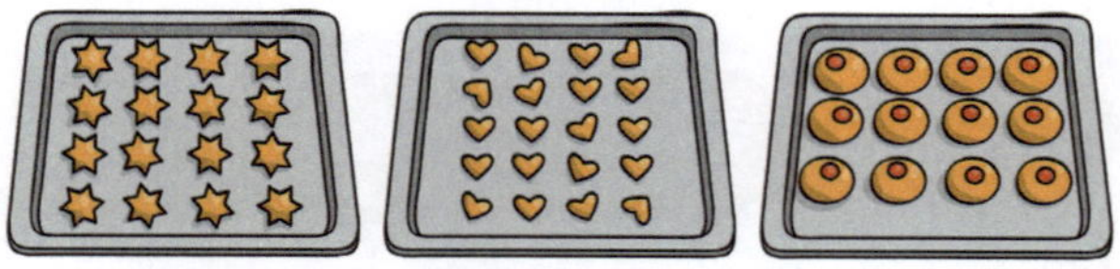

4 Plätzchen in jede Tüte.  5 Plätzchen in jede Tüte.  3 Plätzchen in jede Tüte.

**9**

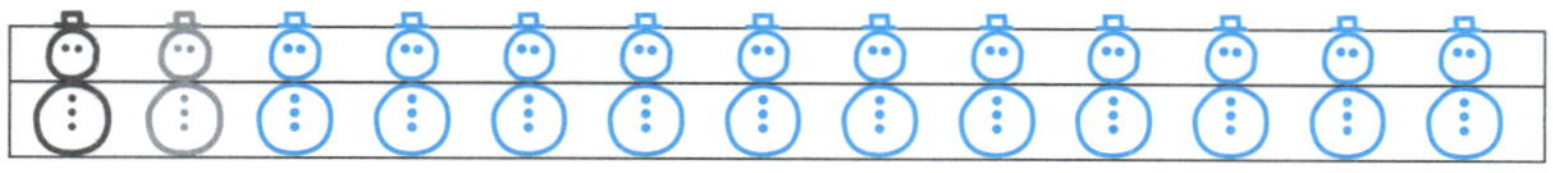

**10**

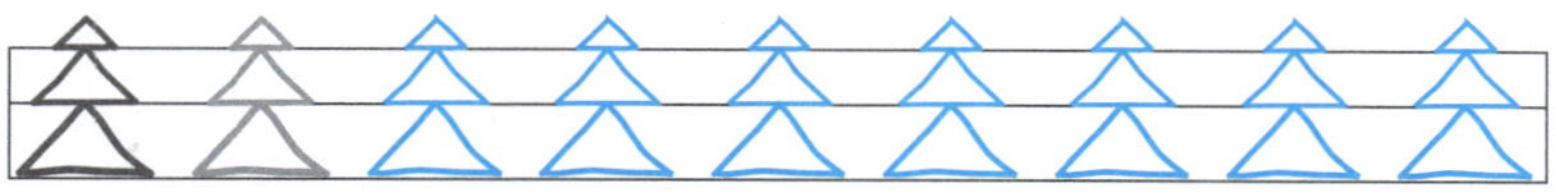

**6** Vor den Augen der Kinder wird eine Tüte hergestellt, sodass die Kinder eine Vorstellung von der Konstruktion haben. Teller eignen sich gut als Schablone zum Aufmalen von Kreisen auf festem bunten Papier oder Karton. Mit Umrissen haben die Kinder bereits Erfahrung (Seite 33).
Der gezeichnete Kreis wird ausgeschnitten, durch Falten halbiert, jede Hälfte wird zu einer spitzen Tüte geformt und verklebt.

**7** Auch diese Aufgabe wurde vorbereitet (Seite 11). Buntpapier wird gefaltet, die Hälfte eines Sterns wird gezeichnet und ausgeschnitten. Der aufgefaltete Stern wird auf die Tüte aufgeklebt.

**8** Bei der Bestimmung der Anzahlen der Plättchen auf den Blechen können Kenntnisse über Verdoppeln benutzt werden.
Die Verteilung auf die vier Tüten kann auch ohne Kenntnis der Anzahlen vorgenommen werden, da jedes Feld vier Reihen oder vier Spalten aufweist.

**9** – **10** Diese Aufgaben schulen erneut die Feinmotorik.

## WAS WIRD BENÖTIGT?

*Demonstrationsmaterial:* Für die Seite 132 je 5 Ostereier (Schokolade, Holz) oder eiförmige Gegenstände als Eierersatz in den Farben rot, blau, gelb, einige Nester (Holzwolle) oder kreisförmige Kartons als Nesterersatz, iTb
Für die Seite 133 undurchsichtige Beutel, Tüten, offene Kartons, gleichartige Objekte als Eierersatz in den Farben rot und blau (je 10)

## WORUM GEHT ES?

Auch das Mini-Projekt „Ostern" ist zeitlich passend einzuschieben. Die dafür notwendigen Vorkenntnisse sind bis dahin vorhanden.
Nester, die unterschiedlich mit Ostereiern verschiedener Farben bestückt werden können, bilden den Kontext für kombinatorische Aufgaben und Aufgaben zum Zufall.

Auf Seite 132 bestimmen die Kinder die kombinatorischen Möglichkeiten für Nester mit unterschiedlich vielen Eiern in den Farben rot, blau und gelb. Es handelt sich dabei um Kombinationen mit Wiederholung. Die Aufgaben werden wieder mit dem Additionsprinzip gelöst: man unterteilt die Möglichkeiten in überschaubare Gruppen.
Beispiel:
Immer 3 Eier im Nest. Mögliche Farben rot, blau, gelb.
1. Gruppe: Alle Eier haben die gleiche Farbe: (r, r, r), (b, b, b), (g, g, g)
2. Gruppe: Alle drei Farben r, b, g kommen vor: (r, b, g)
3. Gruppe: Zwei Farben treten auf:
- Farben r, b: (r, r, b), (r, b, b)
- Farben r, g: (r, r, g), (r, g, g)
- Farben b, g: (b, b, g), (b, g, g)

Insgesamt (Additionsprinzip!):
3 + 1 + 2 + 2 + 2 = 10 Möglichkeiten

Auf der Seite 133 wird eine Grundaufgabe der Stochastik behandelt: das Hochrechnen von einer Stichprobe, wie es von Wahlprognosen her bekannt ist. Die Kinder vermuten durch Ziehen mit Zurücklegen, wie die Farben von Eiern in Nestern verteilt sind. Die Kinder erfahren dabei, dass die entstehenden Strichlisten mit zufälligen Schwankungen den Inhalt der Nester widerspiegeln, dass man aber den Inhalt nie sicher bestimmen kann.
In der Aufmachung ähneln die Seiten Bilderbüchern über „den Osterhasen". Die

Der Osterhase hat über Nacht,
zwölf Eier in unseren Garten gebracht.
Eins legte er unter die Gartenbank,
drei in das grüne Efeugerank,
vier in das Hyazinthenbeet,
drei, wo die weiße Narzisse steht.
Eins legte er auf den Apfelbaumast,
da hat sicher die Katze mit angefasst.

Carl Ferdinands

**1** Immer 2 Eier im Nest.

**2** Immer 3 Eier im Nest.

**3** Lege immer 4 Eier in ein Nest.
Wie viele verschiedene Nester findest du? Es gibt 15 verschiedene Nester.

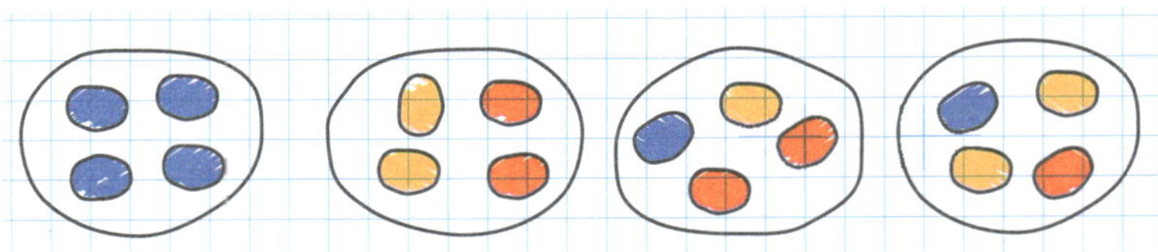

Seite 133 wurde angeregt durch das klassische Kinderbuch „Die Häschenschule".

## WIE KANN MAN VORGEHEN?

### *Vor der Arbeit mit dem Buch:*

Als Einstieg wird das Gedicht vorgelesen, das die Kinder dazu anregen sollte, eigene Erfahrungen und Familiengewohnheiten zum Osterfest mitzuteilen.
Dann stellt die Lehrerin „Eier" in den Farben rot, blau und gelb zur Verfügung und fordert die Kinder auf, unterschiedliche Nester mit zwei Eiern zu bilden. Diese Aufgabe wird gemeinsam gelöst. Es gibt 6 Möglichkeiten:
(r, r), (r, b), (r, g), (b, b), (b, g), (g, g).

Es wird herausgestellt, dass es nicht auf die Lage der Eier im Nest ankommt, sondern nur auf deren Anzahl und Farben.

### *Zur Arbeit mit dem Buch:*

**1** Die Kinder erkennen die vorher bearbeitete Aufgabe wieder und ergänzen die beiden fehlenden Nester.

**2**, **3** Die beiden Aufgaben werden erklärt. Dann versucht jedes Kind, möglichst viele verschiedene Nester zu finden. Jedes Kind kann dabei eigene Wege gehen. Einige Kinder werden schon einer Systematik folgen, andere nicht.

*Hinweis* auf systematische Lösungen der Aufgabe 3 nach dem Additionsprinzip **unter dem Siegel der Verschwiegenheit:**
1. Gruppe: Alle Eier haben die gleiche Farbe: (r, r, r, r), (b, b, b, b), (g, g, g, g)
2. Gruppe: Alle drei Farben sind vertreten. Dann muss immer eine Farbe doppelt auftreten: (r, r, b, g), (r, b, b, g), (r, b, g, g)
3. Gruppe: Es treten jeweils nur zwei Farben auf:
- 3.1. Farben r, b: (r, r, r, b), (r, r, b, b),

**Forschen und Finden**

**4** Der Hasenlehrer hat diese 2 Nester in Säcken versteckt.

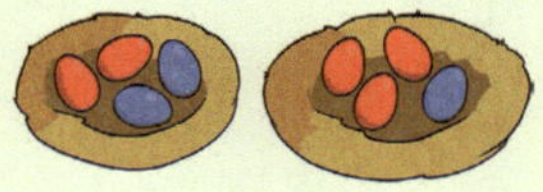

Jedes Hasenkind holt aus jedem Sack ein Ei, notiert die Farbe und legt es wieder zurück.

Welches Nest vermutest du in welchem Sack? Begründe und male an.

**5** Spielt „Nester raten“ mit 2 Nestern selbst in der Klasse.

**6** Der Hasenlehrer hat heimlich 5 Nester versteckt.
Welches Nest vermutest du in welchem Sack? Begründe und verbinde.

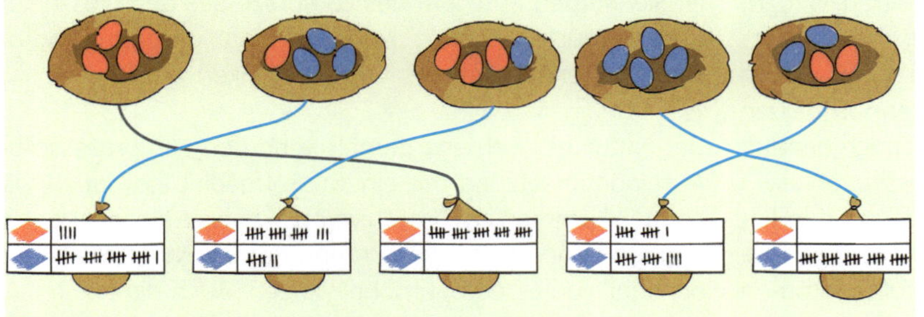

**7** Spielt „Nester raten“ mit 5 Nestern selbst in der Klasse.

(r, b, b, b)
- 3.2. Farben r, g: (r, r, r, g), (r, r, g, g), (r, g, g, g)
- 3.3. Farben b, g: (b, b, b, g), (b, b, g, g), (b, g, g, g)

Insgesamt:
3 + 3 + 3 + 3 + 3 = 15 Möglichkeiten

Ein andere Lösung ergibt sich, wenn man Gruppen nach der Anzahl der roten Eier bildet.
1. Gruppe: Vier rote Eier im Nest: (r, r, r, r)
2. Gruppe: Drei rote Eier im Nest: (r, r, r, b), (r, r, r, g)
3. Gruppe: Zwei rote Eier im Nest: (r, r, b, b), (r, r, b, g), (r, r, g, g)
4. Gruppe: Ein rotes Ei im Nest: (r, b, b, b), (r, b, b, g), (r, b, g, g,) (r, g, g, g)
5. Gruppe: Kein rotes Ei im Nest: (b, b, b, b), (b, b, b, g), (b, b, g, g), (b, g, g, g), (g, g, g, g)

Insgesamt:
1 + 2 + 3 + 4 + 5 = 15 Möglichkeiten.

Die Lehrerin sollte auf solche Lösungen vorbereitet sein, aber sie unter keinen Umständen forcieren. Es reicht, wenn die Kinder Ansätze zu systematischem Vorgehen zeigen.

### *Fortsetzung:*

*→ Probieren und Kombinieren 1*
Seiten 28 – 29, Hier handelt es sich abstrakt gesehen um die gleichen Aufgaben. Nur geht es nicht um Nester mit Eiern, sondern um Eisbecher mit Kugeln.
Wenn Kinder diese Analogie erkennen, haben sie eine wichtige Einsicht in das Wesen der Mathematik gewonnen.

**4**, **6** Die Aufgaben 4 und 6 sind jeweils Anregungen für die Aufgaben 5 und 7, bei denen die entsprechenden Zufallsexperimente in der eigenen Klasse durchgeführt werden sollen. Es empfiehlt sich, die Experimente sofort durchzuführen, ohne vorher das Buch aufzuschlagen.

### *Vor der Arbeit mit dem Buch:*

**5** Die Lehrerin hat zwei „Nester“ vorbereitet, in einem liegen 1 rotes und 3 blaue, im anderen 2 rote und 2 blaue Eier.
Sie erzählt den Kindern, dass in beiden Nestern 4 „Eier“ in den Farben rot und blau liegen, verrät aber nicht, wie viele davon rot und wie viele blau sind. Aufgabe der Kinder ist, das herauszufinden. Jedes Kind darf mit geschlossenen Augen ein „Ei“ ziehen und muss es wieder zurücklegen. In je einer Tabelle für jedes Nest wird mit Strichlisten festgehalten, welche Farbe gezogen wurde.
Wenn alle Kinder gezogen haben, stehen an der Tafel zwei Strichlisten. Die Kinder müssen jetzt begründen, welche Inhalte sie in den Nestern vermuten.
Nach den Gesetzen der Stochastik ist zu erwarten, dass bei einer Tabelle sehr viel mehr blaue Striche auftreten als rote, bei der anderen etwa gleich viele blaue und rote Striche.
Einige Kinder können das sicher begründen. Die Vermutung wird durch Nachprüfen der Inhalte bestätigt.
Es sollte herausgearbeitet werden, dass bei dem Inhalt 2 rote und 2 blaue die Chancen, ein rotes bzw. eine blaues Ei zu ziehen, gleich sind. Bei dem Nest mit einem roten und drei blauen Eiern ist die Chance, ein rotes Ei zu ziehen, kleiner. Daher erscheinen in der Strichliste bei rot weniger Striche.
Es sollte aber auch deutlich werden, dass man nie ganz sicher sein kann. Der Zufall kann einem auch einen Streich spielen.

**7** In der folgenden Stunde kann nach dem Vorbild von Aufgabe 6 das Experiment „Nester raten“ mit 5 Nestern durchgeführt werden. Mit den Kindern werden zuerst die 5 Möglichkeiten ermittelt und die Nester an die Tafel gemalt. Die Lehrerin erklärt dann, dass sie jedes Nest in einem Karton o. Ä. versteckt hat, verrät aber nicht, welches Nest in welchem Karton ist. Das sollen die Kinder wie bei Aufgabe 5 herausfinden. Bei den Ziehungen erhalten die Kinder zu jedem Nest eine Tabelle und müssen daraus auf den Inhalt des Nestes schließen. Begründungen wie oben.

Abschließend werden die Aufgaben 4 und 6 im Buch gemeinsam besprochen und gelöst.

*Die Schattenseiten des Alten und des Neuen soll man erforschen, entwickeln, reformieren, aber weder vorwärts noch rückwärts revolutionieren.*
K. G. von Raumer

Die Arbeit im Projekt „mathe 2000" ist von der Überzeugung getragen, dass die Reform des Mathematikunterrichts nur in einem stetigen historischen Prozess gelingen kann. Auch bei der Entwicklung des ZAHLENBUCHs wurde daher bewusst die bewährte Praxis des Mathematikunterrichts der Grundschule aufgenommen und weitergeführt. Im Mittelpunkt des Werkes stehen die zentralen Inhalte der Arithmetik (Einspluseins, Einmaleins, halbschriftliches Rechnen, schriftliche Rechenverfahren) und deren Anwendungen auf das Sachrechnen, die nach wie vor den Kern des Unterrichts ausmachen. Unter der Devise „Weniger ist mehr" wurde zurückgegriffen auf altbewährte Anschauungsmittel (Wendeplättchen, Zwanzigerfeld, Hundertertafel, Stellentafel, Zahlenstrahl), die durch passende Neuentwicklungen komplettiert wurden (Wendekarten, Poster zum Einspluseins und Einmaleins, Tausenderbuch).
Die Ergebnisse der Hirnforschung zeigen, dass ein Teil unseres Gehirns auf die Erkennung und Verarbeitung von Zeichen, insbesondere von Zahlen, der andere auf die Erkennung und Verarbeitung von Bildern spezialisiert ist. Um beide Teile zu aktivieren, wird im ZAHLENBUCH die Geometrie von der Frühförderung an besonders gepflegt. Sie bildet einen schlüssigen Lehrgang. Dies kommt auch der Arithmetik und dem Sachrechnen zugute, denn in beiden Bereichen werden geometrische Darstellungen vielfach benutzt (Punktmuster, Zahlenstrahl, Diagramme, Situationsskizzen usw.)
Schon bei der ersten Ausgabe 1994/97, also lange vor den Bildungsstandards, wurden in das ZAHLENBUCH auch die Elemente neuer Inhaltsbereiche (Stochastik[1], Kombinatorik) aufgenommen und organisch mit den klassischen Inhaltsbereichen verbunden.
In der betont *fachlichen Fundierung* und im *ganzheitlichen Zugang zum Lernen* wurden im Projekt „mathe 2000" und im ZAHLENBUCH neue Wege beschritten. Diese Wege sind insofern nicht völlig neu, als sie von fortschrittlichen Mathematikdidaktikern vorgezeichnet waren. Für ihre konsequente praktische Umsetzung in der Breite ist das ZAHLENBUCH das Original.

### Fachliche Fundierung: Mathematik als Wissenschaft von Mustern

Früher hat man die Mathematik einerseits als Werkzeug für viele Berufsfelder und andererseits als systematisch geordnetes Gebäude mathematischer Theorien unterrichtet und Lehren als Wissensvermittlung verstanden. Heute wird die Mathematik als lebendige „Wissenschaft von Mustern und Strukturen" gesehen.[2]
Der Unterricht orientiert sich weniger an der fertigen Mathematik, sondern mehr an den individuellen und sozialen *Prozessen,* die zu mathematischem Wissen führen. Diese Prozesse verlaufen naturgemäß nicht glatt. Genauso wie mathematische Forscher müssen sich auch die Lernenden ihren Weg zu Erkenntnissen erst bahnen. Fehler sind dabei unvermeidlich. Aus ihnen in der Diskussion mit anderen Lernenden Lehren zu ziehen, gehört zum Wesen des Lernens. Im ZAHLENBUCH wird diesem aktiv-entdeckenden und sozialen Lernen konsequent Raum gegeben (s. Kapitel 2).
Die betont mathematische Fundierung des Werkes resultiert auch aus der Einsicht, dass die in mathematischen Mustern und Strukturen konzentrierte Denkökonomie die beste Grundlage für Verständnis bietet: *Mathematik lernt man nur durch Mathematik.*
Muster und Strukturen bieten aber lediglich einen Rahmen. Sie legen die Lernprozesse nicht fest, sondern schaffen Spielräume, die individuell genutzt werden können.

### Ganzheitlicher Zugang: Lernen als Knüpfen von Wissensnetzen

Im Einklang mit der neuen Auffassung von Mathematik wird Lernen heute nicht mehr als Bau einer Mauer nach einem vorgegebenen Plan unter strikter Vermeidung von Lücken verstanden, sondern als fortlaufendes Knüpfen eines Netzes von Wissenselementen und Fertigkeiten. Lücken an einer Stelle sind keineswegs ein Hindernis für den Ausbau eines Netzes an einer anderen Stelle. Sie werden im Laufe des Lernprozesses geschlossen, indem über die Lücken hinweg „Wissensfäden" gespannt und an den schon festeren Teilen des Netzes verankert werden.

Der Natur des Lernens gemäß verlaufen Lernprozesse bei der Auseinandersetzung mit einem Stoffgebiet individuell. Die Lernenden kommen am besten voran, wenn sie eigene Wege gehen und ihr Tempo selbst bestimmen dürfen. Nur dann können sie auch ihr Vorwissen optimal einsetzen. Auch die Reihenfolge, in der einzelne „Wissensfäden" eingeknüpft werden, variiert individuell und darf auch variieren. Durch ein schlüssiges fachliches Konzept sowie durch den sozialen Austausch mit der Lehrperson und mit anderen Lernenden wird dafür gesorgt, dass trotz aller individuellen Unterschiede während des Lernprozesses am Ende gemeinsames Wissen vorhanden ist, über das die verschiedenen Lernenden natürlich in unterschiedlicher Weise verfügen. Die Anleitung zu eigenständigem Lernen bedeutet aber nicht, dass die Lernenden sich selbst überlassen bleiben. Im Gegenteil: Die Lehrperson spielt bei der Orientierung über die Lernaufgaben und deren Strukturierung, bei der Besprechung und Erklärung von Lösungswegen, bei der Vertiefung von Einsichten, der prägnanten Zusammenfassung des Gelernten und der Herstellung von Querbeziehungen eine tragende Rolle. Diese Interventionen sind um so effektiver, je mehr sie sich an der mathematischen Struktur orientieren.

Muster in Band 1: Ein magisches Quadrat

[1] Stochastik (gr.) ist eine zusammenfassende Bezeichnung für Wahrscheinlichkeitstheorie und Statistik.

[2] s. dazu Wittmann, E. Ch. & Müller, G. N. (2004): Muster und Strukturen als Grundkonzept. In: Walther, G. et al.: Bildungsstandards konkret. Berlin: Cornelsen Scriptor 2007, 42 – 65

## 1. KONZENTRATION DES STOFFES AUF TRAGENDE GRUNDIDEEN

*Ich vertrete zwei pädagogische Prinzipien:*
*1. Unterrichte nicht zu viele Gegenstände.*
*2. Behandle das, was du behandelst, gründlich.*
A. N. Whitehead

Da die Unterrichtszeit begrenzt ist, muss der Stoff auf diejenigen inhaltlichen Grundideen konzentriert werden, die für die Umwelterschließung und für ein Verständnis der Fachstruktur unerlässlich sind. Die auf S. 160/161 aufgelisteten Grundideen der Arithmetik, Geometrie und Stochastik reichen weit über die Grundschule hinaus in die höheren Schulstufen hinein. In ihnen sind „strukturelle" und „praktische" Aspekte aufeinander bezogen. Dies entspricht dem Wesen der Mathematik als gleichzeitig „reiner" und „angewandter" Wissenschaft: Mathematische Muster und Strukturen sind schön *und* nützlich.
Muster und Strukturen durchziehen alle Inhaltsbereiche. Dass sie in den Bildungsstandards der KMK für die Grundschule als eigener Inhaltsbereich ausgewiesen wurden, ist ein systematischer Fehler, der im ZAHLENBUCH korrigiert wird.

### *Spiralige Entwicklung der Grundideen über die Stufen hinweg*

Die mathematischen Grundideen der Inhaltsbereiche werden nach dem Spiralprinzip entwickelt, d. h. der Unterricht greift sie immer wieder auf, vertieft sie und führt sie in den folgenden Stufen weiter. Die Kinder können so Schritt für Schritt in die Mathematik hineinwachsen. Auf diese Weise wird nachhaltiges Lernen gesichert.

Beispiel 1:
Die Idee „Zehnersystem" wird im ZAHLENBUCH-Frühförderprogramm im „Zehnerfeld", im ersten Band durch das „Zwanzigerfeld", im zweiten durch die „Hundertertafel" und das „Hunderterfeld", im dritten durch das „Tausenderbuch" und das „Tausenderfeld" und im vierten durch das „Millionbuch" repräsentiert.

Beispiel 2:
In der Stochastik begegnen die Kinder in der Frühförderung dem Spielwürfel. Der erste Band des ZAHLENBUCHs enthält einfache Zufallsexperimente (Plättchen werfen, Ziehen aus einer Urne). Im zweiten Band wird die Augensumme beim Doppelwürfel studiert und in Kontrast zum Würfeln mit einem Würfel gesetzt. Im dritten Band wird der Mittelwert eingeführt und im vierten Band vertieft.

Beispiel 3:
Die geometrische Grundidee „Formen zusammensetzen" wird in der Frühförderung in Form eines Legespiels mit halben Quadraten und Rauten angebahnt und in den ersten beiden Bänden im Legespiel „Tangram" weiterverfolgt. Im dritten Band setzen die Kinder Quadrate zu Fünflingen und Würfelnetzen und im vierten Band regelmäßige Vielecke zu den Platonischen Körpern zusammen.

### *Inhaltliche und allgemeine Lernziele (Kompetenzen)*

Bei der Zielsetzung des Mathematikunterrichts sind zwei Ebenen zu unterscheiden:
- *inhaltliche* Lernziele (inhaltsbezogene Kompetenzen)
- *allgemeine* Lernziele (allgemeine Kompetenzen)

Inhaltliche Lernziele beschreiben Kenntnisse und Fertigkeiten, z. B. das Einspluseins, das Einmaleins, die schriftlichen Rechenverfahren, Konstruktionen mit Zirkel und Lineal oder die Umrechnung von Größeneinheiten. Allgemeine Lernziele beschreiben den mathematischen Erkenntnisprozess und sind daher für das Mathematiklernen von der Grundschule bis zur Universität maßgeblich. Heinrich Winter gebührt das Verdienst, sie bereits 1975 mustergültig formuliert zu haben. Seine Liste lautet in etwas anderer Formulierung wie folgt:
1. *Mathematisieren*, d. h. reale Situationen in die Sprache der Mathematik übersetzen, mit Mitteln der Mathematik Lösungen bestimmen und das Ergebnis für die reale Situation interpretieren
2. *Explorieren*, d. h. Situationen probierend erforschen, Beziehungen und Strukturen entdecken, Strukturen erfinden, kreative Ideen entwickeln
3. *Argumentieren*, d. h. mathematische Sachverhalte und Lösungswege erklären und begründen
4. *Formulieren*, d. h. mathematische Sachverhalte und Lösungswege mündlich und schriftlich beschreiben

Um die seit Jahrhunderten bewährte *inhaltliche* Orientierung zu bewahren, die für einen fachlich fundierten Unterricht absolut notwendig ist, werden im ZAHLENBUCH die „inhaltsbezogenen mathematischen Kompetenzen" der Bildungsstandards als „inhaltliche Lernziele" und die „allgemeinen mathematischen Kompetenzen" als „allgemeine Lernziele" verstanden. Da bereits in der Originalausgabe 1994/97 inhaltliche und allgemeine Lernziele ausgewiesen und in produktiven Übungen miteinander verzahnt wurden, war das ZAHLENBUCH auch in diesem Punkt seiner Zeit weit voraus.

Inhaltliche Lernziele (Kompetenzen) schaffen eine gute Basis für die Förderung allgemeiner Lernziele (Kompetenzen) und umgekehrt. Insofern bedingt jede Lernzielkategorie die andere. Für die praktische Arbeit muss aber ein wichtiger Unterschied im Auge behalten werden: Während sich bei inhaltlichen Lernzielen vorzeigbare Erfolge in einem begrenzten Zeitraum erzielen lassen, stellen sich Fortschritte bei den allgemeinen Lernzielen nur langfristig und nur dann ein, wenn mit Geduld und Beharrlichkeit an ihnen gearbeitet wird. Dies ist besonders wichtig, wenn die Eingangsvoraussetzungen der Kinder im Entdecken, Beschreiben und Begründen von Mustern und Strukturen sehr niedrig sind, was in einem ungünstigen Umfeld häufig vorkommt.

| ***Grundideen der Arithmetik*** | ***Grundideen der Geometrie*** |
|---|---|
| *1. Zahlreihe*<br>Die natürlichen Zahlen bilden eine Reihe (*ordinaler Aspekt*). Beim Zählen der Elemente einer Menge werden Abschnitte davon durchlaufen. Die letzte Zahl gibt die Anzahl der Elemente an (*kardinaler Aspekt)*. | *1. Formen und ihre Konstruktion*<br>Der dreidimensionale Anschauungsraum wird von Formgebilden unterschiedlicher Dimension bevölkert (Punkte, Linien, Flächen und Körper), die sich auf vielfältige Weise konstruktiv erzeugen lassen. |
| *2. Rechnen, Rechengesetze, Rechenvorteile*<br>Mit den natürlichen Zahlen kann man nach bestimmten Gesetzen mündlich, halbschriftlich und schriftlich vorteilhaft rechnen. Der Zahlbereich wird später unter Beibehaltung der Rechengesetze durch Bruchzahlen und negative Zahlen erweitert. | *2. Operieren mit Formen*<br>Geometrische Gebilde lassen sich bewegen (verschieben, drehen, spiegeln...), verkleinern, vergrößern, zerlegen, überlagern..., wodurch Beziehungen hergestellt werden. |
| *3. Zehnersystem*<br>Das Zahlsystem ist dekadisch gegliedert, wobei sich die Tausenderstruktur periodisch wiederholt. Außerdem ist der Zehner in zwei Fünfer gegliedert. | *3. Koordinaten*<br>Zur Lagebeschreibung von Punkten können auf Linien, Flächen und im Raum Koordinatensysteme eingeführt werden, welche die Grundlage für die analytische Geometrie und für die graphische Darstellung von Funktionen bilden. |
| *4. Rechenverfahren*<br>Schriftliche Rechenverfahren führen das Rechnen mit Zahlen auf das Rechnen mit einstelligen Zahlen zurück (Ziffernrechnen). Diese Verfahren sind automatisierbar und können von Maschinen (z. B. Taschenrechnern) ausgeführt werden. | *4. Maße und Formeln*<br>Längen, Flächen, Volumina und Winkel lassen sich nach Vorgabe von Maßeinheiten messen. Aus vorgegebenen Maßen lassen sich andere nach verschiedenen Formeln berechnen (z. B. Inhaltsformeln). |
| *5. Arithmetische Gesetzmäßigkeiten und Muster*<br>Mit Zahlen kann man aufgrund bestimmter Eigenschaften und Beziehungen Gesetzmäßigkeiten, Formeln, Muster („Strukturen") erzeugen, deren tiefere Zusammenhänge in arithmetischen Theorien systematisch entwickelt werden (Zahlentheorie, Kombinatorik). | *5. Geometrische Gesetzmäßigkeiten und Muster*<br>Geometrische Gebilde und ihre Maße können in vielfältiger Weise in Beziehung gesetzt werden, sodass Gesetzmäßigkeiten und Muster („Strukturen") entstehen, deren tiefere Zusammenhänge in geometrischen Theorien systematisch entwickelt werden (euklidische Geometrie der Ebene und des Raumes, kombinatorische Geometrie usw.). |
| *6. Zahlen in der Umwelt*<br>Zahlen lassen sich vielfältig verwenden als Anzahlen, Ordnungszahlen, Maßzahlen, Operatoren und Codes. | *6. Formen in der Umwelt*<br>Reale Gegenstände können durch geometrische Begriffe (angenähert) beschrieben werden. Die Technik stellt Verfahren zur Herstellung geometrischer Formen bereit, die bestimmten Zwecken genügen. Künstler setzen geometrische Formen für ästhetische Zwecke ein. |
| *7. Übersetzung in die Zahl- und Formensprache*<br>Reale Problemstellungen lassen sich mithilfe arithmetischer und geometrischer Begriffe in die Zahlen- und Formensprache übersetzen („modellieren"). Mithilfe arithmetischer und geometrischer Verfahren werden daraus „theoretische" Lösungen gewonnen, aus denen praktische Folgerungen gezogen werden können. | |

Tabellarische Übersicht über die Grundideen der Inhaltsbereiche

*Anmerkung:* Das stufenübergreifende „mathe 2000" - Curriculum ist wesentlich durch die organische Entwicklung der hier aufgelisteten fachlichen Grundideen bestimmt. Die Autoren des ZAHLENBUCHs widersprechen ganz entschieden der Behauptung, „Kompetenzen" im Sinne der Kognitionspsychologie würden eine präzisere Beschreibung und mithilfe von „Kompetenzmodellen"

| ***Grundideen der Stochastik*** |
| --- |
| *1. Quantitative Beschreibung des Zufalls*<br>Die Chance (Wahrscheinlichkeit) für das Auftreten eines zufälligen Ereignisses und oder einer Zufallsgröße wird durch eine Zahl zwischen 0 (= 0 %) und 1 (= 100%) bewertet. |
| *2. Rechnen mit Wahrscheinlichkeiten*<br>Mit den Wahrscheinlichkeiten der verschiedenen Ausfälle eines Zufallsereignisses sowie mit den schwankenden Werten von Zufallsgrößen kann man nach bestimmten Regeln rechnen (Wahrscheinlichkeitsräume, Erwartungswerte, Mittelwerte, Korrelationen, bedingte Wahrscheinlichkeiten). |
| *3. Grundlegende Zufallsexperimente*<br>Der Münzwurf, der Wurf mit dem einfachen Würfel und dem Doppelwürfel sowie das Ziehen aus einer Urne (mit und ohne Zurücklegen) haben sowohl für die Modellbildung wie auch für die Theoriebildung grundlegende Bedeutung. |
| *4. Formeln*<br>Zur Berechnung von Wahrscheinlichkeiten und stochastischen Werten gibt es Formeln, zu deren Herleitung die Kombinatorik wichtige Hilfsmittel bereitstellt (Laplacescher Wahrscheinlichkeitsbegriff). |
| *5. Stochastische Gesetzmäßigkeiten und Muster*<br>Wenn Wahrscheinlichkeiten in Beziehung gesetzt werden, ergeben sich stochastische Gesetzmäßigkeiten und Muster, deren tiefere Zusammenhänge in stochastischen Theorien systematisch untersucht werden (z. B. Gesetz der großen Zahl, Normalverteilung, zentrale Grenzwertsätze). |
| *6. Zufall in der Umwelt*<br>Zufällige Ereignisse in der Umwelt können nach Chancen bewertet werden (Wetterprognosen, Gewinnchancen). |
| *7. Stochastische Modellbildung*<br>Zufällige Erscheinungen können einerseits simuliert, andererseits mithilfe stochastischer Methoden mathematisch erfasst werden, wodurch Prognosen ermöglicht und statistische Zusammenhänge aufgedeckt werden (Hypothesentests, Hochrechnungen). |

Band 1, Seite 17, Aufgabe 3

Plättchen werfen – ein grundlegendes Zufallsexperiment

Band 2, Seite 133, Aufgabe 5

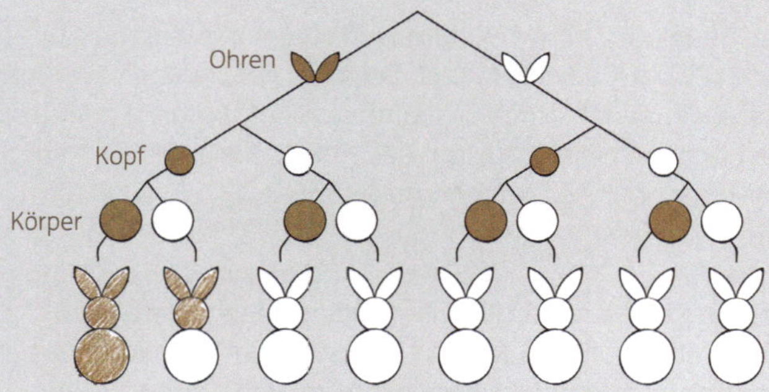


Baumdiagramm zur Lösung einer kombinatorischen Grundaufgabe

auch eine bessere „Messung" des „Outputs" ermöglichen als die früheren Lernziele. Sie betrachten die inhaltsleeren Kompetenzmodelle vielmehr als die „Mengenlehre der Bildungsforschung".

### *Sparsamkeit in Arbeitsmitteln und bildlichen Darstellungen: Weniger ist mehr*

Anschauungs- und Arbeitsmittel wirken weder unmittelbar noch eindeutig. Vielmehr müssen sich die Kinder erst in sie einarbeiten. Dies erfordert Zeit. Angesichts des engen Zeitrahmens verbietet es sich daher, eine große Zahl von Materialien heranzuziehen. Im ZAHLENBUCH wurde das Problem der Auswahl von Demonstrations- und Anschauungsmitteln auf folgende Weise gelöst: *Genau die Materialien wurden ausgewählt, welche die mathematischen Grundideen am besten verkörpern.* Ihr ständiger Gebrauch schafft die besten Voraussetzungen dafür, dass *Dar*-stellungen in *Vor*-stellungen übergehen und eine Grundlage für mentale Operationen bilden.

Aus dem gleichen Grund werden im ZAHLENBUCH auch bildliche und symbolische Darstellungen sowie Sprechweisen und Fachausdrücke auf diejenigen beschränkt, die weiterführende Bedeutung haben. Besondere Aufmerksamkeit erfahren dabei grundlegende Datenstrukturen (Tabellen, Listen, Diagramme und Rechenpläne).

### *Richtige Nutzung der Darstellungsformen*

Vom Standpunkt des aktiv-entdeckenden und sozialen Lernens sind konkrete Materialien sowie bildliche und symbolische Darstellungen nicht als Hilfsmittel der Belehrung, sondern als Hilfen für das Lernen in der Hand der Kinder aufzufassen. Das ZAHLENBUCH verbindet die Nutzung konkreter Materialien („enaktiv"), zeichnerischer Darstellungen („ikonisch") und formaler Darstellungen („symbolisch") mit der ganzheitlichen Behandlung von Rahmenthemen. Ein zu früher Übergang zum formalen Rechnen ist Gift für das Verständnis und wird im ZAHLENBUCH vermieden.

> Beispiel:
> Der gesamte Zwanzigerraum wird zuerst mit Material „unterfüttert". Die Kinder benutzen bei ihren Rechnungen zwanglos Material und bildliche Darstellungen. Auf diesem Boden können sich formale Schreibweisen in Ruhe entwickeln („Prinzip der fortschreitenden Schematisierung").

Auf zwei Punkte muss dabei besonders geachtet werden:

- Mit der Einführung formaler Darstellungen verlieren Arbeitsmittel und Bilder keineswegs ihre Bedeutung. Sie werden immer benötigt, wenn es um das Verstehen, Beschreiben und Mitteilen von Lösungswegen, das Aufzeigen von Beziehungen zwischen Aufgaben und Lösungen, das Lösen kombinatorischer Aufgaben oder um die Modellierung von Sachsituationen geht. Den Kindern wird diese Botschaft am besten dadurch übermittelt, dass die Lehrperson Arbeitsmittel im Unterricht selbst *mit der größten Selbstverständlichkeit* verwendet. Auf diese Weise lässt sich auch das unter Kindern (und Eltern!) verbreitete Vorurteil am wirkungsvollsten ausräumen, die Verwendung von Plättchen sei ein Zeichen für mangelnde Rechenkompetenz. Letztendlich muss aber jedem Kind die Freiheit zugestanden werden, die verschiedenen Darstellungsmittel individuell zu nutzen.
- Der handelnde („operative") Umgang mit Mathematik ist keineswegs nur auf „enaktive" Darstellungen beschränkt, sondern schließt „ikonische" und „symbolische" Darstellungen ein. Auch an bildlichen Darstellungen (z.B. der Zahlenreihe) oder an symbolischen Darstellungen (z.B. Rechensätzen) kann man operieren. Im ZAHLENBUCH wird dieser *operative Zugang*, den Arnold Fricke angeregt durch Jean Piaget und Hans Aebli eröffnet hat, besonders gepflegt.

Abschließend zu diesem Abschnitt sei angemerkt, dass die beschränkt zur Verfügung stehende Unterrichtszeit nicht nur zu einer Konzentration auf Grundideen und Basiskompetenzen, sondern auch zur Disziplin bei der Behandlung und Auswahl von Themen zwingt. Man muss sich im Klaren sein, dass jede Ausweitung eines Themas und jedes zusätzliche Thema die Zeit reduziert, die für andere Themen verfügbar ist. Diese schlichte Tatsache darf auch bei noch so verlockend ausgearbeiteten Unterrichtsvorschlägen nicht vergessen werden. Bei der Entwicklung des ZAHLENBUCHs wurde im Lauf der Zeit immer bewusster auf ein ausgewogenes Zeitmanagement geachtet. Auf die bei der ersten Fassung eingeführte unverbindliche Rubrik „Wie könnte es weitergehen?" wird heute verzichtet.

> Band 1, Seite 57, Aufgabe 1
>
> Lege, rechne und erkläre.
>
> 5 + 1 = ........
>
> 6 + 2 = ........
>
> 7 + 3 = ........
>
> 8 + 4 = ........ Wie geht es weiter?
>
> ..........................

Begründung der Muster bei „Schönen Päckchen" mithilfe von Plättchen

> Band 3, Seite 91, Aufgabe 9
>
> Baue auf dem Grundriss mit 5 Würfeln.
> Es gibt 6 verschiedene Baupläne. Zeichne sie.

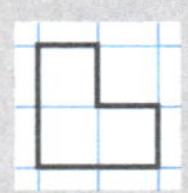

## 2. AKTIV-ENTDECKENDES UND SOZIALES LERNEN

*Nicht Leitung und Rezeptivität,*
*sondern Organisation und Aktivität ist es,*
*was das Lehrverfahren der Zukunft kennzeichnet.*
Johannes Kühnel: Neubau des Rechenunterrichts, 1916

Das für die Konzeption zentrale didaktische Prinzip des aktiv-entdeckenden und sozialen Lernens gründet sich auf aktivistische Lerntheorien, insbesondere die genetische Psychologie des Schweizer Psychologen Jean Piaget (1896 - 1980), ist aber auch fundamental mit der Mathematik verbunden. Heinrich Winter hat dieses Prinzip 1985 prägnant formuliert:

*Den Aufgaben und Zielen des Mathematikunterrichts wird in besonderem Maße eine Konzeption gerecht, in der das Mathematiklernen als ein konstruktiver, entdeckender Prozess aufgefasst wird. Der Unterricht muss daher so gestaltet werden, dass die Kinder möglichst viele Gelegenheiten zum selbsttätigen Lernen in allen Phasen eines Lernprozesses erhalten.*
*Die Aufgabe des Lehrers besteht darin, herausfordernde Anlässe zu finden und anzubieten, ergiebige Arbeitsmittel und produktive Übungsformen bereitzustellen und vor allem eine Kommunikation aufzubauen und zu erhalten, die dem Lernen aller Kinder förderlich ist.*

Aktiv-entdeckendes und soziales Lernen verlangt eine ständige Durchdringung inhaltlicher und allgemeiner Lernziele und lässt sich daher nicht in einem kleinschrittigen Unterricht verwirklichen, in dem der Stoff Häppchen für Häppchen vermittelt wird und die Lösungswege sowie die äußere Form der Lösung anhand von Musteraufgaben festgelegt sind. Sinnvoll ist vielmehr eine ganzheitliche Behandlung von Rahmenthemen, z. B. des Einspluseins und des Einmaleins.

### *Ganzheitliche Behandlung von Rahmenthemen in mehreren Durchgängen*

Namentlich im ersten und zweiten Band gibt es Rahmenthemen, die in *mehreren Durchgängen* erarbeitet werden müssen. Die ersten Durchgänge dienen der Orientierung und Einführung, die weiteren der Übung, Vertiefung und Ergänzung. Bei arithmetischen Rahmenthemen steht am Schluss immer die Automatisierung. Jedes Kind kann bei diesem Vorgehen an seine individuellen Voraussetzungen anknüpfen und hat genügend Zeit, um sein Wissensnetz von Durchgang zu Durchgang zu erweitern und zu festigen. Wie eingangs schon angemerkt, sind Lücken bei einem Durchgang kein Hindernis für sinnvolles Lernen im nächsten Durchgang. Da der Lernprozess die Lernziele immer wieder neu und von einer anderen Seite aus ansteuert, gibt es für die Kinder genügend Möglichkeiten, um ihre Lücken allmählich zu schließen. Es besteht kein Grund zur Sorge, dass Kinder „abgehängt" werden.

Beispiel 1:
*Einspluseins (Band 1)*
1. Durchgang: Einführung der Addition am Zwanzigerfeld (Seiten 49 - 57 )
2. Durchgang: Einführung der Subtraktion am Zwanzigerfeld unter Bezug auf die Addition (Seiten 58 - 65 )
3. Durchgang: Verzahnung von Addition und Subtraktion (Seiten 70 - 75 )
4. Durchgang: Vertiefung des Einspluseins an der Einspluseins-Tafel (Seiten 86 - 93 )
5. Durchgang: Weitere produktive Übungen (Seiten 106 - 107, Seiten 112 - 123)
6. Durchgang (parallel zu den Durchgängen 3 - 4): Automatisierung im Blitzrechenkurs

Beispiel 2:
*Orientierung im Hunderterraum (Band 2)*
1. Durchgang: Hunderterfeld (Seiten 17 - 19)
2. Durchgang: Hundertertafel (Seiten 20 - 21)
3. Durchgang: Hunderterreihe (Seiten 22 - 25)
4. Durchgang: Nochmals Hunderterfeld (Seiten 32 - 33)
5. Durchgang: Automatisierung (Blitzrechenübungen „Welche Zahl?", „Ergänzen zum Zehner", „Ergänzen bis 100", „100 teilen")

Der ganzheitliche Zugang unterscheidet sich grundlegend vom traditionellen Zugang. Für Lehrerinnen und Lehrer, die zum ersten Mal nach dem neuen Konzept unterrichten, kostet es daher Mut und Überwindung, trotz anscheinender Lücken bei einigen Kindern im Unterricht weiterzugehen, wie es das neue Konzept verlangt. Wenn dieser Mut nicht aufgebracht wird, sind Schwierigkeiten vorprogrammiert und der Erfolg wird beeinträchtigt: Ganzheitliche Themen sperren sich gegen eine kleinschrittige Behandlung.

### *Vorteile der ganzheitlichen Behandlung*

Lernen in Ganzheiten ist für die Kinder nicht etwa schwerer, sondern leichter, wie die englische Psychologin Margaret Donaldson festgestellt hat:

*Es scheint eine weit verbreitete Meinung zu sein, man dürfe Kinder anfangs nicht mit der Komplexität eines Stoffgebietes konfrontieren, da sie komplizierte Sachverhalte unmöglich bewältigen könnten. Ich teile diese Ansicht nicht. Die Ursache für diesen Irrtum liegt m. E. darin, dass zwei grundverschiedene Dinge nicht auseinander gehalten werden, nämlich eine ganzheitliche, grobe Übersicht über das Stoffgebiet einerseits und die Beherrschung aller seiner Einzelheiten andererseits. Die Kinder benötigen natürlich geraume Zeit, um alle möglichen Einzelheiten zu lernen. Es ist aber keine Frage, dass ihnen das leichter fällt, wenn sie über die Gesamtheit der anstehenden Lernaufgaben richtig vorinformiert sind.*

Durch die ganzheitlichen Zugänge zu Rahmenthemen wird das bewährte Prinzip „Vom Leichten zum Schweren" keinesfalls aufgehoben. Es wird nur anders realisiert als traditionell üblich. Beim Einspluseins z. B. sind nicht nur die Aufgaben im Fünferraum leicht, sondern auch Aufgaben mit einem Summanden 1, Aufgaben mit einem Summanden 5, Aufgaben mit dem Ergebnis 10 und Verdopplungsaufgaben. Es ist daher sehr sinnvoll, solche Aufgaben als erste Fäden des Netzes „Einspluseins" zu spannen und andere Aufgaben daran anzuknüpfen.
Lernen in Ganzheiten trägt auch ganz wesentlich zur Zieltransparenz bei: Die Kinder können sich schon während des Lernprozesses klar machen, was sie schon können, wo sie noch Schwierigkeiten haben und was sie noch lernen müssen.
Der ganzheitliche Zugang wird dadurch unterstützt, dass grundsätzlich nur Arbeitsmittel verwendet werden, die eine Gesamt-

übersicht über die Aufgaben ermöglichen. Beim Einspluseins z. B. sind dies das Zwanzigerfeld und die Einspluseins-Tafel, beim Einmaleins das Hunderterfeld mit Malwinkel, der Einmaleins-Plan und die Einmaleins-Tafel.
Bei ganzheitlichen Zugängen sind Pläne, bei denen der Stoff auf Wochen oder sogar Stunden verteilt wird, nicht nötig. Eine grobe Verteilung über Monate ist zweckdienlicher. Der Grund liegt darin, dass sich die Basiskompetenzen, die entscheidend für nachhaltige Lernerfolge sind, gar nicht bestimmten Wochen zuteilen lassen. Sie sind in Form besonderer Kurse ausgewiesen, die den Unterricht **ständig** begleiten müssen, siehe dazu besonders die Ausführungen zum Blitzrechenkurs auf den Seiten 167–168.

### *Zone der nächsten Entwicklung*

Ganzheitliche Themen weisen über sich hinaus und verlocken zu Grenzüberschreitungen. Z.B. werden die Kinder vom Einspluseins ausgehend auch über 20 hinaus rechnen wollen. Dies ist zugelassen und sogar erwünscht. Wie der russische Psychologe Vygotskij in seiner kritischen Auseinandersetzung mit Piaget überzeugend dargelegt hat, muss der Unterricht stets die „Zone der nächsten Entwicklung" anpeilen. Dies bedeutet aber nicht, dass Grenzüberschreitungen eigens thematisiert werden müssten. Es genügt, sie als Denkanstöße wirken zu lassen. Wichtig ist, dass keine Abschottung im Sinne von „Das dürft ihr noch nicht rechnen!" vorgenommen wird.
Ein typisches Beispiel für die „Zone der nächsten Entwicklung" ist der Blick auf den Hunderterraum im Band 1, Seiten 26–27, der im Weiteren anhand der kleinen Hunderterfelder an den Seitenzahlen wach gehalten wird.

### *Anleitung zum selbstständigen und eigenverantwortlichen Umgang mit dem ZAHLENBUCH*

Grundvoraussetzung für lebenslanges Lernen ist die Fähigkeit, Texte eigenständig erschließen zu können. Auch im Mathematikunterricht muss diese Fähigkeit gefördert werden. Nicht nur bei der Besprechung von Themenblöcken sollten die Kinder versuchen, sich so weit wie möglich selbst ein Bild von den Lernaufgaben zu machen. Auch bei einzelnen Seiten oder Doppelseiten des ZAHLENBUCHs sollte die Lehrperson bei der Vorbesprechung typischer Beispiele und der anschließenden Bearbeitung der Seite die Kinder selbst überlegen lassen, worum es im einzelnen geht, und sich auf Verständnishilfen beschränken, z. B. die Vorgabe konventioneller Sprechweisen, Schreibweisen und zeichnerischer Darstellungen. Je weiter die Lesefähigkeit entwickelt ist, desto mehr sollten die Kinder versuchen, sich neue Aufgaben *alleine* zu erschließen. Im Klassengespräch können die verbleibenden Unklarheiten anschließend beseitigt werden. Das ZAHLENBUCH unterstützt diese aktive Sinnkonstruktion. Im Interesse des selbstständigen Arbeitens sollte auch das Auffinden und Aufschreiben von Lösungen im Rahmen der fachlichen Vorgaben den Kindern überlassen werden.
Aus diesen Überlegungen geht hervor, dass mit der Förderung der Eigenaktivität auch die Eigenverantwortung der Kinder für ihr Lernen gestärkt werden muss.

### *Einrichtung von Kleingruppen*

Zur Unterstützung des selbstständigen Arbeitens wird eine Organisationsform empfohlen, die in Japan vielfach praktiziert wird und sich dort bewährt hat: die Einrichtung von Kleingruppen. Die Organisation solcher Gruppen erfordert einen bestimmten Aufwand, lohnt sich aber. In der japanischen Gesellschaft spielt die solidarisch arbeitende Gruppe eine Schlüsselrolle. Der Grundgedanke ist aber auch dem westlichen Denken keineswegs fremd. Er findet sich z. B. im Subsidiaritätsprinzip einiger Soziallehren, das folgendermaßen lautet: Jede soziale Gruppe soll die Aufgaben, die sie selbst bewältigen kann, in eigener Regie bearbeiten, und nur dann Hilfe von einer höheren Ebene anfordern, wenn die eigenen Kräfte nicht ausreichen. Auf eine Schulklasse übertragen bedeutet dieses Prinzip, dass zwischen dem einzelnen Kind und der Lehrperson als Zwischenebene Kleingruppen mit 3 bis 5 Kindern eingeschoben werden. Die Kinder jeder Gruppe sollen sich gegenseitig beim Aufbau von Verständnis unterstützen, natürlich ohne einander die Arbeit abzunehmen. Auf diese Weise wird auch die Verantwortung für das soziale Lernen gefördert.
Es ist weder notwendig noch sinnvoll, leistungshomogene Gruppen zu bilden. Die Befürchtung, dass stärkere Kinder durch schwächere Kinder „gebremst" würden, besteht nicht. Gerade im Austausch mit schwächeren Kindern werden sie angeregt, den Stoff noch tiefer zu durchdringen und ihre kommunikativen Fähigkeiten weiterzuentwickeln. In Japan werden die Gruppen im Laufe eines Schuljahrs z.T. mehrfach neu gemischt, was auch für uns sinnvoll erscheint.
Für einige Aufgabenstellungen des ZAHLENBUCHs sind Kleingruppen eine ausgesprochene Hilfe.

Beispiel 1:
*Blitzrechnen*
Die Kinder stellen sich Aufgaben und kontrollieren sich gegenseitig.

Beispiel 2:
*Mathekonferenzen*
Die Kinder erklären einander ihre Rechen- und Lösungswege.

Der möglichst selbstständige Umgang der einzelnen Kinder und der Kleingruppen mit dem Buch wird durch Lösungsbände zum Schülerbuch und Arbeitsheft unterstützt. Die Hefte der Reihe „Probieren und Kombinieren" enthalten Lösungsblätter.

Blitzrechnen in Kleingruppen

### *Der Umgang mit Fehlern*

Im belehrenden Unterricht wird angestrebt, die Lernenden zur fehlerlosen Reproduktion von vorgegebenen Verfahren zu führen. Von diesem Standpunkt aus ist eine möglichst genaue Beobachtung der Lernfortschritte des einzelnen Kindes gemessen an den

Vorgaben wünschenswert, damit Fehler möglichst schnell „diagnostiziert“ und „ausgemerzt“ werden können. Entsprechend sind möglichst wirksame Rezepte zur „Fehlertherapie“ gefragt. Die jahrhundertelangen Erfahrungen mit dem belehrenden Unterricht zeigen, dass dieser Weg, so verlockend er scheint, nicht zum Ziel führt. „Von außen“ kommt man dem Lernprozess und den dabei auftretenden Fehlern nicht bei, ganz abgesehen davon, dass es für die Lehrerin in einer Klasse mit 20 bis 30 Kindern gar nicht möglich ist, den Lernprozess jedes einzelnen Kindes genau zu verfolgen.

Im aktiv-entdeckenden Unterricht wird mit Fehlern anders umgegangen: Die Kinder erhalten zuerst einmal Zeit, um sich selbst an neuen Aufgaben zu versuchen, alleine oder im Austausch mit anderen Kindern. Auf diese Weise können sie die notwendige Verbindung zu ihrem Vorwissen am besten herstellen. Bei diesen ersten Versuchen werden auch Fehler auftreten, denn es gehört zum Wesen des Lernens, Fehler zu machen. Die Kinder brauchen natürlich eine Rückmeldung zu Fehlern, die sie selbst nicht erkennen. Rezepte zur Fehlervermeidung gehen aber am Problem vorbei. Die Rückmeldung muss in erster Linie auf die Herstellung eines Verständniszusammenhangs abzielen. Damit werden die Kinder besser befähigt, von sich aus Fehler zu vermeiden, als durch von außen mitgeteilte Rezepte zur Fehlervermeidung, deren blinde Befolgung selbst eine Fehlerquelle ist.

### Notwendigkeit eines fachlichen Rahmens

Zu welchen Leistungen Kinder bei der Erarbeitung eigener Lösungswege fähig sind, wurde empirisch in eindrucksvoller Weise nachgewiesen. Aus diesen Befunden darf aber nicht gefolgert werden, Kinder könnten „sich“ die Mathematik am besten „alleine“ erarbeiten und würden darin durch Fachstrukturen nur behindert. Der amerikanische Bildungsphilosoph und Pädagoge John Dewey (1859 – 1952) hat diesen Irrtum schon vor über 100 Jahren entlarvt:

*Reformpädagogen erwarten vom Kind, dass es Erkenntnisse aus seinem eigenen Geist heraus „entwickelt“ und für sich ausarbeitet, ohne „fachliche Rahmenbedingungen“ zu benötigen. Aus dem Nichts kann aber nichts entstehen. Entwicklung heißt nicht, dass dem kindlichen Geist irgendetwas entspringt, sondern dass substanzielle Fortschritte gemacht werden, und das ist nur möglich, wenn eine geeignete fachliche Umgebung zur Verfügung steht. Die Kinder müssen zwar von sich aus arbeiten, aber wie sie arbeiten, wird fast ganz von der Lernumgebung und dem Stoff, mit dem sie sich befassen, abhängen.*

Auch Tendenzen zu einer übertriebenen Individualisierung, wie sie auch heute wieder zu beobachten sind, hat Dewey eine entschiedene Absage erteilt:

*Die Befürworter individueller Lernprozesse argumentieren oft folgendermaßen: Gebt den Kindern gewisse Materialien, Werkzeuge, Hilfsmittel und lasst sie damit nach ihren ganz individuellen Wünschen umgehen und sich frei entwickeln. Setzt den Kindern keine Ziele, gebt ihnen keine Verfahren vor. Sagt ihnen nicht, was sie tun sollen. All dies wäre ein ungerechtfertigter Eingriff in ihre heilige Individualität, denn das Wesen der Individualität ist es, gerade sich selbst die Zwecke und die Ziele zu bestimmen.*

*Ein solcher Standpunkt ist töricht. Denn wenn man ihn einnimmt, versucht man etwas Unmögliches, was immer töricht ist, und man missversteht die Bedingungen für selbstständiges Denken. Es gibt viele Möglichkeiten offene Angebote wahrzunehmen und irgendetwas zu machen, und es ist so gut wie sicher, dass diese eigenen Versuche ohne Anleitung erfahrener Lehrer zufällig, sporadisch und ineffektiv sein werden. Niemand würde bezweifeln, dass die persönliche Entwicklung in irgendeinem Lebensbereich durch die Nutzung der von anderen gesammelten Erfahrungen gefördert wird. Niemand würde z. B. ernsthaft vorschlagen, die Ausbildung von Schreinerlehrlingen solle beim Nullpunkt beginnen, d. h. ohne dass dem Lehrling Wissen über Mechanik, den Gebrauch von Werkzeugen, die Kenntnis von Materialien usw. vermittelt wird. Niemand käme auch auf die Idee, dass ein Schreinermeister, wenn er seinem Lehrling dieses Wissen vermittelt, den persönlichen Stil des Lehrlings einengen und seine individuelle Entwicklung behindern würde. Ein Erzieher und ein Lehrer haben dasselbe Recht und dieselbe Pflicht, die Kinder anzuleiten wie ein Handwerksmeister seine Lehrlinge.*

Der Erfolg des Mathematikunterrichts von der Grundschule bis zum Abitur steht und fällt damit, dass das Prinzip des aktiv-entdeckenden und sozialen Lernens organisch mit fachlichen Grundideen und allgemeinen Lernzielen verbunden wird. Wenn die Kinder in der Mathematik wirklich weiterkommen wollen, dürfen sie nicht bei ihren privaten Sichtweisen und Denkwegen stehen bleiben, sondern müssen sich in die bewährten Fachstrukturen einarbeiten und diese gemäß der *im Fach liegenden Offenheit* produktiv nutzen. Diese Aneignung wird durch eine schlüssige fachliche Strukturierung der Lernangebote, wie sie das ZAHLENBUCH verkörpert, wesentlich unterstützt. Die Kinder gelangen insbesondere nicht von sich aus zu einem Verständnis typisch „theoretischer“ Aspekte der Mathematik (z. B. der Erfassung der Allgemeingültigkeit von Rechengesetzen, der Abstraktheit von Begriffen oder der zwingenden Logik einer mathematischen Argumentation), sondern müssen im Unterricht dazu angeregt werden. Ziel des Unterrichts kann es nicht sein, dass jedes Kind seine „private Mathematik“ entwickelt, sondern dass es die Werkzeuge, die sich als effektiv erwiesen haben, individuell nutzt. Auch der einzelne mathematische Forscher erfindet nicht seine eigene Welt, sondern arbeitet eingebettet in das soziale Netzwerk der Wissenschaft Mathematik.

### Entwicklung von Bewusstheit („Metakognition“)

Eine dem Lernen übergeordnete wichtige Aufgabe der Lehrperson besteht darin, die Kinder anzuregen, Besonderheiten der Mathematik wahrzunehmen, ihre Lernprozesse selbst zu steuern und Verantwortung für ihre Lernfortschritte zu übernehmen. Man muss mit den Kindern z. B. über die grundsätzliche Freiheit von Rechenwegen, über Schwierigkeiten beim Lernen und ihre Überwindung, über den Nutzen der Zusammenarbeit, über den Sinn des Blitzrechnens, usw. sprechen.

Die Entwicklung von Bewusstheit verlangt Geduld und Beharrlichkeit, weil sich der Erfolg bei der Mehrheit der Kinder naturgemäß nur langfristig einstellt. Je mehr Bewusstheit die Kinder aber entwickeln und je mehr sie sich für ihr Lernen verantwortlich fühlen, desto mehr werden Lehrer entlastet. Insofern liegt es in deren ureigenem Interesse, die Bewusstheit der Kinder für ihr Lernen zu fördern.

## 3. GRUNDLEGENDES, AUTOMATISIERENDES UND PRODUKTIVES ÜBEN

*Insgesamt lässt sich somit die These vertreten, dass Ziel und Organisation des Übens im Rahmen eines Konzepts des Lernens durch gelenkte Entdeckung weitaus besser aufgehoben sind als im ... Konzept des belehrenden Unterrichts, insofern entdeckend geübt und übend entdeckt wird.*
Heinrich Winter: Begriff und Bedeutung des Übens

Den weitaus größten Teil des Unterrichts muss aus guten Gründen das Üben einnehmen. Aus diesem Grund ist auch das ZAHLENBUCH überwiegend ein Übungsbuch. Im Hinblick auf die Breite der heutigen Zielsetzungen des Unterrichts sind aber verschiedene Übungstypen erforderlich.

### *Grundlegendes Üben*

Wenn ein Thema neu eingeführt wird, sind grundlegende Übungen angebracht, die dazu dienen, die neuen Aufgabenstellungen und Lösungswege zusammen mit neuen Sprechweisen anhand geeigneter Materialien handlungsorientiert zu erarbeiten. Dabei muss das neue Wissen mit bekanntem Wissen verknüpft werden. Die Qualität der Bearbeitung von Aufgaben, die exemplarische Bedeutung haben, ist in dieser Phase wichtiger als die Quantität der behandelten Aufgaben.

Beispiel 1:
*Einführung der Subtraktion* (Band 1, Seiten 58 - 64)
Zuerst wird am Zwanzigerfeld besprochen, was „minus“ überhaupt bedeutet. Die Handlungsanleitung „Lege ..., nimm ... weg“ ist dabei von zentraler Bedeutung. Nach einer Seite „Rechenwege“ folgen dann drei typische Seiten mit grundlegenden Übungen. Auf der ersten werden einfache Minusaufgaben gesondert betrachtet, wobei auf einfache Plusaufgaben zurückgegriffen wird. Auf der zweiten und dritten Seite wird an einer Reihe von Übungen besprochen, wie schwierigere Aufgaben auf die einfachen Aufgaben zurückgeführt werden können.

Beispiel 2:
*Einführung des Tausenderraums* (Band 3, Seiten 30 - 41)
Grundlegende Materialien sind hier das Tausenderfeld als Fortsetzung des Hunderterfelds und das Tausenderbuch als Fortsetzung der Hundertertafel. Die Kinder lernen dreistellige Zahlen zu lesen, zu schreiben, zu vergleichen und im Tausenderbuch zu lokalisieren. Sie legen Zahlen an der Stellentafel, sie ergänzen bis 1000 und zerlegen den Tausender in 2, 4, 5, 8 und 10 gleiche Teile.

Abgesehen davon, dass die Kinder natürlich auch an grundlegende Übungen aktiv herangehen und ihre eigenen Wege gehen sollen, besteht in diesem Bereich inhaltlich eine große Übereinstimmung mit dem traditionellen Unterricht.

### *Produktives Üben*

Ganz neu im Vergleich mit dem traditionellen Unterricht sind die sogenannten *produktiven* Übungen, die durch die *gemeinsame* Förderung inhaltlicher und allgemeiner Lernziele (Kompetenzen) gekennzeichnet sind. Mathematisieren, Explorieren, Argumentieren und Formulieren (bzw. in „politisch korrekter“ Sprache „Modellieren“, „Problemlösen“, „Argumentieren“ und „Kommunizieren“) kann man nur, wenn ein mathematisches Muster oder eine auf ein Muster bezogene Aufgabe eine Grundlage für solche Aktivitäten bieten. Im „Handbuch produktiver Rechenübungen“, dem Hauptwerk von „mathe 2000“, ist dieser Übungstyp erstmals beschrieben und flächendeckend für den Rechenunterricht umgesetzt worden.[3] Im ZAHLENBUCH wurde der Ansatz für die Praxis ausgearbeitet.

Eine besondere Bedeutung haben „Übungsformate“ für produktives Üben, die auf mathematischen Strukturen beruhen und wie Formulare unterschiedlich mit Zahlen gefüllt werden können. Im ZAHLENBUCH finden sich folgende Übungsformate: „Schöne Päckchen“, „Schöne Päckchen?“, „Zahlenmauern“, „Rechendreiecke“, „Zauberquadrate“, „Zauberdreiecke“, „Zahlenraupen“ und „Plusquadrate“, zu denen in der Reihe „Probieren und Kombinieren“ noch das Format „Igeldreiecke“ hinzukommt. Diese wenigen, aber sehr reichhaltigen Übungsformate ziehen sich durch alle Bände des ZAHLENBUCHs. Ein Kunterbunt von Übungsformen, die jeweils neu eingeführt werden müssten, nur vorübergehende Bedeutung hätten und letztlich nur Ballast wären, wird absichtlich vermieden, da dies im Widerspruch zur Konzeption des ZAHLENBUCHs steht. Kopiervorlagen im Materialband zum ZAHLENBUCH erleichtern die praktische Arbeit mit den Übungsformaten.
Übungsformate kann man nicht nur für Aufgaben mit willkürlich eingetragenen Zahlen, sondern für Aufgabenserien mit Mustern nutzen. Dadurch ist oft eine gute Kontrolle der Ergebnisse gegeben.

Beispiel 1:
Zahlenmauern (Band 1, Seite 91, Aufgabe 8)
Es sind die fehlenden Zahlen in allen sechs Zahlenmauern zu berechnen, die man mit den Grundsteinen 3, 4, 5 bilden kann.

Wenn die Mauern ausgerechnet sind, stechen Muster ins Auge:
- Die Decksteine 15, 16 und 17 treten je zweimal auf.
- Mauern mit gleichen Decksteinen unterscheiden sich durch Vertauschung der äußeren Steine.
- Der größte mittlere Grundstein führt zum größten Deckstein.

Die Kinder können diese Muster beschreiben und versuchen zu erklären, warum das so ist. Dadurch werden die allgemeinen Lernziele Explorieren, Argumentieren und Formulieren gefördert.

[3] Wittmann, E.Ch. & Müller, G.N., Handbuch produktiver Rechenübungen. Band 1: Vom Einspluseins zum Einmaleins. Band 2: Vom halbschriftlichen zum schriftlichen Rechnen. Stuttgart: Klett 1990/92

In Band 2 (Seite 44) und in Band 3 (Seite 56) tritt dieselbe Aufgabenstellung mit jeweils größeren Zahlen auf.

Beispiel 2:
*Spiel „Rot gegen Blau“*
In der Frühförderung spielen die Kinder das Spiel „Rot gegen Blau“ bis zu den Zielzahlen 10, 11 und 12.
Im Band 1 begegnet den Kindern das Spiel erneut mit Zielzahlen bis 20 (Seite 31). In den Bänden 2 (Seite 21), 3 (Seite 33) und 4 (Seite 43) wird das Spiel mit einer leicht veränderten Regel bis 100, 1000 bzw. 1 000 000 gespielt.

### *Die Unerschöpflichkeit produktiver Übungsformen*
Vielen Aufgaben im ZAHLENBUCH liegen Regeln zugrunde. Aus diesen Aufgaben können Lehrerinnen und Kinder ihren individuellen Präferenzen entsprechend selbst eine beliebige Zahl strukturgleicher Aufgaben bilden. Zur Kennzeichnung solcher „unerschöpflichen“ Aufgaben dient im ZAHLENBUCH ein eigenes Symbol.

Beispiel 1:
Zahlenmauern (Band 1, Seite 91, Aufgaben 9 und 10)
Natürlich können die Kinder auch selbst andere, insbesondere größere Grundsteine wählen, und nachrechnen, ob „es da auch so ist.“ Wer möchte, kann auch Zahlen im Zweierabstand als Grundsteine wählen, z. B. 2, 4 und 6, und alle sechs möglichen Mauern berechnen oder die Grundzahlen beliebig wählen. Statt dreier unterschiedlicher Zahlen können auch drei gleiche oder zwei gleiche Zahlen und eine dritte Zahl gewählt werden, usw.

Beispiel 2:
*Rechenprogramm* (Band 2, Seite 55)
Die Kinder können beliebige Startzahlen wählen und mit ihnen das Rechenprogramm durchlaufen. Es ist spannend zu sehen, in welchem der beiden möglichen Kreisel sie jeweils landen.

Die grün unterlegten Seiten im Schülerbuch enthalten eine Vielzahl solcher unerschöpflichen Aufgaben. Zur weiteren Unterstützung des produktiven Übens steht die Reihe „Probieren und Kombinieren“ zur Verfügung.

### *Automatisierendes Üben*
An die Seite des grundlegenden und des produktiven Übens tritt im ZAHLENBUCH ein dritter Übungstyp: das *automatisierende Üben.* Aktiv-entdeckendes Lernen und die Automatisierung von Wissenselementen und Fertigkeiten sind keineswegs Gegensätze, sondern bedingen einander: Aktiv-entdeckendes Lernen schafft die Verständnisgrundlage, die für die Automatisierung notwendig ist, und umgekehrt bildet automatisiertes Wissen die notwendige Grundlage für aktiv-entdeckende Lernprozesse auf der nächst höheren Stufe. Diese komplementäre Beziehung muss besonders betont werden, weil in den herrschenden pädagogischen Theorien das „Auswendiglernen“ verpönt ist.
Da sich die Kinder nicht beliebig viel merken können, muss genau überlegt werden, welche Wissenselemente und Fertigkeiten wirklich grundlegend sind, und diese müssen dann gezielt geübt und automatisiert werden. Im ZAHLENBUCH werden in den Bereichen Zahlen, Größen und Formen Basiskompetenzen ausgewiesen, zu deren Übung drei „Basiskurse“ entwickelt wurden.
Besonders wichtig ist der Blitzrechenkurs, der aus 10 Übungen pro Band besteht. Alle Blitzrechenübungen werden bewusst auf einer breiten Anschauungsgrundlage und unter Nutzung von Beziehungen *entwickelt.* Sie zielen auf die Entwicklung von *Zahlvorstellungen* und auf *Verständnis.* Dementsprechend wird jede Blitzrechenübung in zwei Phasen geübt: Die *Grundlegungsphase,* die zum grundlegenden Üben gehört, dient der Verankerung der Übung in grundlegenden Zahldarstellungen, die nachfolgende *Automatisierungsphase* der Festigung und „blitzschnellen“ Abrufbarkeit der entsprechenden Wissenselemente und Fertigkeiten.
*Ein zu früher Übergang von der Grundlegung zur Automatisierung ist für den Lernprozess schädlich und muss unter allen Umständen vermieden werden.*

Für die Grundlegung des Blitzrechnens über das Schülerbuch hinaus eignet sich die Rechenkartei „Blitzrechnen. Basiskurs Zahlen“. In dieses Material sind die grundlegenden Zahldarstellungen systematisch eingebaut. Von den Kleingruppen können die Rechenkarten nach kurzer Einführung eigenständig bearbeitet werden. Auch ein einzelnes Kind kann damit üben, da auf der Rückseite der Karten jeweils die Lösungen angegeben sind.

Für die Automatisierung des Blitzrechnens steht die CD-ROM „Blitzrechnen“ zur Verfügung, die es in drei Versionen gibt. In der Einzelplatz- und der Netzwerkversion für die Schuljahre 1/2 und 3/4 sind neben Übungsmodulen auch Testmodule zu den einzelnen Übungen sowie zu allen Übungen eines Schuljahrs enthalten. Eine abgespeckte Version mit den Übungen eines Schuljahrs kann mit dem Arbeitsheft bezogen werden. Kinder, die Zugang zu einem Computer haben, können damit auch zu Hause ganz alleine üben.

Da der Kurs arbeitsintensiv ist, kann ihn die Lehrerin nicht alleine bewältigen, sondern muss sich auf das Management beschränken, d. h. sie muss Kinder anleiten, eigenverantwortlich zu üben und sie muss die Mithilfe der Eltern organisieren (s. unten).[4]

### *Zur Organisation der Blitzrechenübungen im Unterricht*
Die *Grundlegung* jeder Übung wird im Schülerbuch eingeführt und kann in Partnerarbeit oder in der Kleingruppe mit dem entsprechenden Operationsfeld im Schülerbuch und im Arbeitsheft durchgeführt werden. Die Kinder können auch mit der Rechenkartei und der CD-ROM üben. Genauso wie jede Übungsstunde im Sport mit einem „warm up“ beginnt, sollte in der Regel am Beginn jeder Mathematikstunde eine kleine Runde im Blitzrechnen oder blitzrechenartiger Aktivitäten stehen, in der die mathematischen Areale des Gehirns auf „Betriebstemperatur“ gebracht werden. Angesichts des Nachdrucks, der beim Blitzrechnen auf die Entwicklung von Zahlen- und Rechenverständnis gelegt wird, ist die flüssige Beherrschung der Übungen des Kurses ein sehr guter Indikator für das Erreichen der grundlegenden inhaltlichen Lernziele.

[4] Für detaillierte Hinweise zum Blitzrechenkurs sei auf die Schrift „Blitzrechenoffensive“ hingewiesen, herunter zu laden von der „mathe 2000“-Homepage (www.tu-dortmund.de/mathe2000).

*Daher zahlt es sich aus, wenn die Lehrerin den Fortschritt der Kinder beim Blitzrechnen ständig im Auge behält.* In der Einzelplatz- und der Netzwerkversion werden die drei letzten Testergebnisse der Kinder zu den einzelnen Übungen und das beste Ergebnis des Gesamttests in einem „Lehreraccount" festgehalten. Die Lehrerin hat mit einem Passwort Zugang zu diesen Daten und kann sich so mühelos über die Übungsfortschritte informieren.

Es empfiehlt sich, die Beherrschung jeder Übung in einem „Blitzrechenpass" (Kopiervorlage) festzuhalten. Damit bekommt jedes Kind eine individuelle Rückmeldung über seinen Lernstand. Die zwei Teilprüfungen für jede einzelne Übung (in geziemendem zeitlichen Abstand voneinander) sowie für die Abschlussprüfung über den gesamten Kurs können zeitsparend in Gruppen abgelegt werden. Die Kinder können sich vorher gegenseitig testen und entscheiden, wann sie sich zu einer Prüfung melden. Wenn im Klassenzimmer ein Computer zur Verfügung steht, kann der Lernstand auch am Computer überprüft werden, da sich jedes Kind beim Üben persönlich eintragen muss.

### *Mitarbeit von „Rechentrainern" beim Blitzrechnen*

Der Blitzrechenkurs erreicht dann seine optimale Wirkung, wenn es gelingt, nicht nur die Kinder, sondern auch Eltern oder andere Bezugspersonen von der Notwendigkeit und Wichtigkeit des Kurses zu überzeugen. Lehrer, Kinder und Eltern müssen die Übungen bewusst als ständiges „Fitnessprogramm" verstehen und konsequent durchführen: „Übe so immer wieder!" Bereits beim ersten Elternsprechtag sollte dieser wichtige Punkt geklärt und damit gleichzeitig die Mitarbeit der Eltern in sinnvolle Bahnen gelenkt werden. Die Eltern sollten in das Konzept des Kurses eingeführt werden, den Unterschied zwischen Grundlegung und Automatisierung verstehen und lernen, wie die *Grundlegung* der 10 Blitzrechenübungen unter Benutzung der Seiten 134–135 im Schülerbuch und des hinteren Umschlags des Arbeitsheftes geht. Anschließend sollte mit den Eltern überlegt werden, wer für ihr Kind als „Blitzrechen-Trainer" rekrutiert werden kann. Die Unterstützung beim Blitzrechnen ist bei solchen Eltern kein Problem, die von sich aus an den Lernfortschritten ihrer Kinder interessiert sind und die nötige Zeit aufbringen können. Für Kinder, bei denen diese Voraussetzung nicht gegeben ist, sollten andere „Blitzrechen-Trainer" gefunden werden, die sich für den Kurs mitverantwortlich fühlen, z. B. ein älteres Geschwisterkind oder ein(e) andere(r) Verwandte(r), ein(e) Mitschüler(in), ein(e) Mitarbeiter(in) bei der Ganztagsbetreuung, oder Betreuer bei der Hausaufgabenhilfe.

Blitzrechnen am Computer

## 4. DIE FÖRDERUNG VON KINDERN MIT UNTERSCHIEDLICHEN VORAUSSETZUNGEN NACH DEM PRINZIP DER NATÜRLICHEN DIFFERENZIERUNG

*Ich glaube an den sozialen Lernprozess, und darum trete ich für die heterogene Lerngruppe ein ... [Sie] umfasst Schüler verschiedener Niveaus, die an einer Aufgabe – jeder auf der ihm eigenen Stufe – zusammenarbeiten ...*

Hans Freudenthal: Vorrede zu einer Wissenschaft vom Mathematikunterricht

Die üblichen Methoden der („inneren" und „äußeren") Differenzierung bestehen darin, dass die Lehrperson Gruppen von Kindern oder einzelnen Kindern Aufgaben mit bestimmten Anforderungsniveaus zuweist, die nach Einschätzung der Lehrperson dem jeweiligen Lernstand entsprechen. Es gibt Unterrichtswerke, bei denen die Kinder weitgehend unabhängig voneinander Heftchen für Heftchen abarbeiten. Dadurch werden aber nicht nur die Bildungsstandards verfehlt, auch soziales Lernen wird verhindert, obwohl es erklärtes pädagogisches Ziel der Schule ist. Im ZAHLENBUCH wird ein grundsätzlich anderer Weg der Differenzierung beschritten: Das Werk ist vom Grundsatz her so konzipiert, dass Kinder mit unterschiedlichen Voraussetzungen, Interessen und Möglichkeiten *gemeinsam* damit arbeiten können und gleichwohl *individuell* gefördert werden. Die notwendige Differenzierung ergibt sich aufgrund einer Schichtung im Aufbau des Werkes von selbst:

- Das ZAHLENBUCH bietet einerseits eine Grundlage für den Erwerb der Kenntnisse und Fertigkeiten, die für das weitere Lernen notwendig und daher für *alle* Kinder in gleicher Weise verbindlich sind. Die eingebauten Basiskurse „Blitzrechnen" und „Sachrechnen im Kopf" sichern die Basiskompetenzen, die dem unteren Anforderungsniveau zuzuordnen sind. Das Arbeitsheft enthält Übungen des unteren und mittleren Anforderungsniveaus zur Festigung und Vernetzung der Grundlagen. Bereits auf dieser Stufe besteht ein Spielraum bei der Auswahl der Aufgaben, der Wahl der Rechen- und Lösungswege und der Form der Darstellung, der den Kindern in einem gewissen Rahmen eine Selbststeuerung ermöglicht.
- Auf dieser Grundlage bauen Lernangebote auf, die sich ebenfalls an *alle* richten, aber von jedem Kind nach seinen Möglichkeiten individuell wahrgenommen werden können und dürfen. Es handelt sich hier also um eine *Differenzierung vom Kind aus,* nicht um eine Differenzierung von der Lehrperson aus wie bei den üblichen Formen der „inneren" und „äußeren" Differenzierung. Außerhalb der Schule ist diese Form der Differenzierung eine Selbstverständlichkeit. Daher sprechen wir von *„natürlicher Differenzierung"*. Diese Form ist eine originelle Entwicklung des Projekts „mathe 2000" und ein Markenzeichen des ZAHLENBUCHs.

Angebote zur natürlichen Differenzierung, die im ZAHLENBUCH grün unterlegt sind, setzen immer auf der unteren Anforderungsstufe (Basiskompetenzen) an, reichen aber bis in die höchste Anforderungsstufe hinein und verknüpfen die Übung allgemeiner mathematischer Kompetenzen mit der Übung inhaltlicher Kompetenzen. Die Kinder werden bei der Bearbeitung dieser Angebote unterschiedlich weit kommen, was aber kein Problem ist, denn ihre mathematischen Kräfte werden auch dann gesteigert, wenn sie sich mit diesen Angeboten nur auf der unteren Anforderungsstufe befassen. Trotz unterschiedlicher Bearbeitungen ist ein sozialer Austausch möglich, auf den größter Wert gelegt wird. Wenn beispielsweise die Ergebnisse von Rechnungen an der Tafel zusammengetragen werden, damit auf dieser Grundlage Muster erkannt und beschrieben werden, können auch Kinder einbezogen werden und den Anschluss finden, die selbst nur wenige Rechnungen durchgeführt haben.

Beispiel 1:
*Plusquadrate* (Band 1, Seiten 118–119)
Die Übungen beginnen mit Plusquadraten, bei denen aus allen vorgegebenen inneren Zahlen die äußeren Zahlen berechnet werden müssen.

Es folgen Plusquadrate mit inneren Lücken und einigen vorgegebenen äußeren Zahlen.

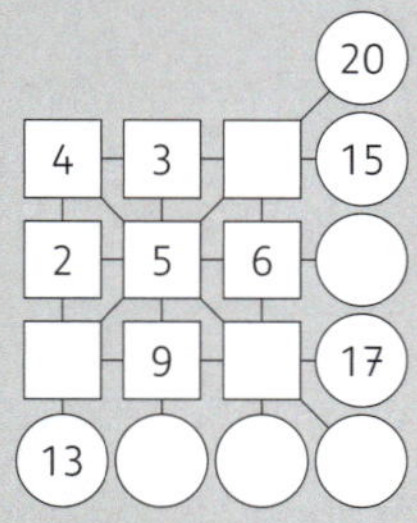


Die höchste Stufe bildet ein Plusquadrat, bei dem nur die äußeren Zahlen vorgegeben sind.

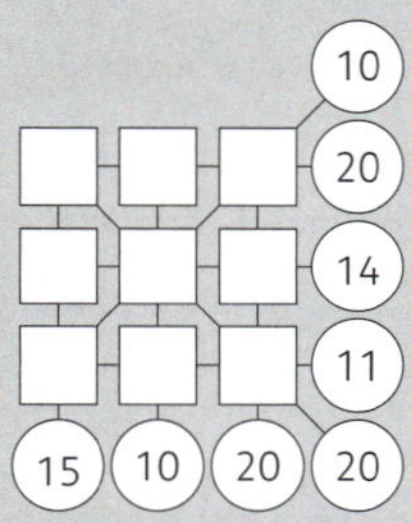


Alle Kinder beginnen bei der unteren Stufe und arbeiten sich soweit nach oben, wie sie können.

Beispiel 2:
*Würfelgebäude* (Band 3, Seiten 90–91)
Diese Doppelseite beginnt mit der Zuordnung von Gebäuden zu Plänen. Es folgen Aufgaben, bei denen alle Gebäude zu finden sind, die auf einem gegebenen Grundriss mit einer bestimmten Anzahl von Würfeln gebaut werden können. Den Schluss bildet eine Gruppenarbeit: Es sollen alle Gebäude gefunden werden, die mit bis zu 4 Würfeln gebaut werden können. Alle Kinder können sich nach ihren Möglichkeiten einbringen.

Das Prinzip von der natürlichen Differenzierung ist von besonderer Bedeutung für die Lösung der wohl größten pädagogischen Herausforderung, vor der die Grundschule steht: den Umgang mit Heterogenität. Die traditionelle Antwort auf diese Herausforderung besteht darin, am „Punkt Null" zu beginnen und den Wissenserwerb der Kinder auf einem unteren bis mittleren Niveau klein- und gleichschrittig zu normieren. Dieser Ansatz, bei dem die Bedürfnisse der leistungsstarken Kinder völlig ignoriert werden, wurde und wird auch heute noch mit dem Argument verteidigt, er komme den schwachen Kindern besonders entgegen. Tatsächlich lernen aber auch und gerade schwache Kinder am besten, wenn ihnen Freiräume gewährt werden. Auch pädagogische Gründe sprechen daher für das Prinzip des aktiv-entdeckenden Lernens, wie es im ZAHLENBUCH realisiert ist. Die Kinder können die reichhaltigen Lern*angebote* im Sinne der natürlichen Differenzierung nach ihren individuellen Voraussetzungen nutzen. Auf diese Weise werden *alle* Kinder bei der Bearbeitung gemeinsamer Themen zusammengehalten. Sowohl Kinder mit Lernschwierigkeiten als auch leistungsstarke Kinder können *aus dem Unterricht heraus* gefördert werden. Spezielle zusätzliche Förderprogramme für schwächere oder begabte Kinder sind – abgesehen von Extremfällen – unnötig. Wie erfolgreich dieser Weg ist, wenn er konsequent beschritten wird, zeigen die Erfahrungen mit dem ZAHLENBUCH unter unterschiedlichsten Bedingungen: Das ZAHLENBUCH findet einerseits großen Zuspruch in Förderschulen und dient andererseits als Anregung für die Förderung mathematisch begabter Kinder.
Es besteht kein Grund zur Sorge, dass die mit aktiv-entdeckendem Lernen verbundene natürliche Differenzierung zu einem Auseinanderfallen der Klasse führen könnte. Durch verbindliche Lernziele, insbesondere den Blitzrechenkurs, wird dafür gesorgt, dass trotz aller individuellen Unterschiede während des Lernprozesses am Ende ein ausreichender gemeinsamer Wissensbestand vorhanden ist.

### Der „alternative Ansatz" zur Förderung von Kindern mit Lernschwierigkeiten

In der alternativen Medizin gelten diejenigen Heilmittel als besonders wertvoll, die nicht spezifisch auf eine bestimmte Körperfunktion wirken, sondern auf die allgemeine Stärkung des gesamten Organismus zielen. Entsprechend besteht der „alternative Ansatz" des ZAHLENBUCHs zur Förderung von Kinder mit Lernschwierigkeiten nicht in spezifischen „Fördermaßnahmen", sondern in einer *unspezifischen* Förderung, die organisch in das Konzept integriert ist. Lernschwierigkeiten können damit an der Wurzel erfasst werden. Folgende Punkte wirken sich bei diesem Ansatz positiv aus:

- Durch eine geeignete Förderung *schon im Kindergartenalter* lassen sich Lernschwierigkeiten vermeiden oder zumindest abmildern. Hierfür steht das ZAHLENBUCH-Frühförderprogramm zur Verfügung. In Zusammenarbeit mit den Kindergärten können damit bereits im Vorfeld wichtige Grundlagen gelegt werden.
- Die im ZAHLENBUCH konsequent verfolgte *Konzentration* auf mathematische Grundideen, die *Beschränkung* auf wenige grundlegende Anschauungs- und Arbeitsmittel und auf eine kleine Zahl wiederkehrender Übungsformate sowie die Benutzung einer schlichten Sprache sind didaktische Maßnahmen, die gerade den schwächeren Kindern das Lernen erleichtern. Der Förderbedarf wird damit generell reduziert.
- Der Blitzrechenkurs stellt ein in den Unterricht eingebettetes *Diagnose- und Förderprogramm* für Kinder mit Lernschwierigkeiten dar, auf das gezielte schulische und außerschulische Fördermaßnahmen unmittelbar zurückgreifen können. Die Rechenkartei „Blitzrechnen" bietet sich hier in besonderer Weise als Fördermaterial an.

### Die Förderung leistungsstarker Kinder

Als „ZAHLEN*muster*-BUCH“ enthält das Werk viele produktive Aufgaben, die über die Übung von Fertigkeiten hinaus Optionen zur selbstständigen Fortsetzung, Variation und Erfindung arithmetischer und geometrischer Muster bieten. In einzelne Aufgaben sind Muster eingebaut, die sogar bis in die höhere Mathematik hineinreichen. Bei den Praxishinweisen zu den einzelnen Schülerbuchseiten werden entsprechende Möglichkeiten aufgezeigt. Leistungsstarke Kinder können das „unerschöpfliche Aufgabenangebot“ des ZAHLENBUCHs nutzen und sich unter Variation vorgegebener Themen mathematische Inseln selbstständig erarbeiten. Eine Förderung dieser Kinder ist somit ebenfalls aus dem normalen Stoff heraus möglich. Diese Besonderheit des ZAHLENBUCHs sollte den leistungsstarken Kindern bewusst gemacht werden, damit sie das Potenzial des Buches *von sich aus* ausschöpfen, ohne ständig von der Lehrerin „Futter“ zu erwarten.

### Unterricht in jahrgangsgemischten Klassen

In altersgemischten Klassen, die bei geringen Schülerzahlen notwendig sind, reicht das Prinzip der natürlichen Differenzierung nicht aus. Dem sehr unterschiedlichen Entwicklungsstand entsprechend müssen daher Lerngruppen gebildet werden, die an unterschiedlichen Stellen des Curriculums, d.h. auch mit anderen Bänden des ZAHLENBUCHs arbeiten. Lerngruppen sind schon deshalb zwingend, weil unterschiedliche mathematische Themen, z.B. das Einspluseins im ersten Schuljahr und das Einmaleins im zweiten Schuljahr, unterschiedliche fachliche Strukturen aufweisen. Natürlich gibt es auch Themen in verschiedenen Klassenstufen, die in enger Beziehung stehen, z.B. das Einspluseins im ersten Schuljahr und die halbschriftliche Addition im zweiten Schuljahr. Aber selbst bei solchen Themen ist den Kindern des jeweiligen Schuljahrs weit besser gedient, wenn sie sich auf ihr Thema konzentrieren. Kinder im ersten Schuljahr sollten z.B. zuerst das Einspluseins im Zwanzigerraum gründlich lernen, bevor sie sich zusammenhängend mit Aufgaben im Hunderterraum befassen. Zu beachten ist auch, dass bei einem fachlich schlüssigen Curriculum verwandte Themen in verschiedenen Schuljahren zu verschiedenen Zeiten behandelt werden.

Bei der Organisation von Lerngruppen zeigt das Konzept des ZAHLENBUCHs seine ganze Stärke:

- Der transparente, schlüssige Aufbau des Werkes in Themenblöcken und die Förderung einer aktiv-entdeckenden Lernhaltung unterstützen zusammen das folgende Klassenmanagement: Jede Lerngruppe wird jeweils in einen thematischen Block eingeführt und angeleitet, die entsprechenden Abschnitte im ZAHLENBUCH und Arbeitsheft soweit wie möglich selbstständig zu bearbeiten. In dem bereitliegenden Lösungsband können die Kinder ihre Lösungen kontrollieren.
- Wie die thematisch strukturierten Inhaltsübersichten der einzelnen Bände des ZAHLENBUCHs deutlich machen, wird in der Arithmetik jeder Zahlenraum in folgender Sequenz behandelt: Orientierung, Einführung von Rechenwegen an einem komplexen Beispiel, einfache Aufgaben, Übergang von einfachen zu schweren Aufgaben, vertiefende Übungen, ergänzende Übungen, Blitzrechenübungen. Weiter kehrt eine kleine Zahl von Übungsformaten ständig wieder. In der Geometrie und im Sachrechnen werden ebenfalls einige wenige Grundideen über die Schuljahre hin entfaltet. Durch diese sich ständig wiederholenden Lehr-/Lernformate wird der Erklärungsbedarf in beträchtlichem Maße reduziert. An den besonders gestalteten Inhaltsübersichten können sich die Kinder diesen Aufbau selbst klar machen und die verschiedenen Bände des ZAHLENBUCHs als Teile einer Reihe verstehen, auf die sie frei zugreifen können.
- Die systematisch wiederkehrenden Lernstrukturen ermöglichen und erleichtern nicht nur den Übergang von einer Lerngruppe zu einer anderen, sondern auch den *informellen* Austausch zwischen den Gruppen, dessen positive Wirkungen nicht unterschätzt werden dürfen. In diesem Sinn können von Zeit zu Zeit sogar Kinder höherer Klassen mit Kindern aus unteren Klassen zusammengeführt werden. Auch der Einsatz von Kindern aus fortgeschrittenen Lerngruppen als Tutoren wird durch den besonderen Aufbau des ZAHLENBUCHs erleichtert.[5]

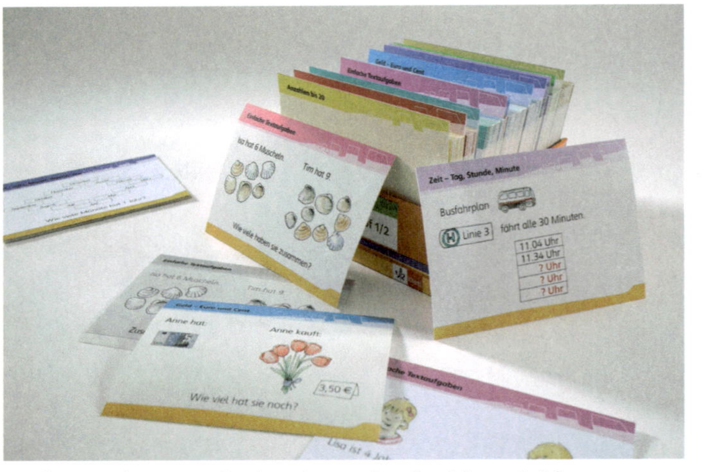


Förderangebot zum Sachrechnen: Der Basiskurs Größen

Förderangebot zur Geometrie: Der Basiskurs Formen

[5] Hinweis: Weitere Einzelheiten zu der Frage „Jahrgangsmischung ja oder nein“ finden sich in der Schrift „Mathematikunterricht in jahrgangsbezogenen und jahrgangsgemischten Klassen – mit dem ZAHLENBUCH“, die vom Ernst Klett Verlag bezogen und in etwas verkürzter Form von der „mathe 2000“- Homepage (www.tu-dortmund/mathe2000) herunter geladen werden kann.

## 5. LERN- UND LEISTUNGSKONTROLLEN

*Kinder werden nicht dadurch größer,*
*dass man sie ständig misst.*
Anonymus

Eltern, Lehrer und Schulbehörden möchten aus unterschiedlichen Gründen wissen, welche Voraussetzungen Kinder zur Schule mitbringen, welche Fortschritte sie machen und inwieweit die vorgesehenen Ziele am Ende von Schuljahren oder Schulstufen erreicht worden sind. Die Kinder möchten auch selbst wissen, wie sie vorangekommen sind und wo sie stehen.
Aus der Sicht der Schulaufsicht sind bei der Lern- und Leistungskontrolle immer zwei Aspekte involviert: *Diagnose* und *Beurteilung* (Benotung). Diese Aspekte werden oft nicht getrennt, was nicht nur deshalb geschieht, weil „Diagnose" in der Außendarstellung freundlicher klingt als „Benotung", sondern weil sich diese Aspekte auch schwer trennen lassen: Auch aus Lernzielkontrollen am Ende der Behandlung eines Stoffabschnitts, die zur Leistungsfeststellung dienen, lassen sich Informationen darüber entnehmen, welche Fertigkeiten im weiteren Unterricht nochmals geübt werden müssen.
Neben Formen der Lern- und Leistungskontrolle, die Teil des Unterrichts sind, spielen externe Formen der Kontrolle, die in den letzten Jahren von den angelsächsischen Ländern unkritisch übernommen wurden, leider eine immer größere Rolle. Bildungspolitiker und Bildungsforscher versprechen sich von national und international organisierten Vergleichstests (VERA, PISA & Co.) eine „Qualitätssicherung" von „Bildungsstandards", obwohl eine sorgfältige Analyse des wahren Bildungsniveaus in diesen Ländern dafür keinerlei Grundlage bietet. Die Autoren des ZAHLENBUCHs beurteilen diese Entwicklung äußerst kritisch.[6] Sie sehen sich aber auch verpflichtet, Lehrerinnen und Lehrern zu helfen, sich mit diesen aufgezwungenen Formen der Lernkontrolle so zu arrangieren, dass inhaltliche Lernfortschritte, die im eigentlichen Interesse der Kinder liegen, möglichst wenig gefährdet werden. Dies soll im Folgenden zuerst kurz aufgezeigt werden, bevor ausführlicher auf sinnvolle Formen der Lernkontrolle eingegangen wird, die organisch in den Lernprozess eingebaut sind und zu einer echten Leistungssteigerung führen (*systemische Qualitätssicherung*).

### Externe Tests

Das ZAHLENBUCH bereitet die Kinder inhaltlich auf externe Tests folgendermaßen vor:

- Die inhaltlichen und allgemeinen Lernziele (Kompetenzen) der Bildungsstandards werden im ZAHLENBUCH gründlich und umfassend behandelt. Ziel dabei ist die Entwicklung von mathematischem Verständnis. Der durchgehende „Blitzrechenkurs" sorgt für sicheres Grundwissen. Aber auch die allgemeinen Lernziele werden umfassend behandelt: Die Kinder lernen, Muster zu entdecken, fortzusetzen und zu begründen, und sie lernen, ihre Überlegungen mündlich und schriftlich zu formulieren. Ein schlüssiger Sachrechenkurs, bei dem die Kinder lernen, Situationen der Lebenswelt mathematisch zu durchdringen, zieht sich systematisch durch alle Bände. Damit wird das volle Spektrum der Bildungsstandards abgedeckt. Alle Arbeitshefte enden mit einer zusammenfassenden Wiederholung der zentralen Lernziele.
- Das ZAHLENBUCH leitet dazu an, Aufgabentexte selbstständig zu erschließen und mathematisch sinnvoll zu bearbeiten.

Zur Vorbereitung auf externe Tests ist es darüber hinaus erforderlich, die Kinder anhand von Beispielaufgaben und Beispieltests auch in Besonderheiten der Bearbeitung von Testaufgaben einzuführen, die mit Mathematik nichts zu tun haben, z.B. in das Ankreuzen von Ergebnissen bei multiple choice-Aufgaben, das Notieren von Ergebnissen am dafür vorgesehenen Platz, evtl. auch das Arbeiten unter scharfer Zeitbegrenzung, das Vorziehen von Aufgaben, die man schnell versteht und lösen kann. Diese Vorbereitung muss nebenher geleistet werden, sie darf nicht zu Lasten der eigentlich wichtigen systemischen Formen der Lernkontrolle gehen, die im Folgenden ausführlich erläutert werden.

### Eingangstests

Vor Beginn einer neuen Schulstufe werden Eingangstests benutzt, um sich ein erstes Bild von den Kindern zu machen, den eventuell nötigen Förderbedarf einzuschätzen oder über die Zuordnung zu bestimmten Lerngruppen zu entscheiden. ZAHLENBUCH-konforme Eingangstests, die auf die *arithmetischen und geometrischen Grundideen* zugeschnitten sind, finden sich im Materialband 1. Der Aufwand von Eingangstests lohnt sich besonders, wenn genügend Ressourcen vorhanden sind, um anschließend eventuell erforderliche Fördermaßnahmen durchzuführen.

Unabhängig davon wird im ZAHLENBUCH die Eintrittsschwelle schon für die ersten Lernangebote so niedrig angesetzt, dass auch Kinder mit geringen Vorkenntnissen mitmachen und mitlernen können. Die Beobachtung der Kinder im laufenden Unterricht zeigt, wer sich bei bestimmten Aufgaben schwer tut und besonders gefördert werden muss, und diese Förderung kann zwanglos in den weiteren Unterricht eingebaut werden.
Generell ist den Kindern am besten gedient, wenn schon vor der Schule im Kindergarten das ZAHLENBUCH-Frühförderprogramm umgesetzt wird. Dann kann begründet festgestellt werden, ob ein Kind die Voraussetzungen für die Einschulung hat, und zwar allein aufgrund seines Verhaltens bei den Spielen und Bauanleitungen des Programms. Hier sind keine besonderen Tests erforderlich.
Für Kinder, die sich langsamer entwickeln, ist es sicherlich besser, wenn sie später eingeschult werden. Die Festsetzung von Stichtagen für die Einschulung, wie das immer mehr Bundesländer praktizieren, halten wir für sehr problematisch.[7]

### Standortbestimmungen

Zu Beginn der Behandlung zentraler Themen sollte jeweils eine Standortbestimmung durchgeführt werden. Dabei wird den Kindern zuerst an Beispielen klar gemacht, um welche Aufgaben es geht. Die Kinder werden dann aufgefordert, Aufgaben, „die sie schon können", schriftlich zu bearbeiten. Die Analyse der Bearbeitungen liefert wertvolle Anhaltspunkte für den weiteren Unterricht.

---

[6] s. dazu die Dokumentation der VERA-Kontroverse auf der „mathe 2000"-Homepage www.tu-dortmund.de/mathe2000

[7] s. dazu Puhani, P.A. & Weber, A. (2008) Does the early bird catch the worm? The economics of education and training. Heidelberg: Physica-Verlag, S. 105-132. In dieser sorgfältig durchgeführten empirischen Studien wird nachgewiesen, dass sich eine spätere Einschulung langfristig sehr positiv auf den Schulerfolg auswirkt.

Beispiel:
Als „Ortungsaufgaben“ für den ganzheitlichen Einstieg in das erste Rahmenthema „Entwicklung des Zahlbegriffs“ im Band 1 des ZAHLENBUCHs bieten sich z. B. folgende Aufgaben an, die zuvor an entsprechenden Beispielen erläutert werden müssen:
- Schreibe die Zahlen der Reihe nach auf, soweit du möchtest.
- Schreibe große Zahlen und die größte Zahl auf, die du schon kennst.
- Male zu einigen Zahlen Mengen mit so vielen Dingen, wie die Zahl angibt.

***Diagnostische Tests***
Differenzierte Einblicke *in den Verlauf von Lernprozessen*, aus denen sich differenzierte Hinweise für die Hilfe zur Selbsthilfe, insbesondere zur Überwindung von Fehlern ergeben, erhält man *mit dem geringsten Aufwand und am besten* während des Unterrichts: im Gespräch mit den Kindern anhand der Bearbeitung von Aufgaben an der Tafel oder im Heft. Diese schlichte Erkenntnis hat Howard Fehr bereits vor 50 Jahren mustergültig formuliert:[8]

*Während des Unterrichts müssen die Überlegungen der Kinder ständig beobachtet und bewertet werden. Schriftliche Tests reichen hierfür nicht aus. Häufige mündliche Erklärungen [der Kinder] bilden eine bessere Grundlage, um das Verständnis zu überprüfen. Aber im Hinblick auf den Lernprozess ist es noch wichtiger, dass die Kinder aus eigenem Antrieb und unter Führung der Lehrkraft ihren Lernfortschritt ständig selbst einschätzen, ihre eigenen Stärken und Schwächen erkennen und durch aus dem Unterricht erwachsene Tests erkennen, wo sie stehen, und selbst die Hilfe anfordern, die sie benötigen. Wir müssen die Kinder mehr und mehr dazu bringen, selbst Verantwortung für ihre Lernfortschritte zu übernehmen.*

Kinder müssen immer wieder aufgefordert werden, ihre Rechen- und Lösungswege zu erklären und ihre Überlegungen zu begründen. Sie werden dabei umso mehr aus sich herausgehen, je mehr sie darauf vertrauen können, dass *im Verlauf von Lernprozessen keine Leistungsbewertung* stattfindet. Bei Einführung eines neuen Themas ist im Interesse einer frühen Diagnose von Schwierigkeiten die gründliche Besprechung weniger typischer Aufgaben wichtiger als die Bearbeitung vieler Aufgaben.
Zusätzliche diagnostische Tests sind auch aus folgendem Grund überflüssig: Es ist von vorneherein klar, dass Schwierigkeiten der schwächeren Kinder auf der mangelnden Beherrschung von Basiskompetenzen beruhen. Das liegt in der Natur von Basiskompetenzen. Im Blitzrechenkurs, der für alle Kinder verbindlich ist, werden die Basiskompetenzen aber ohnehin geübt, ganz unabhängig davon, ob diagnostische Tests einen Förderbedarf signalisieren oder nicht. Wenn Blitzrechnen geübt wird, sieht man, wo die Kinder noch Schwächen haben, und kann gezielt fördern (s. das obige Zitat und die Ausführungen zum Blitzrechenkurs im vorhergehenden Abschnitt).

[8] Fehr, H. (1953): A philosophy of arithmetic instruction. Nachgedruckt in Arithmetic Teacher 36 (1988), 437–441

***Ergebniskontrollen***
Weniger aussagekräftig als Rückmeldungen zu Lösungswegen, aber dafür viel einfacher zu geben, sind Rückmeldungen zu Ergebnissen. Hierfür ist eine Unterscheidung zu beachten, auf die schon Wilhelm Oehl mit aller Klarheit hingewiesen hat:[9]

*[Wir müssen] zwischen Fremdkontrolle und Selbstkontrolle unterscheiden. Sagt der Lehrer dem Schüler: „Diese Aufgabe ist falsch“, so handelt es sich einwandfrei um Fremdkontrolle. Aber auch in allen andern Fällen, in denen irgendein Hilfsmittel, etwa ein Ergebnisheft oder eine Prüfzahl ... dem Schüler sagt: „Diese Aufgabe ist falsch“, haben wir es mit Fremdkontrolle zu tun. Das richtige Ergebnis (im Ergebnisheft) oder die Prüfzahl sind von einem „Fremden“ gegeben worden. Handelt es sich um eine Aufgabe aus dem praktischen Leben oder irgendeine Aufgabe, die außerhalb des Rechenbuchs gestellt wurde, so entfallen solche Hilfen; der Schüler muß jetzt durch eigenes Nachdenken, durch eigenes Anwenden mathematischer Hilfsmittel die Entscheidung treffen: falsch oder richtig. Selbstkontrolle ist immer Individualkontrolle ohne jede fremde Hilfe. Die echte Selbstkontrolle muß auf jede Aufgabe in gleicher Weise anwendbar sein und nicht nur auf die Aufgaben des Rechenbuches. Diese begriffliche Klarstellung ist notwendig, weil sich in den zurückliegenden Jahren Kontrollmethoden in unseren Schulen unter dem anspruchsvollen Etikett „Selbstkontrolle“ (Prüfzahlen) eingebürgert haben, die in Wirklichkeit Fremdkontrollen sind. ... Die Selbstkontrolle verlangt von ihrem Begriff her eine erhöhte geistige Urteilskraft. Ich soll mathematische Beziehungen kontrollieren, d. h. doch, ich soll von einem übergeordneten Standpunkt aus, kraft meiner Einsicht in die Zusammenhänge, ein gültiges Urteil über richtig oder falsch abgeben. Jeder Kontrolle muß ein Denkakt zugrunde liegen, die die Kontrollmaßnahmen auslöst.*

Da das ZAHLENBUCH auf die Entwicklung von Verständnis ausgerichtet ist, wird die *echte* Selbstkontrolle besonders betont. Die Kinder werden angeleitet, Beziehungen zu anderen ähnlich strukturierten Aufgaben herzustellen, ihre Ergebnisse abzuschätzen, sich mit anderen Kindern auszutauschen und auf Arbeitsmittel zurückzugreifen. Das ZAHLENBUCH unterstützt diese auf Eigenverantwortung zielenden Formen der Selbstkontrolle dadurch, dass in viele Aufgaben Muster eingebaut sind, deren Störung auf Fehler hinweist.

Beispiel 1:
Band 1, Seite 62, Aufgaben 6 und 7

Aufgabe 6

| | | | |
|---|---|---|---|
| 9 – 5 | 12 – 5 | 12 – 11 | 18 – 8 |
| 10 – 5 | 7 – 5 | 12 – 1 | 18 – 9 |
| 10 – 4 | 8 – 5 | 12 – 12 | 13 – 5 |

Aufgabe 7

| | | | |
|---|---|---|---|
| 10 – 6 | 12 – 6 | 9 – 8 | 20 – 10 |
| 9 – 6 | 10 – 3 | 9 – 9 | 12 – 10 |
| 11 – 6 | 18 – 10 | 14 – 3 | 10 – 1 |

Jede Zahl von 0 bis 11 kommt genau einmal als Ergebniszahl vor.

[9] Oehl, W. (1962): Der Rechenunterricht in der Grundschule. Hannover: Schroedel, S. 33–34

Beispiel 2:
Band 2, Seite 101, Aufgabe 10

| | | | | | |
|---|---|---|---|---|---|
| 2 · 2 | 3 · 3 | 4 · 4 | 5 · 5 | 6 · 6 | 7 · 7 |
| 1 · 3 | 2 · 4 | 3 · 5 | 4 · 6 | 5 · 7 | 6 · 8 |

Die Ergebnisse der Aufgabenpaare unterscheiden sich immer um 1.

Beispiel 3:
Band 3, Seite 84, Aufgabe 1

Lege mit den Ziffernkarten 1 2 3 4 5 6 zwei dreistellige Zahlen und berechne die Summe.
Bilde immer vom Ergebnis die Quersumme. Kontrolliere: Alle Ergebnisse haben die Quersumme 12 oder 21.

Beispiel 4:
Band 4, Seite 67, Aufgabe 9

Start → Ziel

$4\,000 \xrightarrow{\cdot 10} 40\,000 \xrightarrow{:2} 20\,000$

Start → Ziel

$4\,000 \xrightarrow{\cdot 5} 20\,000$

Starte auch mit 1400, 1600, 2100, 2800, 3200, 4300.

Gleiche Startzahlen ergeben gleiche Zielzahlen, da die Verkettung einer Multiplikation mit 10 mit einer Division durch 2 äquivalent ist zur Multiplikation mit 5.

In gewissem Umfang sind im Unterricht natürlich auch Formen der äußeren Kontrolle notwendig. Dies gilt z. B. für das Blitzrechnen, wo die Kinder schnelle Rückmeldungen auf ihre Antworten erhalten *müssen*. Auf den Rückseiten der Rechenkarten und auf den Aufgabenblättern der Rechenkartei „Blitzrechnen" sind daher die Lösungen eingetragen, auf der CD-ROM „Blitzrechnen" werden falsche Ergebnisse vom Computer nicht angenommen. Auch die Ergebnisse von Rechnungen, denen keine hilfreichen Muster zugrunde liegen, müssen kontrolliert werden. Dem Vorschlag von Wilhelm Oehl folgend werden daher zum Schülerbuch und zum Arbeitsheft Lösungsbände angeboten, anhand derer die Kinder ihre Rechnungen selbst kontrollieren können. In altersgemischten Klassen erleichtert dies das Klassenmanagement ganz erheblich.

### *Interne Kompetenztests*

Schriftliche Arbeiten zur Leistungsbewertung haben ihren Platz *am Ende von Lernabschnitten*, wenn der betreffende Stoff gründlich behandelt worden ist und die Kinder damit vertraut sind. Solche Tests sollten so konstruiert sein, dass alle Anforderungsbereiche abgedeckt werden. Als Vorbild dienen die Kompetenztests im Materialband. Wie an diesen Beispielen zu sehen ist, umfassen diese Kontrollen aus gutem Grund Aufgaben, die von den Kindern in ähnlicher Form schon bearbeitet worden sind. Eine Leistungsbeurteilung mit Aufgaben, die eigens zur Leistungsbeurteilung konstruiert sind, ist widersinnig.

Beachtet werden muss, dass sich der Leistungsstand von Kindern mit schriftlichen Tests allein nicht ausreichend ermitteln lässt. Kinder können in der Regel mehr, als sie in schriftlichen Tests zeigen können. Es sind daher weitere Formen von Leistungsnachweisen nötig. Aktiv-entdeckende und soziale Arbeitsformen bieten den Kindern vielfältige Möglichkeiten, ihr Können zu zeigen: in mündlichen Tests (Blitzrechenpass), in mündlichen oder schriftlichen Beiträgen zum Unterricht (insbesondere an der Tafel), in der schriftlichen Bearbeitung von Aufgaben im Heft oder auf Arbeitsblättern, oder anhand materieller Produkte, die im Unterricht hergestellt wurden. Die zuletzt genannte Form von Leistungsnachweis ist besonders für geometrische Themen wichtig, die sich schriftlich nicht angemessen prüfen lassen.

Diese Formen der Lernkontrolle haben den unschätzbaren Vorteil, dass der Vertrauensschutz gewahrt ist: Es wird nur getestet, was die Kinder gelernt haben, und zwar anhand von Aufgabenformaten, die den Kindern bekannt sind. Dies entspricht der normalen Praxis im Arbeitsleben, wo in aller Regel eine gewisse Zeit für die Einarbeitung in neue Aufgaben eingeräumt wird, bevor Leistungen verlangt werden.

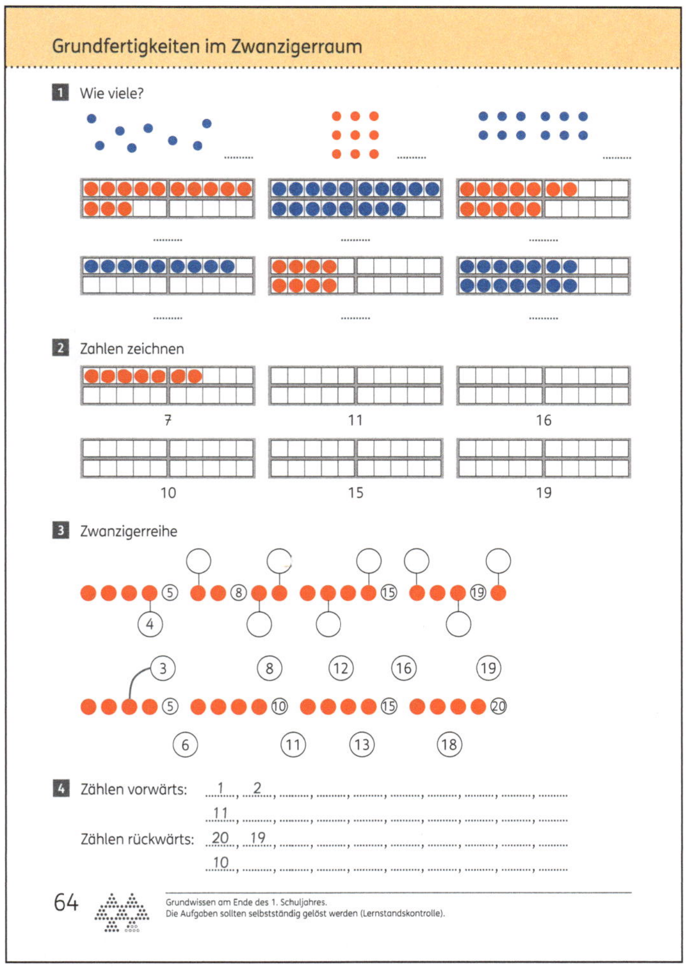


Wiederholung von Grundkenntnissen am Ende des 1. Schuljahres

# Übersicht über die Blitzrechenübungen

**Wie viele?**
(→ Schülerbuch, Seite 17)
Auf dem Tisch wird eine kleine Anzahl (bis zu 10) Plättchen gelegt, das Kind hält die Augen dabei geschlossen. Dann öffnet es die Augen und bestimmt die Anzahl, möglichst ohne zu zählen. Die Anordnung der Plättchen in Mustern (z. B. Würfel-Fünf) ist hilfreich.

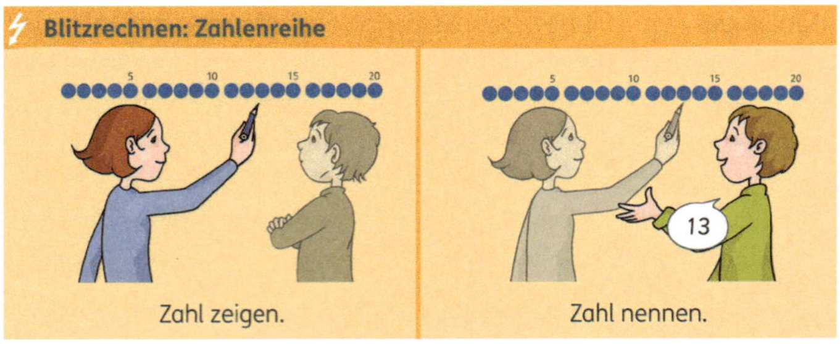


**Zahlenreihe**
(→ Schülerbuch, Seite 30)
Grundlage ist eine in Fünfer gegliederte Reihe von 20 Plättchen. Beziffert sind nur die Plättchen 5, 10, 15 und 20. Das Kind nennt die Zahl, die sich hinter dem gezeigten Plättchen verbirgt. In die Abfolge der Aufgaben kann man Beziehungen einbauen, z. B. 6 und 16 oder 6 und 11.

**Zerlegen**
(→ Schülerbuch, Seite 36)
Grundlage ist eine gegliederte Reihe von bis zu 9 Plättchen. Die Reihe wird mit einem Stift in zwei Teile gelegt. Die Anzahl der Plättchen links davon wird genannt. Das Kind bestimmt die Anzahl der Plättchen rechts davon.
Variante: Das Kind nennt die Anzahlen beider Teile als Plusaufgabe.

**Immer 10/Immer 20**
(→ Schülerbuch, Seiten 40, 41)
**a)** Grundlage für diese Übung ist das Zwanzigerfeld, bei dem die erste Reihe mit roten, die zweite mit blauen Plättchen gefüllt ist. Bei der Übung „Immer 10" bleibt die zweite Reihe abgedeckt. Mit einem Stift wird die rote Reihe in zwei Teile zerlegt und der erste Summand genannt. Das Kind nennt die gesamte Zerlegung.

**b)** Bei der Übung „Immer 20" wird mit einem Stift in der zweiten Reihe eine Zahl zwischen 10 und 20 gezeigt und genannt. Das Kind nennt die zugehörige Zerlegung von 20.

**Verdoppeln**
(→ Schülerbuch, Seite 49)
Am Zwanzigerfeld ist die erste Reihe mit roten, die zweite mit blauen Plättchen belegt. Mit einem Papier wird rechts ein Stück abgedeckt, und es wird die Anzahl der sichtbaren roten Plättchen genannt. Das Kind nennt die Anzahl aller sichtbaren Plättchen. Die Aufgabe 5 + 5 = 10 ist dabei hilfreich.

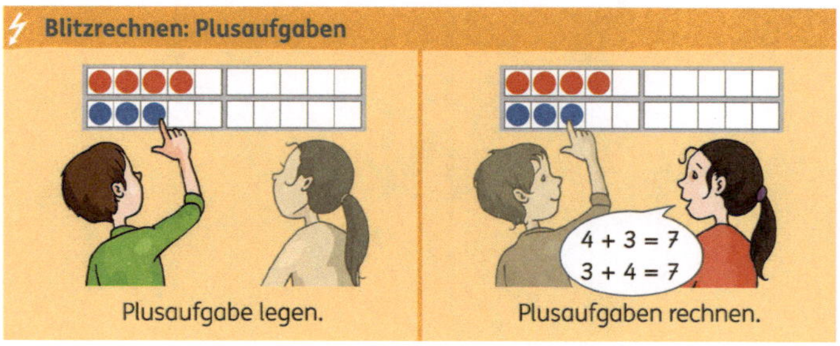

Plusaufgabe legen. Plusaufgaben rechnen.

**Plusaufgaben**
(→ Schülerbuch, Seite 55)
Am leeren Zwanzigerfeld werden rote und blaue Plättchen gelegt. Das Kind bestimmt die Summe. Um den Legeaufwand zu verringern, sollten die Aufgaben fortlaufend abgewandelt werden. Aus 4 + 3 kann man z. B. die Aufgaben 4 + 4, 5 + 4, 5 + 2 machen. Auf diese Weise werden die Aufgaben beziehungsreich gelernt.

Minusaufgabe legen. Minusaufgabe nennen und rechnen.

**Minusaufgaben**
(→ Schülerbuch, Seite 63)
Am Zwanzigerfeld wird eine Anzahl blauer Plättchen gelegt, und dann werden einige Plättchen etwas weiter weg gerückt („minus"). Das Kind bestimmt die Anzahlen aller und der weggenommenen Plättchen und rechnet die zugehörige Minusaufgabe. Auch diese Aufgaben sollten fortlaufend abgewandelt werden.

Zahl mit Stift zeigen. Plus- und Minusaufgabe rechnen.

**Kraft der Fünf**
(→ Schülerbuch, Seite 73)
Wie bei Übung „Zahlenreihe" wird die gegliederte Zwanzigerreihe mit den Stützzahlen (0), 5, 10, 15 und 20 verwendet. Eine Zahl von Plättchen wird abgetrennt (im Bild 12). Das Kind muss diese Zahl durch eine Plus- und eine Minusaufgabe zur vorhergehenden bzw. nachfolgenden Stützzahl in Beziehung setzen.

Zahl zeigen und nennen. Zahl halbieren.

**Halbieren**
(→ Schülerbuch, Seite 99)
Diese Übung hat große Ähnlichkeit mit der Übung „Verdoppeln" und basiert auf der gleichen Grundlage. Mit einem Stück Papier wird ein Stück der Zwanzigerreihe abgetrennt und die Anzahl aller sichtbaren Plättchen genannt. Das Kind nennt die Anzahl der roten Plättchen (die Hälfte).

Schritte vorgeben. In Schritten zählen.

Aufgabe zeigen und nennen. Ergebnis nennen.

**Zählen in Schritten/Mini-Einmaleins**
(→ Schülerbuch, Seiten 100, 115)
**a)** Auf der Zwanzigerreihe mit den Stützzahlen 5, 10, 15, 20 muss das Kind nach Vorgabe in Zweier-, Dreier-, Vierer- oder Fünfer-Schritten vorwärts oder rückwärts zählen. Dies ist eine sehr gute Vorübung für das Mini-Einmaleins.

**b)** Unter „Mini-Einmaleins" versteht man die Aufgaben von 1 • 1 bis 5 • 5. Am 5 • 5-Feld werden solche Aufgaben mit einem Winkel gelegt und benannt. Das Kind bestimmt das Ergebnis, wobei es die Kenntnisse von anderen Übungen anwenden kann.
Beispiel: 2 Dreier = 6 (Verdoppeln), 6 + 3 = 9 (Plusaufgaben). Also 3 Dreier = 9.

mathe 2000

# Das Zahlenbuch 1

## Materialband

von Erich Ch. Wittmann und Gerhard N. Müller

Kompetenztests von Andreas Moritz
GI-Eingangstests von Theresa Deutscher

Ernst Klett Verlag
Stuttgart · Leipzig

# Inhalt

Die mathematischen Vorerfahrungen der Schulanfänger sind für eine auf die Klasse abgestimmte Unterrichtsgestaltung maßgeblich. Mittels Eingangstests lässt sich vor bzw. bei Schuleintritt ein Überblick der Lernstände der Kinder erhalten. Hiervon lassen sich entsprechende Anknüpfungspunkte für den Unterricht ableiten, der konkrete Förderbedarf der Kinder steht dabei im Mittelpunkt.

Zum Konzept des ZAHLENBUCHs passend wurden Eingangstests entwickelt, die von den *Grundideen* der Arithmetik und Geometrie (vgl. Begleitband 1, S. 160/161) abgeleitet sind. Sie heißen daher „GI-Eingangstests", kurz „GI-Tests". Mit dem GI-Test Arithmetik können elementare Zahlenvorkenntnisse der Schulanfänger erhoben werden, grundlegende geometrische Vorerfahrungen der Kinder lassen sich mit dem GI-Test Geometrie ermitteln. Die GI-Tests sind mündliche Tests, die in Form klinischer Interviews durchgeführt werden.

Die Langversionen der GI-Tests bestehen aus jeweils sieben Aufgabenblöcken, welche sich aus besonders aussagekräftigen Aufgaben zu den sieben Grundideen der Arithmetik und der Geometrie zusammensetzen:

**Aufgabenblöcke des GI-Tests Arithmetik:**
1) Zahlenreihe
2) Rechnen, Rechengesetze, Rechenvorteile
3) Zehnersystem
4) Rechenverfahren
5) Arithmetische Gesetzmäßigkeiten und Muster
6) Zahlen in der Umwelt
7) Kleine Sachaufgaben

**Aufgabenblöcke des GI-Tests Geometrie:**
1) Geometrische Formen und ihre Konstruktion
2) Operieren mit Formen
3) Koordinaten
4) Maße
5) Geometrische Gesetzmäßigkeiten und Muster
6) Formen in der Umwelt
7) Kleine Sachsituationen

Somit wird gewährleistet, dass ein inhaltlich umfassendes Bild der Fähigkeiten der Kinder erhoben wird. Das ist deshalb wichtig, weil sich die individuellen Vorerfahrungen der Kinder in den verschiedenen Inhaltsbereichen durchaus auf unterschiedlichem Niveau befinden können.

Die Langversionen der GI-Tests wurden im Rahmen einer Studie mit 108 Schulanfängern (vgl. Deutscher 2012) bearbeitet und erprobt und liegen mit umfangreichem Begleit- und Durchführungsmaterial im Programm „mathe 2000" als eigenes Heft vor: Die GI-Schuleingangstests Mathematik: Vorkenntnisse feststellen und nutzen. Stuttgart: Klett (ISBN 978-3-12-201644-9).

Den eisernen Kern der GI-Tests repräsentieren Minimalversionen, die auf den folgenden Seiten beschrieben werden.
Um die Aufgaben auch bei diesen Kurzversionen möglichst weitgehend durch Material zu unterstützen, den Durchführungsaufwand aber so gering wie möglich zu halten, werden gängige Materialien verwendet: Wendekarten, Wendeplättchen und Münzen. Für den Geometrietest stehen Aufgabenblätter als Kopiervorlage zur Verfügung. Die restlichen benötigten Materialien (Stift, Schnüre, Holzstück, Lineal, Kugel, Zylinder und Quader) sind ebenfalls leicht zugänglich.
Die Lehrperson dokumentiert während der Testdurchführung die Aufgabenlösungen und wesentliche Vorgehensweisen der Kinder. Die Ergebnisse werden auf Auswertungsbögen entweder für ein einzelnes Kind (Arithmetiktest S. 5, Geometrietest S. 15) oder für mehrere Kinder einer Lerngruppe (Arithmetiktest S. 6/7, Geometrietest S. 16/17) festgehalten. Eine Auswertung und darauf abgestimmte Fördermaßnahmen können somit im Anschluss folgen.

Das Ziel bei der Durchführung der Eingangstests ist zu erfahren, *was* ein Kind schon kann, *wie* es vorgeht und *wobei* es noch Schwierigkeiten hat. Aus den Testergebnissen lässt sich in etwa abschätzen, ob ein Kind zusätzlichen Förderbedarf hat und in welchen Inhaltsbereichen es selbstständig lernen kann.

Wir lassen offen, ob die Antworten der Kinder nur quantitativ oder auch qualitativ ausgewertet werden, machen allerdings kein Hehl daraus, dass qualitative Einschätzungen der Vorerfahrungen von Schulanfängern nach unseren Erfahrungen für den Unterricht viel aufschlussreicher sind als irgendwelche Punktzahlen. Wer trotzdem an Punktzahlen festhalten möchte, kann das mit den beigefügten Bewertungsschlüsseln tun. Die Vorstellung, dass über Eingangstests Druck auf die mathematische Frühförderung in der Weise erzeugt werden könnte, dass auf die Steigerung von Punktzahlen bei Tests hingearbeitet wird, ist uns allerdings ein Gräuel. Wir bitten dringend, mit den GI-Tests diskret und verantwortungsbewusst umzugehen.

---

Deutscher, Theresa (2012): Arithmetische und geometrische Fähigkeiten von Schulanfängern. Eine empirische Untersuchung unter besonderer Berücksichtigung des Bereichs Muster und Strukturen. Wiesbaden: Vieweg.

## DER GI-TEST ARITHMETIK (MINIMALVERSION)

### *Block 1: Zahlenreihe*

*Aufgabe 1a: Zählen*

*„Kannst du denn schon zählen?“* Wenn das Kind nicht von selbst zu zählen beginnt, fordert man es dazu auf: *„Fang doch einfach mal an.“* Fängt es nicht an zu zählen, beginnt man selbst: *„1, 2, 3, ...“* und ermuntert das Kind zum Weiterzählen. Wenn das Kind das Zählen stoppt, fragt man: *„Wie geht es weiter?“* Wenn das Kind gestoppt werden muss, weil es sehr weit zählt, fragt man: *„Wie weit kannst du denn zählen?“*

*Aufgabe 1b: Zahlen lesen und zeigen*

Material: Wendekarten

Vor dem Kind liegen ungeordnet die Wendekarten von 1 bis 12, davon etwas abgesetzt die weiteren Karten von 13 bis 20. Die Wendekarte 5 wird gezeigt: *„Wie heißt diese Zahl?“* ... Die 9 wird gezeigt: *„Und diese?“* ... Die 12 wird gezeigt: *„Und diese?“*
*„Zeige mir auch die 7.“* ... *„Und die 14.“* ... *„Und die 20.“*

*Aufgabe 1c: Zahlvorgänger*

Material: Wendekarten

Die Wendekarten werden von 15 aus rückwärts bis 9 gelegt: *„Welche Zahl kommt hiervor?“*

### *Block 2: Rechnen, Rechengesetze, Rechenvorteile*

*Aufgabe 2a: Anzahl*

Material: Wendeplättchen

5 Plättchen werden vor das Kind gelegt: *„Wie viele Plättchen sind das?“* ... 8 Plättchen werden als Doppelreihe (4 + 4) vor das Kind gelegt: *„Und wie viele sind das?“* ... Die Plättchen werden wieder weggenommen. *„Versuche doch mal, 9 Plättchen zu legen.“* ... *„Wie viele musst du dazu legen, damit es 10 sind?“*

### *Block 3: Zahlen in der Umwelt*

*Aufgabe 3a: Münzen benennen und vergleichen*

Material: Münzen (5 Cent, 50 Cent, 2 Euro)

Vorgelegt werden die Münzen 5 Cent, 50 Cent und 2 Euro: *„Welche dieser Münzen kennst du schon?“* ... Die 50-Cent- und die 2-Euro-Münze werden herausgenommen und das Kind wird gefragt: *„Welche Münze ist mehr wert?“*

### *Block 4: Kleine Sachaufgaben*

*Aufgabe 4a: Spielzeugautos*

*„Du hast 4 Spielzeugautos. Ein Freund schenkt dir noch 2 Spielzeugautos dazu. Wie viele Spielzeugautos hast du dann insgesamt?“*

### *Varianten des GI-Tests Arithmetik*

Selbstverständlich sind auch freiere Formen der Ermittlung der Zahlenvorkenntnisse von Schulanfängern möglich. Inwieweit ein Kind zählen, Zahlen lesen, Anzahlen bestimmen sowie mit Zahlen in der Umwelt umgehen kann, lässt sich z. B. auch feststellen, wenn man mit dem Kind den Band 1 „Spielen und Zählen“ des „Kleinen Zahlenbuchs“ betrachtet, da in diesem Buch genau solche Situationen mit Zahlen vorkommen. Die Fähigkeit des Vorwärts- und Rückwärtszählens kann auch anhand der Seitenzahlen durch Vor- und Zurückblättern im Buch festgestellt werden. Im Gespräch über das „Kleine Zahlenbuch“ kann auch ein Eindruck über das Sachwissen und die sprachliche Ausdrucksfähigkeit eines Kindes gewonnen werden.

### *Quantitative Auswertung des GI-Tests Arithmetik (Minimalversion)*

Bei der Durchführung des Tests und der genauen Analyse der Ergebnisse bei 108 Schulanfängern (Deutscher 2012) wurden folgende Prozentwerte an richtigen Lösungen ermittelt, die eine Einschätzung der Schwierigkeit der einzelnen Aufgaben ermöglichen und als Richtwerte für die Einordnung der Fähigkeiten eines Kindes dienen.

| **Aufgabe** | 1a | 1b | 1c | 2a | 3a | 4a |
|---|---|---|---|---|---|---|
| **max. Punktzahl** | 4 | 6 | 1 | 4 | 4 | 1 |
| **durchschnittliche Prozentzahl der Schulanfänger, die diese Aufgabe lösen können** | *Zählen*<br>bis 5: 100%<br>bis 10: 100%<br>bis 20: 83%<br>über 20: 78% | *Zahlen lesen*<br>5: 97%<br>9: 85%<br>12: 65%<br>*Zahlen zeigen*<br>7: 93%<br>14: 83%<br>20: 73% | *Zahlvorgänger*<br>von 9: 75% | *Anzahl*<br>5 bestimmen: 94%<br>8 bestimmen: 69%<br>9 legen: 86%<br>zu 10 ergänzen: 82% | *Münzen benennen*<br>5 Cent: 64%<br>50 Cent: 44%<br>2 Euro: 82%<br>*Münzen vergleichen* (50 Cent und 2 Euro): 59% | *Spielzeugautos*<br>„4 + 2“ Autos: 72% |

Die maximale Punktzahl beträgt 20 Punkte.

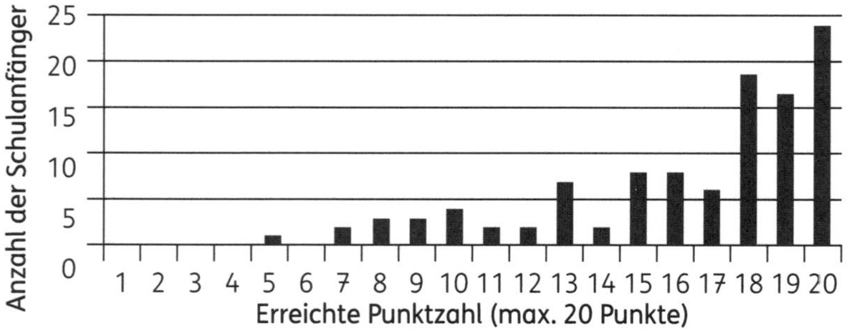


Diese Verteilung der Punktzahlen zeigte sich bei den 108 Schulanfängern der genannten Studie.

Deutscher, Theresa (2012): Arithmetische und geometrische Fähigkeiten von Schulanfängern. Eine empirische Untersuchung unter besonderer Berücksichtigung des Bereichs Muster und Strukturen. Wiesbaden: Vieweg.

## AUSWERTUNGSBOGEN GI-TEST ARITHMETIK (MINIMALVERSION)

Name .................................................................................................. geb. ............................ Datum ............................

**Block 1: Zahlenreihe**

Material: Wendekarten

| a. Zählen | unter 5 | bis 5 | bis 10 | bis 20 | über 20 |
|---|---|---|---|---|---|
| Punktzahl | 0 | 1 | 2 | 3 | 4 |

| b. Zahlen lesen | 5 | 9 | 12 | Zahlen zeigen | 7 | 14 | 20 |
|---|---|---|---|---|---|---|---|
| Punktzahl | 1 | 1 | 1 | | 1 | 1 | 1 |

| c. Zahlvorgänger | Zahlvorgänger von 9 mit Wendekarte legen |
|---|---|
| Punktzahl | 1 |

erreichte Punktzahl: ________/11

**Block 2: Rechnen, Rechengesetze, Rechenvorteile**

Material: Wendeplättchen

| a. Anzahl | 5 bestimmen | 8 bestimmen | 9 legen | zu 10 ergänzen |
|---|---|---|---|---|
| Punktzahl | 1 | 1 | 1 | 1 |

erreichte Punktzahl: ________/4

**Block 3: Zahlen in der Umwelt**

Material: Münzen (5 Cent, 50 Cent, 2 Euro)

| a. Münzen benennen und vergleichen | 5 Cent | 50 Cent | 2 Euro | Was ist mehr wert: 50 Cent oder 2 Euro? |
|---|---|---|---|---|
| Punktzahl | 1 | 1 | 1 | 1 |

erreichte Punktzahl: ________/4

**Block 4: Kleine Sachaufgaben**

Material: -

| a. Spielzeugautos | „4 + 2“ Autos |
|---|---|
| Punktzahl | 1 |

erreichte Punktzahl: ________/1

erreichte Punktzahl insgesamt: ________/20

## AUSWERTUNGSBOGEN GI-TEST ARITHMETIK (MINIMALVERSION, KLASSENAUSWERTUNG)

Klasse ..................................................... Datum .....................................................

Material: Wendekarten, Wendeplättchen, Münzen (5 Cent, 50 Cent, 2 Euro)

| Name | 1a. Zählen | | | | | 1b. Zahlen | | | | | | 1c. Zahlvorgänger von 9 mit Wendekarte legen |
|---|---|---|---|---|---|---|---|---|---|---|---|---|
| | | | | | | lesen | | | zeigen | | | |
| | unter 5 | bis 5 | bis 10 | bis 20 | über 20 | 5 | 9 | 12 | 7 | 14 | 20 | |
| | | | | | | | | | | | | |
| | | | | | | | | | | | | |
| | | | | | | | | | | | | |
| | | | | | | | | | | | | |
| | | | | | | | | | | | | |
| | | | | | | | | | | | | |
| | | | | | | | | | | | | |
| | | | | | | | | | | | | |
| | | | | | | | | | | | | |
| | | | | | | | | | | | | |
| | | | | | | | | | | | | |
| | | | | | | | | | | | | |
| | | | | | | | | | | | | |
| | | | | | | | | | | | | |
| | | | | | | | | | | | | |
| | | | | | | | | | | | | |
| | | | | | | | | | | | | |
| | | | | | | | | | | | | |
| | | | | | | | | | | | | |
| | | | | | | | | | | | | |
| | | | | | | | | | | | | |

Die Auswertung kann nach Punktzahlen (siehe Bewertungsschlüssel) oder durch farbliche (grün/gelb/rot) oder symbolische (+/o/-) Kennzeichnung erfolgen, wobei grün bzw. + beispielsweise für „auf Anhieb korrekte", gelb bzw. o für „nach Unsicherheiten korrekte" und rot bzw. - für „nicht korrekte" Bearbeitung der Kinder steht.

| | 2a. Anzahl | | | | 3a. Münzen benennen und vergleichen | | | | 4a. Spielzeugautos |
|---|---|---|---|---|---|---|---|---|---|
| **Name** | 5 bestimmen | 8 bestimmen | 9 legen | zu 10 ergänzen | 5 Cent | 50 Cent | 2 Euro | Was ist mehr wert: 50 Cent oder 2 Euro? | „4 + 2“ Autos |
| | | | | | | | | | |
| | | | | | | | | | |
| | | | | | | | | | |
| | | | | | | | | | |
| | | | | | | | | | |
| | | | | | | | | | |
| | | | | | | | | | |
| | | | | | | | | | |
| | | | | | | | | | |
| | | | | | | | | | |
| | | | | | | | | | |
| | | | | | | | | | |
| | | | | | | | | | |
| | | | | | | | | | |
| | | | | | | | | | |
| | | | | | | | | | |
| | | | | | | | | | |
| | | | | | | | | | |
| | | | | | | | | | |
| | | | | | | | | | |
| | | | | | | | | | |

## DER GI-TEST GEOMETRIE (MINIMALVERSION)

### *Block 1: Geometrische Formen und ihre Konstruktion*

*Aufgabe 1a: Muster zeichnen*
Material: Aufgabenblatt 1, Stift

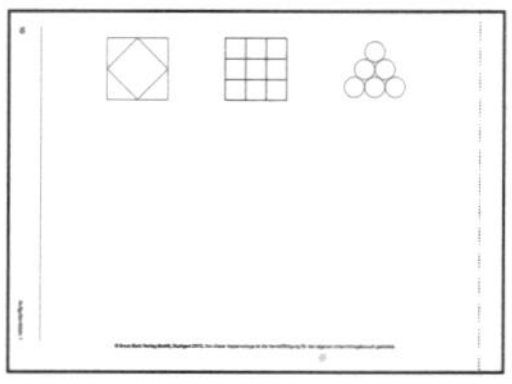

*„Schau mal, hier siehst du verschiedene Formen. Male die Formen auf diesem Blatt* (es wird auf das Blatt unter die vorgegebenen Formen gezeigt) *so nach, dass sie genauso aussehen."*

### *Block 2: Operieren mit Formen*

*Aufgabe 2a: Ähnliche Dreiecke finden*
Material: Aufgabenblatt 2, Stift

*„Hier oben siehst du ein großes Dreieck und unten ganz viele kleine Dreiecke. Kreise die Dreiecke ein, die genauso aussehen wie das große Dreieck, aber nur ein bisschen kleiner sind. Hier zum Beispiel* (es wird auf die zwei Dreiecke neben dem großen Dreieck gezeigt), *beide sind kleiner als das große Dreieck, aber das erste sieht irgendwie anders aus, das ist nicht das große Dreieck in klein. Aber das zweite Dreieck hier, das sieht aus wie das große Dreieck – nur kleiner."* Das zweite Dreieck wird eingekreist.

### *Block 3: Maße*

*Aufgabe 3a: Längenvergleich*
Material: zwei Schnüre (Länge: 30 cm und 40 cm), Holzstück (Länge: 9 cm), Lineal
Dem Kind wird eine Schnur mit der Länge 30 cm und eine 40 cm lange Schnur gegeben: *„Welche Schnur ist länger?"*
Dem Kind wird ein Holzstück mit der Länge 9 cm und ein Lineal gegeben: *„Wie lang ist dieses Stück Holz? Nimm das Lineal zum Messen."*

*Aufgabe 3b: Größen ordnen*
Material: Aufgabenblatt 3

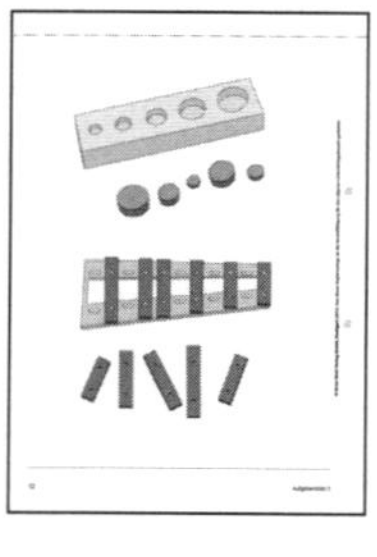

*„Hier siehst du einige Formen. Jede Form hat einen bestimmten Platz in dem Holzkasten. Zum Beispiel diese hier, diese kommt hierhin* (dem Kind wird die kleinste Form und ihr Platz gezeigt). *Welche Form kommt hierhin?"* (Dem Kind wird die Einbuchtung in der Mitte des Holzkastens gezeigt.)
*„Hier siehst du ein Glockenspiel. Einige Klangplatten wurden herausgenommen, die liegen jetzt durcheinander darunter. Welche Klangplatten gehören hierhin?"* (Dem Kind werden die zwei rechten freien Plätze im Glockenspiel gezeigt.)

### *Block 4: Formen in der Umwelt*

*Aufgabe 4a: Formen wiederfinden*
Material: Aufgabenblatt 4, Kugel, Zylinder und Quader

*„Für diese Aufgabe habe ich drei Formen mitgebracht* (die Formen werden auf den Tisch gestellt). *In dem Bild kannst du Dinge finden, die eine ähnliche Form haben. Wo findest du diese Formen?"*

### *Block 5: Kleine Sachsituationen*

*Aufgabe 5a: Orientierung in Plänen*
Material: Aufgabenblatt 5

*„Auf dem Bild siehst du Frau Berger mit ihrer Klasse. Frau Berger ist neu in der Klasse und kennt die Namen ihrer Schüler noch nicht auswendig. Deshalb hat sie sich einen Sitzplan von dem Stuhlkreis aufgemalt und die Namen der Kinder dazu geschrieben* (dem Kind wird der Sitzplan gezeigt). *Das ist Frau Berger und hier hat sie sich in den Sitzplan gemalt."* (Es wird erst auf Frau Berger im Sitzkreis und dann auf Frau Berger im Sitzplan gezeigt.)
*„Zeige mir den Jungen mit dem geringelten Pullover im Sitzplan."* (Es wird auf den Jungen im Stuhlkreis gezeigt.)
*„Zeige mir auch dieses Kind* (Maxi, das zweite Kind von links, wird auf dem Sitzplan gezeigt) *im Stuhlkreis."*

### *Varianten des GI-Tests Geometrie*

Selbstverständlich sind auch freiere Formen der Ermittlung der geometrischen Vorerfahrungen von Schulanfängern möglich. Inwieweit ein Kind geometrische Formen konstruieren und mit diesen operieren sowie Formen in der Umwelt erkennen kann, lässt sich z. B. auch feststellen, wenn man mit dem Kind den Band 1 „Legen – Bauen – Spiegeln“ und Band 2 „Falten – Bauen – Zeichnen“ des „Kleinen Formenbuchs“ betrachtet, da hier genau solche Situationen vorkommen. Im Gespräch über das „Kleine Formenbuch“ kann auch ein Eindruck über das Sachwissen und die sprachliche Ausdrucksfähigkeit eines Kindes gewonnen werden.

### *Quantitative Auswertung des GI-Tests Arithmetik (Minimalversion)*

Bei der Durchführung des Tests und der genauen Analyse der Ergebnisse bei 108 Schulanfängern (Deutscher 2012) wurden folgende Prozentwerte an richtigen Lösungen ermittelt, die eine Einschätzung der Schwierigkeit der einzelnen Aufgaben ermöglichen und als Richtwerte für die Einordnung der Fähigkeiten eines Kindes dienen.

| **Aufgabe** | 1a | 2a | 3a | 3b |
|---|---|---|---|---|
| **max. Punktzahl** | 3 | 4 | 2 | 3 |
| **durchschnittliche Prozentzahl der Schulanfänger, die diese Aufgabe lösen können** | *Muster zeichnen*<br>Muster 1: 57%<br>Muster 2: 15%<br>Muster 3: 34% | *Ähnliche Dreiecke finden*<br>Anzahl richtiger minus Anzahl abweichender Dreiecke:<br>null oder weniger: 12%<br>eins: 13%<br>zwei: 13%<br>drei: 23%<br>vier: 39% | *Längenvergleich*<br>Schnüre: 99%<br>Holzstück und Lineal: 28% | *Größen ordnen*<br>Formen: 94%<br>Klangplatte links: 67%<br>Klangplatte rechts: 70% |

| **Aufgabe** | 4a | 5a |
|---|---|---|
| **max. Punktzahl** | 6 | 2 |
| **durchschnittliche Prozentzahl der Schulanfänger, die diese Aufgabe lösen können** | *Formen wiederfinden*<br>mindestens zwei Vergleiche<br>mit der Kugel: 86%<br>mit dem Zylinder: 90%<br>mit dem Quader: 78% | *Orientierung in Plänen*<br>Kind im Sitzplan zeigen: 87%<br>Kind im Stuhlkreis zeigen: 84% |

Die maximale Punktzahl beträgt 20 Punkte.

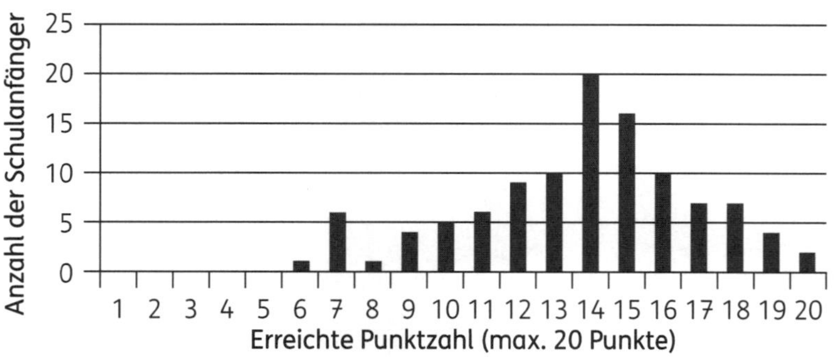


Diese Verteilung der Punktzahlen zeigte sich bei den 108 Schulanfängern der genannten Studie.

Deutscher, Theresa (2012): Arithmetische und geometrische Fähigkeiten von Schulanfängern. Eine empirische Untersuchung unter besonderer Berücksichtigung des Bereichs Muster und Strukturen. Wiesbaden: Vieweg.

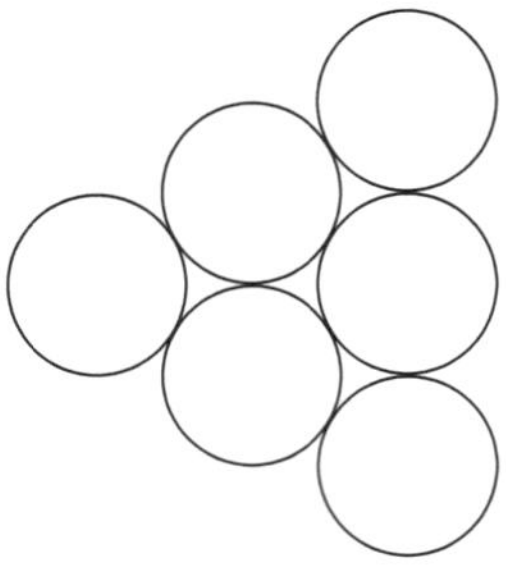

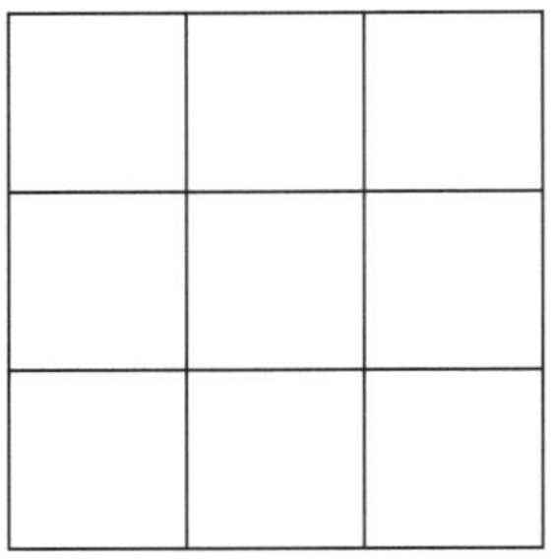

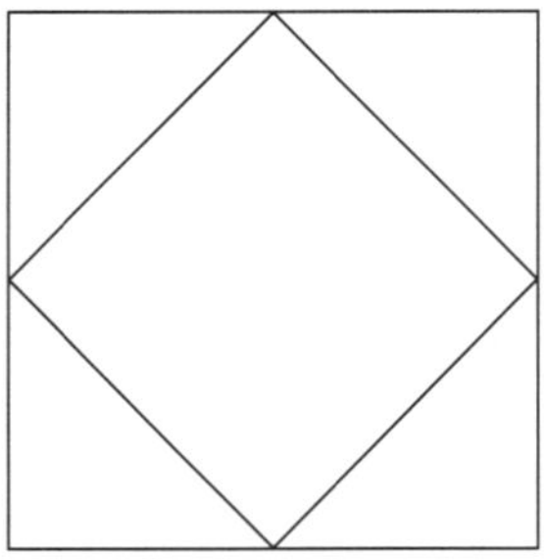

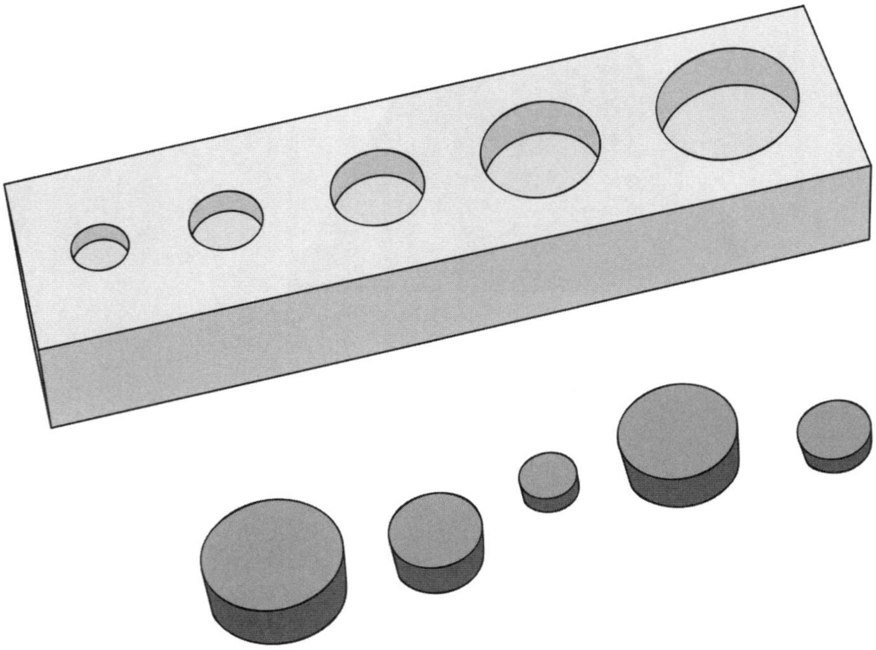

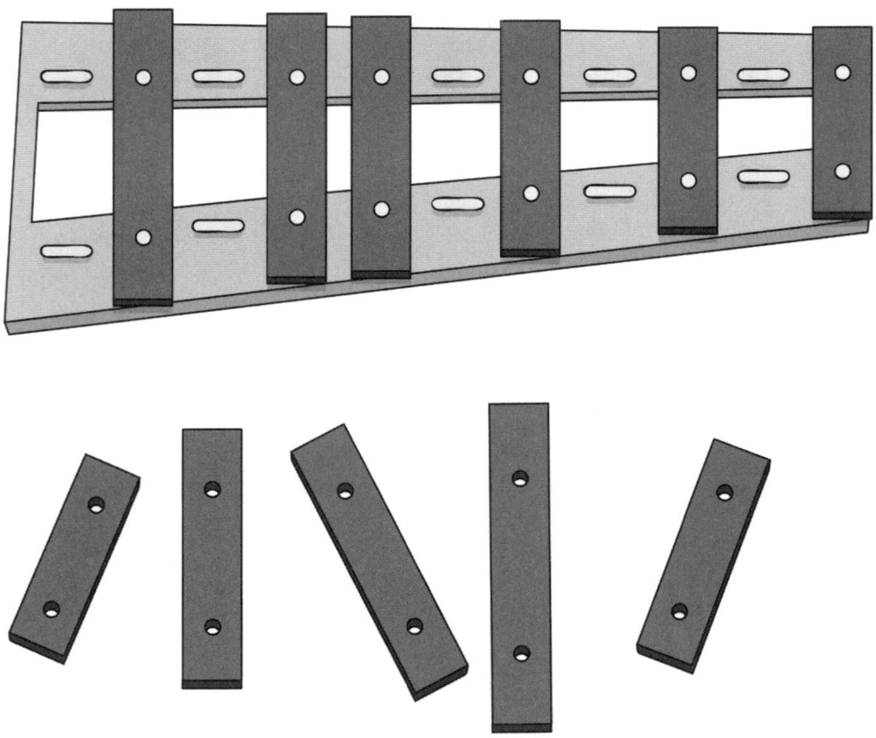

POST
MÜLL

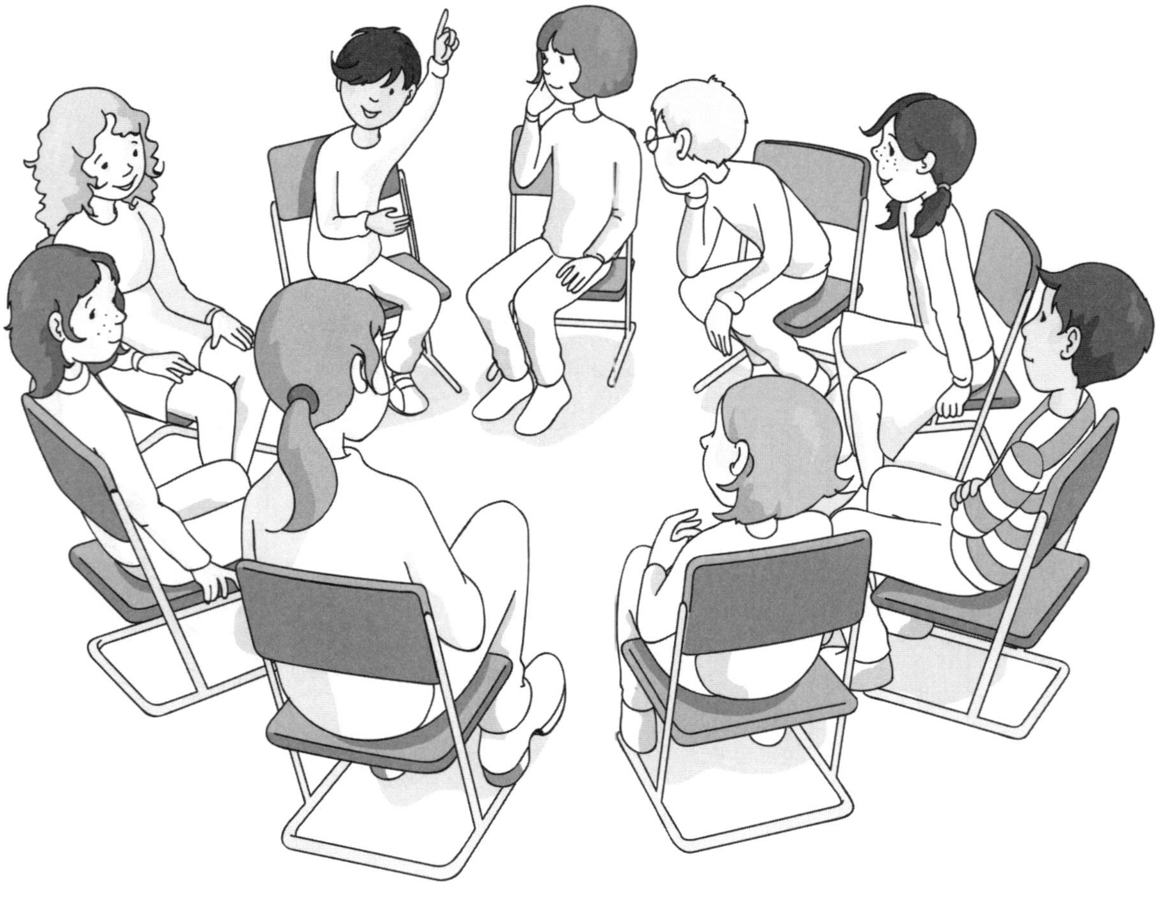

Elia
Emma
Tim
Maxi
Kim
Alina
Frau Berger
Leoni
Dani

## AUSWERTUNGSBOGEN GI-TEST GEOMETRIE (MINIMALVERSION)

Name ........................................................................................ geb. ............................ Datum ............................

**Block 1: Geometrische Formen und ihre Konstruktion**
Material: Aufgabenblatt 1, Stift

| a. Muster zeichnen | Muster 1 | Muster 2 | Muster 3 |
|---|---|---|---|
| Punktzahl | 1 | 1 | 1 |

erreichte Punktzahl: ________ /3

**Block 2: Operieren mit Formen**
Material: Aufgabenblatt 2, Stift

| a. Ähnliche Dreiecke finden | null | eins | zwei | drei | vier |
|---|---|---|---|---|---|
| Punktzahl | 0 | 1 | 2 | 3 | 4 |

erreichte Punktzahl: ________ /4

**Block 3: Maße**
Material: zwei Schnüre (Länge: 30 cm und 40 cm), Holzstück (Länge: 9 cm), Lineal, Aufgabenblatt 3

| a. Längenvergleich | Schnüre | Holzstück und Lineal |
|---|---|---|
| Punktzahl | 1 | 1 |

| b. Größen ordnen | Formen | Klangplatte links | Klangplatte rechts |
|---|---|---|---|
| Punktzahl | 1 | 1 | 1 |

erreichte Punktzahl: ________ /5

**Block 4: Formen in der Umwelt**
Material: Aufgabenblatt 4, Kugel, Zylinder und Quader

| a. Formen wiederfinden | Kugel | Kugel | Zylinder | Zylinder | Quader | Quader |
|---|---|---|---|---|---|---|
| Punktzahl | 1 | 1 | 1 | 1 | 1 | 1 |

erreichte Punktzahl: ________ /6

**Block 5: Kleine Sachsituationen**
Material: Aufgabenblatt 5

| a. Orientierung in Plänen | Kind im Sitzplan zeigen | Kind im Stuhlkreis zeigen |
|---|---|---|
| Punktzahl | 1 | 1 |

erreichte Punktzahl: ________ /2

erreichte Punktzahl insgesamt: ________ /20

## AUSWERTUNGSBOGEN GI-TEST GEOMETRIE (MINIMALVERSION, KLASSENAUSWERTUNG)

Klasse ..................................................... Datum .....................................................

Material: Aufgabenblätter, Stift, zwei Schnüre (Länge: 30 cm und 40 cm), Holzstück (Länge: 9 cm), Lineal, Kugel, Zylinder und Quader

| **Name** | **1a. Muster zeichnen** | | | **2a. Ähnliche Dreiecke finden** | | | | | **3a. Längenvergleich** | |
|---|---|---|---|---|---|---|---|---|---|---|
| | Muster 1 | Muster 2 | Muster 3 | null | eins | zwei | drei | vier | Schnüre | Holzstück und Lineal |
| | | | | | | | | | | |
| | | | | | | | | | | |
| | | | | | | | | | | |
| | | | | | | | | | | |
| | | | | | | | | | | |
| | | | | | | | | | | |
| | | | | | | | | | | |
| | | | | | | | | | | |
| | | | | | | | | | | |
| | | | | | | | | | | |
| | | | | | | | | | | |
| | | | | | | | | | | |
| | | | | | | | | | | |
| | | | | | | | | | | |
| | | | | | | | | | | |
| | | | | | | | | | | |
| | | | | | | | | | | |
| | | | | | | | | | | |
| | | | | | | | | | | |
| | | | | | | | | | | |

Die Auswertung kann nach Punktzahlen (siehe Bewertungsschlüssel) oder durch farbliche (grün/gelb/rot) oder symbolische (+/o/-) Kennzeichnung erfolgen, wobei grün bzw. + beispielsweise für „auf Anhieb korrekte“, gelb bzw. o für „nach Unsicherheiten korrekte“ und rot bzw. - für „nicht korrekte“ Bearbeitung der Kinder steht.

| Name | 3b. Größen ordnen | | | 4a. Formen wiederfinden | | | | | | 5a. Orientierung in Plänen | |
|---|---|---|---|---|---|---|---|---|---|---|---|
| | Formen | Klangplatte links | Klangplatte rechts | Kugel | Kugel | Zylinder | Zylinder | Quader | Quader | Kind im Sitz- plan zeigen | Kind im Stuhl- kreis zeigen |
| | | | | | | | | | | | |
| | | | | | | | | | | | |
| | | | | | | | | | | | |
| | | | | | | | | | | | |
| | | | | | | | | | | | |
| | | | | | | | | | | | |
| | | | | | | | | | | | |
| | | | | | | | | | | | |
| | | | | | | | | | | | |
| | | | | | | | | | | | |
| | | | | | | | | | | | |
| | | | | | | | | | | | |
| | | | | | | | | | | | |
| | | | | | | | | | | | |
| | | | | | | | | | | | |
| | | | | | | | | | | | |
| | | | | | | | | | | | |
| | | | | | | | | | | | |
| | | | | | | | | | | | |
| | | | | | | | | | | | |

*Chaos ist Kreativität*
*auf der Suche nach Form.*
John Welwood

Parallel zu den ersten Seiten des Schülerbuches läuft ein Ziffernschreibkurs. Da die Form unserer Ziffern eine Konvention ist, brauchen die Kinder eine klare Anleitung, wie sie die Ziffern formklar und bewegungsrichtig schreiben sollen. In der Lateinischen Ausgangsschrift haben die Ziffern eine andere Form als bei der Vereinfachten Ausgangsschrift, bei der üblichen Druckschrift wieder eine andere. In der Grundschule darf die Entscheidung für eine Schrift nicht dogmatisch gehandhabt werden. Alle diese Schriften sind ja nur Durchgangsstadien zu einer persönlichen Handschrift. Ob die Null und die Acht ein Häkchen haben oder nicht, ob gewisse Striche bei der Zwei, Fünf und Sieben mehr oder weniger gebogen sind oder nicht, ist nicht nur unerheblich, sondern macht – wie im professionellen Schriftsatz – den Reiz unterschiedlicher Schriften aus. Die Kinder müssen sich aber in jedem Fall darum bemühen, ihre Ziffern sauber und gut lesbar zu schreiben. Dies bedarf fortgesetzter Anstrengung.

Die folgenden Seiten enthalten einen Kurs für die Schulausgangsschrift. Genauso gut kann aber ein anderer Kurs verwendet werden.

Alle Schreibbewegungen müssen während des Kurses in der Bewegungsabfolge häufig vorgemacht werden.

1. Zuerst wird die zu lernende neue Ziffer grobmotorisch, d. h. mit ganz großen Bewegungen, sogar des ganzen Arms geübt, damit die Bewegungsabfolge erfasst wird:
   - mit dem Finger in der Luft
   - mit verschiedenen farbigen Kreiden an der Tafel
   - mit verschiedenen Stiften auf großen Papierflächen (z. B. alten Tapeten, Rückseiten von Plakaten), wobei die Ziffern hierbei mehrmals mit verschiedenen Farben nachgespurt werden können.

2. Die Bewegungen werden dann feinmotorisch geübt:
   - mit dem Finger auf dem Tisch
   - mit dem Finger auf einem Buch, auf einem nicht zu kleinen Radiergummi, auf der Innenseite der anderen Hand.

3. Erst wenn die Bewegungen klar sind und die Schreibrichtungsänderungen deutlich ausgeführt werden, sollten die Ziffern im Heft oder Buch geübt werden. Hierzu finden sich auf den folgenden Seiten Kopiervorlagen, die am besten zu einem Heft („Mein Zahlenheft“) ausgestaltet werden:
   In ein leeres DIN-A4-Heft ohne Linien wird jeweils auf der linken Seite die jeweilige Kopiervorlage eingeklebt. Auf der rechten Seite ist Platz für Zählbilder aus Katalogen, Zeitschriften, Zeitungen, für Fotos oder für selbst gemalte Zählbilder. Auf die Seiten nach der Zahl 10 (Ziffer 0) können Zählbilder mit größeren Anzahlen eingeklebt werden.

   Zu den Kopiervorlagen empfehlen wir folgendes Vorgehen:
   - mit dem Finger die große Ziffer mehrere Male bewegungsrichtig nachspuren
   - mit einem Stift ohne Aufsetzen nachspuren
   - große Ziffer mit Stiften in mehreren Farben nachspuren
   - vorgedruckte Ziffern in verschiedenen Größen nachspuren
   - in die Kästchen des Rahmens und auf freie Plätze eigenständige Ziffern schreiben (ganz große – ganz kleine).

   Unten sind Dinge aus der Wirklichkeit skizziert, die die jeweilige Ziffer häufig repräsentieren. Die Kinder können herausfinden, was die Zeichnungen mit der Ziffer zu tun haben, evtl. die Zeichnungen anmalen und ergänzen.

4. Für die Förderung der Schreibmotorik sind Schwungübungen mit beiden Händen sehr geeignet (vgl. Fig. 1 – 7, S. 19). Sie können in mehreren Durchgängen eingeführt und bei Bedarf wiederholt werden. Die Bewegungen beginnen immer in der Mitte und führen wieder zur Mitte zurück. Sprechverse können den motorischen Ablauf unterstützen.

Von Übung 4 an können die Kinder variieren:
- den Stift mit beiden Händen gleichzeitig führen
- nur mit der linken oder nur mit der rechten Hand schwingen.

Anfangs ist es für einige Kinder ungewohnt, beide Hände, also auch die Nicht-Schreibhand zu gebrauchen. Nach einer Eingewöhnungszeit spüren die Kinder aber, wie gut ihnen diese Übungen tun.

1

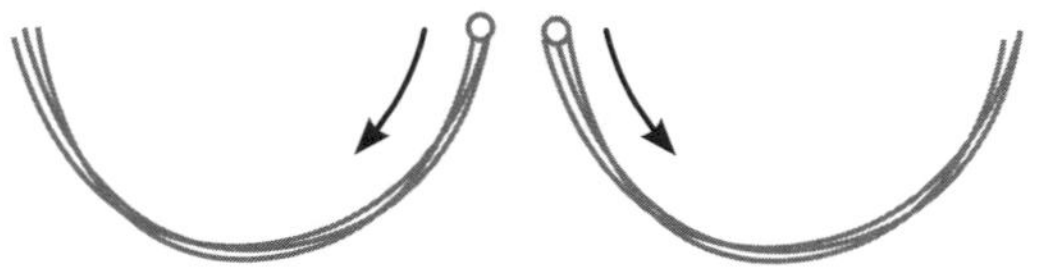

„Nest-chen bau-en“

2

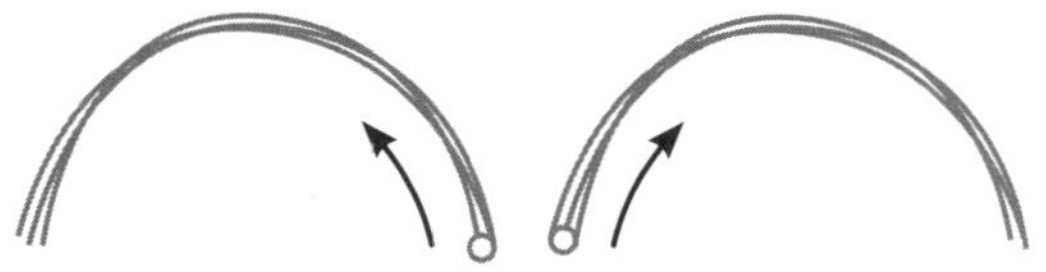

„Sprün-ge ma-chen“

3

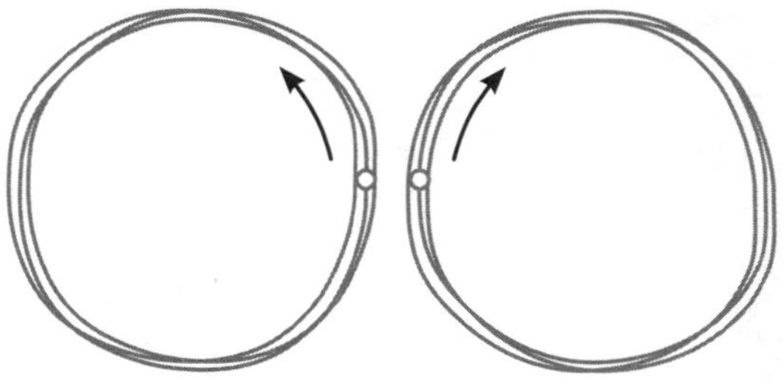

„Der Kreis ist rund“

4

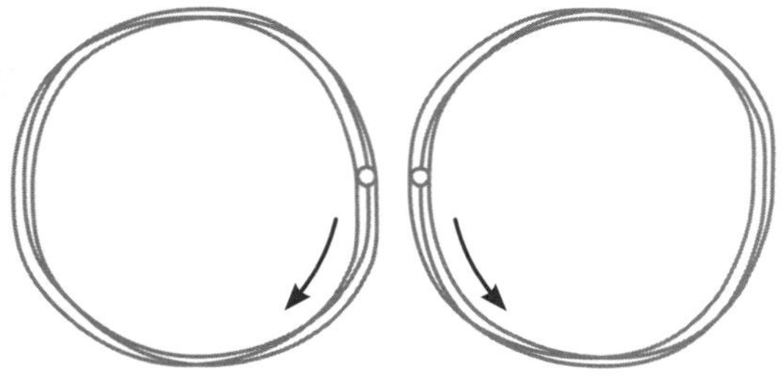

„Der Kreis ist rund“

5

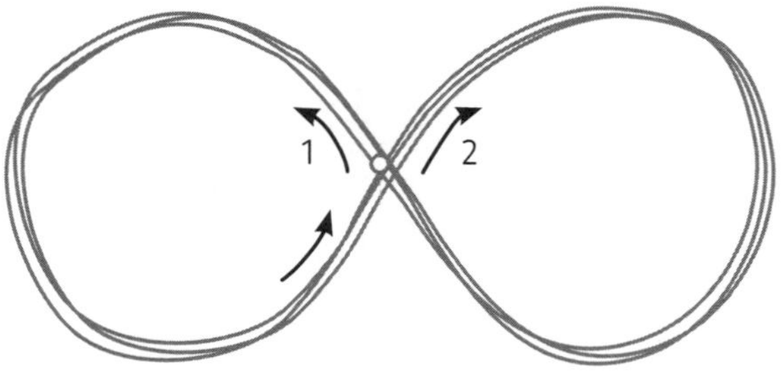


„Ach-ten schrei-ben“

6

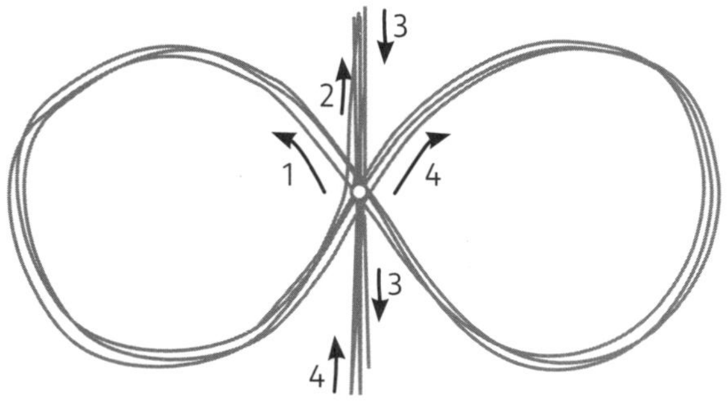


7

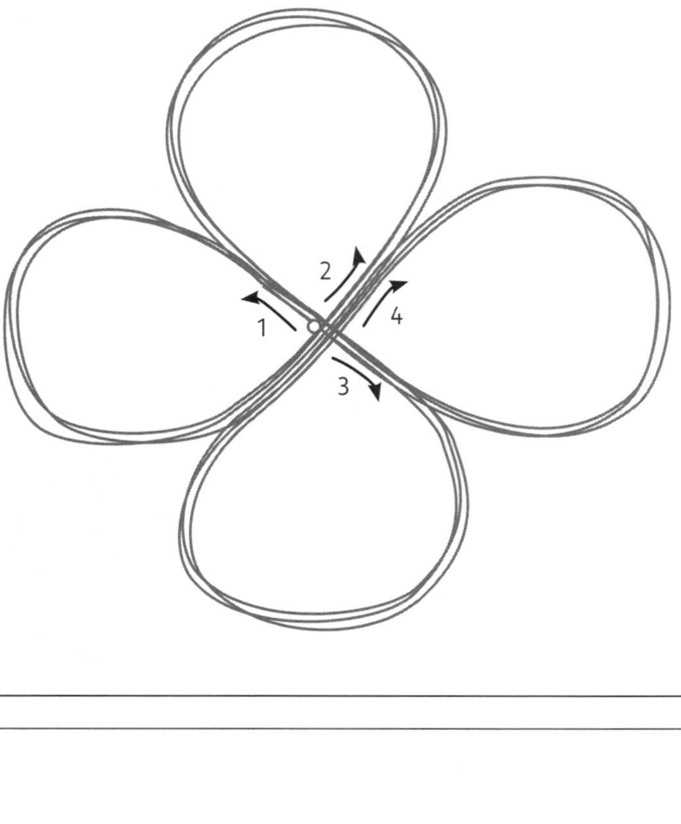

eins

zwei

drei

vier
N
W
O
S

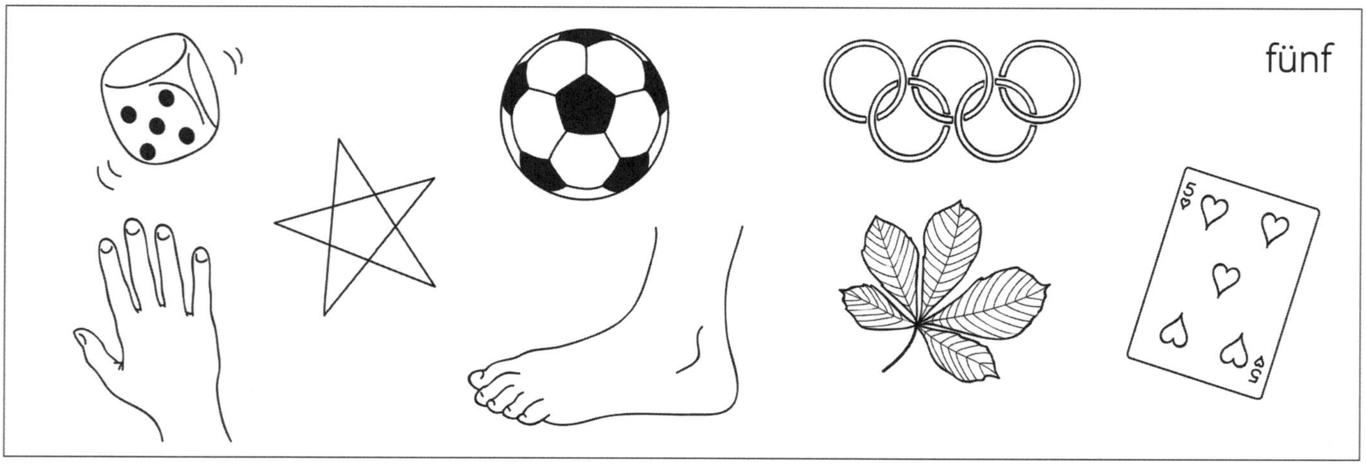
fünf

sechs

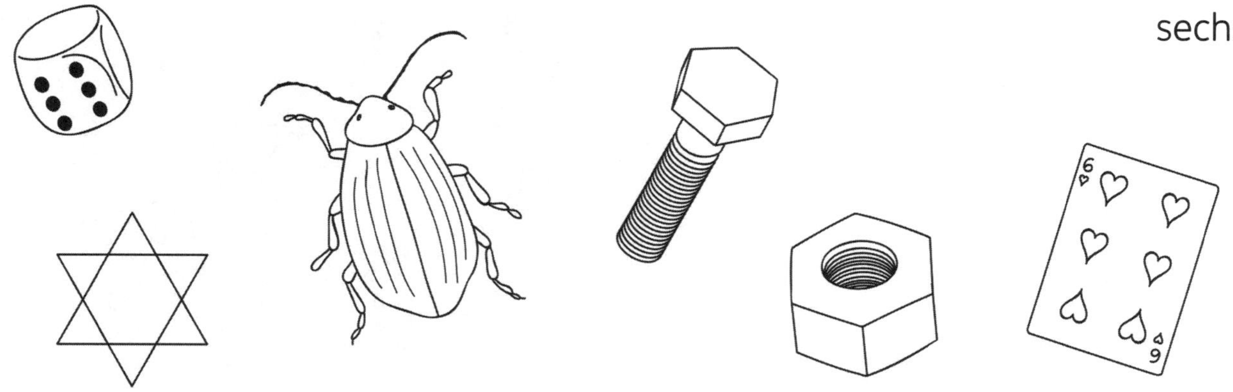

sieben

acht

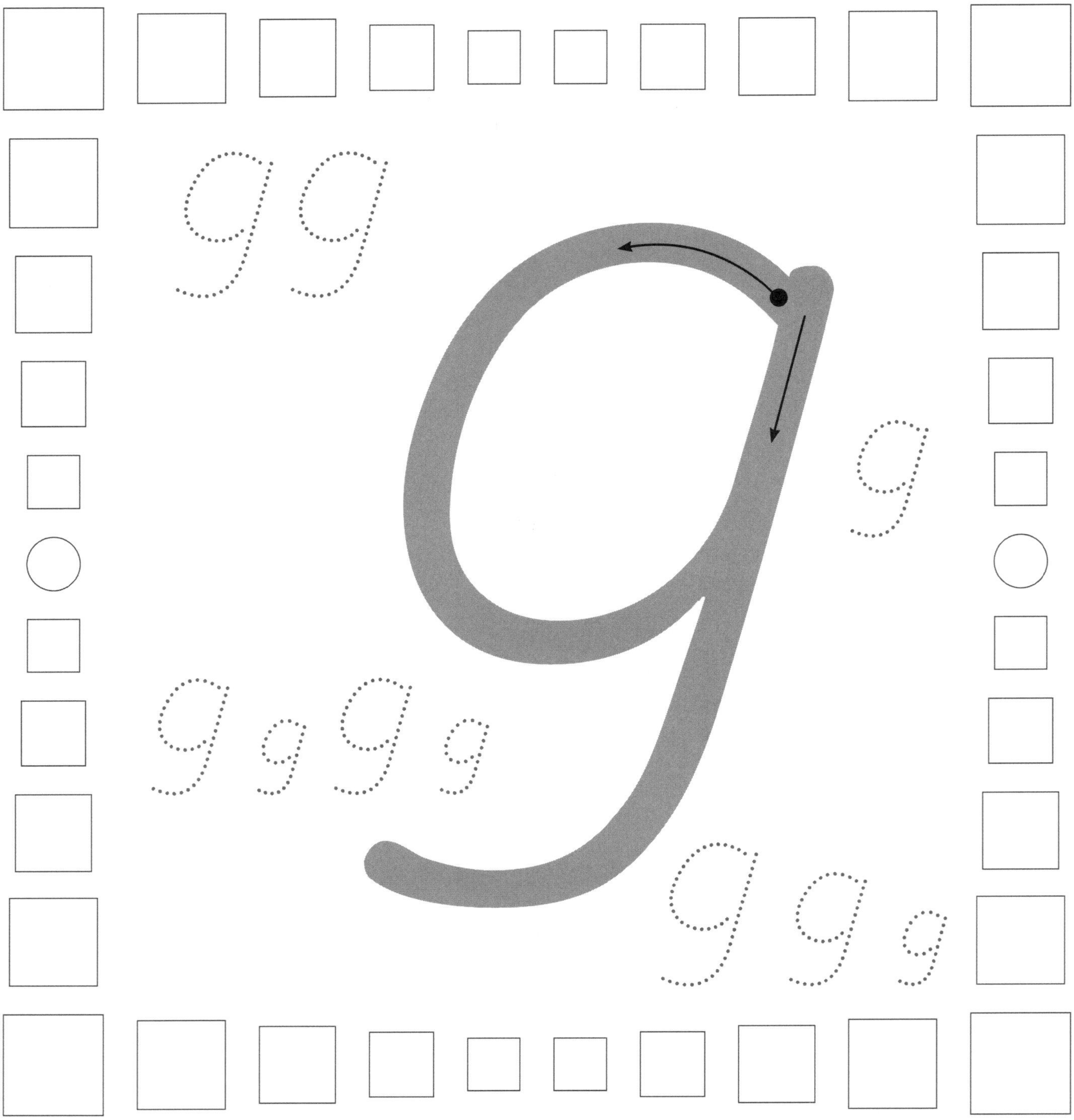

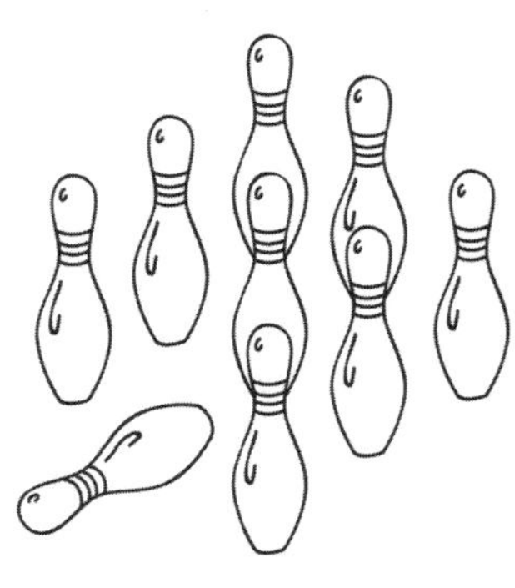

neun

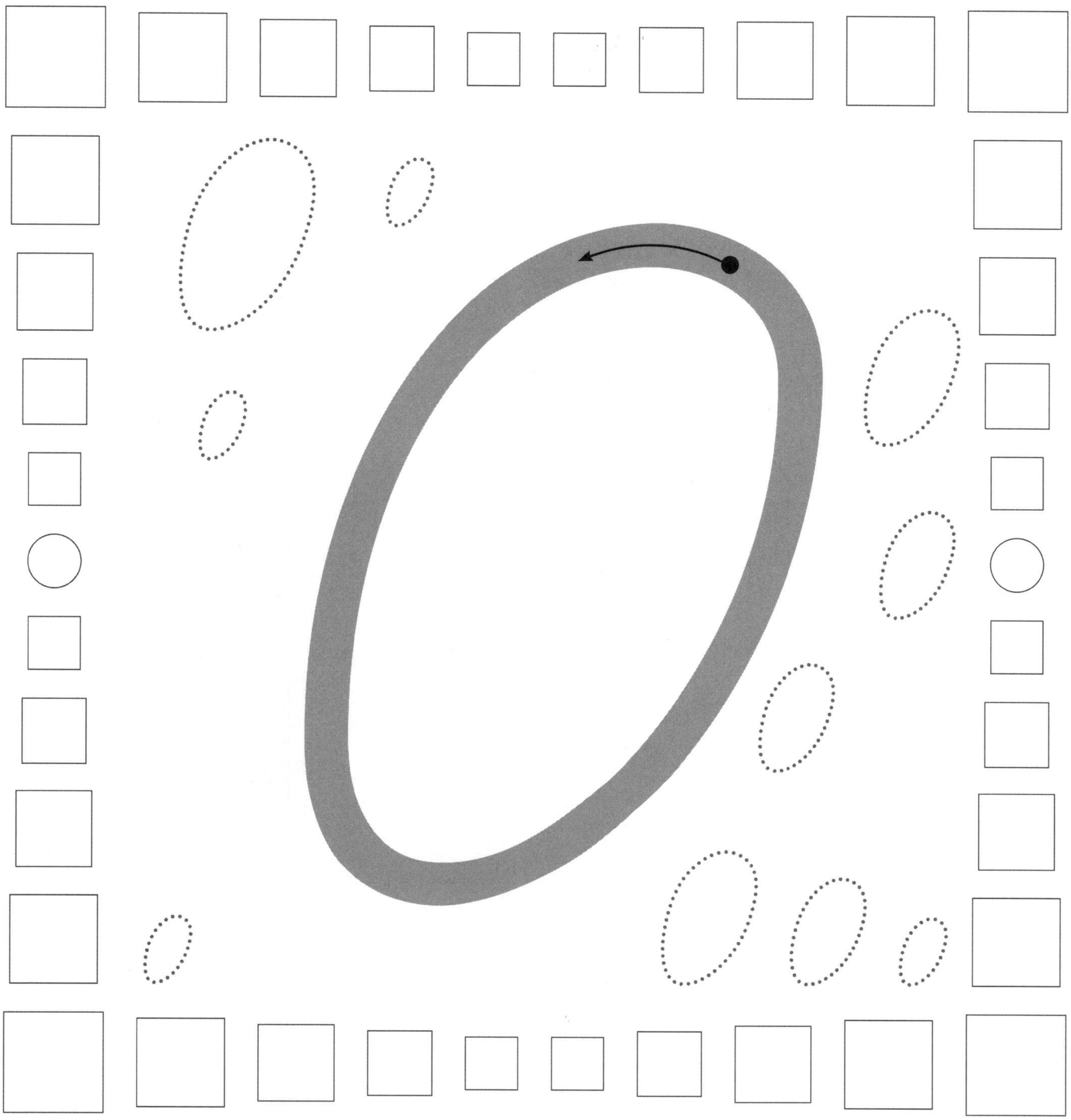

null

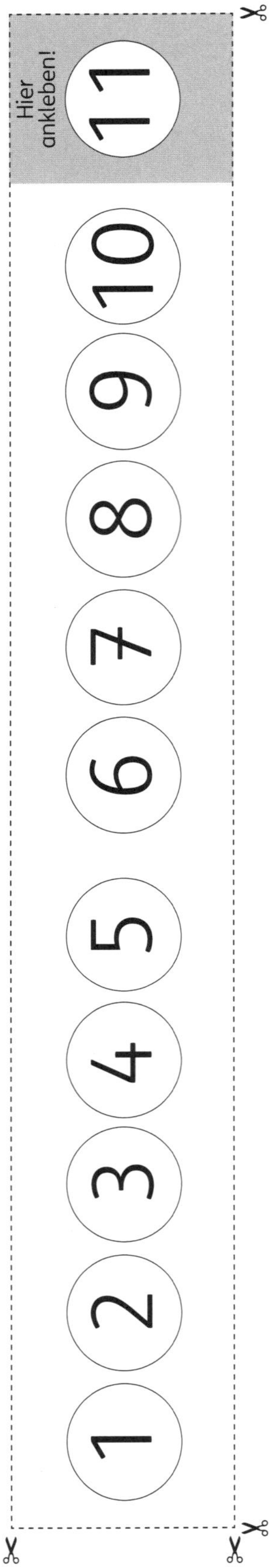
Hier ankleben!
11
10
9
8
7
6
5
4
3
2
1

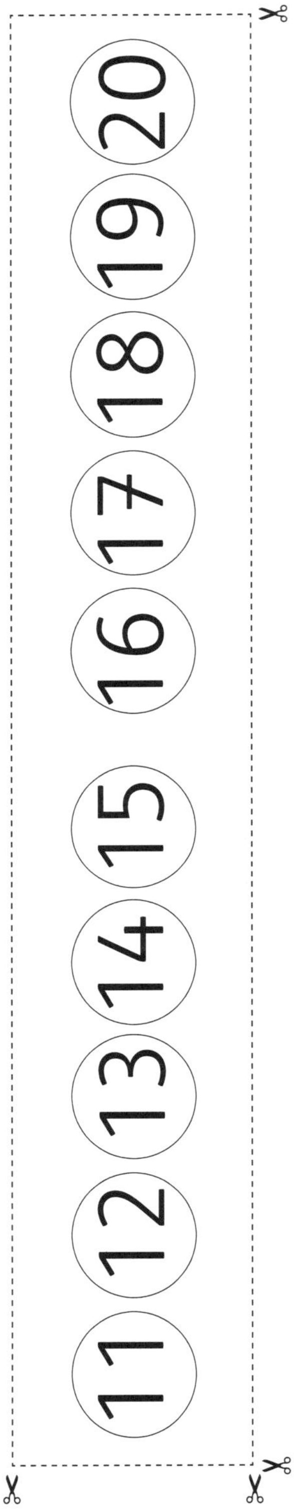
20
19
18
17
16
15
14
13
12
11

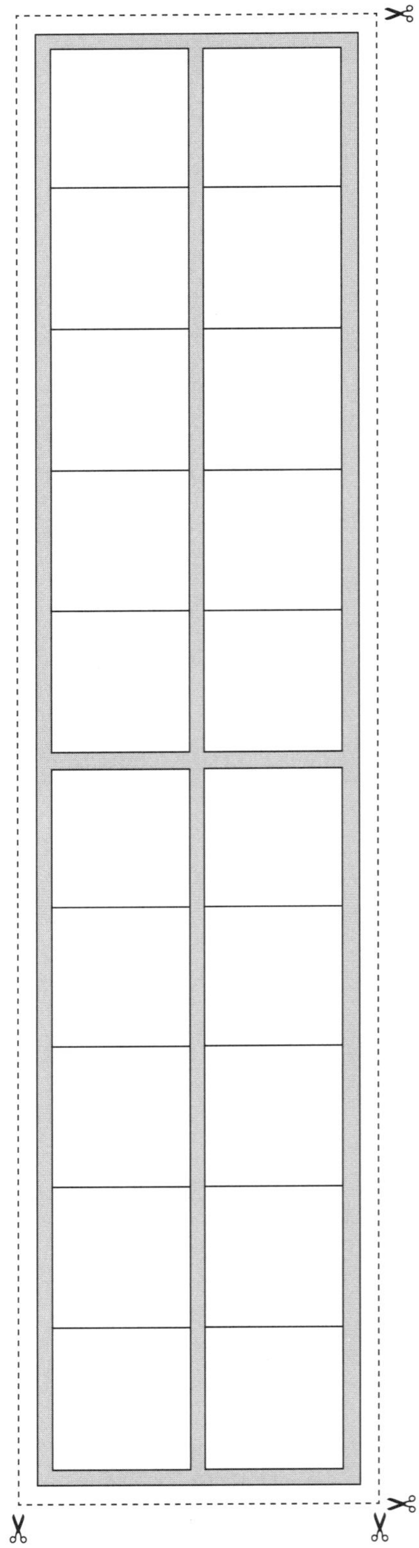

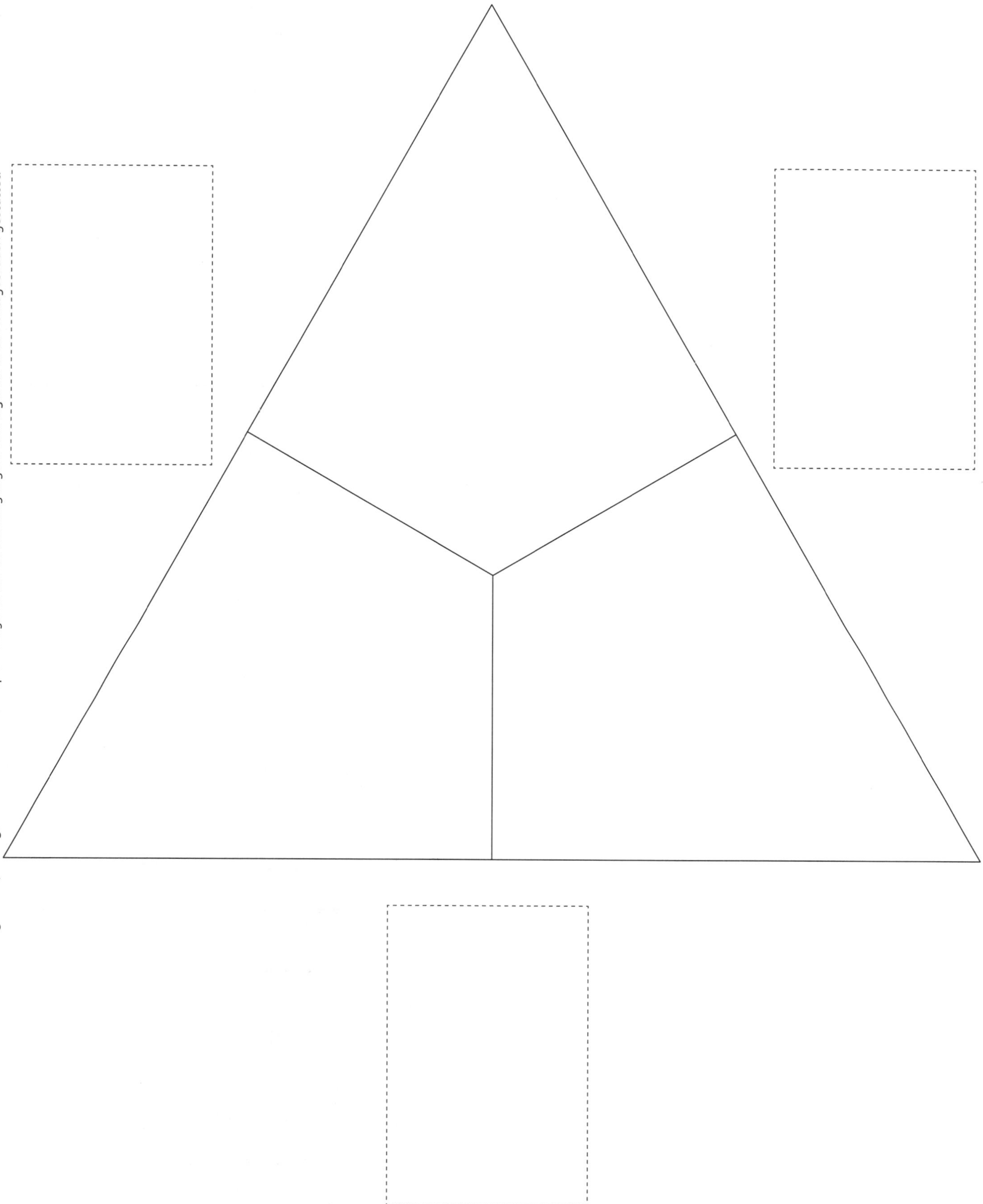

# Zwanzigerfelder

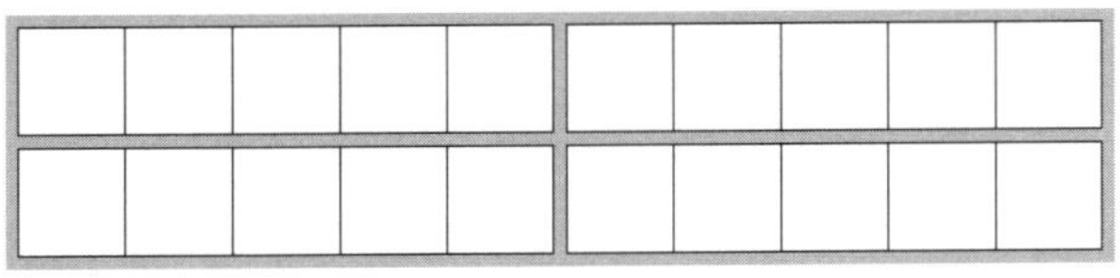

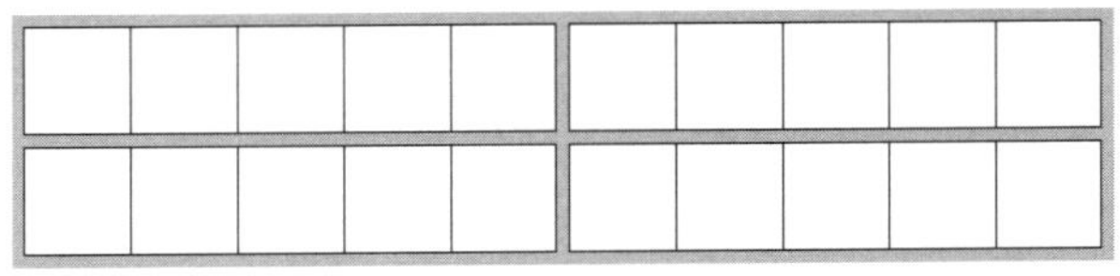

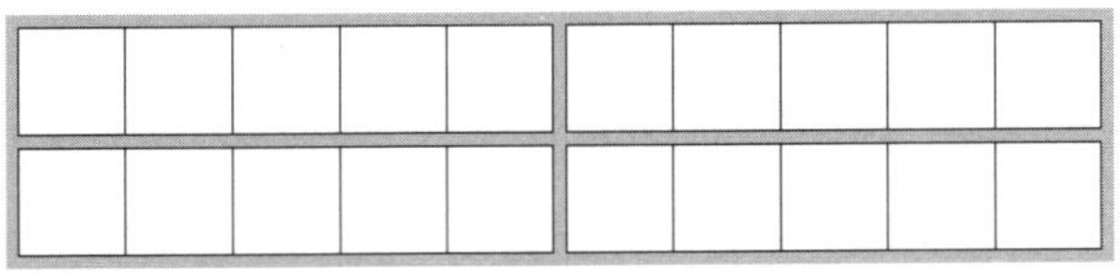

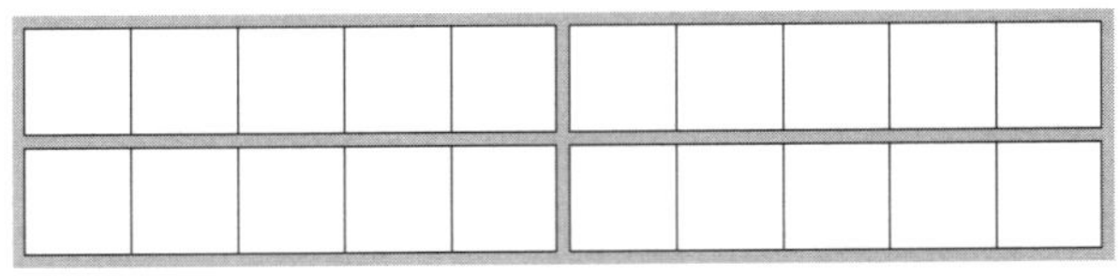

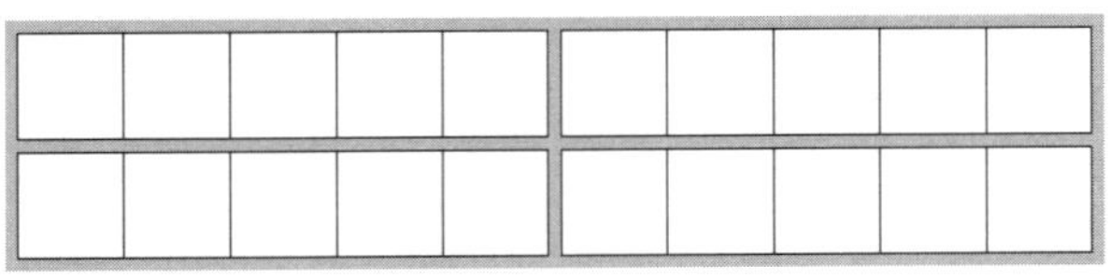

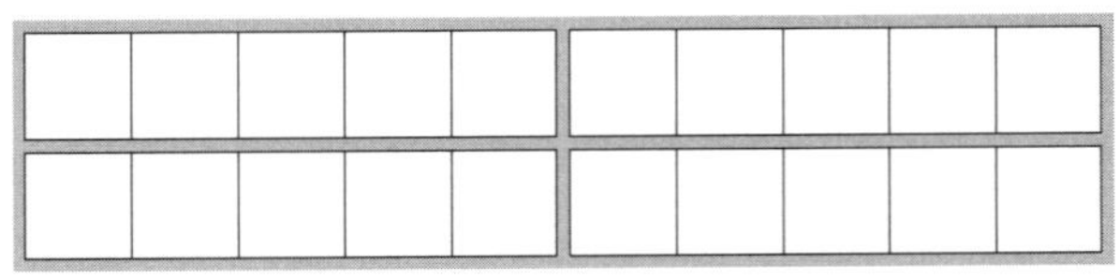

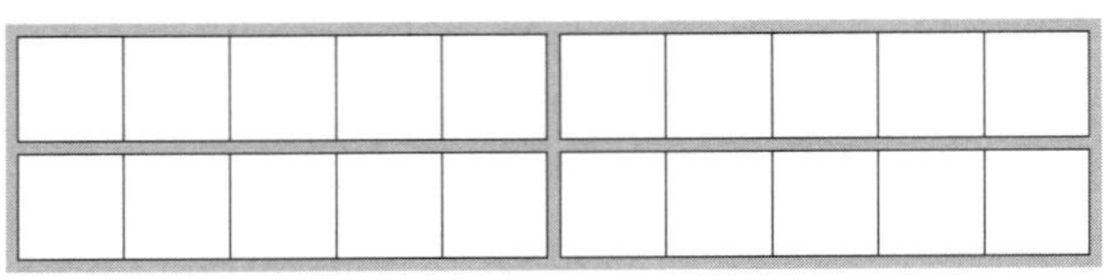

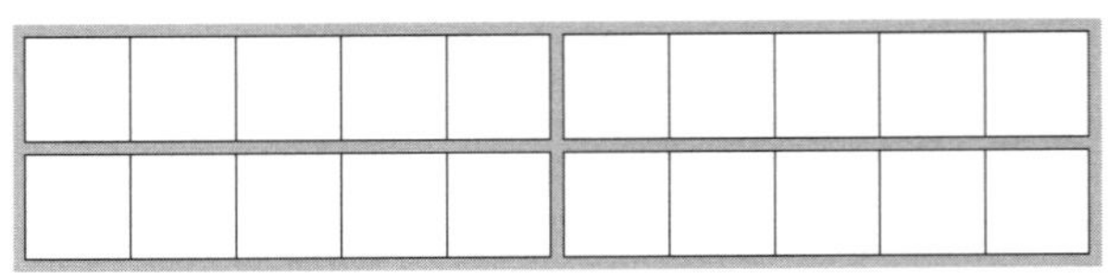

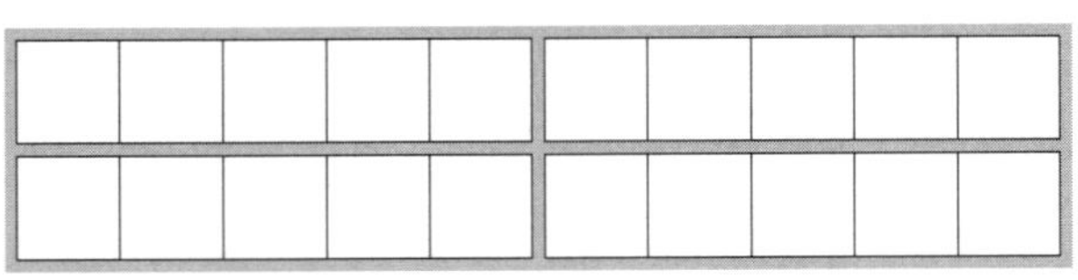

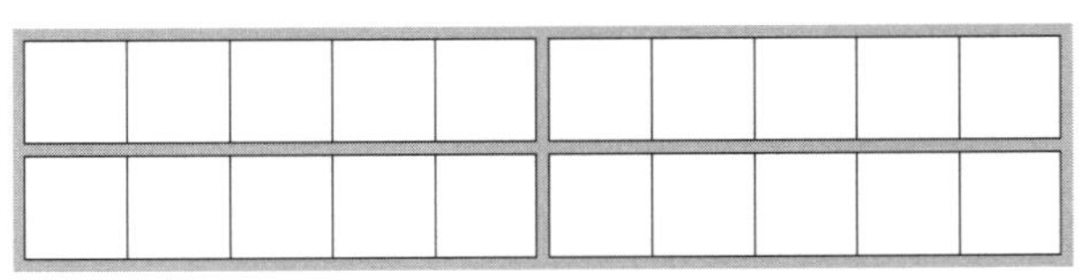

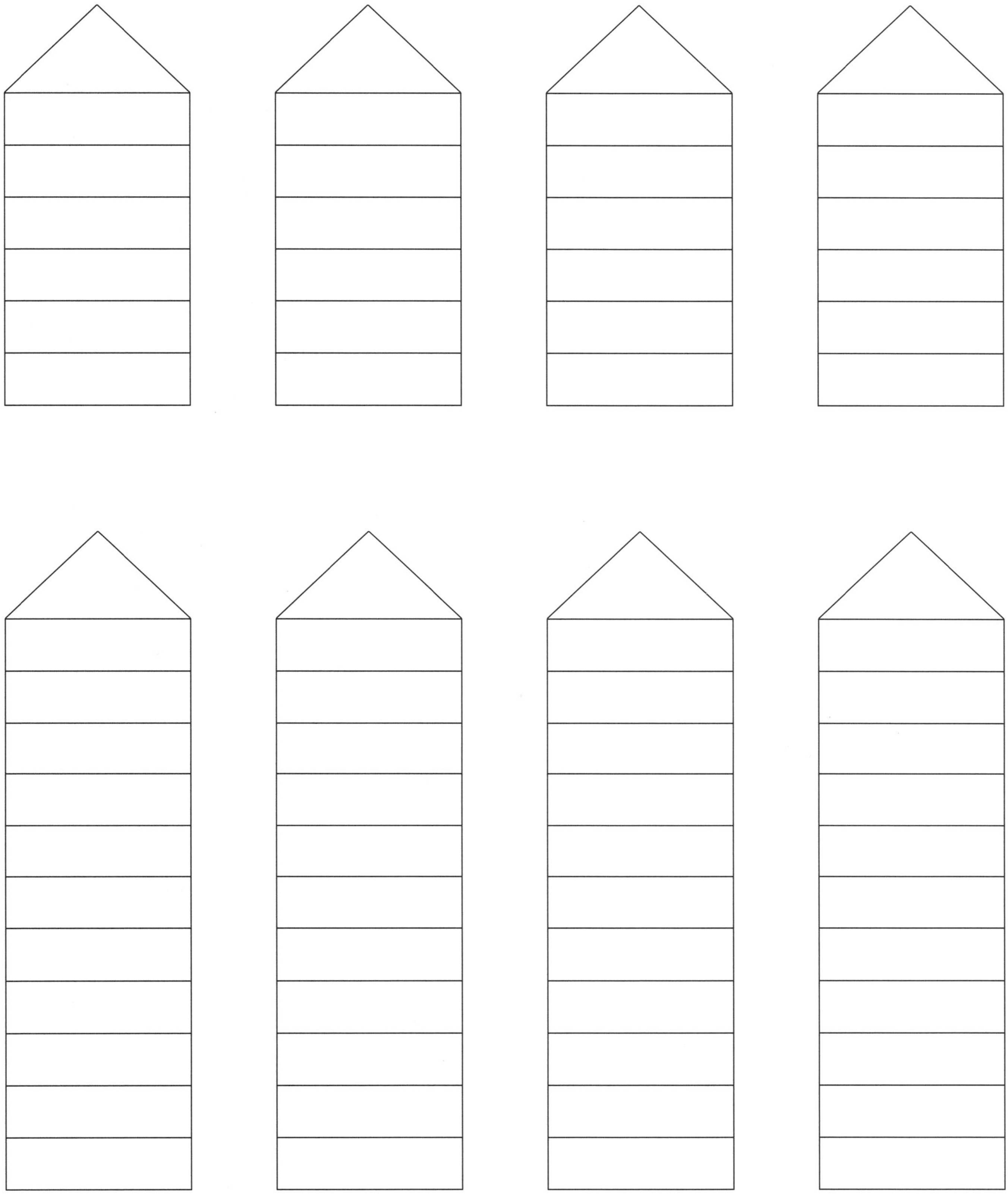

# Rechendreiecke

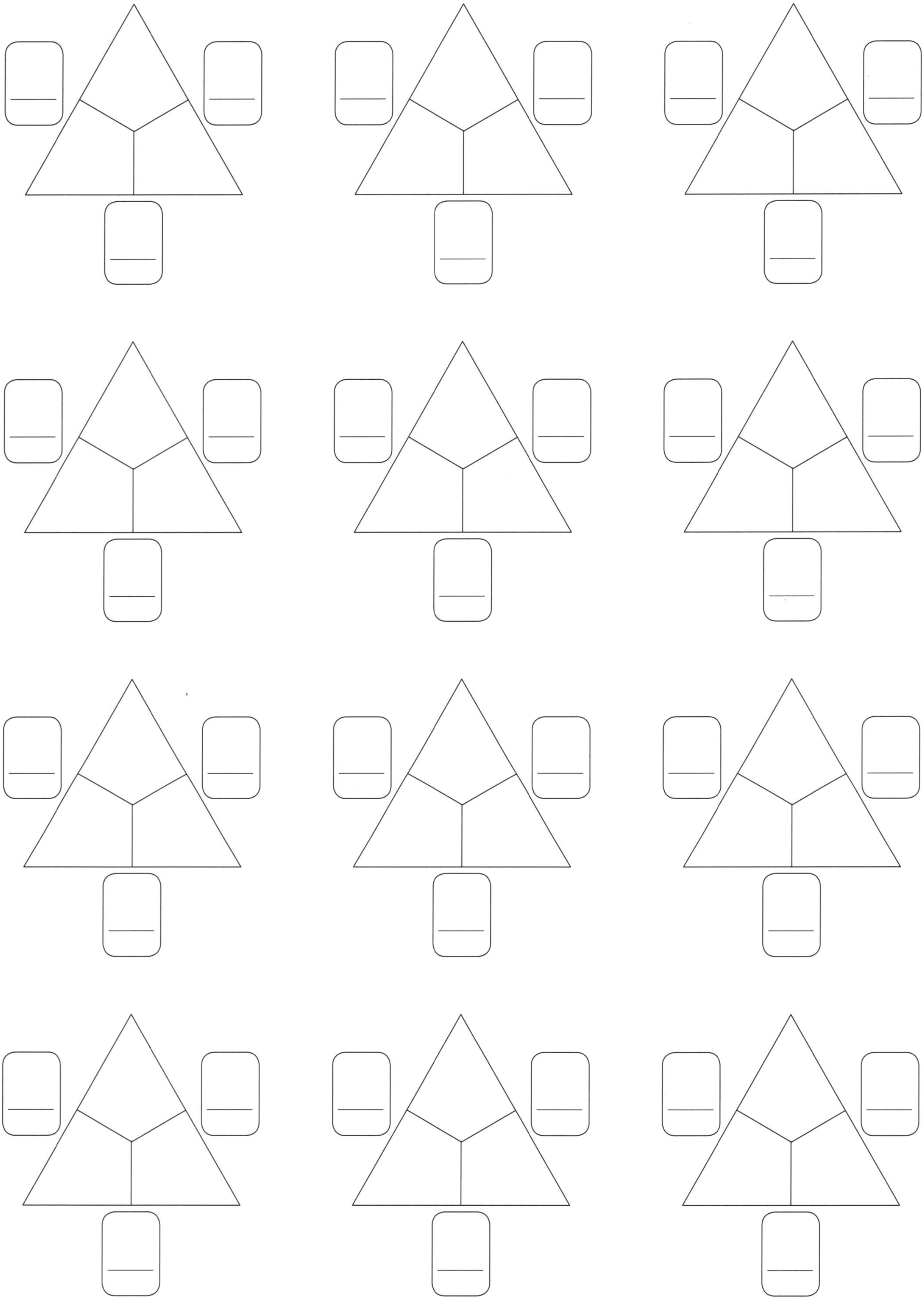

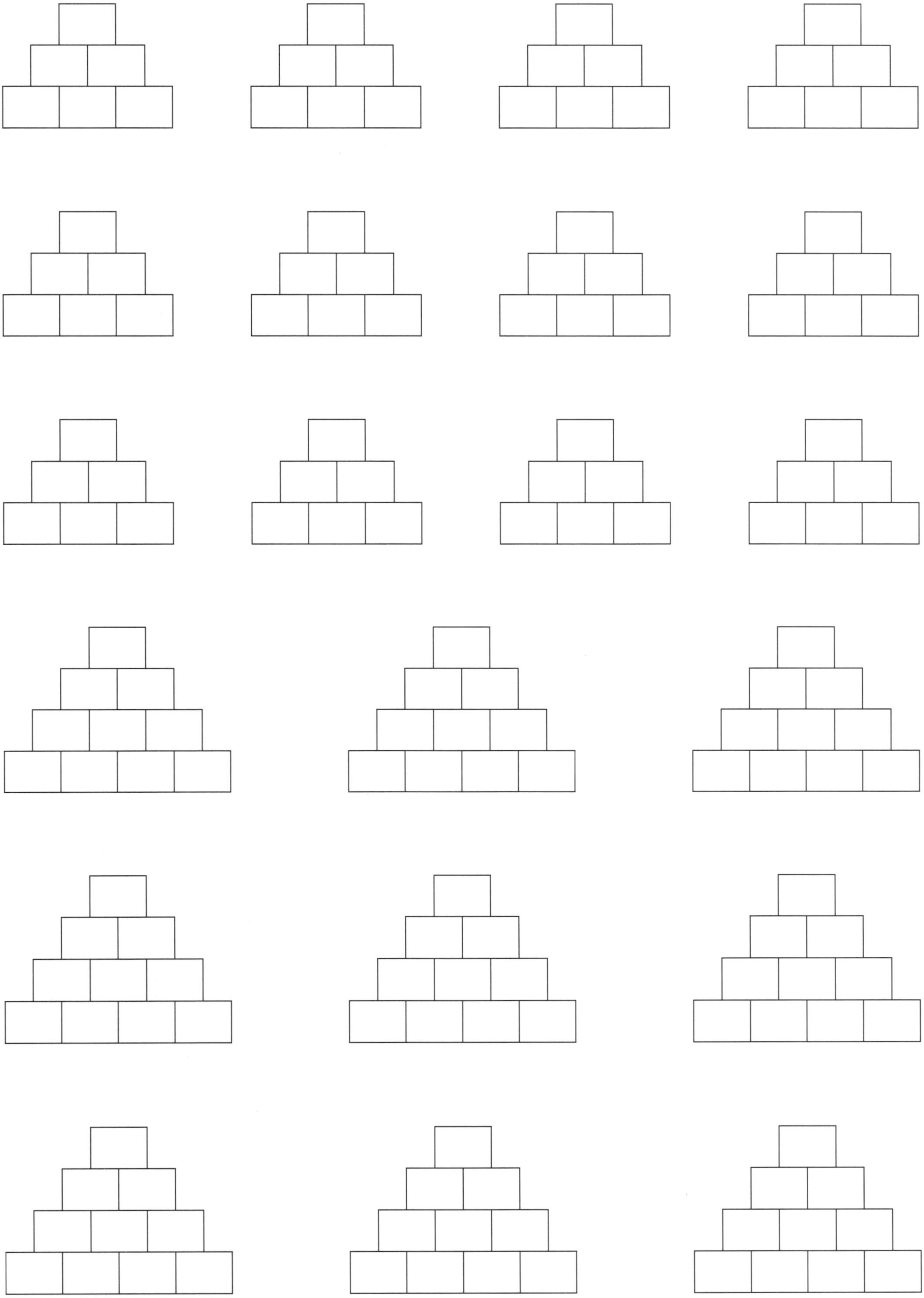

# Plusquadrate

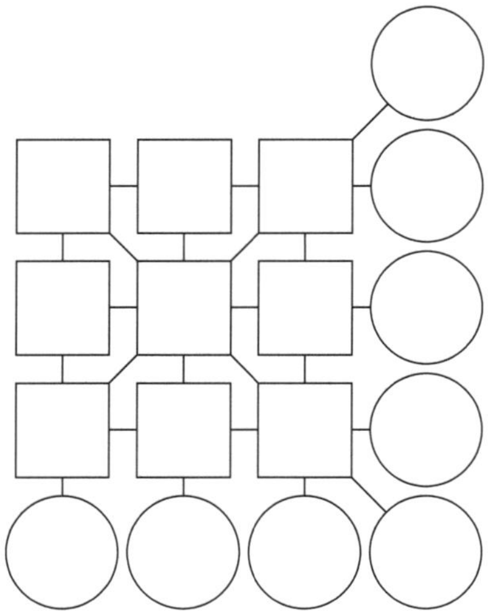

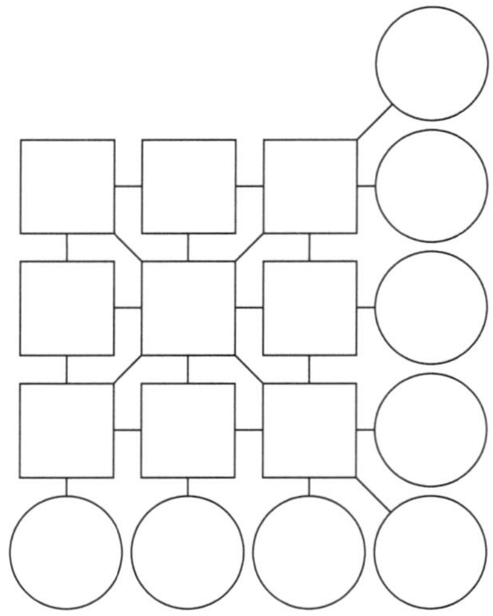

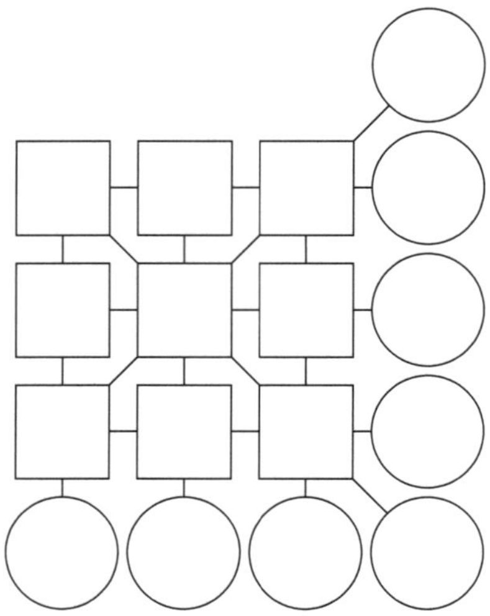

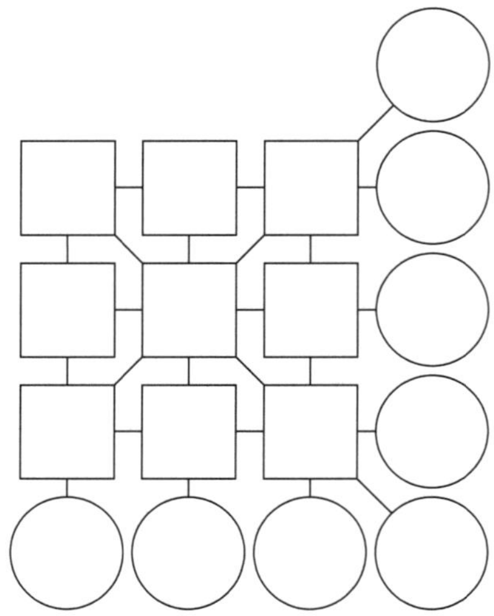

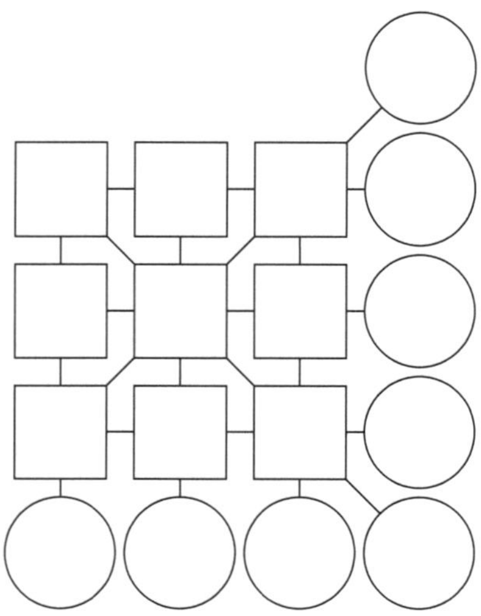

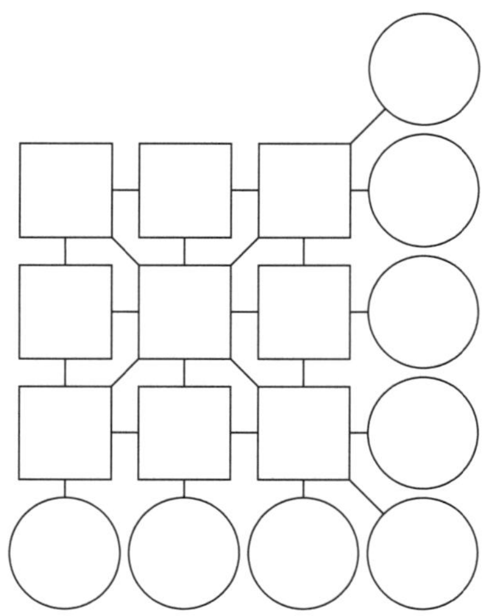

Mit 

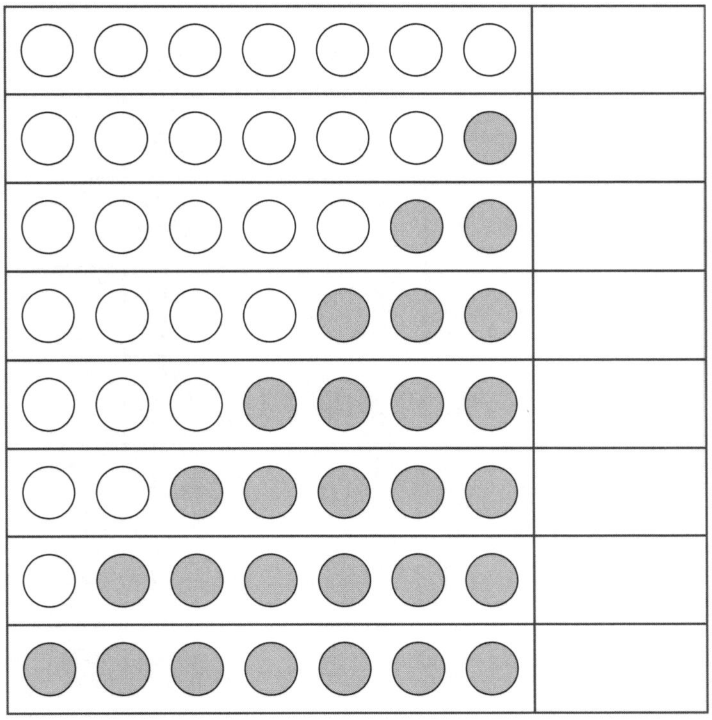

Mit 

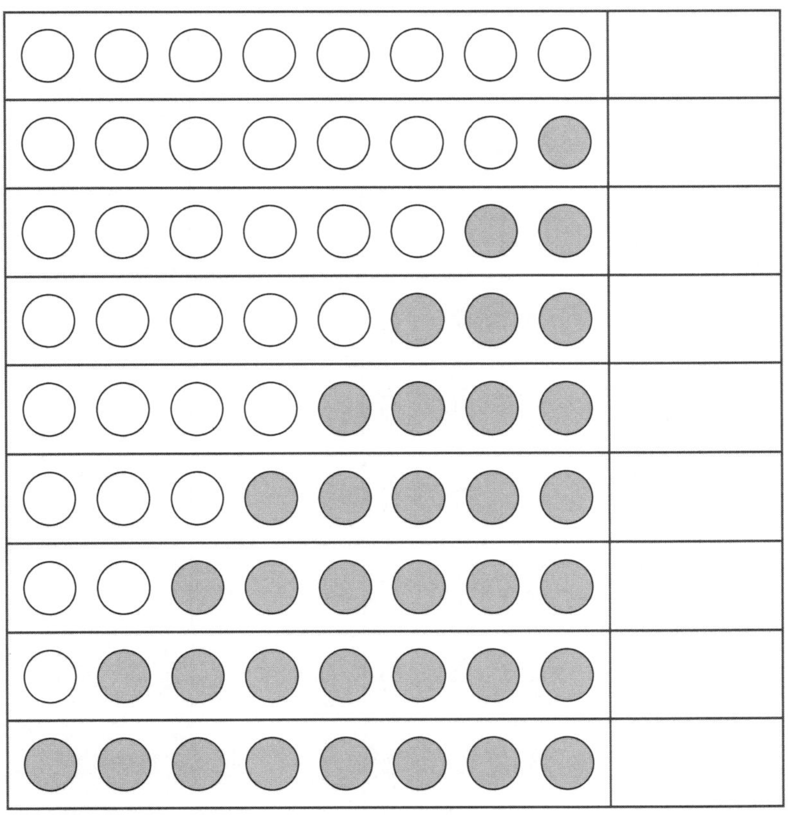

Mit 3

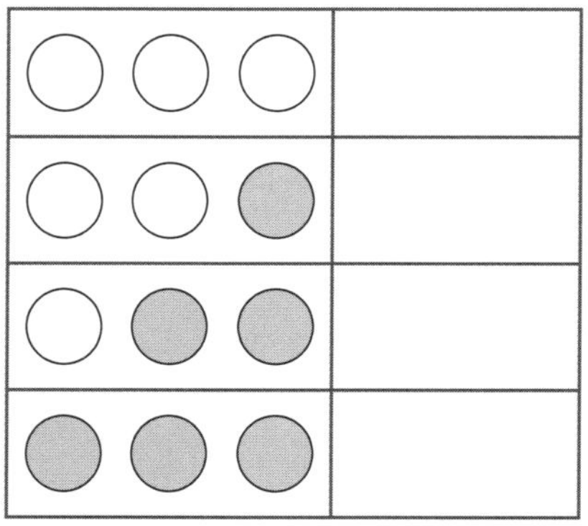

Mit 4

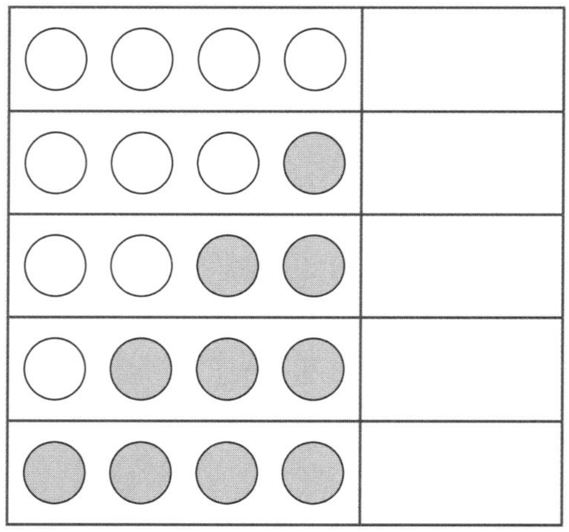

Mit 10

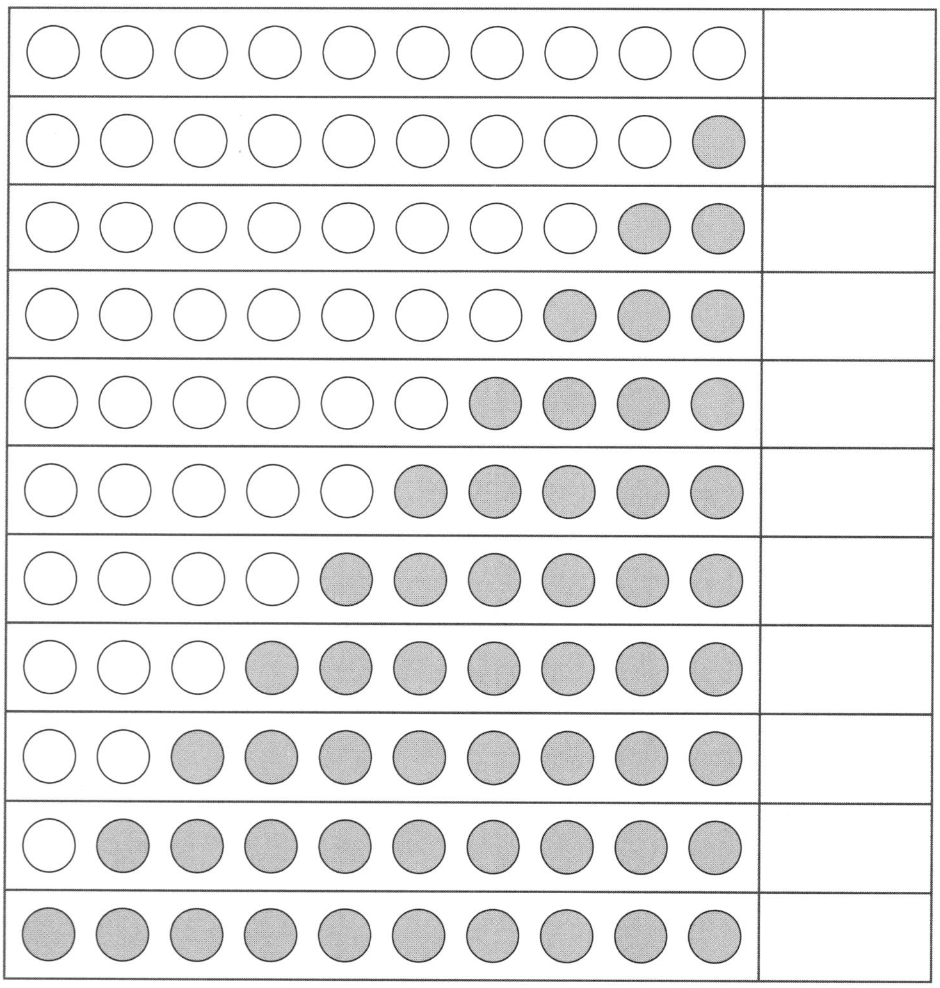

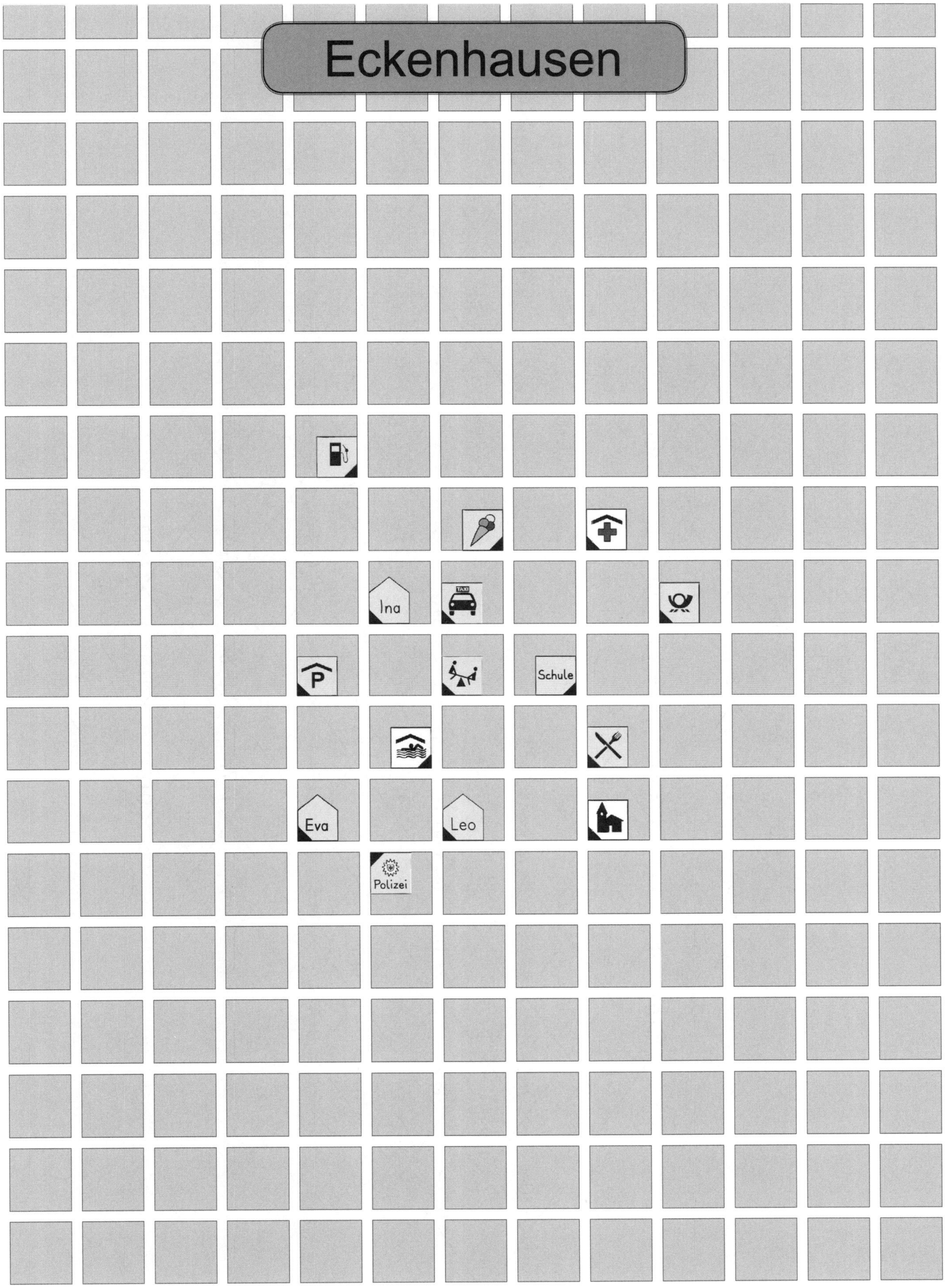
Eckenhausen
TAXI
Ina
Schule
Eva
Leo
Polizei

| | | | | | | | | | | |
|---|---|---|---|---|---|---|---|---|---|---|
| 10+0= | 10+1= | 10+2= | 10+3= | 10+4= | 10+5= | 10+6= | 10+7= | 10+8= | 10+9= | 10+10= |
| 9+0= | 9+1= | 9+2= | 9+3= | 9+4= | 9+5= | 9+6= | 9+7= | 9+8= | 9+9= | 9+10= |
| 8+0= | 8+1= | 8+2= | 8+3= | 8+4= | 8+5= | 8+6= | 8+7= | 8+8= | 8+9= | 8+10= |
| 7+0= | 7+1= | 7+2= | 7+3= | 7+4= | 7+5= | 7+6= | 7+7= | 7+8= | 7+9= | 7+10= |
| 6+0= | 6+1= | 6+2= | 6+3= | 6+4= | 6+5= | 6+6= | 6+7= | 6+8= | 6+9= | 6+10= |
| 5+0= | 5+1= | 5+2= | 5+3= | 5+4= | 5+5= | 5+6= | 5+7= | 5+8= | 5+9= | 5+10= |
| 4+0= | 4+1= | 4+2= | 4+3= | 4+4= | 4+5= | 4+6= | 4+7= | 4+8= | 4+9= | 4+10= |
| 3+0= | 3+1= | 3+2= | 3+3= | 3+4= | 3+5= | 3+6= | 3+7= | 3+8= | 3+9= | 3+10= |
| 2+0= | 2+1= | 2+2= | 2+3= | 2+4= | 2+5= | 2+6= | 2+7= | 2+8= | 2+9= | 2+10= |
| 1+0= | 1+1= | 1+2= | 1+3= | 1+4= | 1+5= | 1+6= | 1+7= | 1+8= | 1+9= | 1+10= |
| 0+0= | 0+1= | 0+2= | 0+3= | 0+4= | 0+5= | 0+6= | 0+7= | 0+8= | 0+9= | 0+10= |

| | | | | | | | | | | |
|---|---|---|---|---|---|---|---|---|---|---|
| 0–0= | 1–0= | 2–0= | 3–0= | 4–0= | 5–0= | 6–0= | 7–0= | 8–0= | 9–0= | 10–0= |
| 1–1= | 2–1= | 3–1= | 4–1= | 5–1= | 6–1= | 7–1= | 8–1= | 9–1= | 10–1= | 11–1= |
| 2–2= | 3–2= | 4–2= | 5–2= | 6–2= | 7–2= | 8–2= | 9–2= | 10–2= | 11–2= | 12–2= |
| 3–3= | 4–3= | 5–3= | 6–3= | 7–3= | 8–3= | 9–3= | 10–3= | 11–3= | 12–3= | 13–3= |
| 4–4= | 5–4= | 6–4= | 7–4= | 8–4= | 9–4= | 10–4= | 11–4= | 12–4= | 13–4= | 14–4= |
| 5–5= | 6–5= | 7–5= | 8–5= | 9–5= | 10–5= | 11–5= | 12–5= | 13–5= | 14–5= | 15–5= |
| 6–6= | 7–6= | 8–6= | 9–6= | 10–6= | 11–6= | 12–6= | 13–6= | 14–6= | 15–6= | 16–6= |
| 7–7= | 8–7= | 9–7= | 10–7= | 11–7= | 12–7= | 13–7= | 14–7= | 15–7= | 16–7= | 17–7= |
| 8–8= | 9–8= | 10–8= | 11–8= | 12–8= | 13–8= | 14–8= | 15–8= | 16–8= | 17–8= | 18–8= |
| 9–9= | 10–9= | 11–9= | 12–9= | 13–9= | 14–9= | 15–9= | 16–9= | 17–9= | 18–9= | 19–9= |
| 10–10= | 11–10= | 12–10= | 13–10= | 14–10= | 15–10= | 16–10= | 17–10= | 18–10= | 19–10= | 20–10= |

**1** Wie viele fehlen?

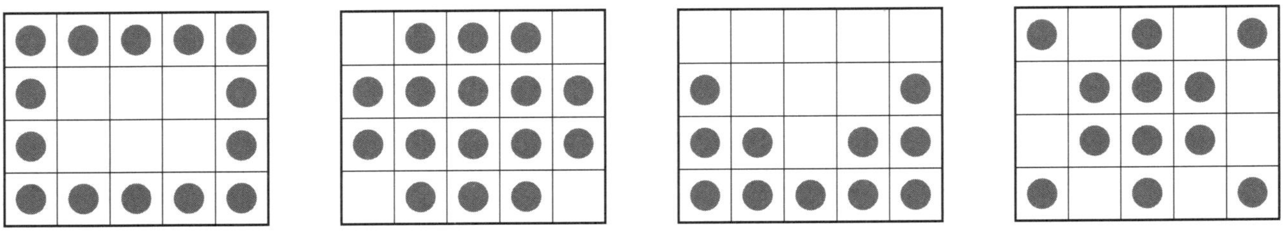

14 + ........ = 20  16 + ........ = 20  11 + ........ = 20  12 + ........ = 20

**2**

7 + ........ = 11  7 + ........ = 18
6 + ........ = 11  8 + ........ = 18
5 + ........ = 11  9 + ........ = 18
4 + ........ = 11  10 + ........ = 18

**3**

6 + ........ = 15  11 + ........ = 14
7 + ........ = 16  11 + ........ = 15
8 + ........ = 17  11 + ........ = 16
9 + ........ = 18  11 + ........ = 17

**4**

17 + ........ = 19  13 + ........ = 18  16 + ........ = 19
19 – 17 = ........  18 – 13 = ........  19 – 16 = ........

**5**

9 + ........ = 12  8 + ........ = 13  12 + ........ = 16
12 – 9 = ........  13 – 8 = ........  16 – 12 = ........

**6**

14 + ........ = 16  13 + ........ = 15  14 + ........ = 17
16 – 14 = ........  15 – 13 = ........  17 – 14 = ........

**7**

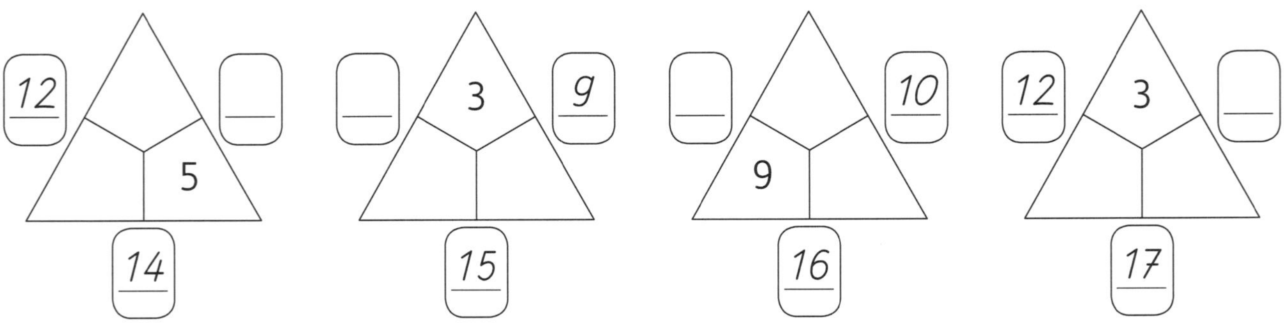

# Punktfelder für gerade und ungerade Zahlen

# Zahlenraupen

Immer (+ )

Immer (+ )

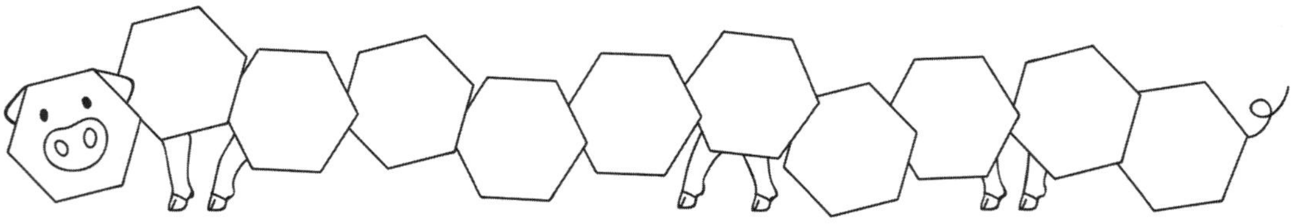

Immer (+ )

Immer (+ )

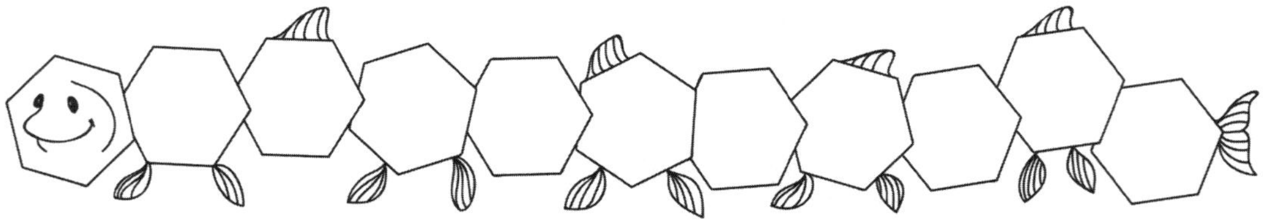

Immer (+ )

Immer (+ )

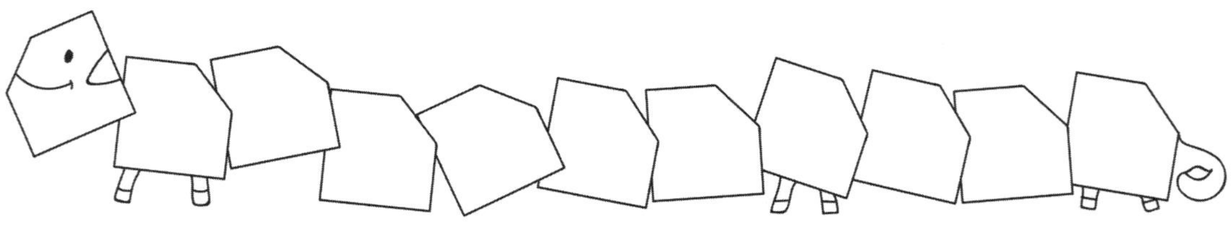

Immer (+ )

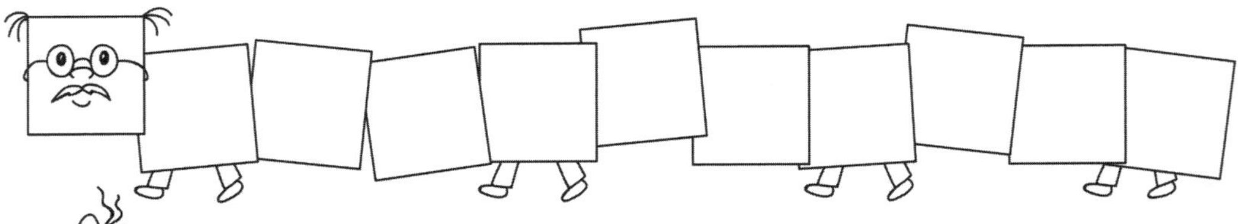

Immer (+ )

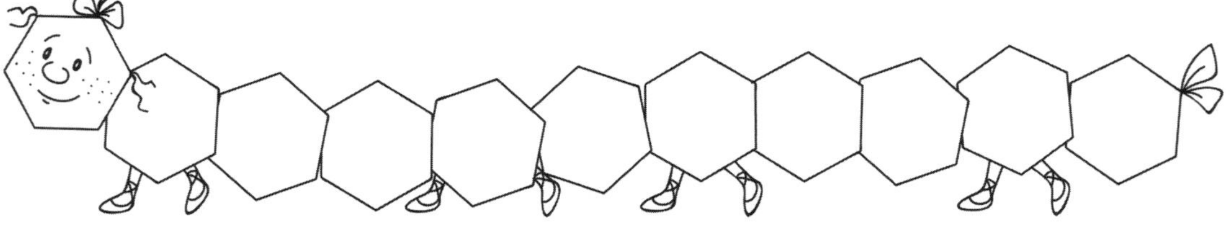

1 →(+4) □ →(+5) □ →(−2) □ →(+5) □ →(−4) □ →(+6) □ →(−5)

10 →(−7) □ →(+3) □ →(+2) □ →(+2) □ →(+3) □ →(+3) □ →(−8) □ →(−1) □ →(+5) □ →(−2)

10 →(−8) □ →(−2) □ →(+6) □ →(+7) □ →(−2) □ →(−4) □ →(+6) □ →(+2) □ →(−10) □ →(+5)

10 →(+2) □ →(−4) □ →(+9) □ →(−10) □ →(+1) □ →(+10) □ →(−9) □ →(+8) □ →(−3) □ →(−4)

10 →(−6) □ →(+4) □ →(+6) □ →(−5) □ →(+3) □ →(−5) □ →(+7) □ →(−8) □ →(+3) □ →(+1)

10 →(−3) □ →(+2) □ →(+2) □ →(−3) □ →(+8) □ →(−9) □ →(+8) □ →(−3) □ →(−6) □ →(+4)

10 →(−4) □ →(+5) □ →(+5) □ →(−6) □ →(−6) □ →(+7) □ →(−8) □ →(+7) □ →(+10) □

**1**

| | | | |
|---|---|---|---|
| | | | |
| | | | |
| | | | |
| 1 | 2 | 3 | 4 |

| | | | |
|---|---|---|---|
| 20 | | | |
| | 11 | | |
| | 5 | | |
| | 3 | | |

| | | | |
|---|---|---|---|
| | | | |
| | 9 | | |
| 6 | | 4 | |
| | 2 | | |

**2**

| | | | |
|---|---|---|---|
| 16 | | | |
| 9 | | | |
| | 3 | | |
| | | 1 | |

| | | | |
|---|---|---|---|
| | | | |
| | | | |
| | | | |
| 4 | 1 | 2 | 3 |

| | | | |
|---|---|---|---|
| | | | |
| 8 | | | |
| | 3 | 5 | |
| | 2 | | |

**3**

| | | | |
|---|---|---|---|
| 18 | | | |
| | 11 | | |
| | 4 | | |
| | | 3 | |

| | | | |
|---|---|---|---|
| | | | |
| | | | |
| 5 | 4 | | |
| | | 3 | 2 |

| | | | |
|---|---|---|---|
| | | | |
| | | | |
| | | | |
| 4 | 3 | 1 | 2 |

**4**

| | | | |
|---|---|---|---|
| | | | |
| | | | |
| | | | |
| 2 | 4 | 1 | 3 |

| | | | |
|---|---|---|---|
| 20 | | | |
| 8 | | | |
| | 5 | | |
| | 1 | | |

| | | | |
|---|---|---|---|
| | | | |
| | | | |
| 4 | 5 | 6 | |
| 3 | | | |

**5**

| | | | |
|---|---|---|---|
| | | | |
| | | | |
| | | | |
| 1 | 2 | 4 | 3 |

| | | | |
|---|---|---|---|
| | | | |
| | | | |
| 5 | 6 | 5 | |
| 1 | | | |

| | | | |
|---|---|---|---|
| | | | |
| 13 | | | |
| | 6 | 3 | |
| | | | 1 |

**6**

| | | | |
|---|---|---|---|
| | | | |
| | | | |
| 6 | 7 | | |
| | | 3 | 1 |

| | | | |
|---|---|---|---|
| | | | |
| | | | |
| | | | |
| 1 | 4 | 3 | 2 |

| | | | |
|---|---|---|---|
| | | | |
| 11 | | | |
| | 7 | 6 | |
| | | 4 | |

**1** Wie viele fehlen?

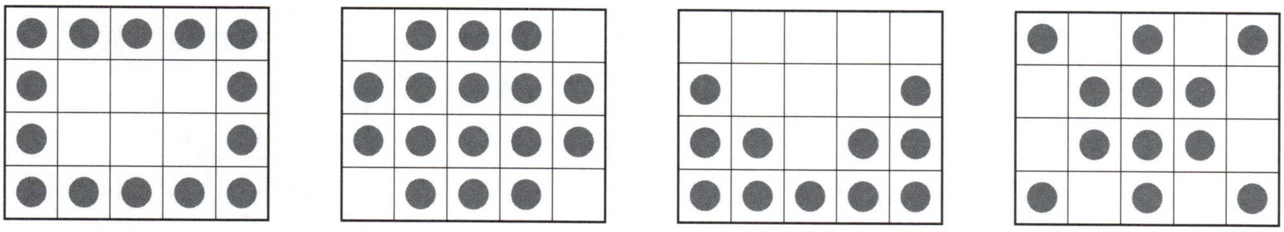

14 + 6 = 20     16 + 4 = 20     11 + 9 = 20     12 + 8 = 20

**2**

7 + 4 = 11     7 + 11 = 18
6 + 5 = 11     8 + 10 = 18
5 + 6 = 11     9 + 9 = 18
4 + 7 = 11     10 + 8 = 18

**3**

6 + 9 = 15     11 + 3 = 14
7 + 9 = 16     11 + 4 = 15
8 + 9 = 17     11 + 5 = 16
9 + 9 = 18     11 + 6 = 17

**4**

17 + 2 = 19     13 + 5 = 18     16 + 3 = 19
19 – 17 = 2     18 – 13 = 5     19 – 16 = 3

**5**

9 + 3 = 12     8 + 5 = 13     12 + 4 = 16
12 – 9 = 3     13 – 8 = 5     16 – 12 = 4

**6**

14 + 2 = 16     13 + 2 = 15     14 + 3 = 17
16 – 14 = 2     15 – 13 = 2     17 – 14 = 3

**7**

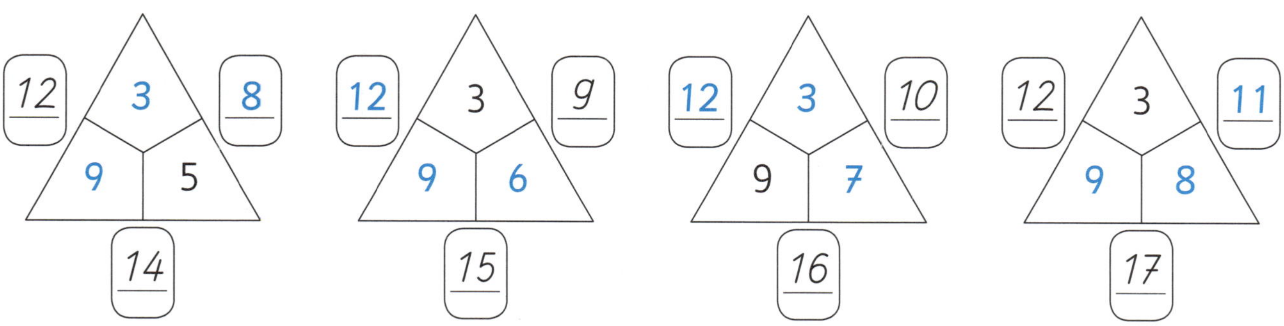

1 → +4 → 5 → +5 → 10 → −2 → 8 → +5 → 13 → −4 → 9 → +6 → 15 → −5 →

10 → −7 → 3 → +3 → 6 → +2 → 8 → +2 → 10 → +3 → 13 → +3 → 16 → −8 → 8 → −1 → 7 → +5 → 12 → −2 →

10 → −8 → 2 → −2 → 0 → +6 → 6 → +7 → 13 → −2 → 11 → −4 → 7 → +6 → 13 → +2 → 15 → −10 → 5 → +5 →

10 → +2 → 12 → −4 → 8 → +9 → 17 → −10 → 7 → +1 → 8 → +10 → 18 → −9 → 9 → +8 → 17 → −3 → 14 → −4 →

10 → −6 → 4 → +4 → 8 → +6 → 14 → −5 → 9 → +3 → 12 → −5 → 7 → +7 → 14 → −8 → 6 → +3 → 9 → +1 →

10 → −3 → 7 → +2 → 9 → +2 → 11 → −3 → 8 → +8 → 16 → −9 → 7 → +8 → 15 → −3 → 12 → −6 → 6 → +4 →

10 → −4 → 6 → +5 → 11 → +5 → 16 → −6 → 10 → −6 → 4 → +7 → 11 → −8 → 3 → +7 → 10 → +10 → 20

**1**

| | | |
|---|---|---|
| 20 | 20 | 20 |
| 8 12 | 9 11 | 11 9 |
| 3 5 7 | 4 5 6 | 6 5 4 |
| 1 2 3 4 | 1 3 2 4 | 4 2 3 1 |

**2**

| | | |
|---|---|---|
| 16 | 16 | 16 |
| 9 7 | 8 8 | 8 8 |
| 6 3 4 | 5 3 5 | 5 3 5 |
| 4 2 1 3 | 4 1 2 3 | 3 2 1 4 |

**3**

| | | |
|---|---|---|
| 18 | 18 | 18 |
| 7 11 | 9 9 | 11 7 |
| 3 4 7 | 5 4 5 | 7 4 3 |
| 2 1 3 4 | 4 1 3 2 | 4 3 1 2 |

**4**

| | | |
|---|---|---|
| 20 | 20 | 20 |
| 11 9 | 8 12 | 9 11 |
| 6 5 4 | 3 5 7 | 4 5 6 |
| 2 4 1 3 | 2 1 4 3 | 3 1 4 2 |

**5**

| | | |
|---|---|---|
| 22 | 22 | 22 |
| 9 13 | 11 11 | 13 9 |
| 3 6 7 | 5 6 5 | 7 6 3 |
| 1 2 4 3 | 1 4 2 3 | 3 4 2 1 |

**6**

| | | |
|---|---|---|
| 24 | 24 | 24 |
| 13 11 | 12 12 | 11 13 |
| 6 7 4 | 5 7 5 | 4 7 6 |
| 2 4 3 1 | 1 4 3 2 | 1 3 4 2 |

## Blitzrechenpass

........................................
Name

hat am .............................. die Schlussprüfung im Blitzrechnen 1 abgelegt.

........................................

........................................
Bemerkungen

........................ ........................
Unterschrift Stempel

## Einzelprüfungen

| Name der Übung | 1. Prüfung | 2. Prüfung |
|---|---|---|
| Wie viele? | | |
| Zahlenreihe | | |
| Zerlegen | | |
| Immer 10/Immer 20 | | |
| Verdoppeln | | |
| Plusaufgaben | | |
| Minusaufgaben | | |
| Kraft der Fünf | | |
| Halbieren | | |
| Zählen in Schritten/ Mini-Einmaleins | | |

✂ - - - - - - - - - - - - - - - - - - - - - - - - - - - - - - - -

## Blitzrechenpass

........................................
Name

hat am .............................. die Schlussprüfung im Blitzrechnen 1 abgelegt.

........................................

........................................
Bemerkungen

........................ ........................
Unterschrift Stempel

## Einzelprüfungen

| Name der Übung | 1. Prüfung | 2. Prüfung |
|---|---|---|
| Wie viele? | | |
| Zahlenreihe | | |
| Zerlegen | | |
| Immer 10/Immer 20 | | |
| Verdoppeln | | |
| Plusaufgaben | | |
| Minusaufgaben | | |
| Kraft der Fünf | | |
| Halbieren | | |
| Zählen in Schritten/ Mini-Einmaleins | | |

## DIDAKTISCHE HINWEISE ZUR DENKSCHULE

Um die folgenden Denkspiele verstehen und in ihrem pädagogisch-didaktischen Wert richtig einschätzen zu können, muss man sie unbedingt selbst handelnd durchführen.

### *D 1*
### *Schiebespiele (Typ: Platzwechsel)*

*Spielpläne und Spielmaterial*

Auf jedem der folgenden vier Spielpläne ist eine bestimmte Anordnung von quadratischen Feldern vorgegeben, von denen einige mit „blauen“, andere mit „roten“ Spielsteinen (Wendeplättchen, Damesteine ...) belegt sind. Einige Felder sind frei.

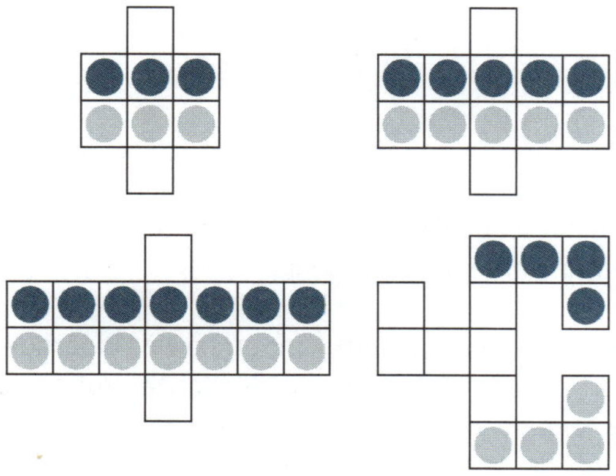

*Spielregeln*

Das Ziel besteht darin, die Steine so zu verschieben, dass am Ende „blaue“ und „rote“ die Plätze ausgetauscht haben. Dabei darf man Steine nur auf Nachbarplätze bewegen ohne zu überspringen. Damit die Kinder das Ziel nicht aus den Augen verlieren, empfiehlt es sich, die Felder, auf denen am Anfang die „blauen“ Steine liegen, „blau“, entsprechend die Felder der „roten“ Steine „rot“ zu färben.

Die Lösung ist bei den drei ersten Spielplänen unproblematisch. Auch wenn die Kinder umständlich vorgehen, werden sie schließlich zum Ziel gelangen.

Beim vierten Spielplan muss man erst lernen, den freien Haken auszunutzen und etappenweise vorzugehen.

Lösung:

Drei weiße Steine wandern in den freien Haken. Die vier schwarzen ziehen möglichst weit nach oben, so dass der Weg für die drei weißen in die Endposition frei wird. Jetzt ist noch der „eingeklemmte“ weiße Stein zu befreien. Dazu ziehen drei der vier schwarzen Steine in den freien Haken, der vierte schwarze zieht mit dem vierten weißen am freien Haken vorbei und gibt für die schwarzen im Haken den Weg in die Endposition frei. Schließlich rückt der vierte weiße Stein in den Haken, so dass der vierte schwarze nach oben ziehen kann, womit der Weg zur Endposition auch für den vierten weißen Stein offen ist.

### *D 2*
### *Dreiecksmemory (Typ: Gedächtnistraining)*

*Spielpläne*

Benötigte Spielfelder:

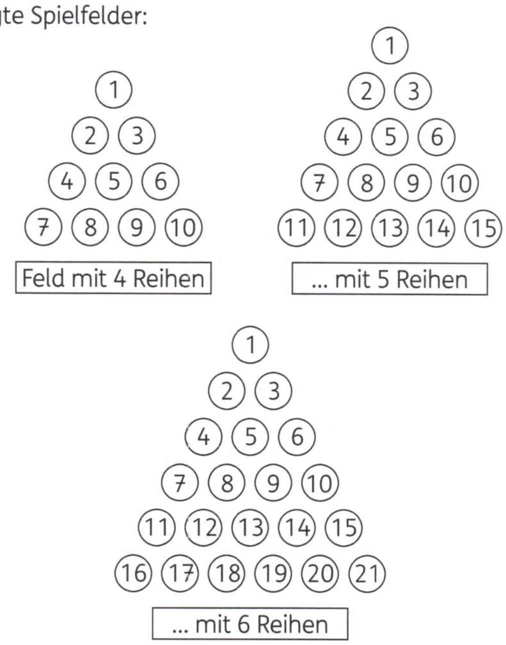


*Spielmaterial*

Bis zu 21 Wendeplättchen.

Benötigt werden jeweils 4 Kinder: der Spielleiter, zwei Assistenten und der „Kandidat“. Zuschauer sind in beliebiger Zahl zugelassen und willkommen.

*Spielregeln*

Der Spielleiter sitzt an der Spitze des (hinreichend großen) Spielfeldes und achtet darauf, dass die Regeln eingehalten werden. Ihm gegenüber sitzt mit verbundenen Augen der Kandidat. Die beiden Assistenten sitzen vom Kandidaten aus gesehen links (l) bzw. rechts (r) an der Seite und legen abwechselnd ein Plättchen nach dem anderen auf die Felder, und zwar in der obersten Reihe beginnend, jeder von seiner Seite aus von außen nach innen. Sie gehen erst dann zur nächsttieferen Reihe über, wenn eine Reihe voll belegt ist. Zu legen beginnt der (vom Kandidaten aus gesehen) links sitzende Assistent mit Feld 1.

Für das Spielfeld mit 5 Reihen ergibt sich daraus folgende Reihenfolge der Felder:

| | | | | | | | | | | | | | | |
|---|---|---|---|---|---|---|---|---|---|---|---|---|---|---|
| 1 | 3 | 2 | 6 | 4 | 5 | 7 | 10 | 8 | 9 | 11 | 15 | 12 | 14 | 13 |
| l | r | l | r | l | r | l | r | l | r | l | r | l | r | l |

Die Assistenten legen aber ihr Plättchen erst, wenn der Kandidat die Nummer des Feldes vorher genannt hat. Aufgabe des Kandidaten ist es also, die Reihenfolge der Felder richtig vorzusagen. Sobald er einen Fehler macht, hat er die Prüfung nicht bestanden, und ein anderer Kandidat kommt zum Zuge.

Zur Demonstration der Regeln werden die Kinder um einen Tisch versammelt, zwei von ihnen werden zu Assistenten ernannt und lernen vor den Augen der Klasse die Legeregel. Am günstigsten ist es, wenn der eine Assistent die Wendeplättchen mit der roten Seite, der andere mit der blauen Seite nach oben legt. Auf diese Weise lassen sich die schwierigen Lagebeziehungen „links"/ „rechts" durch die Farbbezeichnungen „rot" und „blau" ersetzen. Wenn 15 erreicht ist, werden die Legeregeln ein zweites Mal demonstriert, indem die Plättchen (von 1 beginnend) wieder weggenommen werden. Man erspart sich dadurch das „Abräumen" der Plättchen nach jedem Spiel. Anschließend werden die Plättchen noch ein paarmal gelegt bzw. weggenommen, wobei zusätzlich die Feldnummern laut genannt werden.

Wenn die Legeregeln verstanden sind, können die ersten „mutigen" Kinder bereits als Kandidaten antreten. Für das Spielfeld mit 6 Reihen ergibt sich für die Lege-Reihenfolge der 6. Zeile in Fortsetzung der Reihenfolge des Spielfelds mit fünf Reihen:

| | | | | | | | | |
|---|---|---|---|---|---|---|---|---|
| (... | 14 | 13) | 21 | 16 | 20 | 17 | 19 | 18 |
| (... | r | l) | r | l | r | l | r | l |

Lehrerinnen, die das Spiel nicht kennen, scheuen leicht davor zurück, es einzusetzen, weil sie Unruhe befürchten. Die Erfahrung zeigt aber, dass die kleinen Zuschauer dem Geschehen sehr interessiert und diszipliniert folgen und durch das Spiel beruhigt werden.

## *D 3*
## *Die springenden Steine (Typ: Solitärspiel)*

*Spielplan*

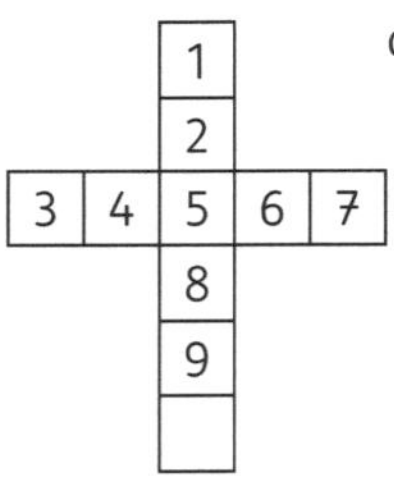


oder

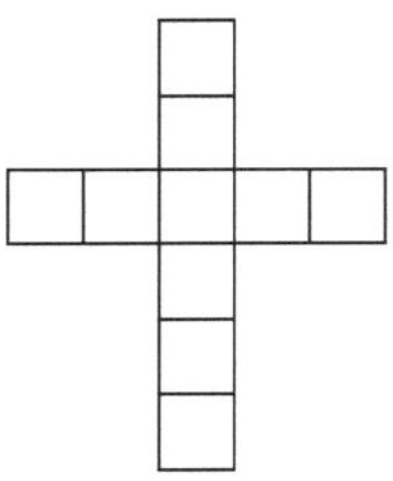

*Spielmaterial*
9 Spielsteine (Plättchen, Münzen ...)

*Spielregeln*
Die Steine werden auf die Felder des Spielplans gelegt, so dass das unterste Feld frei bleibt. Jeder Spielzug besteht darin, mit einem Stein genau einen anderen zu überspringen, so dass man auf einem freien Feld landet. Der übersprungene Stein wird entfernt. Das Ziel besteht darin, alle Steine bis auf einen einzigen „abzuräumen" (daher der Name „Solitärspiel").

Lösung:
Die Platznummern der jeweils entfernten Steine sind der Reihe nach: 9, 5, 4, 8, 9, 6, 5, 2 oder 9, 5, 6, 8, 9, 4, 5, 2.

## *D 4*
## *Ko-No oder Pong-Hau-Ki (Typ: Strategiespiel)*

Dieses unscheinbare, aber die Aufmerksamkeit der Spieler sehr fordernde Spiel stammt aus dem indonesisch-chinesischen Kulturkreis und ist unter verschiedenen Namen bekannt.

*Spielplan und Spielmaterial*
Fünf kreisförmige Felder sind in bestimmter Weise miteinander verbunden. Die oberen beiden Felder sind am Beginn mit „blauen", die unteren mit „roten" Spielsteinen belegt.

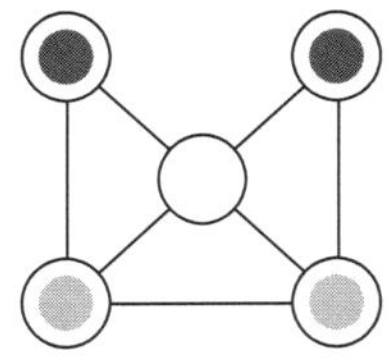

*Spielregeln*
Den beiden Spielern gehören jeweils die Steine einer Farbe. Abwechselnd ziehen die Spieler eine ihrer Marken entlang einer Linie auf ein Nachbarfeld. Das Ziel ist, den Gegner zu blockieren, so dass er nicht mehr ziehen kann.

Wenn beide Spieler aufpassen, können sie eine Blockade vermeiden. Wenn einer der Spieler aber in der Konzentration nachlässt, kann die folgende Konstellation eintreten (Fig. 1), bei welcher der Spieler, dessen Steine sich links unten und rechts oben befinden, am Zug ist.

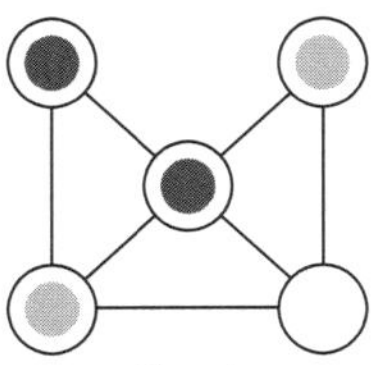
Fig. 1

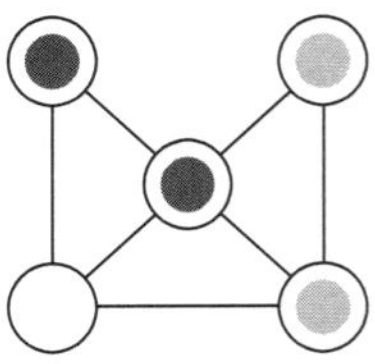
Fig. 2

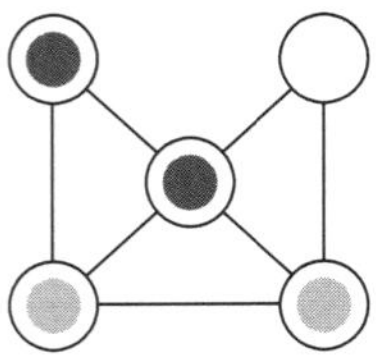
Fig. 3

Er muss dann entweder den Stein links unten oder den Stein rechts oben auf das freie Feld ziehen: Im ersten Fall (Fig. 2) braucht sein Gegner nur von links oben nach unten zu ziehen und hat eine Blockade aufgerichtet. Im zweiten Fall (Fig. 3) ist dies nicht möglich.

## D 5
### *9er-Uhr (Typ: Anordnungsspiel)*

*Spielmaterial*

Chips (Zahlseite der Wendekarten) mit den Zahlen von 1 bis 9

*Spielfeld*

„mathe-2000"-Logo, in dem benachbarte Kreise durch Striche verbunden sind

*Spielregeln*

Der erste Spieler legt die Chips an der Spitze beginnend der Reihe nach im Uhrzeigersinn außen ab (Fig. 1). Der zweite Spieler „zerstört" die „9er-Uhr", indem er die Chips beliebig umlegt (Fig. 2). Das mittlere Feld bleibt frei.

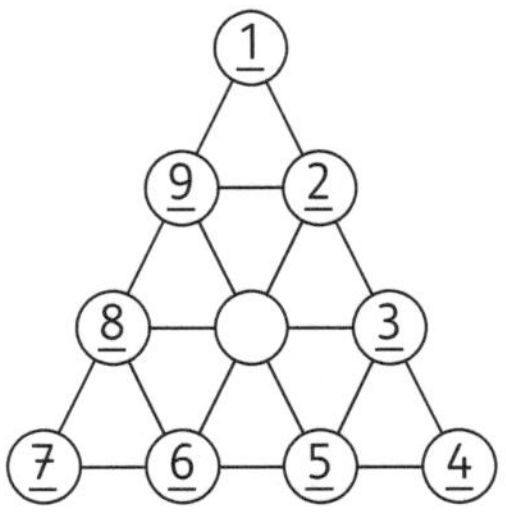

Fig. 1

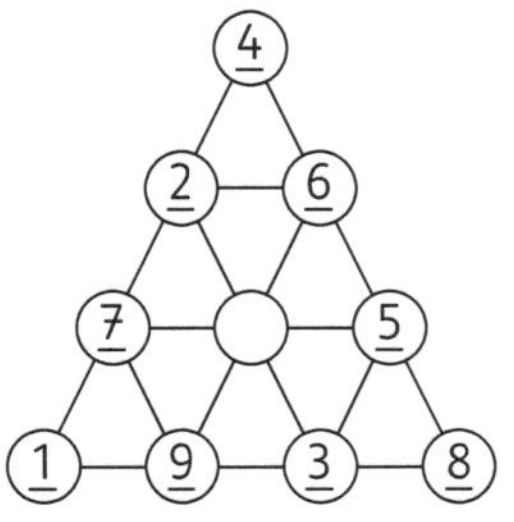

Fig. 2

Der erste Spieler muss nun die 9er-Uhr wiederherstellen. Dabei darf er jeweils einen Chip auf ein freies Nachbarfeld schieben. Das mittlere Feld dient zur „Zwischenlagerung".

Das Spiel verlangt vorausschauendes Arbeiten, wobei die Felder insgesamt im Auge behalten werden müssen.

## D 6
### *Lege schlau (Typ: Legespiel)*

*Spielmaterial*

In Anlehnung an das bekannte Legespiel Tangram wird ein quadratisches Stück Karton (9 cm Kantenlänge) nach unten stehendem Plan (Kopiervorlage) in 6 Formen zerschnitten: 2 große Dreiecke, 1 mittleres Dreieck, 2 kleine Dreiecke, 1 Rechteck.

Das entsprechende Mini-Tangram aus Karton liegt dem Schülerbuch bei und wird im Schülerbuch auf S. 66 – 67 eingeführt.

*Spielregeln*

Mit einigen oder allen 6 Formen sollen die folgenden 14 Umrisse ausgelegt werden, wobei stets mehr als eine Form benutzt werden muss. Die Zeichnungen dienen gleichzeitig als Kopiervorlagen.

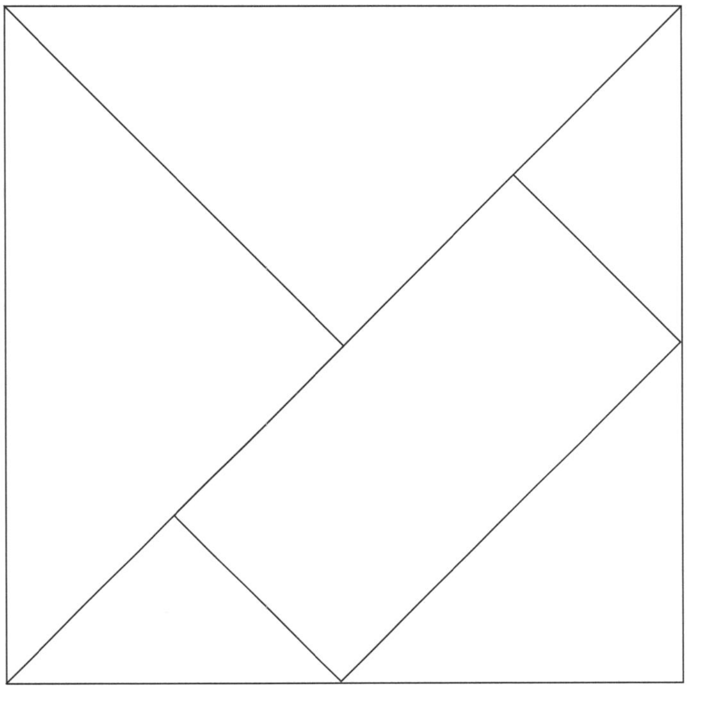

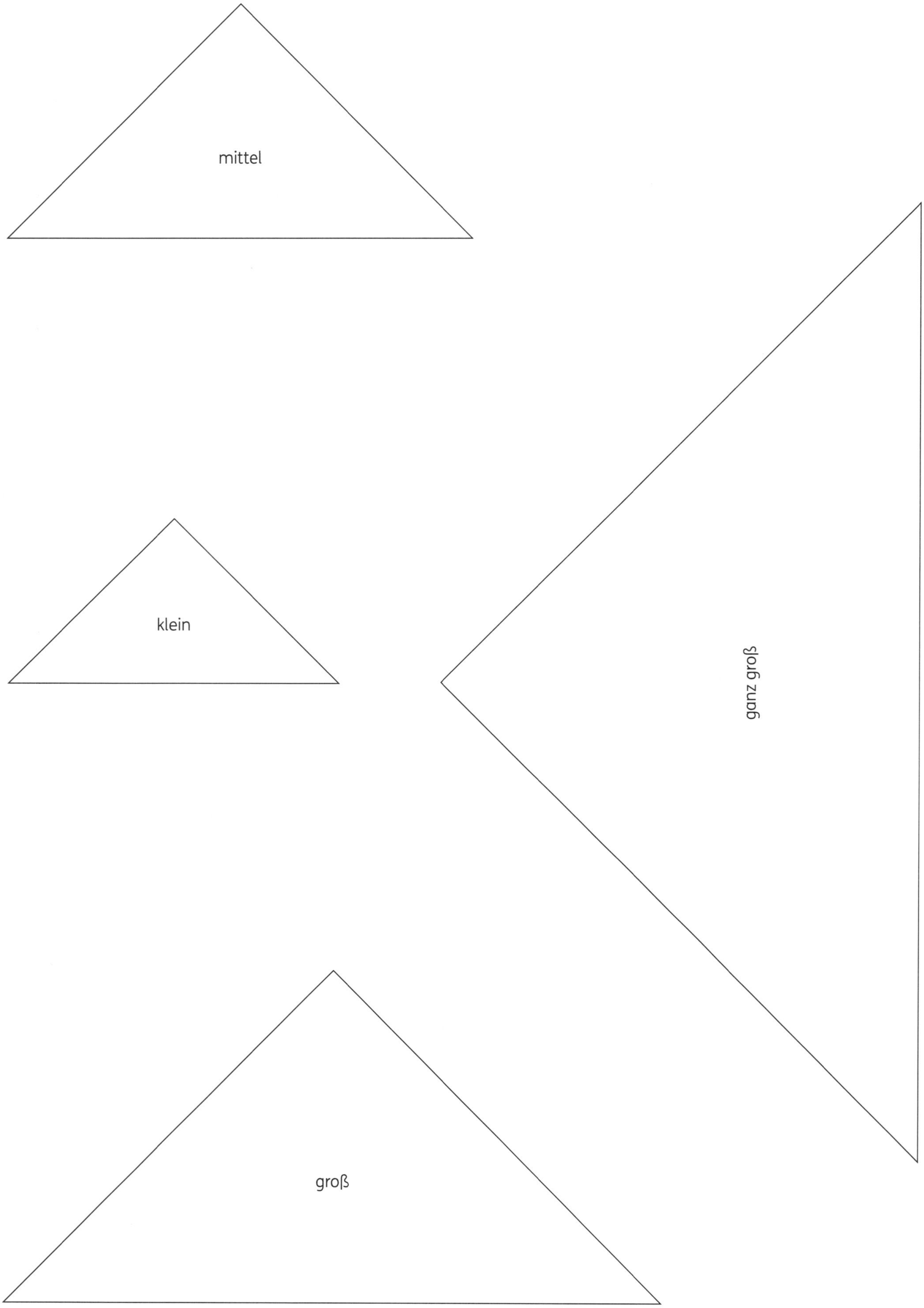
mittel
klein
ganz groß
groß

## D 7
### *Ausgleich der Felder (Typ: Umordnungsspiel)*

*Spielmaterial*

12 bzw. 24 Plättchen, kreisförmiger Spielplan mit drei gleich großen, verschieden gefärbten Feldern

*Spielregeln*

Zu Beginn liegen die 12 Plättchen folgendermaßen in den Feldern:

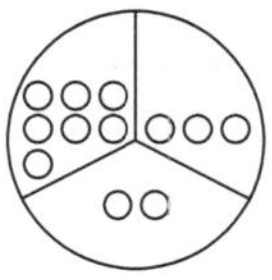

Ziel ist es, in jedem Feld gleich viele, also 4 Plättchen zu haben, wobei man bei jedem Zug von einem Feld so viele Plättchen zu einem anderen schieben muss, wie dort schon sind (d. h. in letzterem wird die Anzahl verdoppelt!).

Eine Lösung geht z. B. so: 2 Plättchen vom linken zum unteren Feld. Dann sind dort 4. Nun 3 vom linken Feld in das rechte. Dann sind dort 6 und im linken 2. Schließlich 2 vom rechten Feld in das linke.
Bei 24 Plättchen ist die Ausgangssituation folgendermaßen: 12 Plättchen im linken, 7 im rechten, 5 im unteren Feld. Ziel sind 8 in jedem Feld.

Man kann das Spiel erweitern, indem man beliebige Anfangsverteilungen der Plättchen in den drei Feldern zulässt. Damit aber das Ziel „Ausgleich der Felder" immer erreichbar ist, muss man eine zweite Zugregel zulassen, die im Notfall angewandt werden darf: Wenn in zwei Feldern gleiche Zahlen auftreten, darf man 1 Plättchen von einem Feld in das andere schieben.

Beispiel:
Die Ausgangsverteilung

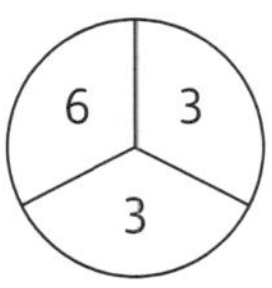


würde bei Anwendung der „Verdopplungsregel" immer wieder zu 6, 3, 3, nur in unterschiedlicher Reihenfolge, führen. Die zweite Regel erlaubt, überzugehen zu:

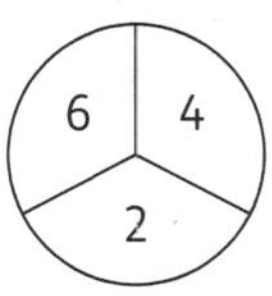


Das führt dann durch Schieben von 2 Plättchen aus dem linken Feld in das untere sofort zur Lösung. Die Zulassung beider Regeln hat den Vorteil, dass sich die Kinder selbst beliebige Aufgaben stellen können, ohne sich bestimmte Anfangsverteilungen merken zu müssen.

## D 8
### *Spitze nach unten (Typ: Münzenspiel)*

*Spielmaterial*

10 Münzen oder Plättchen

*Spielregel*

Die 10 Münzen werden zu Beginn in Form des „mathe-2000"-Logos angeordnet. Durch Verlagerung möglichst weniger Münzen soll ein Dreieck mit der Spitze nach unten entstehen. Die Aufgabe steht auch im Schülerbuch (S. 78, Aufgabe 5).

Aus 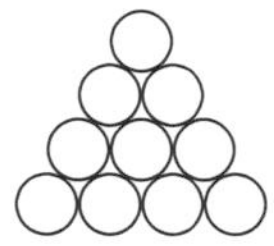 mache 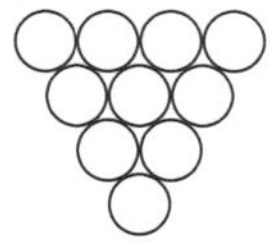

Bei der minimalen Lösung werden die drei Eckplättchen folgendermaßen verlagert:

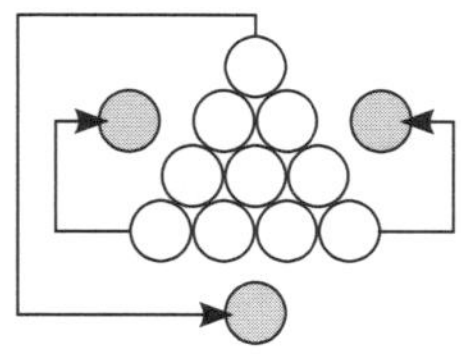 oder 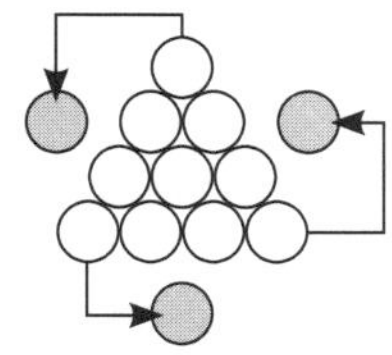

Man sollte die Minimalzahl 3 nicht sofort vorgeben, sondern lieber „möglichst wenige" fordern, weil die schrittweise Verbesserung der Zahl spannender ist.

Beispiele:

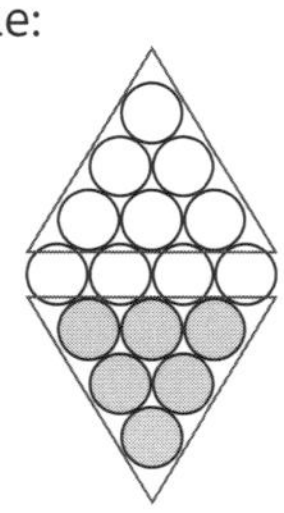

6 Münzen werden verlagert

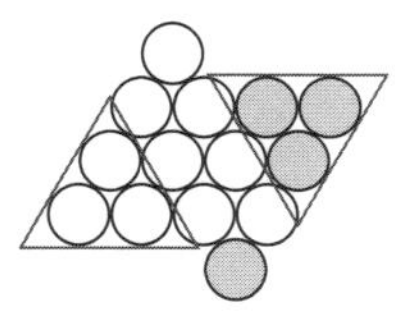

4 Münzen werden verlagert

Die Aufgabe lässt sich übertragen auf Muster mit 15 und 21 Münzen:

Aus  mache 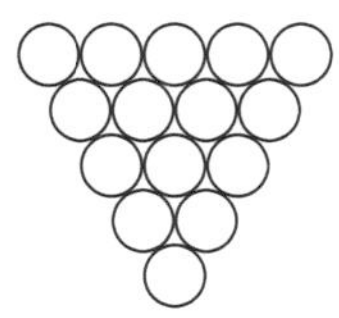

Aus 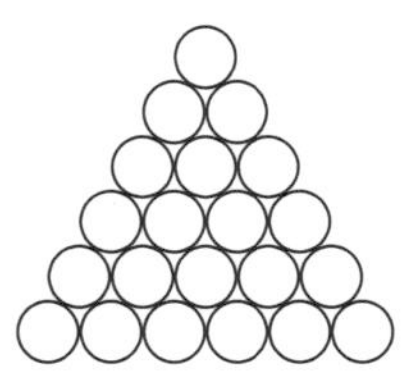 mache 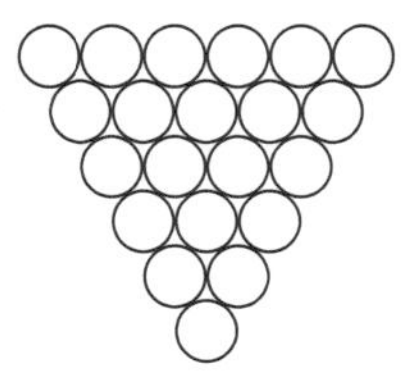

Die minimalen Lösungen bestehen in der Verlagerung von 5 bzw. 7 Münzen, jeweils von den Ecken weg (3, 1, 1 bzw. 3, 3, 1 Münzen).

**D 9**

**Enge Straße (Typ: Rangierspiel)**

*Spielplan, Spielmaterial und Spielregel*

Der Spielplan zeigt eine enge einspurige Straße mit einem Ausweichplatz für genau ein Auto.

Von links und von rechts kommen je drei Autos. Wie müssen die Autos rangieren, um ihren Weg fortsetzen zu können?

Zur Lösung fährt man beispielsweise das erste rechte Auto auf den Ausweichplatz, setzt die restlichen rechten Autos zurück, passiert mit den drei linken Autos den Ausweichplatz, so dass das abgestellte Auto freie Fahrt hat. Dann werden die drei linken Autos zurückgesetzt, das zweite rechte Auto fährt auf den Ausweichplatz usw.
Es gibt aber auch andere Lösungen.

Als Autos kann man Spielzeugautos, auf Karton aufgemalte Autos oder einfach, wie in der Zeichnung oben angedeutet, Wendeplättchen (links rot, rechts blau) verwenden.

**D 10**

**Wanderer am Fluss (Typ: Überfahrt)**

*Spielplan*

Der Spielplan zeigt einen Fluss (blau) eingerahmt von zwei Ufern (grün).

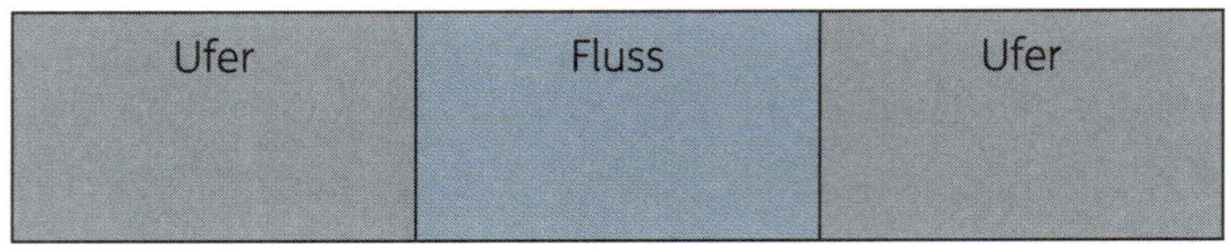


*Spielmaterial*

Auf Karten aufgemalt sind 2 erwachsene Wanderer und 3 Kinder sowie ein Boot. Statt der Karten kann man auch 2 große Münzen für die Erwachsenen und 3 kleine Münzen für die Kinder verwenden.

*Spielregeln*

Die Wandergruppe erreicht den Fluss und findet ein Boot vor, in das entweder ein Erwachsener, ein Kind oder 2 Kinder passen. Wie kann die Gruppe übersetzen?

Zur Lösung setzen erst zwei Kinder über. Eines bringt das Boot zurück. Dann fährt ein Erwachsener auf die andere Seite und das zurückgebliebene Kind bringt das Boot zurück. Analog wird der zweite Erwachsene auf das andere Ufer gebracht. Schließlich setzen zwei Kinder über, eines bringt das Boot zurück und nimmt das letzte Kind auf die andere Seite. Das Schöne an der Aufgabe ist, dass die Kinder bei der Lösung die Hauptrolle spielen. Ohne Kinder wären die Erwachsenen hilflos.

Wenn die Schüler die Lösung gefunden haben und sicher reproduzieren können, kann man ihnen eine Zusatzaufgabe stellen: Wie oft muss das Boot den Fluss überqueren?

Lösung:
Da für jeden Erwachsenen 4 Überquerungen und für alle drei Kinder 3 Überquerungen erforderlich sind, ergeben sich 4 + 4 + 3 = 11 Überquerungen.

Natürlich kann man die Anzahlen der Erwachsenen und der Kinder variieren. In jedem Spezialfall ist es interessant, die Zahl der notwendigen Überquerungen zu bestimmen.

Die Denkschule liegt im Programm „mathe 2000“ mit illustrierten Spielplänen samt Material und kindgemäßen Anleitungen in einer direkt für die Freiarbeit geeigneten Form vor: „Die Denkschule 1/2. Spielen und Überlegen“, Teil 1 für 1. und 2. Schuljahr, ISBN 978-3-12-199021-4.

Auf den folgenden Seiten finden sich schriftliche Kompetenztests, die am Ende der folgenden sechs Themenblöcke stehen:

- Entwicklung des Zahlbegriffs – Die Kraft der Fünf (Kompetenztest 1)
- Orientierung im Zwanzigerraum (Kompetenztest 2)
- Einführung der Addition - Einführung der Subtraktion (Kompetenztest 3)
- Integrierende Übungen (Kompetenztest 4)
- Vertiefende Übungen (Kompetenztest 5)
- Ergänzende Übungen (Kompetenztest 6)

Neben der Beobachtung und Dokumentation mündlicher Leistungen, den Leistungen im Zusammenhang mit Automatisierungsprozessen von Rechenfertigkeiten sowie weiteren fachspezifischen Leistungen bilden Kompetenztests einen zentralen Bereich der Leistungsfeststellung der Schülerinnen und Schüler. In Anlehnung an die Bildungsstandards sowie die Kerncurricula der einzelnen Bundesländer ist dabei auf eine Gewichtung aller drei Anforderungsbereiche zu achten, um zu einer aussagekräftigen Beurteilung der mathematischen Kompetenzentwicklung zu gelangen. Dem Anforderungsbereich II, „Zusammenhänge herstellen“, kommt dabei eine besondere Bedeutung zu, da hier die Kompetenz, die gelernten Fähigkeiten in unterschiedlichen Anwendungsaufgaben fachlich korrekt einzusetzen, überprüfbar wird.

Die vorliegenden Kompetenztests zielen darauf ab, die unterschiedlichen Fähigkeiten der Schülerinnen und Schüler in den einzelnen Anforderungsbereichen zu überprüfen und so zu einer möglichst aussagekräftigen Beurteilung der individuellen Leistungen zu gelangen.

Die Integration von Aufgabenstellungen aus allen inhaltsbezogenen mathematischen Kompetenzbereichen sichert hierbei ein umfassendes Bild der einzelnen Facetten der mathematischen Entwicklung. Eine über die vier Grundschuljahre zunehmende intensive Vernetzung mit den allgemeinen mathematischen Kompetenzen wird dabei gewährleistet.

Die angegebene Bepunktung der einzelnen Aufgabenstellungen soll eine Hilfe bieten, die Aufgaben aus den einzelnen Anforderungsbereichen in ein aussagekräftiges Verhältnis zu setzen. Hierbei ist allerdings zu beachten, dass die Höhe der Anforderung, die die einzelnen Aufgaben an die Schülerinnen und die Schüler stellen, in Abhängigkeit zur jeweiligen Intensität der Behandlung im Unterricht steht.

Name ............................................................................................ Klasse ............................ Datum ............................

## 1 Verbinde, setze ein.

| 9 | 8 | 10 | 7 | 6 | ___ |
|---|---|---|---|---|---|

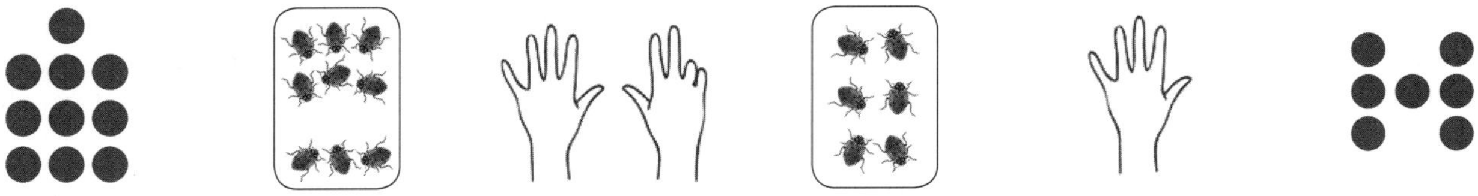

/6

## 2 Wie viele?

........ ........ ........ ........ ........

/5

## 3 Führe weiter.

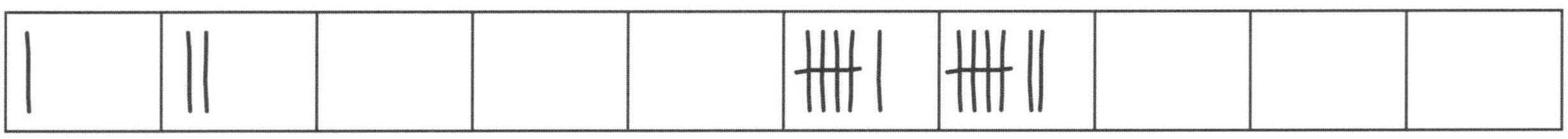

/3

## 4

........ Euro ........ Euro ........ Euro 8 Euro

/4

## 5 Setze fort.

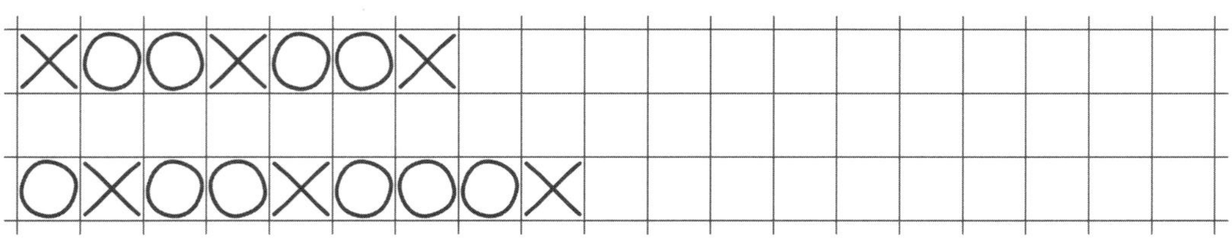

/4

Name ............................................................ Klasse ........................ Datum ........................

## 1 Verbinde, setze ein.

| 9 | 8 | 6 | 10 | 7 | ___ |
|---|---|---|---|---|---|

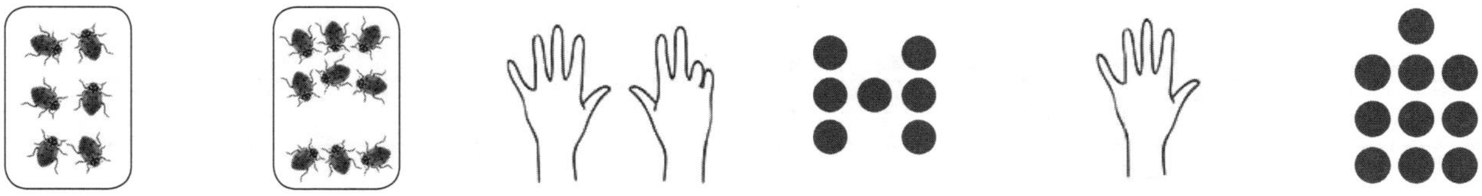

/6

## 2 Wie viele?

........ ........ ........ ........ ........

/5

## 3 Führe weiter.

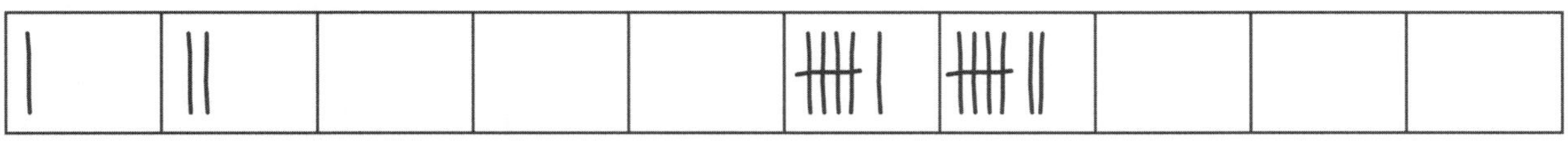

/3

## 4

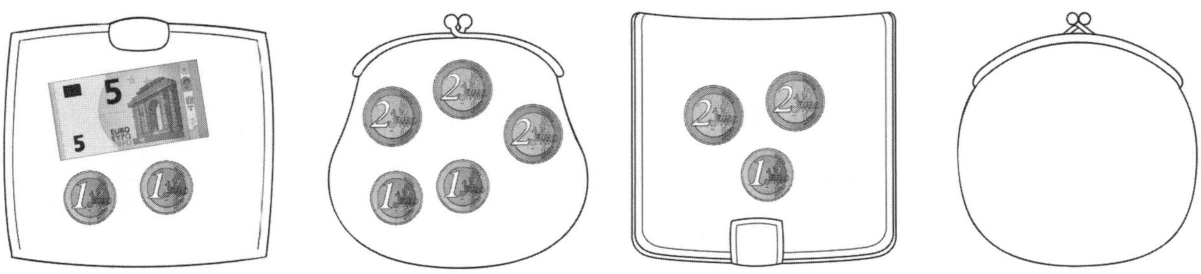

........ Euro ........ Euro ........ Euro 9 Euro

/4

## 5 Setze fort.

OXXOXXO

XOXXOXXXO

/4

Klasse .............................. Datum ..............................

| Name | 1 Zahlen und Mengen | 2 Mengen | 3 Strichlisten | 4 Geldbeträge | 5 Muster | **Gesamtpunktzahl** | Beobachtungen/Hinweise |
|---|---|---|---|---|---|---|---|
| **Punkte** | **6** | **5** | **3** | **4** | **4** | **22** | |
| | | | | | | | |
| | | | | | | | |
| | | | | | | | |
| | | | | | | | |
| | | | | | | | |
| | | | | | | | |
| | | | | | | | |
| | | | | | | | |
| | | | | | | | |
| | | | | | | | |
| | | | | | | | |
| | | | | | | | |
| | | | | | | | |
| | | | | | | | |
| | | | | | | | |
| | | | | | | | |
| | | | | | | | |
| | | | | | | | |
| | | | | | | | |
| | | | | | | | |
| | | | | | | | |
| | | | | | | | |
| | | | | | | | |
| | | | | | | | |
| | | | | | | | |
| | | | | | | | |
| | | | | | | | |
| | | | | | | | |

Name ............................ Klasse ............ Datum ............

## 1 Verbinde, setze ein.

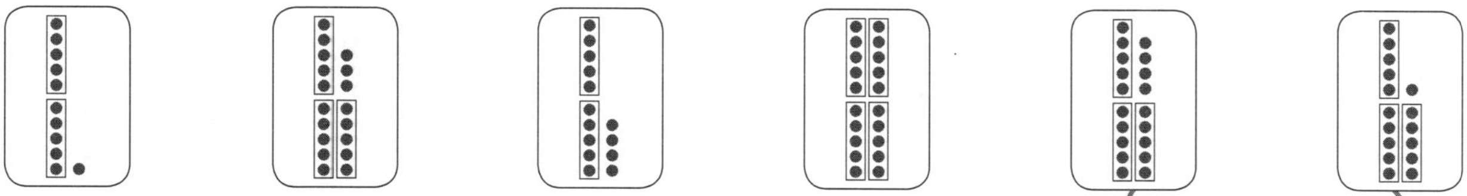

| 20 | 11 | 18 | 14 | ____ | ____ |
|---|---|---|---|---|---|

## 2 Welche Zahl? Verbinde.

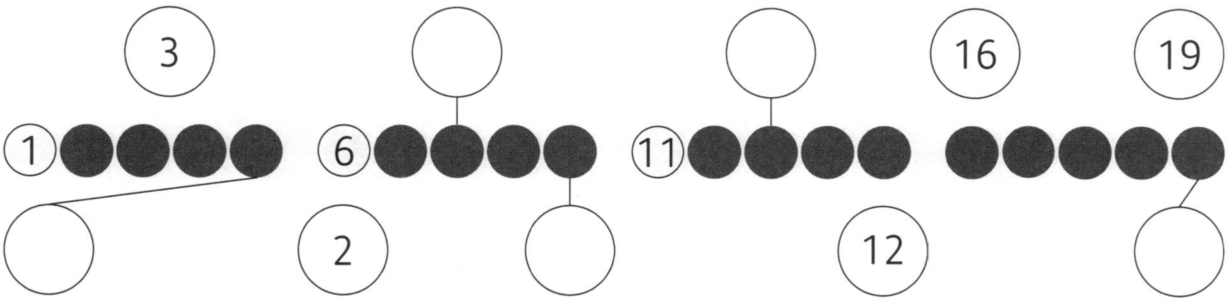


## 3

| 10 |
|---|
| 5 + |
| 3 + |
| 7 + |
| 1 + |
| + 8 |

| 7 |
|---|
| 5 + |
| + 3 |
| 1 + |
| 2 + |
| 7 + |

| 5 |
|---|
| + |
| + |
| + |
| + |
| + |
| + |

## 4

........ Euro ........ Euro ........ Euro 17 Euro

Name ............................................................ Klasse ........................ Datum ........................

## 1 Verbinde, setze ein.

/3

## 2 Welche Zahl? Verbinde.

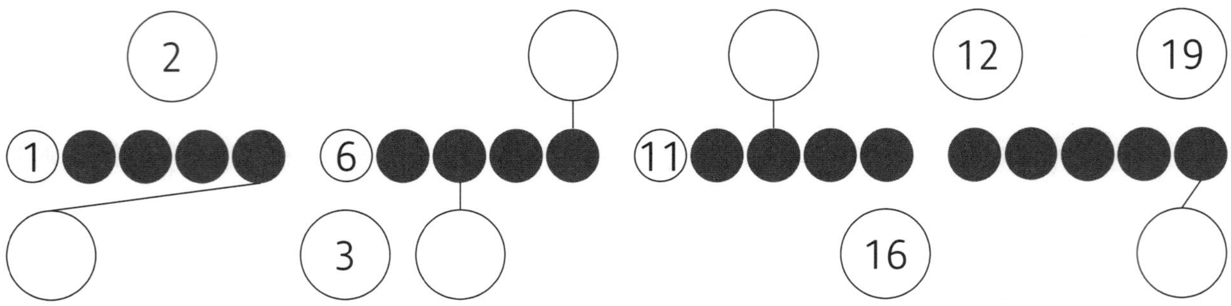


/5

## 3

| 10 |
| --- |
| 3 + |
| + 5 |
| 1 + |
| 7 + |
| + 8 |

| 7 |
| --- |
| 3 + |
| 5 + |
| 7 + |
| + 1 |
| 2 + |

| 5 |
| --- |
| + |
| + |
| + |
| + |
| + |
| + |

/8

## 4

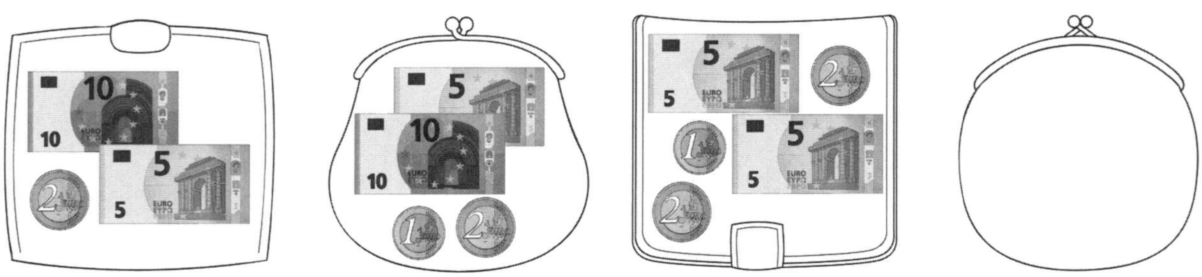

........ Euro ........ Euro ........ Euro 16 Euro

/4

Klasse ............................ Datum ............................

| Name | 1 Wendekarten | 2 Zwanzigerreihe | 3 Zerlegungshäuser | 4 Geldbeträge | **Gesamtpunktzahl** | Beobachtungen/Hinweise |
|---|---|---|---|---|---|---|
| **Punkte** | **3** | **5** | **8** | **4** | **20** | |
| | | | | | | |
| | | | | | | |
| | | | | | | |
| | | | | | | |
| | | | | | | |
| | | | | | | |
| | | | | | | |
| | | | | | | |
| | | | | | | |
| | | | | | | |
| | | | | | | |
| | | | | | | |
| | | | | | | |
| | | | | | | |
| | | | | | | |
| | | | | | | |
| | | | | | | |
| | | | | | | |
| | | | | | | |
| | | | | | | |
| | | | | | | |
| | | | | | | |
| | | | | | | |
| | | | | | | |
| | | | | | | |
| | | | | | | |
| | | | | | | |
| | | | | | | |

Name ........................................ Klasse ................ Datum ................

**1**

....... + ....... = .......  ....... + ....... = .......  ....... + ....... = ....... /6

**2**

| | | | |
|---|---|---|---|
| 5 + 5 = ....... | 6 + 9 = ....... | 4 + 7 = ....... | 9 + 8 = ....... |
| 7 + 3 = ....... | 8 + 8 = ....... | 6 + 8 = ....... | 2 + 9 = ....... |

/4

**3**

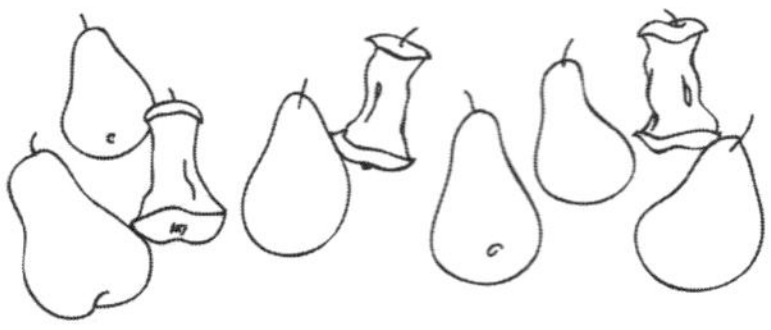

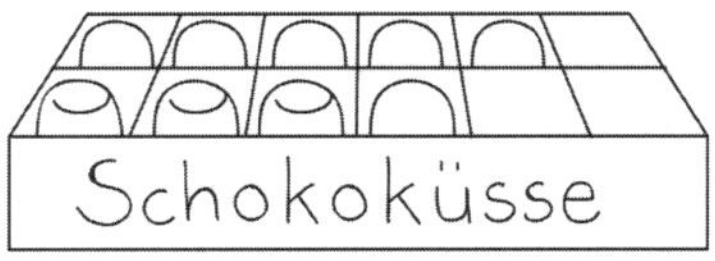


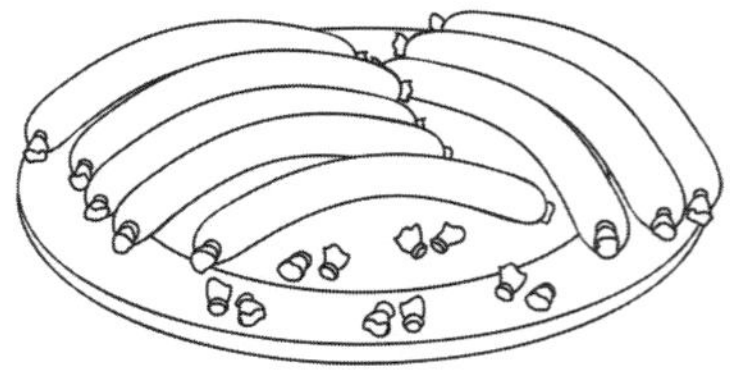

9 – ....... = .......  ....... – ....... = .......  ....... – ....... = ....... /6

**4**

| | | | |
|---|---|---|---|
| 9 – 2 = ....... | 13 – 5 = ....... | 14 – 8 = ....... | 8 – 7 = ....... |
| 12 – 4 = ....... | 7 – 7 = ....... | 16 – 9 = ....... | 16 – 8 = ....... |

/4

**5**

| | |
|---|---|
| 8 + 4 = ....... | 6 + 2 = ....... |
| 9 + 4 = ....... | 6 + 3 = ....... |
| 10 + 4 = ....... | 7 + 3 = ....... |
| 11 + 4 = ....... | 7 + 4 = ....... |
| ....................... | ....................... |

/5

**6**

| | |
|---|---|
| 10 – 10 = ....... | 7 – 3 = ....... |
| 10 – 8 = ....... | 8 – 4 = ....... |
| 10 – 6 = ....... | 9 – 5 = ....... |
| 10 – 4 = ....... | 10 – 6 = ....... |
| ....................... | ....................... |

/5

**7**

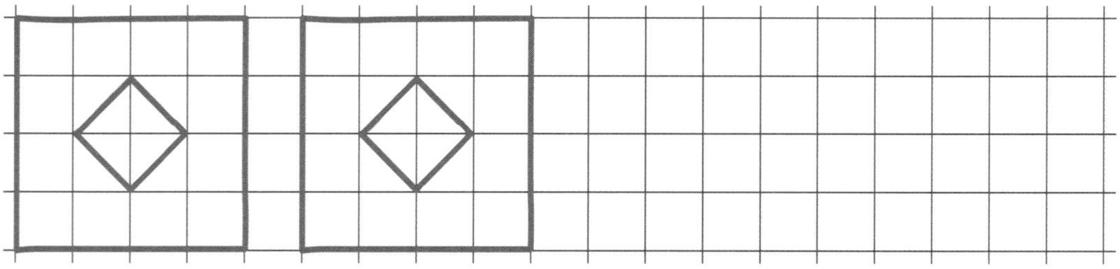

/4

Name .................................................... Klasse .................... Datum ....................

**1**

........ + ........ = ........    ........ + ........ = ........    ........ + ........ = ........    /6

**2**

5 + 5 = ........    8 + 8 = ........    6 + 8 = ........    7 + 3 = ........

9 + 8 = ........    6 + 9 = ........    2 + 9 = ........    4 + 7 = ........    /4

**3**

8 – ........ = ........    ........ – ........ = ........    ........ – ........ = ........    /6

**4**

8 – 7 = ........    16 – 8 = ........    16 – 9 = ........    9 – 2 = ........

12 – 4 = ........    8 – 8 = ........    14 – 8 = ........    13 – 5 = ........    /4

**5**

7 + 4 = ........    7 + 2 = ........

8 + 4 = ........    7 + 3 = ........

9 + 4 = ........    8 + 3 = ........

10 + 4 = ........    8 + 4 = ........

....................    ....................    /5

**6**

10 – 9 = ........    8 – 3 = ........

10 – 7 = ........    9 – 4 = ........

10 – 5 = ........    10 – 5 = ........

10 – 3 = ........    11 – 6 = ........

....................    ....................    /5

**7**

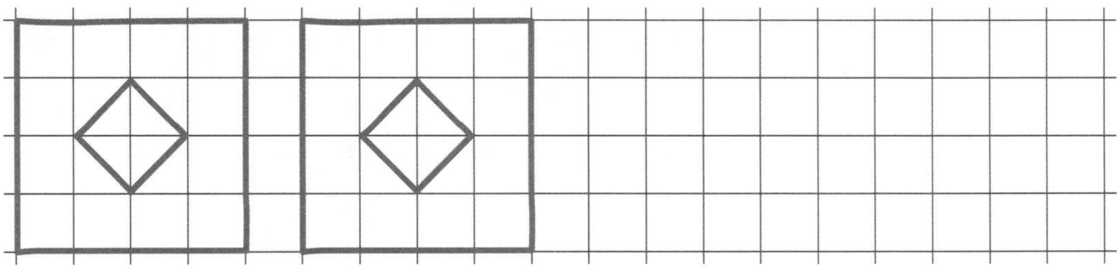

/4

Klasse ............................ Datum ............................

| Name | 1 Bildgeschichten zur Addition | 2 Additionsaufgaben | 3 Bildgeschichten zur Subtraktion | 4 Subtraktionsaufgaben | 5 Schöne Päckchen Addition | 6 Schöne Päckchen Subtraktion | 7 Muster | **Gesamtpunktzahl** | Beobachtungen/Hinweise |
|---|---|---|---|---|---|---|---|---|---|
| **Punkte** | **6** | **4** | **6** | **4** | **5** | **5** | **4** | **34** | |
| | | | | | | | | | |
| | | | | | | | | | |
| | | | | | | | | | |
| | | | | | | | | | |
| | | | | | | | | | |
| | | | | | | | | | |
| | | | | | | | | | |
| | | | | | | | | | |
| | | | | | | | | | |
| | | | | | | | | | |
| | | | | | | | | | |
| | | | | | | | | | |
| | | | | | | | | | |
| | | | | | | | | | |
| | | | | | | | | | |
| | | | | | | | | | |
| | | | | | | | | | |
| | | | | | | | | | |
| | | | | | | | | | |
| | | | | | | | | | |
| | | | | | | | | | |
| | | | | | | | | | |
| | | | | | | | | | |
| | | | | | | | | | |
| | | | | | | | | | |
| | | | | | | | | | |
| | | | | | | | | | |
| | | | | | | | | | |

Name ................................................ Klasse ........................ Datum ........................

## 1 Immer 4 Aufgaben.

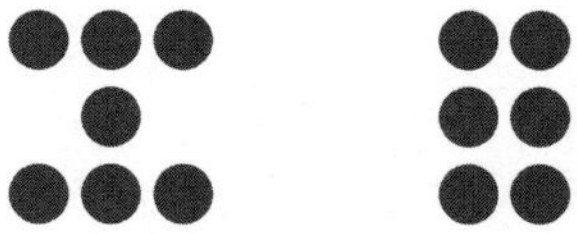

$7 + 6 =$ ..........

$6 + 7 =$ ..........

$13 - 7 =$ ..........

$13 - 6 =$ ..........

$9 + 5 =$ ..........

...... + ...... = ......

...... – ...... = ......

...... – ...... = ......

/6

## 2 Wie viele Beine haben 7 Enten?

..............................................................................

Wie viele Beine haben 5 Hasen?

..............................................................................

/4

## 3 Finde jeweils eine Aufgabe.

.................................... .................................... ....................................

/6

## 4

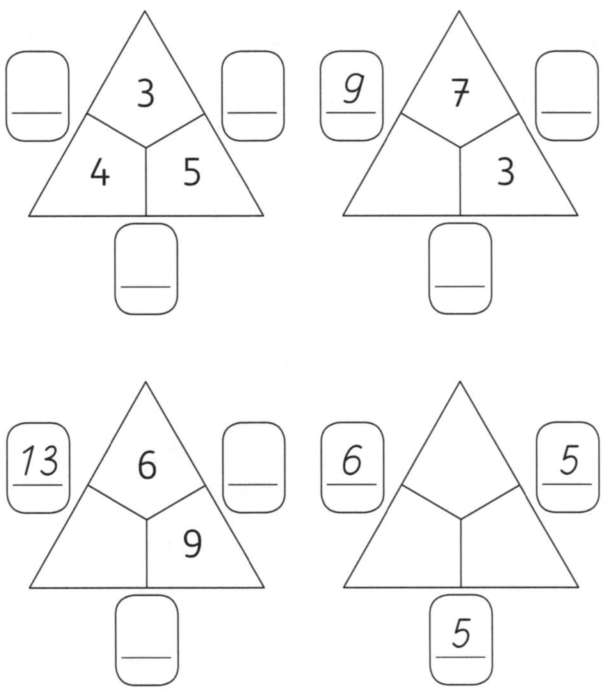


/6

## 5 Ina geht immer 3 Wegstücke. Wohin kann sie kommen? Zeichne.

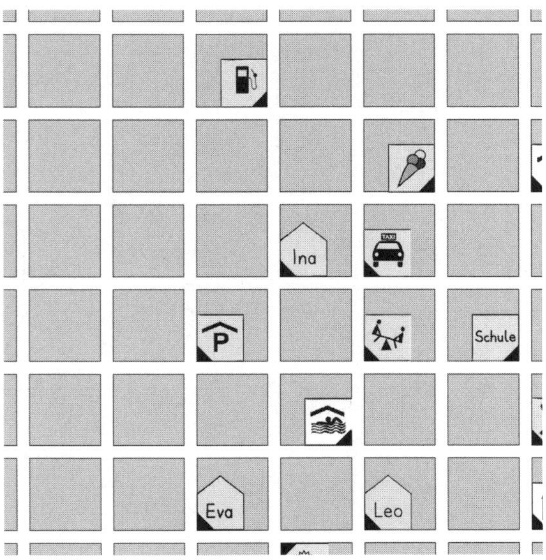


/4

Name ........................................ Klasse .................. Datum ..................

**1** Immer 4 Aufgaben.

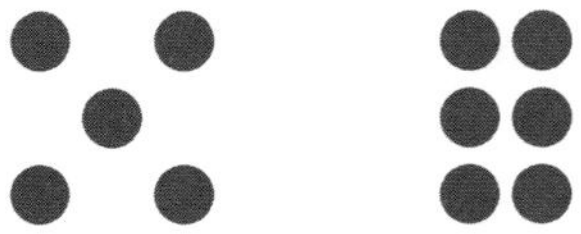

| | |
|---|---|
| 5 + 6 = ........ | 9 + 7 = ........ |
| 6 + 5 = ........ | ........ + ........ = ........ |
| 11 − 5 = ........ | ........ − ........ = ........ |
| 11 − 6 = ........ | ........ − ........ = ........ |

/6

**2** Wie viele Beine haben 8 Enten?

..................................................................................................

Wie viele Beine haben 4 Hasen?

..................................................................................................

/4

**3** Finde jeweils eine Aufgabe.

..............................

..............................

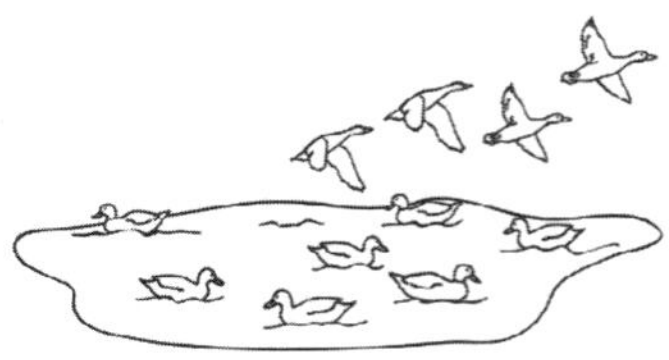

..............................

/6

**4**

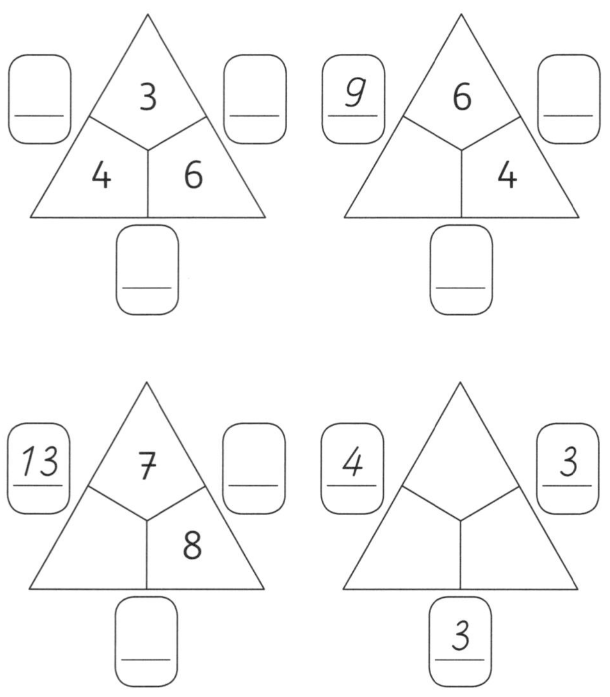


/6

**5** Ina geht immer 3 Wegstücke.
Wohin kann sie kommen?
Zeichne.

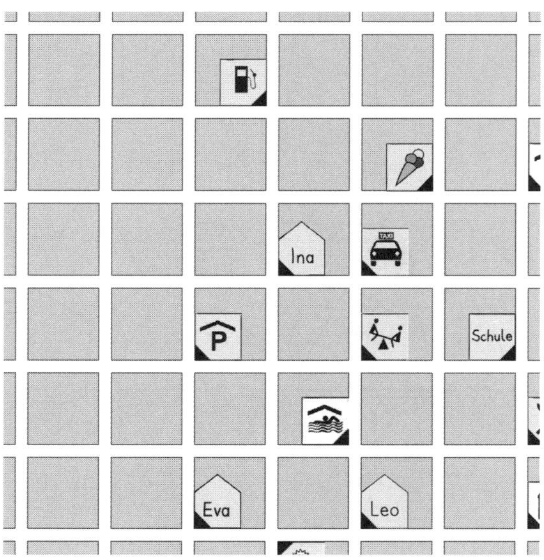


/4

Klasse ............................ Datum ............................

| **Name** | 1 Tausch- und Umkehraufgaben | 2 Sachaufgaben | 3 Bildgeschichten | 4 Rechendreiecke | 5 Eckenhausen | **Gesamtpunktzahl** | Beobachtungen/Hinweise |
|---|---|---|---|---|---|---|---|
| **Punkte** | **6** | **4** | **6** | **6** | **4** | **26** | |
| | | | | | | | |
| | | | | | | | |
| | | | | | | | |
| | | | | | | | |
| | | | | | | | |
| | | | | | | | |
| | | | | | | | |
| | | | | | | | |
| | | | | | | | |
| | | | | | | | |
| | | | | | | | |
| | | | | | | | |
| | | | | | | | |
| | | | | | | | |
| | | | | | | | |
| | | | | | | | |
| | | | | | | | |
| | | | | | | | |
| | | | | | | | |
| | | | | | | | |
| | | | | | | | |
| | | | | | | | |
| | | | | | | | |
| | | | | | | | |
| | | | | | | | |
| | | | | | | | |
| | | | | | | | |
| | | | | | | | |

Name ................................ Klasse ................ Datum ................

**1**

5+7=
6+7=
7+7=
8+7=

7+9=
8+9=
9+9=
9+10=
10+10=

8+4=
8+5=
8+6=
7+6=
6+6=

/7

**2** Rechne. Setze fort.

| | | |
|---|---|---|
| 7 + ...... = 10 | 9 + ...... = 18 | 16 + ...... = 20 |
| 6 + ...... = 10 | 8 + ...... = 16 | 6 + ...... = 20 |
| 5 + ...... = 10 | 7 + ...... = 14 | 14 + ...... = 20 |
| ...... + ...... = ...... | ...... + ...... = ...... | ...... + ...... = 20 |

/7

**3**

| | | |
|---|---|---|
| | | |
| | | |
| 7 | 2 | 3 |

| | | |
|---|---|---|
| | | |
| 9 | | |
| 6 | | 5 |

| | | |
|---|---|---|
| | | |
| 6 | 7 | |
| | 3 | |

| | | |
|---|---|---|
| 17 | | |
| 8 | | |
| 3 | | |

/6

**4** Immer (+3).

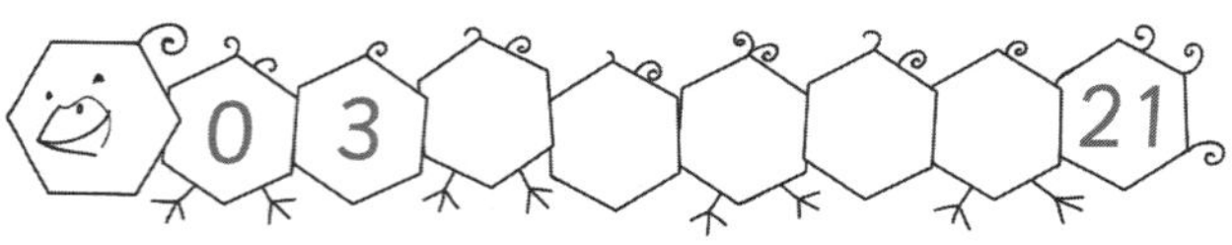


Immer (+4).

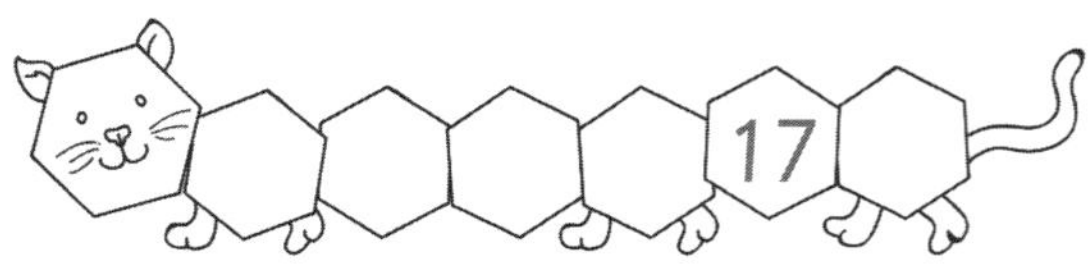


/5

**5** Ich kaufe: | Ich gebe:

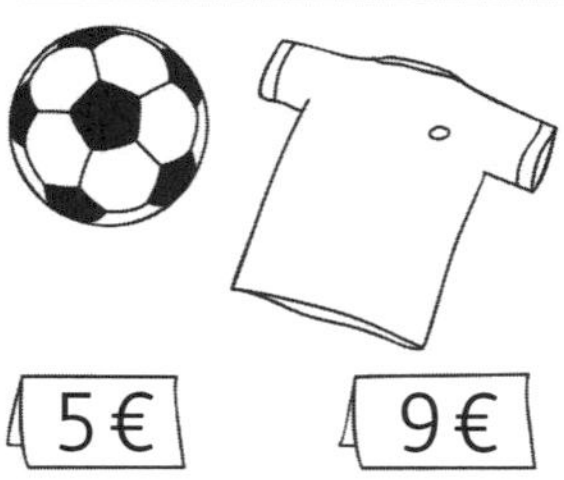

Zurück: ...... Euro

Ich kaufe: | Ich gebe:

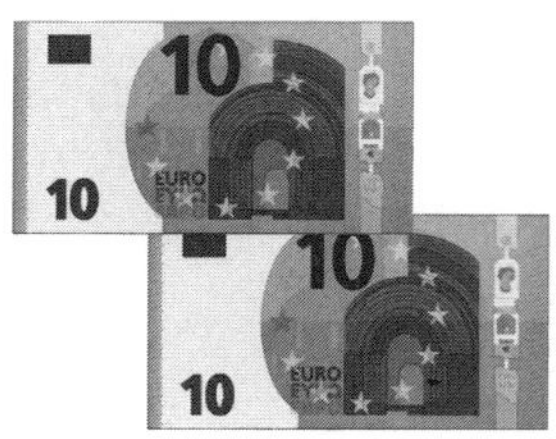


Zurück: ...... Euro

/4

**6** Timo hat 9 Euro. Sofia hat 5 Euro mehr. ?

.................................................................................

/2

Name ........................ Klasse ............ Datum ............

**1**

3+7= | 4+7= | 5+7= | 6+7=

6+8= | 7+8= | 8+8= | 8+9= | 9+9=

9+3= | 9+4= | 9+5= | 8+5= | 7+5=

/ 7

**2** Rechne. Setze fort.

| | | |
|---|---|---|
| 8 + ...... = 10 | 8 + ...... = 16 | 14 + ...... = 20 |
| 7 + ...... = 10 | 7 + ...... = 14 | 4 + ...... = 20 |
| 6 + ...... = 10 | 6 + ...... = 12 | 16 + ...... = 20 |
| ...... + ...... = ...... | ...... + ...... = ...... | ...... + ...... = 20 |

/ 7

**3**

| | | |
|---|---|---|
| | | |
| | | |
| 6 | 2 | 4 |

| | | |
|---|---|---|
| | | |
| 9 | | |
| 5 | | 6 |

| | | |
|---|---|---|
| | | |
| 7 | 8 | |
| | 4 | |

| | | |
|---|---|---|
| | 16 | |
| 9 | | |
| 3 | | |

/ 6

**4** Immer (+3).

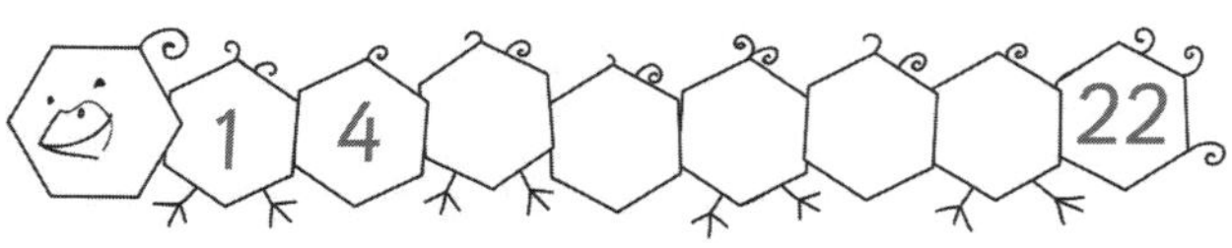


Immer (+4).

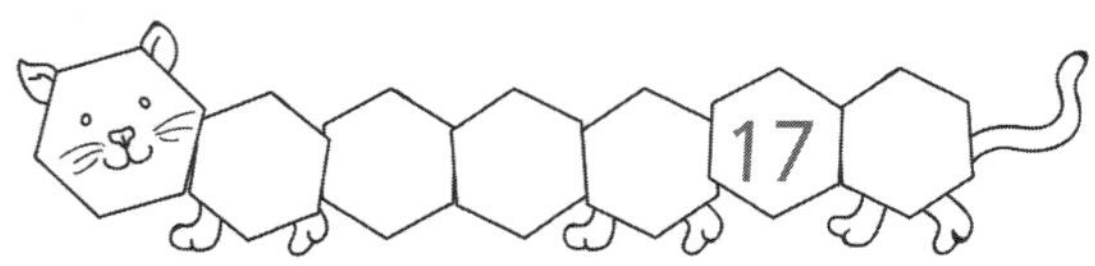


/ 5

**5**

| Ich kaufe: | Ich gebe: |
|---|---|
|  8 € 5 € |  |

Zurück: ...... Euro

| Ich kaufe: | Ich gebe: |
|---|---|
|  7 € 3 € 6 € |  |

Zurück: ...... Euro

/ 4

**6** Timo hat 8 Euro. Sofia hat 5 Euro mehr. ?

..............................................................

/ 2

Klasse ............................ Datum ............................

| Name | 1 Ausschnitte aus der Einspluseins-Tafel | 2 Schöne Päckchen und Analogieaufgaben | 3 Zahlenmauern | 4 Zahlenraupen | 5 Sachsituationen mit Geld | 6 Sachaufgabe | **Gesamtpunktzahl** | Beobachtungen/Hinweise |
|---|---|---|---|---|---|---|---|---|
| **Punkte** | **7** | **7** | **6** | **5** | **4** | **2** | **31** | |
| | | | | | | | | |
| | | | | | | | | |
| | | | | | | | | |
| | | | | | | | | |
| | | | | | | | | |
| | | | | | | | | |
| | | | | | | | | |
| | | | | | | | | |
| | | | | | | | | |
| | | | | | | | | |
| | | | | | | | | |
| | | | | | | | | |
| | | | | | | | | |
| | | | | | | | | |
| | | | | | | | | |
| | | | | | | | | |
| | | | | | | | | |
| | | | | | | | | |
| | | | | | | | | |
| | | | | | | | | |
| | | | | | | | | |
| | | | | | | | | |
| | | | | | | | | |
| | | | | | | | | |
| | | | | | | | | |
| | | | | | | | | |
| | | | | | | | | |
| | | | | | | | | |

Name ................................ Klasse ................ Datum ................

**1**

Zahlenmauern:

| | | |
|---|---|---|
| | | |
| | 7 | |
| 5 | 3 | |

| | | |
|---|---|---|
| 17 | | |
| | | |
| 6 | 3 | |

| | | |
|---|---|---|
| 10 | | |
| | | |
| 2 | | 4 |

| | | |
|---|---|---|
| 13 | | |
| | | |
| 3 | | 4 |

/6

**2**

Rechendreiecke:

- innen: 5, 4, (leer); außen: ........ , ........ , 13
- innen: 8, (leer), 3; außen: 16, ........ , ........
- innen: 6, (leer), 7; außen: 15, ........ , ........
- innen: (leer); außen: 6, 7, 11

/6

**3** Welche Zahlen passen? Finde immer 3 mögliche Zahlen.

| | | |
|---|---|---|
| 7 + ........ < 11 | 7 + ........ < 11 | 7 + ........ < 11 |
| 15 – ........ > 9 | 15 – ........ > 9 | 15 – ........ > 9 |

/3

**4** Rote, blaue und gelbe Bälle. Immer 3 in einem Netz.
Finde alle Möglichkeiten und male auf.

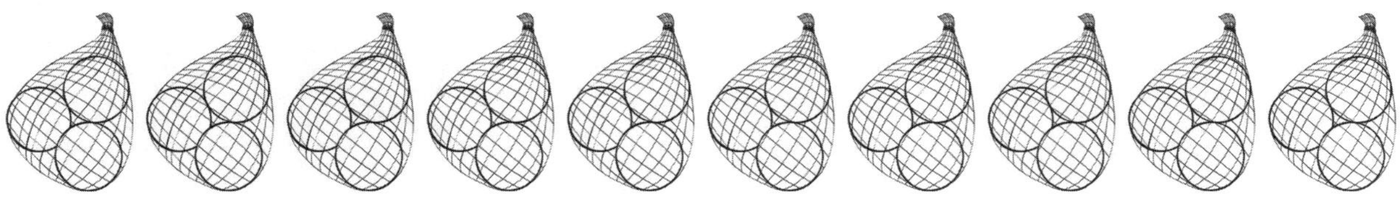

/5

**5** Immer 12.

7 + 1 + ........ = 12
10 + ........ + ........ = 12
2 + ........ + ........ = 12

........ + 9 + ........ = 12
6 + ........ + ........ = 12
........ + ........ + ........ = 12

/3

**6** Drei gleiche Eisbecher kosten
zusammen 12 Euro.
Ein Eisbecher kostet ........ Euro.

/1

Name ........................................ Klasse .................... Datum ....................

**1**

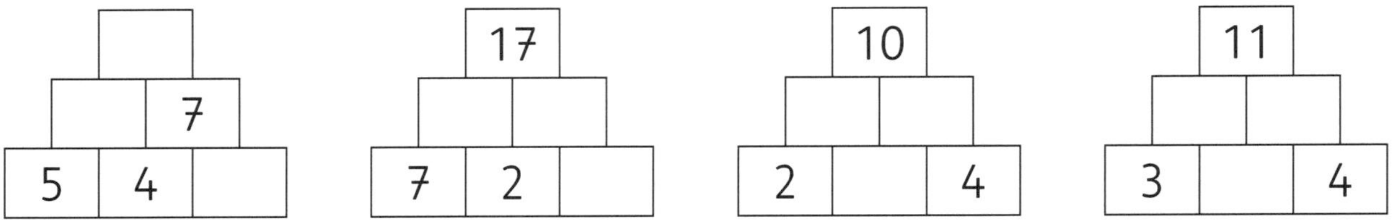


/6

**2**

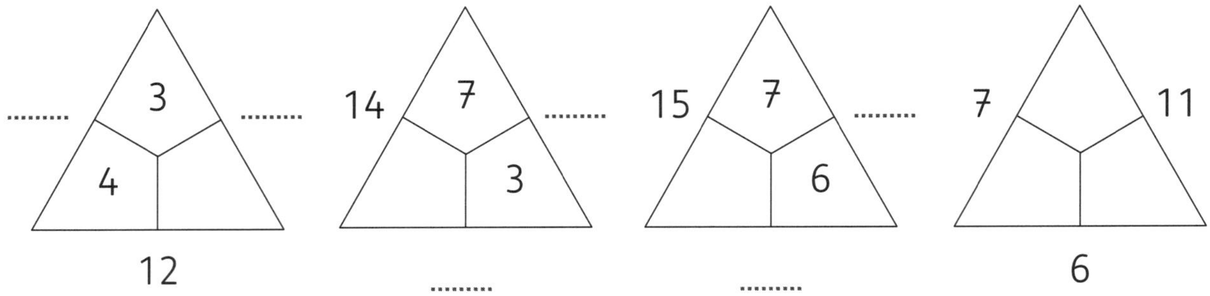


/6

**3** Welche Zahlen passen? Finde immer 3 mögliche Zahlen.

| | | |
|---|---|---|
| 9 + ........ < 13 | 9 + ........ < 13 | 9 + ........ < 13 |
| 14 − ........ > 8 | 14 − ........ > 8 | 14 − ........ > 8 |

/3

**4** Rote, blaue und gelbe Bälle. Immer 3 in einem Netz.
Finde alle Möglichkeiten und male auf.

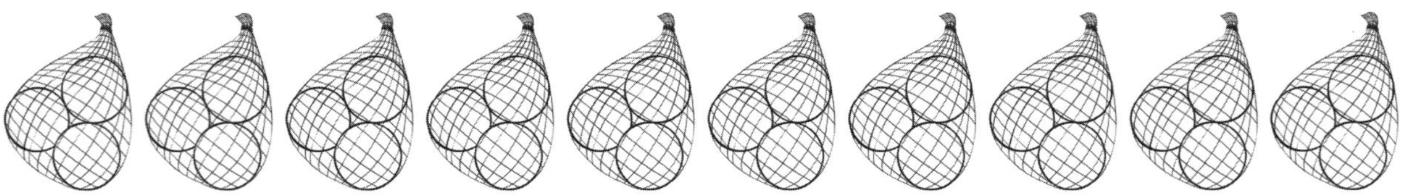

/5

**5** Immer 13.

7 + 1 + ........ = 13 ........ + 9 + ........ = 13

10 + ........ + ........ = 13 6 + ........ + ........ = 13

3 + ........ + ........ = 13 ........ + ........ + ........ = 13

/3

**6** Drei gleiche Eisbecher kosten zusammen 15 Euro.
Ein Eisbecher kostet ........ Euro.

/1

Klasse ............................ Datum ............................

| Name | 1 Zahlenmauern | 2 Rechendreiecke | 3 Ungleichungen | 4 Kombinationen | 5 Dreiersummen | 6 Sachaufgabe | **Gesamtpunktzahl** | Beobachtungen/Hinweise |
|---|---|---|---|---|---|---|---|---|
| **Punkte** | **6** | **6** | **3** | **5** | **3** | **1** | **24** | |
| | | | | | | | | |
| | | | | | | | | |
| | | | | | | | | |
| | | | | | | | | |
| | | | | | | | | |
| | | | | | | | | |
| | | | | | | | | |
| | | | | | | | | |
| | | | | | | | | |
| | | | | | | | | |
| | | | | | | | | |
| | | | | | | | | |
| | | | | | | | | |
| | | | | | | | | |
| | | | | | | | | |
| | | | | | | | | |
| | | | | | | | | |
| | | | | | | | | |
| | | | | | | | | |
| | | | | | | | | |
| | | | | | | | | |
| | | | | | | | | |
| | | | | | | | | |
| | | | | | | | | |
| | | | | | | | | |
| | | | | | | | | |
| | | | | | | | | |
| | | | | | | | | |

## Kompetenztest 1 A

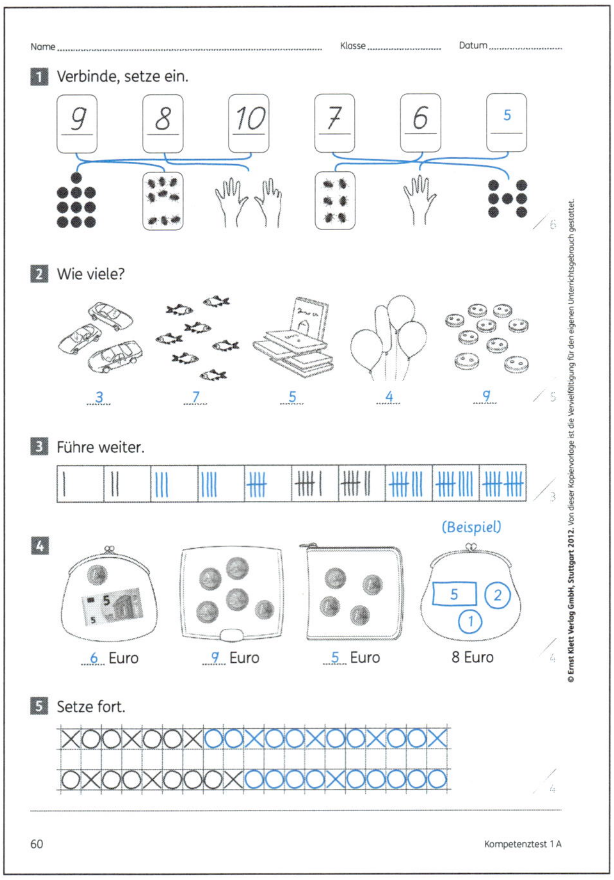
Name ............ Klasse ............ Datum ............

**1** Verbinde, setze ein.

9 8 10 7 6 5

**2** Wie viele?

3 7 5 4 9

**3** Führe weiter.

**4** (Beispiel)

6 Euro 9 Euro 5 Euro 8 Euro

**5** Setze fort.

XOOXOOXOOXOOXOOXOOXOOX
OXOOXOOOXOOOOXOOOOO

60 Kompetenztest 1 A

© Ernst Klett Verlag GmbH, Stuttgart 2012. Von dieser Kopiervorlage ist die Vervielfältigung für den eigenen Unterrichtsgebrauch gestattet.

## Kompetenztest 1 B

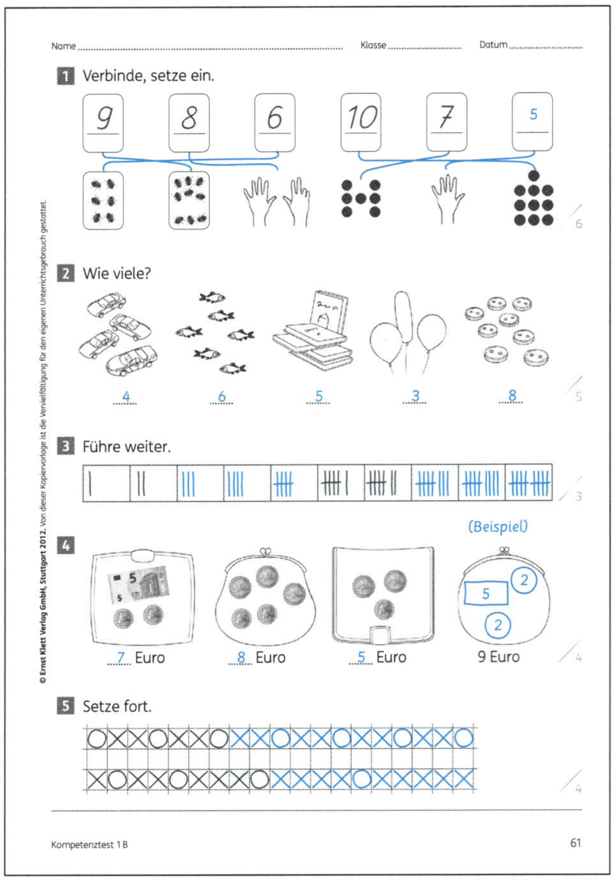
Name ............ Klasse ............ Datum ............

**1** Verbinde, setze ein.

9 8 6 10 7 5

**2** Wie viele?

4 6 5 3 8

**3** Führe weiter.

**4** (Beispiel)

7 Euro 8 Euro 5 Euro 9 Euro

**5** Setze fort.

OXXOXXOXXOXXOXXOXXOXXO
XOXXOXXXOXXXXOXXXXX

Kompetenztest 1 B 61

© Ernst Klett Verlag GmbH, Stuttgart 2012. Von dieser Kopiervorlage ist die Vervielfältigung für den eigenen Unterrichtsgebrauch gestattet.

## Kompetenztest 2 A

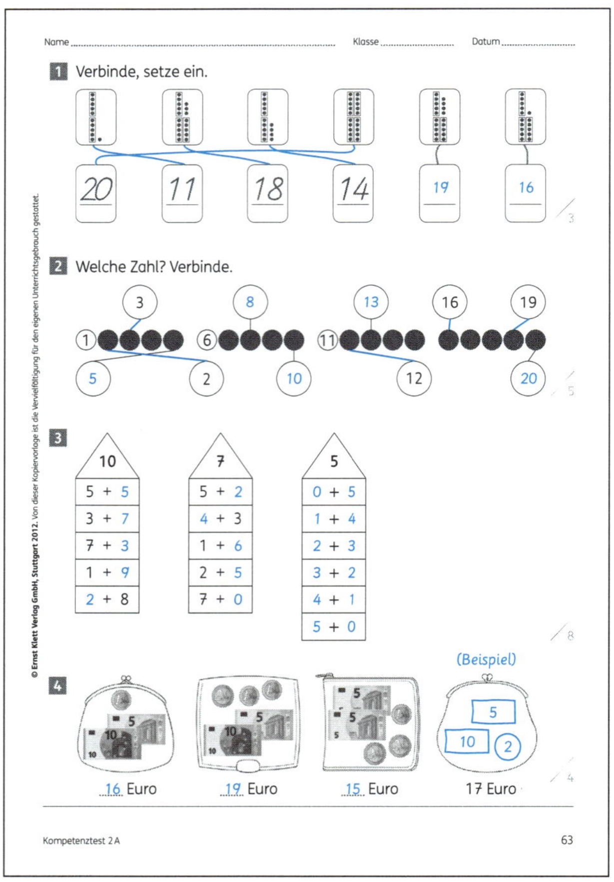
Name ............ Klasse ............ Datum ............

**1** Verbinde, setze ein.

20 11 18 14 19 16

**2** Welche Zahl? Verbinde.

3 8 13 16 19

1 6 11

5 2 10 12 20

**3**

| 10 | 7 | 5 |
|---|---|---|
| 5 + 5 | 5 + 2 | 0 + 5 |
| 3 + 7 | 4 + 3 | 1 + 4 |
| 7 + 3 | 1 + 6 | 2 + 3 |
| 1 + 9 | 2 + 5 | 3 + 2 |
| 2 + 8 | 7 + 0 | 4 + 1 |
| | | 5 + 0 |

**4** (Beispiel)

16 Euro 19 Euro 15 Euro 17 Euro

Kompetenztest 2 A 63

© Ernst Klett Verlag GmbH, Stuttgart 2012. Von dieser Kopiervorlage ist die Vervielfältigung für den eigenen Unterrichtsgebrauch gestattet.

## Kompetenztest 2 B

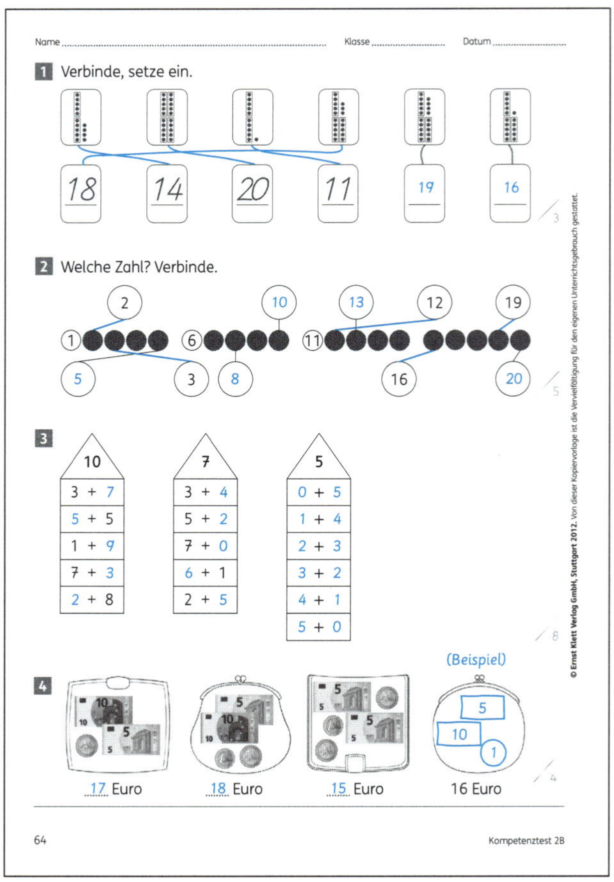
Name ............ Klasse ............ Datum ............

**1** Verbinde, setze ein.

18 14 20 11 19 16

**2** Welche Zahl? Verbinde.

2 10 13 12 19

1 6 11

5 3 8 16 20

**3**

| 10 | 7 | 5 |
|---|---|---|
| 3 + 7 | 3 + 4 | 0 + 5 |
| 5 + 5 | 5 + 2 | 1 + 4 |
| 1 + 9 | 7 + 0 | 2 + 3 |
| 7 + 3 | 6 + 1 | 3 + 2 |
| 2 + 8 | 2 + 5 | 4 + 1 |
| | | 5 + 0 |

**4** (Beispiel)

17 Euro 18 Euro 15 Euro 16 Euro

64 Kompetenztest 2B

© Ernst Klett Verlag GmbH, Stuttgart 2012. Von dieser Kopiervorlage ist die Vervielfältigung für den eigenen Unterrichtsgebrauch gestattet.

## Kompetenztest 3 A

Name ........ Klasse ........ Datum ........

**1**

3 + 2 = 5 | 4 + 5 = 9 | 2 + 4 = 6 — / 6

**2**

5 + 5 = 10 | 6 + 9 = 15 | 4 + 7 = 11 | 9 + 8 = 17
7 + 3 = 10 | 8 + 8 = 16 | 6 + 8 = 14 | 2 + 9 = 11 — / 4

**3**

9 – 3 = 6 | 12 – 3 = 9 | 13 – 5 = 8 — / 6

**4**

9 – 2 = 7 | 13 – 5 = 8 | 14 – 8 = 6 | 8 – 7 = 1
12 – 4 = 8 | 7 – 7 = 0 | 16 – 9 = 7 | 16 – 8 = 8 — / 4

**5**

8 + 4 = 12 | 6 + 2 = 8
9 + 4 = 13 | 6 + 3 = 9
10 + 4 = 14 | 7 + 3 = 10
11 + 4 = 15 | 7 + 4 = 11
12 + 4 = 16 | 8 + 4 = 12 — / 5

**6**

10 – 10 = 0 | 7 – 3 = 4
10 – 8 = 2 | 8 – 4 = 4
10 – 6 = 4 | 9 – 5 = 4
10 – 4 = 6 | 10 – 6 = 4
10 – 2 = 8 | 11 – 7 = 4 — / 5

**7**

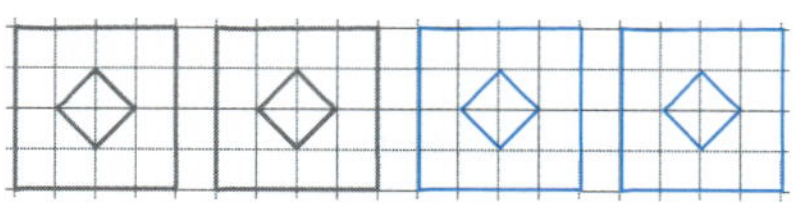

/ 4



66 Kompetenztest 3 A

## Kompetenztest 3 B

Name ........ Klasse ........ Datum ........

**1**

2 + 4 = 6 | 3 + 2 = 5 | 4 + 5 = 9 — / 6

**2**

5 + 5 = 10 | 8 + 8 = 16 | 6 + 8 = 14 | 7 + 3 = 10
9 + 8 = 17 | 6 + 9 = 15 | 2 + 9 = 11 | 4 + 7 = 11 — / 4

**3**

8 – 3 = 5 | 12 – 5 = 7 | 14 – 5 = 9 — / 6

**4**

8 – 7 = 1 | 16 – 8 = 8 | 16 – 9 = 7 | 9 – 2 = 7
12 – 4 = 8 | 8 – 8 = 0 | 14 – 8 = 6 | 13 – 5 = 8 — / 4

**5**

7 + 4 = 11 | 7 + 2 = 9
8 + 4 = 12 | 7 + 3 = 10
9 + 4 = 13 | 8 + 3 = 11
10 + 4 = 14 | 8 + 4 = 12
11 + 4 = 15 | 9 + 4 = 13 — / 5

**6**

10 – 9 = 1 | 8 – 3 = 5
10 – 7 = 3 | 9 – 4 = 5
10 – 5 = 5 | 10 – 5 = 5
10 – 3 = 7 | 11 – 6 = 5
10 – 1 = 9 | 12 – 7 = 5 — / 5

**7**

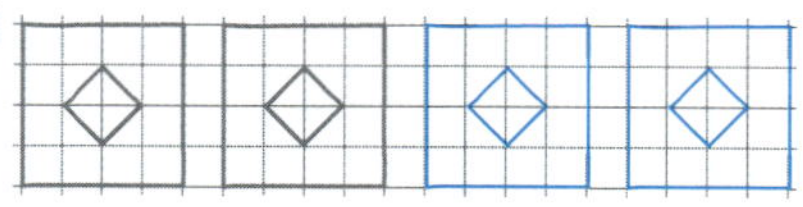

/ 4



Kompetenztest 3 B 67

## Kompetenztest 4 A

Name ........ Klasse ........ Datum ........

**1** Immer 4 Aufgaben.

7 + 6 = 13 | 9 + 5 = 14
6 + 7 = 13 | 5 + 9 = 14
13 – 7 = 6 | 14 – 9 = 5
13 – 6 = 7 | 14 – 5 = 9 — / 6

**2** Wie viele Beine haben 7 Enten?
7 Enten haben 14 Beine.

Wie viele Beine haben 5 Hasen?
5 Hasen haben 20 Beine. — / 4

**3** Finde jeweils eine Aufgabe.

7 – 4 = 3 oder 3 + 4 = 7 | 6 + 5 = 11 oder 11 – 5 = 6 | 12 – 4 = 8 oder 8 + 4 = 12 — / 6

**4**

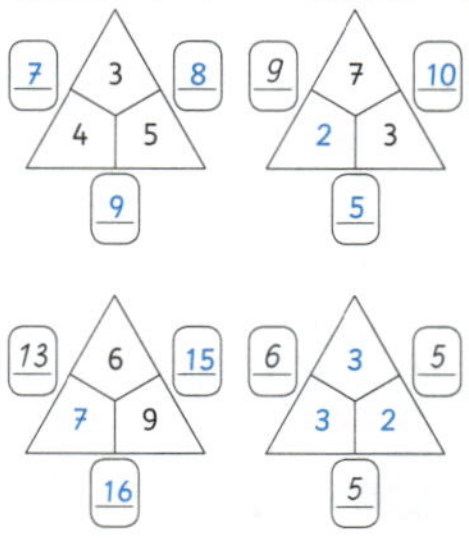


/ 6

**5** Ina geht immer 3 Wegstücke.
Wohin kann sie kommen?
Zeichne.

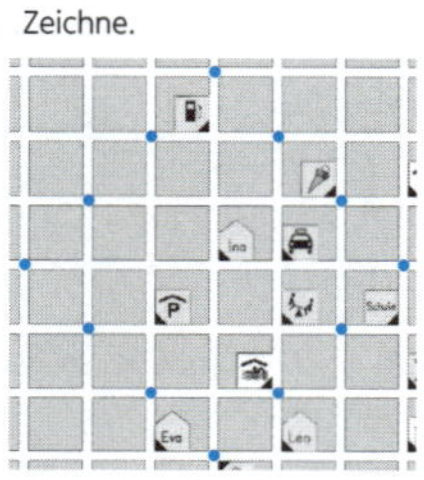

/ 4



Kompetenztest 4 A 69

## Kompetenztest 4 B

Name ........ Klasse ........ Datum ........

**1** Immer 4 Aufgaben.

5 + 6 = 11 | 9 + 7 = 16
6 + 5 = 11 | 7 + 9 = 16
11 – 5 = 6 | 16 – 9 = 7
11 – 6 = 5 | 16 – 7 = 9 — / 6

**2** Wie viele Beine haben 8 Enten?
8 Enten haben 16 Beine.

Wie viele Beine haben 4 Hasen?
4 Hasen haben 16 Beine. — / 4

**3** Finde jeweils eine Aufgabe.

9 – 4 = 5 oder 5 + 4 = 9 | 7 + 5 = 12 oder 12 – 5 = 7 | 11 – 4 = 7 oder 7 + 4 = 11 — / 6

**4**

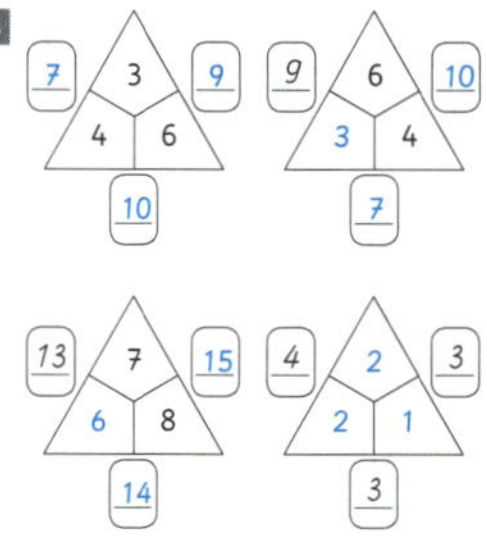


/ 6

**5** Ina geht immer 3 Wegstücke.
Wohin kann sie kommen?
Zeichne.

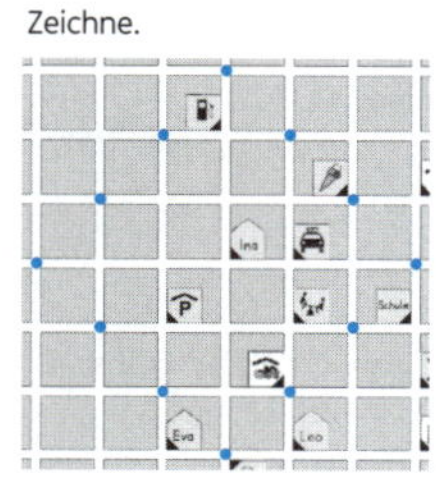

/ 4



70 Kompetenztest 4 B

## Kompetenztest 5 A

Name ............ Klasse ............ Datum ............

**1**

8+7= 15, 7+7= 14, 6+7= 13, 5+7= 12

9+9= 18, 10+10= 20, 8+9= 17, 9+10= 19, 7+9= 16

8+4= 12, 8+5= 13, 8+6= 14, 7+6= 13, 6+6= 12

**2** Rechne. Setze fort.

| | | |
|---|---|---|
| 7 + 3 = 10 | 9 + 9 = 18 | 16 + 4 = 20 |
| 6 + 4 = 10 | 8 + 8 = 16 | 6 + 14 = 20 |
| 5 + 5 = 10 | 7 + 7 = 14 | 14 + 6 = 20 |
| 4 + 6 = 10 | 6 + 6 = 12 | 4 + 16 = 20 |

**3**

14 / 9 5 / 7 2 3 — 17 / 9 8 / 6 3 5 — 13 / 6 7 / 3 3 4 — 17 / 8 9 / 3 5 4

**4** Immer (+3). 0 3 6 9 12 15 18 21

Immer (+4). 1 5 9 13 17 21

**5** Ich kaufe: 5€ 9€ — Ich gebe: 10 5

Zurück: 1 Euro

Ich kaufe: 7€ 5€ 4€ — Ich gebe: 10 10

Zurück: 4 Euro

**6** Timo hat 9 Euro. Sofia hat 5 Euro mehr. ?

Sofia hat 14 Euro.

72 Kompetenztest 5 A

## Kompetenztest 5 B

Name ............ Klasse ............ Datum ............

**1**

6+7= 13, 5+7= 12, 4+7= 11, 3+7= 10

8+8= 16, 9+9= 18, 7+8= 15, 8+9= 17, 6+8= 14

9+3= 12, 9+4= 13, 9+5= 14, 8+5= 13, 7+5= 12

**2** Rechne. Setze fort.

| | | |
|---|---|---|
| 8 + 2 = 10 | 8 + 8 = 16 | 14 + 6 = 20 |
| 7 + 3 = 10 | 7 + 7 = 14 | 4 + 16 = 20 |
| 6 + 4 = 10 | 6 + 6 = 12 | 16 + 4 = 20 |
| 5 + 5 = 10 | 5 + 5 = 10 | 6 + 14 = 20 |

**3**

14 / 8 6 / 6 2 4 — 19 / 9 10 / 5 4 6 — 15 / 7 8 / 3 4 4 — 16 / 9 7 / 3 6 1

**4** Immer (+3). 1 4 7 10 13 16 19 22

Immer (+4). 1 5 9 13 17 21

**5** Ich kaufe: 8€ 5€ — Ich gebe: 10 5

Zurück: 2 Euro

Ich kaufe: 7€ 3€ 6€ — Ich gebe: 10 10

Zurück: 4 Euro

**6** Timo hat 8 Euro. Sofia hat 5 Euro mehr. ?

Sofia hat 13 Euro.

Kompetenztest 5 B 73

## Kompetenztest 6 A

Name ............ Klasse ............ Datum ............

**1**

15 / 8 7 / 5 3 4 — 17 / 9 8 / 6 3 5 — 10 / 4 6 / 2 2 4 — 13 / 6 7 / 3 3 4

**2**

9 — 5 / 4 9 — 14; 13

16 — 8 / 8 3 — 11; 11

15 — 6 / 9 7 — 13; 16

6 — 1 / 5 6 — 7; 11

**3** Welche Zahlen passen? Finde immer 3 mögliche Zahlen.

7 + ...... < 11 | 7 + ...... < 11 | 7 + ...... < 11 — 0, 1, 2, 3

15 – ...... > 9 | 15 – ...... > 9 | 15 – ...... > 9 — 0, 1, 2, 3, 4, 5

**4** Rote, blaue und gelbe Bälle. Immer 3 in einem Netz.
Finde alle Möglichkeiten und male auf.

RRR BBB GGG RBG RRB RBB BBG BGG RRG RGG

**5** Immer 12. (Beispiele)

| | |
|---|---|
| 7 + 1 + 4 = 12 | 1 + 9 + 2 = 12 |
| 10 + 1 + 1 = 12 | 6 + 1 + 5 = 12 |
| 2 + 5 + 5 = 12 | 2 + 3 + 7 = 12 |

**6** Drei gleiche Eisbecher kosten zusammen 12 Euro.
Ein Eisbecher kostet 4 Euro.

Kompetenztest 6 A 75

## Kompetenztest 6 B

Name ............ Klasse ............ Datum ............

**1**

16 / 9 7 / 5 4 3 — 17 / 9 8 / 7 2 6 — 10 / 4 6 / 2 2 4 — 11 / 5 6 / 3 2 4

**2**

7 — 3 / 4 8 — 11; 12

14 — 7 / 7 3 — 10; 10

15 — 7 / 8 6 — 13; 14

7 — 6 / 1 5 — 11; 6

**3** Welche Zahlen passen? Finde immer 3 mögliche Zahlen.

9 + ...... < 13 | 9 + ...... < 13 | 9 + ...... < 13 — 0, 1, 2, 3

14 – ...... > 8 | 14 – ...... > 8 | 14 – ...... > 8 — 0, 1, 2, 3, 4, 5

**4** Rote, blaue und gelbe Bälle. Immer 3 in einem Netz.
Finde alle Möglichkeiten und male auf.

RRR BBB GGG RBG RRB RBB BBG BGG RGG RRG

**5** Immer 13. (Beispiele)

| | |
|---|---|
| 7 + 1 + 5 = 13 | 2 + 9 + 2 = 13 |
| 10 + 1 + 2 = 13 | 6 + 3 + 4 = 13 |
| 3 + 5 + 5 = 13 | 2 + 8 + 3 = 13 |

**6** Drei gleiche Eisbecher kosten zusammen 15 Euro.
Ein Eisbecher kostet 5 Euro.

76 Kompetenztest 6 B